ŒUVRES

DE

BERNARD PALISSY.

ŒUVRES DE BERNARD PALISSY,

REVUES SUR LES EXEMPLAIRES

DE LA BIBLIOTHÉQUE DU ROI,

AVEC DES NOTES.

PAR MM. FAUJAS DE SAINT FOND, ET GOBET.

A PARIS,

Chez RUAULT, Libraire, rue de la Harpe.

Avec Approbation & Privilege du Roi,

1777.

Sed cum in officinis Artiſtarum, plus Philoſophiæ realis & veræ habeatur quàm in ſcholis Philoſophorum, conſulendi ſunt diligenter Pictores, Tinctores, Ferrarii, Aurifices, Auriductores, Agricolæ, Milites, Bombardarii, Pannifici, Deſtillatores, & id genus reliqui. THOMÆ CAMPANELLÆ, de recta ratione ſtudendi. *Cap.* II. *Art. V.*

AVERTISSEMENT.

Les Œuvres de Bernard Palissy, l'un des plus grands génies que la France ait produits, étoient devenues si rares, que la plupart des Naturalistes, des Physiciens & des Chymistes, à qui elles sont nécessaires, ne les connoissoient que de nom, ou d'après les Extraits qu'en ont donné MM. de Fontenelle, de Jussieu, de Buffon, Venel, &c. &c. Depuis plus de deux siecles les différens Traités de cet Auteur n'avoient point encore paru réunis en un seul corps d'ouvrage ; car il ne faut compter pour rien l'édition de 1636, en deux volumes in-8. publiée par Robert Fouet, Libraire ; outre qu'il lui donna le titre ridicule de *Moyen de devenir riche*, *&c.* (*) qui n'est point celui de

---

» (*) Moyen de devenir Riche & la maniere véritable par laquelle » tous les hommes de la France pourront apprendre à multiplier leurs » thrésors & possessions, avec plusieurs autres excellens Secrets des cho- » ses naturelles, desquels jusques à présent l'on n'a oui. Paris, *Robert Fouet*, in-8. 1636, (contenant, sans l'Avertissement, 255 pages.)

l'Auteur, il prit le foin de la mutiler en plufieurs endroits.

On lit encore à la tête de cette édition vicieufe, une *Epitre de l'Auteur au Peuple François*, que Paliffy n'a jamais compofée, quoique fon nom foit imprimé au bas. Cette Epitre eft évidemment l'ouvrage d'un fauffaire qui la fabriqua de quelques phrafes pillées dans les *Avertiffemens*, les *Dédicaces* & les *Traités* de fon Auteur. Cependant dans les ventes, publiques & celles qu'on appelle à *l'amiable*, ce livre fe vendoit très - cher; les éditions originales font encore plus rares & de formats différens, difficiles à raffembler.

» Seconde partie du Moyen de devenir Riche, contenant les difcours
„ admirables de la nature des Eaux & Fontaines, tant naturelles qu'artifi-
„ cielles, des Fleuves, Puits, Ciflernes, Eflangs, Marez & autres Eaux
„ douces, de leur origine, bonté & autres qualités. De l'Alchimie, des
„ Métaux, de l'Or potable, du Mitridat, des Glaces, des Sels végétatifs
„ ou génératifs, du Sel commun. Defcription des Marez Salans, des
„ Pierres, tant communes que précieufes. Des caufes de leur génération,
„ formes, couleurs, pefanteur & qualités d'icelles, des Terres d'argile,
„ de l'Art de Terre, de fon utilité, & du Feu, de la Marne & du moyen
„ de la cognoiftre, par M². Bernard Paliffy, de Xaintes, Inventeur des
Ruftiques Figulines du Roy. Paris, *Robert Fouet*, in-8. 1636, (contenant
525 pages, fans les Tables) le Privilége du Roi, figné *par le Roi en fon
Confeil*, Denifot, eft du 11 Juillet 1636,

L'édition des Œuvres de Paliſſy que nous offrons aujourd'hui aux Amateurs de l'Hiſtoire Naturelle & de la Chymie, a donc le mérite d'être complette & d'avoir été revue ſur les originaux de la Bibliotheque du Roi, le premier imprimé à Lyon en 1557, le ſecond à la Rochelle en 1563 & 1564. & le troiſieme à Paris en 1580, tous trois autographes & publiés du vivant de l'Auteur. Nous n'en apporterons point les titres, on les trouvera dans les différens *Avis* de ce volume.

Nous nous ſommes attachés particulierement à conſerver l'ouvrage entier de Paliſſy : nous nous ſommes bien gardés d'altérer ſon ſtyle, ſes expreſſions & ſon orthographe. Il ſera facilement entendu par les perſonnes accoutumées au François d'Amiot & de Montaigne ; un Auteur qui, comme Paliſſy, a le mérite de la clarté & de la préciſion, n'a pas beſon d'être retouché pour être lu.

Il manquoit donc à l'Hiſtoire Naturelle & aux Sciences, une édition complette des Œuvres de cet homme unique, qui de ſimple Potier de Terre, étoit devenu un des ſavans les plus diſtingués de la Nation & un des perſonnages qui ont le plus honoré leur ſiecle par des connoiſſances qu'il ne devoit qu'à

lui-même. Nous avons cru que le recueil exact &
complet de ſes ouvrages ſeroit vu avec plaiſir dans
un moment où l'heureuſe révolution qui s'eſt faite
dans l'Hiſtoire Naturelle, fera époque dans les faſtes
des Sciences. Il ſemble en effet qu'il y a une réunion générale dans les eſprits, une eſpece d'accord
univerſel & ſoutenu pour obſerver & ſuivre la nature
d'une maniere plus méthodique qu'autrefois.

Nous avons expliqué & éclairci par des notes les
mots qui auroient pu embarraſſer, & nous avons
tâché de développer les théories neuves & ingénieu-
ſes que Paliſſy avoit imaginées ſans oublier de faire
entrevoir ſes erreurs, lorſque nous avons cru qu'il
s'étoit trompé.

Nous n'avons pas négligé les recherches hiſtoriques qui pouvoient rendre cette édition intéreſſante.
On nous doit compte de notre bonne volonté & du
deſir que nous avons eu de procurer aux ſavans des
ouvrages diſperſés & difficiles à trouver, que nous
leur préſentons dans un ſeul volume.

Il y a en tête de chaque Traité un ſommaire
qui en contient l'extrait : cette méthode nous a
paru très-propre à préparer à la lecture de tous ces

différens objets. Nous n'avons pas obfervé l'ordre des éditions originales pour l'arrangement des livres, parce que nous avons mieux aimé rapprocher les fujets les plus analogues; & fi nous avons commencé par le Traité de *l'Art de Terre*, c'eft qu'il eft plus propre à faire connoître Paliffy & à infpirer le plus grand intérêt pour fa perfonne & pour fes talens.

Fin de la Table.

RECHERCHES

SUR

BERNARD PALISSY.

BERNARD PALISSY étoit natif du Diocèse d'Agen en Aquitaine, suivant la Croix du Maine, son contemporain. Dans quel lieu & en quelle année il naquit, c'est ce qu'on ignore absolument. L'Historien d'Aubigné dit que Palissy mourut l'an 1589, âgé de 90 ans; ainsi il seroit né en 1499. La Croix du Maine assure que Palissy, *Philosophe Naturel & homme d'un esprit merveilleusement prompt & aigu, florit à Paris l'an 1584, âgé de 60 ans & plus, & fait des leçons de sa Science & Profession.* En supposant avec cet Auteur, que Palissy avoit alors plus de 60 ans, il pourroit être né depuis 1514 à 1520.

Palissy fut l'artisan de sa fortune, & si cette Déesse inconstante ne lui donna point la richesse & la naissance, elle le doua du génie qui lui procure l'immortalité parmi les personnages illustres de notre Nation. Il paroit qu'il étudia dans sa jeunesse la Géométrie pratique. Il dit de lui-même qu'il étoit souvent appellé pour faire des figures ou des plans dans les procès, & que lorsqu'il étoit en telle commission, il étoit très-bien payé. C'est en cette qualité qu'il fut employé par les Commissaires du Roi sur le fait des Gabelles, à lever la Carte Topographique des Isles & pays circonvoisins des marais salans de la Saintonge, en vertu de l'Edit du mois de Mai 1543, donné à Saint-Germain-en-Laye. Cette Science lui servit d'introduction à l'étude du dessin; & dans cet Art il s'attacha aux grands modeles de son tems, tels qu'Albert Durer, Raphael & Léonard de Vinci, &c.

La Peinture devint aussi une de ses occupations, & l'un des moyens dont il se servit pour subsister. *L'on pensoit en nostre pays*, disoit-il, *que je fusse plus savant en l'art de Peinture, que je n'estois. Je peindois des images.* Il s'appliqua aussi à la Peinture en émail & à la Peinture sur verre, qui étoit alors fort en usage, & qu'il appelle *la Vitrerie*.

C'est avec ces talens acquis qu'il voyagea dans tout le Royaume, depuis les Pyrénées jusqu'à la mer de Flandres & des Pays-Bas; & depuis la Bretagne jusqu'au Rhin. Il paroît qu'il a parcouru en détail toutes les Provinces de la France; la Basse-Allemagne, les Ardennes, le pays de Luxembourg, le Duché de Cleves & le Brisgau, &c. Il habita principalement le Guistrois, le Bourdelois & l'Agenois son pays natal. Il rapporte même qu'il demeura quelques années à Tarbes, Capitale de la Bigorre, & dans plusieurs autres lieux du Royaume. Toutes les contrées qu'il parcourut fournirent matiere à ses observations. Les monumens de l'Antiquité & de l'Histoire Naturelle de la terre, attiroient principalement ses regards, & rien n'échappoit à sa pénétration. Il étudioit tous les Arts. On est surpris de l'étendue de ses connoissances

C'est en voyageant avec une passion aussi décidée pour s'instruire que ses vues neuves sur la nature se développerent entierement. Son goût pour la Physique l'engagea à se livrer à l'étude des observations & des expériences, & il est absolument le premier parmi nous qui ait suivi cette méthode.

La Chymie n'étoit point encore réduite en Art. Ses principes étoient obscurs & incertains: il falloit toute la sagacité de Palissy pour pénétrer dans ses mysteres. Comme il n'y avoit point d'Ecole ouverte pour l'étudier, Palissy fut obligé d'avoir recours aux Alchymistes ou aux Apoticaires qui s'appliquoient à l'enseigner. C'est dans ces antres de Vulcain que déployant sa pénétration, il apprit à connoître les impostures des ouvriers du Grand-Œuvre, & les inepties des Pharmaciens. Dans tous ses Traités, il a déclaré la guerre aux abus & aux préjugés qu'il avoit découverts sur ces

objets·

objets. On ne peut fe refufer de faire l'éloge de fa faine Philofophie avant Montaigne.

Il y a apparence que dans ce tems Paliffy fréquenta les
laboratoires de la Tourraine, du Poitou & de l'Anjou.
Il apprit les élémens de l'Art que le célebre Rouelle, Chymifte,
admira depuis dans fes ouvrages. La nature qu'il épioit fans
ceffe, augmentoit chez lui l'étendue de fes découvertes; elle
l'entraînoit avec ardeur vers de nouveaux objets de lumiere par
cette impulfion fecrete qui commande toujours les grands
hommes vers la recherche de la vérté. Ennemi du charlata-
nifme & peut-être affez inconftant pour un état qui ne devoit
point le fixer, Paliffy put déplaire à Sébaftien Colin qui fe
créoit une réputation à Fontenay-le-Comte. La différence de
religion fut peut-être la caufe de cette inimitié ; nous oferions
même croire que les fatyres de Paliffy, qui eft quelquefois
cauftique, purent contribuer à lui faire donner une place dans
la brochure curieufe que Colin fit imprimer contre les Apoticaires.

Ce Médecin en veut principalement à ceux qui n'ont point
étudié la Grammaire. *Il fe mettent*, dit-il, *Apoticaires fans
auoir aucun fondement en Grammaire ; pour cette caufe ils
mefprifent leur Art, & toutesfois ils ne laiffent pas d'en prendre le proufit, & font fi ignorans qu'ils n'entendent pas les
mots & vocables de leur Art.*

Paliffy s'eft glorifié dans fes trois ouvrages de cette impu-
tation, qui au jugement des plus favans, ne fait aucun tort à
fes connoiffances philofophiques. Il déclaroit fouvent qu'il ne
favoit ni Grec, ni Latin ; *mais*, ajoutoit-il, *on peut fe faire
fauant fans eftre Latin ny Grammairien.*

Colin parle d'un Apoticaire, *grand abufeur de fon eftat,
fachant bien*, dit-il, *couurir & celer fes abus, combien que
par noftre diligence nous les auons cogneus ; toutesfois par
le moyen d'une rufe de laquelle il fe fait bien aider, il eft
appellé en aucunes maifons, veu qu'il fait plus grand marché de fes drogues que ne font les autres.* Lorfque Paliffy attaque Sébaftien Colin dans le Traité de l'Or Potable, à l'oc-

casion de l'Historiette des urines, il désigne *un Medecin aussi peu sauant qu'il y eust dans tout le Poitou ; cependant par vne seule finesse se faisoit quasi adorer*. L'inimitié secrete faisoit donner dans des excès de part & d'autre. Le Médecin Poitevin se plaint de ce que *les Apoticaires se meslent de tant d'estats, qu'il n'est possible qu'ils en fassent vn bien. Les vns sont fourniers, chasseurs, faiseurs de poudre à canon, &c.* Nous sommes bien trompés s'il n'a pas en vue Palissy, dans ces passages ; il paroît même avoir voulu détruire sa réputation dans son pays. Au reste ces deux ouvrages polémiques sont très-intéressans. Celui de Palissy contient les principes d'une physique plus saine : tous les deux s'accordent à mépriser l'Or Potable (*a*), les Fragmens précieux,

---

(*a*) Les Apoticaires & Arabistes… pour savoir s'il y a des escus chez les malades, ont de coustume de mettre de l'or en la préparation des restaurans, tellement que le meilleur ne leur est pas assez bon, & faut, disent-ils, que ce soit or de ducat. Ie serois long-temps sur ce propos : mais le plus briefeument qu'il me sera possible, ie l'expedieray. Ie voudrois demander à ces *Margaux* les raisons par lesquelles l'or cuit restaure, il ne faut nier selon les grands Philosophes, que la premiere matiere & sperme des metaux, c'est le mercure qu'on dit argent vif, non vulgal, & que la mistion des principes en l'or est si ferme qu'elle ne peut estre dissoulte par nostre chaleur, ie te laisse ici à penser ce que dit *Galien* de l'argent vif au livre des simples. Premierement tu verras qu'il n'est aucunement restaurant mais plutost poison. Or nous restaurons les malades, quand ils sont presque du tout priués des puissances naturelles, ce qui advient par la consomption des esprits esvanouis & exhalez par la longueur & vehemence de la maladie, desquels le premier est le sang. Veu donc que le sang engendre, baille la forme & puissance au corps, il est necessaire premier que les ducats mis en decoction restaurante, qu'ils soyent tournés en sang, ce qui est dur à croire : car premier que la viande que nous prenons soit tournée en sang, il faut qu'elle soit cuite & chylifiée, c'est à dire, tournée en suc, de-là est renvoyée aux veines mesaraiques, là où le chyle prend quelque forme de sang, puis se parfait aux veines, duquel sont engen-

le Mitridat, la confection d'Alkermes , la Terre ſigillée *que les Apoticaires , dit Colin, préparent d'ocre bruſlée , ou d'une maniere de pierre rouge qu'on trouve en pluſieurs lieux aux pays de Berry , Auuergne & Perigord.*

drez les eſprits vitaux & animaux... Comment ſe pourroit-il faire que l'or qui eſt un métal ſi dur, lequel ne peut eſtre gaigné par le feu, qu'il ſe digere en noſtre eſtomac & qu'il ſe tourne en ſang ? ie ne veux nier que l'or n'ait de grandes propriétés en certains accidens, mais non pas à reſtaurer les eſprits : car les choſes reſtauratiues doiuent eſtre de bon ſuc, & faciles à diſtribuer par tout le corps, ce qu'il ne ſauroit trouuer en l'or. Si tu reſponds que l'or reſtaure par vne proprieté occulte, ie te reſ-ponds que les proprietés occultes ſont refuge de ceux qui ignorent les cauſes des choſes naturelles, & ſont comme leur Dieu tutelaire. Parquoy l'on doit louer ſeulement les reſtauratifs, leſquels ſont preparés auec certaines chairs diſtilées en alambics de voire avec le feu, en y additionnant certaines ſimples & compoſitions propres ſelon la maladie. Les Medecins Grecs qui ont eſté les plus excellens, ne font aucunement mention des reſtaurans faits auec de l'or, mais ſouuent ordonnent du vin & autres pluſieurs bonnes choſes qui ne ſont métaliques, ainſi comme fait Galien aux ſyncopes & ruines des eſprits : voulant par-là monſtrer que les choſes qui facilement nourriſſent, ſont fort profitables à reſtaurer, & non pour l'or ſi tu ne voulois reſtaurer la veue. Car les bons compagnons diſent qu'il n'y a reſtaurant que d'eſcus pour bien reſtaurer la veue ; comme il advint d'vn Apoticaire, lequel ſe reſtaura ſoy meſme voulant faire vn reſtaurant à vn malade, demanda des ducats pour y mettre, deſquels il reſtaura ſa bourſe qui eſtoit bien vuide ; & au lieu de mettre des ducats à la fin de la diſtillation, il mettoit de l'or en feuilles, & là où il trouuoit ſes gens, bailloit entendre aux malades & parens, que l'or par la lon-gue decoction s'eſtoit liquifié & tourné en telle ſubſtance qu'il appa-roiſſoit audit reſtaurant, & que cela eſtoit fait par la violence du feu & longue ebulition du reſtaurant, & ainſi faiſoit paſſer les ducats d'au-cuns malades par inuiſible, & ne laiſſoit pas de ſe faire payer de ſes iournées & reſtaurans, ſans conter les ducats qu'il déroboit des malades. *Note extraite de Sebaſtien Colin.*

Colin eft imbu des principes fcholaftiques : il jure par les anciens qu'il refpecte fur parole ; il croit ce qu'ils ont avancé fans examen de fa part. Paliffy au contraire a beaucoup moins de préjugés & s'en rapporte davantage à l'expérience ; ces deux petits livres eurent une réputation étonnante dans leur fiecle, & l'un & l'autre peuvent encore fervir de leçons aujourd'hui.

Avant 1544, Paliffy, Géomettre, Deffinateur, Architecte, Peintre en plufieurs genres & Chymifte, voulut auffi s'appliquer à la recherche des émaux. Sa commiffion pour lever la carte des Ifles de Saintonge, étant achevée, &, comme il le raconte, muni d'un peu d'argent, il reprit encore *l'affection de pourfuivre la fuite defdits efmaux*, particulierement l'émail blanc. Extraire ce qu'il nous apprend à ce fujet dans fon Art de Terre, ce feroit affoiblir l'énergie de fon ftyle & enlever au lecteur le plaifir fingulier de l'entendre lui-même.

S'étant fixé en Saintonge, fon mariage, fes enfans en nourrice, tout lui faifoit croire qu'il y finiroit fes jours ; lorfque tout à coup emporté par un violent defir de faire de nouvelles découvertes, il abandonne l'état qui affuroit fon exiftence & celle de fa famille. On le voit prendre des teffons de terre, les couvrir de fes drogues, & aller tantôt chez les potiers, tantôt chez les verriers pour effayer fes émaux dans leurs fours, & en conftruire fouvent lui-même. Toutes fes tentatives font infructueufes, mais le moindre fuccès ranime fes efpérances. De nouveaux malheurs l'accablent ; il rencontre des obftacles imprévus. La peine, la dépenfe, la mifere, tous les fléaux du Ciel femblent le pourfuivre à la fois. Dans fon atelier, il eft fans fuccès : dans le monde, il eft méprifé : dans fa maifon, il éprouve de nouvelles perfécutions. Au milieu de toutes ces traverfes, fon courage fe fortifie ; il s'obftine contre la fortune. L'inutilité de fes opérations eft un nouveau motif pour continuer fes recherches. Le hazard lui ayant procuré, vers l'an 1555, une coupe de terre émaillée, de la plus grande beauté, elle devint le but unique de son travail, il voulut absolument réussir à l'imiter.

Dès le commencement de son séjour en Saintonge, le Calvinisme y jetta quelques racines. Palissy ajouta à ses malheurs celui de suivre l'erreur générale. Comme il a fait une Histoire curieuse de tout ce qui se passa dans Saintes, depuis 1546, à cette occasion, il seroit superflu de le transcrire. Ce qui le persuada principalement dans ces circonstances, ce fut la probité & la vertu des premiers hommes qui prêchoient la religion réformée. Palissy qui avoit des mœurs, se laissa toucher par leur conduite & par leurs discours. Lorsque les loix civiles s'armerent dans la Saintonge contre les Protestans, Palissy alors artisan, s'associa avec d'autres artisans : ils formerent ensemble une Eglise, où chacun d'eux prêchoit à son tour. D'Aubigné indique dans sa table, Bernard Palissy comme Ministre. Cette réputation lui causa beaucoup de chagrin. On croit effectivement entendre un Quaker vertueux qui va monter en chaire, lorsqu'il laisse entrevoir ses sentimens religieux.

Cependant Palissy parvint insensiblement à perfectionner son Art. Comme il employoit sa belle poterie à l'ornement des jardins, & à la décoration des Maisons des Grands, il commença à être connu : il fut employé par les personnes de la plus haute distinction : on protégea ses talens & il fut encouragé. Pour distinguer sa belle fayence des autres poteries, il prit le titre singulier & modeste, *d'ouvrier de terre & d'inventeur des rustiques figulines*. C'est en cette qualité que le Connétable de Montmorency l'employa à la décoration de plusieurs de ses Châteaux, & particulierement à celui d'Ecouens, où subsistent encore plusieurs de ses ouvrages.

Depuis 1557 jusqu'en 1563, Palissy augmenta sa réputation par son zele pour le parti Protestant, & par les agrémens de son Art chez les Seigneurs de la Cour. Le Sire de Boisy, Grand Ecuyer de France, paroît avoir été le premier Mecène de ses ouvrages. L'Edit que Henri II donna à Ecouens au mois de Juin 1559, sonna l'alarme parmi les Re-

ligionaires. Le Parlement de Bourdeaux en ordonna l'exécution en 1562: la vie des réformés fut abandonnée aux Juges
Royaux des lieux, qui les condamnoient à la mort, fans
appel. Paliſſy, Proteſtant & Miniſtre, obtint une ſauve-garde
du Duc de Montpenſier: le Comte de la Rochefoucault
ordonna que ſon atelier ſeroit un lieu de franchiſe. Mais au
mépris des ordres du Général de l'armée Royale en Saintonge, les Juges de Saintes traînerent Paliſſy en priſon. Son
atelier, érigé en partie aux frais du Connétable, fut détruit: menacé de la mort, il en fut ſauvé par la protection
du Seigneur de Burie, du Comte de la Rochefoucault, du
Sire de Pons & du Baron de Jarnac. Ils s'employerent tous
pour lui faire rendre la liberté; mais ſes ennemis faiſant peu
de compte de l'intérêt que ces illuſtres perſonnes prenoient
à ſon ſort, l'envoyerent pendant la nuit dans les priſons de
Bourdeaux.

Paliſſy auroit infailliblement été conduit au ſupplice, ſi
le Connétable n'eût promptement préſenté un placet à la
Reine-Mere, qui obtint un ordre du Roi pour lui ſauver la
vie & lui rendre la liberté. On lui donna ſans doute le bre-
vet d'Inventeur des Ruſtiques Figulines du Roi & du Connétable, pour le ſouſtraire à la Juridiction de Saintes &
du Parlement de Bourdeaux, où on lui expédia des Lettres de
privilége, qui en l'encourageant dans ſon Art, attribuerent
alors la connoiſſance de ſa cauſe au Grand Conſeil, ainſi
qu'on en a rapporté un exemple dans cet ouvrage.

En 1557, Paliſſy avoit publié ſon premier Eſſay; il donna
le ſecond en 1563; il y paroit déja un grand Naturaliſte;
il y dévelope des vues fines ſur la perfection de l'Agriculture; on y voit qu'il eſt inſtruit de l'Architecture civile &
militaire. Son *Jardin* (a) *Delectable* réunit tous les agré-

---

(a) Le Parc de Chaulnes, en Picardie, eſt exécuté ſuivant le plan que
Paliſſy propoſe pour tailler les arbres en colonnes. Ceux qui auront le
plaiſir de s'y promener, remarqueront le *Temple de Diane*. C'eſt dans

mens de la Nature & de l'Art. Devenu essentiel dans sa Nation où le luxe a tant de facilité à s'introduire, il fut appellé à Paris, où il étoit vraisemblablement lorsque cette journée malheureuse de la Saint Barthelemy (1572) coûta si cher à nos ancêtres & à nos concitoyens. Si nous eussions pu découvrir comment Palissy échappa à ce cruel danger, nous aurions sans doute connu les sentimens vertueux des personnes qui s'employerent à le conserver pour l'avantage des Sciences & des Arts.

On apprend par *Peyresc* & par la couverture de son livre de 1563, (qui est à la Bibliotheque du Roi) qu'il étoit surnommé *Bernard des Tuileries*. Geraud Langrois qui écrivoit en 1592, l'appelle *Gouverneur des Tuileries*. Palissy nous apprend lui-même qu'il demeuroit aux Tuileries vis-à-vis de la Seine. Peut-être que logeant dans l'enceinte de ce Château pendant le massacre, il fut oublié : peut-être même le Roi & la Reine Mere s'intéresserent-ils à son sort, dans ce terrible instant. On sait que Charles IX sauva Ambroise Paré de la mort qui l'attendoit ce jour-là. Ainsi les talens de Palissy purent lui sauver la vie.

Etabli dans la Capitale Palissy y rassembla un Cabinet d'Histoire Naturelle, le premier qui ait été formé dans Paris : il employa une méthode si simple & si conforme à ses principes & à ceux de la nature, qu'il est étonnant qu'on ne l'ait point imité. Il ne faut que lire la Description générale qu'il en fait, & qu'on trouve à la fin de ce volume, pour juger combien il l'emporte sur ces nombreuses collections de tous les genres, qu'on apperçoit sous des lambris magnifiques, & qui ne donnent aucune suite, aucune liaison dans les idées.

---

ce parc que l'aimable M. Gresset a composé la *Chartreuse*, dans un bosquet délicieux qui porte encore ce nom ; M. l'Abbé de Boismont y a chanté aussi des vers très-agréables.

C'eſt dans ce Cabinet qu'il faiſoit auſſi la démonſtration de ſes principes & des nouvelles découvertes qu'il a imprimées dans ſes ouvrages. Il eſt encore le premier en France & dans la Capitale qui ſe ſoit ſervi de cette maniere de tranſmettre ſes connoiſſances pour réduire en Art une Science qui eſt auſſi diviſée que les êtres de la nature ſont répandus ſur la ſurface du globe terreſtre.

Pendant les années 1575, & 1576 (a), Paliſſy donnoit des leçons publiques d'Hiſtoire Naturelle & de Phyſique ; il

---

(a) L'on trouvera dans *les Notes communiquées* une notice des habiles gens qui aſſiſtoient aux démonſtrations de Paliſſy, nous ajouterons ici celle d'un Auteur inconnu, ſavant Médecin, grand Critique, habile Botaniſte, dont les ouvrages ſont très-rares & difficiles à compléter. Voyez la page 658.

Pierre Pena, Médecin, étoit d'une maiſon ancienne, diſtinguée dans l'Epée & dans la Robe ; Hugues Pena fut un des Troubadours de la Provence dans le treizieme ſiecle ; lui & Boniface Pena furent choiſis dans le nombre des 100 Chevaliers qui devoient accompagner Charles I de Valois, contre le Roi d'Arragon. Un Chevalier Pena de Mouſtiers, Religieux de l'Ordre de Saint J. de J. commandoit une eſcadre de douze navires durant le ſiége de Rhodes. *Pierre Pena*, naquit dans la ville de Mouſtiers, Dioceſe de Riez en Provence, ſes ancêtres avoient été Seigneurs en partie de cette Ville. André Pena viſita les Univerſités de France & d'Italie, où il étudia la Juriſprudence : après avoir été admiré au Barreau, il fut Lieutenant des Submiſſions au ſiége de Digue & enfin Conſeiller au Parlement d'Aix, charge qu'il exerça pendant trente-cinq ans avec la plus haute conſidération. Jean Pena vint à Paris, il étudia les Belles-Lettres ſous la Ramée & devint Profeſſeur des Mathématiques au Collége Royal de France. Son Eloge ſe trouve dans la quatrieme Préface des Mathématiques de la Ramée, édition de Bergeron, page 188 ; dans les Eloges des Hommes Savans de l'Hiſtoire de M. de Thou, avec les additions de Teiſſier, tome 1. page 304, édition de 1715 ; dans le tome 2 des Mémoires ſur le Collége Royal, par M. l'Abbé Goujet, & dans l'Hiſtoire de Provence, par Gaufridi, livre XII, page

en donnoit encore en 1584 : & c'eft en 1580 qu'il publia
fon dernier ouvrage. Il y examine toute la Nature ; il y parle
de la Terre & des Eaux ; il détaille avec un foin extrême

528. On a de lui *Euclidis Optica & Catoptrica & Mufica , Græcè & Latinè interprete Joanne Pena, in-4. Paris ,* 1557 *,* dédié au Cardinal Charles
de Lorraine. *Theodofii Tripolitæ Sphæricorum , libri III. Nunquam ante hàc
Græcè excufi , iidem Latinè redditi per Joannem Penam Regium Mathematicum , in-4.* Paris, 1558, dédié au même Mecène. Gauf:idi , qui en fait
un autre Noftradamus dans l'art de deviner, avoit des *Lettres Grecques
& Latines* de ce Savant, adreffées à André, fon frere. Il prétend que
Jean Pena avoit dreffé le thème de la Nativité *de Pierre Pena ,* fon
jeune frere , & qu'il avoit vu que s'il s'adonnoit à l'étude , les aftres lui
promettoient beaucoup ; que fur cette affurance le Confeiller détourna
fon jeune frere du métier de la guerre qu'il avoit pris , qu'il l'envoya
à Paris à fes dépens. Là , Pierre Pena , dit-il , s'occupe fi fort à l'étude ,
qu'encore qu'il ne commença qu'après l'âge de vingt ans , il s'avança
merveilleufement dans les Sciences ; fon inclination le portant à l'étude
de la Médecine, il s'y rendit fi habile , qu'il devint Médecin fecret du
Roi Henri III , & mourut riche à plus de 600000 livres , & dans un
haute réputation. Il eft queftion de lui & de Choifnyn dans le Divorce
fatyrique.

Pierre Pena & fon confrere Mathias de Lobel , étoient Docteurs de
Montpellier ; il eft queftion de Pena dans le Traité de Jacques Gohorri ,
de la racine de Mechoacan : c'eft lui & Monfieur Séguier qui m'avoient
fait croire qu'il étoit de Narbonne. Nous avons :

*Stirpium adverfaria nova perfacilis vefligatio , luculentaque ad prifcorum
præfertim Diofcoridis & recentiorum materiam medicam.*

*Quibus propediem accedet altera pars. Qua conjeclaneorum de Plantis appendix , de fuccis medicatis & metallicis feclio , antiquæ & novatæ medicinæ lecliorum remediorum thefaurus opulentiffimus de fuccedaneis libellus
continentur authoribus Petro Pena & Mathia de Lobel , Medicis. Londini Thomæ Purfoetii fol.* 1570. Sur le titre gravé & avant la derniere
page ; à la fin 1571 & 1572 fur certains exemplaires : les armes de la
Reine Elifabeth , à qui ce livre eft dédié , font au milieu & des deux

toutes les efpeces de Terre & toutes les Eaux : celles de la mer, celles des rivieres, des fontaines & des puits : la recherche des fources, les eaux falées des marais de Saintonge,

---

côtés les cachets de Pena & de Lobel, au bas une carte de notre hémifphere, une Epitre adreffée à l'Univerfité de Montpellier qu'ils ont datée de Londres, à Noel 1570. Un Index, le Privilége de Charles IX, Roi, donné à Villiers Coftrez, le 12 Décembre 1570, à Pierre Pena & Mathias de Lobel, Médecins : il y a 455 pages de cotées, la 456 eft même cotée 440, 394, 452, où l'on voit quatre plantes gravées, les trois premieres à reporter dans l'ouvrage & une feuille de palmier ; enfuite deux autres feuillets où doivent fe trouver la racine de Mechoacan, une coraline, la barnacles ou macreufe, une pétrification, l'arbre de Chrift. & l'errata.

L'addition du Melampifum à la la page 11 & du Zingembre, p. 33. à ce volume qui eft très-rare, & rempli de recherches & d'érudition, il faut joindre le volume fuivant.

Plantarum feu Stirpium Hiftoria Matthiæ de Lobel infulani cui annexum eft adverfariorum volumen. Antuerpiæ Plantin, fol. 1576.

Il eft dédié aux Etats de Flandres, ayant en tout 471 pages, des formules de Guillaume Rondelet, un Index commun aux *Adverfaria* ci-deffus & au volume préfent appellé *Obfervationes* : une table Françoife, une Allemande, une Flamande, une Angloife, une Portugaife, enfin trois pages de plantes gravées *Flores Scoenanthi*, pour la premiere & *Tanacetum minus*, la derniere.

Et au bas le Type de Chrift. Plantin 1576, le fept cal. d'Août.

Chriftophe Plantin ayant fait venir des exemplaires des *Adverfaria*, de l'édition de Londres, en 1570, fit imprimer un nouveau frontifpice à fon nom, daté de 1576. Il fupprima la dédicace à la Reine Elifabeth, réimprima l'Epitre adreffée à l'Univerfité de Montpellier, & Lobel y ajouta un Apendix commençant à la page 457 & finiffant à la p. 471. Comme Plantin faifoit relier les *Adverfaria* & les *Obfervationes* enfemble avec un titre de 1576, il ajouta à la fin l'*Index* commun aux deux ouvrages.

celles des fontaines du Béarn , de la Lorraine & de la Bourgogne : les eaux Minérales de Bagneres, de Cauterets, de Spa,
d'Aix-la-Chapelle, &c. Les montagnes, les grottes, les fouilles

Enfin Lobel ayant été s'établir à Londres , il fit imprimer la Pharmacopée de Rondelet , chez Purfoot , in-fol. contenant 156 pages , qu'il
dédia à Edouard Baron de Zouche & Sainte Maure, avec un Privilege
de Jacques I, qui le qualifie de son Botaniste. Les Lettres sont datées
de Grynwich, le 2 Juin 1605. On fit un nouveau titre aux *Adversaria*
daté de 1605 ; en réimprimant les pages 456 & 457 , on y ajouta le
volume suivant.

„ Matthiæ de Lobel, Medici insulani Seren. & Invict. Jacobi I , Ma-
„ gnæ Britaniæ, Franciæ & Hyberniæ Regis Botanographi. Adversario-
„ rum altera pars cum prioribus illustrationibus , castigationibus auctariis
„ & rariorum aliquot stirpium, cum Britanniæ indigenarum & inquili-
„ narum , tum exoticarum delineationibus & ambigui simplicis medica-
„ menti , leviter & pernimium concisè in plantarum adversarii perstricti
„ aut mutilati , enodationibus. ‚

„ Balsami , Opobalsami, & Xylo-Balsami cum suo cortice.

„ Cinnamomi, Cassiæ , Xylo-Cassiæ , eorumque generum , explana-
„ tionibus succis aliquot medicatis & metallicis, medicinæ thesauris ,
„ introductionibusque ad nobilissimorum priscorum & nuperorum phar-
„ macoporum concinnitates, necessariis. »

„ Opii, Meconii , Opiati , de cantatissimique Chymistarum , Germa-
„ norumque laudani opiati formulis , eorumque usibus, technisque va-
„ riis ; solutionibus auri , Margaritarum , Coralliorum & congenerum ,
„ eorumque tincturis & magisteriis chymicis necnon commentariolis
„ aliquot Rondelletianis nunquam ante hac in lucem editis. „

Ainsi pour avoir les *Adversaria* complets , il faudroit avoir les exemplaires de Londres 1570 , Anvers 1576 , & Londres 1606 , tous de la
même impression, pour y joindre les titres & les additions , ajouter les
Observationes, Anvers 1576 , & à la fin y placer l'Index commun aux
deux ouvrages qui doivent se lire ensemble page à page.

de terre, leurs différens lits, l'examen des efpeces d'argile, la comparaifon des marnes, les métaux, les foffiles, les mutations des continens caufées par la mer, les fubmerfions qu'elle occafionne; enfin l'Hiftoire de la Nature & des Arts, femblent être de fon reffort. Il a vu avec une précifion & un foin qui paroît furpaffer le courage & la vie d'un feul homme.

Sa probité, fa vertu, fa candeur font peintes dans fon ouvrage. Son génie, fon caractere, fon ame forte, feront bien fentis, fi on veut faire quelqu'attention à l'énergie de fon ftyle, & aux expreffions vives qu'il employe. Si Plutarque eût connu un tel homme, il nous l'auroit repréfenté avec les couleurs vives de fon pinceau fublime. Le trait que nous allons rapporter d'après d'Aubigné, le fera bien mieux apprécier que tout ce que nous pourrions écrire.

» Mathieu de Launay autrefois Miniftre & maintenant l'un
» des feize (principaux chefs des Ligueurs de Paris) follicitoit
» qu'on menât au fpectacle public, (à la mort) le vieux Bernard,
» premier inventeur des poteries excellentes; mais le Duc
» (de Mayenne) fit prolonger fon procès, & l'age de 90 ans
» qu'il avoit en fit l'office à la Baftille : encore ne puis-je
» laiffer aller ce perfonnage, fans vous dire comment le Roi
» dernier mort (Henri III) lui ayant dit en prifon : *mon bon*
» *homme, fi vous ne vous accommodez fur le fait de la*

Pena devint Médecin de quartier de Henri III, Roi de France, comme on l'apprend des comptes de la maifon de ce Prince. Matthias de Lobel étoit fils de Jean de Lobel, Jurifconfulte de l'Ifle en Flandres, où il naquit en 1538. Il étudia la Médecine à Montpellier avec Pena fous Guillaume Rondelet; il devint Médecin de Guillaume, Prince d'Orange ; il exerça la Médecine à Delft & à Anvers; appellé en Angleterre pour être Médecin Botanifte de Jacques I, il mourut à Londres le 10 Mai 1516, & il fut enterré à Saint Denis, Eglife de cette Ville.

» *religion*, je fuis contraint *de vous laiffer entre les mains*
» *de mes ennemis.* La réponfe fut. SIRE*, j'eftois bien tout*
» *preft de donner ma vie pour la gloire de Dieu : fi ç'euft*
» *efté auec quelque regret, certes, il feroit efteint en ayant*
» *oui prononcer à mon grand Roi,* je fuis contraint : *c'eft*
» *ce que vous,* SIRE*, & tous ceux qui vous contraignent,*
» *ne pourrez iamais fur moy, parce que ie fçay mourir* (*).

(*) D'Aubigné, Hift. Univ. part. III. liv. III. chap, I. page 216,
prem. édit. de 1616, 1619, année 1589.

Il y a un paffage dans la Confeffion de Sancy du même d'Aubigné,
qui raporte le même fait d'une autre maniere, Chap. VII.

» Que direz-vous du pauvre potier, M^e. Bernard, à qui le mefme
„ Roy parla un iour en cette forte : *mon bon homme, il y a quarante-cinq*
„ *ans que vous eftes au feruice de la Reine ma Mere & de moy* (1543.)*, nous*
„ *avons enduré que vous ayez vefcu en voftre Religion parmy les feux &*
„ *les maffacres : maintenant ie fuis tellement preffé par* ceux de Guife &
„ *mon peuple, qu'il m'a fallu malgré moy mettre en prifon ces deux pauvres*
„ *femmes, & vous ; elles font demain bruflées & vous auffi, fi vous ne vous*
„ *convertiffez.*

„ SIRE, refpond Bernard, *le Comte de Maulevrier* * *vint hier de voftre*
„ *part pour promettre la vie à ces deux fœurs fi elles vouloient vous donner*
„ *chacune une nuict. Elles ont refpondu qu'encore elles feroient martyres de*
„ *leur honneur comme de celui de Dieu. Vous m'avez dit plufieurs fois que*
„ *vous aviez pitié de moy, mais moy i'ay pitié de vous, qui auez prononcé*
„ *ces mots :* j'y fuis contraint : *ce n'eft pas parler en Roy. Ces filles* ** *& moy*

* Voyez p. 405.
** Ces deux femmes étoient filles de Jacques Foucaud, Procureur au
Parlement ; elles furent brûlées plufieurs mois après, le 28 Juin 1588,
lorfque Henri III n'étoit plus à Paris, où il avoit tenu ce difcours à
Paliffy. La nouvelle de leur mort étant venue à l'armée Huguenotte au
commencement de Novembre 1588, M. du Pleffis dit à Henri IV,
alors Roi de Navarre : *courage, Sire, puifqu'encore entre nous il fe trouve*
jufqu'à des filles qui ont la vertu de fouffrir pour l'Evangile.

„ qui avons part au Royaume des Cieux, nous vous apprendrons ce langage
„ Royal, que les Guilarts, tout voſtre peuple ny vous ne ſauriez contrain-
„ dre vn potier à fleſchir les genoux deuant des Statues. » Voyez l'impu-
„ dence de ce Beliſtre ; vous diriez qu'il auroit leu ces vers de Seneque.
„ On ne peut contraindre celui qui ſait mourir : *Qui mori ſcit, cogi
neſcit.*

EXTRAITS

DES PRINCIPAUX AUTEURS

QUI ONT PARLÉ

DE PALISSY.

LA CROIX DUMAINE, 1584.

Bernard Palissy (*) natif du Diocefe d'Agen en Aquitaine, Inventeur des Ruftiques Figulines, ou Poterie du Roy & de la Royne fa Mere, Philofophe naturel & homme d'un efprit merveilleufement prompt & aigu.

Il a écrit quelques Traités touchant l'Agriculture ou labourage, imprimés l'an 1562, ou environ.

Difcours admirables de la nature des eaux & fontaines, tant naturelles qu'artificielles, des métaux, des fels & falines, des pierres, des terres, du feu & des émaux, un Traité de la marne, &c. le tout imprimé à Paris, chez Martin le jeune, l'an 1580.

Il florit à Paris âgé de 60 ans & plus, & fait des leçons de fa fcience & profeffion.

Biblioteque de Sieur de la Croix du Maine, Paris, l'Angelier 1584, in-fol. & 1772 in-4. 2 vol.

(*) Ce Bernard Paliffy étoit un fimple Potier de Terre, ne fachant ni le Latin ni le Grec, la nature feule l'avoit formé Phyficien : c'eft lui qui, vers la fin du feizieme fiecle, ofa le premier avancer que les coquilles foffiles étoient de véritables coquilles dépofées autrefois par la mer dans les lieux où elles fe trouvoient alors; que des animaux & fur-tout des poiffons avoient donné aux pierres figurées toutes leurs différentes figures, (*V. Mém. de l'Ac. des Scien. an.* 1720.) Ce fentiment, comme l'obferve très-bien l'Auteur de l'Hift. Nat. T. 1. page 267, in-4. étoit celui des anciens, & eft adopté par les plus habiles Phyficiens. *Note de M. Rigoley de Juvigni, Conf. Hon. au Parlement de Metz, fur la Croix Dumaine. Nouv. édit.*

*Le titre du premier Traité de Paliſſy ſe trouve page 398, & il eſt im-
primé depuis la page 405 à la page 460. Le ſecond ouvrage, celui dont
parle ici la Croix Dumaine, 1562, in-4. à la Rochelle, mais ſuivant l'exemplaire du Roi, en 1563, & ſuivant celui de la Bibliot. Maʒarine en 1564,
eſt imprimé depuis la page 401 à la page 652. Son titre exact eſt à la
page 400.*

*Le troiſieme a ſon véritable titre, à la page 401, & il eſt le premier de ce
volume.*

*On peut conſulter l'Extrait de Paliſſy de l'an 1584, cité à la page 552,
& le moyen de devenir riche dans le premier Avertiſſement à la tête de ce
livre p. ix.*

DU VERDIER DE VAUPRIVAS, 1585.

Bernard Paliſſy, ouvrier de terre & Inventeur des Ruſtiques Figuli-
ſes du Roi & de M. le Duc de Montmorency, Pair & Connétable de
France, demeurant à Xaintes, a écrit.

Recepte véritable, par laquelle tous les hommes de la France pourront apprendre à multiplier leurs threſors. Item. Ceux qui n'ont iamais
eu cognoiſſance des Lettres, pourront apprendre vne philoſophie neceſſaire à tous les habitans de la terre. Plus y eſt contenu le deſſin d'vn
iardin autant delectable que d'vtile inuention qu'il en fut onques veu,
auec le deſſin & ordonnance d'vne Ville de Fortereſſe la plus imprenable qu'homme ouït jamais dire, *imprimée à la Rochelle, in-4. par Barthelemy Berton, 1563.*

Diſcours admirables de la Nature des Eaux & Fontaines, tant naturelles qu'artificielles, des Métaux, des Sels & Salines, des Pierres, des
Terres, du Feu & des Emaux. Plus un Traité de la Marne, fort vtile
pour ceux qui ſe meſlent d'Agriculture, le tout dreſſé par Dialogues
eſquels ſont introduits la theorique & la practique deviſant enſemble.
Imprimé à Paris, in-8. par Martin le jeune 1580, *Bibliotheque d'Antoine du Verdier, Seigneur de Vauprivas, Lyon, Barthelemy Honorat,
1585, in-fol. Paris, 4 vol. in-4. 1772.*

* Un Académicien de Londres, de Boulogne, de Petersbourg, de
Berlin, aſſez humble, malgré tous ces titres, pour ſe cacher quelquefois

ſous

fous la robe du R. P. l'Efcarbotier, *Capucin indigne*, *Prédicateur ordi-naire & cuiſinier du grand Couvent*, oſe attaquer le ſentiment (de l'Au-teur) & traiter Paliſſy de viſionnaire dans le chapitre 17 d'une brochure ſingulicre intitulée : *Les Singularités de la Nature*, Bâle, 1768, in-8. Il en réſulte, d'après la lecture des Singularités de cet Académicien, qu'en fait de phyſique & de métaphyſique, il voit & raiſonne en Ca-pucin, peut-être plus ignorant qu'indigne, & que le Potier de Terre peut fort bien lui dire, comme à ſon voiſin le Cordonnier, *ne ſutor ultrà crepidam... Bernard Paliſſy, né à Agen (dans le Diocèſe), Potier de Terre établi à Saintes.... J'avouerai ingénuement ici, que j'ai méconnu le célèbre Auteur qui s'eſt déguiſé pour donner ſes *Singularités de la Nature;* je connois la néceſſité de garder l'anonyme, lorſqu'on attaque la Re-ligion, les bonnes mœurs & la réputation des perſonnes. En effet, il eſt prudent de chercher à ſe ſouſtraire aux peines rigoureuſes dues à une pareille témérité. Mais je ne vois pas la raiſon qui engage à ſe cacher, quand on écrit contre un ſyſtéme indifférent en ſoi ; il me ſemble qu'on n'a d'autre riſque à courir que celui de l'attaquer à tort & à travers, avec des argumens trop foibles, ou frivoles. Qu'en réſulte-t-il? Si on eſt de bonne-foi, on avoue qu'on s'eſt trompé ; la modeſtie n'a jamais rougi de ces ſortes d'aveux. L'amour-propre s'y refuſe-t-il en mur-murant ? On demeure alors dans ſon opinion. Chacun eſt plus ou moins attaché à la ſcience, & c'eſt le cas de la tolérançe, parce qu'elle n'eſt point dangereuſe en pareille matiere.

Pourquoi donc emprunter un maſque difforme ou ridicule, quand on peut ſe montrer à viſage découvert ? Pourquoi donc tendre un piége au lecteur ? Si le plaiſir d'entendre dire du bien de ſoi, ſans être connu, a ſes douceurs ; ſi l'amour-propre en eſt flatté, le danger auquel on s'ex-poſe, d'entendre auſſi le mal qu'on en peut dire, même ſans vraiſem-blance, eſt-il indifférent ? Le célèbre anonyme des *Singularités de la Nature*, doit être fatigué d'encens & de louanges. Le Temple des Mu-ſes, les échos du ſacré valon, retentiſſent ſans ceſſe du bruit de ſa re-nommée. Eh ! comment affublé de la Robe *du R. P. l'Eſcarbotier, Capu-cin indigne*, &c. M. de Voltaire ſeroit-il reconnoiſſable, quand cette robe eſt regardée, injuſtement à la vérité, comme l'enſeigne de l'igno-rance ? Quelle diſtance d'Apollon à un Capucin. *Notes de M. Rigoley de Juvigny, ſur du Verdier.*

Si M. de Voltaire avoit connu Paliſſy & ſes ouvrages , il l'auroit compꞇ té parmi les Grands Hommes ; ſi ce célebre Auteur avoit aſſez de courage pour le lire , il lui rendroit cette juſtice de ne point le croire viſionnaire ; mais M. de Voltaire n'a connu que le titre du *Moyen de devenir riche , &c.* le paſſage de M. de Fontenelle & celui de Telliamed. Sans adopter la note ci-deſſus en aucune maniere , pénétrés de vénération pour l'un des hommes qui honore le plus la Nation , nous le prions de ſe faire rendre compte de Paliſſy & d'avoir égard à ſon état , & à ſon ſiecle , &c. voyez page 434 & 531. *Note communiquée.*

S. GIRAULT LANGROIS, 1592.

Dans un livre intitulé : *Globe du Monde , contenant un bref Traité du Ciel & de la Terre , Langres , 1592 , chez Jehan des Preyʒ ,* livre fort rare. L'Auteur dans un Dialogue curieux entre Charles & Marguerite , ſes enfans , s'exprime ainſi. V. p. 84. ſur les ſels , & p. 87. & ſuiv.

* Maiſtre Bernard Paliſſy , cy-deuant Gouuerneur des Tuilleries , à Paris , en ſon Diſcours admirable de la nature des Eaux , &c. maintient que les eaux des fontaines prouiennent principalement des pluyes , penetrans les montaignes iuſques à la concauité d'icelles : & dit iceluy Paliſſy , qu'on ne doit trouuer eſtrange ſi en temps de ſeichereſſe l'eau de pluye peut encores fournir aux ſources des fontaines : d'autant qu'icelle pluye ne penetre du premier coup les montaignes qui ſont pierreuſes , mais demeure quatre ou cinq mois à diſtiller goutte à goutte , par ainſi ne peut manquer aux ſources d'icelles fontaines.

Il enſeigne auſſi en ſon liure les moyens de faire une fontaine naturelle en vn lieu où il n'y en eut iamais , par le moyen d'vne petite coline qu'on conſtruit , à force d'hommes , à l'endroit où l'on veut faire icelle fontaine. l'ay veu en cette ville de Langres proche l'hoſtel que fit baſtir M. Valtier Sieur de Choiſeul , vn gros amas de getun & menues roches tirées des fondemens d'icelle maiſon , leſquelles ainſi amaſſées ſembloient vne petite montaigne , laquelle getoit l'eau , ayant ſource comme vne fontaine l'eſpace de trois ſemaines durant , & s'il pleuuoit rarement pour lors , il eſt vray que les pluyes auoient eſté grandes auparauant.

On voit quelquefois des fontaines au ſommet d'vne montaigne : cela aduient quand il y a vne autre montaigne voiſine , laquelle eſt plus haute : car l'eau tombant d'icelle montaigne par des canaux pierreux, difposez en forme de pompes, peut par iceux canaux remonter iufques au deffus d'icelle petite montaigne voifine.

MARGUERITE.

Pourquoi voit-on les fontaines frefches en efté, & chaudes en hiuer ?

CHARLES.

A caufe qu'en efté la grande chaleur maiftrife le froid le contraingnant fe retirer dans les montaignes & lieux fubterrains, mais pendant l'hiuer le froid en a bien fa reuanche, chaffant le chaud ès caues & concauités des montaignes, où l'eau eftant, prent les mefmes qualités du lieu auquel elle eft contenue : nous voyons mefmement que fi l'eau diftillant en la fontaine a paffé par quelques mines d'airain, ou quelque autre terre pleine de mineral corrofifz & venimeux, telle eau en retient le gouft & qualité eftant dangereufe à boire : il eft vray que la grande quantité d'eau fait que le venin n'eft en fi grande vigueur

MARGUERITE.

Mon pere difoit vn iour qu'eftant aux bains de Bourbonne, proche cette ville, il plongea le bout du doigt dans l'eau d'iceux, ioingnant la fource, & que telle eau eft infiniment chaude & fuffifante pour cuire vn euf, de forte qu'on eft contraint mefler de l'eau froide parmy, afin d'attiedir les bains, d'où vient cela ?

CHARLES.

Telles eaux viennent des groffes montaignes, dans lefquelles il y a des exalations ou venes fulfurées qui s'enflambent tantoft cy, tantoft là, auprès defquelles les eaux paffans retiennent la qualité du feu & fentent quelquefois le foufre extrémement, de forte qu'on n'en peut boire.

Il y a des bains qui ne font du tout fi bouillans & defquels on peut boire à caufe qu'ils paffent quelque fable proche leur fource qui leur ofte ce mauuais gouft : on voit auffi des fources chaudes quand l'eau vient de loing, tombant & retombant obliquement d'vn rocher en autre, & n'y a point de doute que le mouuement ne l'efchauffe beaucoup, mefmement

quand icelle eau paſſe par des terres où il y a des mineraux, mais la chaleur n'eſt pas baſtante pour bruſler comme des bains cy-deſſus.

* Les montaignes bruſlantes ſont entretenues par le ſoufre eſtant en
icelles, & les gouffres de mer fourniſſent touſiours matiere pour entretenir ce ſoufre ardent.

M A R G U E R I T E.

Vous ferez tantoſt autant de façons en terre comme en l'air : vous y
logez des brouillars, des pluyes & des feux, ne reſte plus que d'y eſtablir
des vens, & nous aurons autant de remumens en terre comme en l'air.

C H A R L E S.

Il y a auſſi des vens en terre qui engendrent quelquefois vn tonnerre,
cauſant le tremblement d'icelle terre.

M A R G U E R I T E.

D'où vient ce tremblement de terre ?

C H A R L E S.

Il aduient lors que les exalations & vapeurs groſſieres eſtans recluſes
au ventre de la tetre, ne peuuent ſortir hors à cauſe qu'icelle terre eſt
trop dure & reſerrée : car telles exalations ſe fortifient de plus en plus,
eſtans comprimées par d'autres qui remontent continuellement, de ſorte
qu'icelles exalations ne trouuans point d'iſſue ſe compriment en telle
ſorte, donnans tantoſt d'vn coſté, tantoſt d'vn autre, qu'enfin elles rom-
pent la terre auec vn bruit comme vn tonnerre, bouluerſans quelquefois
les villes & chaſteaux.

Il y a de deux ſortes de tremblemens de terre : la premiere eſt cauſée
quand les vapeurs contenues en la terre ſe dilatent ſouleuans doucement
icelle terre ſans rien bouluerſer, qu'eſt proprement le tremblement de
terre : l'autre quand l'exalation ou vapeur pouſſe en vn endroit ſeul boul-
uerſant les montaignes, lequel tremblement on appelle pouls de terre,
d'autant qu'il pouſſe & enleue les montaignes, les culbutant quelquefois
& cauſant de grandes abiſmes : de ſorte qu'aduenant vn tel deſordre proche la riuiere, vous verrez tout ſoudain la terre engloutir l'eau : que ſi
l'exalation pouſſe iuſtement à l'endroit d'icelle riuiere, ſans bouluerſer
le fond, on voit l'eau ſe deſborder eſtrangement deçà & delà des riuages.

On voit auſſi quelquefois des montaignes s'enfoncer en terre, & à l'endroit meſme on y voit vn lac ou bien vne abiſme dont ſortent pluſieurs
feux & fumée. Si les vens ſortans de la terre ſont venimeux, ils engendrent la peſte.

* Le pouls de terre emporte quelquefois vne maiſon ſeule, quelquefois
vne ville, quelquefois vn pays, ſelon que la matiere eſt copieuſe.

L'exalation ou vapeur creue le ventre de la terre, de meſme que fait
la vapeur contenue en vn euf ou dans vne pomme, laquelle ſentant le feu
eſtend ſa peau tant qu'elle peut ; mais enfin ſe creue à cauſe quelle ne peut
contenir les vapeurs & l'air copieux qu'engendre le feu en icelle, dont
nous voyons ſortir vn vent jmpetueux.

Le tremblement s'apperçoit plus ſouuent de nuict que de iour, à cauſe
que la froidure augmentant la nuict, reſerre les conduits de la terre, rendant l'air eſpes en iceux, de ſorte qu'il ne peut ſortir librement, & empeſche auſſi les vapeurs ſuiuantes de prendre air & ſortir hors la terre, ce
qu'augmente le tremblement.

Le tremblement ne dure preſque rien : il eſt vray qu'ès lieux montueux
il dure quelquefois vn iour ou deux : on le voit durer ſix ſepmaines &
demy an, mais rarement, ſinon aux lieux cauerneux, horribles & eſpou-
uentables auſquels le tremblement eſt perpetuel, meſmement quand il y a
des vens impetueux qui ne ceſſent de donner dans ladicte concauité.

MARGUERITE.

Ie penſoye que la terre fut maſſiue, & qu'il ne s'y fit aucuns remumens, mais ie vois qu'elle eſt touſiours en action.

CHARLES.

Tout ainſi que voyez icelle terre fructifier par dehors, ainſi fait-elle
en ſon interieur : car elle engendre continuellement des pierres & mineraux de pluſieurs ſortes.

MARGUERITE.

Dictes moy ie vous prie comme s'engendrent les pierreryes que i'ayme
tant ?

CHARLES.

Quand ie parle des pierres, ie n'entens pas ces minardiſes qu'enchaſſez
en vos anneaux & quarquans, i'entens de bonnes groſſes pierres à baſtir :

mais puiſque deſirez ſçauoir comme s'engendrent les pierreryes, ie vous renuoye au *Diſcours admirable* de M. Bernard Paliſſy, Gouuerneur des Tuilleries de Paris, lequel ne fait qu'un article de la generation de toutes ſortes de pierres & mineraux, diſant que l'eau congelatiue forme tout ſuyuant le terroy & ſubiect qu'elle rencontre, & qu'il n'y a aucune partye en la terre qui ne ſoit remplye de quelque eſpece de ſel, petrefiant ou metaliſant les matieres qu'il rencontre, ſuyuant la qualité & diſpoſition d'icelles.

* Les pierres ne peuuent croiſtre par action vegetatiue, c'eſt à dire ne peuuent s'engroſſir par le moyen de quelque nourriture qu'elles tirent de la terre, car elles n'ont point d'ames, mais elles croiſſent par augmentation congelatiue : comme vne chandelle peut croiſtre par le moyen d'vne greſſe qu'on y adiouſtera, les pierres croiſſent de meſme par quelque cheutte de pluye qui paſſant par la terre deſtrampe & coule auec ſoy quelque ſel & matiere pierreuſe qui deſcend touſiours iuſques à ce qu'elle eſt retenue par quelque roche ou matiere dure, & lors l'eau petrefiante congele & endurcit la terre voiſine, & augmente d'autant les roches qui la retiennent. On peut aller bien auant auec des flambeaux dans les carrieres & veoir l'eau pierreuſe qu'eſt auſſi claire que l'eau commune, laquelle ſe congele toutefois en noſtre preſence : & voyons de meſme ès groſſes tours de cette ville de Langres, dans la concavité deſquelles l'eau diſtille perpetuellement, laquelle engendre de grands baſtons pierreux pendans au-deſſus des vouſtes comme glaſſons : & ſi voyons icelle eau tombant à terre ſe congeler deuenant pierre dure comme cailloux.

M A R G U E R I T E.

Le criſtal & diamant tant clair & luiſant n'ont rien de terreſtre en ſoy, tout y eſt tranſparent.

C H A R L E S.

Telles pierres ſe congelent en quelque eau nette & claire : i'ay veu vn criſtal fort clair à la pointe de deſſus, lequel eſtoit trouble & obſcur au deſſoubz : cela prouient de l'eau qui fut troublée au fond par quelque petite beſte ou quelque pierre qui tomba de haut pendant la congelation de ce criſtal. On voit auſſi par ſingularité quelques criſtals leſquels contiennent en ſoy de l'eau exalatiue & commune, par deſſus laquelle eau on voit quelquefois flotter vne petite macule noire : cela aduient quand l'eau congelatiue embraſſe, pendant la congelation du criſtal, l'eau exalatiue.

* On voit de meſme en vn glaſſon quand l'eau n'eſt encores du tout gelée par dedans : mais la congelation n'eſt pas ſemblable, car le glaſſon n'eſt compoſé que d'eau commune & exalatiue qui ſe peut fondre auſſi toſt.

On ne peut auant la congelation diſcerner l'eau congelatiue ou generatiue de l'eau commune ou exalatiue, non plus que l'eau ſalée ne ſe peut veoir parmy la douce, ſinon quand on les fait bouillir : alors l'eau ſalée ſe congele, & l'autre s'exale ſe conuertiſſant en vapeurs. L'eau congelatiue eſt quelquefois pierreuſe quelquefois metalique : c'eſt à dire elle engendre quelque metal, comme l'or, l'argent, le cuiure, l'eſtain, le plomb & autres metaux, ſelon la matiere & nature des terres qu'elle paſſe. Ariſtote meſme, liure quatrieſme des Metheores, dit que les metaux qui ſont diſſoubz & liquefiez par le feu, ſont engendrez principalement d'eau congelatiue, attribuant à la terre la congelation des mineraux qui ſont diſſoubz par l'eau.

* Ledict Paliſſy rapporta qu'on a autrefois trouué proche les carrieres d'ardoiſes, des bras humains metalifez & tranſmuez en cuiure ou airain : on en trouue aſſez de petrefiez. Il rapporte auſſi qu'il s'eſt trouué vn pau planté en vn eſtang, duquel la partie de deſſoubz, qu'eſtoit fichee en terre, eſtoit metaliſée & tranſmuée en fer, le milieu d'iceluy pau eſtoit petrefié, & le deſſus d'iceluy qui paſſoit hors l'eau eſtoit en ſa nature de bois : on voit des fontaines leſquelles petrefient tout ce qu'on y gete : bois, linge & autres matieres.

La matiere de tous mineraux eſt, ſelon ledict Paliſſy, vne eau congelatiue, & ſelon les Phiſiciens, c'eſt vne vapeur meſlée parmy vne exalation ſalée, prouenant du ventre de la terre, laquelle exalation ſe reſoult en eaux auec icelle vapeur pour ſe congeler en metal : ou bien ſe cuiſant auec la terre s'endurcit, ſe conuertiſſant en ſel, comme eſt l'alun, la couperoſe, ſel armoniaque, vitriole & autres : icelle eau congelatiue ſe conuertit quelquefois en pierre de pluſieurs façons.

PHILBERT MARESCHAL, SIEUR DE LA ROCHE, 1598.

La guide des Arts & Sciences, & promptuaires de tous livres, tant composés que traduits en François, in-8. *Paris*, 1598, *par Philbert Mareschal, Sieur de la Roche, Prêtre. p. 314, de l'Art Militaire.*

Bernard Palissy, Inventeur des Rustiques Figulines, dessin d'une Forteresse la plus imprenable. p. 321 *Architecture, Peinture, Agriculture, &c.*

Bernard Palissy, Agenois, Inventeur des Rustiques Figulines du Roi.

Discours admirables de la nature des Eaux & Fontaines, tant naturelles que artificielles, des Métaux, des Sels & Salines, des Pierres, des Terres, du Feu & des Eaux, Traité de la Marne, le tout par Dialogue.

Item. Le dessin d'un jardin délectable & autant utile qu'il en fut onques.

Item. Traité de l'Agriculture ou labourage, intitulé : *Recepte pour multiplier les tréfors.*

Item. Le moyen d'apprendre à tous les ignorans des Lettres une Philosophie néceffaire à tous vivans.

Ces titres bouleverfés font caufe de la plupart des erreurs des Bibliographes ; mais dans cet état, ce livre curieux auroit dû fervir à l'Editeur des Bib. de la Croix Dumaine & du Verdier.

PIERRE KOPF, 1610.

Bibliotheca Exotica.... ou la Bibliotheque Universelle, contenant le Catalogue de tous les livres qui ont été imprimés ce siecle passé en langue Françoife depuis l'an 1500, jufques à l'an préfent 1610, *à Francfort, par Pierre Kopf, in-4.* 1610. P. 88. *Libri Œconomici.*

Bernard Palissy, Recepte véritable... *la Rochelle*, 1563, *in*4,
Difcours admirables... *Paris*, 1580, *in-8.*

Ces livres font fort bien indiqués, & ce catalogue étoit abfolument néceffaire à l'Editeur des deux Bibl. de du Verdier & de la Croix du Maine, qui ne l'a point vu, les titres ont été copiés fur les exemplaires apportés à la foire.

LOUIS

LOUIS SAVOT,

Docteur en Médecine de la Faculté de Paris, Médecin du Roi, Savant Antiquaire, 1624.

L'Architecture Françoise des bâtimens particuliers, *in-8. Paris* 1624, 1680. *Déclaration des principaux Auteurs... ch.* 47.

Pour les fources & fontaines... Le livre de Bernard Paliffy, intitulé : *Difcours admirables, &c.*

LE P. MARIN MERSENNE, *Relig. Min.* 1634.

Dans les *Queftions Théologiques, Phyfiques, Morales & Mathématiques, in-8. Paris,* 1634.

Il feroit à fouhaiter que ceux qui ont des cabinets rares, remarquaffent ce qu'il y a de plus exquis dans chaque genre... Car il n'y a nul doute que l'on peut découvrir de grands fecrets de la nature par la fpéculation de fes ouvrages, comme a fait Paliffy, lorfqu'il a trouvé le moyen de rendre une place imprenable par l'*Helice* qui fe remarque dans les coquilles. *Queft.* 1. *Corollaire, p.* 5.

Comment les métaux peuvent-ils s'engendrer dans la terre ? La terre a quelque chaleur particuliere.... ce qui a fait conclure à Bernard Paliffy, que la matiere des pierres & des métaux, n'eft autre chofe que le fel de l'eau, dans laquelle il eft tellement mêlé, que l'on ne peut l'appercevoir que par fes effets, c'eft-à-dire, par les pierres, les marcafites & les métaux qu'il engendre ; premierement tous blancs de couleur de fel, qui attire toutes les parties terreftres qui lui font propres, & puis chaque corps prend différentes couleurs, fuivant les différens degrés de congelation, & les différens fels qui coagulent & arrêtent les matieres qu'ils rencontrent.

Or cette eau congelative qui eft mêlée, & confufe avec l'eau commune, qui s'exale, peut être appellée cinquieme élément, & contient en éminence les couleurs, les faveurs, les odeurs, la dureté & toutes les autres qualités des corps qu'elle engendre. Où l'on peut remarquer que la femence de chaque chofe, ou la tige qu'elle jete eft blanche en fon commencement, & que le fel eft caufe de toutes les générations : car fi on ôtoit le fel des métaux, des pierres, des plantes ou des animaux, ils s'en iroient tous en poudre : c'eft lui qui donne la dureté & la folidité aux os & aux pierres, & qui femble être le foutien de toutes les chofes

corporelles. Mais il y a autant de différentes fortes de fels que de couleurs & d'odeurs : par exemple, la couperofe eft un fel diftinct du fel de
nitre, du vitriol, de l'alun, du borax, du fublimé, du fucre, du falpê-
tre, du fel gomme, du falicor, du tartre, du fel ammoniac & de tous
les autres fels qui empêchent la corruption des corps où ils fe rencontrent, qui blanchiffent le linge dans les leffives, qui tannent & endurciffent le cuir des tanneurs, par l'entremife de l'écorce de chêne, laquelle
a une grande quantité de fel qui fe communique au cuir : car les écorces
des arbres en contiennent quafi tout le fel. Or je ne m'étendray pas d'a-
vantage fur ce fujet, afin qu'on life les excellens Difcours qu'en a faits
ledit Paliffy, qui explique auffi la maniere dont on fait le fel commun
dans les marais & dans les falines de Xaintonge. Ceux qui entreprendront
de le lire, croiront aifément que les coquilles, les herbes, les animaux, &c.
fe peuvent pétrifier & fe réduire en métal par ladite eau congelative,
Queft. VI.

Des inventions & des fecrets que l'on recheiche. Les Vitriers effayent de
trouver un rouge tranfparent & une maniere de teindre le verre en
couleur de rubis, par le moyen de la poudre ou de l'efprit de l'or......
à quoi l'on peut ajouter les Ingénieurs qui defirent une place fi bien
fortifiée qu'elle foit imprenable, comme celle que propofe Bernard Paliffy dans le livre qu'il a fait fur ce fujet. *Queft. XXVI.*

L'on trouvera plufieurs chofes excellentes de l'eau & du fel, qui fer-
vent à la génération des poiffons & de toutes les autres chofes dans les
Traités que Paliffy en a faits, car ils font pleins de rares expériences,
Queft. XXXI.

L'expérience de la marne & du fumier fait voir que leur fel engraiffe
la terre, & qu'ils font inutiles à cet effet lorfqu'ils en font dépouillés,
comme enfeigne Paliffy dans fon Traité de la marne & du fumier qu'il
appelle le tréfor des champs. Or la marne eft une terre argileufe qui fe
tourne fouvent en pierres propres à être calcinées & en craie : elle fert
dix ou trente ans à engraiffer la terre, lorfqu'elle a été diffoute par la
pluye qui tire l'eau de la marne, qu'il appelle congelative, générative
& cinquieme élément, qui ne s'évapore pas comme l'eau commune
qui lui fert de vehicule ; elle engendre auffi les écailles des poiffons,
les os, les pierres, & tout ce qui eft dur dans les plantes & dans les
animaux. C'eft elle qui congele les liqueurs, & qui fe diffout quand la

pluye tombe deſſus la marne, pour engraiſſer la terre, ce qui arriveroit à toutes ſortes de pierres, ſi la pluye les pouvoit diſſoudre pour en porter le cinquieme élément aux racines des plantes. *Queſt. XXXII.*

PIERRE BOREL, *Médecin de Caſtres*, 1654.

Ex Bibliotheca Chimica, *page* 174, *in*-12. *Paris*, 1656. Bernard Paliſſy, du Jardinage, où il eſt traité des métaux & de la chimie, *& page* 269, *il cite le titre* du moyen de devenir Riche, *in*-8. *Paris*, 1636.

Lorſque M. de Bure cite Paliſſy à l'occaſion de ce livre, *Bibl. Inſ. Scien. & Arts, N°.* 1503, il le qualifie, *Ouvrage ſingulier & recherché, dont les exemplaires ſe trouvent peu communément :* il ignoroit ſon imperfection ; & au *N°*. 1580, ce Libraire annonce préciſément le même ouvrage de l'édition de 1563, avec cette qualification : *Petit Traité ſingulier & aſſez curieux.* Il devoit étudier les ouvrages, il auroit vu que le livre de Paliſſy 1563, & celui de 1580, ſont les mêmes que celui de 1636, mutilé par l'Editeur, il les auroit rangés ſous le même N°. & dans la même claſſe.

CHARLES SOREL, 1667.

Dans ſon *Traité de la perfection de l'ame, quatrieme volume de la Science Univerſelle,* in-4. *Paris*, 1644.

DES AUTEURS.

Chapitre V. page 260, aux coſtes de Xaintonge il y a des marais où le ſel ſe fait de l'eau de la mer, non pas de la ſeule eſcume, comme diſent quelques-uns, il ne s'en fait pas de ſi bon aux coſtes des autres contrées, ou pour ce qu'il n'y a pas aſſez de chaud, ou qu'il y en a trop, ou qu'il y pleut trop ſouvent. Bernard Paliſſy a décrit naïvement ces marais en un Traité particulier du ſel commun.

De la perfection de l'homme... (*), qui contiennent la recherche des Sciences vtiles, &c. par M. Charles Sorel, Conſeiller du Roi en ſes Conſeils, premier Hiſtoriographe de France & de ſa Majeſté. in-4. *Paris*, 1655, *livre rare. page* 243, des opinions des Novateurs.

____

(*) *Liber extat Germanicè verſus à L. B. à Stabenberg.*

D E B E R N A R D P A L I S S Y.

Ie vay parler d'vn François qui fait grand honneur à fa patrie , & qu
peut monſtrer l'excellence de certains eſprits qui s'y trouuent , leſquels
lorſqu'ils ſe veulent adonner à quelque eſtude particuliere , n'ont pas beſoin de rien emprunter d'ailleurs. Celuy que ie mets ſur les rangs eſt Bernard Paliſſy , homme rare , mais peu connu , que parmy les très-curieux.
Il a compoſé vn liure en langue Françoiſe , dans lequel il fait la leçon à
pluſieurs Phiſoſophes Grecs & Latins , ſans auoir iamais veu leurs Œuures , ayant trouué par ſes experiences & par ſon jugement , la raiſon de
pluſieurs choſes naturelles auparauant cachées. Il a fait des Dialogues où
il introduit la Theorique & la Practique , qui parlent enſemble. Dans le
premier qui eſt appellé , *Diſcours admirables de la nature des Eaux & Fon-*
taines , il a touché quelque choſe de la puiſſance des feux ſouſterrains qui
ſeruent à la production de pluſieurs corps mixtes , & il monſtre là auſſi
que l'origine des fontaines n'eſt point de l'air qui ſera enfermé dans les
concauitez de la terre , mais de l'eau des pluyes qui ſe conſerue en maniere de ciſterne. Cela ſe peut trouuer vray en quelques contrées *:* il n'a
manqué qu'en ce qu'il n'y a pas ioint que cela ſe pouuoit faire encores par
des eleuations de vapeurs cauſées par la chaleur ſouſterraine , afin de pouſſer ſon opinion iuſques au bout ; c'eſt qu'il n'a conſideré en ce lieu , que
ce qui pouuoit eſtre imité pour faire des ſources par artifice , comme il
auoit entrepris de l'enſeigner ; il a deſcouuert beaucoup d'autres ſecrets :
ayant parlé de la marne & de diuerſes terres , il parle des diuers ſels , & dit
que nulle choſe vegetatiue ne peut vegeter ſans l'action du ſoleil , & que
ſi le ſel eſtoit oſté du corps de l'homme , il tomberoit en poudre en moins
d'vn clin d'œil ; qu'ainſi ſeroit il du bois , des pierres , & des metaux. Il
nomme entre les ſels , la couperoſe , le nitre , le vitriol , le borax , le ſucre , le ſublimé , le ſalpeſtre , le ſel gemme , le ſalicor , le tartre , & le ſel
ammoniac , & après il rapporte diuerſes proprietez des ſels en general.

Au Traicté du ſel commun il parle de la maniere de le faire aux marais
ſalans , dont il vante l'vtilité ; il ſe moque de ceux qui diſent que le ſel ſe
fait ſeulement de l'eſcume de la mer , & reprend auſſi vn Auteur de ſon
temps , qui depuis que les impoſitions ſur le ſel auoient eſté augmentées ,
auoit dit que l'on auroit eſté bien heureux en France ſi l'on auoit eu des
fontaines d'eau ſalée comme en Lorraine & ailleurs ; il aſſeure que ce ne
ſeroit pas aſſez d'vne centaine de telles ſources , & meſme que quand il y

en auroit mille, elles seroient inutiles, pour ce que toutes les forests de France ne pourroyent suffire en cent ans à faire autant de sel de fontaines ou puits salez, qu'il s'en fait en Xaintonge à la chaleur du soleil, non pas en vne année, mais seulement depuis la my-May, iusques à la my-Septembre, puis qu'il ne s'en peut faire en aucune autre saison. Cet Auteur exalte alors la bonté du sel de Xaintonge au-dessus de celuy des autres contrées, & faisant vne enumeration des vertus du sel, il dit entre autres choses qu'il donne le goust à tout, qu'il donne le son aux metaux, & que tout se peut vitrifier par luy, & qu'enfin il est compagnon de toutes natures.

Palissy nous a donné encores vn Traicté des Pierres, où il nie qu'elles soyent engendrées par vegetation, recognoissant que cela se fait par augmentation congelatiue, comme qui ieteroit de la cire fondue sur vne masse de cire desia congelée; ce qui se fait par diverses eaux qui ont passé dans les carrieres. Il adiouste qu'ayant consideré que plusieurs pierres estoyent faites comme des glaçons qui pendent aux gouttieres, il auoit reconnu qu'elles se faisoyent d'vne eau congelée, mais il ne tient pas que ce soit vne eau commune. Il dit aussi qu'il y a des pierres qui se congelent d'vne certaine eau congelatiue au milieu des autres eaux, & que ce sont celles qui ont forme quarrée, triangulaire, ou pentagone: que le cristal est de cette nature, & qu'il a obserué ceci par la congelation du salpestre; il assure que tout corps, soit celuy d'vn animal, soit celuy d'vne plante, peut estre changé en pierre, si cette eau congelatiue le surprend; il attaque Cardan sur l'opinion qu'il a des coquilles & autres choses petrifiées, qui se trouuent dans les montaignes, ce que cet Auteur croit auoir esté amené là par le desluge. Il dit qu'il y a des rochers très-massifs dans lesquels l'on trouue de tels coquillages, & que l'eau ne les y a pu faire entrer, mais qu'autrefois il y auoit là des lieux creux, que l'air & l'eau remplissoyent, & qu'il s'y engendroit des poissons & des huistres; cecy est pour les coquillages qui ont quelque rapport à ceux de la mer ou des riuieres; mais pour ces petites coquilles blanches qui se trouuent dans quelques pierres, l'on void bien qu'elles participent de la nature des corps parmy lesquels elles sont nées, & qu'elles ont eu mesme matiere, ce qui fait beaucoup pour l'opinion de Palissy. Au reste du Discours il parle de la generation de quelques pierres precieuses & des marcassites, taschant de donner la raison de leurs formes & de leurs couleurs: mais ce qu'il y a de particulier, c'est qu'il s'est vanté d'auoir vu

cabinet où toutes ces sortes de matieres estoyent par ordre, & qu'il prou-
uoit par elles ce qu'il proposoit ; comme les pierres qu'il disoit auoir esté
congelées, estoyent celles qu'il auoit trouué attachées aux voustes des
carrieres & qui y pendoyent comme des glaçons, ce que leur figure
monstroit ; celles qui auoyent des angles estoyent celles qu'il tenoit s'estre formées dans les eaux,

Les pierres de plastre, de talque & d'ardoise, qui se desassemblent par feuillets, auoyent esté formées, à ce qu'il disoit, par des
matieres tombées à diuerses fois au trauers des terres, & par autant de
fois les congelations s'en estoyent faites ; il monstroit aussi diuers corps
petrifiez & diuerses coquilles enfermées mesme dans de certaines pierres,
& rendoit raison de cela. Il asseure enfin auec hardiesse, que tout autant
qu'il y a eu d'Alchimistes, ils se sont trompez en ce qu'ils ont voulu edifier par le destructeur ; d'autant qu'ils ont voulu faire par le feu ce qui se
fait par l'eau, & par le chaud ce qui se fait par le froid, dont il dit qu'il
donnera des preuues euidentes deuant les yeux de chacun ; & que l'on
regarde bien en toutes les minieres metaliques, que l'on trouuera sur la
superficie du metal vne nombre infini de pointes taillées par faces naturellement, ce qui fait cognoistre que tout cela s'est formé dans les eaux, &
que la matiere des metaux demeure incognue dans les eaux & dans la terre
iusques à sa congelation ; que cette matiere est vne eau si subtile qu'elle
penetre au trauers des autres corps, comme fait le soleil au trauers des vitres, & qu'ainsi que l'huile se separe de l'eau, de mesme la matiere metallique & celle des pierres precieuses, se retire des autres matieres pour
former les corps dont elles sont capables.

De toutes ces choses-là, il en faisoit donc voir les tesmoignages apparens & infaillibles dans plusieurs pierres, marcassites, & autres corps metaliques & mineraux, arrangez chez luy très-curieusement. Il auoit mesme
fait afficher par les carrefours de Paris, qu'il promettoit de monstrer en
trois leçons tout ce qu'il auoit recognu des fontaines, pierres, metaux &
autres natures, ce qui attira chez luy quelques curieux, lesquels, à ce
qu'il dit, ne luy contrarierent en aucune chose & demeurerent fort sa-
tisfaits.

Nous gardons pour la fin à considerer particulierement ce qu'il y auoit
de plus admirable en cecy, c'est que ce nouueau Docteur qui choquoit
toutes les opinions anciennes par les preuues qu'il tiroit des choses qu'il
auoit veues, & qu'il faisoit voir, estoit vn homme sans estude, qui sui-

uant fa confeffion, auoit leu dauantage dans les marcaffites que dans Ariftote, & qui a confeffé ingenuement en quelques endroits, que fi l'on
vouloit fçauoir quel eftoit le liure des Philofophes où il auoit appris la
plufpart de fes fecrets, ce n'eftoit qu'vn chaudron à demy plein d'eau
pofé fur le feu ou autre pareille inuention. De plus il a auoué qu'ayant
grand defir de fçauoir fi les opinions des anciens s'accordoyent aux
fiennes, ou fi elles y contredifoyent, & n'en pouuant auoir cognoiffance pour ce qu'il n'entendoit ny Grec, ny Latin, il s'eftoit aduifé de
faire quelque affemblée afin de voir ce que les plus habiles luy pourroyent
alleguer pour le combattre. Cet homme qui n'eftoit qu'vn potier de terre,
s'eftoit excité luy-mefme à rechercher les chofes naturelles en cherchant
le moyen de faire vne nouuelle poterie enrichie de diuerfes couleurs & efmaux, en quoy il reuffit fort bien, & en fit diuerfes efpreuues, mefme
pour les embelliffemens des edifices; auffi dans vn autre liure qu'il a fait
de l'Agriculture, lequel il appelle, *Recepte vniverfelle pour augmenter fes
trefors*, il prend qualité d'inuenteur des Ruftiques Figulines du Roy.

Il fuit là encores les mefmes opinions touchant les fels, les terres,
& les pierres, & ce qu'il y a de particulier touchant les pierres precieufes, eft qu'il tient que l'eau dont elles font formées a paffé entre
quelques marcaffites ou metaux dont elle a pris la teinture. Il dit que l'eau
de la topafe a paffé par quelque mine de fer où elle a pris la teinture iaune,
que l'efmeraude a paffé au trauers des minieres d'airain ou de couperofe
où elle a pris la couleur verte, & que le diamant n'eft autre chofe qu'vne
eau comme celle du criftal, mais qu'elle a efté congelée par quelque rare
efpece de fel très-pur, qui s'eft endurcy grandement dans la congelation.

Dans le premier liure de Paliffy, il y a vn Traité des metaux où il
fouftient auffi qu'ils font engendrez des eaux coulantes, & pour le prouuer, il allegue le vif argent qui eft fluide comme l'eau, lequel il appelle
vn commencement de metal. Il eft merueilleux que cet homme foit paruenu à ces cognoiffances diuerfes par la feule force de fon raifonnement
appuyé de quelques experiences qu'il auoit faites, & que là-deffus il ait
ofé auancer des propofitions toutes nouuelles. On peut s'adreffer à luy
pour fçauoir ce que c'eft que l'eau congelatiue & generatiue qu'il appelle
vn cinquiefme element. Quelques autres en ont parlé fous d'autres noms,
comme de fel ou d'efprit vniuerfel ou de femence vniuerfelle, ce qui
reuient à mefme chofe. Quiconque a cognoiffance de cecy, trouue aifement par quel moyen plufieurs corps mixtes font produits, ce que l'on

ne fçauroit apprendre de la Philofophie vulgaire. Il n'y a point à contredire fur de telles propofitions.

Page 358 *de la grande & parfaite Méthode*, où Sorel propofe de faire
des cabinets d'Hiftoire Naturelle.

Pourquoy ne s'employeroit-on pas à vne chofe fi agréable & fi vtile,
puis que l'on a veu autrefois à Paris vn fimple homme qui n'avoit aucune eftude, appellé Bernard Paliffy, lequel fe faifoit pourtant admirer
par de telles applications? C'eftoit vn Sculpteur en terre & ouurier en
efmaux, qui par fes feules experiences s'eftoit rendu plus fçauant que
ceux qui n'ont que la doctrine des liures, & qui non-feulement eftoit
fçauant pour foy, mais pour inftruire les autres. Il promettoit qu'en trois
leçons il enfeigneroit tout ce qui fe peut fçauoir de l'origine des fontaines
& de la production des pierres, tant groflieres que precieufes, & des metaux contre les opinions d'Ariftote & d'autres Philofophes, ce qu'il pretendoit accomplir, en monftrant feulement les raretés de fon cabinet,
où l'on voyoit plufieurs fortes de pierres, les vnes formées entierement,
& les autres à demy, & quelques vnes enfermées dans d'autres, auec quantité de corps petrifiez, de marcaffites & autres mineraux. Le catalogue
s'en trouue dans fes Œuures auec le nom de fes Auditeurs qui eftoyent
des plus habiles hommes de fon fiecle, & à entendre fes raifonnemens
& fes démonftrations, l'on ne fçauroit douter qn'il ne reuffit en fon
deffein & que l'on ne le puiffe imiter heureufement.

*Dans fa Bibl. Fran. in-12. Paris, 1667, page 30. Chap. 3. des livres des
Philofophes, il renvoye aux livres de Paliffy.*

M. P E R R A U L T, *De l'Académie Françoife*, 1674.

Dans le Traité de l'origine des fontaines, imprimé en 1674, cet
habile Phyficien écrit : Bernard Paliffy, Inventeur des Ruftiques Figulines, dans fon Traité des fontaines, imprimé en l'année 1580, dit
qu'ayant confidéré de près la caufe des fources, des fontaines naturelles,
il a connu qu'elles ne procédoient & n'étoient engendrées que des
pluyes ; & auparavant il dit, parlant des puits, que leurs eaux font feulement des égoûts des pluyes qui tombent à l'entour ; & dans un autre
endroit, parlant des petites ifles de la mer où il y a de l'eau douce, il
dit

dit que ce n'eſt que des égoûts des pluyes traverſant la terre juſques à ce qu'elles ayent trouvé fond. Et en un autre encore il dit, qu'on ne trouvera jamais de fontaines en une terre ſablonneuſe, pour ce que les eaux de pluye qui tombent ſur la terre s'en iroient toujours en bas juſques au centre de la terre, & ne ſe pourroient jamais arrêter pour faire ni puits, ni fontaines; & que la cauſe pourquoi les eaux ſe trouvent aux puits & aux fontaines, eſt qu'elles ont trouvé un fond de pierre ou de terre argileuſe qui peut tenir l'eau, & qu'il n'y a ni puits, ni fontaines où il n'y ait deſſous quelque terre argileuſe, pierre, ardoiſe ou minéral, qui retiennent les eaux des pluyes quand elles auront paſſé au travers des terres.

J'appelle cette opinion, l'opinion commune, parce qu'il n'y a preſque perſonne qui ne la ſuive... En les Auteurs je n'en trouve que quatre qui ayent ſuivi cette opinion commune, ſavoir Vitruve, Gaſſendi, le Pere François & Paliſſy. *M. Perrault diſcute enſuite cette curieuſe matiere, & en conformité de ſon ſentiment, il fait une deſcription des Grottes d'Arcy, près la ville de Vermanton en Bourgogne, il renvoye à celle d'Antiparos, l'une des Iſles de l'Archipel, que Tournefort a faite dans ſes voyages.* Enſuite M. Perrault parle de *la Caverne de Meaux en Brie, choſe qu'on doit lire, en s'inſtruiſant, dans Paliſſy.*

GEORGE MATTHIAS KONIG, 1678.

Bibliotheca vetus & nova.... A Georgio Matthia Konigio fol. Altdorfii, 1678.

Page 601, Paliſſy (Bernh.) Gallus, artificio figulus, ſcrutator de natura aquarum & fontium : de ſale: de lapidibus : de agricultura. Nec Græcè doctus erat nec Latinè & tamen de rebus naturalibus ingenioſè locutus eſt.

NICOLAS VENETTE, 1701.

Dans le Traité des Pierres par feu M. Nicolas Venette, Docteur & Profeſſeur du Roi, & Doyen (en 1696) des Médecins de la Rochelle, *Amſterdam & Paris,* in-12. 1701.

Chap. III. Art. II. Obſervation III. Il y a au tour de la fontaine des eaux minérales de la Rouillaſſe en Xaintonge, des pierres de ſable jaune qui ſont fort tendres.

f

Art. III. Obferv. III. Dans les déferts de Saint Sorlin, entre Saintes & Marennes, on trouve dans une terre argileufe que l'on tire pour faire des pots de terre, une pierre fort dure... Ces pierres font en forme de larmes & font propres à faire des étincelles de feu.

Art. IV. Obferv. III. De la caverne de Turpenay, de Briançon, de Mauve Louriere, près Marfeille, & des autres de Saint Marceau, près Paris.

Obferv. VII. D'après Paliffy fur un morceau de métal fur lequel on voyoit du criftal de roche.

Art. V. Obferv. V. Pierre de Tuf chargé de mine d'argent & de criftal de roche, d'après Paliffy.

Art. VI. Obferv. II. Sur les coquilles de Vanteuil au pays de Valois, pétrifiées dans les carrieres.

Obferv. III. Sur celles de Marennes, de Soubife, de la Tour de Broue.

Obferv. IV. Sur les pierres à feu dans les pierres de taille.

Obferv. V. Sur les coquilles pétrifiées dans un morceau de cuivre, d'après Paliffy.

Art. VII. Sources d'une Montagne près de Berne en Suiffe, aux bains d'Apone, de Corfena, de Saint Barthelemi, près Padoue, au Bourg d'Hivret près Genève, femblables à celle mentionnée dans la note, page 655.

Art. VIII. Obferv. I. Racines de vignes changées en métal dans un lieu argileux plein de vitriol, fuivant Bernard Paliffy.

* *J'ignore s'il a jamais exifté un Nicolas Venette. V. la p. 542.*

M. DE JUSSIEU, 1718.

Examen des caufes des impreffions des plantes marquées fur certaines pierres des environs de Saint Chaumont dans le Lionnois, par M. A. de Juffieu, *Hift. de l'Ac. des Scien.* 12 *Nov.* 1718.

Page 292 des Mémoires de l'Académie Royale des Sciences.

Cette multitude de coquillages de mer qui fe trouvent encore dans leur entier prefque dans le centre des montagnes de la Sicile & de l'An-

gleterre, ne nous permet pas de douter que ces Ifles n'ayent été couvertes d'eau, & nous n'avons pas moins de preuves en France que
cette partie de l'Europe que nous habitons, a fervi de lit à la mer. Il
y a environ cent cinquante ans que Bernard Paliffy, François de Nation, fans avoir d'autres études que celles de fes propres obfervations
faites dans le royaume, commençoit à infinuer cette doctrine dans des
conférences publiques qu'il tenoit à Paris fous Henri III, 1772.

M. DE FONTENELLE ET M. LE COMTE DE BUFFON.

*Hiftoire de l'Académie des Sciences de Paris, année 1720, & Hiftoire
Naturelle. Preuve de la Théorie de la terre, art. VIII, 1772.*

» Dans tous les fiecles affez peu éclairés & affez dépourvus du génie,
» d'obfervation & de recherches, pour croire que tout ce qu'on ap-
» pelle aujourd'hui *pierres figurées* & les coquillages même trouvés dans
» la terre, étoient des jeux de la nature, ou quelques petits acci-
» dens particuliers, le hazard a dû mettre au jour une infinité de ces
» fortes de curiofités que les Philofophes même, fi c'étoient des Phi-
» lofophes, ne regardoient qu'avec une furprife ignorante ou une
» légère attention, & tout cela périffoit fans aucun fruit pour le progrès
» des connoiffances. Un Potier de terre qui ne favoit ni Latin, ni
» Grec, fut le premier (*) vers la fin du feizième fiècle qui ofa dire
» dans Paris & à la face de tous les Docteurs, que les coquilles fof-
» files étoient de véritables coquilles dépofées autrefois par la mer dans
» les lieux où elles fe trouvoient alors ; que des animaux & fur-tout des
» poiffons, avoient donné aux pierres figurées toutes leur différentes ti-
» gures, &c. & il défia hardiment toute l'Ecole d'Ariftote d'attaquer
» fes preuves ; c'eft Bernard Paliffy, Saintongeois, auffi grand Phyficien

---

(*) Je ne puis m'empêcher d'obferver que le fentiment de Paliffy
avoit été celui des anciens: *Conchulas, arenas, buccinas, calculos variè
infectos, frequenti folo, quibufdam etiam in montibus reperiri, certum fignum
maris alluvione eos coopertos locos volunt Herodotus, Plato, Strabo, Seneca,
Tertulianus, Plutarchus, Ovidius, & alii.* Vide Claude Daufqui, Terra &
Aqua, *page* 7.

» que la Nature feule en puiffe former un ; cependant fon fyftême a dormi
» près de cent ans, & le nom même de l'Auteur eft prefque mort.

» Enfin les idées de Paliffy fe font réveillées dans l'efprit de plufieurs
» Savans, elles ont fait la fortune qu'elles méritoient, on a profité de
» toutes les coquilles, de toutes les pierres figurées que la terre a fournies,
» peut-être feulement font-elles devenues aujourd'hui trop communes, &
» les conféquences qu'on en tire font en danger d'être bien - tôt trop
» inconteftables.

» Malgré cela ce doit être encore une chofe étonnante que le fujet des
» obfervations préfentes de M. de Reaumur, une maffe de 130 mil-
» lions 680 mille toifes cubiques, enfouie fous terre, qui n'eft qu'un amas
» de coquilles, fans nul mélange de matiere étrangere, ni pierre, ni terre,
» ni fable ; jamais jufqu'à préfent les coquilles foffiles n'ont paru en cette
» énorme quantité, & jamais, quoiqu'en une quantité beaucoup moindre,
» elles n'ont paru fans mélange. C'eft en Touraine que fe trouve ce prodi-
» gieux amas à plus de 36 lieues de la mer : on l'y connoit, parce que les
» payfans de ce canton fe fervent de ces coquilles qu'ils tirent de terre,
» comme de marne, pour fertilifer leurs campagnes, qui fans cela fe-
» roient abfolument ftériles. Nous laiffons expliquer à M. de Reaumur
» comment ce moyen affez particulier, & en apparence, affez bifarre,
» leur réuffit ; nous nous renfermons dans la fingularité de ce grand tas
» de coquilles.

» Ce qu'on tire de terre, & qui ordinairement n'y eft pas à plus de 8
» ou 9 pieds de profondeur, ce ne font que de petits fragmens de co-
» quilles très-reconnoiffables pour en être des fragmens ; car ils ont les
» cannelures très-bien marquées, feulement ont-ils perdu leur luifant &
» leur vernis, comme prefque tous les coquillages qu'on trouve en terre,
» qui doivent y avoir été long - tems enfouis. Les plus petits fragmens
» qui ne font que de la pouffiere, font encore reconnoiffables pour être
» des fragmens de coquilles, parce qu'ils font parfaitement de la même
» matiere que les autres, quelquefois il fe trouve des coquilles entieres.
» On reconnoit les efpeces, tant des coquilles entieres que des fragmens
» un peu gros, quelques unes de ces efpeces font connues fur les côtes de
» Poitou, d'autres appartiennent à des côtes éloignées. Il y a jufqu'à des
» fragmens de plantes marines pierreufes, telles que des madrépores, des
» champignons de mer, &c. Toute cette matiere s'appelle dans le pays,
» du *falun.*

„ Le canton qui, en quelqu'endroit qu'on le fouille, fournit du *falun*,
„ a bien neuf lieues carrées de furface. On ne perce jamais la miniere du
„ *falun* ou *faluniere*, au-delà de 20 pieds ; M. de Reaumur en rapporte les
„ raifons qui ne font prifes que de la commodité des laboureurs & de l'é-
„ pargne des frais ; ainfi les falunieres peuvent avoir une profondeur beau-
„ coup plus grande que celle qu'on leur connoît : cependant nous n'avons
„ fait le calcul des 130 millions 680 mille toifes cubiques, que fur le pied
„ de 18 pieds de profondeur, & non pas de 20, & nous n'avons mis la
„ lieue qu'à 2200 toifes ; tout a donc été évalué fort bas, & peut-être l'a-
„ mas de coquilles eft-il de beaucoup plus grand que nous ne l'avons pofé ;
„ qu'il foit feulement double, combien la merveille augmente-t-elle !

„ Dans les faits de Phyfique, de petites circonftances que la plupart des
„ gens ne s'aviferoient pas de remarquer, tirent quelquefois à conféquen-
„ ce, & donnent des lumieres. M. de Reaumur a obfervé que tous les
„ fragmens de coquilles font dans leur tas pofés fur le plat & horifontale-
„ ment ; delà il a conclu que cette infinité de fragmens ne font pas venus
„ de ce que dans le tas formé d'abord de coquilles entieres, les fupérieures
„ auroient par leur poids brifé les inférieures : car de cette maniere il fe
„ feroit fait des écroulemens qui auroient donné aux fragmens une infi-
„ nité de pofitions différentes. Il faut que la mer ait apporté dans ce lieu-
„ là toutes ces coquilles, foit entieres, foit quelques-unes déja brifées ; &
„ comme elle les apportoit flottantes, elles étoient pofées fur le plat &
„ horifontalement ; après qu'elles ont été toutes dépofées au rendez-vous
„ commun, l'extrême longueur du tems en aura brifé & prefque calciné
„ la plus grande partie fans déranger leur pofition.

» Il paroît affez par-là qu'elles n'ont pu être apportées que fucceffive-
„ ment, & en effet comment la mer voitureroit-elle tout à la fois une fi
„ prodigieufe quantité de coquilles, & toutes dans une pofition horifon-
„ tale ! Elles ont dû s'affembler dans un même lieu, & parconféquent ce
„ lieu a été le fond d'un golfe ou une efpece de baffin.

„ Toutes ces réflexions prouvent que quoi qu'il ait dû refter, & qu'il
„ refte effectivement fur la terre beaucoup de veftiges du déluge univerfel,
„ rapporté par l'Ecriture Sainte, ce n'eft point ce déluge qui a produit
„ l'amas des coquilles de Touraine, peut-être n'y en a-t'il d'auffi grands
„ amas dans aucun endroit du fond de la mer ; mais enfin le déluge ne les
» en auroit pas arrachées, & s'il l'avoit fait, ç'auroit été avec une impé-

„ tuofité & une violence qui n'auroit pas permis à toutes ces coquilles
„ d'avoir une même pofition ; elles ont dû être apportées & dépofées dou-
„ cement, lentement, & parconféquent en un tems beaucoup plus long
„ qu'une année.

„ Il faut donc, ou qu'avant, ou qu'après le déluge la furface de la terre
„ ait été, du moins en quelques endroits bien différemment difpofée de ce
„ qu'elle eft aujourd'hui, que les mers & les continens y ayent eu un au-
„ tre arrangement, & qu'enfin il y ait eu un grand golfe au milieu de la
„ Touraine. Les changemens qui nous font connus depuis le tems des
„ hiftoires ou des fables qui ont quelque chofe d'hiftorique, font à la
„ verité peu confidérables, mais ils nous donnent lieu d'imaginer aifément
„ ceux que des tems plus longs pourroient amener. M. de Reaumur ima-
„ gine comment le golfe de Touraine tenoit à l'Océan, & quel étoit le
„ courant qui y chârioit les coquilles ; mais ce n'eft qu'une fimple con-
„ jecture donnée pour tenir lieu du véritable fait inconnu, qui fera tou-
„ jours quelque chofe d'approchant. Pour parler furement fur cette ma-
„ tiere, il faudroit avoir des efpeces de Cartes Géographiques dreffées
„ felon toutes les minieres de coquillages enfouis en terre; quelle quan-
„ tité d'obfervations ne faudroit-il pas, & quel tems pour les avoir ! qui
„ fait cependant fi les Sciences n'iront pas un jour jufques-là, du moins
„ en partie ? »

M. DE REAUMUR, 1720.

*Remarques fur les coquilles foffiles de quelques cantons de la Tourraine,
& fur les utilités qu'on en tire.*

Quoique nous n'ayons pas autant fait valoir nos coquilles que les Auteurs des pays étrangers ont fait valoir les leur, nous fommes peut-être
des premiers qui ayent ouvert cette carrierre. Il y a plus de cent quarante
ans qu'un Auteur François, qui fembloit fe faire gloire d'ignorer le Grec
& le Latin, a indiqué un grand nombre d'endroits du Royaume où des
coquilles font enfevelies. Je veux parler de Bernard Paliffy, dont je ne
voudrois pas adopter toutes les idées, mais dont j'aime extrêmement l'efprit d'obfervation & la netteté du ftyle. Je fuis peu touché de la littérature qui lui manquoit, mais je ne puis m'empêcher de regretter qu'il ait
été obligé de faire des pots & de chercher l'art de faire de la fayance pour
fubfifter & faire fubfifter fa famille. Nous pourrions confidérablement

augmenter la lifte que nous a laiffée cet Auteur, des endroits du Royaume où fe trouvent des coquilles ou des pierres moulées par les coquilles. Il n'eft gueres de Province du Royaume qui n'en ait fourni à mon cabinet. *Mémoires de l'Académie des Sciences, année* 1720, p. 401.

MM. JACOB LEUPOLDS ET F. ERNEST BRUCKMANN, 1732.

Dans le *Prodromus Bibliothecæ Metallicæ, in-8. Wolffenbuttel*, 1732. page 109.

Ces Auteurs fe font perfectionnés l'un après l'autre, car Leupolds avoit écrit en 1726, ils mériteroient de l'être encore par une perfonne auffi intelligente en cette matiere que M. de Villiers, que le Gouvernement devroit encourager pour cet important ouvrage ; ils ont connu le livre de Paliffy, imprimé en 1580.

LE DICTIONNAIRE DE MORERI, 1736.

Bernard Paliffy, natif d'Agen, & Potier de Terre de profeffion, établi à Saintes, a écrit un Traité fur la nature des eaux & fontaines, des métaux, des fels, des pierres, &c. il ne favoit ni Grec, ni Latin, & cependant il a parlé de toutes ces chofes avec efprit. Il vivoit encore en 1584, & étoit pour lors âgé de 60 ans. Son Traité de la nature des eaux, &c. parut d'abord féparément en 1580, in-8. à Paris, fous ce titre : *Difcours admirables, &c.* Dès 1563, il avoit fait imprimer in-4. à la Rochelle, fon Traité intitulé : *Recepte véritable, &c.* C'eft le plus curieux des ouvrages de Paliffy, il a été imprimé après la mort de l'Auteur, fous ce titre : *Le moyen de devenir Riche, &c.* (C'eft le Difcours dont on a parlé plus haut,) *Paris*, 1636, *in-8.*

L'ABBÉ LENGLET DU FRESNOY, 1742.

Hiftoire de la Philofophie Hermétique, T. III. p. 253, *Paris* 1742, *in-12.* Il cite fort mal l'édition de Paliffy 1580, & celle de 1636. Il ajoute cette note : „ Paliffy a cherché tous les moyens de devenir riche à peu de frais ; „ je doute cependant qu'il ait réuffi, mais du moins peut-on dire que fes „ fecrets n'ont ruiné perfonne. Néanmoins fes ouvrages font affez curieux „ & affez recherchés. „ L'Abbé Langlet avoit des projets excellens pour les Lettres, mais il travailloit comme un mercenaire, il exécutoit fort mal ſes plans, & il étoit ſouffleur, c'eſt un compilateur qui mérite peu d'eſtime & qui s'en rapportoit à ſon imagination pour juger les Auteurs qu'il n'avoit pas lus.

M. M A I L L E T, 1748.

Extrait de *Telliamed*, tome 1. page 206, in - 8. *Amſterdam*, 1748.

Bernard Paliſſy, ſimple Potier de Terre, qui vivoit ſous Henri III, étoit parvenu à cette connoiſſance en fouillant dans les montagnes, pour y chercher des ſecours à ſon art, encore fort imparfait alors. Il oſa ſoutenir la vérité de ſon ſyſtême dans des conférences publiques à Paris, où les plus Doctes perſonnages de ſon tems ſe firent un honneur d'aller l'entendre, ne dédaignant point de payer le tribut que la néceſſité où il étoit, l'avoit obligé d'impoſer à ceux qui vouloient aſſiſter à ſes leçons. Il avoit fait afficher qu'il rendroit l'argent à ceux qui lui prou-veroient la fauſſeté de quelqu'unes des opinions qu'il enſeignoit. Mais il ne ſe trouva perſonne qui oſa démentir les témoignages ſenſibles qu'il avoit raſſemblés de ſon ſentiment en diverſes pétrifications qu'il avoit dans ſon cabinet, & qu'il avoit tirées des carrieres & des montagnes de Fran-ce, ſur-tout des Ardennes & des bords de la Meuſe & de la Moſelle. Ses Œuvres ont été imprimées à Paris.

MM. LE CLERC ET REMOND DE SAINT MARD, 1750.

Le Dialogue eſt le genre d'écrire le plus ancien. Un nommé Paliſſy, payſan de profeſſion, ſi peu lettré, que de ſon aveu, il ne ſavoit pas lire, avoit compoſé des Dialogues ſur l'Agriculture. Le fameux Jean le Clerc, en faiſant imprimer mon ouvrage ſous ſes yeux en Hollande, me fit en même tems l'honneur de me redreſſer par une note qu'on verra à la fin de mon éclairciſſement. Il y a donc à parier ſur la note de M. le Clerc, que j'ai tort ſur ce que j'avance de l'ignorance de Paliſſy. Quant à ce qui re-garde ma conjecture ſur l'ancienneté du Dialogue, je n'en rabattrai rien. A conſulter l'allure de l'eſprit humain, il me paroît que la maniere d'é-crire en Dialogue, comme la plus naturelle, eſt la plus ancienne. *Diſcours ſur la nature du Dialogue, tome 1. de ſes ouvrages, page 1. premiere note id. & ſuiv. Amſterdam,* 1750.

Quelque

Quelques perfonnes ne veulent point que le Dialogue foit le genre d'é-
crire le plus ancien , & ils peuvent à la rigueur avoir raifon : auffi n'ai-je
donné mon opinion fur l'ancienne origine du Dialogue que comme une
fimple conjecture. Voici pourtant un trait qui pourroit lui donner du
fondement.

Un payfan de Xaintonge , nommé Bernard Paliffy , a fait , il y a environ 150 ans , un ouvrage en forme de Dialogues. Ses Dialogues rou-
lent fur l'Agriculture , dans laquelle il prétend (*cela n'eft pas exact*) que
fe trouve la pierre philofophale. Il traite auffi en paffant de quelques matieres de Phyfique , dont il donne des raifons dignes d'un Philofophe lettré. Bernard Paliffy ne l'étoit pourtant point , & il fe plaint dans l'un de
fes Dialogues de ne favoir pas lire , (*cela n'eft pas exact*) défaut fans lequel notre Payfan ajoute qu'il auroit été un grand homme. Les talens de
la nature veulent être cultivés. Peut-être Bernard Paliffy avoit la tête propre à former un fyftême de philofophie comme Defcartes ; mais Bernard
Paliffy n'avoit devant les yeux qu'une bêche & qu'un hoyau , & de pareils
objets ne tiennent pas d'un génie ce qu'il peut avoir de plus beau. Au refte
notre Payfan qui a fait des Dialogues fans favoir lire , femble croire que
cette maniere d'écrire eft la plus naturelle , & par conféquent la plus
ancienne.

Eclaircifemens fur les Dialogues des Dieux , tome 1. *de fes ouvrages , page*
377 *& fuiv. Amfterdam ,* 1750.

* Bernard Paliffy vivoit il y a plus de 150 ans , puifqu'en 1563 il avoit
déja publié un ouvrage de fa façon. Il étoit d'Agen , & demeura pendant
quelques années à Xaintes , où il prenoit le titre d'ouvrier de Terre & Inventeur des Ruftiques Figulines du Roi & de M. le Duc de Montmorency , Pair & Connétable de France. De-là il vint à Paris , où en 1584 ,
âgé de plus de 60 ans , il faifoit encore des leçons de fa fcience & profeffion , comme le témoigne la Croix du Maine à la page 31 de fa Bibliotheque des Auteurs François , ce qui paroit s'accorder affez peu avec ce que
dit de lui M. Rémond de Saint Mard dans fes *Eclaircifemens fur les Dialogues des Dieux ,* favoir qu'il ne favoit pas lire & qu'il n'avoit ordinairement devant les yeux qu'une bêche & qu'un hoyau. Quoi qu'il en foit ,
il nous refte deux ouvrages de fa compofition , dont le fecond qui eft
écrit en forme de Dialogue , eft peut-ête celui dont M. de Saint Mard

veut parler. L'un eſt intitulé : *Recepte véritable par laquelle tous les hom-mes de la France pourront apprendre à multiplier leurs tréſors. Item.* Ceux qui n'ont jamais eu connoiſſance des Lettres, pourront apprendre une Philoſophie néceſſaire à tous les habitans de la terre. Plus y eſt contenu le deſſein d'un jardin autant délectable & d'utile invention qu'il en fut onc-ques vu avec le deſſein & ordonnance d'une Ville de Fortereſſe la plus imprenable qu'homme ait jamais oui dire, *la Rochelle, Barth. Berton,* 1563, *in-4.* & l'autre, *Diſcours admirables des eaux & fontaines, tant na-turelles qu'artificielles, des métaux, des ſels & ſalines, des pierres, des terres, du feu & des émaux.* Plus un *Traité de la marne* fort utile pour ceux qui ſe mélent d'Agriculture, le tout dreſſé par Dialogues, eſquels ſont in-troduits la Théorique & la Pratique deviſant enſemble, *Paris, Martin le jeune,* 1580, *in-8. Note de M. le Clerc.*

Il paroit par la note de M. le Clerc, ajoute M. Rémond de St. Mard, que j'ai tort. L'Hiſtoire de ma mépriſe ſeroit trop longue & peut-être en-nuyeuſe pour le public : ainſi il ne le ſaura pas. Quant à mon opinion ſur l'ancienneté du Dialogue, je la garde. Il eut ſans doute été mieux pour moi que Bernard Paliſſy n'eût pas ſçu lire : mais enfin s'il l'a ſçu, il n'a ſçu gueres davantage, & il avoue lui-même qu'il n'étoit point du tout lettré. (*)

Eclairciſſemens, &c. p. 378 *& ſuivantes, Amſterdam,* 1750.

M. V E N E L, 1753.

Extrait de l'Encyclopédie, tome III, édition de Paris, 1753, *page* 432, *article Chymie.*

....Il exiſta dans le même tems que ces célebres Métallurgiſtes, un homme véritablement ſingulier, BERNARD PALISSY, Xaintongeois (**), qui a pris à la tête de ſes ouvrages imprimés à Paris, 1580, le titre d'*Inven-teur des Ruſtiques Figulines du Roi & de la Reine ſa Mere.* Cet homme qui n'étoit qu'un ſimple ouvrier ſans Lettres, montre dans ſes différens ou-vrages un génie obſervateur, accompagné de tant de ſagacité & d'une

---

(*) *M. de Saint Mard étoit fort ignorant ſur l'article de Bernard.*
(**) Il étoit né en Agenois.

méditation fi féconde fur fes obfervations, une dialectique fi peu commune, une imagination fi heureufe, un fens fi droit, des vues fi lumi-
neufes, que les gens les plus formés par l'étude, peuvent lui envier le degré même de lumiere auquel il eft parvenu fans ce fecours; & cette tour-
nure d'efprit qui l'a fait réfléchir avec fuccès, non-feulement fur les Arts
utiles & agréables, tels que l'Agriculture, le Jardinage, la conduite des
Eaux, la Poterie, les Emaux, mais même fur la Chymie, l'Hiftoire Naturelle, la Phyfique. La forme même des ouvrages de Paliffy annonce un
génie original. Ce font des Dialogues entre Théorique & Pratique; &
c'eft toujours Pratique qui inftruit Théorique, écoliere fort ignorante,
fort indocile & fort abondante en fon fens. Je le crois le premier qui ait
fait des leçons publiques d'Hiftoire Naturelle (en 1575, à Paris); leçons
qui n'étoient pas bornées à montrer des morçeaux curieux dont il avoit
une riche collection; mais à propofer fur la formation de tous ces morçeaux des conjectures très-raifonnables, & dont la plupart ont été véri-
fiées par des obfervations poftérieures. Les Auditeurs de Paliffy *étoient des
plus doctes & des plus curieux qu'il avoit affemblés*, dit-il, *pour voir fi par
leur moyen il pouvoit tirer quelque contradiction qui eut plus d'affurance de
vérité, que non pas les preuves qu'il mettoit en avant; fachant bien que s'il
mentoit, il y en avoit de Grecs & de Latins, qui lui réfifteroient en face, &c.
tant à caufe de l'écu qu'il avoit pris de chacun que pour le tems qu'il les eut
amufés, &c.*

Je n'héfite point à mettre cet homme au nombre des Chymiftes, non-
feulement à caufe des faits intéreffans qui font répandus dans fes Traités
pratiques fur les terres, fur leurs ufages dans la conftruction des vaiffeaux,
fur la préparation du fel commun dans les marais falans, fur les glaces,
fur les émaux & fur le feu; mais encore pour fes raifonnemens fur l'alchimie, les métaux, leur génération, leur compofition, la nature de leurs
principes & fur les propriétés chymiques de plufieurs autres corps, de
l'eau, des fels, &c. toutes matieres fur lefquelles il a eu des idées très-
faines (*b*).

(*b*) Le petit *b* eft la *lettre* de M. Venel, pour fes articles dans l'Encyclopédie.

M. LE BARON D'HOLBACK, 1759.

Traducteur de l'Essay d'une Histoire Naturelle des couches de la terre, en Allemand, par M. Jean-Gotlob Lehmann, in-12. 3. vol. Paris, 1759.

Le système du séjour de la mer sur notre continent, est d'une très-grande antiquité; on en attribue la découverte à Xenophane, fondateur de la Secte Eleatique: c'étoit aussi l'idée du Philosophe Eratosthene & de beaucoup d'autres anciens; elle a été renouvellée par quelques modernes, & entr'autres par BERNARD PALISSY, par MM. de Maillet, Scheid, Holmann, &c. elle a été mise dans un très-grand jour dans l'Histoire Naturelle de MM. de Buffon & d'Aubenton, *Préface, p. x.*

M. SEGUIER, *de Nismes,* 1760.

Ex Bibliotheca Botanica, part. III. p. 387, à Joanne Francisco Seguierio, in-4. Lugduni Batavorum, 1760.

Palissy (Bernardus) Recepte véritable pour multiplier les trésors, ou abrégé de l'Agriculture, *la Rochelle,* 1564, *ex Bibl. Jo. Giraud.*

Le titre de ce livre est mal copié, mais la date de 1564 se trouve juste sur l'exemplaire de la Bibl. Mazarine.

Traité de la Marne... par Bernard Palissy, Inventeur des Rustiques Figulines du Roi, *Paris, Martin le jeune,* 1580, *in-8. Ce titre est mal copié.*

M. BERTRAND *prem. Past. de l'Eg. de Berne,* 1763.

Extrait du Dictionnaire Universel des fossiles, in-8. 2. vol. la Haye, 1763, Au mot *Marne,* tome 2. page 13.

On a un livre du siecle passé qui dit quelque chose *de la Marne...* Il est de Bernard Palissy, de Xaintes.... en voici le titre: *Le moyen de devenir Riche,* &c. *Paris, chez Robert Fouet,* 1636.

Il parle dans cet ouvrage des moyens de reconnoître la Marne, de la maniere de s'en servir & de son utilité; il dit qu'on la trouve ordinairement au-dessous de la premiere terre, ou de quelques couches mêlées, & qu'on la distingue par sa couleur jaunâtre, ou bleuâtre, ou blanchâtre, par la qualité d'être ferme & grasse & par son poids.

Paliſſy dit encore que la marne eſt quelquefois immédiatement ſous la terre, ſouvent il faut creuſer quatre ou cinq toiſes pour la trouver. Il y a certaines argilles qui peuvent utilement ſervir à engraiſſer certaines terres.

Paliſſy obſerve qu'il eſt apparent que la craie eſt formée de la marne auſſi bien que les pierres à chaux, auſſi la craie en poudre ſert-elle à fertiliſer, &c.

M. LE BARON DE HALLER, 1764.

Ex Methodo ſtudii medici, tome 1. page **178**, in-8. *Amſtelædami*, 1751.

Bernardi Paliſſy, figuli, ſed ad maxima negotia nati, *Abrégé d'Agriculture*, Rupellis, an. 1564, in-4. Et ejus, *Traité de la marne & ſur la nature des eaux & des fontaines*, Pariſiis 1580, in-8. (Seguier) non vidi, quod doleo, cum enim virum, primum ad parandum in Gallia ſericum ſuaſorem, plurimi faciam.

Ex Bibliotheca Botanica.... tome 1. *p.* 336, in-4. *Tiguri*, 1761.

CCCXX. BERNARD PALISSY.

Bernard Paliſſy. *Abrégé d'Agriculture*, anno 1564, in-4. non vidi. (Auſſi c'eſt une erreur.)

» Paliſſio tribuit Schabol *les Ventouſes*, ramos nempe ſuperfluos, qui „ de induſtria non amputantur, ut arboris nimis vegetæ vires frangant.

Ejuſdem, *Recepte véritable par leſquelles tous les hommes de la France peuvent apprendre à multiplier leurs thréſors*, la Rochelle, anno 1563, in-8. * 1564, in-4. Alii, *Le moyen de devenir riche & la maniere d'augmenter ſes thréſors*, Paris, anno 1636, in-8.

Figulus, ſed unà chemicus, gnarus artis *amauſorum* (émaux) parandorum curioſus, & experimentorum amans. Philoſophiam naturalem neceſſariam eſſe agricolis. Ut fimus colligatur optimè. Cur acer venas criſpet; decapitari idem, & plurimum per id quaſi vulnus ſuccum deſcendere, offendere durius ramorum lignum, detorqueri per lineas obliquas, ita venas criſpas naſci, eò uberiores, quò numeroſiores ſunt rami. Hor pulcherrimi deſcriptio.

Ejuſdem. *Diſcours admirables de la nature des eaux & fontaines*, &c. *de la marne*, Paris, anno 1580, in-8. * Seorſim dictum à Seguiero.

Aquam *congelantem* caufam effe incrementi & fœcunditatis in plantis, & in animalibus. De margæ & calcis ufu in fœcundandis agris : ab ea terra natam fertilitatem decennio fuperefle, non ita, fi calce ufus fueris ; cretam idem non facere. Hanc margæ utilitatem cafui inventam deberi.

M. D'ARGENVILLE, 1766.

Cet Auteur mort en 1766, a dit de Paliffy, dans fa Lithologie & dans fon Oryctologie, imprimés plufieurs fois, » qu'il a découvert des » premiers que les coquillages foffiles n'étoient point des jeux de la Na- » ture, mais de vrayes coquilles pétrifiées.

M.ᵣ ROGER SCHABOL, 1767.

Extrait de la Théorie & de la Pratique du Jardinage & de l'Agriculture, in-8. Paris, 1767, p. 524, au mot Ventoufe.

Ventoufe vient principalement du mot vent, ce mot eft employé dans le Jardinage. Il y eft inconnu par le commun des Jardiniers. Un Auteur appellé Bernard Paliffy, l'a introduit dans cet Art il y a plus d'un fiecle, & l'idée des différens effets de ces ventoufes eft connue des gens de Montreuil, quant à la chofe fignifiée : & voici ce que c'eft. Ce terme employé dans le fens dont il eft queftion, a paru fi propre & fi énergique à M. de la Quintinie, qu'il en a fait ufage... Il eft pris pour toute branche, tout bois, tout jet, tout rameau qu'on laiffe à certains arbres pour confumer la feve quand elle eft trop abondante, & lef- quels on jete à bas par la fuite quand l'arbre fe modere & fe tourne à bien... fans cette précaution les arbres fourmilleroient de branches gour- mandes & de branches de faux bois.

BIBLIOTHEQUE HISTORIQUE DU P. LE LONG, 1768.

Dans la nouvelle édition imprimée en 1768 & fuivantes, les ouvrages de Paliffy font indiqués dans le tome III, N°. 37564, & dans le tome I, N°. 2649 & 2650, il eft dit par M. Fevret de Fontette, ou M. Hérif- fant fils : ces ouvrages font de ceux auxquels on eft obligé d'avoir re- cours pour trouver le germe des travaux qu'on peut fuivre fur la Minéralogie, particulierement fur celle de la France. Paliffy avoit une collection d'Hiftoire Naturelle dont il faifoit une démonftration raifonnée. On voit dans un de fes Difcours les noms de ceux qui affiftoient à fes leçons. On le rabaiffoit trop en n'en parlant ordinairement que comme d'un potier. Ce titre qu'il prend d'*Inventeur des Ruftiques Figulines du Roi*, annonce que s'il tenoit à l'état de Porier, c'étoit en quelque forte comme les fayanciers, & qu'il fe diftinguoit des Potiers ordinaires, foit par la nouvelle matiere qu'il mettoit en œuvre, foit par l'élégance de fes deffins & de fes formes.

M. ROUELLE, 1769.

» Ce Chimifte célebre mort le 3 Août 1770, avoit la plus haute idée des talens de Paliffy, c'eft le génie de la Chimie qui érigeoit un Temple à cet Auteur. Il ne faifoit jamais fes Cours fans en parler plufieurs fois avec beaucoup d'éloges. Il le citoit particulierement fur les couches de la terre & fur la connoiffance qu'il avoit eue que c'étoit en féjournant fur notre continent que la mer y avoit dépofé différens bancs de coquilla-ges. M. Rouelle faifoit encore fentir les grandes vues de cet Artifte dans les ouvrages qui exigent qu'on poffede éminemment l'art de gouverner le feu, en obfervant que Paliffy avoit propofé de cuire & d'émailler d'un feul jet des maifons de fa terre. »

MM. Rouelle le cadet, d'Arcet, de Villiers, ont encore le même en-thoufiafme pour notre Auteur.

Je viens d'apprendre de M. le Comte de Lauraguais fi connu par fon goût pour l'Hiftoire des Sciences & des Arts, & par fes recherches fur la porcelaine, que le Château de Reux en Normandie, près la ville de Pont-l'Evêque, étoit orné de la belle fayance de Paliffy, & je fuis inftruit qu'il y a à Néelle en Picardie, une tortue fuperbe appellée le vafe de Paliffy : elle eft placée dans le falon du Château de M. le Marquis de Néelle, Pre-mier Ecuyer de MADAME. Je fuis perfuadé que l'on découvrira beaucoup d'autres ouvrages de Paliffy, au Château de Madrid, dans le bois de Boulogne, &c.

M. GUETTARD, 1770.

On lit à la page huitieme du tome 2. des Mémoires fur différentes parties des Sciences & des Arts, par M. Guettard, de l'Académie des

Sciences, *imprimé à Paris chez Prault*, 1770, 3 *vol. in*-4. ce qui fuit fur Paliffy.

Depuis Théophrafte & Pline, jufqu'au feizieme fiecle, les Auteurs qui ont pu dire quelque chofe des foffiles marins, n'ont fait que parler d'après Pline, & l'ont tout au plus commenté. On étoit grand Minéralogifte quand on entendoit ou qu'on croyoit entendre ce que cet Auteur avoit voulu dire. Au feizieme fiecle parurent des hommes qui enfin imaginerent qu'il étoit plus avantageux d'obferver & de confulter la nature, de fouiller la terre plutôt que de feuilleter Pline, & que la meilleure maniere d'entendre Pline & de l'éclaircir, étoit de chercher des lumieres, non dans l'imagination, mais dans les ouvrages de la nature même. Paliffy en France, Agricola en Allemagne, Gefner en Suiffe, furent de ces hommes qui commencerent à fecouer le joug de l'habitude & du refpect mal entendu qu'on avoit trop pour cet ancien, & qui penferent qu'ils pouvoient dire d'auffi bonnes chofes, en obfervant par eux-mêmes; que cet ancien qui n'eft qu'un compilateur & qui ne parle le plus fouvent, furtout en Hiftoire Naturelle, que fur des oui - dire & fur des Extraits d'Auteurs qui l'avoient précédé, & qui ne paroiffoient pas pour l'ordinaire avoir été des obfervateurs bien exacts, ni trop fcrupuleux. Paliffy, Potier de Terre, donnoit des leçons d'Hiftoire Naturelle au milieu de Paris: il n'y parloit que d'après fes obfervations. *Je n'ai point eu*, dit-il, *d'autre livre que le Ciel & la Terre, lequel eft connu de tous & eft donné à tous de connoître & lire ce beau livre: or ayant lu en icelui, j'ai confidéré les matieres terreftres; parce que je n'avois pas étudié en aftrologie pour contempler les Aftres.*

Voyez Mémoire de M. Guettard, année 1746. *Acad. des Sciences.*

M. L E V I E L, 1774.

Extrait de l'Art de la Peinture fur verre, p. 52, 1774.

Bernard Paliffy prouvoit alors en ce Royaume, ce que peut en fait de Science un bon génie armé de patience & de perfévérance. Natif d'Agen, Peintre fur verre de profeffion, cet homme célebre vivoit encore en 1584, où il avoit atteint l'âge de 60 ans; il fut dit l'Hiftorien de

l'Académie

l'Académie des Sciences (*) ; un auſſi grand Phyſicien que la Nature puiſſe en former un. Il nous apprend lui-même, dans le ſecond de ſes ouvrages dont nous allons parler, qu'il ajoutoit à la pratique du deſſin & de la peinture ſur verre, celle du Génie, de la Géométrie & de l'Arpentage, & qu'il fut chargé par ordre des Magiſtrats de lever des plans qui ſervoient à regler la procédure. Il s'étoit établi à Xaintes, où il s'employoit par préférence à la peinture ſur verre & à la vitrerie. Un génie vaſte & laborieux, quoique ſans culture, le rendoit capable de beaucoup d'obſervations ſur la nature des différens exercices auxquels il s'adonnoit. Dès 1563, cet homme ſans lettres avoit néanmoins fait imprimer, in-4. à la Rochelle, ſon Traité intitulé : *Recepte veritable par laquelle tous les hommes de la France pourront apprendre à augmenter leurs treſors, avec le deſſin d'un Jardin delectable & utile, & celui d'une Fortereſſe imprenable*, que l'on regarde comme le plus curieux de ſes ouvrages. Dix-ſept ans après, il en fit imprimer un autre à Paris, ſous le titre de *Diſcours admirables de la nature des eaux & fontaines, des metaux, des ſels, des ſalines, des pierres, des terres, du feu & des emaux, avec un Traité de la Marne neceſſaire à l'Agriculture.* On y voit qu'ayant eſſayé de paſſer de ſon premier état, ſans cependant l'abandonner entierement, à celui de modeler la terre & de la revêtir de peinture en émail par la recuiſſon ; après environ vingt années d'épreuves & d'eſſais, plus ruineux les uns que les autres ; après, comme il le dit lui-même, *un millier d'engoiſes très-cuiſantes*, il réuſſit enfin & mérita le titre glorieux *d'Inventeur des Ruſtiques Figulines du Roi & de la Royne ſa mere.* Son ſecond ouvrage fut le fruit de différentes obſervations que ſes eſſais divers ſur les émaux lui avoient donné occaſion de faire ; ce qui ſera toujours difficile à concevoir, c'eſt que l'expérience ſuppléa chez lui la ſcience à un tel point, que ſans ſavoir ni Latin, ni Grec, il ſe mit en état de donner dans Paris même, ſous les yeux des plus habiles Phyſiciens de ſon tems & des hommes les plus expérimentés, des leçons d'Hiſtoire Naturelle. Après un ſommeil de plus de cinquante ans, dans le cours deſquels ſon nom étoit tombé dans l'oubli & comme mort ; les idées qu'il y donna ſe ſont réveillées dans la mémoire de pluſieurs ſavans & y ont fait une eſpece de

____

(*) Hiſt. de l'Ac. des Scien. an. 1720, p. 5. & ſuiv. Hiſt. Nat. de M de Buffon, in-4. t. 1. p. 267.

fortune. Ses ouvrages ont été imprimés à Paris en 1636, en un vol. in-8. sous ce titre : *Moyen de devenir Riche* , &c.

Nous sommes redevables à Palissy de la connoissance d'un autre Peintre sur verre, François ; mais par une anecdote que nous serons valoir ailleurs ; j'en ai connu un, dit-il, *nommé Jean de Connet ; parce qu'il avoit l'haleine punaise , toute la peinture qu'il faisoit sur le verre ne pouvoit tenir aucunement , combien qu'il fut savant en cet Art.*

ABREGÉ DU DICTIONNAIRE HISTORIQUE, 1772.

Ce livre imprimé en 6 volumes in-8. Paris , Le Jay , 1772 , tome V. page 843. dit :

Palissy (Bernard) né à Agen , étoit Potier de Terre ; il étoit au-dessus de son état par son esprit & ses connoissances. Il vivoit encore en 1584 , & il avoit alors 60 ans. Nous avons de lui deux livres singuliers & difficiles à trouver. Le premier est intitulé : *de la Nature des Eaux* , &c. *Paris* , in-8. Le second a pour titre : *Le Moyen de devenir Riche* , &c. Il y a dans ces deux Traités quelque idées hazardées ; mais ils offrent aussi des observations très-justes & fondées sur la pratique. Le dernier fut imprimé à *Paris* , *en* 1636 , *in-*8. Palissy fut le premier qui enseigna la vraie Théorie des Fontaines, M. de *Fontenelle*, dit qu'*il étoit aussi grand Physicien que la Nature seule puisse en former.*

M. L'ABBÉ DE FONTENAY, 1776.

Palissy , génie vaste & laborieux , quoique sans culture , vivoit encore en 1584 , étant alors âgé de plus de 60 ans. Ce qui sera toujours difficile de concevoir , c'est que l'expérience suppléa tellement chez lui à la science, que sans savoir ni Latin , ni Grec, il se mit en état de donner dans Paris même , sous les yeux des plus habiles Physiciens de son tems & des hommes les plus experimentés , des leçons d'Histoire Naturelle. *Dictionnaire des Artistes, page* 236 , *Paris,* 1776 , *in-*8.

APPROBATION

De M. ADANSON, *de l'Académie Royale des Sciences, de la Société Royale de Londres, &c.*

LES Œuvres de Bernard Paliffy, dont Monfeigneur le Garde des Sceaux m'a confié la cenfure fous leur titre ancien de *Difcours admirables de la nature des Eaux & Fontaines, des Metaux, des Sels, des Pierres, des Terres, du Feu,* &c. font de ces ouvrages rares & précieux que deux fiecles ne peuvent vieillir, & qu'on faura gré à l'Editeur d'avoir remis au jour. Les Recherches profondes de ce fimple Potier de Terre, fes découvertes, fes idées fur la ftructure de la terre, & les Notes favantes des judicieux Commentateurs leur affurent une place diftinguée parmi les meilleurs livres des Naturaliftes modernes. D'ailleurs les principes qui y font développés font conformes à ceux de la Philofophie & de la Morale la plus épurée. C'eft le témoignage que je dois à la vérité. Fait à Paris ce 23 Février 1775.

ADANSON.

PERMISSION DU ROI.

LOUIS, PAR LA GRACE DE DIEU, ROI DE FRANCE ET DE NAVARRE: A nos amés & feaux Confeillers, les Gens tenans nos Cours de Parlement, Maîtres des Requêtes ordinaires de notre Hôtel, Confeils Supérieurs, Prévôt de Paris, Baillifs, Sénéchaux, leurs Lieutenans Civils, & autres nos Jufticiers qu'il appartiendra : SALUT. Notre amé le Sieur RUAULT, Libraire, à Paris, Nous a fait expofer qu'il defireroit faire imprimer & donner au Public un Ouvrage intitulé, *Œuvres de Bernard Paliffy, nouvelle édition, avec des Notes*; s'il nous plaifoit lui accorder nos Lettres de Permiffion pour ce néceffaires. A ces caufes, voulant favorablement traiter l'Expofant, Nous lui avons permis & permettons par ces Préfentes, de faire imprimer ledit Ouvrage autant de fois que bon lui femblera, & de le faire vendre & débiter par tout notre Royaume pendant le tems de trois années confécutives, à compter du jour de la date des Préfentes. Faifons défenfes à tous Imprimeurs, Libraires, & autres perfonnes de quelque qualité & condition qu'elles foient, d'en introduire d'impreffion étrangere dans aucun lieu de notre obéiffance ; à la charge que ces préfentes feront enrégiftrées tout au long fur le Regiftre de la Communauté des Imprimeurs & Libraires de Paris, dans trois mois de la date d'icelles; que l'impreffion dudit Ouvrage fera faite dans notre Royaume & non ailleurs, en bon

papier & beaux caracteres ; que l'Impétrant se conformera en tout aux Ré-
glemens de la Librairie, & notamment à celui du 10 Avril 1725 ; à peine de
déchéance de la présente Permission ; qu'avant de l'exposer en vente, le Manuscrit
qui aura servi de copie à l'impression dudit Ouvrage sera remis dans le même
état où l'Approbation y aura été donnée, ès mains de notre très-cher & féal
Chevalier, Garde des Sceaux de France, le Sieur HUE DE MIROMENIL, qu'il en
sera ensuite remis deux Exemplaires dans notre Bibliotheque publique, & un dans
celle de notre Château du Louvre, & un dans celle de notre très-cher & féal
Chevalier, Chancelier de France, le sieur DE MAUPEOU, & un dans celle
dudit sieur HUE DE MIROMENIL : à peine de nullité des Présentes ; du contenu
desquelles vous mandons & enjoignons de faire jouir ledit Exposant & ses
ayant cause, pleinement & paisiblement, sans souffrir qu'il leur soit fait aucun trouble ou empêchement. VOULONS qu'à la copie des Présentes, qui sera
imprimée tout au long au commencement ou à la fin dudit Ouvrage, foi soit ajoutée
comme à l'Original : Commandons au premier notre Huissier ou Sergent sur ce
requis, de faire, pour l'exécution d'icelles, tous actes requis & nécessaires, sans demander autre permission ; & nonobstant Clameur de Haro, Charte Normande,
& Lettres à ce contraires. CAR tel est notre plaisir. DONNÉ à Paris, le cinquieme
jour du mois d'Avril, l'an mil sept cent soixante - quinze, & de notre Regne le
premier. PAR LE ROI en son Conseil.　　　　Signé, LE BEGUE.

*Registré sur le Registre XIX. de la Chambre Royale & Syndicale des Libraires &
Imprimeurs de Paris, N°. 157, fol. 417, conformément au Réglement de 1723,
qui fait défenses, Article 4, à toutes personnes de quelque qualité & condition qu'elles
soient, autres que les Libraires & Imprimeurs, de vendre, débiter, faire afficher aucuns livres pour les vendre en leurs noms, soit qu'ils s'en disent les auteurs ou
autrement, & à la charge de fournir à la susdite Chambre huit exemplaires prescrits
par l'Article 108 du même Réglement. A Paris, ce 9 Mai 1775.*

Signé, LOTIN *Jeune, Adjoint.*

AVERTISSEMENT DU LIBRAIRE.

M. FAUJAS DE ST. FOND, *Lieutenant Général & Vice-Sénéchal de
Montelimart, m'ayant invité de donner les Œuvres de Palissy, je me suis chargé
de revoir, de faire imprimer & de publier cette nouvelle édition : il est Auteur
des* Sommaires, *des* Observations sur la Marne, *de l'*Essai sur la Terre Sigillée, *& de toutes les* Notes *qui sont numérotées ; il n'a pu veiller lui-même à
l'impression de son ouvrage, à cause de sa résidence à Montelimart. M.* GOBET,
Secrétaire du Conseil de Monseigneur le Comte d'Artois, m'a fourni les Recherches sur la vie de Palissy, *les* Extraits des Auteurs *qui ont parlé de ce célèbre Physicien, & toutes les* Notes, *au bas desquelles se trouve le mot* Communiquées. *C'est par ses soins & par son érudition que Palissy paroîtra complet :
il lui a restitué le* Traité des Abus & Ignorances des Médecins, *premier
ouvrage de Palissy, que Rob. Fouet, Libraire, avoit omis dans l'édition
qu'il publia en 1636, & qu'il mutila en plusieurs endroits.*

A TRES-HAUT ET TRES-PUISSANT

SIEUR LE SIRE ANTOINE DE PONS (*).

Cheualier des Ordres du Roy, Capitaine de cent Gentilhommes & Conseiller très-fidele de Sa Maiesté.

LE nombre de mes ans m'a incité de prendre la hardiesse de vous dire qu'vn de ces iours ie considerois la couleur de ma barbe, qui me causa penser au peu de iours qui me restent, pour finir ma course : & cela m'a fait admirer les lis & bleds des campagnes, & plusieurs especes de plantes, lesquelles changent leurs couleurs verdes en blanches, lorsqu'elles sont prestes de rendre leurs fruits. Aussi plusieurs arbres se hastent de fleurir quand ils sentent cesser leur vertu vegetatiue & naturelle; vne telle consideration m'a fait souuenir qu'il est escrit : que l'on se donne garde d'abuser des dons de Dieu, & de cacher le talent en la terre : aussi est escrit

---

(*) Antoine Sire de Pons, Comte de Marennes, Conseiller d'Etat, & Capitaine de cent Gentilhommes de la Maison du Roi, reçu Chevalier de l'Ordre du Saint Esprit, à la premiere promotion qui en fut faite aux Grands Augustins à Paris, le dernier jour de l'an 1578. Il étoit fils de Jacques II, Sire de Pons, & de Catherine de Ferriere ; il avoit épousé Anne de Parthenay, fille du Seigneur de Soubise.

que le fol celant fa folie vaut mieux que le fage celant fon fçauoir.

C'eft doncques chofe iufte & raifonnable que chafcun s'efforce de multiplier le talent qu'il a reçeu de Dieu, fuyuant fon commandement. Parquoy ie me fuis efforcé de mettre en lumiere les chofes qu'il a pleu à Dieu me faire entendre, felon la mefure qu'il luy a pleu me departir, afin de profiter à la pofterité. Et par ce que plufieurs fous vn beau latin ou autre langue bien poli, ont laiffé plufieurs talents pernicieux pour abufer & faire perdre le temps à la ieuneffe : qu'ainfi ne foit, vn Geber, vn Roman de la Rofe, & vn Raimond Lulle, & aucuns difciples de Paracelfe, & plufieurs autres Alchimiftes, ont laiffé des liures en l'eftude defquels plufieurs ont perdu leur temps & leurs biens. Tels liures pernicieux m'ont caufé gratter la terre l'efpace de quarante ans, & fouiller les entrailles d'icelle, afin de cognoiftre les chofes qu'elle produit dans foy, & par tel moyen i'ay trouué grace deuant Dieu, qui m'a fait cognoiftre des fecrets qui ont efté iufques à prefent incognus aux hommes, voire aux plus doctes, comme l'on pourra cognoiftre par mes efcrits contenus en ce liure. Je fçay bien qu'aucuns fe moqueront, en difant qu'il eft impoffible qu'vn homme deftitué de la langue latine puiffe auoir in-

telligence des chofes naturelles ; & diront que c'eft
à moy vne grande temerité d'efcrire contre l'opinion de tant de Philofophes fameux & anciens,
lefquels ont efcrit des effects naturels & remply
toute la terre de fageffe. Ie fçay auffi qu'autres iugeront felon l'exterieur, difant que ie ne fuis qu'vn
pauure artifan: & par tels propos voudront faire
trouuer mauuais mes efcrits.

A la verité il y a des chofes en mon liure qui
feront difficiles à croire aux ignorans. Nonobftant
toutes ces confiderations, ie n'ay laiffé de pourfuyure mon entreprife, & pour couper broche à
toutes calomnies & embufches, i'ay dreffé vn cabinet auquel i'ay mis plufieurs chofes admirables
& monftrueufes, que i'ay tirées de la matrice
de la terre, lefquelles rendent tefmoignage certain de ce que ie dis, & ne fe trouuera homme
qui ne foit contraint confeffer iceux veritables, après
qu'il aura veu les chofes que i'ay preparées en mon
cabinet, pour rendre certains tous ceux qui ne
voudroyent autrement adioufter foy à mes efcrits.
S'il venoit d'auenture quelque groffe tefte, qui vouluft ignorer les preuues mifes en mon cabinet, ie
ne demanderois autre iugement que le voftre, lequel eft fuffifant pour conuaincre & renuerfer toutes
les opinions de ceux qui y voudroyent contredire.

Ie le dis en verité, & fans aucune flatterie : car
combien que i'euſſe bon teſmoignage de l'excellence de votre eſprit, dès le temps que retournaſtes
de Ferrare en voſtre chaſteau de Pons, ſi eſt-ce
que en ces derniers iours auſquels il vous pleut me
parler de ſciences diverſes à ſçauoir de la Philoſophie, Aſtrologie & autres Arts tirez des Mathematiques ; cela dis-ie m'a cauſé doubler l'aſſeurance &
ſuffiſance de voſtre merueilleux eſprit ; combien
que le nombre des iours de pluſieurs diminue leur
memoire, ſi eſt-ce que i'ay trouué la voſtre plus
augmentée que diminuée. Ce que i'ay cogneu par
les propos qu'il vous a pleu me tenir ; & pour ces
cauſes i'ay penſé qu'il n'y a Seigneur en ce monde
auquel mon œuure puiſſe mieux eſtre dedié qu'à
vous, ſçachant bien qu'au lieu qu'il pourroit eſtre
eſtimé d'aucuns comme vne fable pleine de men-
ſonges, qu'en voſtre endroit il ſera priſé & eſtimé
choſe rare. Et s'il y a quelque choſe mal polie,
ou mal ordonnée, vous ſçaurez très-bien tirer la
ſubſtance de la matiere, & excuſer le trop rude
langage de l'Autheur, & ſous telle eſperance, ie
vous ſupplieray très-humblement de me faire cet
honneur de le receuoir comme de la main de l'vn
de vos très-humbles ſeruiteurs.

ADVERTISSEMENT.

ADVERTISSEMENT

AUX LECTEURS.

*A*MY Lecteur, le desir que i'ay que tu profites à la lecture de ce liure, m'a incité de t'aduertir que tu te donnes garde de enyurer ton esprit de sciences escrites aux cabinets par vne theorique imaginatiue ou crochetée de quelque liure escrit par imagination de ceux qui n'ont rien practiqué, & te donnes garde de croire les opinions de ceux qui disent & soustiennent que theorique a engendré la practique. Ceux qui enseignent telle doctrine prennent argument mal fondé, disant qu'il faut imaginer & figurer la chose que l'on veut faire en son esprit, deuant que mettre la main à sa besongne. Si l'homme pouuoit executer ses imaginations, ie tiendrois leur party & opinion : mais tant s'en faut ; si les choses conçeues aux esprits se pouuoyent executer, les souffleurs d'alchimie feroyent de belles choses, & ne s'amuseroyent à

i

chercher l'espace de cinquante ans , comme plusieurs ont fait ; si la theorique figurée aux esprits des chefs de guerre se pouuoit executer , ils ne perdroyent iamais bataille.

I'ose dire à la confusion de ceux qui tiennent telle opinion , qu'ils ne sçauroyent faire vn soulier , non pas mesme vn talon de chausse , quand ils auroyent toutes les theoriques du monde. Ie demanderois à ceux qui tiennent telle opinion , quand ils auroyent estudié cinquante ans aux liures de cosmographie & nauigation de la mer , & qu'ils auroyent les cartes de toutes regions & le cadran de la mer , le compas & les instruments astronomiques , voudroyent-ils pourtant entreprendre de conduire vn nauire par tout pays , comme fera vn homme bien expert & practicien ; ils n'ont garde de se mettre en danger , quelque theorique qu'ils ayent apprise : & quand ils auront bien disputé , il faudra qu'ils confessent que la practique a engendré la theorique. I'ay mis ce propos en auant , pour clorre la bouche à ceux qui disent , comment est-il possible qu'vn homme

puisse sçauoir quelque chose & parler des effects
naturels, sans auoir veu les liures latins des
philosophes? vn tel propos peut auoir lieu en
mon endroit, puisque par practique ie prouue
en plusieurs endroits la theorique de plusieurs
philosophes, fausse, mesme des plus renommez,
& plus anciens, comme chacun pourra voir &
entendre en moins de deux heures, moyennant
qu'il vueille prendre la peine de venir voir mon
cabinet, auquel l'on verra des choses merueilleuses qui sont mises pour tesmoignage & preuue de
mes escrits, attachez par ordre ou par estages,
auec certains escriteaux au-dessouz, afin qu'vn
chacun se puisse instruire soy-mesme : te pouuant
asseurer (lecteur) qu'en bien peu d'heures, voire
dans la premiere iournée, tu apprendras plus de
philosophie naturelle sur les faits des choses contenues en ce liure, que tu ne sçaurois apprendre
en cinquante ans, en lisant les theoriques & opinions des philosophes anciens.

Aucuns ennemis de science se moqueront des
astrologues, en disant : où est l'eschelle par où

ils sont montez au ciel, pour connoistre l'assiette des astres ? Mais en cet endroit ie suis exempt de telle moquerie ; par ce qu'en prouuant mes raisons escrites, ie contente la veue, l'ouye & l'attouchement : à raison de quoy les calomniateurs n'auront point de lieu en mon endroit : comme tu verras lors que tu me viendras voir en ma petite Academie.

Bien te soit.

SOMMAIRE :

SOMMAIRE
DE L'ART DE TERRE.

Il paroît que le vrai but de Paliſſy a été d'établir les difficultés qui ſe rencontrent dans cet Art, nouveau encore pour lors, & de mettre au jour tous les obſtacles qu'il avoit été obligé de vaincre, pour pouvoir parvenir ſeul, ſans ſecours & ſans expérience, à découvrir la méthode d'employer à propos les différentes matières propres à produire, à l'aide de certaines préparations & d'un dégré de feu convenable, les couleurs auſſi vives qu'inaltérables qui conſtituent les émaux.

Quinze ans du travail le plus opiniâtre & le plus aſſidu, des traverſes & des contre-tems de toutes les eſpèces, n'avoient pû l'abattre, ni le décourager.

Des travaux infructueux, qui exigeoient des frais diſpendieux, le réduiſirent à la miſère la plus affreuſe; une famille nombreuſe à entretenir, une femme inquiète, des parents, des voiſins cruels, qui ne ceſſoient de le chagriner, tout étoit fait pour le déſeſpérer; mais un génie d'une trempe unique l'élevant au-deſſus de tout, lui donnoit du courage & des forces.

A

*On croit le voir enfin à la veille de réuſſir dans ſon entre-
priſe, mais au moment même où il paroît toucher au but ;
ſes reſſources ſe trouvent entièrement épuiſées, ſes fourneaux
ſont prêts à s'éteindre faute de matières combuſtibles ; le bois
lui manque, tout eſt perdu ; Paliſſy ne ſe trouble point ; il
s'empare des tables & des planchers de ſa maiſon & il en
fait courageuſement le ſacrifice à ſon art. Un ouvrier qu'il
avoit employé vient enſuite lui demander de l'argent, Paliſſy qni n'en a point, ſe dépouille de ſes vêtemens pour
payer le ſalaire de cet homme.*

*Rien n'égale l'intérêt qu'il ſçait inſpirer lorſqu'il ſe peint
conſtruiſant & reconſtruiſant ſans ceſſe des fourneaux de différentes formes, paſſant les nuits à la merci des orages & des
frimats, dans un attelier expoſé à toutes les intempéries de
l'air ; on le voit maigre, exténué, accablé de fatigue & de
laſſitude,* n'ayant aucun ſecours, aide & conſolation, ſi-non
des chats-huants qui chantoient d'un côté & des chiens qui
hurloient de l'autre... N'ayant rien de ſec, à cauſe des pluies
qui étoient tombées: je m'en allois, s'écrie-t-il, coucher à
la minuit ou au point du jour acoutré de telle ſorte comme
un homme que l'on auroit trainé par tous les bourbiers de
la ville.

*Une foule d'autres circonſtances fâcheuſes viennent le con-
trarier encore coup-ſur-coup, mais ſon courage ne ſe dément
jamais, il perſévère, il réuſſit enfin. Tout ce qu'il décrit à
ce ſujet eſt préſenté de la manière la plus neuve & la plus
pittoreſque. Son ſtyle eſt vraiment ſublime dans certains en-*

*droits, & il fait fe rendre intéreffant jufques dans les moin-
dres détails.*

Cet épifode, qui fait la principale partie de ce livre, ne
doit point être regardé comme vain & inutile, puifqu'il
étoit fait alors pour apprendre à THÉORIQUE à fe précautionner
contre les accidents multipliés qui furviennent néceffairement
à ceux qui voudroient, fans principe & fans méthode, fe livrer à cet Art, & cet Art n'étoit pas celui de conftruire fimplement des vafes d'argille, variés dans leur forme, mais
celui de trouver & d'appliquer des couleurs auffi vives que durables fur différentes terres cuites, afin de peindre & d'imiter
par-là, au naturel, des fleurs, des fruis, des animaux de plufieurs efpèces. Cette découverte étoit d'autant plus difficile à
faire, que c'étoit dans des préparations minérales & métalliques qu'il falloit l'aller faifir; la conduite du feu dans ces
opérations n'étoit pas le point le moins important & il nous
dit, lui même: qu'il faut gouverner le feu par une philofophie fi foigneufe qu'il n'y a fi gentil efprit qu'il n'y foit bien
travaillé & bien fouvent déçeu. Auffi Paliffy, jaloux d'une
invention qui lui avoit couté tant de fatigues & de foucis,
ne peut pas fe déterminer à la rendre entièrement publique,
il fe contente de défigner les matières propres à produire les
couleurs des émaux; mais il ne confent point à fpécifier les
dofes requifes, & voici les raifons qu'il allègue à ce fujet
en s'adreffant à THÉORIQUE : Je fuis d'avis que tu travaille
pour chercher ladite doze auffi bien que j'ai fait, autrement tu

aurois trop bon marché de la ſcience , & peut-être que ce ſe-
toit la cauſe de te la faire mépriſer : car je ſcay bien qu'il
ny a gens au monde qui facent bon marché des ſecrets &
des arts, ſi-non ceux auxquels ils ne coutent gueres : mais
ceux qui les ont pratiquez à grands frais & labeurs ne les
donnent auſſi légèrement. *Il finit ce petit traité, par l'éloge
de l'Art de Terre dont il décrit l'utilité & les avantages dans
les beſoins de la vie & dans preſque tous les Arts.*

DE
L'ART DE TERRE,
DE SON UTILITÉ,
DES ÉMAUX ET DU FEU.

Pour avoir plus facile intelligence du présent discours, nous le traiterons en forme de dialogue, au quel nous introduirons deux personnes, l'une demandera, l'autre respondra comme s'ensuit.

THÉORIQUE. Tu m'a promis de m'apprendre l'art de terre : & lorsque tu me fis un si long discours des diversitez des terres argilleuses : je fus fort resjouy, pensant que tu me voulusses monstrer le total dudit art : mais je fus tout esbahy qu'au lieu de poursuyvre tu me remis à une autrefois : afin de me faire oublier l'affection que j'ai audit art.

PRACTIQUE. Cuides-tu qu'un homme de bon jugement veuille ainsi donner les secrets d'un art, qui aura beaucoup cousté à celuy qui l'aura inuenté? Quand à moy ie ne suis deliberé de ce faire que ie ne sache bien souz quel titre.

THÉORIQUE. Il n'y a doncques en toy nulle charité. Si tu veux ainsi tenir ton secret caché, tu le porteras en la fosse & nul ne s'en ressentira, ainsi ta fin sera maudite: car il est escrit qu'vn chacun selon qu'il a receu des dons de Dieu qu'il en distribue aux autres: par ainsi ie puis conclure que si tu ne me monstres ce que tu sçais de l'art susdit, que tu abuses des dons de Dieu.

PRACTIQUE. Il n'est pas de mon art, ny des secrets d'iceluy comme de plusieurs autres. Ie sçay bien qu'vn bon remede contre vne peste, ou autre maladie pernicieuse, ne doit estre celé. Les secrets de l'agriculture ne doiuent estre celez. Les hazards & dangers des nauigations ne doiuent estre celez. La parole de Dieu ne doit estre celée. Les sciences qui seruent communément à toute la république ne doyvent estre celées. Mais de mon art de terre & de plusieurs autres arts il n'en est pas ainsi. Il y a plusieurs gentilles inuentions lesquelles sont contaminées & mesprisées pour estre trop communes aux hommes. Aussi plusieurs choses sont exaltées aux maisons des Princes & Seigneurs, que si elles estoyent communes l'on en feroit moins d'estime que de vieux chauderons. Ie te prie considere vn peu les verres, lesquels pour auoir esté trop communs entre les hommes sont deu̯nuz à vn prix si vil que la plus part de ceux qui les font viuent plus méchaniquement que ne font les crocheteurs de Paris. L'estat est noble, & les hommes qui y besongnent sont nobles (1): mais plusieurs sont gentils hommes pour exercer

---

(1) C'est depuis des temps reculés, que ceux qui s'occupent de l'art de la Verrerie, jouissent avec raison, de plusieurs prérogatives que l'utilité de cette invention, devoit nécessairement leur attirer; car en

ledit art, qui voudroyent eſtre roturiers & auoir dequoy payer les ſubſides des Princes. N'eſt ce pas vn malheur aduenu aux verriers des pays de Perigord, Limoſin, Xaintonge, Angoul-

peut regarder à juſte titre cette découverte comme le premier anneau de la chaîne des arts. Les Romains, qui avoient en vénération les talents utiles, accorderent des diſtinctions avantageuſes à ceux qui s'attacherent à cette profeſſion; on voit Théodore les exempter de la plus part des charges de la République. Il ſuffiſoit d'ailleurs que les verres entraſſent dans les ſacrifices, qu'ils fuſſent ſouvent employés à renfermer les cendres des morts, & deſtinés à pluſieurs autres cérémonies religieuſes, pour qu'on attachât une ſorte de vénération à cet art & qu'on accordât des diſtinctions à ceux qui s'en occupoient. Il eſt à préſumer de-là que des gens d'un état honnête ne ſe faiſoient point une peine de ſe livrer à ce genre de travail, qui exigeoit d'ailleurs, outre le talent & la dextérité, des connoiſſances de théorie relatives à la compoſition du verre, à la conſtruction des fourneaux & à la conduite du feu. Des documents anciens nous apprennent, qu'en pluſieurs Provinces de la France, particulièrement dans celles qui étoient régies par le Droit écrit, la vérrerie étoit éxercée, non-ſeulement par des gens au-deſſus du vulgaire, mais preſque toujours par des gens d'extraction noble, qui, faiſant une ſorte de ſecret de leurs procédés, ne le tranſmettoient qu'à leurs enfants, à leurs parents, ou à défaut de ceux-ci, pour l'ordinaire à leurs égaux; ce qui fit que très-ſouvent les mêmes familles ſe ſuccédoient ſans interruption dans cet état.

Les Gentilshommes Verriers du Dauphiné, parmi leſquels il y a des gens de bonne maiſon, ceux de la Provence, du Languedoc & d'autres Provinces encore, n'admettroient jamais parmi eux un homme qui ne produiroit pas des titres de nobleſſe, ou n'établiroit pas, d'une manière légale, une filiation avec des familles de *Nobleſſe Verriere.*

Cet art, au reſte, n'a jamais annobli par lui même, mais il ne déroge pas, & c'eſt une tradition & un uſage aſſez conſtant que des Gentilshommes, dans certaines Provinces, ſont ſeuls en poſſeſſion de l'éxercer. Je me rappelle d'avoir vû, en parcourant certaines montagnes de la Province de Dauphiné, pluſieurs de ces Verreries enfoncées dans le centre des forêts les plus ſombres & les plus ſauvages, je me plai-

mois, Gafcongne, Bearn & Bigorre, aufquels pays les verres
font méchanizez en telle forte qu'ils font venduz & criez
par les villages, par ceux mefmes qui crient les vieux dra-
peaux & la vieille ferraille, tellement que ceux qui les font
& ceux qui les vendent trauaillent beaucoup à viure. Confidere auffi vn peu les boutons d'efmail (qui eft vne inuention
tant gentille) lefquels au commencement fe vendoient trois
francs la douzaine. Or d'autant que ceux qui les inuenterent
ne tindrent leur inuention fecrette, vn peu de temps après
la conuoitife du gain, ou l'indigence des perfonnes fuft caufe
qu'il en fut fait fi grande quantité qu'ils furent contrains les
donner pour vn fol la douzaine, tellement qu'ils font venu
à tel mefpris qu'auiourd'huy les hommes ont honte d'en porter,
& difent que ce n'eft que pour les béliftres (2), par ce qu'ils

---

fois à admirer la fimplicité, la candeur & la bonn'hommie de ces honnêtes gens qui, heureufement éloignés du bruit des villes, & libres de
tous foucis, menent, dans leur folitude, une vie d'autant plus douce
& plus agréable qu'elle eft plus raprochée de la Nature. Leur travail,
quoique pénible, les exempte de l'oifiveté & de beaucoup de maladies,
la chaffe ou la pêche devient leur amufement favori ; je n'oublierai jamais d'en avoir vû quelques-uns, les jours de fêtes & de repos, fe dé-
barbouillant le vifage à la premiere fontaine, arborer le plumet, s'armer
de la longue épée & aller avec délice conter leurs tendres feux aux beautés
du hameau ; rien ne m'a rappellé autant l'image de l'antique & naïve
Chevalerie, dans les tems où elle fe plaifoit fi fort à courir les avantures
galantes dans les bois.

(2) Bélitre ne fignifie qu'un homme de rien, un homme de la plus baffe
lie du peuple, *vilis homuncio*, & non un coquin, comme quelques auteurs ont voulu le prétendre ; car en faifant attention à la maniere dont
Paliffy employe ce terme, on comprend que l'étimologie qu'en a donné
M. Huet eft fans contredit la plus naturelle ; il dérive ce mot du grec
βλίτυρ, qui fignifie un *rien*, felon l'expreffion de Clément Alexandrin,
dans fes Stromates livre 8. N'importe au refte d'où ce terme tire fon

font

font à trop bon marché. As tu pas veu auſſi les eſmailleurs de Limoges, leſquels par faute d'auoir tenu leur inuention ſecrete, leur art deuenu ſi vil qu'il leur eſt difficile de gaigner leur vie au prix qu'ils donnent leurs œuures. Ie m'aſſeure auoir veu donner pour trois ſols la douzaine de figures d'enſeignes que l'on portoit aux bonnets leſquelles enſeignes eſtoyent ſi bien labourées & leurs eſmaux ſi bien parfondus ſur le cuiure (3), qu'il n'y auoit nulle peinture ſi plaiſante.

origine, pourvu qu'on voie, par l'exemple d'un Auteur encien tel que Paliſſy, qui écrivoit purement ſa langue, que ce mot *Bélitre* veut dire un homme de néant, un homme de rien.

(3) Ce paſſage eſt intéreſſant pour l'hiſtoire de la peinture en émail ; pluſieurs Auteurs ont écrit que cet art prit ſa naiſſance en France, & que ce ne fut que vers 1632, qu'on commença de peindre en émail ſur des matieres métalliques. On voit cependant clairement ici, qu'avant cette époque, non-ſeulement on faiſoit des boutons émaillés, mais qu'on s'occupoit à peindre en émail ſur le cuivre, puiſqu'on faiſoit des figures d'enſeignes qu'on portoit aux bonnets, *leſquelles enſeignes eſtoient ſi bien labourées & leurs eſmaux ſi bien parfondus ſur le cuivre, qu'il n'y avoit peinture ſi plaiſante.* L'ouvrage de Paliſſy étant imprimé en 1580, on y remarque déja une époque plus éloignée que celle de 1632 ; on y apprend que cet art, non-ſeulement n'étoit plus un ſecret, mais que la peinture en émail, appliquée ſur le cuivre, étoit ſi commune, qu'on la vendoit au plus vil prix. Il faut donc reculer l'origine de cette invention, bien au-delà de 1632. Il eſt vrai que ce fut à-peu-près vers cette derniere époque qu'on s'appliqua en France à peindre avec beaucoup plus de goût & de méthode, en deſſinant de bons ſujets & en employant des émaux clairs & tranſparents qui produiſirent des effets ſupérieurs à ceux de l'huile & de la mignature.

L'Orfevre Jean-Toutin, de Châteaudun, parut pour donner du luſtre à cet art ; il peignit en émail ſur le cuivre, ſur l'or, & peignit avec le plus heureux ſuccès ; ſon diſciple Gribalin marcha ſur les traces & lui fit honneur. Ce genre de peinture fit alors des progrès rapides, & l'on admira bien-tôt l'Orfèvre Dubié, Moliere, Rouquer, Chartier, &c.

Et n'eſt pas cela ſeulement aduenu vne fois, mais plus de cent mil, & non ſeulement eſdittes enſeignes, mais auſſi aux eſguieres, ſalieres, & toutes autres eſpeces de vaiſſeaux, & autres hiſtoires, leſquelles ils ſe font aduiſez de faire : choſe fort à regretter. As tu pas veu auſſi combien les Imprimeurs ont endommagé les peintres & pourtrayeurs ſçauans ? i'ay ſouuenance d'auoir veu les hiſtoires de Noſtre-Dame imprimées de gros traits après l'inuention d'vn Alemand nommé Albert (4), leſquelles hiſtoires vindrent vne

___

enfin Jacques Bordier & le fameux Petitot l'emporterent ſur tous les autres ; les ouvrages de ce dernier ne laiſſent rien à deſirer, & ſont regardés avec raiſon comme de véritables chefs-d'œuvre ; auſſi les connoiſſeurs ſçavent-ils les rechercher avec empreſſement & les payent à des prix fort chers : on voit à Paris une collection conſidérable & choiſie de l'œuvre de ce dernier Maître, chez Monſieur d'Enneri, le même qui a des ſuites ſi précieuſes & ſi connues, en médailles & en antiques de tous les genres.

(4) Paliſſy, par le terme *Imprimeur*, veut déſigner les graveurs d'eſtampes, & par celui de *Pourtrayeurs*, les Deſſinateurs ; *les Imprimeurs, dit-il, ont endommagés les Peintres & Pourtrayeurs ſçavants.* Cette phraſe ſuffit pour indiquer que c'eſt des Graveurs d'eſtampes dont il veut parler ici : *les hiſtoires de Notre-Dame, imprimées de gros traits après l'invention d'un Alemand nommé Albert*, n'étoient donc ſimplement que des eſtampes, que des gravures en bois repréſentant divers traits hiſtoriques de la vie de la Sainte Vierge. Cet Allemand Albert etoit le fameux Albert Durer, de Nuremberg, habile Peintre & célebre Graveur, qui a beaucoup travaillé en bois, & qui a gravé des chefs-d'œuvre en taille-douce. J'ai voulu voir, au cabinet des eſtampes du Roi, ſi je trouverois parmi l'œuvre conſidérable de ce Maître, l'hiſtoire de la Vierge dont il eſt ici queſtion ; en effet je découvris bien-tôt toute cette hiſtoire, que Paliſſy appelle avec raiſon, *imprimée de gros traits ;* car elle eſt gravée en bois & à grande taille, elle forme une ſuite de quinze eſtampes d'une très-belle conſervation, ayant chacune dix pouces & demi de longueur, ſur ſept pouces & demi de largeur : on apperçoit

fois à tel mefpris, à caufe de l'abondance qui en fut faire, qu'on donnoit pour deux liards chafcune defdites hiftoires, combien que la pourtraiture fut d'vne belle inuention. Vois tu pas auffi combien la moulerie a fait de dommage à plufieurs fculpteurs fçauans, à caufe qu'après que quelqu'vn d'iceux aura demeuré long tems à faire quelque figure de prince & de princeffe ou quelque autre figure excellente, que fi elle vient à tomber entre les mains de quelque mouleur il en fera fi grande quantité que le nom de l'inuenteur ny fon œuure ne fera plus connue, & donnera on à vil prix lefdites figures à caufe de la diligence que la moulerie a amenée, au grand regret de celuy qui aura taillé la premiere piece. I'ay veu vn tel mefpris en la fculpture, à caufe de ladite moulerie, que tout le pays de la Gafcongne & autres lieux circonuoifins eftoyent tous pleins de figures moulées, de terre cuite, lefquelles on portoit vendre par les foyres & marchez, & les donnoit on pour deux liards chafcune, dont aduint que du temps que l'on commençoit à porter des ceintures & autres habits à la bufque, il y eut vn homme lequel fut emprifonné & eut le foüet, à caufe qu'il alloit par toute la ville de Tolouze auec vne balle pleine de crucifix, criant: crucifix, crucifix à la bufque. Tu peux aifément connoiftre par ces exemples & par vn millier d'autres femblables, qu'il vaut mieux qu'vn homme ou vn petit

---

à toutes les gravures, la marque de ce grand Maître; la feptième porte l'indication de l'année 1511. La pénultième & la derniere, celle de l'année 1510. Cette hiftoire de la Vierge, inventée & gravée par Durer, porte l'empreinte du génie & de l'imagination de cet homme habile; elle commence par l'eftampe de l'Annonciation, & finit par celle de l'Afcenfion. Les eftampes de Durer, qui fe donnoient pour deux liards alors, font d'un très-grand prix de nos jours; les capitales fe vendent jufqu'à quinze & feize livres la pièce.

nombre facent leur proufit de quelque art en viuant hon-
neftement, que non pas un fi grand nombre d'hommes, lefquels s'endommageront fi fort les vns les autres, qu'ils n'auront pas moyen de viure, finon en profanant les arts, laif-
fants les chofes à demy faites, comme l'on voit communement de tous les arts, defquels le nombre eft trop grand.
Toutesfois fi ie penfois que tu gardaffes le fecret de mon
art auffi précieux comme il le requiert, ie ne ferois difficulté de te l'enfeigner.

THÉORIQUE. S'il te plaift de me l'apprendre ie te pro-
mets de le tenir auffi fecret qu'homme à qui tu le pourrois
enfeigner.

PRACTIQUE. Ie voudrois faire beaucoup pour toy, &
te voudrois auancer d'auffi bon cœur que mon propre enfant : mais ie crains qu'en te monftrant l'art de terre ce feroit plutoft te reculer que t'auancer. La raifon eft parce que
tu as befoing de deux chofes, fans lefquelles il eft impoffible de rien faire de l'art de terre. La premiere eft qu'il faut
que tu fois veuillant, agile, portatif & laborieux. Seconde-
ment il te faut auoir du bien, pour fouftenir les pertes qui
furviennent en exerçant ledit art. Or d'autant que tu as indigence de ces chofes ie te confeille de chercher quelque
autre moyen de viure, qui foit plus aifé & moins hazardeux.

THÉORIQUE. Ie cuide que ce qui te fait dire ces chofes n'eft pas pour pitié que tu ayes de moy : mais c'eft qu'il
te fache de tenir ta promeffe & de me reueler les fecrets
dudit art. Qu'ainfi ne foit ie fçay que quand premierement
tu te mis à chercher ledit art, tu n'auois pas beaucoup de
biens, pour fupporter les pertes & fautes que tu dis qui peuuent furuenir au labeur dudit art.

PRACTIQUE. Tu dis vray, ie n'auois pas beaucoup de
biens : mais i'avois des moyens que tu n'as pas. Car i'avois

la pourtraiture. L'on penſoit en noſtre pays que je fuſſe plus ſçauant en l'art de peinture que ie n'eſtois,qui cauſoit que i'eſtois ſouvent appellé pour faire des figures pour les procès (5). Or quand i'eſtois en telles commiſſions i'eſtois tres bien payé, auſſi ay-ie entretenu long temps la vitrerie iuſques à ce que i'aye eſté aſſeuré pouvoir viure de l'art de terre : auſſi en cherchant ledit art i'ay apprins à faire l'alchimie auec les dents, ce qu'il te facheroit beaucoup de faire. Voilà comment i'ay eſchappé le temps que i'ay employé à chercher ledit art.

THÉORIQUE. Ie ſçay que tu as enduré beaucoup de pauuretez & d'ennuis en le cherchant : mais il ne ſera pas ainſi de moy : car ce qui t'a fait endurer, ce a eſté à cauſe que tu eſtois chargé de femme & d'enfans. Or d'autant que auparauant tu n'en auois nulle connoiſſance, & qu'il te falloit deuiner, par ce auſſi que tu ne pouuois laiſſer ton ménage pour aller apprendre ledit art en quelque boutique, auſſi que tu n'auois moyen d'entretenir aucuns ſeruiteurs qui te peuſſent faire quelque choſe pour t'amener au chemin de l'art ſuſdit. Tous ces defauts t'ont cauſé les ennuis & miſeres ſuſdites. Mais il ne ſera pas ainſi de moy : par ce que ſuyuant ta promeſſe tu me donneras par eſcrit tous les moyens d'obuier aux pertes & hazards du feu : auſſi les matieres dont tu fais les eſmaux & la doſe, meſures & compoſition d'iceux. Ainſi faiſant pourquoy ne feray ie de belles choſes ſans eſtre en danger de rien perdre, attendu que tes pertes me ſeruiront d'exemple pour me garder & guider en exerçant ledit art.

---

(5) Les figures pour les procès, n'étoient que les plans figuratifs de certains lieux, dreſſés en vertu d'ordonnances judiciaires, pour ſervir à l'inſtruction & jugement des procès ; Paliſſy faiſoit par-là les fonctions d'Arpenteur Géometre Juré.

PRACTIQUE. Quand i'aurois employé mille rames de papier pour t'escrire tous les accidens qui me sont suruenuz en cherchant ledit art, tu te dois asseurer que quelque bon esprit que tu ayes qu'il t'auiendra encores vn millier de fautes, lesquelles ne se peuuent apprendre par lettres, & quand tu les aurois mesme par escrit, tu n'en croiras rien iusques à ce que la practique t'en aye donné un millier d'afflictions. Toutesfois afin que tu n'ayes occasion de m'appeller menteur, ie te mettray icy par ordre tous les secrets que i'ay trouué en l'art de terre, ensemble les compositions & divers effects des esmaux: aussi te diray les diversités des terres argileuses, qui sera vn point lequel il te faudra bien noter. Or afin de mieux te faire entendre ces choses, ie te feray vn discours pris dés le commencement que ie me mis en deuoir de chercher ledit art, & par là tu oras les calamitez que i'ay endurées auparauant que de paruenir à mon dessein. Ie cuide que quand tu auras bien entendu le tout qu'il te prendra bien peu d'enuie de te ietter audit art, & m'asseure que d'autant que tu es à présent desireux de t'en approcher, d'autant tascheras tu à t'en esloigner: par ce que tu verras que l'on ne peut poursuyure, n'y mettre en execution aucune chose, pour la rendre en beauté & perfection, que ce ne soit auec grand & extreme labeur, lequel n'est iamais seul, ains est tousiours accompagné d'vn millier d'angoisses.

THÉORIQUE. Ie suis homme naturel comme toy, & puisque les choses t'ont esté possibles sans auoir eu aucun enseigneur, il me sera beaucoup plus aisé quand i'auray obtenu de toy un entier discours de toute la maniere de faire & les moyens par lesquels tu y es paruenu.

PRACTIQUE. Suyuant ta requeste, sçaches qu'il y a vingt & cinq ans passez qu'il ne me fut montré vne coupe de

terre, tournée & efmaillée d'vne telle beauté (6), que deflors
i'entray en difpute auec ma propre penfée, en me rememo-
rant plufieurs propos, qu'aucuns m'auoient tenùs en fe moc-
quant de moy, lors que ie peindois les images. Or voyant
que l'on commençoit à les delaiffer au pays de mon habi-

(6) Cette coupe de terre tournée & émaillée d'une telle beauté... n'étoit
qu'un vafe de belle fayence: l'art d'émailler fur la terre étoit très-ancien en Italie, puifqu'il y avoit du tems de Porfenna, Roi de Tof-
cane, des vafes de terre émaillés, qu'on admiroit & qu'on eftimoit
beaucoup: long-tems après, Faenza, Caftel Durante, s'approprierent
cette branche d'induftrie; les manufactures de ces deux petites Villes
devinrent fameufes, Faenza même donna, dit-on, fon nom à ce genre
de poterie, & cet art y fit des progrès très-rapides. Il y a tout lieu
de préfumer que la coupe qui charma fi fort Paliffy, devoit avoir été
apportée d'italie; car je penfe qu'il n'exiftoit point de manufactures de
fayence en France à cette époque; Paliffy non-feulement ne nous l'auroit pas laiffé ignorer; mais s'il en avoit connu, il fe feroit évité une
partie des peines & des foucis qu'il n'avoit pas difcontinué de fe donner
pendant plus de quinze ans pour pouvoir découvrir la maniere de faire
de pareils vafes; enfin il nous auroit dit quelque chofe à ce fujet, mais
il eft croyable, je le répete, qu'il n'en exiftoit point; je trouve même un
paffage à la fin de ce petit Traité, qui vient à l'appui de cette idée &
paroît démontrer que l'art d'émailler fur la terre n'étoit pas connu
alors en France, voici le paffage; Paliffy vient de faire l'éloge de l'u-
tilité de la terre confidérée comme argile, & dit, *regarde tous les fourneaux, tu trouveras qu'ils font faicls de terre, même ceux qui travaillent de
terre, font tous leurs fourneaux de terre, comme tuilliers, briquetiers &
pottiers*: il eft probable, comme on le voit, que s'il eût été queftion de
fayencerie en France, Paliffy n'auroit pas négligé de parler ici des fourneaux des Fayenciers; il peut donc être regardé avec jufte raifon, non-
feulement comme le premier qui ait voulu imiter en France les vafes de
Faenza; mais comme celui qui a forcé, après des peines infinies, la nature, à lui dévoiler le fecret des émaux & la maniere de les employer
utilement.

tation, auſſi que la vitrerie n'auoit pas grande requeſte (7), ie
vay penſer que ſi i'auois trouué l'invention de faire des eſmaux
que ie pourrois faire des vaiſſeaux de terre & autre choſe de
belle ordonnance, parce que Dieu m'auoit donné d'entendre
quelque choſe de la pourtraiture (8), & deſlors ſans auoir eſgard
que ie n'auois nulle connoiſſance des terres argileuſes, ie me
mis à chercher les eſmaux, comme un homme qui taſte en tenebres. Sans auoir entendu de quelles matieres ſe faiſoyent
leſdits eſmaux: ie pilois en ces iours là de toutes les matieres que ie pouuois penſer qui pourroyent faire quelque
choſe, & les ayant pilées & broyées i'achetois vne quantité
de pots de terre, & après les auoir mis en pieces ie mettois des matieres, que i'auois broyées deſſus icelles, & les
ayant marquées, ie mettois en eſcrit à part les drogues que
i'auois mis ſur chaſcunes d'icelles, pour memoire ; puis
ayant faict un fourneau à ma fantaiſie, ie mettois cuire leſdites pieces pour voir ſi mes drogues pourroyent faire quelque couleur de blanc : car ie ne cherchois autre eſmail que
le blanc: parce que i'auois ouy dire que le blanc eſtoit le
fondement de tous les autres eſmaux. Or par ce que ie
n'auois iamais veu cuire terre, ny ne ſçauois à quel degré
de feu ledit eſmail ſe deuoit fondre, il m'eſtoit impoſſible
de pouuoir rien faire par ce moyen, ores que mes drogues
euſſent eſté bonnes, par ce qu'aucune fois la choſe auroit
trop chaufé & autrefois trop peu, & quand leſdites ma-

---

(7) On voit par ce paſſage que Paliſſy étoit auſſi Peintre ſur verre,
Auſſi M. le Vicil le place-t-il parmi les Peintres de cette claſſe, dans
ſon grand ouvrage ſur l'Art de la peinture ſur verre.

(8) Ceci dénote encore qu'il ſçavoit le deſſein; on a déja vu, au
commencement de ce livre, que par le mot *pourtraiture*, il eſt à préſumer qu'il entendoit parler du deſſin.

tieres

tieres eftoient trop peu cuittes ou bruflées, ie ne pouuois
rien iuger de la caufe pourquoy ie ne faifois rien de bon,
mais en donnois le blafme aux matieres, combien que quelque fois la chofe fe fut peut eftre trouuée bonne, ou pour
le moins i'euffe trouué quelque indice pour paruenir à mon
intention, fi i'euffe peu faire le feu felon que les matieres
le requeroyent : mais encores en ce faifant ie commettois
vne faute plus lourde que la fufdite : car en mettant les pieces de mes efpreuues dedans le fourneau, ie les arrengeois
fans confidération, de forte que les matieres euffent efté les
meilleures du monde & le feu le mieux à propos, il eftoit
impoffible de rien faire de bon. Or m'eftant ainfi abuzé plufieurs fois auec grands frais & labeurs, i'eftois tous les iours
à piler & broyer nouuelles matieres & conftruire nouueaux
fourneaux, auec grande defpenfe d'argent & confommation
de bois & de temps.

Quand i'eus baftelé (9) plufieurs années ainfi imprudemment
auec trifteffe & foufpirs, à caufe que ie ne pouuois paruenir
à rien de mon intention, & me fouuenant de la defpenfe
perdüe, ie m'auifay pour obuier à fi grande defpenfe d'en-

---

(9) Le verbe *bâteler* employé ici au figuré, eft des plus expreffifs
& des plus énergiques. Un *Bâteleur*, Hiftrio, Mimus, eft un Baladin
qui abufe de la crédulité du peuple pour vendre fa marchandife & gagner de l'argent en amufant les fots par des tours de foupleffe, par de
grands mots & de belles paroles : ainfi donc Paliffy, après avoir dit,
qu'il s'étoit abufé *plufieurs fois avec grands frais & labeur*, fe fert tres-
à propos du terme *bâteler*, qu'il s'applique naïvement à lui-même, pour
exprimer combien il s'étoit abufé, combien il avoit été la dupe de fes
propres idées, & fur-tout de fa maniere de procéder, ce qu'il appelle
avoir bâtelé plufieurs années imprudemment. *Bâteler*, au refte, n'eft plus
ufité comme verbe. *Bâteleur* eft encore François & devient fouvent fy-
nonime avec baladin. *Bâtelage* eft employé quelquefois dans le genre
familier & burlefque.

C

uoyer les drogues que ie voulois approuuer à quelque fourneau de potier, & ayant conclud en mon efprit telle chofe,
i'achetay de rechef plufieurs vaiffeaux de terre, & les ayant
rompus en pieces comme de couftume, i'en couuray
trois ou quatre cent pieces d'efmail, & les enuoyay en vne
poterie diftante d'vne lieue & demie de ma demeurance,
auec requefte enuers les potiers qu'il leur pleuft permettre
cuire lefdites efpreuues dedans aucuns de leurs vaiffeaux : ce
qu'ils faifoyent volontiers : mais quand ils auoyent cuit leur
fournée & qu'ils venoyent à tirer mes efpreuues, ie n'en
receuois que honte & perte, par ce qu'il ne fe trouuoit rien
de bon, à caufe que le feu defdits potiers n'eftoit affez
chaud, auffi que mes efpreuues n'eftoyent enfournées au deuoir requis & felon la fcience, & parce que ie n'auois connoiffance de la caufe pourquoy mes efpreuues ne s'eftoyent
bien trouuées, ie mettois (comme i'ay dit cy deffus) le
blafme fur les matieres : de rechef ie faifois nombre de compofitions nouuelles, & les enuoyay aux mefmes potiers,
pour en vfer comme deffus : ainfi fis-ie par plufieurs fois
toufiours auec grands frais, perte de temps, confufion &
trifteffe.

Quand ie vis que ie ne pouuois par ce moyen rien faire
de mon intention, ie prins relafche quelque temps, m'occu-
pant à mon art de peinture & de vitrerie, & me mis comme
en non chaloir de plus chercher les fecrets des efmaux,
quelques iours après furuindrent certains commiffaires dépu-
tez par le Roy pour eriger la gabelle au pays de Xaintonge,
lefquels m'appellerent pour figurer les ifles & pays circon-
voifins de tous les marez falans dudit pays (10). Or après

---

(10) Ce paffage nous démontre encore que Paliffy deuoit auoir de
l'intelligence pour le deffin & même pour la géométrie pratique, puifqu'en l'employe ici à une opération importante qui exigeoit divers
genres de talens.

que ladite commiſſion fut paracheuée & que ie me trouuay muny d'vn peu d'argent ie reprins encores l'affection de
pourſuyure à la ſuitte deſdits eſmaux , & voyant que ie n'a-
uois peu rien faire dans mes fourneaux ny à ceux des potiers
ſuſdits, ie rompi enuiron trois douzaines de pots de terre
tous neufs, & ayant broyé grande quantité de diuerſes matieres, ie couuray tous les lopins deſdits pots , deſdites drogues couchées auec le pinceau : mais il te faut entendre que
de deux ou trois cents deſdittes pieces, il n'y en auoit que
trois de chaſcune compoſition : ayant ce fait ie prins toutes
ces pieces & les portay à vne verrerie, afin de voir ſi mes
matieres & compoſitions ſe pourroyent trouuer bonnes aux
fours deſdites verreries. Or d'autant que leurs fourneaux ſont
plus chauds que ceux des potiers, ayant mis toutes mes eſpreuues dans leſdits fourneaux, le lendemain que ie les fis tirer i'apperceus partie de mes compoſitions qui auoyent commencé à fondre , qui fut cauſe que ie fus encores d'auan-
tage encouragé de chercher l'eſmail blanc , pour lequel i'a-
uois tant trauaillé.

Touchant des autres couleurs ie ne m'en mettois aucunement en peine, ce peu d'apparence que ie trouuay lors, me
fit trauailler pour chercher ledit blanc deux ans outre le
temps ſuſdit, durant leſquels deux ans ie ne faiſois qu'aller
& venir aux verreries prochaines , tendant aux fins de paruenir à mon intention. Dieu voulut qu'ainſi que ie commençois à perdre courage, & que pour le dernier coup ie m'eſtois tranſporté à vne verrerie, ayant auec moi vn homme
chargé de plus de trois cens ſortes d'eſpreuues, il ſe trouua
une deſdites eſpreuues qui fut fondue dedans quatre heures
après auoir eſté miſe au fourneau, laquelle eſpreuue ſe trouua
blanche & polie de ſorte quelle me cauſa vne ioye telle
que ie penſois eſtre deuenu nouuelle créature : & penſois

deslors avoir vne perfection entiere de l'esmail blanc : mais
ie fus fort esloingné de ma pensée : cette espreuue estoit
fort heureuse d'vne part , mais bien mal-heureuse de l'autre,
heureuse en ce qu'elle me donna entrée à ce que ie suis
paruenu , & mal-heureuse en ce qu'elle n'estoit mise en doze
ou mesure requise ; ie fus si grand beste en ces iours là que
soudain que i'eus fait ledit blanc qui estoit singulierement
beau , ie me mis à faire des vaisseaux de terre , combien
que iamais ie n'eusse conneu terre, & ayant employé l'espace de sept ou huit mois à faire lesdits vaisseaux , ie me
prins à ériger vn fourneau semblable à ceux des verriers, lequel ie bastis avec vn labeur indicible : car il falloit que ie
maçonnasse tout seul, que ie destrempasse mon mortier,
que ie tirasse l'eau pour la destrampe d'iceluy , aussi me fail-
loit moy mesme aller querir la brique sur mon dos , à cause
que ie n'auois nul moyen d'entretenir vn seul homme pour
m'ayder en cette affaire. Ie fis cuire mes vaisseaux en premiere cuisson : mais quand ce fut à la seconde cuisson ie
receus des tristesses & labeurs tels que nul homme ne voudroit croire. Car en lieu de me reposer des labeurs passez,
il me fallut trauailler l'espace de plus d'vn mois nuit & iour
pour broyer les matieres desquelles i'auois fait ce beau blanc
au fourneau des verriers, & quand i'eus broyé lesdites matieres i'en couuray les vaisseaux que i'auois faits : ce fait ie mis
le feu dans mon fourneau par deux gueules, ainsi que i'auois
veu faire ausdits verriers, ie mis aussi mes vaisseaux dans ledit fourneau pour cuider faire fondre les esmaux que i'auois
mis dessus : mais c'estoit vne chose mal-heureuse pour moy :
car combien que ie fusse six iours & six nuits deuant ledit
fourneau sans cesser de brusler bois par les deux gueules, il ne
fut possible de pouuoir faire fondre ledit esmail & estois
comme vn homme desesperé , & combien que ie fusse tout

eſtourdi du trauail, ie me vay aduiſer que dans mon eſmail
il y auoit trop peu de la matiere qui deuoit faire fondre
les autres, ce que voyant ie me prins à piler & broyer de
ladite matiere, ſans toutesfois laiſſer refroidir mon fourneau : par ainſi i'auois double peine, piler, broyer & chaufer ledit fourneau. Quand i'eus ainſi compoſé mon eſmail
ie fus contraint d'aller encores acheter des pots, afin d'eſ-
prouuer ledit eſmail : d'autant que i'auois perdu tous les
vaiſſeaux que i'auois faits. Et ayant couuert leſdites pieces
dudit eſmail, ie les mis dans le fourneau continuant toufiours le feu en ſa grandeur : mais ſur cela il me ſuruint vn
autre malheur, lequel me donna grande faſcherie, qui eſt
que le bois m'ayant failli, ie fus contraint bruſler les eſtapes (11) qui ſouſtenoyent les tailles de mon iardin, leſquelles eſtant bruſlées ie fus contraint bruſler les tables &
plancher de la maiſon, afin de faire fondre la ſeconde compoſition. I'eſtois en vne telle angoiſſe que ie ne ſçauois dire :
car i'eſtois tout tari & deſeiché à cauſe du labeur & de la

---

(11) Je n'ai trouvé le mot *eſtape* dans aucun lexicographe François.
On comprend que les eſtapes n'étoient que des ſuports en bois qui
ſoutenoient les treillages du jardin de Paliſſy ; je cherchois ce que pouvoit ſignifier ce mot en lui-même, lorſque l'idée me vint qu'il pourroit
être un compoſé des deux mots latin, *ſtatio* & *pes*, qui traduits littérale-
ment ſignifient *ſtation* ou *arrêt*, *pied* ou *baſe*, ainſi *ſtationis pes* déligne-
roit un pied, une baſe propre à arrêter, à fixer, à rendre ſtable une
choſe ; ce qui fortifia cette conjecture, c'eſt que le mot entier *de ſtationis
pes* offroit à mon œil le tableau du mot *ſta-pes*, en prenant les trois
premieres & les trois dernieres lettres de ce mot, & de-là, par abré-
viation, le mot *ſtapes*, par corruption ou par mauvaiſe orthographe,
celui d'*eſtapes*, & de-là enfin peut-être la véritable étymologie du mot
piedeſtel, *pes ſtationis* qu'on ne connoiſſoit pas, au reſte je n'avance ceci
que comme une ſimple conjecture.

chaleur du fourneau, il y auoit plus d'vn mois que ma chemife n'auoit feiché fur moy, encores pour me confoler on fe moquoit de moy, & mefme ceux qui me deuoient fecourir alloient crier par la ville que ie faifois brufler le plancher : & par tel moyen l'on me faifoit perdre mon crédit, & m'eftimoit on eftre fol.

Les autres difoient que ie cherchois à faire la fauffe monnoye, qui eftoit un mal qui me faifoit feicher fur les pieds, & m'en allois par les ruës tout baiffé, comme vn homme honteux : i'eftois endetté en plufieurs lieux, & auois ordinairement deux enfans aux nourrices, ne pouuant payer leurs falaires, perfonne ne me fecouroit : mais au contraire ils fe mocquoyent de moy, en difant : il lui appartient bien de mourir de faim, par ce qu'il délaiffe fon meftier. Toutes ces nouuelles venoyent à mes aureilles quand ie paffois par la ruë, toutesfois il me refta encores quelque efperance, qui m'accourageoit & fouftenoit, d'autant que les dernieres efpreuues s'eftoyent affez bien portées, & deffors en penfois fçavoir affez pour pouuoir gaigner ma vie, combien que i'en fuffe fort efloigné (comme tu entendras ci après) & ne dois trouuer mauuais fi i'en fais vn peu long difcours, afin de te rendre plus attentif à ce qui te pourra feruir.

Quand ie me fus repofé vn peu de temps auec regrets de ce que nul n'auoit pitié de moy, ie dis à mon ame : qu'eftce qui te trifte, puis que tu as trouué ce que tu cherchois ? trauaille à prefent & tu rendras honteux tes detracteurs. Mais mon efprit difoit d'autre part : tu n'as rien de quoy pourfuyure ton affaire, comment pourras-tu nourrir ta famille & acheter les chofes requifes pour paffer le temps de quatre ou cinq mois qu'il faut auparauant que tu peuffes iouyr de ton labeur ? Or ainfi que i'eftois en telle trifteffe & débat d'ef

prit, l'efperance me donna vn peu de courage , & ayant
confideré que ie ferois beaucoup long pour faire vne fournée
toute de ma main, pour abreger & gagner le temps & pour
plus foudain faire apparoir le fecret que i'auois trouué dudit efmail blanc, ie prins vn potier commun & lui donnay
certains pourtraits, afin qu'il me fift des vaiffeaux felon mon
ordonnance, & tandis qu'il faifoit ces chofes ie m'occupois
à quelques medailles, mais c'eftoit vne chofe pitoyable : car
i'eftois contraint nourrir ledit potier en vne tauerne à crédit :
par ce que ie n'auois nul moyen en ma maifon. Quand nous
eufmes trauaillé l'efpace de fix mo s, & qu'il faloit cuire la
befongne faite, il fallut faire vn fourneau & donner congé
au potier, auquel par faute d'argent ie fus contraint donner
de mes veftemens pour fon falaire. Or par ce que ie n'auois
point d'eftoffes pour ériger mon fourneau, ie me prins à
deffaire celui que i'auois fait à la mode des verriers, afin
de me feruir des eftoffes de la defpouille d'iceluy. Or par
par ce que ledit four auoit fi fort chauffé l'efpace de fix
iours & nuits : le mortier & la brique dudit four s'eftoit liquifié & vitrifié de telle forte, qu'en defmaçonnant i'eus les
doigts coupez & incifez en tant d'endroits que ie fus contraint manger mon potage ayant les doigts enuelopez de
drapeau. Quand i'eus deffait ledit fourneau il fallut eriger
l'autre qui ne fut pas fans grand peine : d'autant qu'il me
falloit aller querir l'eau, le mortier & la pierre , fans aucun
ayde & fans aucun repos. Ce fait ie fis cuire l'œuure fufdite
en premiere cuiffon, & puis par emprunt ou autrement ie
trouuay moyen d'auoir des eftoffes pour faire des efmaux,
pour couurir laditte befongne , s'eftant bien portée en premiere cuiffon : mais quand i'eus acheté lefdites eftoffes il
me furuint vn labeur qui me cuida faire rendre l'efprit. Car

apres que par plufieurs iours ie me fus laffé à piler & calciner
mes matieres, il me les conuint broyer fans aucune ayde,
à un moulin à bras, auquel falloit ordinairement deux puiffans hommes pour le virer : le defir que i'auois de paruenir
à mon entreprinfe me faifoit faire des chofes que i'euffe eftimé impoffibles. Quand lefdites couleurs furent broyées ie
couuray tous mes vaiffeaux & medailles dudit efmail, puis
ayant le tout mis & arrangé dedans le fourneau, ie commençay à faire du feu, penfant retirer de ma fournée trois
ou quatre cent liures, & continué ledit feu iufques à ce que
i'eus quelque indice & efperance que mes efmaux fuffent
fondus & que ma fournée fe portoit bien : le lendemain quand
ie vins à tirer mon œuure, ayant premierement ofté le feu,
mes trifteffes & douleurs furent augmentées fi abondamment
que ie perdois toute contenance. Car combien que mes efmaux fuffent bons & ma befongne bonne, neantmoins deux
accidens eftoient furuenus à ladite fournée, lefquels auoient
tout gafté : & afin que tu t'en donnes de garde, ie te diray
quels y font : auffi après ceux là ie t'en diray vn nombre
d'autres, afin que mon malheur te ferue de bon-heur, &
que ma perte te ferue de gain. C'eft parce que le mortier
de quoi i'auois maffonné mon four eftoit plain de cailloux,
lefquels fentant la vehemence du feu (lors que mes efmaux
fe commençoient à liquifier) fe creuerent en plufieurs pieces , faifant plufieurs pets & tonnerres dans ledit four. Or
ainfi que les efclats defdits cailloux fautoient contre ma befongne, l'efmail qui eftoit desja liquifié & rendu en matiere
glueufe, print lefdits cailloux, & fe les attacha par toutes
les parties de mes vaiffeaux & medailles, qui fans cela fe
fuffent trouuez beaux. Ainfi connoiffant que mon fourneau
eftoit affez chaud ie le laiffay refroidir iufques au lendemain ;

lors

lors ie fus fi marri que ie ne te fçaurois dire, & non fans caufe : car ma fournée me couftoit plus de fix vingts efcus (12). I'auois emprunté le bois & les eftoffes, & fi auois emprunté partie de ma nourriture en faifant laditte befongne. I'auois tenu en efperance mes crediteurs qu'ils feroyent payez de l'argent qui prouiendroit des pieces de ladite fournée, qui fut caufe que plufieurs accoururent dès le matin quand ie commençois à defenfourner. Dont par ce moyen furent redoublées mes trifteffes : d'autant qu'en tirant laditte befongne ie ne receuois que honte & confufion. Car toutes mes pieces eftoyent femées de petits morceaux de cailloux, qui eftoyent fi bien attachez autour defdits vaiffeaux, & liez avec l'efmail, que quand on paffoit les mains par-deffus, lefdits cailloux coupoyent comme rafoirs, & combien que la befongne fuft par ce moyen perdue toutefois aucuns en vouloient acheter à vil prix : mais parce que ce euft efté vn defcriement & rabaiffement de mon honneur, ie mis en pieces entierement le total de laditte fournée & me couchay de melancholie, non fans caufe, car ie n'auois plus de moyen de fubuenir à ma famille : ie n'auois en ma maifon que reproches : en lieu de me confoler l'on me donnoit des maledictions : mes voifins qui auoyent entendu cette affaire difoyent que ie n'eftois qu'vn fol, & que i'euffe eu plus de huit francs de la befongne que i'auois rompuë, & eftoyent toutes ces nouuelles iointes auec mes douleurs.

Quand i'eus demeuré quelque temps au lit, & que i'eus confidéré en moy-mefme qu'vn homme qui feroit tombé en vn foffé, fon debuoir feroit de tafcher à fe releuer, en

---

(12) L'écu valoit à cette époque 52 fols, il étoit d'or & vaudroit actuellement 10 livres 10 fols 7 deniers. On ne connoiffoit point encore l'écu d'argent. *Voyez* le Blanc, Traité des Monnoyes.

D

cas pareil ie me mis à faire quelques peintures, & par plusieurs moyens ie prins peine de recouurer vn peu d'argent,
puis ie disois en moy - mesme que toutes mes pertes & hazards estoyent passés, & qu'il n'y auoit rien plus qui me
peust empescher que ie ne fisse de bonnes pieces : & me prins
(comme auparauant) à trauailler audit art. Mais en cuisant
vne autre fournée il suruint vn accident duquel ie ne me
doutois pas : car la vehemence de la flambe du feu auoit
porté quantité de cendres contre mes pieces, de sorte que
par tous les endroits où laditte cendre auoit touché mes
vaisseaux estoient rudes & mal polis : à cause que l'esmail
estant liquifié s'estoit ioint auec lesdittes cendres : nonobstant
toutes ces pertes ie demeuray en esperance de me remonter
par le moyen dudit art : car ie fis faire grand nombre de
lanternes de terre (13) à certains potiers pour enfermer mes
vaisseaux quand ie les mettois au four : afin que par le moyen
desdites lanternes mes vaisseaux fussent garantis de la cendre.
L'inuention se trouua bonne, & m'a serui iusques au iour-

---

(13) Ces lanternes de terre, que la circonstance & la nécessité firent
inventer à notre Auteur, n'étoient autre chose que des especes de cap-
sules, des grands vases cylindriques de terre, que l'on connoît à présent sous le nom de *gasettes*. Les gasettes servent essentiellement à un
double usage, elles garantissent en premier lieu les poteries des accidens que Palissy vouloit éviter ; elles sont destinées en outre à recevoir,
d'une maniere très-commode, les pièces qui doivent être mises au four.
C'est au moyen d'une multitude de petits prismes triangulaires, appellés *pernettes*, faits de bonne terre, qu'on peut asseoir avec aisance un
grand nombre de pièces sans qu'elles se touchent ; ce qui est très-im-
portant, & ce qui se pratique, en faisant entrer, par différentes ouver-
tures pratiquées dans les gasettes, les petits prismes qui y présentent intérieurement & par étage les points d'appui nécessaires pour servir de
support.

d'huy : mais ayant obuié au hazard de la cendre il me suruint d'autres fautes & accidens tels que quand i'auois fait vne
fournée, elle se trouuoit trop cuitte, & aucune fois trop
peu, & tout perdu par ce moyen. I'estois si nouueau que ie
ne pouuois discerner du trop ou du peu : aucune fois ma
besongne estoit cuitte sur le deuant & point cuitte à la partie de derriere : l'autre apres que ie voulois obuier à tel accident ie faisois brusler le derriere, & le deuant n'estoit point
cuit : aucune fois il estoit cuit à dextre & bruslé à senestre :
aucune fois mes esmaux estoyent mis trop clers, & autrefois trop espois, qui me causoit de grandes pertes : aucune-
fois que i'auois dedans le four diuerses couleurs d'esmaux,
les vns estoyent bruslez premier que les autres fussent fonduz.
Bref i'ay ainsi bastelé l'espace de quinze ou seize ans : quand
i'auois appris à me donner garde d'vn danger, il m'en sur-
uenoit vn autre, lequel ie n'eusse iamais pensé. Durant ces
temps là ie fis plusieurs fourneaux lesquels m'engendroient
de grandes pertes auparauant que i'eusse connoissance du
moyen pour les eschauffer également : enfin ie trouuay
moyen de faire quelques vaisseaux de diuers esmaux entre-
meslez en maniere de iaspe : cela m'a nourri quelques ans :
mais en me nourrissant de ces choses ie cherchois tousiours à
passer outre auecques frais & mises, comme tu sçais que ie
fais encores à présent. Quand i'eusse inuenté le moyen de
faire des pieces rustiques (14) ie fus en plus grande peine

---

(14) On voit, par ce qui suit, & par ce qui est dit dans d'autres endroits du livre, que ce que l'Auteur nommoit *pieces rustiques*, n'étoit
que des animaux sauvages, des reptiles, ou terrestres, ou aquatiques qu'il
avoit l'art de sculpter en terre & de peindre ensuite avec des couleurs
qui imitoient la Nature au parfait. De sorte que lorsqu'il parle de ses *bas-*

& en plus d'ennuy qu'auparauant. Car ayant fait vn certain nombre de baſſins ruſtiques & les ayant fait cuire, mes eſmaux ſe trouuoyent les vns beaux & bien fonduz, autres mal fonduz, autres eſtoient bruſlez, à cauſe qu'ils eſtoient compoſez de diuerſes matieres qui eſtoient fuſibles à diuers degrez, le verd des lezards eſtoit bruſlé premier que la couleur des ſerpens fut fonduë, auſſi la couleur des ſerpens, eſcreuices, tortues & cancres, eſtoit fonduë auparuant que le blanc eut reçeu aucune beauté. Toutes ces fautes m'ont cauſé un tel labeur & triſteſſe d'eſprit, qu'auparauant que i'aye eu rendu mes eſmaux fuſibles à un meſme degré de feu, i'ay cuidé entrer iuſques à la porte du ſepulchre : auſſi en me trauaillant à telles affaires ie me ſuis trouué l'eſpace de plus de dix ans ſi fort eſcoulé en ma perſonne qu'il n'y auoit aucune forme ni apparence de boſſe aux bras ny aux iambes : ains eſtoyent meſdites iambes toutes d'vne venue : de ſorte que les liens de quoy i'attachois mes bas de chauſſes eſtoient ſoudain que ie cheminois ſur les talons auec le réſidu de mes chauſſes : ie m'allois ſouuent pourmener dans la prairie de Xaintes, en

---

ſins ruſtiques, il veut déſigner des plats, de grandes jattes ornées de divers animaux ſinguliers & frappans, propres à ſurprendre ou à amuſer. On remarque encore quelquefois de ces anciens baſſins qu'on conſerve avec ſoin dans certaines maiſons, comme une choſe curieuſe & ſinguliere. Il eſt à préſumer que Paliſſy étoit le premier inventeur (du moins en France) de ces ſortes de pièces ruſtiques, qu'il avoit découvert la maniere de les modeler & de les peindre au naturel avec des couleurs emaillées, ce qui l'avoit autoriſé à prendre le titre d'inventeur des ruſtiques figulines du Roi. Il faut obſerver au reſte que le mot *figuline* n'eſt point un diminutif propre à déſigner des petites figures ; ce terme eſt dérivé du mot latin *figulus*, ouvrier en terre. Paliſſy annonçoit par-là que c'étoit avec cette matiere qu'il faiſoit ſes ruſtiques figulines.

confidérant mes miferes & ennuys : & fur toutes chofes de
ce qu'en ma maifon mefine ie ne pouuois auoir nulle patience
ny faire rien qui fut trouué bon. I'eftois mefprifé, & moc-
qué de tous : toutesfois ie faifois toufiours quelques vaiffeaux
de couleurs diuerfes, qui me nourriffoient tellement quel-
lement : mais en ce faifant, la diuerfité des terres defquelles
ie cuidois m'auancer, me porta plus de dommage en peu
temps que tous les accidens duparauant. Car ayant fait plufieurs vaiffeaux de diuerfes terres, les vnes eftoient bruflées
deuant que les autres fuffent cuittes : aucunes receuoient l'efmail & fe trouuoyent fort après pour cette affaire : les autres me deceuoyent en toutes mes entreprinfes. Or par ce
que mes efmaux ne venoyent bien en vne mefme chofe,
i'eftois deceu par plufieurs fois, dont ie receuois toufiours
ennuys & trifteffe. Toutesfois l'efperance que i'auois, me
faifoit procéder en mon affaire fi virilement que plufieurs
fois pour entretenir les perfonnes qui me venoyent voir, ie
faifois mes efforts de rire, combien que intérieurement ie
fuffe bien trifte (15).

Je pourfuyuiz mon affaire de telle forte que ie receuois
beaucoup d'argent d'vne partie de ma befongne, qui fe

---

(15) Combien la narration de ce pauvre malheureux n'eft-elle pas inté-
reffante ; fon éloquence, auffi expreffive que naturelle, affecte l'ame & l'at-
tendrit ; on le plaint, on l'aime, on l'admire. Quand on voudroit n'en-
vifager ici les détails qu'il donne, que du côté même de la diction, fes
defcriptions, fes tableaux, feront toujours de vrais chefs-d'œuvre. La
conftance inébranlable, la perféverance obftinée de cet homme, éton-
neront toujours. *Je faifois mes efforts pour rire, combien que intérieurement je fiffe bien trifte*, eft vne de ces phrafes qui caractérife la force
d'efprit la plus étonnante & la plus grande fermeté d'ame.

trouuoit bien : mais il me furuint vne autre affliction conquatenée auec les fufdites, qui eſt que la chaleur, la gelée
les vents, pluyes & gouttieres, me gaftoyent la plus grand
part de mon œuure, auparauant qu'elle fuſt cuitte : tellement qu'il me fallut emprunter charpenterie, lattes, tuilles
& cloux, pour m'accommoder. Or bien fouuent n'ayant
point de quoi baſtir, i'eſtois contraint m'accommoder de
liarres & autres verdures. Or ainſi que ma puiſſance s'augmentoit ie defaiſois ce que i'auois fait, & le baſtiſſois vn peu
mieux, qui faiſoit qu'aucuns artifans, comme chauſſetiers,
cordonniers, fergens & notaires (16), vn tas de vieilles,

---

(16) Il paroit d'abord furprenant de voir Paliſſy ranger les Notaires
parmis les Artiſans ; mais lorſqu'on voudra examiner combien cet état
important a eu de viciſſicitudes, combien il a été conſidéré dans des
tems, & avili dans d'autres, on reviendra de cette furprife. Les Loix
Romaines font preuve en pluſieurs endroits des diſtinctions & des prérogatives qu'elles accordoient aux Notaires.

Il eſt certain également qu'en France cet état, dont les fonctions font
toutes eſſentielles, y a été eſtimé & conſidéré : mais comme cette Monarchie en s'agrandiſſant fe formoit de différents Royaumes, dont les
Peuples conquis par les armes, ou foumis volontairement, avoient autant de Loix & de Coutumes que de Villes ; il a dû néceſſairement y
avoir, par une fuite de ces mêmes ufages, de très-grandes variations dans
les loix & dans la maniere de recevoir les Actes. Ici les Notaires étoient
Juges, Magiſtrats ; là ils n'étoient fouvent regardés que comme des Scribes, comme des Copiſtes fubalternes. L'Hiſtoire des Notaires de la France,
priſe dans différentes époques, deviendroit un ouvrage plus intéreſſant
peut-être, qu'on ne fe l'imagineroit d'abord ; une pareille Hiſtoire tiendroit d'aſſez près au droit public & donneroit des notions intéreſſantes
fur les ufages des Provinces ; mais il exigeroit des recherches infinies.
On y verroit que les Notaires, appellés Notaires *au Châtelet*, jouiſſoient,
depuis des tems très-reculés, des plus belles prérogatives, qu'ils font
en poſſeſſion de jouir encore de pluſieurs de ces priviléges.

tous ceux-cy fans auoir efgard que mon art ne fe pouuoit
exercer fans grand logis, difoyent que ie ne faifois que
faire & me blafmoyent de ce qui les deuoit inciter à pitié,
attendu que i'eftois contraint d'employer les chofes néceffaires à ma nourriture, pour ériger les commoditez requifes
à mon art : & qui pis eft le motif defdites mocqueries & per-
fecutions fortoyent de ceux de ma maifon, lefquels eftoyent
fi efloingnez de raifon, qu'ils vouloyent que ie fiffe la befongne fans outils, chofe plus que déraifonnable. Or d'autant plus que la chofe eftoit déraifonnable, de tant plus
l'affliction m'eftoit extrefme. I'ay efté plufieurs années que
n'ayant rien de quoy faire couurir mes fourneaux, i'eftois
toutes nuits à la mercy des pluyes & vents, fans auoir au-

La Province du Dauphiné, primitivement foumife aux Allobroges,
enfuite aux Romains, puis à l'Empire, de-là en partie fous la domination des Papes, des Dauphins, &c. & réunie enfin à la Couronne
de France, offriroit des Notaires, nommés dans les premiers tems *Ta-
bellarii*, *des Notaires de l'Empire*, *des Notaires Apoftoliques*, *des Notaires de l'autorité Delphinale*, *&c.* On verroit que tous ces divers changemens ne porterent aucun coup à cet Etat qui jouiffoit d'une confidération d'autant plus marquée dans cette Province, qu'outre fon utilité réelle, il exigeoit la connoiffance du Droit Ecrit & d'une langue
fçavante, ce qui fut caufe que jufques vers la fin du quinzième fiecle
des familles nobles, ne fe firent point un fcrupule de donner leurs foins
& leurs talens à cet Etat. Mais auffi, pendant que les Notaires de certaines Provinces, de certaines Villes, étoient recommandables par l'importance de leur place, d'autres Provinces, d'autres Villes laiffoient
avilir & dégrader cet Etat. Quelle différence ne remarquons-nous pas,
même de nos jours, entre un Notaire de Paris ou de toutes autres grandes Villes, & un Tabellion de certains villages ; il eft donc à préfumer
que l'abffy vouloit parler de quelques miferables Notaires de campagne, faits pour être confondus avec de fimples Artifans.

cun fecours, aide ny confolation, finon des chatshuants qui chantoyent d'vn cofté & les chiens qui hurloyent de l'autre; par fois il fe leuoit des vents & tempeftes qui fouffloyent de telle forte le deffus & le deffouz de mes fourneaux, que i'eftois contraint quitter là tout, avec perte de mon labeur, & me fuis trouué plufieurs fois qu'ayant tout quitté, n'ayant rien de fec fur moy, à caufe des pluyes, qui eftoyent tombées, ie m'en allois coucher à la minuit ou au point du iour accouftré de telle forte comme vn homme que l'on auroit traifné par tous les bourbiers de la ville; & en m'en allant ainfi retirer, i'allois bricollant fans chandelle en tombant d'vn cofté & d'autre comme vn homme qui feroit yure de vin, rempli de grandes trifteffes: d'autant qu'après auoir longuement trauaillé ie voyois mon labeur perdu. Or en me retirant ainfi foüillé & trempé, ie trouuois en ma chambre une feconde perfécution pire que la premiere, qui me fait à préfent efmerueiller que ie ne fuis confumé de trifteffe.

THÉORIQUE. Pourquoy me cherches tu vne fi longue chanfon? c'eft plutoft pour me deftourner de mon intention, que non pas pour m'en approcher; tu m'as bien fait cy deffus de beaux difcours touchant les fautes qui furuiennent en l'art de terre, mais cela ne me fert que d'efpouuantement: car des efmaux tu ne m'en as encore rien dit.

PRACTIQUE. Les efmaux de quoy ie fais ma befongne, font faits d'eftaing, de plomb, de fer, d'acier, d'antimoine, de faphre de cuiure, d'arene, de falicort, de cendre gravelée, de litarge, de pierre de Perigord (17). Voilà les propres matieres defquelles ie fais mes efmaux.

---

(17) Ce font-là à-peu-près les mêmes ingrédiens qui entrent dans la compofition des couleurs des emaux, & de la couuerte des porcelaines

THÉORIQUE.

Théorique. Voire mais ainſi que tu dis tu ne m'apprens rien. Car i'ay entendu cy - deuant par tes propos que tu as beaucoup perdu auparauant que d'auoir mis les eſmaux en doze aſſeurée, parquoy tu ſçais bien que ſi tu ne me donnes la doze, ie ne ſçaurois que faire de ſçauoir les matieres.

Practique. Les fautes que i'ay faites en mettant mes eſmaux en doze, m'ont plus apprins que non pas les choſes qui ſe ſont bien trouuées : parquoi ie ſuis d'aduis que tu trauailles pour chercher ladite doze, auſſi bien que i'ay fait, autrement tu aurois trop bon marché de la ſcience, & peut-eſtre que ce ſeroit la cauſe de te la faire meſpriſer : car ie ſçay bien qu'il n'y a gens au monde qui facent bon marché des ſecrets & des arts, ſinon ceux auſquels il ne couſtent gueres : mais ceux qui les ont pratiquez à grands fraix & labeurs ne les donnent ainſi legerement.

Théorique. Tu me fais trouuer les choſes merueilleuſement bonnes : ſi c'eſtoit quelque grande ſcience, de laquelle ont eut grande neceſſité, tu la ferois bien trouuer bonne : veu que tu eſtimes ſi fort vn art mechanique, du quel on ſe peut paſſer aiſément.

Practique. Voilà vn propos par lequel ie connois à préſent que tu es indigne d'entendre rien du ſecret dudit art : & puis que tu l'appelles art mechanique, tu n'en ſçauras plus rien par mon moyen. On ſçait bien qu'audit art, il y a quelques parties méchaniques, comme de batre la terre : il y en a aucuns qui ſont des vaiſſeaux pour le ſer-

---

& de la fayence ; ce que Paliſſy appelle ſaphre de cuivre, n'étoit qu'une préparation de Cobalt. La pierre de Périgord ou Perigeux, eſt une véritable manganeſe noire, peſante & compacte, elle eſt d'un grand uſage dans les verreries.

E

uice ordinaire des cuifines, fans tenir aucunes mefures, ils fe peuuent appeller mechaniques: mais quant au gouuernement du feu, il ne doit eftre comparé à la mefure des mechaniques. Car il faut que tu fçaches que pour bien conduire vne fournée de befongne, mefmement quand elle eft efmaillée, il faut gouuerner le feu par vne philofophie fi foigneufe qu'il n'y a fi gentil efprit qui n'y foit bien trauaillé, & bien fouuent deceu. Quant à la maniere de bien enfourner, il y eft requis vne finguliere Géometrie.

Item. Tu fçais qu'on fait en plufieurs lieux des vaiffeaux de terre qui font conduits par vne telle Géometrie qu'vn grand vaiffeau fe fouftiendra fur vn petit pied, mefme la terre eftant encores molle: appelles-tu cela mechanique? Sçais-tu pas bien que la mefure du compas ne fe peut appeller mechanique pour eftre trop commune, auffi par ce que les ouuriers d'iceux font pauures; toutesfois les arts aufquels font requis compas, reigles, nombres, poids & mefures, ne doyuent eftre appellez mechaniques. Et puis qu'ainfi eft que tu veux mettre l'art de terre au rang des mechaniques, & que tu n'eftimes gueres fon vtilité, ie te veux à préfent faire entendre combien elle eft plus grande que ie ne te fçaurois dire. Confidere vn peu combien d'arts feroyent inutiles, voire entierement perdus, fans l'art de terre. Il faudroit que les affineurs d'or & d'argent ceffaffent. Car ils ne fçauroyent rien faire fans fourneaux, ni vaiffeaux de terre: d'autant qu'il ne fe peut trouuer pierre ny autres matieres qui puiffent feruir à fondre les métaux, finon les vaiffeaux de terre.

Item. Il faudroit que les verriers ceffaffent: car ils n'ont aucun moyen pour fondre les matieres de leurs verres finon en vaiffeaux de terre. Les orfeures, fondeurs, & toute fonderie de quelque forte & efpece que ce foit, feroit anean-

tie & ne s'en trouuera aucun qui fe puiffe paffer de terre.
Regarde auffi les forges des marefchaux & ferruriers, &
tu verras que toutes lefdittes forges font faites de briques :
car fi elles eftoyent de pierres elles feroyent foudain con-
fommées. Regarde tous les fourneaux, tu trouueras qu'ils
font faits de terre, mefme ceux qui trauaillent de terre font
tous leurs fourneaux de terre, comme tuilliers, briquetiers
& potiers : bref il ne fe trouue pierre, ny mineral, ny autre
matiere qui puiffe feruir à l'edification d'vn fourneau à verres, ou à chaux, ou autres fufdits, qui puiffe durer longuement. Tu vois auffi combien les vaiffeaux communs de terre
font vtiles à la republique, tu vois auffi combien l'vtilité de
la terre eft grande pour les couuertures des maifons : tu
fçais bien qu'en beaucoup de pays ils ne fçauent que c'eft
d'ardoife, & n'ont autres couuertures que de tuilles : combien cuides-tu que l'vtilité de la terre foit grande, pour
conduire les ruiffeaux des fonteines ? on fçait bien que les
eaux qui paffent par les tuyaux de terre font beaucoup meilleures & plus faines que celles qui font conduittes par canaux de plomb. Combien cuides-tu qu'il y a de villes qui
font edifiées de briques, d'autant qu'ils n'ont pas eu moyen
de recouurer de la pierre ? Combien cuides-tu que nos an-
ceftres ont eftimé l'vtilité de l'art de terre ?

On fçait bien que les Egyptiens & autres nations ont fait
conftruire plufieurs baftimens fomptueux, de l'art de terre ; il
y a eu plufieurs Empereurs & Rois, qui ont fait edifier de grandes Piramides de terre, afin de perpetuer leur memoire, &
aucuns d'eux ont ce fait craignants que leurs Piramides fuffent
ruinées par le feu, fi elles euffent efté de pierre. Or fça-
chans que le feu ne peut rien contre les baftimens de terre
cuite, ils les faifoyent edifier de briques, tefmoings les en-

fans d'Ifrael, lefquels ont efté merueilleufement opprimez
en faifant les briques defdits baftimens. Si ie voulois mettre
par efcrit toutes les vtilitez de l'art de terre ie n'aurois iamais fait: parquoy ie te laiffe à penfer en toy mefme le
furplus de fon vtilité. Quant à fon eftime, fi elle eft auiourd'hui mefprifée, ce n'a pas efté de tout temps. Les
hiftoriens nous certifient que quand l'art de terre fut inuenté,
les vaiffeaux de marbre, d'alebaftre, caffidoine & de iafpe,
furent mis en mefpris, mefme que plufieurs vaiffeaux de terre
ont efté confacrez pour le feruice des temples.

DES TERRES D'ARGILE.

SOMMAIRE.

CE petit Traité roule sur les argiles en général & sur les connoissances relatives aux différentes propriétés de ces terres & à l'art de les employer utilement. Palissy commence ce Livre par une digression sur l'origine du mot argile, *& se récrie sur ce que plusieurs personnes ont appellé cette terre* terre grasse; tant s'en faut, dit-il, *qu'elle soit grasse, car l'on prend de la terre d'argile pour dégraisser, tesmoings les foulons de draps. Il voudroit donc qu'on la nommât simplement* terre pâteuse. *Après s'être arrêté peut-être un peu trop long-tems sur le mot, il passe à la chose & fait mention de la diversité des argiles & de leurs différentes qualités; ceci le mène à faire part à Théorique des ménagemens qu'exige la conduite du feu & des inconvéniens qui arrivent à ceux qui ne connoissent pas suffisamment les terres qu'ils veulent mettre en usage. Il rappelle les accidens qui lui étoient survenus à lui-même lorsqu'il étoit encore novice dans l'art. On voit qu'il avoit très-bien observé les argiles des environs de Paris, puisqu'il caractérise & désigne au mieux celles de Gentilly & de Challiot; il parle ensuite de celles de Poitou & de Xaintonge, & finit le Livre, en disant un mot sur cette belle poterie rouge antique, d'un grain extrémement fin, qui* *eſt connue ſous le nom de poterie en terre ſigillée, qu'on rencontre ſouvent dans les tombeaux Romains & dans les environs des Villes anciennes.*

DES TERRES
D'ARGILE.

Théorique. Tu as ſi ſouuent allegué les terres argileuſes, en parlant des fonteines & des pierres, & toutesfois ie n'ay point entendu de toy, que c'eſt que terre argileuſe.

Practique. I'ay ouy lire quelque liure d'vn autheur, lequel en traitant des pierres, & terres, dit que la terre d'argile a pris ſon nom d'vn village qui ſe nomme Argis, & que par ce qu'en ce lieu furent faits les premiers vaiſſeaux de terre, l'on appelle depuis ce temps là toutes terres bonnes à faire pots, terre d'argile, tout ainſi que l'on appelle le boliarmeny qui ſe prend en France, bolus armenus : combien qu'il ne fut iamais pris en Armenie. Toutefois i'ay depuis entendu par quelques Latins que cela eſtoit faux, & que toute terre propre à faire vaiſſeaux s'appelle argile, à cauſe de ſon action tenante : & diſent qu'argile veut dire terre graſſe. Telles opinions m'ont cauſé double hardieſſe d'en parler, car i'ay conneu par-là en partie que les Latins & les Grecs peuuent auſſi bien faillir que les François. Et qu'ainſi ne ſoit ils appellent la terre d'argile terre graſſe : & tant s'en faut qu'elle ſoit graſſe, car l'on prend de la terre d'argile pour deſgraiſſer, teſmoings les foulons de draps : &

aucuns merciers en ont fait des trofchiques à vendre, pour defgraiffer. Il eft bien certain que la terre d'argile n'a aucune affinité auec les chofes graffes & ne fe peut non plus entremefler auec la graiffe que fait l'eau auec l'huile. Et ce qui caufe que la terre d'argile ofte la graiffe des draps, la raifon n'eft autre finon que la graiffe lui eft aduerfaire. Et tout ainfi comme le chaud chaffe l'humide, la terre d'argile chaffe la graiffe du lieu où elle eft la plus forte.

THEORIQUE. Comment voudrois-tu que l'on nommaft la terre des potiers finon terre graffe? Car ie fçais bien que le glus, qu'aucuns appellent befq, eft compofé de matieres graffes : aucuns le font de la pelure d'vn arbre que l'on appelle houx: les autres prennent la graine d'vn certain brandon (1) qui croit le plus communement fur les pommiers: laquelle eft fort vifqueufe : Auffi aucuns appellent ledit brandon befq. Or tous ces deux là font bons à prendre des oyfeaux, & quand on la manie il faut auoir les mains mouillées, autrement elle prendroit aux mains: & toutesfois quand les François & Latins parlent des terres argileufes, ils difent que c'eft vne terre vifqueufe, graffe & glueufe, & mefme aucuns ont efcrit que la terre d'argile eft vne terre tenante, glueufe & vifqueufe.

PRACTIQUE. Par tes propres paroles tu confeffes que tous ceux qui parlent ainfi, l'entendent fort mal: par ce qu'il n'y a rien plus contraire aux matieres vifqueufes que l'eau. Or la terre argileufe eft toute compofée de matiere aqueufe: parquoy fe peuuent lier enfemble. La terre d'argile fe di-

---

(1) C'eft le Guy, *vifcum baccis albis G. B. pin.* 423 *vifcum foliis lanceolatis obtufis caule dichotomo fpicis axillaribus. Linn. fpec. page* 1013. *tom.* 2. *edit.* 1753.

fout en l'eau, & toutes matieres vifqueufes & oleagineufes y deviennent plus dures. Il feroit beaucoup plus convenable de la nommer terre pafieufe que non pas vifqueufe, par ce que la farine à faire la pafte fe deftrempe auec l'eau comme la terre d'argile.

Theorique. Et puis qu'elles font toutes bonnes à faire vaiffeaux, quelle difference y trouues-tu ?

Practique. Entre les terres argileufes il y a fi grande difference de l'vne à l'autre, qu'il eft impoffible à nul homme de pouuoir raconter la contrarieté qui eft en icelles. Aucunes font fableufes, blanches & fort maigres : & pour ces caufes leur faut vn grand feu auparauant qu'elles foyent cuittes au debuoir. Telle efpece de terre eft fort bonne à faire des creufets, par ce qu'elle endure vn bien grand feu; il y en a autres efpeces qui pour caufe des fubftances metaliques qui font en elles, fe ployent & liquifient quand elles endurent grande chaleur. I'ay veu quelques fours de tuiiliers dont les arcenaux eftoyent en telle forte liquifiez que les voultes eftoyent toutes pleines de formes pendantes, comme tu vois les glaçons ès goutieres des maifons durant les gelées. Il y en a d'autres efpeces que quand elles font cuittes, foit en tuilles ou en briques, il faut que le maiftre de l'œuure fe donne bien garde de tirer fa befongne du four, qu'elle ne foit bien retroidie : & qui plus eft, ceux qui en befongnent font contraints d'eftouper tous les afprals de leurs fourneaux, foudain que leur befongne eft cuitte : par ce que fi elle fentoit tant foit peu de vent en refroidiffant, les pieces fe trouueroyent toutes fendues. Il y en a vne efpece à Sauigny en Beauuoifis, que ie cuide qu'en France n'y en a point de femblable, car elle endure vn merueilleux feu, fans eftre aucunement offenfée, & a ce bien là, de fe laiffer former autant tenue & deliée que nulle des autres : Et

quand

quand elle eſt extremement cuitte elle prend vn petit poliſſement vitrificatif, qui procede de ſon corps meſme: Et cela
cauſe que les vaiſſeaux faits de ladite terre tiennent l'eau
fort autant bien que les vaiſſeaux de verre. Il y a autres eſpeces de terres qui ſont noires en leur eſſence, & quand
elles ſont cuittes elles ſont blanches comme papier, autres
eſpeces ſont iaunes, & quand elles ſont cuittes elles deuiennent rouges. Il y en a aucuns genres qui ſont de mauuaiſe
nature: par ce que parmy elles, il y a des petites pierres,
que quand les vaiſſeaux ſont cuits, les petites pierres qui
ſont dedans leſdits vaiſſeaux, ſont réduites en chaux, & ſoudain qu'elles ſentent l'humidité de l'air ſe viennent à enfler,
& font creuer ledit vaiſſeau à l'endroit où elles ſont encloſes:
& c'eſt pour cauſe que leſdites pierres ſe ſont calcinées en
cuiſant: & par ce moyen pluſieurs vaiſſeaux ſont perduz
quelque grand labeur que l'on y aye employé. Il y a autres
eſpeces de terres qui ſont fort bonnes & endurent fort bien le
feu: Mais elles ſont ſi vaines & laſches que l'on n'en peut faire
aucuns vaiſſeaux legers, par ce que quand l'on la veut former
vn peu haut elle ſe laiſſe aller en bas, ne ſe pouvant ſouſtenir.

C'eſt vne reigle générale que toutes terres argileuſes,
& ſingulierement les plus fines ſont ſuiettes à peter au
feu auparavant qu'elles ſoyent cuittes: pour ces cauſes
ceux qui en beſongnent ſont contraints de mettre le feu
petit à petit, afin de chaſſer l'humidité qui eſt dedans la beſongne, tellement que ſi les pieces que l'on fait cuire ſont
eſpoiſſes, & qu'il y en ait quantité, il faudra tenir le feu
quelque fois trois ou quatre iours & nuits, & ſi la beſongne eſt vne fois commencée à eſchaufer, & que celuy qui
conduira le feu s'endorme, & qu'il laiſſe refroidir ſa beſongne, auparauant qu'elle ſoit cuitte en perfection, il n'y aura nulle faute que l'œuure ne ſoit perdue. Et par tel acci-

F

dent plusieurs tuilliers ont eu de grandes pertes. Il ne sera
pas hors de propos que ie te die vn autre secret fort estrange, qui est que plusieurs chaufourniers ont aussi eu de grandes
pertes, par vn accident tout semblable : c'est que depuis que
la pierre du four à chaux commence à eschaufer, iusques
à auoir sa couleur rouge, & que la flambe aye commencé
à passer entre les pierres, si celuy qui conduit le feu se vient
à endormir, & qu'en s'eueillant il trouue que la flambe soit
abbatue, & la chaleur en partie rabaissée auparavant que la
pierre soit calcinée au degré requis; s'il venoit après à re-
commencer à mettre du bois à son fourneau, & qu'il em-
ployast tout le bois des forests des Ardennes, il ne luy est
plus possible de faire remonter son feu, ne plus réduire sa
pierre en chaux, ains a perdu tout ce qu'il y auoit mis. I'en
ay conneu plusieurs qui sont devenuz pauures par tels accidens.

Ceux qui besongnent impatiemment de l'art de terre,
perdent beaucoup bien souuent par leurs impatiences :
car s'ils ne chassent l'humeur exalatiue, qui est dedans
la terre, petit à petit, & qu'ils veulent mettre le grand feu
auparauant qu'elle soit ostée, il n'y a rien plus certain que
le chaud & l'humide se rencontrant engendreront vn tonnerre,
à cause de leur contrarieté. Car ie sçay que les tonnerres
naturels sont engendrez par la mesme cause, sçauoir est le
chaud & humide : par ce qu'ils sont contraires, & ne peuuent habiter ensemble : car le feu (comme le plus fort) trouuant l'humide enclos dedans les parties de la terre, il le veut
chasser violemment, comme son ennemy, & l'humide estant pressé de trop près veut fuir en diligence : mais d'autant que le feu ne luy donne pas le loisir de trouver les petites portes, par où il estoit entré, il est contraint de s'enfuir, & en s'enfuyant il fait creuer & casser les pieces où
il est enclos. I'ay veu autrefois que aucuns tailleurs d'images,

inſtruits en l'art de terre par ouyr dire ſeulement, & aſſez nouveaux en la connoiſſance des terres, qu'après auoir fait quelques images ils les venoyent mettre dedans les fourneaux, pour les cuire, ſelon qu'ils l'entendoyent : Mais quand ils commençoyent à mettre le grand feu, c'eſtoit vne choſe aſſez plaiſante (combien qu'il n'y euſt pas à rire pour tous) d'entendre ces images peter & faire vne baterie entr'eux comme vn grand nombre d'harquebuſades & coups de canon, & le pauure maiſtre bien faſché, comme vn homme à qui on rauiroit ſon bien : car le iour venu pour deſenfourner les images, le four n'eſtoit pas ſi toſt deſcouuert qu'il apperceuoit les vns la teſte fenduë, les autres les bras rompus & les iambes caſſées, tellement que le pauure homme ayant tiré ſes images eſtoit bien empeſché & auoit bien de la peine à chercher les pieces : car les vnes eſtoyent auſſi petites que mouches, & ne les pouuant raſſembler eſtoit contraint bien ſouuent faire des nez de drapeau ou autre matiere à ceſdites images.

Les hommes experimentez en l'art de terre ne beſougnent pas ainſi inconſiderement, ains premierement, ils taſchent de connoiſtre le naturel de la terre, & après l'auoir conneu, ils conſiderent l'eſpaiſſeur de la beſongne qu'ils veulent faire cuire, ayant connoiſſance que la plus eſpaiſſe eſt la plus dangereuſe à ſe creuer au feu : Auſſi ils ſe donnent bien garde de la cuire qu'elle ne ſoit bien ſeiche. Et quand elle eſt dedans le four ils baillent le petit feu plus longuement à la beſongne eſpaiſſe, que non pas à la tenue : & en donnant le feu petit à petit ils donnent loiſir à l'humide de ſortir à ſon aiſe & ſans violence : Et quand le maiſtre connoiſt que l'humide a quitté ſa place, il donne congé au feu d'entrer auec telle violence que bon luy ſemblera, & lors il ſe vient eſgayer & entrer auec toute liberté,

mefme iufques à l'interieur de toutes les parties clofes &
fermées au dedans des pieces d'ouurages, formées de ladite
terre : & par tel moyen l'on peut connoiftre qu'en la terre
argileufe y a deux humeurs, l'vne euaporatiue & accidentale , & l'autre fixe & radicale : l'humide & accidentale eft
fuiette à s'euaporer, & eftant euaporée , la radicale tranfmue
la fubftance de terre en pierre : Toutesfois fans que premierement l'humide y befongne, cela ne fe pourroit faire : car
il faut neceffairement que l'humide raffemble toutes les parties , & qu'il ferue de maftic pour former toutes fortes
d'ouurages.

Il y a aucunes efpeces de terres aufquelles il ne faut pas
tenir longuement le petit feu ; telles terres font communement groffes , fableuzes & fpongieufes, & par ce qu'elles
ont les pores ouuerts, l'humide s'exale plus promptement,
eftant chaffé par le feu. Il y a autres terres qui font fi alifes, ou fi peu poreufes que. pour ces caufes ceux qui en
befongnent font contraints d'y mettre du fable, pour obuier
au long-temps qu'il faudroit tenir le petit feu , pour garder
de caffer la befongne. La caufe pourquoy le fable peut faire
que la piece endurera plutoft le grand feu , que quand la
terre fera pure , eft qu'il fait diuifion des fubtiles parties de
la terre : & d'autant que fa fubtilité la rendoit plus alife &
referrée , le fable lui caufe quelques pores par lefquels l'humide s'exale plus promptement pour donner place au feu,
fon adverfaire. Pour ces caufes les potiers de Paris mettent
du fable à toutes leurs befongnes : auprès de Paris il y a de
trois fortes de terres argileufes, la plus fine fe prend à Gentilly (2), qui eft vn village près dudit lieu. Mais il y a certains

---

(2) Les environs de Paris abondent en argile de différentes qualités ; j'ai vifité avec plaifir les foffes qui font auprès de Gentilly, j'en

endroits là où parmy ladite terre se trouue grand nombre de marcasites metaliques & sulphurées, qui causent que lesdits potiers n'en veulent point, sinon pour faire de la brique, ou de la tuille. La cause pourquoy ils n'en peuuent point faire de bonne besongne, est parce qu'en cuisant leur ouurage lesdites marcasites rendent vne vapeur noire & puante, laquelle noircit tout l'ouurage qui est couuert de iaune & de verd.

Il y a vne autre espece de terre à vn village près Paris nommé Challiot, de laquelle l'on fait la tuille: elle est vn peu plus grosse que celle de Gentilly : il se trouue dedans icelle vn grand nombre de marcasites, qui toutesfois sont d'autre genre que celle de Gentilly. Ie te dis ces choses pour te faire mieux entendre que si en si peu de pays, il se trouue de diuerses especes de terre, que cela te soit argument de te faire croire qu'en la grandeur d'vn Royaume, il y en peut auoir vn grand nombre de bien differentes. Ie n'ay pas conneu la différence des terres, & leurs diuers effets sans grands fraix & labeurs. I'auois quelquefois recouuert de la terre du Poitou, & auois trauaillé d'icelle bien l'espace de six mois auparauant que d'auoir ma fournée complete : par ce que les vaisseaux que i'auois faits estoyent fort elabourez & d'assez haut prix. Or en faisant lesdits vaisseaux

---

ai rencontré de plus ou de moins profondes, suivant la dipostion du local qui est formé par petites colines. Il y a de ces fosses qui ont plus de quatre-vingts pieds de profondeur sur cinq ou six pieds de diametre. On est obligé, pour pouvoir parvenir à la bonne argile, de percer des couches de roches & des bancs de pierres de diverses qualités, parmi lesquelles il y en a qui renferment des coquilles. On rencontre ensuite le sable, &c. Comme l'ordre de ces différentes couches a été très-bien observé & décrit par M. Sage, je n'en dirai rien ici; on peut consulter à ce sujet la page 66 & suivantes, de son ouvrage intitulé : *Examen Chymique de differentes substances minérales. Paris*, 1769, in-12.

de la terre de Poitou, i'en fis quelques vns de la terre de
Xaintonge, de laquelle i'auois befongné plufieurs années auparauant, & eftois affez experimenté au degré du feu qu'il
falloit à laditte terre, & penfant que toutes terres fe peuffent cuire à vn mefme degré. Ie fis cuire ma befongne qui
eftoit terre de Poitou parmy celle de terre de Xaintonge
qui me caufa vne grande perte : d'autant que la befongne de
terre de Xaintonge eftant affez cuitte, ie penfois que l'autre
le feroit auffi: mais lorfque ie vins à efmailler mes vaiffeaux,
iceux fentant l'humidité, ce fut vne rifée mal plaifante pour
moy : parce qu'autant de pieces que l'on efmailloit vindrent
à fe diffoudre & tomber par pieces, comme feroit vne pierre
de chaux trempée dedans l'eau, & toutesfois les vaiffeaux de
la terre de Xaintonge eftoient cuits dans le mefme four, &
d'vn mefme degré de chaleur, & en mefme heure que les
fufdits, & fe portoient fort bien. Voilà comment vn homme
qui befongne de l'art de terre, eft toufiours apprentif à caufe
des natures inconnues ès diuerfitez des terres.

Il y a des terres argileufes que combien que elles
ayent receu vne cuiffon raifonnable, & autant de feu qu'il
leur en faut, fi eft-ce que fi les vaiffeaux de telle terre font
moullez, & que l'on les prefente deuant le feu, ils fe caf-
feront comme s'ils n'eftoient pas cuits : ce qui n'aduient point
aux autres terres. Il y en a de certaines efpeces qui font fi vifqueufes & fi très fines, qu'elles fe laifferont allonger comme
vne corde. I'ai veu des femmes befongner d'vne telle terre,
que pour faire des anfes de pots, prenoient vne poignée
d'icelle, & la tenant par vn bout d'vne main, de l'autre
main elles l'allongeoient autant longue qu'elles pouuoient
leuer les bras en haut : & quand cela eftoit fait elles laiffoyent aller vn bout pendant vers le bas, fans que ladite
terre fe rompift, & puis elles les mettoient par monceaux

pour faire leurfdittes anfes. Cela ne fe peut pas faire des terres fableufes : par ce qu'elles font toutes courtes & vaines. Il y a autres efpeces de terres fort malignes : car quand elles font vn peu trop cuittes elles font fuiettes à fe brufler noircir & fendiller, & les vaiffeaux qui font deffouz, preffez de la pefanteur de ceux qui font deffus fe ployent & toident la gueule comme s'ils eftoient d'vne matiere maleable. Il y a des terres argileufes vers les Ardennes (3), qui font

---

(3) Je dois à M. l'Abbé de Nelis, Chanoine & grand-Vicaire de Tournay, très-bon Naturalifte, & recommandable par beaucoup d'autres qualités, les obfervations fuivantes extraites d'un mémoire manufcrit fur les Ardennes, qui a remporté le prix de l'Académie de Bruxelles, de l'année derniere. M. l'Abbé de Nelis, un des Membres diftingués de cette Académie, m'apprend que le Mémoire eft de Don Hinkman, Religieux de l'Abbaye de Saint-Hubert : cet Extrait roule principalement fur les différentes carrieres de cette contrée : comme ce pays eft peu connu des Naturaliftes, il feroit à defirer que le Mémoire qui a été couronné fût rendu public.

» Les Ardennes n'ont point, ou prefque point de fubftances calcaires, » crétacées ou teftacées ; au moins jufqu'à préfent n'a-t-on pû découvrir » ni fur leur fuperficie, ni dans leurs entrailles, aucune terre ni pierre » véritablement calcaire. Peut-être en découvrira-t-on dans la fuite par » des fouilles plus profondes que celles qu'on a faites jufqu'à préfent ; » j'ai quelque fondement pour le croire, d'autant plus que paffé quel- » ques années, on a découvert une carriere de pierre à chaux dans le » voifinage de la Ville de Bouillon, qui fe trouve fituée fous une au- » tre carriere de pierres plates ; mais outre qu'elle eft trop dure pour » être façonnée en pierre de taille, elle participe un peu de la nature » de l'ardoife, & fe calcine difficilement. Ainfi s'il en exifte encore dans » d'autres cantons de l'Ardenne, ce ne fera que le hazard qui les » fera découvrir, à caufe de leur fituation trop profonde, &c.

» On ne trouve pas non plus dans les Ardennes des coquillages fof- » files, on en trouve beaucoup dans le voifinage ; près d'Arlon, toutes » les carrieres en fourmillent.

fort humides ou longues à feicher, dangereufes à brufler,
lefquelles tiennent quelque fubftance de mine de fer. J'en
ay trouué quelquefois d'vne efpece qui eftoit fort nette,

» Ceci n'eft pas fi généralement vrai pourtant, qu'on n'ait trouvé
» une veine entre Saint-Hubert & la Roche, qui en donne, mais pas
» en grande quantité.

» On ne trouve pas dans les Ardennes de la véritable marne. On pourroit
» s'y tromper, & prendre pour de la marne une terre blanche qu'on
» rencontre fouvent dans des terreins fangeux, ce n'eft qu'une glaife
» qui peut fervir à retenir l'eau.

» Les montagnes des Ardennes ne paroiffent être que des tas énor-
» mes de gravier, de limon & de terres argileufes, d'où fe font formés
» enfuite des rochers de cailloux ou de filex, &c.

» Dans les carrieres les plus fréquentes, comme les plus confidérables,
» on ne trouve que des pierres plates, inclinées felon différentes di-
» rections, qu'on fépare aifément en donnant un coup de pied. Il y en
» a dont les pierres font prefque cubiques, irrégulierement féparées d'en-
» tr'elles par des couches très-minées de terre glaife ou bolaire ferru-
» gineufe. Ces pierres font tendres, & fe réduifent lorfque l'on les jette
» dans un chemin battu, affez fouvent en limon, ou qu'on les em-
» ploye à former les croutes extérieures des murs de quelques bâtimens.

» Des fouilles plus profondes donnent des pierres plates un peu plus
» dures, d'une nature mitoyenne entre l'ardoife & le grès, qui ne fe
» fondent point à l'air, mais s'y endurciffent, ce qui prouve que ce n'eft
» pas le limon, mais l'argile, qui eft leur principale matiere conftituante.

» Ces carrieres, fur-tout les plus profondes, donnent par intervalle
» du *fpath*, du *quartz*, & d'autres *cryftalifations*, quelquefois colorées.
» Elles font communes dans le Duché de Bouillon, fur les rives de la
» Semois, & ailleurs près des rives de l'eau d'Ourt & de la Suze.

» Les Ardennes fourniffent encore des carrieres d'une nature mi-
» toyenne entre le grès & le caillou. Les pierres s'y trouvent en groffes
» maffes cubiques féparées par des fentes irrégulieres, remplies ordinaire-
» ment d'une fubftance bolaire ferrugineufe. Ces pierres, intraitables au
» marteau, ne peuvent guères fervir qu'à conftruire des fourneaux de fon-
» te, ou des chauffées.

fubtile

ſubtile & deliée, ayant apparence d'eſtre fort bonne : tellement pour l'eſperance que i'auois de m'en ſeruir i'en formay quelques pieces, & les mis au plus chaud du fourneau : mais

» Les carrieres toutes formées de cailloux plus ou moins blancs,
» ne ſont pas communes ; la direction en eſt quelquefois perpendi-
» culaire. Les cailloux y forment de très-groſſes maſſes, ſéparées par
» des fentes remplies d'un ocre martial ; la ſubſtance même de la pierre
» contient des veines irrégulieres de la même couleur.

» On ne trouve point dans ces carrieres des empreintes de ſubſtances
» végétales ou animales maritimes.

» Les Ardennes ont des carrieres d'ardoiſe. Si c'étoit la peine d'y
» chercher des ardoiſieres nouvelles, on en trouveroit beaucoup.

» Elles ont beaucoup de tourbieres.

On voit, par ce petit Mémoire ſur les Ardennes, que les matieres calcaires n'y ſont pas communes & que les corps marins y ſont peu abondans. Paliſſy cependant qui obſervoit bien, fait ſouvent mention de la
multitude de corps marins qu'il rencontroit ſur pluſieurs montagnes de
ce pays ; ce fut ce qui m'engagea à communiquer les obſervations de
Dom Hinkman à M. Guéttard, Naturaliſte célèbre, ſi connu par un
grand nombre de Mémoires ſavants ſur l'Hiſtoire Naturelle, & à qui
on doit les premieres Cartes Minéralogiques qui ayent été faites. Je ſa-
vois qu'il avoit viſité quelques parties des Ardennes & qu'il obſervoit
la Nature dans le goût de Paliſſy ; c'eſt-à-dire, toujours d'après l'inſ-
pection des lieux. Je dois à ſon amitié la note ſuivante, qu'il a eu la
bonté de me communiquer.

» Les Ardennes peuvent ſe diviſer en deux parties, l'une eſt compo-
» ſée de matieres ſchiteuſes ou non calcaires. L'autre préſente des maſſes
» de nature calcaire.

» Ces matieres calcaires offrent une liſiere qui s'étend du côté de la
» France, & c'eſt ici probablement où Paliſſy faiſoit ſes recherches.
» Quant aux parties ſchiteuſes & à celles qui ne ſont point calcaires,
» elles s'étendent juſques & au-delà de Mezieres, de Sédan & vers Bouil-
» lon ; peu après avoir paſſé ces deux premiers endroits on entre dans
» les Schiſtes ; Bouillon eſt entouré de montagnes qui en ſont compoſées.

» On peut donc dire que les Ardennes renferment, dans une partie de
» leur étendue, des pierres calcaires, avec une multitude de corps marins,
» ainſi que l'avoit très-bien obſervé Paliſſy.

G

quand ie vins à chercher mes pieces ie trouuay qu'elles estoient fondues, & ladite terre auoit coulé le long des cendres, comme plomb fondu. Il se trouue des vaisseaux antiques d'vne terre rouge (4) qui est polie, sans aucun esmail,
& aucuns appellent les vaisseaux de laditte terre, vaisseaux
de barc. Ie ne sçay pour quelle cause ils les appellent ainsi :
mais bien sçay - ie qu'anciennement ils estoyent en grand
vsage. Car l'on en trouue grande quantité de pieces rompues
aux villes antiques : & plusieurs fois s'en est trouué dans des
sepulchres auec des monnoyes des Empereurs qui regnoyent
pour lors, & cela se faisoit par quelque ceremonie, qui
depuis a esté laissée. Si ie voulois escrire toutes les diversitez des terres argileuses, ie n'aurois iamais fait : tu en pourras auoir plus grande connoissance en traitant de l'art de terre :
parquoy ie n'en parleray plus pour le présent.

---

(4) Il reste bien des recherches à faire sur la maniere dont les anciens préparoient leurs différentes poteries & même les briques dont
ils faisoient un grand usage ; les vaisseaux dont Palissy fait ici mention
& qui sont connus parmi les antiquaires, sous le nom de *vases en terre
figillée*, mériteroient qu'on en fit un examen particulier & qu'on tâchât
de les imiter. On voit des poteries antiques de cette terre, qui sont,
non-seulement d'une forme tres-agréable, mais dont le grain est d'une
finesse extrême ; la couverte très-légere & d'un rouge éclatant, paroît
n'être composée que de la même terre, un peu plus rafinée, qui a éprouvé un commencement de vitrification. On a eu raison de vouloir imiter cette poterie agréable en Angleterre, on est même parvenu à former de très-bonnes théieres, qui en approchent assez, mais qui n'en
ont cependant pas encore l'éclat. On voit que les ouvriers Romains mettoient volontiers leur nom sur les vases de cette espece de poterie.

DES PIERRES.

SOMMAIRE.

DE tous les ouvrages de Palissy, celui-ci doit être regardé, avec raison, comme le plus curieux, le plus instructif & le plus sçavant; il paroîtra toujours surprenant
qu'un Potier de terre sans étude, sans secours & sans en-
couragement, ait eu un génie assez pénétrant & assez heureux pour pouvoir s'élever à la contemplation des secrets les
plus mystérieux de la Nature; on revient difficilement de
cette suprise, lorsqu'on l'entend disserter avec la plus étonnante sagacité, sur la formation des pierres, sur les différentes causes qui concourent à leur décomposition & à leur
renouvellement; sur la production du cristal de roche dont
il compare ingénieusement la théorie avec celle du sel de
nitre & croit qu'il s'est formé comme lui dans un liquide,
ainsi que toutes les autres espèces de cristaux, idée adoptée
ensuite par de très-sçavans Naturalistes.

Il passe de-là à la manière dont les coquilles, les bois,
& même les matieres animales peuvent se pétrifier ou se mi-
néraliser, ce qui le conduit naturellement à donner des détails sur les stalactites & sur les pyrites.

G 2

Si l'on veut sçavoir dans quel livre Palissy s'instruisoit ainsi, il nous répond lui-même: Ie n'ay point eu d'autre liure que le ciel & la terre, lequel est connu de tous, & est donné à tous de connoistre & lire ce beau liure.

Persuadé, d'après de telles recherches, de l'importance & de la vérité de ses découvertes, il fut bien-aise de les rendre publiques & d'en faire la démonstration authentique aux Sçavans de sa Nation, pour voir, si par le moyen de mes Auditeurs, ie pourrois tirer quelque contradiction qui eust plus d'asseurance de vérité, que non pas les preuues que ie mettois en auant, sachant bien que si ie mentois, il y en auroit de Grecs & de Latins qui me résisteroyent en face & qui ne m'espargneroyent point.

Ce fut dans cette intention qu'il invita par des affiches tous les gens instruits de se rendre aux leçons qu'il alloit donner à Paris, leur promettant de leur montrer en trois séances tout ce qu'il sçavoit des fonteines, des pierres, méteaux, & autres natures.

Ce fut dans le Carême de 1575 qu'il fit cette démonstration publique d'Histoire Naturelle en présence de tout ce qu'il y avoit de plus sçavant dans Paris, & il nous a conservé heureusement la liste du plus grand nombre de ses disciples, parmi lesquels, on remarque plusieurs personnes de qualité, des Ecclésiastiques en dignité, des Médecins de réputation, des Chirurgiens renommés, & où se trouve le nom du célèbre Paré; Palissy eut la satisfaction de recueillir les suffrages de ces Sçavans. Il nous dit lui-même à ce sujet: Graces à mon Dieu, iamais homme ne me contredit d'vn feul mot. Quoy confidéré & voyant que ie ne pouuois auoir de plus fidelles tefmoings, ne plus affurez en fçauoir qu'iceux, i'ay pris hardieffe de te difcourir toutes ces chofes bien tefmoignées, afin que tu ne doutes qu'elles ne foyent véritables.

Cette petite digreffion finie, notre Auteur s'attache avec chaleur à la queſtion relative aux caufes qui ont entraîné l'immenfité de corps marins, qu'on apperçoit de toutes parts fur la partie feche de ce globe & même fur les plus hautes montagnes, & il réfute vigoureufement l'opinion de Jérôme Cardan, pour établir, par des réflexions ingénieufes, & d'après un grand nombre de faits, le fentiment qui lui eſt propre; ce qui fit dire dans le tems à M. de Fontenelle (*) en parlant des idées de ce Potier, qu'elles fe font réveillées dans l'efprit de plufieurs Sçavans.

Paliffy, après nous avoir fait part de fes obfervations fur la mer, dont les eaux abandonnent certaines plages pour en recouvrir d'autres, fe tranfporte fur les Ardennes & fur plufieurs autres montagnes, pour nous montrer la variété des foffilles qu'on y remarque; il prend occafion de-là de parler des marcaffites dont il explique la formation; les fables, les grès l'occupent enfuite & il revient aux pierres, pour tâcher de découvrir la caufe de la variété & des nuances de leur couleur qu'il attribue avec raifon, aux différens fucs métalliques qui les ont pénétrés; il cherche en outre la

---

(*) Hiſtoire de l'Académie Royale des Sciences, Année 1720, p. 305.

*cauſe de leur dureté & de leur peſanteur, & il croit la ren-
contrer dans leur combinaiſon plus ou moins parfaite, avec
le liquide dans lequel elles ſe ſont formées; c'eſt ainſi qu'il
finit ce Traité le plus neuf & le plus intéreſſant qu'il ſoit
poſſible de connoître.*

DES PIERRES.

Théorique. Maintenant ie te prie de me parler des pierres: d'autant que tu m'as dit qu'en parlant d'icelles ie con-
noiſtrois de beaux ſecrets. Ie voudrois bien ſçauoir que tu
en veux dire: car les vns diſent qu'elles ont eſté formées
dès la creation du monde, & les autres diſent qu'elles croiſſent tous les iours.

Practique. D'autant que ie t'ay veu ſi fort attaché à l'alchimie ie ſuis content de te parler des pierres, car peut eſtre
qu'en parlant de la formation & eſſence d'icelles, tu pourras
te réduire à mon opinion. Ceux qui diſent que les pierres
ſont formées dès la creation du monde errent, & ceux qui
diſent qu'elles croiſſent, errent auſſi. Or il faut que tu reme-
mores ce que i'ay dit pluſieurs fois en parlant des fonteines,
& de l'alchimie, qu'il n'y a nulle choſe ſous le ciel en repos, & que toutes choſes ſe trauaillent en ſe formant, &
en ſe deformant tournent bien ſouuent de nature à autre &
de couleur à autre. S'il eſtoit ainſi que les pierres euſſent eſté
créées dès la fondation du monde, & qu'il ne s'en fit plus,
l'on n'en pourroit plus trouuer à préſent.

Confidere la grande quantité de pierres qui eft confumée tous les iours: une partie par les gelées qui la font venir menue comme cendres: vne autre partie par les fours à chaux: autre partie par les maçons & tailleurs de pierres. C'eft chofe certaine qu'en faifant vn logis de pierre de taille la moitié s'en ira en pouffiere à coups de marteau, auffi tu fçais que les cheuaux, chariots & charrettes, en paffant & repaffant en diffipent vne grande quantité. Si tu as bien regardé les rochers qui font le long de la mer, tu as veu comment fes flots impétueux ont ruiné vne bonne partie defdits rochers. D'autre part le vent d'Eft & de Sud, caufe vne diffolution du fel qui entretient la pierre en fon eftre, tellement qu'elle tombe en pouffiere: & de là vient qu'aucuns difent que telles pierres font geliffes ou venteufes (1).

---

(1) Des détails exacts & fidèles fur les caufes qui concourent à la deftruction, ou plutôt à la décompofition des matières dures que nous connoiffons fous la dénomination de pierres, de rochers, de cailloux, &c, feroient auffi intéreffans qu'inftructifs.

Les frimats, les fortes gelées dans certaines circonftances, comme après des tems humides & pluvieux, ruinent & dégradent à la longue de très-gros rochers qui, fe brifant & tombant par éclat, en ébranlent & en détruifent fouvent eux-mêmes d'autres à leur tour.

Des pluies fubites dans les ardeurs de la canicule, des vents impétueux & de longue durée, des orages tumultueux, produifent les mêmes effets.

Comptons pour peu tous les matériaux que la main des hommes arrache! Cette multitude infinie d'habitations & de maffes énormes qu'ils ont eu le courage & l'art d'élever, couvriroient, il faut en convenir, de très-vaftes furfaces, fi elles étoient toutes réunies; mais lorfqu'on voudra contempler la Nature en grand & dans fon enfemble, on verra fur le champ, que les hommes ne font, à cet égard, que de fimples atômes fans ceffe en mouvement, qui, fe tourmentant depuis leur naiffance, font enfin parvenus, après des peines infinies, à foulever, à

A la verité les pierres defquelles l'eau eft fortie auparauant
que leur decoction fut faite, fi eftant abbreuuées d'eau, la
gelée vient là-deffus, elles ne faudront à fe reduire en poudre : & voilà comment les pierres font fuiettes à la diffolution des vents & des gelées.

l'exemple de centains infectes, quelques parcelles de matière que l'œil
apperçoit à peine de loin.

Cette caufe, cependant doit être comptée pour quelque chofe, puifqu'elle eft auffi ancienne que l'homme, & qu'elle fera auffi permanente
que lui. Mais les furfaces extérieures des corps les plus dures font principalement attaquées par une caufe qui paroit avoir échappé jufqu'à préfent à l'œil des Obfervateurs.

On remarque, dans le printems & dans d'autres faifons de l'année,
des rochers perpendiculaires, nuds, délavés par les pluies, entièrement
recouverts, malgré cela, d'une fubftance blanche, qui par la premiere inf-
pection invite à penfer que ces rochers font compofés d'une véritable
craye, qui par une illufion d'optique, paroît même quelquefois friable ;
mais l'œil détrompé apperçoit de plus près que cette couleur n'eft due
qu'à une efpèce de lichen extrêmement adhérent à la pierre, dont le
rocher fe trouve entièrement tapiffé ; de forte que ces mêmes rochers,
qui éblouiffoient d'abord par leur blancheur, ne doivent cet éclat qu'à
cette efpèce parafite qui les tapiffe ; lorfqu'on veut enlever enfuite ces
mouffes, on remarque avec étonnement qu'elles font comme incruftées
fur la furface de la pierre, qu'elles en pompent, fi je puis m'exprimer
ainfi, le fuc lapidifique, & qu'elles réduifent par-là en une terre végé-
tale la fubftance des plus durs rochers.

On fçait que rien n'eft autant varié, par la forme, par les couleurs
& les qualités, que la multitude de ces lichens qui fe nourriffent & croiffent fur les rochers ; veut-on les en arracher, il eft impoffible de les
enlever fans détruire des particules même de la pierre ; il arrive encore
que ce végétal ayant acquis fon dernier degré d'accroiffement & de maturité, fait la route ordinaire des Etres foumis aux loix de la Nature ;
il périt pour renaître ou pour fervir à reproduire d'autres individus, il fe
forme alors des couches légeres d'une terre compofée des molécules du
végétal & de la fubftance même de la pierre qui s'eft dénaturée ; ces

Si

Si tu confideres toutes chofes tu connoiftras que fi les pierres euffent efté faites dès la fondation du monde , & qu'il ne s'en fit plus depuis, il y a long temps que l'on n'en fçau-

mouffes fe fuccedent enfuite , meurent pour renaître, le lit de terre augmente, des plantes nouvelles plus fortes & plus nerveufes, quelquefois même certains arbuftes viennent s'y établir & profiter de ce fingulier défrichement ; le travail des racines opère ici plus en grand, elles y font bientôt ligneufes, les pluies, les gelées, les dilatans, leur font produire en petit, les effets prodigieux de ces coins de bois humectés dont on fe fert avec tant de fuccès, pour rompre la dureté de certains quarts & enlever les pierres meulieres & les granites les plus intraitables.

Confidérons à préfent l'étendue & l'immenfité des grandes chaînes qui couronnent en divers fens la furface de la terre & dont les cimes font toutes à découvert, telles que les Alpes, les Pyrennées, le Taurus, le Caucafe, les chaînes du Japon, l'Atlas, les montagnes de la Lune, celles du Monomotapa, des Cordilieres, &c. Elevons-nous fur tous les pics qui perçent les nues, contemplons de-là toutes les montagnes, les colines & les élévations fubordonnées dont la terre eft fi hériffée de toute part, qu'on la prendroit au premier coup d'œil, pour une mer couverte de vagues.

Que de furfaces en évidence, que de corps durs de toute efpèce à découvert, affaillis fans ceffe, non-feulement par l'action des feux fouterrains, des pluies, des vents, des frimats, mais encore attaqués, minés, & infenfiblement détruits par les forces réunies & multipliées d'une végétation conftante.

Qu'on ne nous dife pas que cette maniere imperceptible d'opérer ne doit être comptée pour rien, puifqu'elle exigeroit des millions de fiecles pour produire des effets remarquables, & quand cela feroit, ignore-t-on que, pour l'ouvrier fuprême, des millions de fiecles ne font qu'un point.

Mais fi laiffant pour un inftant la terre, nous voulons examiner ce qui fe paffe au fond des mers, nous appercevrons que les rochers qui y font enfevelis, tendent à une décompofition bien plus prompte & beaucoup plus confidérable, occafionnée, non-feulement par l'agitation prefque continuelle des vagues, par les divers mouvemens périodiques & journaliers de la mer, par la qualité corofive de fon fel, mais encore

H

roit trouuer vne feule. Ie ne dis pas que Dieu n'ait créé dès
le commencement & montaignes & vallées, lefquelles montaignes ne font caufées que des rochers, comme ie t'ay dit
en parlant des fonteines.

par une caufe bien approchante de celle que nous avons indiquée relativement aux rochers terreftres ; en effet une végétation modifiée, d'un
genre plus noble & plus parfait, fi l'on peut s'exprimer ainfi, nous fait
voir une immenfité de molécules pierreufes déplacées, mifes en action &
en mouvement dans le fein des mers ; ici des multitudes innombrables
d'infectes de divers genres, ont les moyens & l'art de percer certains
rochers, de s'y créer des habitations, comme le Ciron dans le bois :
d'autres appuient & fondent leur demeures d'une manière non moins
furprenante, fur ces mêmes rochers, y conftruifent des chef-d'œuvres
variés à l'infini, qui offrant des formes analogues à certaines plantes
connues, ont été rangés par plufieurs dans la famille des végétaux, par
d'autres dans la claffe des concrétions purement pierreufes, & par ceux
qui ont le mieux analifé & le mieux vu, dans celles des productions
animales.

Elles font fi multipliées, ces productions différentes, que certaines
mers paroiffent comme rougies par toutes celles qui ont la teinte écla-
tante du corail ; elles offrent ailleurs des forêts d'arbuftes qui fe pro-
longent quelquefois d'un continent à l'autre, & qui fe plaifent fur les
bafes folides des rochers ; il n'eft peut-être point de corps durs dans
la mer qui ne ferve d'établiffement & de domicile à certaines efpèces
de ces parafites ; fi nous joignons encore à tout cela cette multitude
infinie d'huitres qui paroiffent fortir du fein des rochers même, tant
elles y font adhérentes, & dont la variété & l'efpece eft fi multipliée
qu'on les compte par banc de plufieurs lieues.

Que penfer alors de cette multitude d'individus occupés, depuis des
tems immémorés, à déplacer & à s'affimiler fans ceffe, les parties d'une
matière auffi dure qu'inanimée, pour venir tenir un rang plus noble &
plus élevé dans l'enchainement & la combinaifon des Etres ; combien
ce coup d'œil, fait pour aggrandir nos idées au premier abord, doit en
même-tems nous humilier fur les bornes étroites de nos connoiffances.

THÉORIQUE. Et pourquoy m'as tu donc nié que les pierres croiffent ?

PRACTIQUE. Ie te le nie bien encores : car les pierres n'ont point d'ame vegetatiue : mais infenfible, parquoy elles ne peuuent croiftre par action vegetatiue : mais par vne augmentation congelatiue.

THÉORIQUE. Et qu'appelles tu augmentation congelatiue?

PRACTIQUE. C'eft vn traict qui te pourra beaucoup feruir à connoiftre la generation des metaux. I'appelle augmentation congelatiue comme qui ietteroit de la cire fondue fur vne maffe de cire defia congelée, & qu'icelle fe vint congeler auec ladite maffe, laquelle feroit augmentée d'autant que l'addition y auroit efté mife. En cas pareil les rochers

---

Je ne crois pas qu'on fût fondé à m'objecter ici que ces madrepores, ces coraux, ces litophites, ces plantes corralines, &c. font fimplement attachés aux rochers dans le même ordre des plantes *fauffes parafites* qui ne nuifent pas directement aux corps fur lefquels elles font adhérentes ; mais qu'on faffe attention que toutes ces differentes productions animales, font d'une fubftance crétacée, parfaitement analogue à toutes les pierres calcaires, qu'elles en ont tous les principes, & qu'il eft à préfumer, ou qu'elles faififfent les particules pierreufes flotantes dans le fein des mers & réduites, par le balancement continuel des eaux, en molécules d'une fineffe extrême, ou qu'enfin ces productions animales favent s'approprier, par d'autres moyens qui nous font inconnus, les parties qui peuvent leur convenir dans les différentes qualités des pierres, de maniere que c'eft toujours aux dépens de la matiere pierreufe que cette immenfité d'Etres croît & fe multiplie. J'établirai quelque jour dans un ouvrage de plus longue haleine, cette queftion d'une maniere beaucoup plus détaillée, fi je me fuis même un peu étendu d'avance fur cet objet, ce n'a été que pour faire voir que cette efpèce de métamorphofe pourroit feule, à la rigueur, tendre à altérer infenfiblement la forme des matieres & produire à la longue des déplacemens propres à occafionner des changemens confidérables fur la furface du globe.

des montaignes font augmentez par quelque chute de pluye
qui auroit amené auec foy vne matiere pierreufe. Mais la
vraye addition des pierres & la plus certaine, eft celle qui
fe fait ès pierres qui font encores dans le ventre de la terre.
Car tout ainfi que i'ay dit des metaux, qu'ils ne peuuent eftre
generez hors la matrice de la terre, & qu'il eftoit befoing
qu'ils fuffent enclos dans lieux humides & aqueux, comme
fe fait la formation de nature humaine. Auffi femblablement
les pierres des carrieres ne peuuent eftre engendrées finon ès
lieux creux & cachez dans la matrice de la terre, & là ils
reçoiuent tous les iours vne augmentation congelatiue, &
cela fe fait par le moyen que i'ay plufieurs fois dit, & qui
eft le fondement principal de mes arguments : à fçauoir
que deflors que Dieu crea la terre, il la remplit de toutes
fubftances.

Or par ce que les fubftances pierreufes & metaliques font
inconnues parmi la terre, & confequemment parmi les pluyes
qui paffent au trauers des terres, prennent les fels qui font
auffi inconnus, lefquelles fels ou matieres metaliques, font
fluentes & fe laiffent couler auec les eaux qui entrent dans
la terre iufques à ce qu'elles ayent trouué quelque fonds pour
s'arrefter : & fi elles s'arreftent fur vne carriere, ou miniere
de pierre, lefdites matieres eftant liquides paffent au trauers
des terres, & ayant trouué lieu pour s'arrefter, fe viennent
à congeler & endurcir & faire vn corps & vne maffe auec
l'autre pierre.

Voilà pourquoy ie t'ay dit que les pierres ne croiffent
point, mais bien qu'elles peuuent augmenter par vne addition congelatiue : & cela fait que toutes carrieres contigues
ont les fins veines & affemblages de trauers, & non point
defcendantes du haut en bas, qui eft vne vraye atteftation
que la congelation defdites pierres n'a pas efté faite tout en

vn coup : autrement elle ne fe pourroit iamais fendre, ains feroit autant dure en l'vn endroit comme en l'autre. Et quand l'on la veut fendre l'on trouue communement certaines iointures que l'on nomme fins, & bien à propos : par ce que c'eſt la fin d'vne congelation faite en vn temps, ſuiuant ce que i'ay dit que les congelations des rochers ou carrieres contigues, n'ont pas eſté faites tout en vn coup (2).

(2) Ce paragraphe, qui mérite d'être réfléchi, paroit d'abord d'un énoncé un peu obſcur & confus, & je conviens qu'il auroit été à deſirer que l'Auteur s'y fût expliqué d'une maniere plus nette & moins embiguë ; lorſqu'il parle principalement des couches horiſontales. Mais ſi nous faiſons attention que Paliſſy n'avoit jamais été à portée, malgré ſes talens & ſa bonne envie, de cultiver pluſieurs Sciences, qui venant à l'appui de ſes connoiſſances naturelles, auroient pu lui donner ſouvent les éclairciſſemens qui lui manquoient, nous ſerons moins ſurpris alors de le voir s'arrêter quelquefois dans le plus beau chemin & dans l'inſtant même où il paroit le plus près du but ; mais combien ne devons-nous pas l'admirer, lorſque faiſant tout-à-coup un pas de géant, il aſſure, de la maniere la plus hardie & la plus poſitive, devant tous les Docteurs de ſon tems, que les corps marins qui ſe trouvent dans le ſein de la terre, n'y ont jamais été entraînés par le déluge, mais qu'ils y ont été dépoſés dans des tems reculés par des eaux qui ſéjournoient dans les lieux mêmes où ces foſſiles ſe rencontrent.

Il s'efforce d'expliquer de quelle maniere les pierres ſe forment, & il dit avec un bon ſens admirable, que les pierres n'ont point *d'âme végétative*, mais qu'elles peuvent augmenter d'une maniere *congelative*. Ce mot expreſſif qu'il met ſouvent en uſage dans ſon livre, ne paroit ſignifier ici, ſelon lui, qu'une agrégation, qu'une juſte appoſition operée par un liquide congelatif, *ſemblable à de la cire fondue qu'on jetteroit ſur une maſſe de cire déja congelée.* Il a raiſon relativement à la formation de la claſſe très - étendue & très - variée des ſtalactites, des congelations, des incruſtations, qui ſont plutôt des exhudations des differentes matieres lapidifiques, que de véritables pierres ; une choſe qui me perſuaderoit aſſez que c'eſt dans ce ſens qu'il a entendu parler de l'accroiſſe

Théorique. Et où eſt-ce que tu as trouué cela par eſcrit, ou bien di-moy en quelle eſcole as-tu eſté, où tu puiſſe auoir entendu ce que tu dis ?

Practique. Ie n'ay point eu d'autre liure que le ciel & la terre, lequel eſt conneu de tous, & eſt donné à tous

---

ment des pierres, c'eſt lorſqu'il prononce qu'elles ne peuvent être formée *qu'ès lieux creux & cachés dans la matrice de la terre.*

Il n'auroit pas dû, à la vérité, ſe ſervir alors du terme générique *des carrieres* qu'il auroit mieux fait de reſtreindre & de limiter. Tout cet article, il faut en convenir, offre un certain louche : car on ſe perſuade après quelques momens de réflexion, que l'Auteur venant de faire mention de l'augmentation des pierres par l'addition *congelative*, n'a entendu parler que des matieres ſtalactites d'une formation journaliere, mais on ſe trouve dérouté un moment après, lorſqu'on lui voit attribuer la même origine à chacune de ces couches horiſontales qui ſe font remarquer dans la plus grande partie des rochers, & chaque couche n'eſt alors, ſelon lui, que *la fin d'une congelation faite en un tems.* Tout cela auroit été peut-être moins obſcur ſi l'Auteur n'attribuoit pas ici les couches pierreuſes & métalliques *aux pluyes qui paſſent au trauers des terres, prennent les ſels, leſquels ſels ou matieres métaliques ſont fluentes & ſe laiſſent couler avec les eaux qui entrent dans la terre, juſqu'à ce qu'elles ayent trouué quelque fond pour s'arrêter, &c.*

Il n'eſt certainement pas poſſible d'expliquer par ce moyen la formation des grandes couches. Cet homme avoit très-bien obſervé que ces lits qu'il appelle fin, ne paroiſſent pas avoir été poſés dans un même tems ; non-ſeulement la ſéparation de ces lits, mais encore la maniere dont les corps étrangers y ſont placés, le perſuadoient que cette opération s'étoit faite à pluſieurs repriſes ; il paroîtroit preſque ici qu'il ait voulu ſe rendre obſcur à deſſein : car comment concevoir qu'il ait pu dans ce cas mettre en jeu les eaux de pluyes, lui qui avoit affirmé en termes formels & poſitifs, dans un autre endroit, que les coquilles qu'on remarque dans le centre des carrieres, exiſtoient primitivement dans le ſein des eaux, au même endroit où on les rencontre à préſent, & *qu'elles ont eſté retenues & ſe ſont trouuées encloſes quand le bourbier s'eſt réduit en pierre. Qu'a-t-on dit de plus de nos jours.*

de connoiftre & lire ce beau liure. Or ayant leu en iceluy
i'ay confideré les matieres terreftres, par ce que ie n'auois
point étudié en l'aftrologie pour contempler les aftres. Et
ayant de près regardé les natures i'ay conneu en la forme de
plufieurs pierres, qui eftoyent faites comme des glaçons qui
pendent aux goutieres des maifons quand il gele, que les
pierres eftoyent faites & engendrées de quelques matieres
liquides & diftilantes comme eau, & ay efté l'efpace de dix
ans en opinion que les eaux communes fe reduifoyent en
pierre par quelque vertu congelatiue, & fingulierement le
criftal, lequel ie ne trouuois en rien différent à l'eau commune. Toutesfois comme les fciences fe manifeftent à ceux
qui les cherchent, depuis quelque temps i'ay conneu que
le criftal fe congeloit dedans l'eau, & ayant trouué plufieurs
pieces de criftal formées en pointes de diamants, ie me fuis
mis à penfer qui pourroit eftre la caufe de ce, & eftant en
telle refuerie, i'ay confideré le falpeftre, lequel eftant diffoult dedans l'eau chaude, il fe congele au milieu ou aux
extremitez du vaiffeau où elle aura bouilli: & encores qu'il
foit couuert de ladite eau, il ne laiffe à fe congeler: par tel
moyen i'ay conneu que l'eau qui fe congele en pierres, ou
metaux n'eft pas eau commune. Car fi c'eftoit eau commune
elle fe congeleroit egalement par tout, comme elle fait par
les gelées. Ainfi donc i'ay conneu par la congelation du falpeftre que le criftal ne fe congele point fur la fuperficie,
ains au milieu des eaux communes, tellement que toutes
pierres portans forme quarrée, triangulaire ou pentagone,
font congelées dedans l'eau (3).

(3) Cette même idée fur la formation des criftaux a été adoptée de-
par M. Von-Linné & par d'autres Naturaliftes ; que de chofes n'a-t-on
pas dit & écrit jufqu'à préfent fur la théorie des criftalifations; les uns

Depuis que ie fuis en telle connoiffance, i'ay trouué plufieurs mines de fer, d'eftain & d'argent, qui auoyent les

ont envifagé les criftaux d'une maniere chymique, d'autres les ont
étudiés, la regle & le compas à la main, ceux-ci ont foutenu qu'ils fe
formoient par une voie abfolument femblable à celle des fels, ceux - là
n'ont voulu attribuer leur configurations qu'à la nature des filtres & des
menftrues ; certains ont fait dépendre leur forme d'une fubftance terreftre & metallique en même-tems. D'autres ne les ont regardés que comme
des pierres parafites, comme des véritables ftalactites, & ces derniers
les ont rangés dès-lors au nombre des productions nouvelles & journalieres ; quelques-uns enfin leur ont attribué une origine auffi ancienne
que celle des cavernes même & des autres lieux où on les rencontre,
mais perfonne, on peut le dire, n'a donné jufqu'à ce jour une explication
nette & fatisfaifante de ce phénomene étrange.

Pourquoi n'avons-nous donc encore que des idées bien imparfaites fur
les criftallifations: pourquoi! c'eft que nous obfervons fouvent avec trop
de légéreté, & que nous ne fuivons pas la Nature avec affez de conftance, nous aimons trop à la voir dans les cabinets où elle eft toujours
ifolée & quelquefois même factice.

Cependant on doit s'attendre que ce ne fera qu'avec des peines &
des recherches infinies, qu'on pourra parvenir ici à lever le voile
qui la couvre. Il faudroit, pour y réuffir, s'enfevelir avec elle dans les
abîmes où elle met en œuvre les matieres propres à la criftallifation, contempler d'un œuil fpéculatif, les fites, les formes & les pofitions des
cavernes; voir & revoir les différentes configurations des criftaux; comparer leurs couleurs, leurs qualités, leur dureté, leurs accidens; examiner
la maniere dont ils adherent & font attachés aux murs intérieurs des rochers ; voir jufqu'à quelle profondeur ils fe trouvent établis, fi on peut
les fuivre bien avant dans les entrailles de la terre, ou s'ils ont des places
affectées à de certaines élévations; recueillir, s'il eft poffible, les eaux qui
fuintent des voutes, les analyfer, les éprouver, les comparer; il faudroit
encore recueillir les terres qui couvrent ou environnent prefque toujours
les criftaux: ces terres qui doivent être examinées avec foin, ne font
peut-être que le réfidu furabondant, que le marc de la véritable terre
criftaline. Que de découvertes à faire! Mais ce ne peut être, comme on
le voit, qu'après des obfervations pénibles, exactes, fuivies & répetées,
qu'on doit fe flatter de réuffir.

formes

formes de criftal, qui m'a fait croire que toutes ces chofes eftoyent congelées dedans l'eau, comme i'ay dit en parlant de l'alchimie. Et pour confirmation de ce que ie dis, i'ay veu vn lapidaire (nommé Pierre Seguin) qui auoit trouué vne pierre de criftal au dedans de laquelle il y auoit de l'eau qui n'eftoit pas congelée (4), & dedans ladite eau y auoit

---

(4) C'eft fans fondement que M. Bertrand, paroît révoquer en doute, à la page 205 de fon Dictionnaire des foffiles, l'exiftence réelle des gouttes d'eau dans certains criftaux. On convient qu'ils n'eft pas commun de rencontrer ce fingulier accident dans les criftaux, mais il eft inconteftable qu'il exifte.

J'ai vu à Lyon dans le très-riche & très-précieux cabinet de M. de Montriblour, diverfes gouttes d'eau dans du criftal.

M. le Camus, très-bon Naturalifte, de la même Ville, qui cultive la Minéralogie avec autant d'ardeur que de fuccès, m'a montré dans fa collection une aiguille de criftal de roche à deux pointes, qui offre à l'œil, d'une maniere très-évidente, plufieurs petites gouttes d'eau.

J'en ai vu enfuite un très-grand nombre d'autres, avec de l'eau & de l'air, dans plufieurs cabinets de Paris ; j'examinois chez M. Deromé de Lifle, un de ces criftaux qu'il a décrit à la page 190 de fa Criftaliographie, lorfque ce Naturalifte, auffi honnête que bon Obfervateur, nonfeulement m'en montra plufieurs autres très-remarquables qu'il avoit acquis depuis l'impreffion de fon ouvrage, mais voulut bien encore me communiquer la note fuivante, d'autant plus inftructive qu'elle fait mention de prefque tous les criftaux avec gouttes d'eau, qui exiftent dans les cabinets les plus curieux de la Capitale.

» Je poffede, dit M. Deromé de Lifle, un de ces criftaux que j'ai
» décrit à la page 190 de ma Criftallographie, mais j'en ai vu depuis,
» quelques autres qui furpaffent tout ce qui a été cité en ce genre. Tel
» eft d'abord un très-gros fragment de criftal de Madagafcar, de la
» plus grande netteté, où l'on remarque des milliers de petites cavités
» depuis l'infiniment petit jufqu'à une ligne ou deux de diamètre. La
» plupart de ces cavités contiennent de l'eau & de l'air qui s'y montrent
» fous la forme d'une bulle mobile ; de forte qu'en inclinant & rele-
» vant le criftal, on peut voir à la fois un grand nombre de bulles,

I

vne petite ordure noire qui eſtoit plus legere que l'eau :
car quand il tournoit la pierre de quelque coſté, laditte ordure ſe tenoit touſiours deſſus. Et d'autant que ledit lapidaire l'auoit fait tailler & enchaſſer en un anneau, aucuns
croyoyent fermement que c'eſtoit vn eſprit enclos dedans

» dont les unes montent, tandis que les autres ſe meuvent paralèllement
» ſuivant la direction des cavités qui les contiennent. Le plus grand
» nombre de ces cavités eſt diſpoſé par lits, quelquefois aſſez diſtans les
» uns des autres, dans l'épaiſſeur du criſtal. Les unes y ſont ſemées ſans
» ordre, les autres ſont alignées très-régulierement & forment pluſieurs
» ſuites ou rangées parallèles, qui dans un certain jour brillent comme
» autant de perles; pluſieurs de ces cavités ſont cylindriques & d'autres
» fort irrégulieres, mais il y en a auſſi de rhomboïdales, d'hexagones
» & d'un plus grand nombre de côtés. Ce morceau de criſtal ayant été
» diviſé en pluſieurs pièces, on en trouve des échantillons dans pluſieurs
» cabinets de Paris.

» J'en poſſede un entr'autre où l'on ne diſtingue qu'une ſeule bulle
» mobile, ſous la forme d'un ſphéroïde très - comprimé, qu'on pren-
» droit pour une petite bulle de mercure aplatie, lorſqu'on l'examine
» dans un certain ſens. La cavité qui la contient ne paroit pas avoir l'épaiſ-
» ſeur d'un crin, & a une ligne ou environ de largeur ſur un peu plus
» d'une ligne de longueur.

» Le criſtal de roche à deux pointes du catalogue de M. de Béoſt,
» N°. 687. contient une bulle très-mobile d'environ deux lignes de
» diamètre, laquelle parcourt en tout ſens une cavité triangulaire de huit
» à dix lignes de contour. Ce criſtal fait actuellement partie du riche
» cabinet de M. le Comte de la Tour-d'Auvergne.

» M. Boutin, Receveur Général des Finances, poſſede auſſi un criſtal de
» roche à deux pointes, de la groſſeur d'un petit œuf de poule, qui l'em-
» porte ſur tous les précédens, en ce qu'il fournit la preuve la plus
» complette de l'exiſtence de l'air & de l'eau dans ces cavités à bulles
» intérieures mobiles. Quand après avoir panché le criſtal, la bulle
» d'air, qui ſeule eſt viſible dans les criſtaux précédens, a gagné le
» haut de la cavité qui recelle la goutte d'eau, on voit des particu-
» les noires hétérogènes, qui, ſuſpendues dans ce fluide, tombent très

icelle, ne fe doutant du fecret de cette philofophie. Il y
auoit vn nommé de Troifrieux, homme curieux & de bon
iugement, lequel auoit vne autre pierre de criftal en laquelle
y auoit de l'eau enclofe comme en la fufditte. Mais il fuft
bien trompé: car l'ayant baillé à vn lapidaire pour tailler
vne larme, en la taillant trouua vne petite veine par laquelle
l'eau (qui n'eftoit pas congelée) s'enfuit. I'ay trouué auffi
plufieurs cailloux cornuz, qui eftoyent creuz dedans, &
auoyent plufieurs pointes comme de diamants: cela m'a fait
connoiftre que quand lefdits cailloux fe formoyent, ils eftoyent pleins d'eau, & que depuis l'eau commune s'eft ex-
halée & a laiffé la matiere congelatiue en forme d'vn caillou creux. Voilà les liures de mon eftude.

THÉORIQUE. Et cuides-tu que ie croye que l'eau fe
puiffe réduire en pierre?

PRACTIQUE. Ie t'ay dit que i'ay été long temps en
cette opinion. Mais à prefent ie te dis que ce n'eft pas l'eau
commune, ains vne eau de fel, laquelle tu ne fçaurois diftinguer d'auec la commune: toutes fois elle eft fluide & autant
candide que l'eau commune, & de cela i'ay bon tefmoignage:
car moy eftant à Paris l'année paffée 1575, il y euft vn medecin nommé Monfieur Choyfuin, duquel la compagnie &

» lentement vers la partie la plus baffe, ce qui prouve, à mon avis,
» d'une maniere inconteftable, que ces cavités contiennent de l'air &
» de l'eau, puifqu'autrement on ne verroit pas les petits corps hétéro-
» gènes tendre auffi fenfiblement vers le fond, après que la bulle d'air
» a gagné la partie fupérieure qui refte vuide par la retraite de la
» goutte d'eau dans la partie inférieure.
» On peut voir encore de ces criftaux à gouttes d'eaux intérieures
» dans les cabinets de Meffieurs de Grandemaifon, Fannier, Gallois,
» Pigache, &c.

frequentation m'eftoit vne grande confolation, qui après m'auoir entendu parler ainfi des natures, & connoiffant qu'il eftoit amateur de philofophie, ie le priay de venir auec moy dans les carrieres près Sainct Marceau, afin de luy ofter tout doute de ce que ie luy auois dit de la generation des pierres. Et iceluy meu de bon zele & fans efpargner fa peine, fit foudain apporter des flambeaux de cire, & amenant auec luy vn efcolier medecin nommé Milon, nous allafmes près d'vne lieue dans lefdittes carrieres, eftants conduits par deux carriers : Et là nous vifmes ce que long temps auparavant i'auois conneu par les formes des pierres faites comme des glaces pendantes : Auffi que i'auois veu vn nombre de telles pierres qui auoyent efté apportées de Marfeille par le commandement de la Royne, mere du Roy, d'vne cauerne qui s'appelle la Mauue louuiere (5), laquelle a pris fon nom par ce que les loups y vont fouuent manger les cheures & brebis qu'ils ont defrobées. I'auois auffi veu grande quantité de telles pierres à la grotte de Meudon, qui ont efté apportées des parties maritimes. I'en ay auffi veu ès rochers qui font du long de la riuiere de Loire : mais quand nous fufmes ès carrieres de Paris nous vifmes diftiller l'eau qui fe congeloit en noftre prefence. Parquoy tu ne me peux nier ce poinct, car i'ay bon tefmoignage.

Théorique. Voilà vne chofe bien eftrange de dire qu'il fe forme des pierres tous les iours.

Practique. Ie ne dis pas des pierres feulement, mais auffi des metaux, & te dis que le bois & les herbes fe peuuent reduire en pierre.

---

(5) Cette cauerne renferme des ftalactites d'une belle forme.

Théorique. Si tu dis cela, gueres de gens ne le voudront croire, & te conseille de ne tenir iamais vn propos si esloigné de verité.

Practique. I'ay trouué autrefois des asnes comme toy, qui trouuoyent fort estranges mes propos, & crioyent après moy comme au renard, que bien souuent i'en estois honteux : toutefois ie faisois tousiours mon compte que la science n'a plus grand ennemi que l'ignorance. A present l'on n'a garde de m'en faire rougir : car ie suis trop asseuré en mon affaire, & dis que non seulement le bois se peut reduire en pierre, ains aussi le corps de l'homme & de la beste (6).

---

(6) Il n'est point de Naturaliste qui ne vit avec une satisfaction infinie des détails exacts & circonstanciés sur un corps humain qu'on auroit trouvé pétrifié dans le centre même d'une carriere ; un morceau de cette nature seroit bien instructif, il faut en convenir ; mais où les trouver ces détails, sera-ce dans les Auteurs ? C'est en Historiens plutôt qu'en Naturalistes que la plupart on écrit ; Palissy lui-même ne suit pas ici d'autre route ; il avoue avec ingénuité qu'il n'avoit jamais vu lui-même de pareilles pétrifications, mais *qu'il auoit bon tesmoignage d'un homme de bien, Medecin*, qui disoit avoir vu dans le cabinet d'un Seigneur, le pied d'un homme pétrifié ; un autre Médecin lui parle d'une tête humaine pétrifiée ; il dit ensuite un mot d'un homme, *la plupart pétrifié*, qu'un Prince d'Allemagne avoit dans son cabinet, mais c'est un Monsieur Jules, demeurant à Paris, qui le lui avoit appris.

Happel & Kirker traitant les choses plus en grand, font mention, tout uniment, d'une Ville d'Afrique pétrifiée avec tous ses habitans.

Vanhelmont, fait pétrifier par un certain vent, une troupe entiere de Tartares, avec leurs bestiaux. Plusieurs autres Ecrivains ont poussé tout aussi loin le délire & l'exagération.

Mais une chose qu'on ne doit point passer au Consul Maillet, qui fait mention dans ses Entretiens, de plusieurs hommes pétrifiés en tout ou en partie, trouvés dans différentes carrieres, c'est d'avoir vu lui-même, à ce qu'il assure sur l'Appennin, non loin du Mont Joüé, la proue d'un bâtiment qui sortoit de six coudées d'une roche escarpée

THÉORIQUE. Voilà une chofe plus qu'eftrange, que l'homme, la befte & le bois fe puiffent reduire en pie re.

PRACTIQUE. Quant eft du bois ie t'en monftreray plus de cent pieces reduittes en pierre & en cailloux : quant

& de s'être contenté de la confidérer de loin, rapidement & en paffant, faute, dit-il, d'une échelle de corde. Comment concilier dans ce moment cette tiédeur, cette indifférence marquée pour un monument de cette nature, avec les peines infinies qu'il s'étoit données & les dangers qu'il avoit bravés au fond de la mer dans une machine auffi compliquée que périlleufe. Il eft fâcheux de voir ce Naturalifte, qui avoit du génie, mais trop d'imagination, s'attacher dans certaines occafions à ne prouver que des fables.

Je n'aurois pas voulu non plus que M. Valmont de Bomare eût parlé fi fuccintement d'un Sauvage pétrifié, trouvé en creufant les fondemens de la Ville de Quebec, fans difcuter & analifer un tel fait, & fans citer les autorités propres à le conftater.

Mais la pétrification d'un corps humain eft-elle donc impofible ? Non. Elle eft difficile à la vérité, parce qu'elle exige une foule de circonftances & de combinaifons peu aifées à fe rencontrer ; mais par-là même qu'on trouve des poiffons inconteftablement pétrifiés, on n'eft pas fondé à nier la poffibilité des pétrifications humaines ; nous n'avons cependant, fi je ne me trompe, aucuns faits bien pofitifs & parfaitement conftatés à ce fujet. Je veux parler ici de ces pétrifications humaines remarquables, parfaitement caractérifées & non équivoques, découvertes dans le centre d'une carriere à côté des dépouilles même de la mer.

Car je ne regarde pas comme une pétrification de ce genre, certains hommes trouvés à de grandes profondeurs dans des mines comblées par des éboulemens, & ouvertes dans les fuites ; ces corps humains pénétrés par les vapeurs ou les fucs métalliques, peuvent s'être offerts à la vue, ou couverts de pyrites, ou pénétrés par des matieres minérales ; mais on voit alors que ce n'eft qu'accidentellement qu'un homme a pu fe minéralifer de cette forte, & que ce phénomène tient dans fon principe plutôt à l'art qu'à la nature.

eſt de l'homme ie n'en ay pas veu : mais i'ay bon teſmoignage d'vn homme de bien, Medecin, qui dit auoir veu
dans le cabinet d'vn Seigneur, le pied d'vn homme petrifié.
Et vn autre Medecin m'a aſſeuré auoir veu la teſte d'vn
homme auſſi petrifiée. Vn Monſieur Iulles demourant à Paris
m'a aſſeuré qu'il y a vn Prince en Alemagne, lequel a en
ſon cabinet le corps d'vn homme la plus part petrifié. Ie me
tiens tout aſſeuré que ſi vn corps eſtoit enterré dans vn lieu
où il y euſt quelque eau dormante, parmi laquelle y euſt
de l'eau congelatiue, de laquelle ſe forme le criſtal & autres matieres metaliques & pierreuſes, que ledit corps ſe
petrifieroit : par ce que la ſemence congelatiue eſt d'vne
nature ſalſitiue, & que le ſel du corps de l'homme attireroit
à ſoy la matiere congelatiue, qui eſt auſſi ſalſitiue ; à cauſe
de l'affinité que les deux eſpeces ont, elles viendroyent à
congeler, endurcir & petrifier le corps mort, & cela ie
prouue par le bois de hetre, qui eſt le plus ſalé, & de quoy
l'on fait plus aiſement du verre.

. THÉORIQUE. Voilà encores vn propos plus eſloingné de
verité que tous les autres, ſelon mon iugement, & ne crois
point que le corps de l'homme ſe puiſſe reduire en pierre.

PRACTIQUE. Ie ne dis pas ſeulement en pierre, mais ie
dis qu'il ſe peut reduire en metal, & l'homme, & le bois,

Il faut bien diſtinguer encore les oſſemens incruſtés par des tufs, ou
par des matieres ſtalactites. Ceux qu'on nomme foſſiles & qu'on découvre quelquefois dans certaines terres ou dans certains ſables accu-
mulés par des vents ou par des alluſions de nouvelles dates, d'avec
les pétrifications humaines primitives qui ſont celles qui devroient ſe
trouver dans des matieres, ou aſſiſes par couches, ou environnées de
corps marins, & qui ſont les ſeules propres à répandre le plus grand
jour ſur une théorie auſſi peu éclairée , actuellement même, que du vivant de Paliſſy.

& les herbes. Et cela fe peut faire quand vn homme feroit
enterré en quelque lieu aquatique, où la terre feroit pleine
d'vne femence de vitriol, ou coperofe. Car ladite femence
n'eft autre chofe qu'vn fel qui n'eft iamais oyfif. Et, comme
i'ay defia dit, les fels ont quelque affinité enfemble. Le fel
du corps mort eftant en la terre fait atraction de l'autre fel,
lequel fera d'vn autre genre, & les deux fels enfemble pourront endurcir & reduire le corps de l'homme en matieres
metaliques: d'autant que la nature du fel nommé coperofe
ou vitriol, ne peut faire autre chofe que conuertir en airain les chofes qu'il trouue au lieu où il fait fa demeurance.
Ie te donne ce trait pour vn poinct inuincible & bien
affeuré (7).

---

(7) L'Auteur eft ici dans l'erreur & fe trompe, tant fur le mot
que dans le fait; l'airain eft une combinaifon de cuivre & d'étain, en
laquelle on joint fouvent d'autres matieres métalliques, c'eft en un
mot un métal factice & compofé. Il eft à préfumer cependant que Paliffy en s'exprimant ainfi, a voulu faire mention du cuivre ordinaire
pur, qu'il a défigné, à l'exemple de plufieurs de nos Auteurs anciens,
par le mot airain, dérivé du mot Latin.

Mais une chofe fur laquelle il eft plus difficile de le juftifier, c'eft
lorfqu'il dit que le fel *nommé coperofe ou vitriol, ne peut faire autre chofe
que conuertir en airain les chofes qu'il trouue au lieu où il fait fa demeurance.* La chimie peu avancée alors n'établiffoit aucune diftinction entre
la variété des fels vitrioliques; le fel connu de tous les tems fous le
nom couperofe, n'eft autre chofe que la combinaifon de l'acide vitriolique avec le fer, appellé autrement *vitriol de Mars*, vitriol *verd*. Un tel
vitriol n'a jamais eu la propriété de convertir aucun corps en airain, il
peut arriver tout au plus que ce fel, dans certaines circonftances, ait la
faculté de former des pyrites d'une couleur approchante de celle de l'airain, mais dans aucun cas le fel appellé couperofe ou vitriol verd, ne produira ni du cuivre, ni de l'airain, il faut croire que la couleur verdâtre
de ce fel avoit fait tomber Paliffy dans l'erreur.

THÉORIQUE.

THÉORIQUE. Tu le dis que c'eſt vn poinct bien aſſeuré.
Ouy ſi ie te veux croire. Voilà toute l'aſſeurance que ie ſçaurois auoir de toy.

PRACTICQUE. Ie ne t'ay pas mis ces poincts en auant ſans
que i'en fuſſe bien aſſeuré. Il y a long-temps que l'on m'a
aſſeuré qu'il y a vn perſonnage de qualité, au pays d'Auuergne, qui a vn pal, lequel a eſté arraché d'vn eſtang, lequel
s'eſt trouué partie en bois, partie en pierre, & l'autre partie
en fer. Sçauoir eſt, la partie qui eſtoit dans terre eſtoit conuertie en fer, & la partie qui eſtoit dans l'eau conuertie en
pierre, & la partie qui reſtoit hors de l'eau, eſt encores bois.
Quand i'eus entendu vne telle choſe, ie me mis en debuoir
d'en ſçauoir la cauſe : & quelque iour en cherchant de la
terre argileuſe, ie trouuay pluſieurs pieces de bois reduites
en metal : & i'apperceus que dedans laditte terre y auoit grande
quantité de vitriol : lors ie conneus que ainſi que le bois ſe
petrifioit en la terre, il s'abbreuoit de cette matiere ſalſitiue
ou vitriolique, qui cauſa la congelation & tranſmutation de
la nature du bois, en matiere metalique : & par ce que ie
ſçauois bien que le bois le plus ſalé eſtoit le plus prompt
à ſe reduire en pierre, ie mis peine de connoiſtre de quelle
eſpece de bois eſtoyent ces pieces metaliques, & le conneus par la forme d'icelles : car ayant conſideré qu'autrefois
le lieu où ie les auois trouuées, auoit eſté planté de vignes ;
leſquelles auoyent eſté arrachées, pour tirer de la terre d'argile à faire des tuilles, ie vis que leſdittes pieces de bois
metaliſées eſtoyent ſemblables aux iambes & pieds des vignes qui auoyent eſté arrachées dudit lieu. Lors ie ne dou-
tay plus que ce ne fut leſdits pieds de vignes, qui auoyent
eſté tranſmuez de bois en metal : non pas par le moyen du
feu, comme les alchimiſtes cherchent à faire, hors la matrice de la terre. Car ie trouuay & contemplay de bien près

K

que ces chofes auoyent efté tranfmuées dans laditte terre
d'argile, qui eft de cette nature froide, dont quelques vns
ont dit que pour cette caufe elle reftraint le flus de fang,
eftant mife fur les temples auec du vinaigre.

Après que ie fus bien certain que ladite vigne fe congeloit
& tranfmuoit en matiere metalique, par la vertu de la coperofe, ie conneus qu'il y auoit encores vne autre caufe ope-
rante & aidante à ladite coperofe : & tout ainfi que le fel d'vn
corps mort eftant couvert dans la terre ès lieux aqueux peut
tirer à foy autres fels par l'affinité qu'ils ont l'vn à l'autre ; auffi
les fels de la vigne peuuent auoir aidé à la congelation &
tranfmutation dudit bois, & de cela ie m'en tiens pour tout
affeuré, fçachant bien que le fel de la vigne que l'on nomme
tartare, a grande vertu enuers les metaux. Ie fçay que plufieurs alchimiftes en blanchiffent le cuiure, qui a caufé que
plufieurs en ont abufé. Aucuns font vn tirepoil dudit tartare (8), que ie n'ofe dire, craignant que tu m'eftimes menteur : par ce que la chofe femble impoffible. Parquoy ayant
conneu telles chofes à la vérité, & en eftant bien affeuré,
i'ay confideré que i'auois beaucoup employé de temps à la
connoiffance des terres, pierres, eaux des metaux & que la
vieilleffe me preffe de multiplier les talens que Dieu m'a
donnez, & par tant qu'il feroit bon de mettre en lumiere
tous ces beaux fecrets, pour laiffer à la pofterité. Mais d'autant que ce font matieres hautes & connues de peu d'hom-

____

(8) L'Auteur, par le mot *tirepoil*, entend parler probablement de
certaines applications épilatoires où le tartre devoit dominer, car on
fcait que l'alkali fixe préparé agit en qualité de puiffant cauftique fur
les matieres animales qu'il détruit très-facilement, c'eft pourquoi dans
l'ufage journalier des leffives domeftiques, on a toujours le plus grand
foin de n'y jamais introduire des étoffes tiffues avec des matieres animales, telles que la foie, le poil de chevre, la laine, &c.

mes, ie n'ay ofé me hazarder, que premierement ie n'euſſe
ſenti ſi les Latins en auoyent plus de connoiſſance que moy :
& i'eſtois en grande peine, par ce que ie n'auois iamais veu
l'opinion des Philoſophes, pour ſçavoir s'ils auoyent eſcrit
des choſes ſuſdittes.

I'euſſe eſté fort aiſe d'entendre le Latin & lire les
liures deſdits Philoſophes, pour apprendre des vns & contredire aux autres : & eſtant en ce débat d'eſprit ie m'ad-
uiſay de faire mettre des affiches par les carrefours de
Paris , afin d'aſſembler les plus doctes medecins & autres ,
auſquels ie promettois monſtrer en trois leçons tout ce que
i'auois conneu des fonteines, pierres, metaux & autres natures. Et afin qu'il ne s'y trouuaſt que des plus doctes & des
plus curieux, ie mis en mes affiches que nul n'y entreroit qu'il
ne baillaſt vn eſcu à l'entrée deſdittes leçons , & cela faiſoy-
ie en partie pour voir ſi par le moyen de mes auditeurs ie
pourrois tirer quelque contradiction, qui euſt plus d'aſſeurance de verité que non pas les preuues que ie mettois en
auant : ſçachant bien que ſi ie mentois il y en auroit de Grecs
& Latins qui me reſiſteroyent en face, & qui ne m'eſpar-
gneroyent point, tant à cauſe de l'eſcu que i'auois pris de
chaſcun, que pour le temps que ie les euſſe amuſez : car il
y auoit bien peu de mes auditeurs qui n'euſſent profité de
quelque choſe, pendant le temps qu'ils eſtoyent à mes leçons.

Voilà pourquoy ie dis que s'ils m'euſſent trouué menteur, ils m'euſſent bien rembarré, car i'auois mis dans mes
affiches que partant que les choſes promiſes en icelles ne fuſſent véritables, ie leur rendrois le quadruple. Mais grace à
mon Dieu, iamais homme ne me contredit d'vn ſeul mot.
Quoy conſideré, & voyant que ie ne pouuois auoir de plus
fidelles teſmoings, ne plus aſſeurez en ſçauoir qu'iceux, i'ay
pris hardieſſe de te diſcourir toutes ces choſes bien teſmoi-

K 2

gnées, afin que tu ne doutes qu'elles ne foyent veritables:
Et pour te les rendre encores mieux affeurées, ie te feray
icy vn catalogue des gens de bien, honorables & doctiffi-
mes, qui ont affifté à mefdittes leçons (lefquelles ie fis le ca-
refme de l'an mil cinq cens feptante cinq) au moins de ceux
defquels ie pourray fçauoir le nom & la qualité : lefquels
m'ont affeuré qu'ils feront toufiours prefts à rendre tefmoignage de la verité de toutes ces chofes, & qu'ils ont veu
toutes les pierres minerales & formes monftrueufes, lefquelles tu as veues à mes dernieres leçons de l'an mil cinq cens
feptante fix, lefquelles i'ay continué, afin d'auoir plus grand
nombre de tefmoings.

*S'enfuit le catalogue defdits tefmoings qui ont veu les chofes
fufdites auparavant l'impreffion du liure (9).*

Et premierement Maiftre François Choinin, & Monfieur
de la Magdalene, tous deux Medecins de la Royne de
Nauarre.

---

(9) Voilà un grand nombre d'habiles Médecins, plufieurs Chirurgiens célèbres, des Grands Seigneurs, des Gentilshommes, des Ecclé-
fiaftiques en dignité, des gens de Loi, &c. réunis par le goût des connoiffances. Voilà en un mot le premier Lycée François ouvert, & c'eft un
Potier de terre qui y préfide, qui y donne des leçons, qui s'y fait admirer. Quel fujet pour un magnifique tableau! qu'il feroit digne d'e-
xercer les pinceaux d'un habile Artifte! Je voudrois qu'on plaçât fur la
partie la plus apparente & la mieux éclairée, tous les différens perfonnages diftingués par le coftume de leur état, prêtant une attention vive
& curieufe aux difcours intéreffans de Paliffy, on remarqueroit fur
chaque vifage les différentes nuances de la furprife, de l'admiration &
du contentement. Paliffy fe feroit diftinguer fur tous les autres par le
feu du génie qui le caractériferoit ; il feroit environné des tréfors variés de la Nature qu'il étaleroit avec délice & complaifance aux yeux de

Alexandre de Campege, Medecin de Monſieur, Frere du Roy.

Monſieur Milon, Medecin.

Guillaume Pacard, Medecin de S. Amour en la Comté de Bourgongne, Dioceſe de Lyon.

Philibert Gilles, Medecin, natif de Muy en la Duché de Bourgongne.

Monſieur Drouyn, Medecin, natif de Bretaigne.

Monſieur Clement, Medecin de Dieppe.

Iean du Pont, au Dioceſe d'Aire, Medecin.

Monſieur Miſere, Medecin Poiteuin.

Iean de la Salle, Medecin du Mont de Marſan.

ſes diſciples ; ſon port, ſon geſte, ſa phyſionomie, tout indiqueroit chez lui la ſublimité d'une de ces ames peu communes qui ne ſe montrent que comme des phénomènes rares. Cette partie de mon tableau ainſi compoſée, je le rendrois plus piquant & plus inſtructif encore, en re-préſentant dans le ſite le plus éloigné, des villes brûlées, ſaccagées, des François aux priſes avec des François, des Prêtres dans la mélée, le nom de l'Eternel ſur des Etendards, le valeureux Montbrun pris & mis dans les fers, Leſdiguieres volant à ſon ſecours, je voudrois qu'on dif-tinguât ſur-tout l'aſſaſſin féroce du malheureux Coligny expirant ſous les juſtes coups des vengeurs de ce grand homme.

Pourquoi donc ce contraſte frappant ; pourquoi ? Ouvrez l'Hiſtoire & voyez tous ces évènemens ſe paſſer dans ce même tems & dans la même année (1575). Mais quel génie aſſez obſervateur pourra pénétrer la cauſe de ce contraſte frappant, du caractère & des mœurs d'une Nation, dont les hommes d'une part, s'égorgent entre eux, à la maniere des tigres & des lions, tandis que de l'autre, ils ſe réuniſſent avec em-preſſement, Prêtres, Grands & Sçavans, pour ſe livrer aux attraits de la Science & à la recherche de la vérité ; ne voilà-t-il pas ce qui prou-veroit contre l'aſſertion d'un Philoſophe célèbre, que les Lettres ont le pouvoir d'adoucir les mœurs, d'égaliſer les hommes, & de leur inſpirer le goût des vertus.

Monſieur de Pena, Medecin.

Monſieur Courtin, Medecin.

Tous ceux-cy ſus nommez, ſont Medecins Doctes.

Monſieur Paré, premier Chirurgien du Roy (10).

Monſieur Richard, auſſi Chirurgien du Roy.

Meſſieurs Paiot & Guerin, Apothicaires à Paris.

Meſſire Lordin, Marq. de Saligny en Bourbonnois, Cheualier de l'Ordre du Roy.

Monſieur d'Albene, & l'Abbé d'Albene ſon frere.

Iacques de Narbonne, Precenteur de l Egliſe Cathedrale de Narbonne.

Monſieur de Camas, Gentilhomme Prouençal.

Noble homme Iacques de la Primaudaye, du pays de Vendomois.

La Roche Larier, Gentilhomme de Touraine.

Monſieur Bergeron, Aduocat au Parlement de Paris; homme docte & expert aux mathematiques.

Maiſtre Iean du Chony, Dioceſe de Renes en Bretaigne; auſſi Aduocat en Parlement de Paris.

Brunel de Saint Iacques, Bearnois des ſalies, Dioceſe de Dax, licentié ès loix.

Iean Poirier, eſcolier en Droit, Normand.

Monſieur Brachet d'Orleans, & Monſieur du Mont.

Maiſtre Philippe Oliuin, Gouuerneur du Seigneur du Chaſteau-Breſi, homme Docte ès lettres.

---

(10) Ambroiſe Paré, né a Laval dans le Maine, mort en 1592, fut premier Chirurgien de Henri II, de François II, de Charles IX, & de Henri III, il étoit huguenot, & l'on ſçait de quelle maniere il échappa à l'horrible maſſacre de la Saint Barthelemy. Ses ouvrages qui ont encore de la réputation, ont été réimprimés un très-grand nombre de fois. L'édition la plus recherchée eſt celle qui fut donnée à Paris en 1714, chez Buon, 1 vol. *in-folio*.

Maiftre Bertolome, Prieur, homme experimenté ès arts.

Maiftre Michel Saget, homme de iugement & de bon engin.

Maiftre Iean Viret, homme expert aux arts & mathematiques.

Or i'ay veu autrefois vn liure que Cardan auoit fait imprimer des fubtilitez (11), où il traite de la caufe pourquoy il fe trouue grand nombre de coquilles petrifiées iufqu'au fommet des montaignes & mefme dans les rochers. Ie fus fort aife de voir vne faute fi lourde pour auoir occafion de contredire vn homme tant eftimé : d'autre cofté i'eftois

(11) Voici une particularité affez finguliere, dans le tems même où Paliffy faifoit des démonftrations publiques d'Hiftoire Naturelle & qu'il y réfutoit le fentiment de Jérôme Cardan : cette même année-là pofitivement, ce même Cardan, après avoir obtenu à Rome une penfion du Pape, s'y laiffoit mourir tout exprès de faim pour accomplir exactement fon horofcope, ayant prédit qu'il n'iroit pas jufqu'à 75 ans. Il ne faut pas croire qu'une vanité exceffive, ni un entêtement démefuré, ainfi que l'ont penfé certains Auteurs, lui euffent fait prendre un parti fi extrême, il eft plus naturel de penfer qu'une fecouffe trop violente dans le genre nerveux, avoit pu le porter à cette étrange action. Cardan avoit un génie ardent & trop exalté : étude, amour, débauche, toutes les paffions en un mot étoient portées chez lui à l'extrême ; un tel tempérament fuppofe & annonce prefque toujours le voifinage de la folie. D'un très-grand fou à un très-grand génie la ligne de féparation eft imperceptible : dans l'organifation phyfique, un rien peut décider pour ou contre.

Charles Spon, de Lyon, pere de l'Antiquaire Spon, mais bien moins favant que lui, eut le courage de recueillir les ouvrages de Cardan, pour en former une fuite de dix volumes in - folio ; cet amas d'abfurdités, de fciences & d'erreurs, acheve de prouver que l'Auteur étoit un fou qui avoit quelquefois de bons momens, & que fon Editeur n'étoit gueres plus raifonnable que lui. Son Traité de la fubtilité, le feul qui mérite quelqu'attention, fut traduit en François par Richer le Blanc, & imprimé à Paris en 1556, chez l'Angelier, en vn volume in-4.

fafché de ce que les liures des autres Philofophes n'eftoient traduits en François, comme celuy-là, pour voir fi d'auanture i'euffe peu contredire comme ie contredis à Cardan fur le fait des coquilles lapifiées.

THEORIQUE. Et comment voudrois-tu contredire à vn tel fçauant perfonnage, toy qui n'es rien? Nous fçauons que Cardan eft vn Medecin fameux, lequel a regenté à Tolette, & qui a compofé plufieurs liures en langue Latine : & toy qui n'as que la langue de ta mere, en quoy eft-ce que tu le voudrois contredire?

PRACTIQUE. En ce qu'il a dit que les coquilles petrifiées qui eftoyent efparfes par l'vniuers eftoyent venues de la mer ès iours du deluge, lorfque les eaux furmonterent les plus hautes montaignes, & comme les eaux couuroyent toute la terre, les poiffons de la mer fe dilatoyent par tout l'vniuers, & que la mer eftant retirée en fes limites, elle laiffa les poiffons : & les poiffons portant coquilles fe font reduits en pierre fans changer de forme. Voila la fentence & l'opinion de Monfieur Cardan.

THEORIQUE. Pour certain voila vne fort belle raifon, & ie ne fçaurois croire que la verité ne foit telle.

PRACTIQUE. Si eft-ce que tu n'as garde de me faire croire vne telle bauaffe. Car il eft certain que toutes efpeces d'ames ont quelque cognoiffance du courroux de Dieu & des mouuemens des aftres, foudres & tempeftes : & cela fe voit tous les iours ès parties maritimes. Il y a plufieurs efpeces de volailles qui auparauant les tempeftes aduenues en la mer fe retirent ès riuieres douces en attendant que les tourmentes foyent pacifiées, & après s'en retournent en la mer comme auparauant. Entre lefquels oyfeaux il y en a vn genre qui font blancs & grands comme pigeons, que l'on appelle goilants, qui au temps de tempefte fe fçauent retirer ès eaux
douces.

douces. L'on voit communément les porcilles (qui eſt un grand poiſſon) venir ès coſtes de la mer auparavant la tempeſte, qui eſt un ſigne qui donne à connoiſtre aux habitans du pays que la tempeſte eſt prochaine. Et quant eſt des poiſſons portant coquille, au temps de la tourmente ils s'attachent contre les rochers en telle ſorte que les vagues ne les ſçauroyent arracher, & pluſieurs autres poiſſons ſe cachent au fond de la mer, auquel lieu les vents n'ont aucune puiſſance d'esbranler ny l'eau ny les poiſſons. Voilà vne preuue ſuffiſante pour nier que les poiſſons de la mer ſe ſo,ent eſpandus par la terre ès iours du Deluge. Si Cardan euſt regardé le liure de Geneſe il euſt parlé autrement: car là, Moyſe rend teſmoignage qu'ès iours du Deluge, les abymes & ventailles du ciel furent ouuertes, & pleut l'eſpace de quarante iours, leſquelles pluyes & abymes amenerent les eaux ſus la terre, & non pas le débordement de la mer (12).

---

(12) On a beaucoup écrit pour & contre le Déluge univerſel. Tout bien examiné, la queſtion doit être réduite à ces deux points, qui ſont de ſçavoir ſi l'on entend que ce grand évènement ſe ſoit opéré d'une maniere naturelle & ſans le ſecours d'une force majeure, & qu'une pluie qui n'a duré que quarante jours & quarante nuits, ait pû, à l'aide des eaux de l'abyme, non-ſeulement inonder toute la ſurface de la terre, mais encore couvrir toutes les plus hautes montagnes, *qui ſont ſous toute l'étendue du ciel*, & les ſurpaſſer encore de quinze coudées, il faut ſçavoir encore ſi l'on prétend que ce même évènement, toujours opéré d'une maniere naturelle, ait pû produire les différentes couches ou paralèlles ou inclinées de la plupart des montagnes & y ait introduit cette immenſité de corps marins qu'on y apperçoit toujours avec étonnement. Pour peu alors qu'on ait obſervé la Nature, & qu'on réfléchiſſe ſur les circonſtances de cet évènement, & ſur ſon peu de durée, on ſent l'impoſſibilité que la choſe ſe ſoit faite de cette maniere. Une révolution auſſi terrible auroit tout bouleverſé & n'auroit jamais pro-

THÉORIQUE. Mais d'où voudrois-tu donc dire la caufe de ces coquilles dedans les pierres, fi ce n'eft par le moyen que Cardan a efcrit?

PRACTIQUE. Si tu auois bien confidéré le grand nombre de coquilles petrifiées qui fe trouuent en la terre, tu connoiftrois que la terre ne produit gueres moins de poiffons portant coquilles, que la mer : comprenant en icelle les riuieres, fontaines & ruiffeaux. L'on voit aux eftangs & ruiffeaux plufieurs efpeces de moules & autres poiffons portant coquilles, que quand lefdites coquilles font iettées en terre, fi en icelle il y a quelque femence falfitive elles fe viendront à petrifier.

THÉORIQUE. Ie ne croiray iamais qu'en la terre fe trouue prefque autant de poiffons portant coquilles que dans la mer, & l'on fçait bien qu'il n'y a endroit en la mer qui n'en foit tout remply, & que dans la terre ou ès riuieres il n'y en peut auoir qu'en certains lieux bien rarement.

PRACTIQUE. Tu t'abufes de penfer que par toutes les parties de la mer, il y ait des poiffons portant coquilles : car tout ainfi que la terre produit des plantes qui ne fçauroyent venir en vn pays comme en l'autre, ainfi que les orangers, figuiers, palmiers, amandiers, & grenadiers, ne peuuent venir en tous pays : auffi en la mer, il y a certaines contrées où l'on pefche des maqueraux, autres contrées où l'on pefche des harans, autres contrées des feiches, autres des maigres, & mefme nous fommes contrains aller querir des mo-

---

duit cet affemblage tranquille & fucceffif de matieres qui annoncent pour l'ordinaire le plus grand ordre & la plus admirable harmonie.

Si l'on veut au contraire, comme il eft plus fage de le croire, qu'un miracle ait dirigé cette opération, toute difpute doit ceffer, il faut fe taire & fe foumettre humblement.

lues ès terres neuues. Tous poiffons portant coquilles fe tiennent près des limites de la terre, & viennent en partie des
matieres faliitiues, qui font amenées des bords de la terre
prochaine de la mer. Et encores ne faut penfer trouuer defdits poiffons par tous les endroits des bordures de la mer.
Il faut donc conclure qu'il y a quelques endroits où les femences des poiffons peuuent prendre nourriture, & autres
non. Tout ainfi comme des vegetatifs. Ie n'entends pas dire
qu'il y a préfent auffi grand nombre de poiffons armez en
la terre comme il y eut autrefois. Car pour le certain les
beftes & poiffons qui font bons à manger, les hommes les
pourfuyuent de fi près qu'enfin ils en font perdre la femence.
I'ay veu plufieurs ruiffeaux où l'on prenoit grand nombre de
lamproyons, qu'à préfent l'on n'y en trouue plus. I'ay veu
auffi autres ruiffeaux où l'on prenoit des efcreuiffes par milliers, là où l'on n'en trouue plus. I'ay veu des rivieres où
l'on prenoit du faumon, & à préfent ne s'y en trouue plus.
Et que la terre ou riuieres d'icelle ne produifent auffi bien
des poiffons armez comme la mer, ie le prouue par les coquilles petrifiées, lefquelles on trouue en plufieurs endroits
par milliers & millions (13), defquelles i'ay un grand nombre

(13) Paliffy ne fe départ point de fon opinion, qui eft que les coquillages foffiles ont été engendrés fur les lieux mêmes où on les rencontre, *pendant que le rocher n'eftoit que de l'eau & de la vafe*. Quel
pas fait avec affurance & fermeté! il étoit perfuadé, ainfi qu'on le
voit dans le cours de fon ouvrage, que les eaux du Déluge n'avoient
jamais pu forcer les poiffons & les coquillages à fortir du fein des mers;
il en concluoit donc que lorfqu'on rencontre des coquilles & d'autres
corps autrefois organifés, foit fur la terre, foit fur les plus hautes
montagnes, & dans leur intérieur, ils y avoient été primitivement engendrés dans un liquide, & s'y étoient pétrifiés dans les fuites. Il explique même, d'une façon claire & ingénieufe, la maniere dont il croit

qui font petrifiées, dont la femence en eft perdue, pour les auoir trop pourfuyuis. Et eft vne chofe qui fe void tous les iours, que les hommes mangent des viandes defquelles au-

que toutes ces pétrifications fe font formées; mais il eft embarraffé fur certains individus pétrifiés dont il ne trouve plus les analogues. Il croit alors que s'ils n'exiftent plus, c'eft que les hommes qui les ont toujours recherchés pour leurs ufages, font venus à bout d'en extirper les races; il met enfuite en jeu les eaux de pluies, les coquillages fluviatils. On fe plaît à le voir fe tourmenter pour dénouer le nœud de ce grand problême, & s'il s'éloigne du but, la jufteffe & la force de fon génie femblent l'y ramener malgré lui : car un inftant après qu'il vient de nous parler des coquillages fluviatils, & de certains lacs qui devoient exifter fur les montagnes où l'on trouve des coquillages pétrifiés, il fait mention des rochers maritimes, où il découvre de nouvelles pétrifications. Il ne fe trompe plus ici, & il ne balance pas à les attribuer *aux eaux de la mer qui ont défailli aufdits poiffons* ; & fur le champ il parle d'un rocher coquillier qui eft près de Soubife, & il dit alors en termes très-clairs, que la mer s'eft retirée de cette partie. Il va de-là fur les rochers des Ardennes & y remarque une fi grande quantité d'écailles d'huitres pétrifiées, fi reffemblantes en tout à celles de l'Océan, qu'il croit alors qu'elles ont dû être engendrées dans une eau falée. Mais comme il ne veut point abfolument que ce foit le Déluge qui ait fait verfer les eaux de la mer dans ces lieux-là, & y ait apporté tous ces coquillages, il finit par dire, *que cela doit nous faire croire qu'en plufieurs contrées de la terre les eaux font falées, non fi fort comme celles de la mer, mais elles le font affez pour produire des poiffons armez :* il ne pouvoit fe tirer d'affaire que par ce foible raifonnement. On voit qu'il fe fentoit environné de difficultés de toutes parts, qu'il fe fatiguoit l'efprit & l'imagination pour fe tirer de ce labyrinthe ; il a l'air en un mot, qu'on me paffe la comparaifon, d'un homme mal affis qui s'inquiete, s'agite, fe tourne & fe retourne en cent manieres pour trouver une fituation commode. Son acharnement à creufer cette matiere caractérife fon génie & plaît infiniment. Il s'en prend à Beion & Rondelet, & il les blâme de ne s'être attachés qu'à décrire des poiffons connus, au lieu de chercher à découvrir les analogues des coquillages dont nous ne connoiffons que les individus pétrifiés. On voit avec plaifir qu'il avoit fait la remarque qu'en divers

ciennement l'on n'en euſt mangé pour rien du monde. Et de mon temps i'ay veu qu'il ſe fut trouué bien peu d'hommes qui euſſent voulu manger ny tortues ny grenouilles, & à préſent ils mangent toutes choſes qu'ils n'auoyent accouſtumé de manger. I'ay veu auſſi de mon temps qu'ils n'euſſent voulu manger les pieds, la teſte, ny le ventre d'vn mouton, & à préſent c'eſt ce qu'ils eſtiment le meilleur. Parquoy ie maintiens que les poiſſons armez, & leſquels ſont pétrifiés en pluſieurs carrieres, ont eſté engendrez ſur le lieu meſme, pendant que les rochers n'eſtoyent que de l'eau & de la vaſe, leſquels depuis ont eſté petrifiez avec leſdits poiſſons, comme tu entendras plus amplement cy-après, en parlant des rochers des Ardennes.

THÉORIQUE. Par ce propos tu n'as rien fait contre l'opinion de Cardan : car tu n'as pas dit la cauſe de la petrification des coquilles.

PRACTIQUE. Aucunes ont eſté iettées en la terre, après auoir mangé le poiſſon, & eſtant en terre, par leur vertu ſalſitiue ont fait attraction d'vn ſel generatif, qui eſtant ioinct auec celui de la coquille en quelque lieu aque͟x ou humide, l'affinité deſdites matieres eſtant iointes à ce corps mixte, ont endurcy & petrifié la maſſe principale. Voilà la raiſon & ne faut pas que tu en cherches d'autres. Et quand eſt des pierres où il y a pluſieurs eſpeces de coquilles, ou bien qu'en vne meſme piérre il y en a grande quantité d'vn meſme genre, comme celles du fauxbourg ſainct Marceau lès Paris, celles-là ſont formées en la maniere qui s'enſuit, ſçauoir

endroits de la Champagne & des Ardennes on découvre pluſieurs coquillages foſſiles qu'on ne retrouve vivans que dans les mers de l'Inde & de la Guinée ; il en jugeoit, ainſi qu'il nous l'apprend, par ceux que les Nautonniers apportoient de ces plages lointaines.

eft, qu'il y auoit quelque grand receptacle d'eau, auquel
eftoit un nombre infini de poiffons armez de coquilles, faites
en limace piramidale. Et lefdits poiffons ont efté engendrez
dans les eaux dudit receptacle, par vne lente chaleur, foit
qu'elle foit prouenue par le foleil au defcouvert, ou bien
par vne lente chaleur qui fe trouue foubs la terre, comme
i'ay apperceu eftant dans lefdites carrieres. Ie mets cefte difficulté en auant, par ce qu'il y a vne veine de pierre efdites
carrieres, laquelle n'eft que cinq ou fix pieds de profond
au - deffous de la terre, laquelle veine contient autant que
toutes les terres de cefte contrée - là, & icelle n'a gueres
qu'vn pied & demi d'efpoiffeur, mais elle a grande eftendue.
La caufe que ie penfe eftre la plus certaine eft, qu'il y a eu
autrefois quelque grand lac, auquel lefdits poiffons eftoyent
en auffi grand nombre que l'on y trouue leurs coquilles : &
par ce que ledit lac eftoit remply de quelque femence falfitiue & generatiue, iceluy depuis s'eft congelé, à fçauoir
l'eau, la terre & les poiffons. Tu l'entendras mieux cy-après
quand ie te parleray des pierres des deferts des Ardennes.
Et voilà pourquoy l'on trouue communement ès rochers de
la mer, de toutes efpeces de poiffons portant coquilles. Il
s'enfuit donc que après que l'eau a deffailly aufdits poiffons,
& que la terre & vafe où ils habitoyent s'eft petrifiée par
la mefme vertu generative des poiffons, il fe trouue autant
de coquilles petrifiées dedans la pierre qui a efté congelée
defdits vafes, comme.il y auoit de poiffons en icelle, & la
vafe & les coquilles ont changé de nature, par vne mefme
vertu, & par vne mefme caufe efficiente. I'ay prouué ce
poinct deuant mes auditeurs, en leur faifant monftre d'vne
grande pierre que i'auois fait couper à vn rocher près de
Soubize, ville limitrophe de la mer : lequel rocher auoit
efté autrefois couuert de l'eau de la mer, & auparauant qu'il

fut reduit en pierre, il y auoit vn grand nombre de plufieurs efpeces de poiffons armez, lefquels eftant morts dedans la vafe, après que la mer a efté retirée de cette partie-là, la vafe & les poiffons fe font petrifiez, la chofe eft certaine que la mer s'eft retirée de cette partie-là, comme i'ay vérifié, du temps qu'il y auoit fedition au pays de Xaintonge, lorfqu'on y vouloit eriger la gabelle. Car en ces iours-là ie fus commis pour figurer le pays des marez fallans, & eftant en l'ifle de Broüe, laquelle fait vne pointe vers le cofté de la mer, où il y a encores vne tour ruinée. Les habitans du pays m'ont attefté que autrefois ils auoyent veu le canal du haure de Brouage venir iufques au pied de ladite tour, & que l'on auoit edifié ladite tour, pour garder d'entrer les pirates & brigands de mer, qui en temps de guerre venoyent bien fouuent rafraichir leurs eaux à vne fontaine, qui eftoit près de laditte tour, & laditte tour s'appelle la tour de Broüe, à caufe de l'ifle où elle eft affife, laquelle fe nomme Broüe, dont le haure de Brouage a pris fon nom. Et pour autant qu'il eft auiourd'huy impoffible d'aller le long du canal pour approcher de ladite tour, l'on connoift par-là que la mer s'eft retirée de cette contrée, & qu'elle peut auoir autant gaigné en vn autre endroit : comme ainfi foit, que près la cofte d'Aluert, gueres loing du paffage de Maumuffon, qui eft fi fort dangereux : & les habitans du pays difent auoir paffé autrefois de lieffe d'Aluert en l'ifle d'Oleron, en ayant mis feulement vne tefte de cheual ou de bœuf à vn petit foffé, ou autrement petit bras de mer, qui fe ioignoit des deux bouts à la grand mer. Et aujourd'huy les nauires de quelque grandeur qu'elles foyent, paffent par-là pour le plus couit chemin de Bordeaux à la Rochelle, ou en Bretaigne, en Flandres & en Angleterre : & auparauant il falloit tourner à l'entour de l'ifle d'Oleron (14). Voilà vn tefmoignage comment la mer fe diminuant d'vne part, accroift d'autre part. Dont i'ay pris tefmoignage que le rocher qui eft tout plein de diuerfes efpeces de coquilles a efté autrefois vafes marins, produifant poiffons. Si aucuns ne le veulent croire, ie leur monftreray ladite pierre, pour couper broche à toutes difputes. Et par ce qu'il fe trouue auffi des pierres remplies de coquilles, iufques au fommet des plus hautes montaignes, il ne faut que tu penfes que lefdites co-quilles foyent formées, comme aucuns difent que nature fe ioüe à faire quelque chofe de nouveau. Quand i'ay eu de bien près regardé aux formes des pierres, i'ay trouué que nulle d'icelles ne peut prendre forme de coquille ny d'autre ani-mal, fi l'animal mefme n'a bafti fa forme: parquoy te faut croire qu'il y a eu iufques au plus haut des montaignes des poiffons armez & autres, qui fe font engendrez dedans cer-tains caffars ou receptacles d'eau, laquelle eau meflée de terre & d'vn fel congelatif & generatif, le tout s'eft reduit en pierre auec l'armure du poiffon, laquelle eft demeurée en fa forme. Et ne faut pas que tu m'allegues qu'il faudroit donc que l'eau des pluyes euft auec foy quelque fubftance falfitiue & generatiue; & ne faut point que tu doutes de ce: car fi autrement eftoit les crapaux & grenouilles, qui tombent bien fouuent avec les pluyes ne pourroient eftre engendrez en l'air (15); d'autre part tu vois fouuent des murailles bien

---

(14) Voyez à ce fujet les Obfervations curieufes rapportées dans l'Hiftoire de la Ville de la Rochelle, par Monfieur Arcere.

(15) Depuis qu'on a mieux vu, il n'eft plus queftion ni de pluies de crapauds, ni de pluies de grenouilles, ni de pluies de fang, ni de celle de fouffre, &c. La bonne phyfique nous a éclairés fur ces fortes de phénomènes, & le merveilleux a difparu.

hautes;

hautes, où il y aura des arbriſſeaux & herbages, qui n'auront eſté produits ny engendrez ſinon des ſemences & humeurs apportées par les pluyes, & ſi les pluyes n'apportent
auec elles quelque ſubſtance generatiue, elles ne pourroient
aider à l'accroiſſement des ſemences, & meſme les fruits
arrouſez d'vne eau qui ne fut point ſalée, viendroyent ſoudain en pourriture. C'eſt la raiſon, pourquoy ie t'ay dit que
le ſel eſt la tenue & maſtique generatif & conſeruatif de
toutes choſes : ie n'ay pas pourtant dit que tous ſels fuſſent
poignans & mordicatifs : tu trouueras que toutes coquilles
petrifiées ſont plus dures que non pas la maſſe de la pierre
où elles ſont, & ce pour cauſe qu'il y a plus de matiere
ſalſitiue. Or combien que par cy-deuant i'aye aſſez deſconfit
l'opinion de Cardan, ſur le fait des pierres monſtrueuſes,
ſi eſt-ce que ie ſuis deliberé de donner plus amples preuues
de mon opinion contraire à la ſienne, & ce d'autant qu'il
y a bien peu d'hommes qui ne diſent auec luy que les coquilles des poiſſons petrifiez, tant ès montaignes qu'ès vallées, ſont du temps du Deluge, pour à quoy reſiſter & prouuer le contraire, i'ay fait pluſieurs figures de coquilles petrifiées, qui ſe trouuent par milliers ès montaignes des Ardennes, & non-ſeulement des coquilles, ains auſſi des poiſſons, qui ont eſté petrifiez auec leurs coquilles. Et pour
mieux faire entendre que la mer n'a point amené leſdites
coquilles au temps du Deluge, ie te monſtreray preſentement la figure d'vn rocher qui eſt eſdites Ardennes, près
la ville de Sedan, auquel rocher & en pluſieurs autres, il
ſe trouue des coquilles de toutes les eſpeces figurées en ce
papier : depuis le ſommet de la montaigne iuſques au pied
d'icelle, combien que laditte montaigne ſoit plus haute que
nulle des maiſons ny meſme le clocher dudit Sedan, & les
habitans dudit lieu coupent iournellement de la pierre de

M

ladite montaigne, pour baftir, & en ce faifant il fe trouue
defdites coquilles auffi bien au plus bas comme au plus
haut, voire enclofes dedans les pierres les plus contigues : ie
puis affeurer en auoir veu d'vn genre qui contenoit feize
poulces de diamettre. Ie demande maintenant à celui qui
tient l'opinion dudit Cardan, par quelle porte entra la mer
pour apporter lefdites coquilles au‑dedans des rochers les
plus contigus ? Ie t'ay ci-deffus donné à entendre que lefdits poiffons ont efté engendrez au lieu mefme où ils ont
changé de nature, tenant la mefme forme qu'ils auoyent
eftant viuans. Parquoy ie repeteray le mefme propos, difant
que dedans les rochers fufdits fe trouuent plufieurs foffes, concauitez & receptacles d'eau, qui entre par les fentes defdits rochers, defcendant du haut en bas, & en defcendant
l'on connoift euidemment qu'elles fe petrifient en la forme
des eaux glacées, qui coulent du haut des montaignes en
bas. Il faut donc conclure que auparauant que cefdites coquilles fuffent petrifiées, les poiffons qui les ont formées
eftoyent viuans dedans l'eau qui repofoit dans les receptacles defdites montaignes, & que depuis l'eau & les poiffons fe font petrifiez en vn mefme temps, & de ce ne faut
douter. Ès montaignes defdites Ardennes fe trouue par
milliers des moules petrifiées, toutes femblables à celles qui
font viuantes dans la riuiere de Meufe, qui paffe près defdites montaignes. I'ay contemplé autrefois les habitations des
huiftres de la mer Oceane : mais ie ne vis onques les huiftres
naturelles ne leurs coquilles en plus grande quantité qu'il
s'en trouue en plufieurs des rochers d'Ardennes : lefquelles
combien qu'elles foyent petrifiées, fi eft-ce qu'elles ont efté
animées, & cela nous doit faire croire qu'en plufieurs contrées de la terre les eaux font falées, non fi fort comme
celles de la mer : mais elles le font affez pour produire de

toutes efpeces de poiffons armez. Et faut croire ce que i'ay
dit cy-deuant, que tout ainfi comme la terre produit des arbres & plantes, d'vne efpece en vne contrée, & en l'autre
contrée elle en produit d'vne autre efpece : & comme aucuns champs produifent de la feuchere, & autres des yebles,
& autres chardons & efpines : auffi la mer produit des genres de poiffons en vn endroit qui ne pourroyent viure en
l'autre. Il eft certain que les huiftres, les moules, aua:llons,
petoncles & fourdons & toutes efpeces de burgants, qui
ont leurs coquilles en façon de limace, toutes ces efpeces,
dy-ie, fe tiennent ès rochers limitrophes de la mer, ce que
les autres efpeces de poiffons ne font pas. Ceux qui vont
pefcher les moules à trois ou quatre cents lieues, me feront
tefmoings de ce que i'ay dit. Et comme les orangers, figuiers, oliuiers & efpiceries ne pourroyent viure ès pays
froids, en cas pareil les poiffons ne viuent finon ès lieux là
où il a pleu à Dieu de ietter la femence de leur generation & nourriture, comme ainfi foit que i'ay dit cy-deuant
qu'il a fait des femences des metaux & de tous mineraux,
& des vegetatifs. Iufques icy ie n'ay parlé que des coquilles
petrifiées, & ainfi que ie cherchois & m'enquérois de toutes
parts des lieux où i'en pourrois recouurer pour le tefmoignage
de mes conclufions, il me fut dit qu'au pays de Valois près
d'vn lieu nommé Venteul, il y auoit grande quantité de coquilles petrifiées qui me caufa me tranfporter fur ledit lieu,
près d'vn hermitage ioignant la montaigne dudit lieu, auquel ie trouuay grand nombre de diuerfes efpeces de coquilles de poiffons femblables à celles de la mer Oceane &
autres. Car parmy icelles coquilles s'en trouue de pourpres
& de bucines de diuerfes grandeurs, bien fouuent d'auffi
longues que la iambe d'vn homme, lefquelles coquilles n'ont
point efté petrifiées, ains font encores telles comme elles

M 2

eſtoyent quand le poiſſon eſtoit dedans (16), qui te doit faire croire qu'il y a autrefois eu des eaux en ce lieu-là, qui produiſoyent les poiſſons qui ont formé leſdites coquilles: mais d'autant qu'il y a eu faute d'eau commune & d'eau generative, la montaigne ne s'eſt peu lapifier, ains eſt demeurée en ſable, & ſi ladite montaigne ſe fut petrifiée comme celle des Ardennes & pluſieurs autres, leſdites coquilles ſe fuſſent auſſi petrifiées, & en quelque endroit que la roche euſt eſté coupée, icelles ſe fuſſent trouuées incaſtrées au-dedans d'icelle roche, en parelle forme que tu voids celles des carrieres de ſainɛt Marceau lès Paris. Depuis auoir veu ladite montaigne i'ay trouué vne autre montaigne, près la ville de Soiſſons, où il y a par milliers de diuerſes eſpeces de coquilles petrifiées, ſi près à près l'vne de l'autre que l'on ne ſçauroit rompre le roc d'icelle montaigne en nul endroit, que l'on ne trouue grande quantité deſdites coquilles, leſquelles nous rendent teſmoignage que elles ne ſont venues de la mer, ains ont generé ſur le lieu, & ont eſté petrifiées en meſme temps que la terre & les eaux où elles habitoient, furent auſſi petrifiées. Quelque temps après que i'euſſe recouuert pluſieurs coquilles & poiſſons petrifiez , ie fus d'auis

(16) Tout le pays de Valois renferme en général une multitude de corps marins, on y remarque ſur-tout des vis & des cammes d'un volume conſiderable ; les tellines, les limaçons à bouche ronde & à bouche applatie , & nombre d'autres coquillages y ſont extrêmement abondans, on ne trouve nulle part autant de pierres numiſmales, elles y ſont en maſſes conſidérables. Paliſſy s'eſt trompé en faiſant mention d'un endroit appellé *Venteul*, il n'exiſte point de village de ce nom dans le pays de Valois, il faut croire qu'il a voulu parler de *Nanteul*, qui eſt ſitué ſur un ſol rempli de corps marins & qui paroît être le même que le lieu qu'il déſigne; une ſeule lettre peut avoir occaſionné cette différence de nom.

de reduire ou mettre en pourtraiture ceux que i'auois trouué
lapifiez, pour les diftinguer d'auec les vulgaires, defquels
l'vfage eft à prefent commun : mais à caufe que le temps ne
m'a voulu permettre, mettre en exécution mon deffein lors
que i'eftois en telle deliberation, ayant differé quelques années le deffein fufdit, & ayant toufiours cherché en mon
pouuoir de plus en plus les chofes petrifiées, enfin i'ay trouué
plus d'efpeces de poiffons ou coquilles d'iceux, petrifiées
en la terre, que non pas des genres modernes, qui habitent
en la mer Oceane. Et combien que i'aye trouué des coquilles
petrifiées d'huiftres, fourdons, auaillons, iables, moucles,
d'alles, couteleux, petoncles, chaftaignes de mer, efcreui-
ces, burgaulx, & de toutes efpeces de limaces, qui habitent
en laditte mer Oceane, fi eft-ce que i'en ay trouué en plufieurs lieux, tant ès terres douces de Xaintonge que des Ardennes, & au pays de Champagne d'aucunes efpeces, defquelles le genre eft hors de noftre connoiffance, & ne s'en
trouue point qui ne foyent lapifiées parquoy i'ay ofé
dire à mes difciples que Monfieur Belon (17) & Ron-

(17) Pierre Belon, Médecin, naquit dans le Maine, en 1518,
& s'occupa plus de l'étude de l'Hiftoire Naturelle, que de l'art de guérir. Le Cardinal de Tournon, auffi illuftre par fes négociations que par
fon amour pour les Sciences, le fit voyager à fes frais, en Judée, en
Grèce, & en Arabie. Il mourut près de Paris, affaffiné par un de fes
ennemis. Nous avons vu depuis peu le célèbre Winkelmand, affaffiné
en Italie par des voleurs. Belon ne refpiroit que pour les recherches
naturelles & pour les voyages, il joignoit à ce goût celui de l'étude
& du travail ; la fuite nombreufe de fes ouvrages en eft la preuve.
Quoi que tout n'y foit pas également bon, il eft à propos cependant
que cette collection qui renferme bien des chofes curieufes, foit
placée dans la bibliothèque d'un Naturalifte qui veut réunir tout ce qui à
été écrit fur l'Hiftoire Naturelle, c'eft pour donner une idée des ouvrages

delet (18) auoyent pris peine à deſcrire & figurer les poiſſons qu'ils auoyent trouuez en faiſant leur voyage de Ve-
niſe , & que ie trouuois eſtrange de ce qu'ils ne s'eſtoyent

de cet Auteur que nous allons placer ici une note Bibliographique,
qui peut être utile pour le choix des éditions.

1°. *Petri Bellonii de Arboribus Coniferis , reſiniferis , aliiſque
ſemper virentibus: de mille cedrino , cedria , agarico , reſinis , &c. Pariſiis,
Prevoſt ,* 1653 , *in-4°. fig.*

2°. *Hiſtoire de la nature des Oiſeaux , diviſée en VII Livres , par Pierre
Belon , Paris , Cavellat ,* 1555 , *in-folio , fig.* Les exemplaires n'en ſont
pas communs , il y en a quelques uns d'enluminés.

3°. *Portraits d'oiſeaux , animaux , ſerpens , herbes , arbres , hommes &
femmes d'Arabie & d'Egypte , obſervés par Pierre Belon , & gravés en bois
avec une explication en rime Françoiſe & des quatrains ſous chaque figure,
Paris , Guill. Cavellat ,* 1557 , *in-4°. fig.* Cet ouvrage n'a d'autre intérêt que celui des figures , & comme les exemplaires en ſont aſſez rares , il ne faut s'attacher à l'acquérir que dans le cas où l'on voudroit
abſolument avoir tous les ouvrages de cet Auteur.

4°. *Hiſtoire Naturelle des étranges poiſſons marins , avec leurs portraits,
gravés en bois : plus la vraie peinture & deſcription du Dauphin & de pluſieurs autres de ſon eſpèce , par Pierre Belon , Paris , Chaudiere ,* 1551,
in - 4°. fig. C'eſt l'ouvrage le plus rare & le plus recherché de Belon ,
& le même dont Paliſſy fait mention.

5°. *Petri Bellonii de aquatilibus lib. II. Cum iconibus ad vivam ip-
ſorum effigiem expreſſis in ligno , Pariſiis ,* 1553 , *in-8°.*

6°. *De la nature & diverſité des Poiſſons , avec leurs portraits repré-
ſentés au naturel , par Pierre Belon , Paris ,* 1555 , *in-8°.* C'eſt une
traduction de l'ouvrage précédent , faite par Belon lui-même.

7°. *Obſervations de pluſieurs ſingularités & choſes remarquables de la
Grèce , Aſie , Judée , Arabie , Egypte ; Paris ,* 1588 , *in-4°.*

(18) Juilhaume Rondelet , né à Montpellier le 27 Septembre 1507,
fit ſes études à Paris , où il apprit la Langue Grecque. Le même Cardinal de Tournon , dont nous avons parlé à la note précédente , ac-
cueillit Rondelet & ſe l'attacha en qualité de Médecin , le conduiſit avec
lui en Italie , où il acheva de ſe perfectionner dans les Sciences ; ce Prélat

eſtudiez à connoiſtre les poiſſons qui ont autrefois habité &
generé abondamment en des regions, deſquels les pierres
où ils ont eſté petrifiez en meſme temps qu'elles ont eſté

---

lui ayant fait une penſion, Rondelet vint ſe fixer à Montpellier où il
ſe maria & y profeſſa long-tems la Médecine. Il mourut à Realmond
en Albigeois, le 30 Juillet 1566, âgé de cinquante-neuf ans.

Rondelet a écrit divers Traités en Latin, relatifs à la Médecine, à
la Chirurgie & à la Pharmacie ; on en trouve la notice dans la
derniere édition de Moreri, à l'article de ce Sçavant, nous
parlerons dans peu, de ſon Hiſtoire des Poiſſons; mais il eſt bon
auparavant de relever les erreurs groſſieres qui ont été débitées ſur le
compte de ce Sçavant, par les Auteurs d'un Dictionnaire, qui perdroit
beaucoup de ſon mérite, s'il renfermoit pluſieurs articles de cette eſpèce;
en effet les Auteurs de ce Dictionnaire portatif, imprimé en premier
lieu à Avignon, ſous la dénomination d'Amſterdam, en 1766, & depuis peu réimprimé à Paris avec des augmentations, en 1772, n'auroient
jamais dû ſe permettre, ſans preuve, d'avancer que Rondelet, par un goût
paſſionné pour l'Anatomie, eût le courage de faire lui-même l'ouverture & la diſſection du corps mort d'un de ſes enfans ; cette anecdote qui fait friſſonner la nature, ne s'accorde en aucune maniere avec
les mœurs douces de cet Auteur, & elle doit être rejettée abſolument
comme calomnieuſe ; car lorſqu'on avance des faits de cette nature, on
doit au moins citer des preuves. Il ſemble même que les Auteurs de
ce Dictionnaire ont pris a tâche, non-ſeulement de rendre odieuſe la
perſonne de ce Sçavant, mais de décrier encore ſes ouvrages ; ils ôſent
dire que ſon *Hiſtoire des Poiſſons*, n'eſt qu'une compilation mal digérée ;
une compilation, le mot eſt bien peu réfléchi; des gens qui écrivent
l'Hiſtoire, devoient-ils ignorer que ce Traité des Poiſſons avoit fait une
ſi grande ſenſation, que quelques Auteurs l'avoient attribué, mal à
propos, à Guillaume Pelicier, Evêque de Montpellier, un des plus
grands génies de ſon ſiecle ; s'ils s'étoient donné la peine d'ailleurs de
jetter un coup d'œil ſur l'ouvrage même, ils y auroient vu que Rondelet l'avoit travaillé avec des ſoins & des recherches infinies, & preſque toujours d'après l'examen des objets qu'il avoit à décrire ; qu'il
n'avoit pas négligé l'érudition, puiſqu'on y trouve les étymologies Grecques ſur les Poiſſons, avec leur nom en différentes langues.

congelées, nous feruent à préfent de regiftre ou original des formes defdits poiffons. Il s'en trouue en la Champagne & aux Ardennes de femblables à quelque efpece d'aucuns

Il nous apprend lui-même dans fa Préface, » qu'il avoit à grand » peine & grands frais, cherché dans la mer de Languedoc, en Gaule, » en Italie & en d'autres lieux, pluficurs poiffons, & qu'il s'en étoit » procuré pluficurs par fes amis; je les ai ouvert & découpé, j'ai » diligemment contemplé toutes les parties intérieures & extérieures, » j'ai ajoûté les témoignages d'Ariftote, Théophralte, Galien, Athe- » née, Opien, Elien, Pline, &c.

On voit encore, dit Monfieur d'Argenville, à la page 15 de fa Li- thologie, » dans fa maifon de campagne (de Rondelet) *appellée Lou-* » *mas de Rondelet*, près de Montpellier, des viviers où il faifoit entrer » l'eau de la mer pour nourir fes poiffons.

Mais renvoyons les rédacteurs critiques à Rondelet lui-même; qu'ils lifent à la page 181 du tome II de l'édition Françoife, les paroles fui- vantes qu'il adreffe à ceux » *dont le jugement de travers eft plus prompt* » *à reprendre qu'en faire autant que ceux qu'ils reprennent*, qu'ils penfent » que pour les grands frais qu'il a été néceffaire de faire pour l'ac- » compliffement de cette œuvre, il eut été befoin qu'un Grand Sei- » gneur, ou qu'autre bien plus riche que moi, l'eût entrepris.

L'ouvrage de Rondelet fur les poiffons, eft écrit en Latin, & inti- tulé : *Guill. Rondeleti de Hiftoria pifcium lib. XVIII, cum altera parte inqua teftacea, turbinata, & cochleæ, infecta & Zoophita, ftagnorum ma-* *rinorum, lacuum, fluviorum, paludum pifces, poftremo amphybia delineun-* *tur; cum figuris eorum ligno incifis. Lugduni, Bon homme,* 1554 & 1555, 2 *tomes en un volume in-folio, fig.* On voit par le feul titre de l'ouvrage combien le plan en étoit grand, les figures, quoiqu'en bois, font exactes & bien faites.

Le même ouvrage fut traduit trois ans après, en François, fous le titre fuivant : *Hiftoire entiere des poiffons, traduit du Latin, de l'ouvrage de Guillaume Rondelet, en François & divifée en deux parties, avec les fi- gures au naturel, gravées en bois, Lyon, Bon Homme,* 1558, 2 *tomes en un volume in-folio, fig.* Il eft bon de fe procurer ces deux éditions; cette derniere fe trouve beaucoup moins aifément que la premiere, il eft même affez difficile d'en rencontrer des exemplaires bien conditionnés,

genres

genres de pourpres, de buccines, & autres grandes limaces,
defquels genres ne s'en trouue point en la mer Oceane, &
n'en void - on finon par le moyen des Nautonniers, qui en
apportent bien fouuent des Indes & de la Guinée. Voilà
pourquoy i'ai conneu qu'en plufieurs & diuers endroits des
terres douces il y a eu autrefois habitation & generation defdits poiffons; & ce d'autant, comme i'ay dit, qu'il s'en trouue
aucuns qui ne font encores petrifiez, parce qu'ils ne le peuuent auoir efté à caufe que la terre où ils viuoyent eft encores terre, ou pour mieux dire fable. Mais les autres qui
fe trouuent dedans les pierres des montaignes fe font petrifiez lors que le lieu où ils habitoyent s'eft conglacé, fçauoir
eft, l'eau & la vafe, & tout ce qui y eftoit, comme ie t'ay
dit tant de fois, pour te le mieux faire entendre. Tu verras
en mon cabinet, que i'ay dreffé pour cela, plufieurs formes defdits poiffons, de ceux qui font armez : parce qu'il

---

mais il faut les avoir toutes les deux, à caufe de certains retranche-
mens faits dans la traduction.

M. d'Argenville qui parle de cette traduction à la page 12 de fa
Lithologie, s'eft trompé lorfqu'il dit que c'eft Rondelet lui - même
qui en eft l'Auteur. Cette erreur fe manifefte, lorfqu'on jette un coup
d'œil fur l'extrait du privilege qui eft à la tête de cette traduction : il
y eft dit que *cette Hiftoire des poiffons a été traduite en notre langue
Françoife par homme Expert & à ce bien entendu, lequel n'a rien omis
de ce qui étoit néceffaire à l'intelligence d'icelle.* Si Rondelet eût véritablement fait cette traduction lui-même, il ne fe feroit pas exprimé
ainfi dans le privilege ; d'ailleurs qu'on life la courte Préface du Traducteur à l'Auteur, & tous les doutes feront levés.

Laurent Joubert, Chancelier de l'Univerfité de Montpellier, fçavant
Médecin, qui a placé huit vers au bas du portrait de Rondelet, fon
ami, qui eft à la tête de l'édition Françoife, pourroit bien être lui-
même l'Auteur de cette traduction, la petite Préface dont nous venons
de parler l'indiqueroit affez.

N

s'en trouue bien peu d'autres de pétrifiez, à cause que les parties plus tendres se putrefient auparauant estre petrifiez : & qu'ainsi ne soit i'ay trouué plusieurs escailles ou armures de locustes & escreuices petrifiées, qui estoyent séparées l'vne d'auec l'autre, pour cause de la putrefaction qui estoit suruenue en la chair, auparauant la petrification : toutesfois i'ay trouué aux montaignes des Ardennes de ces grands moules, qui habitent communement ès estangs, que le poisson estoit aussi bien petrifié comme la coquille. Et parce que nous sommes sur le propos des pierres il faut poursuyure premierement les formes d'icelles, & en cherchant la cause i'ay trouué que le cristal prend sa forme dedans l'eau, & que autrement il n'y auroit aucunes formes de pointes ny faces, comme l'on void qu'il se trouue audit cristal. Ie trouue aussi que toutes marcasites & minéraux ayant quelque forme pentagone, triangulaire, quadrangulaire, ou hexagone, sont toutes formées au-dedans de l'eau, comme i'ay dit cy-dessus, qu'il se trouue des pierres de mine de fer formées à pointes.

Au-dedans des carrieres où l'on tire l'ardoise aux pays d'Ardenne, il se trouue dedans l'eau parmy les ardoises vne grande quantité de marcasites quarrées naturellement, formées à quatre quarres, ou faces polies & egales en grandeur, & lesdites marcasites sont de couleur de fer ou de plomb, assez luisantes. I'en ay veu des autres qui ont sept ou huit faces formées naturellement comme les susdites.

Il y a un certain personnage qui m'a asseuré qu'il s'en trouue au pays de Languedoc & de Prouence, que chacune desdites marcasites portoit en soy trente-six faces diuisées par esgales parties. Or toutes ces formes ne se font ny ne se peuuent faire sinon dedans l'eau. Nous voyons aussi que le sel qui est congelé dedans l'eau, si on le laisse congeler sans le mouuoir, il prendra quelque forme pentagone ou quadrangulaire ; comme i'ay dit du falpeftre. Mais quand eft des cailloux & autres pierres particulieres, qui n'ont aucune forme diuifée, elles prennent leur forme felon la forme du trou ou receptacle où les matieres feront arreftées & où elles fe congelent : & de ce genre de pierres & cailloux, il s'en forme tous les iours : car quand ce vient fur la fin de l'efté, que les herbes, pailles & foins, & autres herbages commencent à pourrir par les champs, les eaux des pluies ramaffent & font decouler le fel vegetatif, qui eft efdites pailles & herbes, & en tous vegetatifs qui feront confumez ès chaleurs, & eftant ainfi diffoult & liquide en la terre, iceluy mefme caufe la generation de nouuelles plantes & de pierres (19). Et ce genre de pierres fe font communement felon la grandeur de la matiere, par fois grandes & par fois petites, & par fois auffi menues que le fable, felon le peu de matiere qui fe préfentera. Quant eft des grandes pierres contigues i'en ay affez parlé dès le commencement, il y a eu vne autre efpece de pierres defquelles on fait des meules pour aiguifer toutes efpeces de tranchans. Si tu re-

---

(19) C'eft, dit M. Baumé, dans fes Vües Générales fur l'Organifation intérieure du Globe & fur la formation des mines & des métaux, » la décompofition des corps organifés à l'aide des eaux, qui a produit dans l'intérieur du Globe une infinité de combinaifons & de » mélanges de toute efpèce, & qui a formé des matieres minérales & » métalliques de tout genre.

C'eft difoit, il y deux cents ans Paliffy, » quand ce vient fur la fin » de l'efté, que les herbes, pailles & foins & autres herbages commen- » cent à pourrir par les champs, les eaux des pluies ramaffent & font » découler le fel vegetatif qui eft efdites pailles & herbes & en tous » vegetatifs qui feront confumez ès chaleurs, & étant ainfi diffoult & » liquide en la terre, iceluy mefme caufe la generation de nouuelles plan- » tes & de pierres »

gardes de bien près, & confideres la rudeſſe de ces pierres,
tu trouueras qu'elles eſtoyent premierement formées en ſable ; & apres que le ſable a demeuré quelque temps en la
terre, il eſt aduenu que par l'action des pluyes, ledit ſable
s'eſt embibé d'eaux & ſels congelatifs, qui ont raſſemblé
& ioinct enſemble tous ces petits grains de ſable en vne
grande pierre : & d'autant que le ſable eſt d'vne eau plus
pure que non pas la ſeconde generation de la pierre, c'eſt
la cauſe pourquoy il eſt plus dur que non pas la maſſe ſeconde, & delà vient que ladite maſſe eſtant plus tendre,
ſe mine & gaſte en aiguiſant les ferremens: ainſi les grains
de ſable demeurent touſiours plus hauts, & les concauitez
qui ſont entre leſdits grains, cauſent une aigreur & rudeſſe
à la meule, d'où vient ſa puiſſance & action d'aiguiſer les
outils. Et ce qui m'a donné connoiſſance de ces choſes eſt
qu'vn iour i'achetay vn plein muy de ſablon d'Eſtampes, &
en le tamiſant ou faſſant ie trouuois pluſieurs pierres formées dudit ſablon, en telle ſorte attachées l'vne à l'autre
par la liqueur ſeconde qui auoit maſtiqué ledit ſable, que
l'on voyoit evidemment que leſdites pierres eſtoyent formées dudit ſablon. Voila comment de degré en degré ie
ſuis paruenu à la connoiſſance de ces choſes. Il y a vn autre genre de pierres qui ne tiennent aucune forme, ains ſont
contigues comme les pierres des carrieres; & ce genre là
ne peut eſtre engendré qu'il ne ſoit pour le moins auſſi dur
que marbre. Ce ſont les pierres qui ſont engendrées de terres argileuſes leſquelles ſont bien ſouuent reduites en marbre (20), iaſpe, & en caſſidoine, & autres telles pierres

---

(20) Les terres argileuſes qui ſont de nature originairement vitrifiables,
ne doivent pas, du moins ſuivant les principes connus, former en ſe
pétriſſant des marbres, qui ſont des pierres d'une nature calcaire : la

dures. Mais parce que i'ay vouloir de traiter à part les duretez, pefanteurs & couleurs, ie garderay ce propos pour
en traiter quand le temps fe préfentera, & pourfuiuray à

---

diftinction entre les pierres vitrifiables & les calcaires étoit indifpenfa-
ble pour mettre de l'ordre & de la clarté dans les idées, & pour éviter la confufion. Les marbres qui font des pierres attaquables avec effervefcence par les acides, ont été rangés parmi les matieres calcaires;
mais malgré cela, il faut convenir que nous fommes encore fi no-
vices fur ce chapitre que nous ignorons fi tel ou tel banc d'argile nuancé de différentes couleurs, venant à perdre par le laps de
tems ou par d'autres circonftances qui nous font inconnues, la tota-
lité, ou une partie de l'acide vitriolique qui y eft combiné, ne chan-
gera pas de nature & ne paffera pas à l'aide de quelque nouvelle combinaifon, à l'état de marbre, à celui de véritable pierre calcaire.

Des expériences journalieres, il eft vrai, nous ont fait appercevoir des
analogies marquées entre les pierres calcaires & la plus grande partie
des corps marins, qui produifent par la calcination à peu près les mêmes
principes, & de là l'induction affez naturelle que tous les bancs de matieres calcaires, quoique d'une étendue & d'un volume immenfe, ne
font abfolument qu'un véritable détriment de corps marins; ainfi l'ont
penfé plufieurs habiles Naturaliftes, & leur fentiment appuyé d'ailleurs
par beaucoup d'autres conjectures, ne s'écarte peut-être pas abfolument
de l'ordre des poffibilités. Mais nous demandons fi fans remonter à l'o-
rigine primitive des chofes, & en prenant la terre dans fon état actuel & telle qu'elle fe préfente à nos yeux, il n'eft pas poffible que
tel banc de matiere vitrifiable, de matiere argileufe, par exemple, paffe
à l'aide d'une infinité de combinaifons qui nous font inconnues & fans
déplacement, à l'état de véritable matiere calcaire. La chymie, à qui l'Hiftoire Naturelle a de fi grandes obligations, pourroit contrarier peut être
cette poffibilité, & nous établirions les objections qu'elle auroit à nous
faire, fi nous n'étions pas forcés de nous renfermer ici dans de juftes
bornes. Malgré les raifons qu'elle auroit à nous oppofer, nous
ferions toujours fondés à regarder ce fujet comme neuf & cette partie
comme bien peu avancée, puifqu'il nous manque une foule d'obfervations, & qu'il nous refte beaucoup d'expériences à faire. Mais en attendant que le hazard ou d'autres circonftances nous fecondent, inf-

parler des formes, defquelles i'ay bonne connoiffance. Quant
eft du bois petrifié, il tient fa forme comme auparauant:
il y a plufieurs efpeces de fruicts lefquels eftant lapifiez (21)
tiennent la même forme qu'auparauant : i'ay perdu vne poire
petrifiée autant bien formée qu'elle eftoit deuant auoir changé
fa fubftance. I'ay encores dans mon cabinet une pomme de

---

truifons nous par les faits, voyons beaucoup & voyons fouvent, contemplons les matieres vitrifiables fous tous les afpects & dans toutes les
pofitions, obfervons fur-tout avec foin les liaifons, les nuances, les
gradations des couches de matieres vitrifiables avec celles qui font
calcaires, & nous parviendrons peut-être enfin par ces moyens, à appercevoir quelque lueur dans une matiere très-obfcure encore.

(21) Les anciens Naturaliftes ont nommé les pétrifications de fruit
carpolites. Il eft bon de remarquer à ce fujet, 1°. que plufieurs pierres
roulées par les eaux, ayant acquis diverfes configurations, peuvent reffembler quelquefois à certains fruits, fans cependant avoir jamais ap-
partenu au genre végétal; 2°. d'autres fois des ftalactites établies dans
des moules ou cavités d'une forme finguliere, peuvent imiter tel ou
tel fruit & tromper un œil non exercé; 3°. les noyaux pétrifiés de plufieurs coquillages doivent fouvent avoir donné le change;
4°. enfin la multitude des madrepores, dont les efpeces varient autant
que les formes & dont plufieurs font connus, fous les noms d'Alcyo-
nium, Agaricum, Ficoides, Lycoperdites, Cariophilloides, Carcioides,
Tubera Lapidea; Lichnites; Fucus Gallopavonis; Bacca Idæa; Man-
candrites, &c. ont fouvent été pris pour des fruits, des plantes, ou
des fleurs.

Que refte-t-il donc après cela? quelques fruits durs incruftés par ha-
fard dans des tufs, ou enfevelis fous des fédimens, marneux, ou cré-
tacés, ouvrage de quelques révolutions modernes; fruits même en partie dénaturés & qu'on ne rencontre que rarement. Mais a-t-on jamais
trouvé de véritables fruits, inconteftablement reconnus pour tels, dans
des couches de rochers ou d'autres pierres dures & parmi des dépouilles
de la mer; je ne crois pas qu'un tel fait foit encore prouvé, le tems
n'eft plus où l'on prenoit les pierres judaïques, qui ne font que des
pointes d'ourcins, pour des olives pétrifiées.

coing, vne figue, & vn naueau petrifiez, tenant la mefme
forme qu'ils auoyent auant qu'eftre lapifiez. Monfieur Race,
Chirurgien fameux & excellent m'a monftré vn cancre tout
entier petrifié [22]; il m'a auffi monftré vn poiffon petrifié

---

(22) Les cruftacées foffiles font peu communs en général, & c'eft
affez rarement qu'on en rencontre; il eft probable cependant qu'il en
exifte dans bien des endroits qui ne nous font pas connus, & l'on doit
s'attendre qu'à mefure que l'Hiftoire Naturelle fera des progrès, on découvrira un plus grand nombre de ces individus foffiles.

On trouve quelques crabes pétrifiés près de Bain fur le chemin de
Rennes à Nantes; le pays de Dax fi riche en foffiles en fournit auffi
& les ardoifes des environs d'Angers donnent des empreintes de quelques cruftacées.

La Suiffe, l'Angleterre n'en font pas dépourvues; il en eft venu
quelques-uns de l'Inde & particulierement de Coromandel. Mais les plus
remarquables que nous connoiffions font ceux de la Chine; il en exifte
un bien précieux à Lyon dans le cabinet de M. de Montriblour. C'eft
le beau crable envoyé par le Pere d'Incarville, & qui eft décrit & gravé
dans le catalogue du cabinet de M. Davilla.

On voit dans le cabinet de M. de Seguier, à Nifmes, une des plus
belles collections des cruftacées foffilles de l'Italie & particulierement de
ceux des environs de Verone & de Bolca. Le long féjour que ce
favant a fait en Italie, l'a mis à portée de fe procurer une des plus
belles fuites de crabes & de poiffons pétrifiés qui exiftent. Nous croyons
obliger nos lecteurs en leur faifant part ici de quelques détails que cet
habile Naturalifte a bien voulu nous communiquer fur ce genre intéreffant de pétrification; il faut même efperer que lorfqu'il aura fini fon
grand & favant ouvrage fur les infcriptions antiques, il voudra s'occuper de publier la fuite importante des crabes & des poiffons foffiles
de fa collection.

» Quelque rare que foit, nous écrit M. de Seguier, cette efpece de pé-
» trification; (des crabes) j'en ai plufieurs que j'ai apportés d'Italie &
» qui fe trouvent ou à la colline fur laquelle eft bâti le château de Saint
» Félix à Vérone, ou dans les environs. J'en ai de trois efpeces. La
» premiere eft le *Pagurus* de Vérone, la feconde le *Cancer Marinus*
» de Bellon & de Gefner nommé *Mazzenetta* à Venife, dont les ca-

& plufieurs plantes d'vne certaine herbe, auffi petrifiées.

» naux font remplis, qu'on trouve dans la *Val Policella* à quatre lieues
» de Vérone. La troifieme du Mont Lanano à qui Aldrovande a
» donné le nom de *Sepites*, à caufe que fon dos a quelque reffem-
» blance avec l'os des Seiches

   » Il y a plus de 230 ans que Saraïna, Hiftorien de Vérone a
» parlé de la premiere efpece & après lui plufieurs autres Ecrivains moins
anciens. Voyez la *Metallotheca* de Mercati, où il y en a deux gravés. Je
» ne vous parle point ici de ceux qui font dans Daniel Major, Scheu-
» chzer, &c. vous les connoiffez.

   » Vous me demandez, 1°. *fi ces cancres font incruftés dans des pierres*
ou dans des glaifes ?

   » Ils font contenus dans la pierre de taille, femblable à peu près à celle
» de Saint Leu, à Paris. Celle qui les entoure eft feulement moins blan-
» che & femble n'être qu'un fable d'un jaune lavé fort dur & fort com-
» pacte ; l'efpece qu'on nomme *Pagurus*, eft principalement nichée dans
» cette pierre. Celle du *Cancer Marinus*, qui ne fe trouve pas au même
» endroit, eft beaucoup plus compacte & plus dure. C'eft une pierre
» calcaire dont on peut faire d'affez bonne chaux. Celle enfin où fe
» trouve le *Sepites Aldrovandi* eft femblable à la premiere, il ne s'en
» trouve aucun dans la glaife.

   2°. *Sont-ils adhérens à leur matrice ou s'en détachent-ils facilement ?*

   » Ils tiennent prefque tous à la pierre dont je vous ai parlé, qui
» leur fert de matrice, & ils y tiennent plus ou moins fortement. Il y
» en a quelques-uns qui s'en détachent facilement, lorfque la pierre eft
» humectée par les pluies, mais dans les tems fecs l'adhefion qui les re-
» tient réfifte davantage. On les retrouve par fois dans les couches de
» ces mêmes pierres, mêlées de terre franche & de beaucoup de par-
» celles de pierres calcaires fort menues.

   3°. *Sont-ils parfaitement pétrifiés & la matiere lapidifique qui les a pé-*
nétrés eft-elle calcaire ou vitrifiable ?

   » Le teft des crabes *Paguri* eft très-bien confervé. Ce teft eft blanc
» grénelé, reffemblant à celui des crabes defféchés & blanchis, ou aux
» ourcins dépouillés de leur piquant qu'on trouve fur les bords de la
» mer. Quelquefois ce teft eft recouvert d'un épiderme blanchatre fort

J'ai

J'ai veu aussi plusieurs chastaignes marines petrifiées sans auoir

» mince & au-dessous du test, on voit dans les endroits qui sont restés
» à découvert un tissu grénelé qui est le tégument intérieur.

» Dans les especes du *Cancer Marinus* dont je vous ai parlé, ce qui
» compose la superficie du test est aussi dur que la matiere lapidifique qui
» en a rempli l'intérieur, & il semble que ce n'est que le moule inté-
» rieur du corps du crabe qui s'est durci & est devenu calcaire ; les
» jambes & les deux grandes serres manquent presque toujours à ces der-
» niers, & alors cette espece se rapporte pour la figure au corps du *Can-*
» *cer Marinus sulcatus rumphii*, Pl. 6. Lit. O. auquel on auroit retran-
» ché les jambes & les serres.

Au *Cancer Sepites*, comme le test de l'animal étoit fort délié, ce qui
» en est resté s'est appliqué sur la pierre ou sable durci, & souvent le dos
» qui étoit fait en forme d'os de seiche, se trouve seul attaché à la pierre,
» tandis que tout le reste y manque : on en voit un bien dessiné à la
» Pl. 7. Let. V. de *Rumphius*, qui donne l'idée de cette espece. Tout
» le test qui reste à quelques-unes des especes dont j'ai parlé, fermente
» avec les acides, & la pierre est calcaire.

4°. *Ces crustacées ont-ils été trouvés avec d'autres dépouilles de la mer ?*

» On trouve dans l'intérieur de la pierre qui s'est logée dans la par-
» tie creuse de ces crustacées, une espece de production marine circulaire
» qui a dans le centre un mamelon peu saillant. Cette espece de pierre
« lenticulaire n'a que quelques lignes de diamètre, elle est fort mince,
» & je ne sache pas qu'elle ait été décrite.

» On trouve dans les mêmes lieux des fragmens d'ourcins & sur-tout
» de l'espece de l'ourcin à bâton, dont les piquans ont plusieurs pou-
» ces de long & tiennent à l'ourcin par une apophyse.

» On rencontre sur les revers de la colline où sont les *Pagari*, des
» petits pectinites & une très-petite espece d'huitre d'un demi-pouce ou
» environ de longueur. Je ne parle point de plusieurs fragmens, sur-tout
» de serres de cancres détachées & qui se trouvent dans une terre mo-
» bile & calcaire qui recouvre les endroits d'où on les tire.

SUR LES POISSONS PÉTRIFIÉS DE BOLCA.

» Il y a plus de 150 ans que Calceolari publia dans son *Museum* im-
» primé en 1622, la figure d'un *Ichthyolithe* de la colline de *Bolca* dont

» on lui avoit fait préfent ; lorfque je fus à Vérone, j'allai vifiter fou-
» vent le même endroit, je travaillai moi-même avec les ouvriers que
» j'y amenai & j'en fis une longue fuite. Ce lieu de *Bolca* eft aux con-
» fins du territoire de Vérone & de celui de Vicence ; le village du
» même nom le domine. A un mille au de-là on rencontre le côteau
» ou petite montagne, où ces poiffons fe trouvent dans un efpace
» affez refferré, quoique la pente du côteau où ils font, ait environ
» 600 pieds carrés d'étendue. Je paffe à vos demandes. 1°- *Eft-ce dans*
une terre argileufe, dans des fchiftes ou dans des matieres calcaires que ces
Ichthyolithes fe rencontrent ?

    » C'eft dans une fchifte foffile qu'ils font renfermés ; la fchifte fe di-
» vife par lames affez minces ; fa couleur eft d'un gris blanchâtre plus
» ou moins clair ou foncé ; elle eft fonore, fermentant avec l'acide
» nitreux, comme la pierre calcaire. Ce n'étoit, ce me femble, dans fon
» origine, qu'une vafe qui s'eft durcie & pétrifiée après que les poif-
» fons s'y font dépofés ; le fond de toute la colline eft de pierre cal-
» caire ; les dalles fchiteufes n'ont tout au plus que deux pieds d'épaif-
» feur dans les endroits où l'on n'a pas fouillé : elles s'enlevent par lits,
» de deux ou trois pouces & en grandes pièces ; les lits fe divifent en
» plufieurs lames plus ou moins épaiffes felon qu'on les attaque & ne
» forment fouvent que des feuilles très-déliées. On trouve les poiffons
» dans les feuillets de ces lames, qui en fe partageant en laiffent l'em-
» preinte de chaque côté intérieur des lames. On remarque dans un des
» côtés la partie faillante & dans l'autre le creux de celle-ci.

    2°. *Ces poiffons forment-ils toujours des empreintes, ou font-ils au contraire*
faillants & en relief ? Sont-ils fimplement defféchés ou entierement pétrifiés ?

    » Cet article renferme plufieurs queftions : je réponds en général que
» ce font des empreintes, que les poiffons ne font point faillants ni
» en relief, qu'ils font defféchés & qu'on doit les regarder comme
» pétrifiés, vu l'état où s'eft trouvé le poiffon lorfqu'il s'eft dépofé fur
» la vafe, qui enfuite l'a comprimé & recouvert. Il me faudroit entrer
» dans une longue difcuffion pour confirmer ce que j'avance & vous
» copier toutes les obfervations fort étendues que j'ai faites fur cette
» queftion. Je vous dirai en général que l'arrête eft fouvent changée
» en fpath, que les opercules des oüies s'y remarquent en entier &
» plufieurs autres parties de la tête : il en eft de même des nageoires,
» de la queue, des dents & de certaines portions de leur chair qui

» s'eft réunie avec la vafe qui a formé des élévations plus ou moins
» confidérables fuivant l'efpece de chaque poiffon. Toutes ces chofes
» dénotent affez la pétrification qui pouvoit fe faire dans les poiffons,
» qui ne font compofés, du moins ceux qu'on y trouve, que de chair
» mollaffe, dont le volume s'affaiffe, & lorfqu'il eft comprimé ne ref-
» femble qu'à des empreintes.

» J'ai vu en Italie un poiffon fur une fchifte noire, dont le corps étoit
» en relief: il n'étoit cependant pas pétrifié; ce n'étoit que l'extérieur
» de fon corps qui s'étoit moulé dans la fchifte qui étoit devenue fort
» dure. J'en fis le deffin que j'ai mis à la fuite de mes *Ichthyolithes*. Je ne
» fais fi le poiffon confervé chez M. le Maire de Beaune, dont on a
» tant parlé, eft femblable à celui que je viens de vous décrire; vous
» ferez à portée de le voir & de l'examiner, & vous pourrez m'en dire
» votre avis. Ce poiffon curieux eft actuellement dans le cabinet du Roi.

3°. *Peut-on diftinguer le genre de ces poiffons: l'analogue exifte-t-il
encore dans nos mers ou dans des plages lointaines?*

» On peut très-bien diftinguer l'efpece de ces poiffons; j'y ai très-
» bien reconnu le *Paffer Radiatus*, le *Synapis* de Rondel & le *Scorpius*,
» la *Thriffa*, la *Sphyræna*, le *Carrelet*, le *Lump* des Anglois, & plufieurs
» autres dont il feroit trop long de mettre ici les noms. Les analogues
» fe trouvent prefque tous dans nos mers & j'ai tâché de faire voir le
» rapport qu'ils avoient avec les poiffons vivans; tel eft celui qui a d'un
» côté une grande nageoire arrondie reffemblant à l'aile d'une chauve-
» fouris; ce qui lui a fait donner ce nom par des gens qui le confervent.
» Nos mers ne nous l'offrent point; il faudroit peut-être le placer avec
» les poiffons volans. Le poiffon que Scheuchzer a fait graver dans
» *l'Herbarium Diluvianum*, Pl. V. fig. 7. qu'il nomme *Guacerua*, qu'il
» rapporte à celui de Marc-Grave (hiftoire du Brefil) eft auffi étranger
» à nos mers. J'en ai un qui lui reffemble.

4°. *Quelle eft la grandeur la plus remarquable de ces poiffons?*

» Le plus grand de ceux que j'ai, a environ deux pieds de longueur
» fur fix pouces de diamettre. La moitié d'un autre que j'ai, à en juger
» par ce qui refte, excédoit cette mefure. Le *Lump* qu'un particulier
» de Vérone poffede, a dix-neuf pouces de longueur fur dix pouces
» de largeur. J'ai une portion d'un *Congre*, grande aiguille de mer, qui
» a dix-huit pouces de longueur. Elle a plus de trente pouces lorfqu'elle
» eft entiere. On l'a pêche dans le Golphe de Venife.

5°. Eſt-ce ſur une plaine, à mi-côte d'une montagne, ou ſur ſon ſommet qu'on rencontre ces Ichthyolithes?

» Ce n'eſt pas dans une plaine, mais ſur la pente d'une colline, à
» plus de quatre lieues de la mer Adriatique, qu'ils ſont. La colline
» eſt peu éloignée d'une hauteur fort élevée où eſt ſitué le clocher de la
» Paroiſſe de *Bolca*. Les montagnes les plus hautes qui ſont au couchant
» ſont diſtantes de demi-lieue. La colline des poiſſons eſt contiguë à
» pluſieurs autres qui s'élevent par étage juſqu'aux plus hautes monta-
» gnes. Entre cette colline & le village de *Bolca*, il y a un bas-fond,
» qui reçoit les eaux qui découlent des hauteurs voiſines. Elle a ſa pente
» du côté du midi; dans l'endroit le plus bas, il y a un très-petit ruiſ-
» ſeau, & au levant il y en a un autre qui ſe joint à celui-ci. Du
» côté de la pointe où ils ſe joignent, le côteau eſt taillé à pic à la
» hauteur d'environ dix-huit toiſes. Il ſeroit trop long de vous décrire
» toutes les particularités que j'y ai remarquées; j'en ai dreſſé un plan
» détaillé, accompagné de beaucoup de remarques.

6°. Ces poiſſons ſont-ils placés dans des couches horiſontales, inclinées, ou renverſées?

» Il y a quelques couches horiſontales; le plus grand nombre de ces
» couches eſt incliné: quelques-unes ont des reſſauts formés par diffé-
» rens accidens qui interrompent la ligne droite des lames, mais les
» petites élévations n'ont pas beaucoup de hauteur, il ne paroît pas
» qu'il y ait eu aucun bouleverſement.

7°. Trouve-t-on dans le voiſinage d'autres corps Marins pétrifiés?

» On trouve dans les interſtices des lames où ſont les poiſſons, des
» empreintes de pluſieurs plantes. J'ai les deſſins de plus d'une tren-
» taine, mais je n'ai rencontré aucun coquillage. A quelque diſtance
» de-là il y a une montagne aſſez haute où l'on en trouve, j'en ai tiré
» de belles vis, des turbinites, &c. d'un petit rocher iſolé qui ſeul les
» renfermoit. A force d'y avoir fouillé je le mis en piece & j'en en-
» levai tout ce qu'il y avoit. Dans les montagnes de *Marana* qui ne ſont
» pas éloignées de là, & qui dominent ſur le Vicentin, on rencontre
» des nummulaires & d'autres petits coquillages. Ces Monts ſont beau-
» coup plus élevés que la colline des poiſſons.

» J'ai fait des deſſins de toutes les eſpeces qui ſont dans mon cabinet
» pour les joindre à ceux de tous les autres foſſiles du Véronois, dont je
» voulois autrefois donner la deſcription. J'ai déja plus de ſoixante-quinze

rien perdu de leur forme (23). Il y a en la ville d'Angers vn maiſtre Orfeure nommé Marc Thomaſeau, lequel m'a monſtré vne fleur reduite en pierre, choſe fort admirable, d'autant que l'on voit en icelle le deſſous & deſſus des parties de la fleur les plus tenuës & déliées (24). I'ay trouué vne miniere de terre argileuſe en laquelle y a vn nombre infini de pierres de marcaſites, métaliques de pluſieurs grandeurs, les vnes grandes comme la palme de la main, les autres comme iocondales & teſtons (25), leſ-

» planches deſſinées proprement ; je vous aurois même envoyé avec plai-
» ſir les deſſins des poiſſons les plus intéreſſans, ſi toutes les planches
» que j'ai deſſinées n'étoient pas reliées enſemble. Si ma main étoit auſſi
» ſouple que lorſque je les fis, il y a bientôt vingt ans, j'aurois tâché
» de vous en copier quelques-uns, mais à l'âge que j'ai, elle s'eſt ap-
» peſantie, de façon que ſi je veux completter le nombre des planches
» qu'il me faut encore pour mon ouvrage, il me faudra emprunter
» celle d'autrui, &c.

(23) Ce devoit être des échinites ou ourcins de mer ; rien de ſi multiplié & de ſi varié que cette eſpece de pétrification. On peut dire que M. Klein, dans ſon ouvrage ſur les ourcins, n'a fait qu'ébaucher ce ſujet, c'eſt un ouvrage à refaire.

(24) Cette fleur pétrifiée n'étoit ſelon les apparences, qu'un polype de mer à bouquet, pétrifié.

(25) Le teſton étoit une monnoie d'argent, d'une grandeur moyenne entre la piece de vingt - quatre ſols & l'écu de trois livres. Sa valeur répondroit à une livre dix - huit ſols ſept deniers de notre monnoie actuelle, comme monnoie d'argent courante ; il vaudroit très - peu de choſe de moins, comme ſimple matiere.

Quant à la *jocondale*, comme il n'eſt fait mention nulle part d'une monnoie qui ait porté ce nom, on eſt fort embarraſſé à déterminer ce que ce pouvoit être, à moins qu'on ne préſume qu'il en eût été de cette monnoie, à qui ce nom vulgaire fut donné, comme des Louis de 18 & de 36 livres, qui furent frappés ſous la minorité de Louis XV, auxquelles on donna, on ne ſait trop pourquoi ni comment, le nom de *Mirliton*

quelles m'ont inftruit en la philofophie beaucoup plus que
non pas Ariftote : & c'eft d'autant que ie ne puis lire en
Ariftote & i'ay bien leu aufdites marcafites, & ay entendu
par icelles que les matieres generatiues des metaux eftoyent
fluides, liquides & aqueufes, & cela ay-ie conneu en contemplant leurs formes : d'autant qu'elles font formées en
telle forte que fi quelqu'vn auoit ietté de la cire fondue en
bas en affez bonne quantité, & comme la premiere feroit
iettée en plus grande abondance que la feconde, & eftant
iettée toufiours en diminuant, le premier iet, en fe conglaçant feroit vne forme plus euafée que le fecond, & le
fecond plus euafée que le tiers, & cela fe feroit à caufe
de la diminution de la matiere. Car ie voyois euidemment
dedans lefdites marcafites que les gouttes qui tomboient les
dernieres monftroyent vn figne de défaillance de matiere :
cela ne fe peut aifement entendre fans voir la chofe mefme :
parquoy tu la pourras venir voir en mon cabinet. Il y a
beaucoup d'autres pierres qui font formées felon le fujet
qu'elles ont pris, comme quelquesautres pierres que i'ay veues
qu'on nomme pierre d'Aigle. Quelque chofe que l'on en
die, ie croy que ce n'eft autre chofe qu'vn fruit lapifié, &
ce qui ioue dedans eft le noyau, qui eftant amoindry quand
on fecoue ladite pierre, ledit noyau frappe des deux coftez
d'icelle (26). Voila comment les pierres peuuent auoir di-

---

qui leur refta. Comme ces Louis font devenus rares, on ne faura peut
être pas dans deux cents ans la valeur du *Mirliton*. On ignorera
même fi ce nom fut donné à une piece de monnoie ; les *jocondales* pourroient peut-être avoir eu le même fort. Il eft à préfumer cependant par
la comparaifon & la maniere dont Paliffy s'exprime, que la *jocondale*
devoit être à-peu-près de la grandeur du *tefton*.

(26) La pierre d'Aigle n'eft point un fruit pétrifié, & Paliffy fe
trompe. Jamais pierre n'a eu autant de célébrité parmi les auteurs an-

uerfes formes par diuers fuiets : lefquelles chofes nous font inconnues par faute d'y regarder. Plufieurs m'ont certifié qu'il y a vn lac à Rome nommé Thioli, duquel les eaux

ciens que celle-ci ; plufieurs lui ont donné d'après eux, une origine & des vertus fabuleufes.

Des Naturaliftes de réputation n'ont pas craint de la divifer en mâle, en femelle, en hermaphrodite, &c. toutes ces diftinctions n'ont fait qu'embrouiller de plus en plus la matiere ; voyons en peu de mots s'il ne feroit pas poffible de la fimplifier.

Il paroît en premier lieu qu'on ne devroit plus appeller ces pierres du nom d'*œlites*, dénomination tirée du mot Grec *ἀετός*, *Aigle* ; or comme il eft reconnu qu'elles n'ont aucun rapport avec cet oifeau, malgré tous les contes qu'on a pu écrire à ce fujet, il conviendroit de bannir & le mot d'*œlites* & celui de *pierre d'Aigle*.

On pourroit leur conferver celui de *Geodes* qu'elles prenoient dans certaines circonftances ; ce mot deviendroit générique & ferviroit à dé-figner ces pierres en géneral, qui font tantôt rondes, tantôt ovales, tantôt triangulaires, qui prennent en un mot différentes formes & dif-férentes groffeurs, mais qui doivent avoir toûjours une cavité plus ou moins centrale. Ces pierres varient également par cette cavité intérieure & par les matieres qui y font renfermées, il feroit donc effentiel de défigner chaque efpece par des phrafes qui les caractériferoient.

Si ces pierres étoient, par exemple, femblables à celles qu'on remar-que dans le Bas-Dauphiné, à mi-côte de la montagne de Clauffayc, à quatre lieues de Montelimart, on les appelleroit alors, *Geodes d'une fubftance ferrugineufe, arenacée, très-compacte, donnant des étincelles avec l'acier, de forme ovale, & variant dans leur groffeur qui eft depuis celle d'un œuf d'oye, jufqu'à celle du plus gros melon, remarquables par leur cavité qui eft confidérable, non chambrées & toujours remplies d'un fable fec, friable, ferrugineux & à gros grains*.

Si cette définition paroît un peu longue, qu'on faffe attention qu'elle eft cependant néceffaire & qu'il vaut mieux en fait de fcience être prolixe qu'obfcur.

Si ces pierres renferment de l'eau, n'eft-il pas plus fimple de les nommer *Geodes renfermant de l'eau*.

qui paſſent par les riuages d'iceluy s'attachent & congelent contre les herbages & autres choſes pendantes ſur les bords deſdits riuages; i'ay veu pluſieurs deſdites pierres qui ont

---

Si elles ſont à noyau adhérant ou mobile, les appeller *Geodes*, de telle ou telle qualité, *à noyau, mobile ou adhérant*, en déſignant toujours la matiere & la forme de ces *Geodes*.

Si ces pierres ont pluſieurs cavités, les nommer *Geodes chambrées*, &c. & ainſi des autres en faiſant mention des formes & des matieres. Il paroît qu'en s'y prenant de cette maniere, plus ſimple & plus naturelle, on parviendroit à dépouiller ce ſujet d'une partie de ſes embarras & de la confuſion qui regne dans les noms & dans les diviſions anciennes.

Dans quelle claſſe ranger donc les cailloux également caverneux, mais intérieurement criſtalliſés, que pluſieurs Auteurs ont confondus avec les premiers dont nous venons de parler, quoi qu'ils en different d'une maniere remarquable, puiſque ceux qu'on nomme improprement *ætites ou pierres d'Aigle*, ne renferment que de la terre, du ſable ou de l'eau, ou enfin un noyau mobile ou adhérant, & que les derniers offrent aux yeux de véritables criſtalliſations. Je ne balancerois pas à en faire un genre à part, & je les nommerois ſimplement *cailloux calcaires ou vitrifiables, ou argileux, &c. intérieurement criſtalliſés*, de tel ou de tel endroit; ou ſi l'on veut encore s'attacher à leur ancien nom, on pourroit les appeller *Geodes criſtalliſées* de telle ou de telle maniere, en indiquant toujours par des phraſes, la nature des criſtaux auſſi bien que celle des cailloux. Car il faut avouer qu'il y a une différence trop eſſentielle entre un beau caillou du Mont Liban rempli d'une multitude de criſtaux brillans & une ſimple pierre caverneuſe qui ne contient pour l'ordinaire qu'un peu de terre ou de ſable, pour les confondre & les placer les uns & les autres ſur la même ligne.

Mais où les faudroit-il donc placer? Où! Avant ou à la ſuite de la famille des criſtaux de roche, dont ils peuvent être regardés comme les rudimens: c'eſt peut-être même à l'aide de l'analogie & de la comparaiſon de ces petits criſtaux dans leur matrice, avec les grandes maſſes de criſtaux de roche, qu'il ſera poſſible de parvenir quelque jour à voir un peu plus clair dans la théorie très-obſcure encore des criſtalliſations.

eſté

esté apportées du lac susdit, qui sont fort blanches & belles ,
à cause des pores & concauitez percées & spongieuses &
embrouillées par diuerses formes, que les herbes leur ont
causé. Ie feray fin au propos des formes, & parleray de la
cause des couleurs.

Il y a vn grand nombre de matieres qui causent les couleurs des pierres, & plusieurs d'icelles sont inconnues aux
hommes : toutefois l'experience, qui de tout temps est maif-
tresse des arts, m'a fait connoistre que le fer, le plomb,
l'argent & l'antimoine, ne peuuent faire autres couleurs que
iaune. Ayant donc vne telle certitude ie puis asseurément
dire, que plusieurs pierres iaunes ont pris leurs teintures de
l'vn d'iceux mineraux : i'entends quand les eaux passent par
des terres esquelles y a de la semence desdits mineraux ,
ayant apporté auec elles de ladite substance, laquelle aura
actionné en la couleur & en la congelation, parce que
toutes ces matieres metaliques sont salsitiues, & comme i'ay
tant de fois dit, il ne se fait point de congelation sans sel;
aussi ladite teinture a esté faite dès le temps de l'essence de

---

La province du Dauphiné, une des plus riches dans cette derniere es-
pèce de cailloux, en fournit en plusieurs endroits de remarquables,
non-seulement par la forme & le brillant des cristaux, mais encore par
des *cornes d'ammon* d'un beau volume qui se font remarquer tantôt
sur la surface du caillou, tantôt dans son intérieur. Toutes celles qui
sont extérieures sont d'une conservation unique, tandis que celles
qui sont placées dans le centre de la pierre, se trouvent pour l'ordinaire
presque toujours dénaturées & recouvertes par une multitude infinie de
petits cristaux.

Je dirai encore dans ce dernier cas, que toutes les fois que les *cornes d'ammon* ont des caractères intéressans, on doit ne plus faire attention au caillou, & s'occuper simplement de l'individu marin , qu'il est
plus convenable alors de ranger parmis les pétrifications de son espece.

P

la pierre, auparauant que les matieres fuſſent endurcies. Ie comprens entre les pierres iaunes, les pierres rares auſſi bien que les communes, comme la Topaſſe. Ie mets auſſi au rang d'icelles le ſablon, duquel il ſe trouue grande quantité de couleur iaune [27]. Voilà l'vne des cauſes des pierres iaunes. Il y a vne autre cauſe bien fort certaine & véritable, que les bois qui ſont pourriz en terre, ayant rendu par diſ-ſolution & putrefaction le ſel qui eſtoit en eux, & que les eaux & les matieres congelatiues [par vne defluxion qui ſe

---

(27) Depuis que la chimie a perfectionné l'art de traiter les chaux métalliques, on a découvert dans les différens métaux une ſource iné-puiſable de couleurs. La ſeule chaux du fer offre les phénomènes les plus variés & les plus ſurprenans dans ce genre ; c'étoit beaucoup déja que Paliſſy eut entrevu que la plupart des pierres devoient leur couleur à des matieres métalliques qui s'y étoient introduites par l'intermede d'un fluide aqueux, l'eau en effet à l'aide des différentes ſubſtances ſalines, opere ſur les métaux des diſſolutions plus ou moins fortes, ou des com-binaiſons variées qui développent ſouvent dans un ſeul métal une ſuite de nuances & de couleurs qui flattent l'œil & ſurprenent l'obſervateur.

Un air, par exemple, chargé d'humidité, attaquant dans certaines cir-conſtances des matieres ferrugineuſes, formera ou développera des chaux tantôt de couleurs brune, chatain clair, orangée, rouge tendre, rouge vif, rouge foncé, &c. d'autres fois, l'eau ſeule chargée de différentes ſubſtances ſalines offrira d'autres variétés ; enfin il pourra ſe faire que l'alkali fixe s'u-niſſant avec des particules inflammables, forme une liqueur *alkaline phlo-giſtiquée*, deslors un vitriol martial venant s'y combiner, voilà un *bleu de Pruſſe* naturel : ce bleu ferrugineux peut pénétrer des matieres cal-caires ou vitrifiables, & voilà des *lapis lazuli* de différentes qualités.

Les végétaux eux-mêmes, auſſi bien que les parties animales peuvent dans quelques circonſtances fournir des couleurs ſolides & durables. Que l'acide vitriolique attaque, par exemple, des matieres végétales ou animales, elles ſeront réduites en un état charboneux, l'acide ſe chargera auſſitôt d'une couleur brune plus ou moins foncée, & les terres ou les pierres voiſines prendront cette couleur.

fait ès temps de pluyes, le fel dudit bois amenant auec foy
fa teinture] caufent la congelation & la couleur de quelque pierre , qui fera formée au premier receptacle , là où
telle matiere fluide fe viendra repofer : & de ce n'en faut
douter, car ie fçay que le verre iaune, que l'on fait en Lorraine, pour les vitriers, n'eft fait d'autre chofe que d'vn
bois pourry, qui eft vn tefmoignage de ce que ie dy , que
le bois peut teindre le bois en iaune ; fi tu as regardé autrefois des ais, ou du plancher & autres pieces, & que le
bois foit verd , & qu'ils foyent fraifchement fiez, s'il vient
à pleuuoir deffus, tu verras que l'eau qui defgoutte vers la
partie pendante fera iaune. Il y a auffi plufieurs efpeces
d'herbes & plantes, qui peuuent teindre les matieres defquelles les pierres font formées : entre les autres la paille
d'auoine a auec foy vne teinture fort iaune. L'Abfinthe Xain-
tonique [28] a fa teinture fort iaune : l'on fçait auffi que
les teinturiers fe feruent d'vne herbe qu'ils appellent Ga..de[29]
de laquelle ils font leurs iaunes.

Ie ne connois ny plante, ni mineral, ni aucune matiere
qui puiffe teindre les pierres bleues ou azurées, que le faphre, qui eft vne terre minerale, extraite de l'or, argent
& cuiure, lequel a bien peu de couleur autre que grife, tirant vn peu fur le violet : toutesfois quand ledit faphre eft
fait vn corps auec les matieres vitreufes, il fait vn azur
merueilleufement beau : par là peut-on connoiftre que toutes

---

(28) C'eft *l'Artemifia fol. Caulinis linearibus pinnato-multifidis , remis
indivifis , fpic. fecondis reflexis. Flor. quinque floris ,* L*INN. abfinthium fan-
tonicum Gallicum* B*AVH. Pin.* 139.

(29) C'eft le *Lutteola herba falicis folio* & le *Refeda foliis fimplici-
bus lanceolatis integris de* L*INN.*

pierres ayant couleur d'azur , ont pris leur teinture dudit faphre [30]. Et afin que tu ayes aſſeurance certaine de ce
que ie dy , confidere vn peu les pierres que l'on nomme
lapis lazuli , lefquelles font d'vne couleur d'azur , autant viue

---

(30) Le fafre eſt en effet une terre minérale , ainſi que l'obſerve
Paliſſy , mais cette terre n'eſt point extraite de l'*or* , de l'*argent* , & du
cuivre , à moins qu'il n'eût voulu dire par-là que le fafre étoit extrait
d'une fubftance qui contient quelquefois de l'or , de l'argent & du cuivre. Cette fubftance eſt le cobalt qui eſt un minéral pefant , d'un
grain fin & compacte , d'une couleur grife plus ou moins brillante ,
qui lorfqu'il a été long-tems expofé à l'air offre fur fa furface une
efflorefcence , couleur de fleurs de pêcher , fort agréable à l'œil; il fe
trouve aſſez fouvent allié avec d'autres minéraux. Les différentes mines
de cobalt contiennent en général du fouffre & beaucoup d'arfenic ;
d'autres recellent du biftmuth , & quelquefois même de l'argent. J'i-
gnore s'il y en a qui tiennent un peu d'or , mais elles renferment toutes la
fubftance demi-métallique dont la terre donne le beau bleu connu fous
le nom d'azur. Il faut que cette chaux foit unie & fondue avec
des matieres vitrifiables ; cette chaux minérale qui eſt grife , forme le
fafre du commerce employé avec fuccès dans différens arts , particulierement dans ceux de la porcelaine , de la fayence , & dans certaines
verreries. La couleur bleue que produit le fafre , réfifte à l'action la plus
violente du feu.

Mais Paliſſy qui connoiſſoit bien le fafre fe trompe lorfqu'il aſſure
que toutes les pierres ayant couleur d'azur ont pris leur teinture dudit faphre :
le lapis lazuli qu'il cite comme un exemple , eſt pofitivement la
preuve du contraire ; car les expériences de M. Margraff démontrent
que cette belle couleur bleue vient du fer , ce qui détruit le fentiment
de Paliſſy & de plufieurs minéralogiftes modernes.

C'eſt du lapis dont on tiroit autrefois l'outremer , fi fréquement employé dans les tableaux anciens où il faifoit un effet fi admirable , que
cette couleur fembloit gagner au lieu de perdre par le tems. On lui a
fubftitué le bleu de Pruſſe , qui à la vérité produit une couleur prefque
auſſi belle & qu'on peut fe procurer facilement , mais qui eſt fujette à
fubir à la longue des altérations qui la dénaturent.

qu'il en eſt point au monde, & parmy leſdites pierres ſe treuuent pluſieurs veines & petites eſtincelles d'or, auſſi ſe treuue en pluſieurs endroits d'icelle du verd reſſemblant au chryſocolla des anciens, que nous appellons auiourd'huy borras (31). Ceux qui font auiourd'huy ledit borras le font

---

(31) Paliſſy confond la Chryſocolle des anciens avec le Borax des modernes, & ce ſentiment a été même ſuivi par un grand nombre d'Auteurs, mais il paroît qu'ils étoient mal inſtruits ſur la nature de cette ſubſtance. On remarque, d'après notre auteur, ſur le *lapis lazuli*, une matiere colorée reſſemblante à la chryſocolle des anciens; & la chryſocolle eſt ſelon lui notre borax. L'erreur de Paliſſy eſt facile à démontrer, puiſque la couleur verte qui ſe remarque quelquefois ſur certains *lapis* n'eſt que le produit d'une teinte minérale ferrugineuſe; or le borax n'étant qu'une ſubſtance ſaline compoſée de parties égales d'alkali marin & d'un ſel nommé par les chimiſtes ſel ſédatif, on comprend que cette union n'a jamais pu ſeule produire une pareille couleur.

Il eſt vrai que Paliſſy explique avec une adreſſe ingénieuſe la maniere dont il entend que le borax des anciens qu'ils nommoient *chryſocolla* ſe formoit & pouvoit non-ſeulement devenir propre à la ſoudure, mais encore avoit la faculté de communiquer à certaines pierres une couleur d'émeraude: il n'enviſageoit pas à l'exemple de quelques Auteurs, *ce borax, cette chryſocolle*, comme une pierre toute formée & de couleur verte; il eſt difficile d'imaginer qu'une telle pierre eût la propriété de ſouder l'or. C'eſt pourquoi Paliſſy étant inſtruit que les anciens avoient dit que leur chryſocolle ſe trouvoit dans les mines & qu'ils l'employoient à ſouder l'or, croit avec plus de fondement que ce devoit être un ſel & non pas une pierre, & ce ſel il le fait former dans les mines de cuivre par une eau qui ſe chargeant par infiltration d'une matiere ſaline qu'il ſuppoſe exiſter dans ce métal, s'évapore & laiſſe voir aux yeux un véritable ſel qui ſe montre ſous une forme ſolide & concrete. Ce ſel doit être verd, ſelon lui, à cauſe du cuivre, & voilà d'une part la chryſocolle propre à la ſoudure; de l'autre la chryſocolle enviſagée comme une ſubſtance en état de donner une couleur verte à certaines pierres. Si cette théorie n'eſt pas ſûre, on ne peut diſconvenir qu'elle ne ſoit très-ingénieuſe.

blanc par quelque induſtrie qu'ils tiennent bien ſecrette. Le borras des anciens qu'ils nomment chryſocolla, eſtoit pris ès canaux d'eau qui diſtiloit des minieres & de cuiure & de ſaphre. Et d'autant que ie t'ay dit tant de fois qu'il y auoit du ſel ès metaux, & que leur congelation eſtoit faite par la vertu dudit ſel, tu as à préſent à noter ce poinct ſur tous les autres, qui eſt que le chryſocolla ou borras n'eſtoit autre choſe qu'vn ſel que les eaux auoyent pris en paſſant par les minieres d'airain: & les eaux douces des pluyes eſtant ſorties & acheminées hors des minieres ayant attiré ledit ſel, s'exaloyent, & s'eſtant exalées le fixe demeuroit qui eſtoit le ſel lequel ſe congeloit le long des canaux exterieurs, là où les eaux l'auoyent amené: eſtant ainſi congelé

On comprendroit mieux par-là ce que pouvoit être la chryſocolle des anciens, que par tout ce que nous en ont dit Théophraſte & Pline.

Quoi qu'il en ſoit cependant la chryſocolle imaginaire ou réelle n'a jamais été de la nature de notre borax. Mais une choſe aſſez ſinguliere, c'eſt que nous ne connoiſſons pas nous-mêmes ce que c'eſt que cette ſubſtance dont nous faiſons un uſage ſi journalier. Nous ſommes inſtruits ſeulement qu'il nous arrive du borax de divers endroits des Indes Orientales, que les Vénitiens en faiſoient autrefois un grand commerce, qu'ils le puriſioient chez eux & qu'ils faiſoient un ſecret de leur procédé, qu'enſuite les Hollandois ſe ſont emparés preſque excluſivement de ce commerce qui eſt très-étendu & très-lucratif pour eux.

On voit chez les marchands du borax de différentes formes, du très-gras qui eſt comme ſavonneux, d'autre en groſſe maſſe & en petits cryſtaux verdâtres, & une troiſieme ſorte enfin en petits cryſtaux blancs à peine tranſparents & chargés de beaucoup de terre blanche. On eſt encore incertain ſi le borax eſt le produit de l'art ou de la nature. Quelques chimiſtes qui ont travaillé ſur cette matiere, aſſurent que l'art peut en produire; il ne ſeroit pas impoſſible, ſi le gouvernement vouloit s'occuper de cet objet qui en vaut la peine, de découvrir la maniere dont ont extrait le borax dans les Indes & les procédés dont on uſe pour le puriſier.

on s'en feruoit à fonder l'or & l'argent & le cuiure. Or note donc que ce chryfocolla n'eftoit verd fi non à l'occafion du fel de coperofe, qui auoit engendré la miniere de cuiure. Ce n'eftoit pas mon propos de parler en cet endroit des couleurs verdes, ains de celles d'azur : mais d'autant que dedans le lapis lazuli, il fe trouue du verd, ie ne pouuois efchaper que ie ne parlaffe des deux enfemble. Par là tu peux connoiftre que le faphre fe prend dedans les minieres d'or & de cuiure : car s'il n'y auoit de l'or en la miniere dudit faphre, il ne fe trouueroit pas dedans le lapis, & s'il n'y avoit du cuiure, il ne s'y trouueroit pas du verd. Voilà comment les matieres font colligées & comment de degré en degré les occafions fe préfentent de produire toufiours la vertu des fels.

THÉORIQUE. Il me femble que ton propos eft fort loing de vérité, & ce d'autant que tu dis que le faphre caufe vne tant belle couleur au lapis, & toutesfois tu dis que ledit faphre n'a point la couleur viue ni belle : comment donc fe pourroit faire cela ? le faphre pourroit-il bien donner ce qu'il n'a point ?

PRACTIQUE. Pour certain ton argument eft affez bien fondé : toutesfois ie fuis bien certain que le verre d'azur fe fait de faphre, & fçay bien auffi qu'auparauant qu'il foit fondu auec les matieres vitreufes il n'a point de couleur : Auffi ie fçay bien que l'herbe falicor lui baille fa viue couleur : combien qu'il n'ait nulle couleur non plus que le fel commun, c'eft-à-dire il le fait fondre ou liquifier auec le caillou ou fable : & fçay bien auffi que les trois matieres enfemble font un fort bel azur, ie di après que les matieres font liquifiées, & de rechef endurcies & formées en telles formes des vaiffeaux de verre qu'on les veut employer.

THÉORIQUE. I'ay ici deux argumens à te propofer à l'encontre de ton dire: en premier lieu tu dis que le fel de falicor caufe de faire deuenir le faphre en couleur d'azur, & puis tu dis que cela fe fait à force de feu. Voilà donc comment le lapis lazuli, ne peut prendre fa couleur par ces deux moyens, d'autant qu'au lieu où ledit lapis eft trouué il n'y a ny feu ny falicor.

PRACTIQUE. A ce ie refpond, que le fel de vitriol fait en la terre, ce que le falicor fait au feu des verriers. Quant à la decoction ce n'eft pas chofe eftrange de voir faire plufieurs decoctions en la matrice de la terre. Car elle fe fait en toutes efpeces de pierres & metaux, & mefmes ès terres argileufes, celles qui font noires en vn temps deviennent blanches en vn autre temps.

THÉORIQUE. Et veux-tu conclure par là qu'il n'y a aucune matiere qui puiffe faire la couleur d'azur que le faphre ?

PRACTIQUE. Ie n'en connois point d'autre.

THÉORIQUE. Tu n'y entends doncques rien: car on void bien que le lapis & le faphir font de couleur d'azur bien viue, & toutesfois la turquoife tire plus fur l'azur que nulle autre couleur: ce néantmoins il y a grande différence, car elle tient un peu de la couleur verde; d'autre part le faphir a un corps diafane, & la turquoife & le lapis ont vn corps tenebreux. Ie prouue par là que ces couleurs différentes ne fe peuuent trouuer en vn mefme fuiet.

PRACTIQUE. Tu t'abufes: car la caufe que le faphir eft tranfparent & diafane, c'eft parce qu'il a été formé de matieres aqueufes, pures & nettes, mais il n'eft pas ainfi du lapis. Car auec les matieres d'iceluy, il y a de la terre entremeflée, laquelle luy rend fa couleur obfcure. Auffi ledit lapis en eft beaucoup plus foible, comme l'on peut voir

qu'il

qu'il y a plufieurs veines, à l'endroit defquelles il ne peut prendre fi beau poliffement à l'vn endroit comme à l'autre: les petites veines d'or & les parties verdes qui y font, rendent tefmoignage que les matieres de fon effence eftoyent mal entremeflées. Quant eft de la turquoife, il faut prendre le mefme argument, fçauoir eft qu'il y a de la terre qui luy rend fon corps tenebreux, & ce qui luy caufe vn peu de verdeur n'eft autre chofe que quelque fubftance de cuiure entremeflée avec les autres matieres (32). Voilà comment il faut toufiours donner l'honneur de toutes couleurs d'azur au faphre, comme principal fondement; les pierres qui tiennent de couleur de pourpre font de femblables matieres, fauf qu'il y a quelque efpece de matiere rouge, qui fait tourner l'azur en couleur purpurée.

THÉORIQUE. Tu dis ne connoiftre aucune matiere qui puiffe faire l'azur que le faphre, & toutesfois il y a quelques vnes qui en font auec du cuiure.

PRACTIQUE. Ce n'eft pas felon nature s'ils le font, c'eft par accident.

THÉORIQUE. Et comment pourrois-tu fouftenir qu'il n'y ait que le faphre qui puiffe faire l'azur, attendu que nous

(32) Les turquoifes font des dents de poiffons, quelquefois même des dents & des offemens d'animaux terreftres. Leur couleur , ainfi que l'obferve très judicieufement Paliffy, eft l'ouvrage du cuivre, cette vérité eft conftatée d'une maniere fatisfaifante dans la lettre de M. Hill fur les couleurs du faphir & de la turquoife, adreffée au Docteur Parfon. On peut voir encore à ce fujet une feconde lettre du même auteur qui fuit la premiere & qui eft adreffée à Martin Folkes, Préfident de la Société Royale, fur les effets de différens menftrues fur le cuivre. Ces deux lettres fe trouvent placées à la fuite de la traduction Françoife du Traité des Pierres de Théophrafte, d'après la verfion Angloife de M. Hill, Paris, Hériffant 1754, in-12.

Q

voyons tant de milliers de fleurs bleues , & entre les autres
la flambe, de laquelle on fait de la couleur bleue?

PRACTIQUE. Tu refponds mal à propos: car ie te parle
des couleurs des pierres. & tu me refponds des couleurs de
peintres. Il y a bien à dire des couleurs minerales aux couleurs qui fe font d'herbes: car toutes celles qui fe font d'herbes font de peu de durée, comme le faphran, le verd de
veffie, le tournefol , & autres telles couleurs. Mais celles
des pierres qui viennent des minieres, ou qui font faites des
metaux calcinez ne peuuent perdre leur couleur.

THÉORIQUE. Quelque beau argumenteur que tu fois, fi
eft ce que tu t'es pris à ce coup, en telle forte que tu ne
te fçaurois iuftifier: d'autant que par cy deuant tu m'as dit
que les pierres iaunes pouuoient prendre leur teinture des
bois pourriz & de diverfes efpeces d'herbes & à prefent tu
dis tout le contraire.

PRACTIQUE. Ce que i'ay dit eft bien dit, & ne fuis pas
preft de m'en defdire. Quand ie t'ay dit que les pierres pouuoient être teintes quelquefois de bois pourriz & des herbes,
ie ne t'ay pas dit que la pierre pouuoit eftre teinte après
que les matieres font endurcies: mais bien t'ay-ie dit que
lors que les matieres font liquides & fluentes qu'elles peuuent eftre teintes de quelque bois ou efpece d'herbes, &
les matieres après eftant endurcies peuuent retenir lefdites
couleurs: & la caufe pourquoy elles ne peuuent perdre leur
couleur, comme celle des peintres, c'eft parce qu'elles font
enclofes en la maffe , & d'autant que l'air ny le vent ne peut
penetrer ladite maffe, les couleurs y font conferuées. Si tu
interroge les peintres fur le fait des couleurs qui font faites
d'herbes, ils te diront qu'elles font fuiectes à s'efuenter; & pour
mieux entendre ce fait, confidere vn doublet, tu trouueras
aucuns lapidaires qui feront de fort belle couleur de ruby

& de grenad, de quelque fang de dragon ou autre matiere ,
& ayant taillé deux pieces de criftal ils en teindront vne de
cefte couleur rouge , & puis mafliqueront l'autre deffus icelle , & ainfi ce rouge fera conferué en fa beauté entre les
deux pierres : autrement il ne pourroit garder fa couleur.
En pareille forte les pierres naturelles gardent leurs couleurs
enclofes en icelles. I'ay encores à te propofer deux arguments fur ce fait, l'vn eft quand ie t'ay dit que les couleurs
des pierres fe peuuent prendre quelquefois des bois & des
plantes : ie ne t'ay pas parlé des fleurs, car les couleurs des
fleurs font de peu de durée, comme l'on voit que les rofes ,
les œillets & autres fleurs perdent leurs couleurs en vn inftant : mais il n'eft pas ainfi des couleurs qui procedent des
bois pourriz : car ie t'ay dit ci-deffus que le bois pourry
fert à faire du verre iaune. C'eft autant que fi ie difois que
la teinture du bois s'eft fixée en fa putrefaction, & ne fe
peut perdre pour cefte caufe, à l'extrefme chaleur du fourneau , chofe admirable. Semblablement il y peut auoir plufieurs fimples , defquels la teinture fe peut fixer. Or voicy
à préfent le fecond argument qui eft fort notable. Si tu me
mets en auant que les teintures des vegetatifs ne peuuent
eftre fixes , ie t'allegueray ce que deffus, que le bois pourry
fait le verre iaune. Et partant que tu ne te veuilles contenter d'vne telle preuue, ie te diray qu'entre toutes les pierres
de couleur, il s'en trouuera bien peu defquelles la teinture
foit fixe. I'ay fait calciner plufieurs fois du marbre noir , des
cailloux & pierres noires , & autres de diuerfes couleurs ,
comme iafpe , caffidoine , & marbre figurez : mais ie n'en
trouuay iamais que les couleurs ne fe perdiffent au feu : &
combien que l'agate & caffidoine ne fe peuuent calciner,
ains fe vitrifient , fi eft - ce qu'eftant examinées par le feu,
elles perdent toutes leurs couleurs : parquoy il ne faut plus

Q 2

douter que les vegetatifs ne puiſſent donner quelque couleur en la matiere des pierres, auparauant qu'elles ſoient endurcies, comme i'ay dit vne autrefois. Quant eſt des emeraudes, il ne faut point douter que les couleurs d'icelles ne ſoient cauſées de la coporoſe, c'eſt-à-dire de quelque eau pure, qui a paſſé par les minieres du cuiure & de coperoſe. Quant eſt des pierres noires, leur teinture peut eſtre cauſée par divers moyens & de pluſieurs ſortes. Nous auons pluſieurs arbres deſquels la teinture eſt noire, auſſi bien comme des noix de galle, entre autres les noires, les aulnes ou vergnes, apportent teinture noire, eſtant pourriz en terre leur teinture peut eſtre retenue pour ſeruir quelquefois à la generation des pierres: pour le moins la terre là où ils pourriront en ſera teinte de noirs. I'ay auſſi pluſieurs fois contemplé que les pierres ſont bien ſouuent de la couleur de la terre où elles ont eſté engendrées, & celles qui ſont dedans les ſables ſont auſſi bien ſouuent de la couleur des ſables où elles ſont trouuées. Toutesfois il ſe trouue bien ſouuent des pierres blanches dedans les terres noires, & cela vient à cauſe que les matieres d'où elles ont eſté formées, ont changé de couleur en leur decoction, ce qui aduient bien ſouuent à pluſieurs mineraux, & generalement à tous les fruits de la terre, leſquels ont autre couleur à leur maturité que non pas à leur commencement. Quant eſt des couleurs des marbres figurez, iaſpes, porphyres, ſerpentins & autres telles eſpeces, leurs couleurs ſont cauſées par diuers egouſts d'eau qui tombent du haut de la terre, iuſques au lieu où leſdites pierres ſe forment: les eaux venant de pluſieurs & diuers endroits de la terre, en deſcendant elles apportent auec elles ces diuerſes couleurs, qui ſont eſdites pierres. Car ainſi qu'vne partie de l'eau, en paſſant trouuera quelque miniere d'airain ou de coperoſe, elle fera des taches verdes fus la pierre, tombant goutte à goutte fus icelle. Autres gouttes tomberont à mefme inftant qui paffe- ront par quelques minieres de fer, & tombant (comme i'ay dit) fur le receptacle où ladite pierre fe formera, lefdites gouttes fe congeleront en iaune. Autres gouttes porteront autres couleurs diuerfes, qui cauferont plufieurs figures auf- dites pierres.

THÉORIQUE. Si ainfi eftoit comme tu dis, les figures fe- royent toutes rondes, comme le porphyre : mais quoy? nous voyons aux iafpes, marbres, & pierres mixtes, des fi- gures faites par idées eftranges : cela monftre bien qu'elles ne fe font pas par vne eau defgouttante, comme tu dis.

PRACTIQUE. Si tu euffes efté à mes leçons, tu euffes bien conneu que ce que ie te dy eft vray : car il y auoit plufieurs hommes vn peu plus fçauans que toy, ce néantmoins ie leur fis connoiftre que la verité eft telle que ie te dy, & n'y euft iamais homme qui me fçeut contredire. Vray eft que pour leur faire entendre mon dire i'en fis vne figure en leur pré- fence. Il eft vray que fi les gouttes qui tombent du haut en bas fe congeloyent foudain qu'elles font tombées, elles ne feroyent autre figure que ronde, felon la groffeur de la goutte qui tomberoit : mais d'autant que la matiere qui fe conglaçant fait quelques boffes, les matieres qui tombent de plufieurs endroits tout en vn coup, trouuant la place boffue, font contraints de fe couler en la vallée : & ainfi que trois ou quatre piffeures d'eau diuerfes en couleurs, tomberont fur vne boffe ou petite montagne, elles feront contraintes fe couler en bas, & en coulant feront chafcune d'elles vne veine de la couleur qu'elles apporteront : & outre cela ainfi qu'elles defcenderont de viteffe, par la violence de leurs defcentes, elles s'entremefleront en tournoyant comme deux riuieres, qui fe rencontrent, auec ce qu'vne autre defcente, ou deux ou trois, fe pourront faire tout à vn coup en ce mefme lieu, qui en fe combattant ou contrepouffant l'vne l'autre, ils ne faudront à faire des figures confufes. Quant eft du porphyre ou autres pierres, qui ont les figures rondes, elles fe peuuent faire à la cheute des eaux, comme les gouttes tombent, & en tombant il y a plufieurs petites gouttes qui fe féparent d'auec les grandes, comme l'on voit audit porphyre. I'ay veu auffi du porphyre qui auoit efté fait par vn autre moyen, qui eft que quelque terre fableufe s'eftoit congelée, & auec elle le fable qui y eftoit, & quand on tailloit ledit porphyre les grains de fable qui eftoyent plus blans feruoyent de moucheture. Pour connoiftre comment le caffidoine & plufieurs efpeces de iafpes ont prins leurs couleurs, il faut chercher les terres argileufes, & l'on trouuera que plufieurs d'icelles ont les mefmes couleurs que le caffidoine. Il y en a auffi qui ont des figures femblables à l'agate. Ie laifferay le refte à dire lors que ie parleray d'icelles.

THÉORIQUE. Tu m'as promis cy deuant de me dire la caufe pourquoy les pierres font plus dures les vnes que les autres ; tu me ferois plaifir de m'en parler.

PRACTIQUE. C'eft vn point bien aifé à prouuer: & pour ce faire ne t'enuoyeray finon ès carrieres de Paris, defquelles les pierres font tendres deffus, enuiron de dix ou douze pieds de profondeur, & lefdites pierres tendres font appellées moilon, à caufe qu'elles font mal condenfées: mais au deffouz dudit moilon, il fe trouue de la pierre qu'on appelle liais, laquelle eft tellement condenfée que l'on en peut tirer des pierres de telle grandeur que l'on veut, & font lefdites pierres fort dures, & en fait-on communement des marches pour les efcaliers, & auffi l'on en fait des couuertures fus les monumens. Cefte preuue te deuroit fuffire :

par ce que tu pourras contempler efdites pierres que la caufe
pourquoy elles font plus dures deffous que deffus, n'eft autre finon que les eaux, qui paffent au trauers des terres,
defcendent en bas, & ayant trouvé le bas foncé de quelque
terre argileufe, au trauers de laquelle les eaux n'ont fçeu
paffer fi promptement comme elles faifoyent en haut, elles
ont efté arreftées ; & quand le premier lict a efté congelé il
a feruy de vaiffeau pour retenir les autres eaux, qui defcen-
doyent au travers des terres, & par ce moyen lefdites pierres ont toufiours eu abondance d'eau, qui a caufé qu'elles
font beaucoup plus dures que celles de deffus. Et te faut
noter que celles de deffus ne font tendres finon p r ce que
les eaux n'y peuuent demeurer iufques à ce que la congelation foit paracheuée [33]. Et ce defaillement d'eau eft

---

(33) Les carrieres en général, dont les premiers lits font expofés
à l'action de l'air, des pluyes, du foleil, des frimats ; ont pour l'ordinaire ces premiers lits, altérés & d'une qualité bien inférieure à ceux
des couches profondes, ce qui ne doit pas paroître étonnant ; mais
ce qui l'eft beaucoup, c'eft que dans un grand nombre de carrieres,
quoique les premiers lits fupérieurs ne foient pas expofés à l'intempérie
de l'air, il n'en arrive fouvent pas moins que ces premiers lits font
d'une qualité médiocre , & n'ont ni la dureté ni la folidité des lits pofés
à une certaine profondeur. On eft en vérité bien embarraffé lorfqu'on
veut chercher la raifon de toutes ces chofes. On feroit porté volontiers
à croire que ceci tient à l'époque primitive de la formation de ces lits,
ou à une caufe fecondaire occafionnée par les eaux des pluyes qui s'in-
filtrant peut-être de tems immémorial dans les bancs fupérieurs, en
faififfent les particules les plus tenues & les plus déliées pour les dépofer
infenfiblement dans les lits inférieurs , & les rendre par cette agrégation
plus danfés & plus compactes. Il faut convenir encore que cette hypo-
thèfe feroit fujette à de grandes difficultés ; mais il vaut mieux avouer
que nous ne fommes pas encore fuffifamment inftruits fur ces matieres.
D'ailleurs de combien de maniere la nature n'a-t-elle pas varié la for-

pour deux caufes principales : l'vne eft celle que i'ay dit, que les eaux defcendent toufiours & delaiffent la partie haute ; l'autre eft que la terre eft alterée en efté, par la vertu du foleil, & delà vient qu'elle ne peut produire les pierres en leur perfection : & telles pierres fuperieures fe pourroient appeller marcaffites, parce que au deffus des minieres me.

---

mation des lits ? Que de diftinctions à faire dans la qualité des matieres variées elles-mêmes à l'infini, & s'offrant fous tant de combinaifons différentes ? Que conclure de tout cela enfin, fi ce n'eft qu'il n'eft pas poffible d'établir des loix générales fur cet objet & qu'il faut le plus fouvent s'aftreindre à décrire les ouvrages de la nature, fans vouloir expliquer les moyens qu'elle fait mettre en œuvre.

Au refte Paliffy paroit donner ici à la formation des pierres une origine d'abord peu fatisfaifante, ainfi que nous avons eu occafion de l'obferver déja dans un autre endroit ; cependant fon idée qui eft ingénieufe auroit paru plus vraifemblable, elle auroit pû même être vraie dans certains cas, s'il eût expliqué ce qu'il entendoit par le mot générique de *terre* dont il fait former les pierres. On l'auroit compris avec beaucoup plus de facilité s'il nous avoit dit, par exemple, qu'il étoit perfuadé que dans les endroits où il exifte des maffes confidérables de *terres*, vitrifiables, télles que les argiles, les fables, &c. ou calcaires, telles que les marnes ou certaines crayes très-friables, dès-lors ces terres étant prefque continuellement pénétrées d'eau, cette eau en traverfant toute l'épaiffeur de ces terres, peut fe charger à la longue d'une infinité de molécules propres à être entraînées & à former en s'uniffant à une certaine profondeur, une pierre folide, en un mot des véritables bancs. Il pourroit fe faire alors que la matiere fupérieure, que la premiere croûte étant perpétuellement délavée & les particules les plus tenues & les plus propres à s'unir ayant été entraînées dans le bas, cette croûte fupérieure, ces premiers bancs, fi l'on veut, fuffent peu folides, & d'une qualité inférieure à ceux placés à une certaine profondeur. Il eft à préfumer que cette théorie qu'il ne faudroit pas rendre générale, a lieu dans un affez grand nombre de cas. Les bornes que nous devons nous prefcrire dans de fimples notes, nous forcent à quitter un fujet fur lequel il refteroit une multitude de chofes à dire.

taliques ,

metaliques, & en plufieurs autres lieux, fe trouuent des metaux imparfaits, que l'on appelle marcafites, à caufe de leur imperfection. Et tout ainfi comme les pierres congelées ès parties les plus baffes & plus aqueufes, font plus parfaictes que les autres, auffi voit-on que les metaux les plus parfaits fe trouuent bien fouuent dedans les eaux, lefquelles il faut pomper auec grand labeur.

Il faut donc tenir pour chofe certaine qu'il y a deux caufes qui donnent la dureté aux pierres, l'vne eft abondance d'eau, l'autre eft la longue decoction : car plufieurs pierres peuuent eftre engendrées d'eau, qui toutesfois ne feront pas dures. Nous en auons vn fort bel exemple aux plaftrieres de Montmartre, près Paris, car parmy icelles il fe trouue certaines veines d'vn plaftre qu'ils appellent hif, ou miroirs, lequel fe fend comme ardoife, auffi tenue que feuilles de papier, & eft auffi clair que verre. Il eft comme vne efpece de talc ; fa diafanité ou tranfparence nous donne bien à connoiftre que la plus grande part de fon effence n'eft autre chofe que de l'eau : toutesfois il fe calcine, & l'on en befongne tout ainfi que de l'autre plaftre. Il faut donc conclure par-là, que la trop haftiue congelation ne peut fouffrir endurcir les pierres : Et cela peut-on connoiftre ès lieux là où ledit plaftre fe trouue. Car c'eft vn pays fableux, & les terres font alterées, en ce mefme endroit & ioignant lefdites plaftrieres.

Il y a certains rochers defquels les pierres font fort legeres, tendres & tenantes à la langue, comme du boliarmeny, & lefdits rochers font fort mal condenfez. Voila comment ie prouue que les pierres aufquelles l'eau default trop toft, ne peuuent eftre dures : pour bien connoiftre vne pierre qui a eu faute d'eau en fa formation : au pays de Bigorre ne fe trouue point de pierres, ains font tous cailloux durs : le pays eft froid & fort pluuieux : & y a

R

grande quantité de riuieres à caufe qu'il eft fort près
des montaignes : parquoy en la formation des pierres
dudit pays , il n'y peut auoir faute d'eau : auffi font-
ils contrains de faire leurs maçonneries de cailloux , qui
ne fe peuuent tailler , à caufe de leur dureté. Aux Ardennes
les terres font fort fableufes, & leurs pierrieres ne font d'autres matieres que d'icelles terres: mais par ce que le pays
eft fort pluuieux, les pierres font fort dures, aigres & mal
plaifantes: tellement que ceux qui baftiffent font contrains
aller querir de la pierre tendre en France, pour tailler leurs
iambages de cheminées, croifées, corniches, frifes & archi-
traves : car ils ne pourroyent former leurs moulures de la
pierre du pays. Les pierriers qui la tirent font tout au contraire de ceux de Paris : car ils ne prennent que le deffus,
& quand ils ont ofté la moins contigue, & qu'ils commencent à trouuer celle que les Parifiens nomment liais , ils
font contrains la laiffer , à caufe qu'elle eft trop dure. Les
pierres de quoy ie parle font formées d'vne forte que l'on
n'en voit gueres de femblables. Car après que l'on a trouué
vn liât de pierre de l'efpeffeur de pied & demi ou deux pieds,
l'on trouue vn autre liât de fable , & toutes les pierres de
ladite contrée font ainfi faites , & le fable qui fait la féparation entre les liâts de pierres , eft auffi dur & auffi bien
condenfé que la pierre blanche qu'ils vont querir en France,
pour tailler leurs feneftrages : ce que ie trouue fort eftrange,
& ne puis croire autre chofe finon que ledit fable eft commencé à petrifier.

Dedans les forefts defdites Ardennes il y a vn grand nombre de cailloux de plufieurs groffeurs & couleurs , lefquels
fe trouuent en plus grande quantité le long des ruiffeaux qui
paffent par les vallées, par ce que les eaux des pluyes qui
defcendent des montaignes amenent le fel des bois pourriz.

aux ruiſſeaux deſdites vallées, qui eſt encores une preuue que les pierres & cailloux ne peuuent eſtre durs ſans qu'il y ait abondance d'eau (34). Et communement les plus dures ſe trouuent ès pays froids & pluuieux, comme l'on voit par exemples aux Monts Pyrenées, où il ſe trouue de beau marbre. Il s'en trouue auſſi à Dynan, qui eſt pays froid & pluuieux.

Aux montaignes d'Auuergne il ſe trouue du criſtal, & tout cela ne ſe fait que par abondance d'eau & de froidure. L'on ſçait bien que à Fribourg en Briſcot le beau criſtal ſe trouue ès montaignes auſquelles il y a de la neige preſque en tout tems (35), & ſuyuant ce que i'ay dit du pays de Bigorre, qu'il ne s'y trouue que des cailloux, parce que le pays eſt pluuieux & froid, l'on peut dire le ſemblable d'vne grande partie des contrées limitrophes des Ardennes, & principale-ment ſur le chemin allant de Meſſiere à Anuers : choſe plus merueilleuſe que i'aye encore veue. Car le long de la riuiere de Meuſe au pays de Liege, ladite riuiere paſſe entre des montaignes, leſquelles ſont d'vne merueilleuſe hauteur; elles ſont formées la plus grande partie de matiere ſemblable

---

(34) Tous les cailloux ne ſe forment pas ſur les lieux : ce ne ſont au contraire que des pierres roulées, entraînées des montagnes voi-ſines par les pluies abondantes; ces pierres variées par la qualité des matieres, ſont détachées de leur maſſe, ſoit par l'effet des gelées ou par d'autres accidens, & s'arrondiſſent enſuite par le frottement en ſe précipitant & en roulant dans des torrens impétueux. Paliſſy eſt donc dans l'erreur ſur la formation de ces cailloux.

(35) Les pluies, les eaux abondantes, les neiges, les froids exceſ-ſifs ne font rien à la formation des criſtaux. Paliſſy ne fait que ſuivre ici le ſentiment des anciens, mais depuis qu'on a découvert des criſ-taux dans différens climats & dans les régions les plus chaudes, comme dans celles qui ſont les plus froides, on eſt revenu de cette erreur.

aux cailloux blancs, & autre partie de gris, & afin que tu
n'entendes que la montaigne foit de diuers cailloux, ie dy
qu'vne grande montaigne ne fera qu'vn caillou. Et te dy encores qu'il y en a plufieurs qui ne produifent ny arbres ny
plantes : à caufe de leur grande dureté elles font inutiles :
par ce que l'on ne les fçauroit couper pour s'en feruir en
baftimens, & au-deffous d'icelles bien auant fouz terre, fe
trouuent des carrieres d'ardoifes : femblablement les maifons
de Bigorre font couuertes d'ardoife, comme celles des Ardennes : car elles fe prennent communement ès pays fraiz.

THÉORIQUE. Et dy moy ie te prie la caufe des pefanteurs
diuerfes.

PRACTIQUE. Un homme de bon iugement l'entendra affez par les caufes que i'ay dit cy-deffus, car la mefme chofe
qui caufe la dureté, caufe la pefanteur des pierres : parquoy
tu peux connoiftre que ce n'eft autre chofe que l'eau : car
toutes pierres legeres, comme la craye & certaines pierres
blanches, ne font legeres finon à caufe que l'eau leur a def-
failli en leur formation, & a laiffé lefdites pierres fpongieufes & pleines de pores. Et qu'ainfi ne foit, prens vne pierre
de craye & la mets tremper dans l'eau, après l'auoir pefée,
& eftant trempée repofe la, tu trouueras par la pefanteur
qu'elle eft fpongieufe, qui luy a caufé boire beaucoup de
ladite eau ; fi tu mets tremper un caillou ou quelque piece
de criftal, tu trouueras qu'il ne boira pas l'eau comme la
pierre legere, car il en a beu fon faoul en fa congelation.

THÉORIQUE. Ie te prie de me dire la caufe de la fixation des pierres. Car i'en voy aucunes qui font fuiettes à fe
calciner, & eftant calcinées font plus legeres que elles n'eftoient auparavant, & foudain que l'on y met de l'eau elles
fe rendent en pouffiere, & autres fe blanchiffent & candident
& liquifient, fe tenant toufiours en vne mefme maffe.

PRACTIQUE. Il y a deux effets qui caufent la fixation de plufieurs pierres, l'vn eft l'abondance d'eau, & l'autre la longue decoction, & faut noter que toutes pierres qui fe calcinent font imparfaites en leur decoction. Voila en peu de paroles tout ce que ie te peux dire de la fixation des pierres. Il y a quelques contrées ou climats, là où la malice du temps & vents impetueux, gelées & froidures, caufent quelque aigreur aux pierres & aux bois, comme nous voyons par les minieres de fer qui font aux Ardennes ès terres du Duc de Bouillon. Car tout ainfi que i'ay dit que les pierres dudit lieu font aigres, rudes & mal plaifantes, femblablement le fer qui fe fait ès forges dudit pays eft fort aigre, rude & frayable: & non-feulement le fer fe reffent de l'air mal plaifant, mais auffi les bois qui font ès riues & limites des forefts font rudes, durs, fuiets à gauchir, mal aifez à mettre en befongne. Auffi les vignes ne peuuent croiftre audit pays, parce qu'il y a bien peu d'efté. Les terres du Duc de Bouillon font bien pourueues de mine de fer, mais ladite mine a les grains fort menus, & la faut chercher bas en terre, qui eft toufiours confirmation de ce que i'ay dit des metaux, qui ne fe peuuent venerer par feu. Tout ainfi qu'aucunes plantes & fruicts viennent en vne contrée qui ne peuuent venir en vne autre, auffi en aucuns climats les pierres ne font point femblables à celles d'vn autre climat: comme auffi ne font les terres argileufes.

THÉORIQUE. Tu m'as baillé beaucoup de raifons des formes, couleurs, duretez & pefanteurs des pierres, lefquelles chofes m'eftoient aifées à entendre, lors que tu en faifois la monftre: mais s'il me falloit à prefent inftruire vn autre de ce que tu m'as monftré, ie ferois fort empefché, n'ayant aucunes preuues, comme tu auois, lors que tu faifois les demonftrations: parquoy ie voudrois que tu m'euffes baillé en peu de paroles, quelque belle conclusion, comme tu as fait des metaux & de l'eau generatiue.

PRACTIQUE. S'il te souuient des points que ie t'ay enseigniez, tu te rememoreras que pour la derniere conclusion de l'effet des pierres, ie prouuois deuant mes auditeurs que la matiere principale de toutes pierres n'estoit autre que l'eau congelatiue, de laquelle le cristal & diamant & toutes pierres diafanes sont composées. Et s'il te souuient, ne te monstrois-ie pas certaines pierres d'agate & autres, qui estoient candides sur la partie superieure, & tenebreuses en la partie inferieure? ne disois-ie pas, auec preuues, que toutes les pierres tenebreuses & coulourées de quelque couleur que ce soit, ne sont tenebreuses, ni coulourées, sinon par accident? qui est que les pierres desquelles sont les meules pour esguiser les ferremens, sont rendues tenebreuses à cause d'vn sable qui est meslé parmy l'eau congelatiue. Autres pierres sont rendues tenebreuses à cause de la terre qui est entremeslée parmy ladite eau, tu peux assez auoir entendu la cause de ce, quand i'ay parlé des couleurs des pierres: & pour te rememorer les preuues que i'ay alleguées en mes leçons, il te faut souuenir de ce que ie te dis lors. Considere le cristal qui est en la roche, & tu connoistras que durant sa congelation la matiere d'iceluy estoit dedans les eaux, comme i'ay dit plusieurs fois: & quand les eaux sont troublées à cause des terres, la terre cherche tousiours le bas comme la lie dans vn poinson de vin: & de là vient que l'eau pure & l'impure se congelent toutes deux: mais la partie superieure sera de cristal pur & net & l'inférieure sera d'vn cristal troublé. Autant en est-il comme ie t'ay dit des matieres metaliques lesquelles apportent tousiours auec elles quelque chose qui cause leur impureté.

DE LA MARNE.

SOMMAIRE.

L'Usage de la Marne est très-ancien, puisque Pline nous apprend que non-seulement elle étoit connue des Grecs, mais que les Gaulois & les habitans de la Grande-Bretagne, l'employoient avec le plus grand succès pour amender & fertiliser leurs terres (a). Non-seulement cette coutume s'est perpétuée depuis ce tems-là parmi ces peuples, mais elle s'est communiquée encore de proche en proche & rien n'est si recherché de nos jours que cette substance véritablement précieuse pour les peuples qui s'occupent d'agriculture. Personne cependant en France n'avoit rien écrit sur la Marne avant Palissy ; Agricola, depuis Pline, étoit même le seul Auteur parmi les étrangers qui en eut fait mention dans son ouvrage sur la nature des fossiles, imprimé du vivant même de Palissy. Mais ce qu'en dit ce célèbre Minéralogiste doit être plutôt considéré comme un simple paragraphe que comme un traité particulier sur cette matiere. Palissy doit donc être regardé avec raison comme le premier qui ait publié le traité le plus détaillé & le plus complet sur la Marne.

Cet Auteur, après avoir défini cette terre, décrit la maniere dont on la tire des fosses, fait mention des procédés

---

(a) Hist. Nat. Lib. XVII. Chap. 6, 7 & 8.

les plus ufités pour la mettre en œuvre, & du tems que dure ordinairement cet engrais. Il agite enfuite à ce fujet une des queftions les plus fubtiles & les plus épineufes, celle de fa- voir d'où peut naître la propriété qu'a la Marne de bonifier les terrains maigres ou épuifés. Il s'efforce de chercher com- ment la chofe peut fe faire ; mais avant de donner la folu- tion de ce problême, il eft bien aife d'établir quelques prin- cipes préliminaires fur les Marnes. Il veut, par exemple, que la Marne ait été une terre friable, une pouffiere fine avant que d'être Marne & d'en avoir la confiftance, & cette terre étoit une efpece d'argile, qui après un laps de tems confi- dérable, a commencé à paffer à l'état de craie, foutenant que toutes les pierres fujettes à être calcinées ont été primi- tivement de la Marne avant d'être réduites en pierre, puif- qu'elles ont à peu près les mêmes vertus que la Marne lorf- qu'elles font réduites en poudre par la calcination. Il penfe encore que la Marne paffe avec le tems à l'état de véritable terre ou de pierre crétacée, & que la craie a toujours les mêmes propriétés que la Marne. On voit en un mot qu'il a voulu dire que toutes les matieres calcaires ont la vertu de fervir d'engrais.

La Marne telle qu'il l'envifage ne pouvant amen- der les terres, que parce qu'elle commence à paffer à l'é- tat calcaire, il revient après cela à la premiere queftion relative à la maniere dont il croit qu'elle peut agir comme engrais, & c'eft ici où l'on peut dire avec raifon que le génie fubtil & pénétrant de cet homme unique, lui avoit fait en- trevoir une vérité dont la premiere découverte paroiffoit lui être réfervée. On fe perfuadera en effet, difficilement, qu'un fimple artifan, en parlant de la maniere dont la Marne fertilife les terres, vienne mettre en jeu un cinquieme élément, le même, qui fous une dénomination différente, occupe les Sçavans de nos jours, à qui des épreuves chimiques auffi

frapantes

frapantes que multipliées , jointes à tout ce que l'électricité peut opérer de merveilleux sur les chaux métalliques, ont fourni des ressources & suggéré des idées que notre pauvre Palissy n'avoit jamais pu être à portée d'avoir. Il est vrai qu'on pourroit objecter ici que le cinquieme élément dont Palissy fait mention , differe du phlogistique , du feu élémentaire , du fluide électrique , qui joue un si grand rôle dans la Nature ; mais écoutons un instant notre auteur lui-même , & jugeons, si sous un nom différent il ne désigne pas le même agent.

Ce cinquiesme element que les Philosophes n'ont iamais conneu, est vne eau generatiue, claire ou candide , subtile, entremeslée, & parmy les autres eaux indistinguible, laquelle eau estant apportée auec les autres eaux communes, elle s'endurcit & se congele auec les choses qui y sont entremeslées...... Par tel moyen les cailloux & pierres & carrieres sont formés.

C'est dans un fluide aqueux que Palissy place ce cinquieme élément qui donne de la consistance, de la solidité aux corps, mais a-t-il tort ? Les Naturalistes , je parle de ceux qui allient la physique & la chimie à l'Histoire Naturelle, n'ignorent pas que le fluide igné, que ce phlogistique universel, ou le feu élémentaire , tout comme on aimera mieux l'appeller, s'insinue dans toutes les matieres & s'y combine de cent manieres. Les différens métaux qu'on trouve quelquefois dans le sein de la terre sous leur forme métallique, tels que l'or, l'argent, le cuivre &c. ne se trouvent-ils pas pour l'ordinaire dans des couches de quartz, de schistes ou de spath, & ces couches ne font-elles pas l'ouvrage de l'eau ? N'en contiennent-elles pas encore ou naturellement ou accidentellement une assez grande quantité ? Ce phlogistique , ce feu élémentaire qui donne la vie aux métaux, n'a point perdu de son action parmi les eaux ; il y élabore même journellement les différens mi-

S

nétaux ; il y opere tous ces phénomenes qui charment nos yeux autant qu'ils étonnent notre entendement. Cette même substance générative est également suspendue dans le fluide qui tient en dissolution la matiere des différentes cristallisations, c'est elle, selon notre auteur, qui soutient pailles & foin & toutes especes d'arbres & plantes, mesme les hommes & les bestes, & t'ay dit mesme que les os de l'homme & de la beste sont endurcis & formés de cette belle substance generatiue. Idée vraiment heureuse & singuliere qui est développée plus au long dans le courant de ce Traité sur la Marne, où il conclut d'après toutes ses réflexions, que la terre marneuse ayant acquis la consistance qu'on lui remarque, [quoi qu'elle ne soit pas considérable] par l'efficacité de son cinquieme élément, il arrive que lorsqu'elle est étendue sur un champ, les vents, les neiges, les gelées, le soleil, la faisant entrer en décomposition, les pluies s'emparent ensuite de cette substance générative, l'introduisent insensiblement dans la terre qu'on veut fertiliser, les plantes avides de la saisir s'en font bientôt emparées, elles en deviennent dès lors plus fortes, plus vigoureuses & plus productives, & c'est-là, selon Palissy, la théorie de l'amélioration des terres occasionnée par la Marne & même par tous les autres engrais. Peut-on disconvenir ensuite que si ce systéme n'est pas démonstrativement prouvé, il annonce du moins dans cet homme une sublimité de génie, une pénétration dans les idées qui ne sauroit trop nous le faire admirer.

Après avoir ainsi traité cette belle question, Palissy s'arrête au point de fait, relatif à la découverte de la Marne, & nous apprend la route qu'il faut tenir pour pouvoir trouver cette substance dans les pays où elle n'est pas connue. Il est persuadé, & il paroît fondé en cela, que c'est aux effets du hazard qu'on doit les premieres connoissances de l'utilité de la

Marne; qu'il a dû arriver très-anciennement que quelqu'un faisant quelqu'ouverture un peu profonde dans la terre, aura rencontré cette matiere, dont l'usage lui étoit inconnu; les déblais jettés de droite & de gauche & sans dessein sur le terrain voisin de l'ouverture, l'auront fertilisé de la maniere la plus évidente; & voilà les propriétés de la Marne reconnues.

Il nous assure d'après cela qu'il seroit aussi impossible de donner une théorie certaine sur la maniere de découvrir la Marne, qu'il le seroit de vouloir donner une méthode constante pour connoître & trouver les fontaines les plus cachées: il faut donc, nous apprend-il, examiner avec attention la qualité des terres qu'on extrait toutes les fois qu'on fait des puits, ou toute autre excavation un peu profonde; car la Marne n'ayant ni place ni position affectée, se montre quelquefois immédiatement après la premiere couche de terre, & dans d'autres occasions ne se rencontre qu'à des profondeurs considérables.

Palissy recommande expressément encore de faire toute sorte d'essais avec les différentes terres que les potiers mettent en œuvre, mais il est plus agréable de l'entendre lui-même nous faire part de la méthode la moins équivoque pour reconnoître les terrains qui peuvent renfermer de la Marne, plusieurs Auteurs ont après lui proposé cette même méthode que voici.

Ie ne te puis donner moyen plus expedient que celuy que ie voudrois prendre pour moy: si ie voulois trouuer de la marne en quelque prouince où l'inuention ne fust encores connue, ie voudrois chercher toutes les terrieres desquelles les Potiers, Briquetiers & Tuilliers se seruent en leurs œuures, & de chacune terriere i'en voudrois fumer vne portion de mon champ pour voir si la terre seroit ameilleurée, puis ie voudrois auoir vne tariere bien longue, laquelle tariere auroit au bout de derriere vne douille creuse, en laquelle ie planterois vn bafton, auquel y auroit par l'autre bout vn manche au trauers en forme de tariere, & ce fait, i'irois par tous les foffés de mon heritage, aufquels ie planterois ma tariere iufques à la longueur de tout le manche, & l'ayant tirée dehors du trou, ie regarderois dans la concauité, de quelle forte de terre elle auroit apporté, & l'ayant nettoyée, i'ofterois le premier manche & en mettrois vn beaucoup plus long, & remettrois la tariere dedans le trou que i'aurois fait premierement, & percerois la terre plus profond, par le moyen du fecond manche ; & par tel moyen ayant plufieurs manches de diuerfes longueurs, l'on pourroit fçauoir quelles font les terres profondes & non-feulement voudrois-ie fouiller dedans les foffés de mes heritages, mais auffi par toutes les parties de mes champs iufques à ce que i'euffe apporté au bout de ma tariere quelque tefmoignage de ladite marne.

Paliffy donne enfuite quelques détails fur diverfes efpeces de Marnes, fur celles par exemple qui font plus ou moins argileufes, ou qui font entierement cretacées, recommandant de ne jamais s'attacher à leur couleur, qui peut varier à l'infini fans influer pour cela fur leur qualité. Après avoir parlé des terres marneufes & cretacées, il s'engage infenfiblement à dire un mot des différentes terres fi fort ufitées autrefois en médecine, telles que celles de Lemnos, d'Armenie, &c. & finit fon Traité en défignant les propriétés de certaines Marnes de Champagne, de Brie & de Picardie.

DE LA MARNE.

Pour trouuer & connoiſtre la terre nommée Marne , de laquelle l'on fume les champs infertiles , ès pays & regions où elle eſt connue : choſe de grand poids & neceſſaire à tous ceux qui poſſedent heritage.

THÉORIQUE. Il me ſouuient avoir veu vn petit Traité que tu fis imprimer durant les premiers troubles , auquel ſont contenus pluſieurs ſecrets naturels, & meſme de l'agriculture : toutesfois combien que tu ayes amplement parlé des fumiers, ſi eſt-ce que tu n'as rien dit de la terre qui s'appelle marne: bien ſçay-ie que tu as promis par ton liure de regarder s'il s'en pourroit trouuer en Xaintonge & autres lieux où adite terre eſt encores inconnue. Ie me ſuis enquis pluſieurs fois ſi tu aurois compoſé quelque autre liure où tu euſſes parlé de ladite terre: mais ie n'en ay rien trouué : parquoy ſi tu en as quelque intelligence ou connoiſſance d'icelle, ne me le cele point: ce ne ſeroit pas bien fait à toy d'enſeuelir vn ſecret vtile à la Republique.

PRACTIQUE. A la verité ie promis par mon liure que tu dis, de chercher de la marne au pays de Xaintonge , par ce que pour lors i'eſtois habitant audit pays & y penſois finir me iours , & par ce que audit pays n'eſt aucune nouuelle de ladite marne, & que i'en auois veu au pays d'Armaignac , i'euſſe eſté bien aiſe de laiſſer quelque profit ou faire quelque ſeruice au pays de mon habitation : & pour ces cauſes me ſuis efforcé d'auoir ample connoiſſance de la dite terre : toutesfois quand elle feroit autant conneue ou commune aux autres pays , comme elle eſt en la Brie & Champagne, ie n'en daignerois parler : par ce que les laboureurs qui la mettent en œuvre ne ſe ſoucient point d'entendre la cauſe pourquoy elle rend la terre fertile : & combien que la cauſe ne requiert point eſtre entendue de tous, ſi eſt-ce que les Medecins & tous Phyſiciens , Philoſophes & Naturaliſtes , pourront beaucoup profiter à la lecture des cauſes & raiſons que ie te diray en continuant notre propos.

THÉORIQUE. Ie te prie en ce premier lieu entendre de toy que c'eſt que marne.

PRACTIQUE. La marne eſt communement vne terre blanche que l'on tire au-deſſouz de l'autre terre, & communement l'on fait les foſſes pour la tirer en telle forme que l'on fait les puits à tirer les eaux , & au pays où ladite terre eſt en vſage on la boute dans les champs ſteriles , en la forme & maniere que l'on boute les fumiers , premierement par petites pilles , & puis il la faut dilater par les champs , comme l'on fait les fumiers , & quand les terres ſteriles ſont fumées de ladite terre , c'eſt aſſez pour dix ou douze années ; aucuns diſent qu'en diuerſes contrées il n'y faut plus rien mettre de trente années. Aucunes deſdites marnes ſe commencent à trouuer dès l'entrée de la foſſe , & pourſuiuent la profondeur vn nombre de toiſes de profond.

En d'autres lieux & contrées il faut creuſer plus de quatre ou cinq toiſes de profond auparauant que trouuer le commencement de la marne. Voila ce que i'ay peu tirer de ceux qui vſent communement de la marne. Toutesfois i'ay entendu de quelque perſonnage que la marne ne profite de gueres aux champs la premiere année qu'elle y eſt miſe, ce que ie trouue fort eſtrange.

THÉORIQUE. Pourquoy eſt-ce que tu trouues eſtrange de ce qu'ils diſent que la premiere année que la terre ſera marnée elle ne produira rien? Si tu auois conſideré la cauſe qui peut actionner la vegetation des fruits, tu ne trouuerois eſtrange vne telle raiſon: car il n'y a homme en ce monde qui me ſçeut faire acroire que la marne puiſſe aider à la generation, ſi non pour cauſe de la chaleur qui eſt en elle: comme nous voyons que nulle choſe ne peut vegeter en hiuer, & nulle ſemence ne germeroit iamais n'eſtoit la chaleur procedée d'en haut par la vertu du ſoleil. Combien que le ſoleil cauſe la vegetation de toutes choſes ſi eſt-ce que quand il eſt trop chaud il deſeiche l'humidité, & les vegetatifs ne peuuent prendre accroiſſement. Le ſoleil donc eſt la vie, & quand il eſt trop vehement eſt auſſi la mort: en cas pareil la marne eſt cauſe de generation germinatiue ou vegetatiue des plantes, pour cauſe de la chaleur: mais quand elle eſt nouuellement tirée, il faut croire que ſa chaleur eſt ſi grande qu'elle bruſle les ſemences. Voila pourquoy la generation des ſemences qui ſeront iettées en la terre la premiere année ne peut croiſtre.

PRACTIQUE. A la vérité ta raiſon eſt fort grande & fort aiſée à faire croire à ceux qui n'ont gueres de ſentiment des choſes naturelles: mais en mon endroit vn tel argument ne trouuera iamais lieu.

THÉORIQUE. Ie t'en bailleray à preſent vn autre contre lequel tu ne pourras oppoſer aucun argument legitime, & quand tu voudrois contredire, le moindre laboureur des Ardennes te rendra confus.

Il faut neceſſairement que tu me confeſſes que la pierre cuite dedans les fournaiſes ardentes, ſoit réduite en pouſſiere par la vehemence du feu, & que l'humidité deſdites pierres s'eſtant exalée, il n'y demeure plus que le terreſtre

rempli d'vne vertu ignée, & pour ces caufes l'on l'appelle
chaux : par ce qu'elle eft chaude, voire fi chaude qu'il eft
aduenu plufieurs fois que ayant apporté defdites pierres dans
des maifons fur de la paille, lefdites maifons ont efté bruflées
par le mouuement de certaines gouttieres d'eaux qui font
cheutes en temps de pluye fur ladite chaux : & tout ainfi que
les pierres de ladite chaux font diffoutes par l'humidité qui
leur eft préfentée quand elles font tirées du four, femblablement en cas pareil les pierres de marne eftant tirées de
la foffe fe viennent à diffoudre & mettre en poufliere comme
les pierres de chaux.

I'ay encores vn bel argument & preuue fuffifante pour
conclure ce que i'ay dit, qui eft que d'autant que les terres
circonuoifines des bois des Ardennes, font froides à caufe
des neiges & froidures dudit pays, les laboureurs de certaines contrées ayant indigence de fiens fe font aduifez de fumer les terres de chaux, en cas pareil & forme que l'on a
couftume de les engreffer de fumiers. Et par tel moyen ils
ont rendu les terres fertiles, qui ne produifoient rien auparauant, puis que la chaux caufe vn tel bien par fa chaleur
(comme ainfi foit que les laboureurs difent que la chaux
efchauffe les terres & fait germer les femences) puis-ie pas
donc par-là conclure que la marne ne peut de rien feruir aux
champs, finon pour caufe de fa chaleur ?

PRACTIQUE. Les raifons qui font bonnes, comme celle
que tu dis feront toufiours reçeues pour bonnes, moyennant
qu'il n'y en ait point de meilleure que les tiennes : & combien que tes argumens ayent grande apparence de vérité,
ie te vay bailler des raifons plus veritables que les tiennes,
& premierement quant à ce que tu dis que la terre de marne
fe diffoult à l'humidité comme la chaux, à ce ie reponds
qu'ainfi font toutes terres, quand elles font feiches, & fingulierement

gulierement toutes terres argileufes. Et quant à l'autre raifon que tu pourrois alleguer, que la marne eft auffi blanche comme la chaux, à ce ie refponds qu'il y a de la marne grife, noire, iaune, par lefquelles couleurs ie prouue l'argument obiectable.

THÉORIQUE. Ie ne fçay quel obiet tu fçaurois alleguer contre mon dire: car nous fçauons que la caufe que le fumier aide à la vegetation des femences, eft pour caufe de fa chaleur, & fi ainfi eft du fumier, il eft femblable à la marne & à la chaux.

PRACTIQUE. Tu veux donc dire & conclure que le fumier eft chaud.

THÉORIQUE. Et me voudrois-tu nier vne chofe fi euidente ? ne fçauons-nous pas que l'on fait confommer & reduire les lames de plomb en cerufe dedans les fumiers, à caufe de la grande chaleur ? ne fçait-on pas bien que plufieurs teintures de foye fe font dedans les fumiers chauds ? ne fçait-on pas bien que plufieurs alchimiftes fe feruent de fumiers chauds, pour mettre couuer les œufs de leurs effences ? il n'y pas iufques aux pourceaux qui ne rendent tefmoignage de la chaleur des fumiers ? car bien fouuent les fumiers leur feruent de pailles ou eftuues pour s'efchauffer.

PRACTIQUE. Tout cela eft fort mal entendu, & ne fait rien contre moy; nous fçauons bien que quand le foin & la paille font humectez par les eaux, ils fe putrefient, & en fe putrefiant, la putrefaction caufe une grande chaleur ès pailles & foins, iufques à ce que la diffolution de l'effence radicale foit accomplie; & ce fait, le fumier n'a plus de chaleur. Nous fçauons auffi que les pierres de chaux cuites, engendrent vn feu, lequel feu dure en elles iufques à ce qu'elles fe foient creuées & puluerifées, & aprés la chaleur n'y eft plus. Nous fçauons auffi que l'eau bouillante eft chaude tan-

T

dis qu'elle eſt eſmeue ou touchée par le feu, mais après eſtant repoſée hors du feu elle eſt plus ſubiette à la gelée que non pas l'eau qui n'aura point chauffé.

Nous ſçauons auſſi que vne playe ou contuſion, qui par accident aduenu engendrera apoſtume à la partie offenſée, ſera plus chaude que de couſtume, à cauſe de l'accident & de la putrefaction qui ſe fait, comme ie t'ay dit de la paille & foin, qui s'echauffe par accident de putrefaction, & non que la chaleur y ſoit touſiours. Nous ſçauons auſſi que deux cailloux ou autres matieres dures engendreront (quand elles ſeront frappées l'vne contre l'autre) des bluettes ou eſtincelles de feu : ce n'eſt pas pourtant à dire que les cailloux ſoient chauds : mais c'eſt ce que ie dis, que les accidens engendrent des chaleurs extraordinaires : parquoy faut conclure qu'il y a quelque cauſe autre qui fait germer les ſemences.

Quand i'ay contemplé de bien près la terre appellée marne, i'ay trouué que ce n'eſtoit autre choſe qu'vne ſorte de terre argileuſe, & ſi ainſi eſt, c'eſt le contraire des raiſons que tu as amenées : car nous tenons pour certain que la terre argileuſe eſt froide & ſeiche, comme tu peux auoir entendu en parlant des metaux & mineraux, en te prouuant que en pluſieurs terres argileuſes ſe trouuent des marcaſites, meſme du bois metaliſé & petrifié ; & ſi la terre de marne eſtoit chaude, la terre d'argile le ſeroit auſſi , & tout ce que i'aurois eſcrit en parlant des terres, pierres & metaux, ſeroit faux.

Faut commencer donc par ce bout & enfin conclure que la terre de marne eſt vne eſpece d'argile, laquelle ayant demeuré pluſieurs années à l'iniure du temps, elle ſe ſeroit refroidie ou gelée voire dès la premiere gelée : & ores qu'elle auroit eſté chaude en la matrice de la terre elle ne pourroit ſeruir à eſchauffer la terre vne ſeule année ; autant en di-ie du fumier & de la chaux, il eſt aiſé à conclure puis que la terre eſt ameilleurée par la marne l'eſpace de dix ou trente ans, que cela n'eſt pas cauſé de chaleur qui ſoit en elle : car en tirant ladite marne en pluſieurs lieux, il s'en trouue qui ne ſe peut diſſoudre à l'iniure du temps, ny par les pluyes, iuſques à ce que la gelée y ayant beſongné, laquelle gelée trouuant les pierres de marne dures comme craye, les fera diſſoudre & reduire en pouſſiere, comme ainſi ſoit que cela aduienne ſouuent ès pierres tendres, leſquelles pierres on appelle iolices, deſquelles i'ay parlé cy-deſſus.

Et pour faire fin à toutes diſputes, ie te dis que la marne eſtoit vne terre auparauant qu'eſtant marne, cette terre argileuſe & commencement de pierre de craye a eſté premierement marne, & te dis encores, que la craye qui eſt encores en la matrice de la terre deuiendra pierre blanche, & te dis encore autre choſe qui te faſchera plus de croire, qu'en quelque part qu'il y ait des pierres ſuiettes à calcination, elles ont eſté marne auparauant qu'eſtre pierres : car autrement eſtant calcinées elles ne pouuoient meilleurer les champs ſteriles.

THÉORIQUE. Ie ne vis iamais homme plus opiniaſtre en ſes opinions que toy. Cuides-tu trouuer des hommes ſi fols qui veulent croire les propos que tu as mis en auant? tu en trouueras bon nombre qui s'en mocqueront, & t'eſtimeront deſtitué de toute raiſon. De ma part ie me ſuis deliberé de ne rien croire de ce que tu dis, ſi tu ne me donnes pieuues aiſées & intelligibles, par leſquelles tu me faſſes croire qu'il y a quelque cauſe qui aide à la vegetation des ſemences, autre que la chaleur qui eſt en la chaux, marne & fumiers ; car comme ie t'ay dit, puis que la marne ne profite gueres aux champs la premiere année, c'eſt ſigne comme i'ay dit que la trop grande chaleur qui eſt en elle empeſche ſon action. T 2

PRACTIQUE. Tu t'abuſes & n'entends pas ce que tu dis, car ce n'eſt pas vne choſe ordinaire ny en tous lieux que la marne fait mieux ſon deuoir la ſeconde année & autres ſui-uantes que la premiere : mais en cet endroit il te faut noter vn point ſingulier & de grand poids, lequel tu peux auoir en-tendu par le propos ſubſequent, qui eſt que la marne ſe reduit en craye ou autre pierre par vne longue decoction, & quand vne marne commence à paſſer ſa decoction, elle s'endurcit en telle ſorte que les pluyes ne la peuuent diſ-ſoudre au deuoir requis, ains demeure aux champs par pe-tits morceaux ſans ſe liquifier parmi la terre & aduient par ces cauſes, qu'elle ne peut donner ſaueur en la terre iuſques à ce qu'elle ſoit diſſoute & liquifiée, & d'autant que cela ne ſe peut faire ſi ſoudain de la premiere année, les gelées auront cauſé quelque temps après la diſſolution de ladite marne, qui eſt ia commencée à putrefier, & eſtant ainſi diſ-ſoute & liquifiée, elle aidera à la generation des ſemences qui lui ſeront préſentées.

Voila vn point que tu dois tenir & garder comme choſe certaine : cela eſt fort aiſé à connoiſtre au pays de Valois, Brie & Champagne, auquel pays ſe trouue de ladite marne abondamment, & encores plus abondamment de la craye, qui autrefois a eſté marne & s'eſt reduite en pierre de craye par ſa longue decoction. Tu peux auoir entendu vne partie de ces raiſons en mon traité des pierres.

THÉORIQUE. Et ie te demande, ſi ainſi eſt que tu dis que la terre de craye eſtoit premierement marne, la craye pour-roit donc ſeruir de marne moyennant qu'elle fuſt bien pul-veriſée, car s'il eſt ainſi que tu dis la meſme vertu qui eſtoit en la marne eſt encores en la craye.

PRACTIQUE. Tu as fort bien iugé, mais la craye eſtant lapifiée ne ſe pourroit diſſoudre, & ce ne ſeroit pas aſſez

de la mettre en pouffiere , auffi qu'elle coufteroit trop à puluerifer, & pour vray fi les gelées la pouuoient diffoudre elle
feruiroit de marne (1): & pour le tefmoignage de ce que
ie dis, ie te renuoiray à ce que i'ay dit cy-deffus, que la
pierre de chaux eftant diffoute par le feu fert de marner ou
fumer les terres. Voudrois-tu vn plus beau tefmoignage, il
te faut encores paffer outre & regarder à la caufe de la difference des couleurs qui font aux marnes.

La caufe des marnes blanches, procede de la longue decoction; quant eft des noires, il y peut auoir plufieurs caufes, dont la principale eft , qu'il n'y a pas long temps que
les matieres font commencées à congeler, & telles marnes
font de plus aifée diffolution : il peut auffi auoir de quelque bois pourry ou mineral qui peuuent auoir teint en
noir les matieres. Quant eft des iaunes, les mines de fer ,
de plomb, d'argent & d'antimoine, tous ces mineraux peuuent teindre les marnes en iaune : voila pourquoy il s'en
trouue de couleurs diuerfes.

THÉORIQUE. Et puis que tu dis que la chaleur de la marne, des fumiers & de la chaux, n'eft pas la caufe actionnale
des vegetations feminales, donne-moy donc à entendre par
quelle vertu la marne pourroit actionner ces terres infertiles.

PRACTIQUE. Quand ie t'ay dit qu'il ne falloit pas attribuer
à la chaleur de la marne la vertu generatiue, ie n'ay pas
voulu pour cela deftituer totalement la marne de la chaleur:
mais i'ay voulu par-là deftruire la folle opinion de ceux qui
veulent attribuer le total à la chaleur: ie dis le total interieurement & exterieurement, l'on fçait bien que le fel eft
chaud interieurement, & pour ces caufes l'on dit qu'il aide

---

(1) Voyez le mémoire *fur la Marne* , inféré à la fin de ce Livre.

à la generation genitale. Et toutesfois en temps de froidures
tu trouueras le sel autant froid que de l'eau ou des pierres ;
il faut conclure donc, que sa chaleur ne peut actionner si
elle n'est esmeue par vne contre-chaleur, sçauoir est en ce
qui consiste le fait seminal ; il faut donc philosopher plus
loing & regarder à la cause essentielle, esmouuante & ope-
rante en ce fait icy, & l'on trouuera quelque chose de caché que les hommes ne peuuent entendre.

THÉORIQUE. Ie te prie si tu en as quelque connoissance
ne me fais point languir, mais donne - moy clairement à
entendre ce que tu en penses.

PRACTIQUE. Si tu eusses amplement ouuert les aureilles
quand tu lisois le subsequent de ce liure, tu eusses aisement
entendu ce qui en est : car ie t'ay dit cy-deuant qu'il y auoit
vn element cinquiesme, lequel les Philosophes n'ont iamais
conneu, & ce cinquiesme element est vne eau generatiue,
claire ou candide, subtile, entremeslée & parmi les autres
eaux indistinguible, laquelle eau estant apportée auec les
eaux communes, elle s'endurcit & se congele auec les
choses qui y sont entremeslées ; & tout ainsi que les eaux
communes montent en haut par l'attraction du Soleil, soit
que ce soit par nuées, exalations ou vapeurs, si est-ce que
l'eau seconde laquelle i'appelle element cinquiesme, est portée auec les autres. Et quand les eaux connues viennent à
descendre & decouler le long des vallées, soit par fleuues,
riuieres ou sources, ou par pluyes, ie dis qu'en quelque
sorte qu'elles descendent, en quelque part qu'elles s'arrestent,
il se forme quelque chose, & singulierement par tel moyen
les cailloux & pierres & carrieres sont formées : chose bien
certaine comme tu peux auoir bien entendu en lisant mon
discours des pierres.

Or venons à prefent au principal : voyons comment cela fe peut faire après que tu auras bien entendu qu'il y a vne eau generatiue & l'autre exalatiue. Et comme tu pourras aifement entendre que l'eau congelatiue eft generatiue, laquelle i'appelle le cinquiefme element, que quand elle eft remuée par l'eau connue en quelque receptacle, ou lieu de repos, elle eftant en tel repos fe viendra à congeler & fera quelque pierre felon la groffeur de la matiere qui y fera arreftée, & portera la forme de fon gifte, & après qu'elle fera ainfi congelée, l'eau commune quelquefois fera fuccée par la terre & defcendra plus bas, ou bien fera exalée & s'en ira en vapeurs ès nuées & laiffera là fa compagne, par ce qu'elle ne la pourra plus porter.

Voila vne fentence qui te doit faire entendre qu'auparauant que la marne fuft marne, c'eftoit de la terre dedans laquelle les deux eaux font entrées & ont repofé quelque temps, & eftant en repos l'eau generatiue ayant trouué fon repos s'eft venue à congeler & la vaporatiue a paffé outre, ou bien s'eft exalée, comme i'ay dit cy-deffus, & la terre ou l'eau congelatiue s'eft arreftée & a efté endurcie & confequemment blanchie par l'effect de ladite eau congelatiue, qui a fait vn corps auec elle ; & delà vient que quand la terre eft reduite en marne par l'action de l'eau generatiue, la terre qui lors eft portée aux champs & qui s'appelle marne, ce n'eft pas cela qui rend la terre fructueufe, ains eft l'eau congelatiue qui s'eft arreftée parmy la terre : laquelle eau eftant arreftée à caufe, comme i'ay dit, endurcit & blanchit la terre ; & quand les femences font iettées fur la terre conuertie en marne, elles ne prennent pas la fubftance de la terre pour aider à leur vegetation, ains fe repaiffent de l'eau generatiue & congelatiue, que i'appelle le cinquiefme element ;

& quand les femences par l'efpace de plufieurs années ont attiré l'eau generatiue, la terre de marne eft inutile comme le marcq de quelque decoction qui auroit efté faite, autant en eft-il du fumier & de la chaux.

THÉORIQUE. Tu voudrois donc conclure que les femences vegetatiues fucceroyent ce cinquiefme element que tu appelles eau generatiue, comme vn homme qui fucceroit de l'eau ou du vin par le trou d'vne bonde, & laifferoit la lie faire fon marcq au fond du tonneau.

PRACTIQUE. Tu dis vray & n'en faut rien douter. Mais faut entrer en confideration plus fubtile, car les femences vegetatiues ne pourroyent faire attraction de l'eau generatiue, fans qu'elle fuft humectée par les eaux communes, & te faut noter que quand les terres font humectées par les pluyes ou rofées, ou autrement que les vegetatifs prennent de l'eau commune auec la congelatiue, laquelle eau commune luy empefche la trop hatiue congelation, & delà vient que les froments & autres femences fe tiennent verds iufques à leur maturité. Et quand ils font meurs & que le pied laiffe fon fuccement & qu'il n'a plus que faire de nourriture, l'eau exalatiue s'en va & la generatiue demeure : & comme la decoction des plantes fe parfait, la couleur auffi change, comme il fait femblablement ès pierres & à toutes efpeces de mineraux, comme ie t'ay dit en mes autres traitez, parlant des mineraux, que toute efpece de fruits changent de couleur en leur maturité. Suiuant quoy ie t'ay toufiours dit en parlant de l'element cinquiefme, que combien que c'eft vne eau, & parmy les autres eaux que c'eft celuy qui fouftient pailles & foins, & toutes efpeces d'arbres & plantes, mefmes les hommes & les beftes, & t'ay dit mefme que les os de l'homme & de la befte font endurcis & formez

de

de cefte belle fubftance generatiue (2) & comme tu vois
qu'au commencement la marne eft une terre tendre & fluan-
te, & puis delà deuient en marne plus dure, & de marne
en craye, & de craye en pierre, par la vertu de laquelle
eau auffi les os de l'homme & de la befte (qui font efpece
de pierre & caffent quand ils font fecs comme pierre iceux
dis ie font en eau pareille que deffus. Premierement fort
tendres, comme ie t'ay dit de la marne, & puis deuiennent
dures comme pierre quand ils font paruenuz à leurs decoction & maturité. Et tout ainfi que tu vois que les pierres
ou cailloux qui font generez & formez de cefte eau congelatiue, endurent le feu & ne fe peuuent confommer au
feu, ains fe vitrifient, tu vois auffi que cet element generatif duquel ie t'ay parlé ne peut eftre confommé eftant aux
pailles & aux foins: car fi tu brufle de la paille, du foin,
ou du bois, toute l'eau commune s'en ira en fumée. Mais
cefte eau generatiue qui a fouftenu, nourri & a creu le foin
& la paille, demeurera aux cendres & ne pourra eftre con-
fommée, ains fe vitrifiera eftant ès fournaifes ardentes, defquelles cendres l'on pourra faire du verre qui fera tranfparent & candide, comme l'eau generatiue eftoit auparauant fa
congelation ; & fi ainfi eft des cendres dès bois, des pierres
qui pour le fait de cefte femence generatiue, fouffrent les effects du feu; auffi tu vois femblablement qu'il n'y a rien qui
refifte plus au feu que les os de plufieurs beftes, comme tu

---

(2) Voilà le paffage auffi clair qu'expreffif que j'ai rappellé dans le
Sommaire du Livre ; les amateurs de la phyfique & de l'électricité re-
connoîtront dans ce cinquième élément leur fluide igné, leur feu électrique ; les chimiftes, le phlogiftique, l'air fixe, l'*acidum pingue*, mais
tous ne pourront s'empêcher d'admirer le génie heureux & clairvoyant
du Potier de terre.

V.

as veu plufieurs fois que i'ai fait brufler des os de pieds de mouton, & quelque grande chaleur qu'il y euft ès fournaifes, il n'eft poffible de les confommer par feu (3) ny femblablement la coquille des œufs, qui te doit faire croire que Dieu a mis vn ordre en nature en telle forte, que les os ont attiré & attirent ordinairement plus abondamment de ladite eau generatiue, que non pas les autres parties. Et comme i'ay dit autre part, ne faut douter qu'il n'y en ait vne bonne partie en la prunelle des yeux, & parce qu'elle eft humectée & accompagnée de l'eau exalatiue, cela empefche que ladite prunelle ne fe petrifie.

Nous auons les miroirs & lunettes qui nous rendent tefmoignage qu'il y a quelque affinité enuers les yeux, les lu-

---

(3) C'eft la terre de ces offemens calcinés qu'un Chimifte de l'Académie Royale des Sciences de Paris a nommée *terre primitive* ou *terre abforbante* : elle fert, felon lui, de bafe aux fubftances végétales & animales ; elle ne fe trouve point pure dans le genre minéral. Le moyen le plus fimple pour l'obtenir pure, eft felon les propres termes de cet Auteur ; » de calciner à blanc ces fubftances offeufes animales & de les leffiver » à plufieurs eaux ; il faut enfuite les deffecher, les calciner & les leffiver » une feconde fois : la terre qu'on obtient par ce moyen eft très-blan- » che ; goutée elle n'imprime aucun fentiment ; expofée au feu elle n'y » éprouve aucune altération & ne fe vitrifie point ; lorfqu'on verfe de » l'eau fur cette terre deffechée, elle l'abforbe avec bruit & fans qu'on » y remarque de chaleur ; cette eau en s'évaporant rapproche les mo- » lécules terreufes & leur fait prendre corps ; la terre abforbante eft » employée pour faire les coupelles. La terre abforbante combinée avec » les acides, produit des fels différents. L'acide phofphorique eft celui » qui a le plus de rapport avec cette terre ; lorfque cet acide eft com- » biné avec une partie de terre abforbante, il en réfulte la terre calcaire ; » on doit la confidérer comme un fel avec excès de terre abforbante, &c.» *Elémens de minéralogie docimaftique, par M. Sage, de l'Académie Royale des Sciences, p.* 37 & 38. Si cette opinion étoit une fois démontrée, & qu'elle ceffât d'avoir des antagoniftes, elle répandroit un grand jour fur la Phyfique & fur l'Hiftoire Naturelle.

nettes & les miroirs, & ne faut croire que nulle chose peut
receuoir policement ny seruir de miroir ou lunettes, si n'estoit par la vertu admirable de ce cinquiesme element, qui
lie auec soy les autres matieres, & les rend dures, candides &
polissables par les efforts que le souuerain luy a ordonnés.

Autre preuue. Cuides-tu que les poissons armez qui sont
en la mer & ès estangs & riuieres douces, n'ayent quelque
connoissance de l'element susdit? & comment pourroyent-
ils former leurs coquilles, au milieu des eaux, & que la coquille se vient à endurcir & deseicher au milieu de l'humidité s'ils ne sçauoient choisir la matiere congelatiue au milieu
des eaux? Tu sçais bien que ces grands poupres & busines ont
leurs coquilles autant dures ou plus que pierre, & toutesfois
la matiere estoit liquide & à nous inconnue auparauant que
le poisson eust formé sa maison.

Il faut pour conclusion venir à ce point, comme ie prouue
au traité des métaux, que le cristal est formé de ladit. eau
generative au milieu de eaux communes, que ladite semence, ou eau generatiue n'est pas seulement pour seruir à la
generation des pierres, mais aussi est substance & generation
de toutes choses animées & vegetatiues, selon le cours humain; en suiuant l'ordre & vertu admirable que Dieu a commandé à nature.

Tu as entendu cy-deuant qu'il n'y a nulle espece de pierre
qui ne soit candide en sa forme principale, & celles qui sont tenebreuses, ne lé sont que par accident : parce qu'il y a parmy la
matiere, de la terre, du sable qui se congele & endurcit auec la
matiere,& de là vient que la matiere qui auparauant estoit candide se trouue obscure.Toutesfois il n'y a pierre si obscure que
l'on ne rendit enfin transparente à force de feu, parce que l'element principal duquel i'ay tant parlé rend les choses fixes
& transparentes, comme il est transparent en son estre: cela

ne se peut aifement verifier, finon par les practiques, & la théorique ne fçauroit affurement parler de ces chofes. Ie t'ay mis toutes ces preuues en auant afin que fi tu as des terres infertiles, tu mettes peine de trouuer de la marne en ton heritage pour fumer les terres fteriles, afin qu'elles rendent abondamment des fruits en leur faifon, & en ce faifant tu feras vn bon pere de famille, & comme lumiere entre les pareffeux, tu feruiras de bon exemple & les voi-fins mettront peine de fuiure tes traces.

THÉORIQUE. Ie te prie me faire ce bien de m'apprendre le moyen de connoiftre la marne que tu dis : car fi ie fça-uois le moyen de la connoiftre, ie ne faudroys de m'employer de toutes mes forces, iufques à temps que ie fçeuffe s'il fe-roit poffible, d'en pouuoir trouuer en mon heritage.

PRACTIQUE. Ie ne cuide pas que ceux qui premierement ont meilleuré les terres par la marne, qu'ils l'ayent fait par une theorique imaginatiue: mais i'ay bien penfé que ceux qui ont trouué premierement l'inuention, l'ont trouuée fans la chercher, comme plufieurs autres fciences fe font offertes d'elles-mefmes, comme tu peux penfer que la moullerie peut auoir efté inuentée par les pas d'vn homme qui marcha les pieds nuz fur vn fable fin, ou fur de la terre d'argile, en laquelle terre, ou fable l'on verra euidemment la forme tou-chée, rides, flaches, boffes & concauités de la forme de tout le pied. Cela, dis-ie, eft fuffifant pour auoir premiere-ment inuenté la moullerie & l'imprimerie ; fuiuant quoy, il eft aifé à croire que quand la marne a efté premierement connue, ç'a efté par le moyen de quelque foffe ou tr nchée, comme ainfi foit qu'en iettant les vuidanges du profond des foffes au deffus du champ circonuoifin, l'on a trouué que le bled qui eftoit femé audit champ, eftoit plus gaillard & ef-pois à l'endroit où les vuidanges des foffez auoyent efté iettées. Quoy voyant les proprietaires du champ peuuent auoir prins l'année fuiuante de la terre dudit foffé & l'ayant efpandue par toutes parties du champ, ils ont trouué que ladite marne eftoit autant bonne & meilleure que fumier.

La premiere inuention d'auoir trouué la marne, peut auoir auffi efté trouuée en creufant les puits pour chercher de l'eau, & en quelque lieu eft aduenu qu'ayant creufé vn puits bien profond l'on a ietté les vuidanges & efpandu par toute la terre circonuoifine de la foffe dudit puits, & après que le champ a efté labouré & femé, où l'on a trouué ce qu'on ne cherchoit pas, qui eft que les femences iettées ès parties du champ couuert des vuidanges du puits, fe font trouuées efpoiffes, belles & gaillardes.

Voila deux effets qui ont peu aduertir les premiers qui ont vfé de la marne, & t'ofe dire & affurer que l'vn & l'autre font véritables, & peuuent encores feruir comme d'inuention aux lieux aufquels la marne ne fut onques vfitée, & te donneray vn argument inuincible, qui eft que quelquefois la marne fe trouue dès le commencement, ou bien près de la fuperficie de la terre, & defcendant toufiours en bas, tirant vers le centre, autre marne ne fe peut trouuer que premierement l'on ait fait vne foffe de quinze ou vingt pieds; quelquefois plus de vingt-cinq, & ayant trouué le commencement de ladite marne, il l'a faut tirer comme fi on tiroit l'eau d'vn puits auec grand labeur: voila pourquoy ie t'ay dit & affuré qu'ayant trouué la marne par cas fortuit en creufant les puits & foffes, que depuis l'inuention eftant trouuée l'on a cherché après fi auant ès pays où elle eft vfitée & connue.

Il faut donc conclure que la marne ne fe peut apprendre à trouuer par theorique non plus que les eaux cachées fans fource, & que tout ainfi que les terres argileufes fe trouuent

quelquefois près la superficie, & quelquefois les faut chercher profond, semblablement la terre de marne se trouue,
comme ie t'ay dit cy-dessus.

Si tu veux donc trouuer de la marne ie te conseilleray retenir l'exemple d'vn bon pere de famille Normande, lequel
habitant à vne paroisse de Normandie, qui prenoit grand
peine à cultiuer ses terres, & ce neantmoins il estoit contraint toutes les années d'aller acheter du bled hors de la paroisse : car toute ladite paroisse estoit infertile, & ne se trouuoit nul qui cueillist du bled pour sa prouision, & quand il
venoit vne cherté, & que les hommes de ladite paroisse alloient acheter du bled en la prochaine ville, les autres paroisses les maudissoient, disant, qu'ils estoient cause d'enche-
rir le bled.

Il aduint que ce bon pere de famille que ie t'ay dit au
commencement, s'auança quelque iour de prendre son cha-
peau plein d'vne terre blanche qu'il trouua dedans vne fosse,
& la porta en quelque endroit d'vn champ qu'il auoit semé,
& marqua l'endroit où il auoit mis ladite terre, & quand
les semences furent accrues il trouua que le bled estoit espois, vert & gaillard sans comparaison plus qu'en nulle autre partie du champ : quoy voyant le bon homme fuma l'année suiuante tous ses champs de ladite terre, lesquels ap-
porterent des fruits abondamment, & après que ses voisins
& tous les habitans de ladite paroisse furent aduertiz d'vn tel
fait, ils firent diligence de trouuer de ladite terre de marne,
& en ayant fumé leurs champs ils recuillirent plus abondamment des fruits que nulle d'autres paroisses.

Voila le moyen de chercher de la marne le plus asseuré
que ie sçaurois penser, & pour mieux te donner le moyen de
la chercher & connoistre, ie te veux amplement donner à
connoistre, que la marne n'est autre chose qu'vne terre re-

pofée vn bien long temps , laquelle a toufiours efté humeɛtée
par les eaux qui ont efté retenues en icelle , tellement que toutes
les chofes petrifiables qui eftoyent en elle fe font reduites en
terre fine : laquelle terre eftant purifiée de toute ordure corrup-
tible elle a retenu en elle l'vne des deux eaux , fçauoir eſt la
congelatiue;& icelles eaux generatiues ayant fait vn corps auec
ladite terre , la terre s'eft par ce moyen endurcie : non fi fort que
la pierre , combien que ce foit vn commencement de pierre :
mais d'autant qu'elle a efté tirée de fa miniere auparauant fa
parfaite décoɛtion , elle fe diffout en la defcente des pluyes
& des gelées , après qu'elle eft tirée du lieu de fa formation :
& d'autant qu'elle eft pierre imparfaite , elle laiffe l'eau qui
l'auoit congelée au lieu où elle eft diffoute & brifée , & l'eau
qui la fouftenoit eft liquifiée dedans le champ & ramaffée ,
fuccée & recueillie par les femences qui y font iettées ,
comme ie t'ay dit cy deffus.

Mais d'autant que ce propos eft de grand poids i'ay voulu
repeter vne mefme chofe auec exemple plus intelligible , qui
eft (pour mieux te le faire entendre) qu'vn lard , ou la chair
d'vn porc , ne perdra pas fa forme pour eftre falée , & quand
elle eft deffalée elle demeure encores en fa forme , comme
tu vois ordinairement , que dedans vn pot il y pourra auoir
plufieurs pieces de chairs fraifches , parmy lefquelles & au-
dedans du pot il y aura vne piece de lard , laquelle donnera
faueur à toutes les autres qui feront de chair fraifche , auffi
que tout le bouillon du pot fera fallé pour le fel qui eftoit
dedans le lard , toutesfois le lard demeurera en fa forme.

Les diftillateurs tireront de la canelle la faueur , la fenteur & la vertu , fans ofter la forme de la canelle : auffi tu
peux connoiftre par-là , que tout ainfi comme le lard n'a pas
fallé l'eau du pot par fa vertu , ains pour caufe du fel où il
auoit repofé , lequel fel a efté extrait du lard par la vertu de

l'eau fans ofter la forme du lard : auffi les femences tirent à foy la vertu falfitiue de la marne, qui eft cefte eau generatiue, & quand toute la vertu falfitiue a efté attirée par les femences, la marne n'eft rien plus qu'vne terre infertile comme l'efcorce de la canelle, après que l'effence en a efté tirée. Ie te diray encores vn fecret qui eft que iamais le fel ne pourroit conferuer la chair de porc, ny la conuertir en lard, ny confequemment les autres chairs, fi premierement le fel n'eftoit diffout ; & fi le fel ne faifoit que toucher à l'encontre fans fe liquifier, il ne pourroit entrer au - dedans, ny empefcher la putrefaction. Voila pourquoy tu peux entendre que la marne qui eft ia commencée à petrifier, fi elle n'eft premierement diffoute parmy le champ, les femences n'en pourroyent rien tirer, non plus que feroit vne chair d'vn fel qui ne fe pourroit diffoudre ou liquifier.

Ie m'efforce tant que ie puis de te faire entendre qu'il ny a pierre, que fi elle fe pouuoit diffoudre à la cheutte des pluyes ou gelées qu'elle ne feruit de fumier aux champs : par ce que toutes pierres font formées, fouftenues & endurcies par le mefme element cinquiefme, lequel accompagne toutes chofes depuis le commencement iufques à la fin ; & faut que plufieurs chofes ne craignent ny le feu, ny l'eau, ny aucune iniure du temps, tefmoing les terres argileufes, lefquelles ont efté caufées de fon action, & demeurent dedans les eaux fans aucun dommage, & eftant formées en vaiffeaux ou en briques, elles endurent le feu des fournaifes, & mefmes les fournaifes en font conftruites.

Théorique. Tu m'as dit cy-deffus beaucoup de raifons, neantmoins ie ne fuis pas fatisfait touchant le moyen le plus expédient pour trouuer promptement de ladite terre de marne.

Practique.

PRACTIQUE. Ie ne te puis donner moyen plus expedient que celuy que ie voudrois prendre pour moy : si i'en voulois trouuer en quelque prouince où l'inuention ne fust encores connue, ie voudrois chercher toutes les terrieres desquelles les Potiers, Briquetiers & Tuiliers se seruent en leurs œuures, & de chacune terriere i'en voudrois fumer vne portion de mon champ pour voir si la terre seroit ameilleurée, puis ie voudrois auoir vne tariere bien longue, laquelle tariere auroit au bout de derriere vne douille creuse, en laquelle ie planterois vn baston, auquel y auroit par l'autre bout vn manche au trauers en forme de tariere, & ce fait, i'irois par tous les fossez de mon heritage, ausquels ie planterois ma tariere iusques à la longueur de tout le manche, & l'ayant tirée dehors du trou, ie regarderois dans la concauité, de quelle sorte de terre elle auroit apporté, & l'ayant nettoyée i'osterois le premier manche & en mettrois vn beaucoup plus long & remettrois la tariere dedans le trou que i'aurois fait premierement, & percerois la terre plus profond, par le moyen du second manche ; & par tel moyen ayant plusieurs manches de diuerses longueurs, l'on pourroit sçauoir quelles sont les terres profondes, & non-seulement voudrois-ie fouiller dedans les fossez de mes heritages, mais aussi par toutes les parties de mes champs, iusques à ce que i'eusse apporté au bout de ma tariere quelque tesmoignage de ladite marne, & ayant trouué quelque apparence, lors ie voudrois faire en iceluy endroit vne fosse telle comme qui voudroit faire vn puits.

THÉORIQUE. Voire mais s'il y auoit du rocq au-dessous de ces terres, comme l'on voit en plusieurs contrées, que toutes les terres sont foncées de rocher ?

PRACTIQUE. A la verité cela seroit fascheux, toutesfois en plusieurs lieux les pierres sont fort tendres & singulierement

X

quand elles font encores en la terre : parquoy me femble que vne tariere torciere les perceroit aifement, & après la torciere on pourroit mettre l'autre tariere, & par tel moyen on pourroit trouuer des terres de marne, voire des eaux pour faire puits, laquelle bien fouuent pourroit monter plus haut que le lieu où la pointe de ta tariere les aura trouuées : & cela fe pourra faire moyennant qu'elles viennent de plus haut que le fond du trou que tu auras fait.

Théorique. Ie trouue fort eftrange de ce que tu dis, que fi le rocq m'empefche de percer la terre, qu'il faut auffi percer le rocq & fi c'eft du rocq que ay-ie que faire de le percer, veu que ie cherche de la marne ?

Practique. Tu as mal entendu, car nous fçauons qu'en plufieurs lieux les terres font faites par diuers bancs, & en les foffoyant on trouue quelquesfois vn banc de terre, vn autre de fable, vn autre de pierre, & vn autre de terre argileufe : & communement les terres font ainfi faites par bancs diftinguez. Ie ne te donneray qu'vn exemple pour te feruir de tout ce que ie t'en fçaurois iamais dire : regarde les minieres des terres argileufes qui font près de Paris, entre la bourgade d'Auteuil & de Challiot, & tu verras que pour trouuer la terre d'argile, il faut premierement ofter vne grande efpeffeur de terre, vne autre efpeffeur de grauier, & puis après on trouue vne autre efpeffeur de rocq, & au-deffouz dudit rocq l'on trouue vne grande efpeffeur de terre d'argile, de laquelle l'on fait toute la tuille de Paris & lieux circonuoifins.

Ce n'eft pas en ce lieu feulement qu'il conuient prendre la terre d'argile au-deffous des rochers : mais en plufieurs autres lieux. Si tu as bien retenu le difcours du traité des pierres, tu as pu entendre que la terre d'argile eftant venue en fa perfection, elle a ferui de receptacle pour retenir les eaux congelatiues qui ont caufé le rocq qui eft au-deffus.

THÉORIQUE. Nous parlons de trouuer la marne, & tu me parles de la terre d'argile: il me femble que cela vient mal à propos.

PRACTIQUE. Tu l'entends fort mal : ie t'ay dit cy-deffus que l'eau congelatiue n'a pas feulement operé en la terre pour la réduire en marne, ains a auffi operé en la terre d'argile & ès pierres & bois, voire en toutes chofes generatiues, voire iufques ès chofes animées : cuides-tu que la femence generatiue du genre humain & brutal, foit vne eau commune & exalatiue ?

Ie t'ofe dire que tout ainfi comme la femence humaine apporte en foy les eaux, la chair, & toutes les parties diftinctes de la forme humaine, auffi en la femence vegetatiue font comprins les troncs, les branches, les feuilles, les fleurs & les fruits, les vertus, les couleurs, les fenteurs, & tout cela par vn ordre que l'admirable prouidence de Dieu a commandé, & ne faut que tu trouues eftrange que ie t'allegue les exemples de la terre argileufe, pour te feruir en la marne : car depuis quelque temps i'ay paffé par le pays de Valois & Champagne, où i'ay veu plufieurs champs ornez de plufieurs piles de marne, arrangées en la forme de pilots de fumier, & comme il pleuuoit fur ladite marne qui eftoit par mottes grandes & petites, i'apperçeu qu'elles fe venoyent à diffoudre à la cheutte des pluyes. Lors ie prins vne de ces mottes, qui eftoit ia liquifiée comme pafte, & l'ayant petrie entre mes mains i'en fis vn nombre de trochifques, lefquelles ie fis cuire dedans vn grand feu, & eftant cuittes, ie trouuay qu'elles s'eftoyent endurcies en pareille

forme que la terre d'argile (4), lors ie conneuz que l'vne &
l'autre pouuoit faire une mesme action, sinon en tous lieux
pour le moins en quelque contrée.

THÉORIQUE. Voire mais les terres d'argile sont de diuerses couleurs & plus communement grises, & la marne est
blanche : parquoy cela ne se peut accorder.

PRACTIQUE. A la verité la marne est communement blanche ès pays de Valois, Brie & Champagne, toutesfois i'ay
bon tesmoignage qu'au pays de Flandres & Alemagne, mesme
en quelque partie de la France, il y en a de grise, noire
& iaune, comme i'ay dit dès le commencement : parquoy
ie te conseille de ne t'amuser point à la couleur : car la
marne grise ou noire peut deuenir blanche en sa decoction;
& tout ainsi qu'il y a de la marne blanche, aussi il y a des
terres argileuses blanches.

Il me souuient auoir passé de Partenay allant à Bresuyre
en Poitou, & de Bresuyre vers Thouars, mais en toutes ces
contrées, les terres argileuses sont fort blanches, & conséquemment les cailloux, lesquels sont en grand nombre audit pays : qui me fait croire que les terres argileuses desdits pays pourroyent aussi seruir de marne, & singulierement
celle de quoy les drapiers foulent & desgressent les draps.
Mais voyons aussi que les creusets des orfeures qui sont
apportez du pays d'Anjou, d'auprès de Troyes, & plusieurs
autres lieux, sont faits d'vne terre fort blanche semblable à

---

(4) Cette épreuve annonçoit véritablement que cette terre étoit
beaucoup plus argileuse que crétacée, & que malgré cela on en faisoit
usage ; ce qui prouve qu'on devoit en connoître l'utilité ; ce qui annonce
en même rems qu'une marne abondante en argile peut être employée avec
succès dans certain cas, ainsi que je l'observe plus au long dans le mémoire sur la marne qui est à la fin de ce Livre.

la marne. En la Baſſe-Bourgogne, il y a vn certain village où l'on tire de la terre d'argile toute ſemblable à la marne, & cuide que ce ne ſoit autre choſe: toutesfois elle endure le feu en telle ſorte, que tous les verriers de la plus grande partie des Ardennes, ſe ſeruent des vaiſſeaux faits de ladite terre, & meſme les verriers d'Anuers qui beſongnent de verre de criſtalin, ſont contrains en enuoyer querir, combien que l'on la vend bien cher, à cauſe qu'elle dure long temps ès fournaiſes ardentes.

I'ay veu creuſer vn puits au pays des Ardennes, qu'auant trouuer l'eau, il fallut creuſer vne bien grande eſpeſſeur de terre, & après la terre, on trouua vn fond de rocq d'vne grande eſpeſſeur, & après le rocq ſe trouua d'vne terre d'argile autant blanche que craye, laquelle i'eſprouuay, & la trouuay bonne à faire vaiſſeaux. Toutesfois combien qu'elle n'ait eſté approuuée ſi eſt-ce que ie croy que c'eſt vne parfaite marne.

Si mon eſtat ſe pouuoit exercer en peregrinant d'vne part & d'autre, ie pourrois donner pluſieurs aduertiſſemens de ces choſes, qui ſeruiroient beaucoup à la republique : toutesfois voila vn chemin ouvert: ſi tu es homme curieux de ton bien, tu pourras chercher par les moyens que ie t'ay dit, en cherchant tu trouueras les choſes plus aſſeurées que je ne te les ſçaurois dire : car on dit communement qu'il eſt facile d'adiouter à la choſe inuentée, auſſi la ſcience ſe manifeſte à ceux qui la cherchent.

THÉORIQUE. Et ne me ſuffira-t-il pas de chercher la marne au maniment des mains? attendu que la marne eſt vne terre graſſe, comme celle d'argile, & puis que la terre d'argile eſt connue au maniment des mains: car il y a celuy que s'il manie de la terre d'argile deſtrempée, qui ne dit voila vne terre graſſe & viſqueuſe : auſſi les Latins diſent, que terre d'argile veut dire terre graſſe.

PRACTIQUE. Tu as fort mal retenu ce que i'en ay eſcrit au liure des terres : car ie t'ay dit que les Latins & les François abuſent du terme, en appellant la terre d'argile terre graſſe : car ſi elle eſtoit graſſe il ſeroit impoſſible de la diſſoudre par eau ny par gelée : car toutes greſſes & viſcoſités oleagineuſes reſiſtent à l'eau, & ne peuuent auoir quelque affinité : ains au contraire, la terre d'argile & la terre de marne chaſſent toutes taches graſſes, viſqueuſes & oleagineuſes : & pour ces cauſes les foulons les font ſeruir à deſgreſſer les draps.

THÉORIQUE. Ie trouue en quelque endroit de tes propos vne contrarieté aſſez connue : car tu m'as dit cy - deuant, que meſme les rochers eſtoient cauſés de la matiere meſme qui aide à la generation des ſemences : & toutesfois i'ay veu des pays que toutes les terres eſtoyent incruſtées de rochers & pierres, & les terres qui ſont telles ont bien peu de terre ſur le rocq, & les ſemences qui y ſont iettées, ne peuuent gueres profiter, ains les bleds demeurent bas, ayant les eſpics bien petits, par ce que la plante ne peut prendre nourriture ſur le rocq.

PRACTIQUE. N'as-tu pas entendu vn propos que ie t'ay dit, que ſi le ſel ne ſe venoit à diſſoudre, les lards, poiſſons, & toutes eſpeces de chairs ne pourroient eſtre ſalées, ſi le grain du ſel demeuroit en ſon entier ſans ſe diſſoudre & diminuer ? Si le pays qui eſt ainſi pierreux eſt de telle nature que les pluyes qui tombent deſſus ayent en elles vne ſi grande quantité d'eau congelatiue, qui tombant d'en haut fait vne croute en augmentant les rochers couuerts d'vn peu de terre, cela ne fait rien contre mon propos : car ie t'ay dit que depuis que l'eau eſt congelée & réduite en pierre, les femences n'en peuuent tirer aucune liqueur, fi la pierre n'eft premierement diffoute, comme ie t'ay dit que la chair ne pourroit rien prendre du fel, finon entant qu'il fe diffout & diminue. Voila vne conclufion toute certaine.

THÉORIQUE. Si eft-ce pourtant que i'ay veu plufieurs forefts ès parties montaigneufes, efquelles les arbres font merueilleux en grandeur, combien que la fole d'iceux n'eft que rocq, auec vn bien peu de terre par deffus la fuperficie des rochers, & les racines defdits arbres font à trauers & parmy les rochers des montaignes.

PRACTIQUE. Si tu euffes bien noté ce que ie t'ay dit en traitant des pierres, tu n'euffes mis vn tel argument en auant : car tu dois entendre que les racines des arbres ne fçauroyent tranfpercer les rochers. Il te faut donc croire que les arbres auoyent prins racine auparauant que la terre où ils font, fuft congelée, & comme les arbres ont prins en leur croiffance abondamment de l'eau generatiue, ils en ont diftribué auffi bien aux feuilles & aux fruits, comme aux branches & comme aux racines : & par ce que les feuilles & fruits tombent par chacun an deffouz des arbres, ils fe viennent à putrefier, & en fe putrefiant (comme font les herbes des forefts) ils rendent en leur putrefaction l'eau commune & la generatiue parmy la terre, qui eft caufée parmy des feuilles & fruits : & quelque temps après par la vertu du Soleil, l'eau commune fe vient à exaler, & la generatiue rend alors en pierre la terre qui a efté caufée des feuilles, fruits, & autres plantes des forefts : car autrement ce que tu dis ne fe pourroit faire : car fi tu confideres la racine des arbres tu trouueras qu'il n'y a celuy qui n'ait autant de racine que de branches : car autrement il ne pourroit endurer le combat qu'il endure par l'iniure des vents.

Et ſi tu voulois contempler la cauſe pourquoy les arbres
ont les racines ainſi tortues, tu trouueras que la cauſe n'eſt
autre, ſinon, que comme les hommes cherchent par les montaignes, les chemins & ſentiers plus aiſez, auſſi les racines
en leur accroiſſement cherchent les parties de la terre les
plus aiſées, plus tendres & moins pierreuſes ; & s'il y a
quelque pierre au devant de la racine, elle laiſſera la pierre en
ſon chemin & ſe tournera à dextre, ou à ſeneſtre : d'autant
qu'elle ne pourroit percer les pierres qui ſont au chemin.

Théorique. Et toutesfois les branches des arbres qui n'ont
aucun empeſchement en l'air, ſont auſſi tortues & fourchues
comme les racines : ſi eſt ce que l'air n'eſt non plus dur en
vn endroit qu'en l'autre. Il faut néceſſairement qu'il y ait autre raiſon que celle que tu dis.

Practique. Quant aux racines, ie t'ay dit verité : mais
quant aux branches il y a vne autre cauſe, qui eſt que les
branches pouſſant l'augmentation des gittes, vne chacune
cherche la liberté de l'air, & ſe dilate en s'eſloingnant des
autres gittes tant qu'elles peuuent, afin d'auoir l'air en commandement, & par vne telle cauſe les gittes fuyant le voiſinage l'vne de l'autre ne peuuent monter directement : ce que
tu peux connoiſtre par les noyers, poiriers & pommiers, &
pluſieurs autres eſpeces d'arbres, qu'en leur premiere croiſſance la tige montera directement en haut iuſques à ce que
la vertu radicale monte abondamment, qui luy cauſe ſe four-
cher, en pouſſant pluſieurs gittes, comme vne eau desbordée.

Ie conſidere ces raiſons en pluſieurs exemplaires : premierement en ce que i'ay veu les cheſnes, noyers, chaſtaigniers,
& pluſieurs autres eſpeces d'arbres, plantez ès lieux champeſtres entre leſquels ie n'en ay iamais trouué vn qui mon-
taſt directement en haut, comme ceux qui ſont ès foreſts
entourez d'autres arbres qui les empeſchent à ſe dilater de part

&

& d'autre. Ie n'ay iamais auſſi trouué que les arbres des foreſts fuſſent fertiles abondamment, comme ceux des campagnes, ny auſſi que le fruit d'iceux fuſt ſauoureux en telle
ſorte que ceux qui ont l'air & le ſoleil à commandement :
donc il eſt aiſé à conclure que les arbres des foreſts qui ſont
entourez d'autres arbres, ne poůuant iouir du ſoleil & de
l'air ès parties dextre & ſeneſtre, ſont contrains monter en
haut pour chercher l'air & le ſoleil, lequel ils deſirent pour
leur nourriture & accroiſſement.

Et comme ie cherchois la connoiſſance de ces cauſes ie
paſſay quelquesfois par vne foreſt qui contenoit trois lieues
de largeur, & afin de rendre le chemin aiſé, l'on auoit coupé tout au trauers de la foreſt, les arbres d'vne voye, contenant en largeur huit ou dix toiſes : en paſſant ladite foreſt,
i'apperceus que tous les arbres qui eſtoyent à dextre & à ſeneſtre de ladite voye, auoyent pouſſé grand nombre de branches deuers le coſté du chemin, & deuers la partie de la foreſt, il y en auoit fort peu ; ce qui me donna certaine connoiſſance que le tronc de l'arbre prenoit ſon plaiſir à pouſſer
les branches vers le chemin, par ce que c'eſtoit la partie la
plus aërée : i'apperçeus auſſi que les arbres de la circonference
de la foreſt ſe iettoyent & courboyent ou s'enclinoyent deuers le coſté des terres, comme ſi les autres arbres leur eſtoyent ennemis : & à la verité bien ſouuent il y a pluſieurs
arbres fruitiers tant ès iardins que autres lieux qui ſont cour-
bez pour cauſe de l'ombre de leurs voiſins, autres arbres
deſquels ils n'aiment eſtre accompagnez.

THÉORIQUE. Par tes propos tu veux dire qu'après que les
feuilles, fruicts & branches des arbres & plantes, ſont pourries elles ſe peuuent reduire en pierre.

PRACTIQUE. Ie l'ay dit, & encore plus, comme tu peux
auoir entendu au diſcours des metaux, que non-ſeulement

Y

les chofes putrefiées fe peuuent lapifier, ains fe peuuent petrifier auparauant la putrefaction, comme tu as veu par les
bois & coquilles, & t'ofe dire encores qu'il n'y a nulle efpece
de terre qui ne fe puiffe naturellement petrifier par l'effect
du cinquiefme element, duquel i'ay tant parlé cy-deffus.

THÉORIQUE. Et le tripoli, qu'eft-ce? fe peut-il petrifier.

PRACTIQUE. Non-feulement le tripoli: mais auffi l'ocre,
le boliarmeni, & tous ces mineraux qui font lapifiez, comme
la fanguine, l'orcane, & la pierre noire, tout cela ne font
que pierres petrifiées, defficatiues & aftringentes, comme vne
efpece de terre figillée.

THÉORIQUE. Et qu'appelles-tu terre figillée?

PRACTIQUE. Terre figillée eft autrement appellée terre
lemnie, aucuns luy attribuent ce nom, à caufe du lieu où
elle eft prinfe : & te faut noter que la terre n'eft autre chofe
qu'vne efpece de marne ou terre argileufe, laquelle fe prend
bas en terre, comme font communement les terres argileufes, & les marnes. L'on dit que ladite terre eft fort aftringente, & que par fon action elle preferue de poifon &
retient les flux de fang par fa vertu aftringente : & pour ces
caufes les hommes du pays où elle fe prend vont par chacun an ouurir la foffe ou le trou par où ils defcendent pour
la tirer, & en ayant tiré à leur difcretion, ils ferment le
trou iufques à l'autre année. Et pour caufe qu'ils ont tribut
de ladite terre, ils ouurent le trou auec grande pompe, accompagnée de ceremonies.

Le pays où ladite terre fe prend, eft à prefent occupé
par le Turc, qui caufe qu'il en prend le proufit, & fe vend
ladite terre par trochifques marquées des armoiries du Turc.
Voila pourquoy l'on l'appelle terre fcelée, & me femble que
ce feroit mieux dit terre cachetée, & par ce qu'elle eft appellée terre marquée ou cachetée, cela me fait croire qu'elle

eſt molle quand on la tire, comme communement eſt la
terre d'argile : car combien qu'elle ſoit aſſez dure & qu'on
la porte ſouuent à grandes mottes ſur les eſpaules, ſi eſt-ce
qu'elle eſt humide, en telle ſorte qu'elle ſe peut aiſement
cacheter. Venons à preſent à la cauſe de ſon vtilité : d'où
eſt-ce que peut proceder une telle vertu?

Si tu as bien entendu le propos que i'ay dit ſur les congelations, tu connoiſtras que la vertu de ladite terre ne procede, ſinon des eaux communes & congelatiues, qui ayant
percé à trauers des terres, iuſques à ce qu'elles ayent trouué
quelque rocher pour s'arreſter au lieu où les eaux ſe ſont
arreſtées, la terre ſubtile & fine qui là eſtoit, a retenu la vertu de
l'eau congelatiue, & là s'eſt fait vne aſſociation & ligature,
ſçauoir eſt la terre & l'eau ont fait vne decoction moderée,
& commencement de petrification, & en ce faiſant ont laiſſé courir, deſcendre ou exaler l'eau commune, & n'eſt demeuré parmy la terre que l'eau congelatiue, qui a perdu en
ſe congelant la couleur & apparence qu'elle auoit auparauant, & a prins la meſme couleur de la terre où elle s'eſt
iointe, & par ce qu'elle n'eſt encores venue en ſa parfaite
decoction ou petrification, il eſt certain qu'eſtant prinſe par la
bouche, la vertu de l'eau congelatiue qui eſt en elle ſe vient à
diſſoudre à la chaleur & humidité de l'eſtomach, & alors les
matieres eſtant liquides, le corps fait ſon proufit de la matiere
congelatiue, qui eſtoit en la terre, & la terre eſt enuoyée
aux excremens ſelon le cours ordinaire (5). Voilà qui te
doit faire croire que cette l'eau congelatiue eſt de nature ſalſitiue, comme ie t'ay fait entendre cy-deſſus, que le venin
des ſerpens eſt guery par la vertu de la ſaliue, à cauſe du ſel.

---

(5) Voyez à la fin du Traité ſur la marne, les remarques ſur la terre
ſigillée de Lemnos.

Ie t'ay allegué cy-deſſus vne Iſle pleine de ſerpents, aſ-
pics & viperes, qui ſont en vne Iſle appartenant au Seigneur
de Soubiſe. Ie t'ay dit auſſi que ceux qui ſont mordus des
chiens enragez ſont gueris par l'eau de la mer, & meſme
aucuns par le lard vieux (6), & cela ne ſe fait que par vne

---

(6) Voilà un remede qui paroîtra ſingulier à bien des gens, cependant ſi on veut ſe donner la peine de l'examiner avec l'œil de l'analiſe, on ſera ſurpris d'y trouver un des plus puiſſans antihydrophobi-
que qui puiſſe peut-être exiſter. On entend ordinairement par le mot
de *lard* cette partie graſſe qui eſt entre la peau & la chair du porc;
cette graiſſe huileuſe eſt différente de celle de preſque tous les quadru-
pedes, par ſa poſition & par ſa qualité; elle prend mieux le ſel & ſe
conſerve plus long-tems que toutes les autres viandes ſalées. Le *lard* eſt
en un mot un compoſé d'une ſubſtance graiſſeuſe particuliere & d'une portion de ſel marin qu'on y ajoute pour le conſerver : quel effet le tems
opere-t-il ſur cette ſubſtance ? Le voici : cette graiſſe, cette huile animale
éprouvant par l'action de l'air & de l'humidité un mouvement de fermentation, l'alkali volatil, ſi abondant dans les matieres animales, ſe dégage in-
ſenſiblement ; ou plutôt l'alkali volatil ayant la propriété de decompo-
ſer la plupart des ſels à baſe terreuſe, s'empare petit à petit, & inſen-
ſiblement de l'acide marin, ſe combine avec lui & forme un véritable ſel ammoniac tenu, ſi l'on veut dans un état de diſſolution & de
liquidité par l'huile ſurabondante de la graiſſe. C'eſt cette nouvelle
combinaiſon, c'eſt cette eſpece de métamorphoſe qui change & dé-
nature le goût & la couleur du *lard* lorſqu'il devient rance, c'eſt-a-dire
lorſque la combinaiſon dont nous venons de parler eſt opérée.

Peu de perſonnes ignorent dans ce moment les effets auſſi ſalutaires
que prompts de l'alkali volatil ſur les venins les plus aigus, la morſure de la vipere la plus furieuſe ne réſiſte pas à l'eau de luce employée
lorſqu'il en eſt tems & cette eau de *luce* n'eſt, comme on le ſçait,
que l'eſprit volatil de ſel ammoniac un peu émouſſé par quelques gouttes d'huile de ſuccin. L'alkali volatil ainſi préparé eſt non-ſeulement
le plus fort antidote contre le venin de la vipere, mais opere encore
des effets étonnans dans les morſures des animaux attaqués de la rage. Je

vertu falſitiue. Ie t'ay aſſez donné à entendre (en parlant de ſels)
que tous ſels ne ſont pas mordicatifs, ou acres, afin de te
faire entendre que ie ne veux pas dire par-là, que la vertu
falſitiue de la terre ſallée ſoit d'vn ſel commun : ains ie veux
ſeulement dire que ſon action n'eſt cauſée que par vne vertu
falſitiue.

puis atteſter à ce ſujet d'avoir guéri moi-même de cette maniere une
chienne louve, à qui un chien véritablement enragé avoit déchiré une
partie du muſeau ; ce même chien en avoit mordu d'autres qui péri-
rent de l'hydrophobie la mieux caractériſée. Ma chienne panſée ſur le
champ avec de l'eau de luce, & en ayant pris intérieurement quelque
gouttes avec de l'eau & a différentes repriſes, fut garantie de la rage.
La médecine qui ne fait pas encore aſſez d'uſage de ce remede pour la
rage devroit cependant l'employer plus fréquemment; car il eſt à préſumer
par le peu d'épreuves faites, que le virus de la rage eſt un acide aſſez
analogue à celui du virus de la vipere. Or l'alkali s'uniſſant à ce terrible acide forme avec lui une combinaiſon particuliere qui lui enleve
le pouvoir d'étendre ſon effet deſtructeur, ou peut-etre encore, comme cet alkali eſt extrêmement volatil & qu'il ſe diſſipe avec facilité
dans l'air, il entraine avec lui par l'ouverture de la playe ou par les
pores de la tranſpiration lorſqu'il eſt pris intérieurement, les molécules venimeuſes qui occaſionnent des ravages ſi prompts & en même-
tems ſi cruels. Le *vieux lard*, le *lard rance* eſt donc propre par ſon alkali à guérir non-ſeulement la morſure de la vipere, mais encore celle
des animaux enragés. Cette ſubſtance a même, on peut le ſoutenir,
une double propriété d'arrêter l'effet des venins; car outre l'alkali qui
y abonde, la partie huileuſe qui y domine pourroit ſeule, à la rigueur,
en l'appliquant promptement, enchaîner & émouſſer les pointes du venin : quelques gouttes d'huiles répandues ſur le champ ſur des morſures dangereuſes, ſont le remede le plus uſité parmi pluſieurs nations
pour arrêter l'effet des venins. Ce remede en vénération parmi les Anglois nous a été tranſmis par eux; mais ſes propriétées n'étant pas toujours aſſurées, il eſt à préſumer que la graiſſe huileuſe du vieux *lard* deviendroit l'antidote le plus efficace, puiſque l'alkali volatil s'y trouveroit encore annexé.

THÉORIQUE. Ie te prie de me dire s'il feroit poſſible de trouuer en France quelque terre qui fiſt la meſme action que
celle que tu dis: par ce qu'en tous tes diſcours tu ne fais
point diſtinction des matieres qui cauſent la congelation des
pierres, marnes & terres argileuſes, & d'autant que tu attri-
bues à la terre ſigillée ſa vertu proceder de la meſme cauſe
que les terres, pierres & marnes de ce pays, ſont congelées,
pourquoy eſt-ce qu'il ne ſe pourra trouuer en la France des
terres qui feront meſme action, veu qu'elles ſont cauſées
d'vn meſme ſuiet, comme i'ay dit?

PRACTIQUE. Ie ne te puis alleguer raiſon contraire, ſinon
qu'ès pays chauds, les fruicts ou pour le moins partie d'i-
ceux, ſont beaucoup meilleurs qu'ès pays froids comme tu
vois qu'ès pays de France, depuis qu'on paſſe Paris, allant
vers le Septentrion, on ne peut cueillir pompons, melons,

Les.gens de la campagne dans certaines provinces, font un uſage
journalier du *lard*, particulierement pour leur potage; je me ſuis ſouvent apperçu, en voyageant dans les montagnes, où faute d'auberges
j'étois obligé d'aller loger chez des payſans, que ces ſortes de ſoupes
qu'ils font avec du *lard* & beaucoup de légumes, ſont très-ſaines &
qu'elles ſont moins déplaiſantes au goût qu'on pourroit d'abord ſe l'i-
maginer. Ils font bouillir dans beaucoup d'eau une bonne tranche de *lard*,
& ont l'attention de blanchir enſuite à l'eau bouillante une abondante
proviſion de navets, de choux, de racines ou d'autres légumes, qu'ils
font cuire dans le bouillon du *lard*; il arrive dans l'ébulition que le ſel
ammoniac qui s'eſt formé, comme nous l'avons dit, dans le *lard* à l'aide
de l'acide marin & de l'alkali, s'uniſſant avec la partie huileuſe des
plantes, forme un liquide ſavonneux qui doit être très-nourriſſant & très-
ſalutaire & qui donne toujours cette couleur laiteuſe à ces potages ainſi
préparés avec le *lard*. C'eſt peut-être par cette ſinguliere nourriture que
les payſans qui ſont en état de ſe la procurer, ſe garantiſſent d'une partie
des maladies chroniques qui nous aſſiegent, & dont nous ſommes per-
ſuadés peut-être mal à propos que l'exercice ſeul les exempte.

òranges, figues, ny oliues, ny beaucoup d'autres efpeces de fruicts, comme on fait ès chaudes regions, & mefme les raifins ne peuuent venir en maturité, comme ils font ès parties meridionales de la France, Champagne & Picardie.

Tu fçais bien auffi que les efpiceries, fucres, ne peuuent prendre accroiffement au royaume de France, comme elles font ès pays chauds. Tu fçais bien que la caffe & toutes gommes odoriférantes font prifes ès regions chaudes, mefme la rubarbe (7) & autres fimples feruant à la medecine. Il eft affez aifé à croire que le foleil donne quelque vertu plus uiolente en certaines regions qu'en d'autres, & mefme on voit qu'vne mefme region, vne mefme efpece de plante opera merueilleufement plus qu'vne autre, qui fera accrue en mefme pays.

Ie t'ay baillé par exemple les vignes de la Foye-Moniaut, qui font entre Saint Iehan d'Angely & Nyort, lefquelles vignes apportent du vin qui n'eft pas moins eftimé qu'hipocras & bien près de-là il y a autres vignes defquelles le vin ne vient iamais à parfaite maturité, lequel eft moins eftimé que celui des raifinettes fauuages ; par là tu peux penfer que les terres ne font femblables en vertu, combien qu'elles fe reffemblent en couleur & apparence, toutesfois ie ne veux par là conclure qu'il n'y puiffe auoir en France de ladite terre lemnie, laquelle puiffe faire la mefme action que la figillée, & prendray argument fur ce que les vaiffeaux premiers faits furent formez, comme aucuns difent en argis, & depuis tous les autres qui font formez, on les appelle vaiffeaux de terre d'argile, puis que l'on recouure de la terre

---

(7) La rhubarbe vient de la Chine où le climat eft tempéré, elle croit également dans les climats froids où elle fleurit & réfifte aux hivers rigoureux.

en tous pays femblable à celle d'argis, auffi il n'eft pas difficile de croire qu'il fe puiffe trouuer de la terre lemnie.

Ie prendray autre argument plus certain: puis qu'aux Ifles
de Marennes, & en la Foye-Moniaut, fe cueille du vin
ayant douceur & bonté d'hipocras, & que fa bonté procede
d'une vertu falfitiue que nous appellons tartare, & qu'ès pays
de Narbonne & Xaintonge, il fe fait du fel commun, &
combien que la vertu falfitiue de la terre lemnie ne foit pas
de fel commun, fi eft-ce que tout ainfi que comme en quelque partie de la France, les raifins & quelques autres fruicts
apportent en foy vne douceur autant grande que les dates,
figues & autres fruicts qui viennent des regions chaudes,
i'ay conclud qu'en quelque endroit fe pourroit auffi trouuer
de la terre lemnie, laquelle feroit la mefme action que celle
qu'on prend en Turquie, de laquelle nous auons parlé.

Ie te diray encores vn exemple: tu vois que les anciens
ont eu en grand eftime le bol d'Armenie, à caufe de fon
action aftringente; & toutesfois depuis que l'ufage en eft en
France, celuy-mefme qui fe prend au pays, & combien qu'il
fe trouue en plufieurs contrées de la France, fi eft-ce qu'on
luy baille le mefme nom de celuy d'Armenie, comme tu
vois que les Latins l'appellent bollus Armenus, en François
boliarmeni. Nous en auons encore vne autre efpece qui eft
plus defficatif que le fufdit, duquel les peintres font des
crayons à pourtraire, qu'ils appellent pierres fanguines; elle
eft fort propre pour contrefaire les vifages après le naturel:
elle eft compofée d'vn grain fort fubtil.

Il y a autre efpece de fanguine, qui eft fort dure; à caufe
de fa dureté, on la peut tailler & polir comme vne pierre
de iafpe ou d'agate, combien qu'elle ne foit pas fi dure.
Aucuns ont fait tailler defdites pierres pour fe feruir à bru-
nir ou polir l'or & autres chofes; fi tu confideres bien ladite
pier

pierre tu connoiftras qu'il n'y a difference aucune des deux efpeces de fanguine, finon que l'vne eft petrifiée à caufe qu'elle a plus reçeu d'eau congelatiue qui l'a rendue plus pefante & plus dure, & l'autre qui eft demeurée tendre, de laquelle on fait des crayons rouges, eft demeurée alterée parce que l'eau luy deffaut auparauant fa parfaite décoction ; & par ce que le commencement de notre propos a efté feulement de parler de la marne, ie te dis à prefent qu'en plufieurs lieux la marne peut feruir à faire des crayons blancs à pour-traire en blanc, tout ainfi que la fanguine pourtrait des traits rouges.

THÉORIQUE. Ie trouue ici vne chofe fort eftrange, qui eft de ce que tu contredis à tant de millions d'hommes, tant des paffez que des viuants, en ce qu'ils difent tous, & le tiennent pour chofe certaine, que la marne & la terre d'argile eft graffe, & que les terres font ameilleurées pour la caufe de la graiffe qui eft en la marne : & toy comme opi-niaftre inueteré, le veux gaigner contre tous.

PRACTIQUE. Si tu auois bien confideré le propos que ie t'ay tenu en parlant de l'or potable, du reftaurant d'or, des graiffes & des eaux, tu euffes conneu par-là, que depuis que les hommes font abreuuez d'vne opinion fauffe, il eft difficile de leur arracher de la tefte : mefmement à ceux qui fe foucient bien peu de confiderer les effects de nature.

Te fouuient-il pas que i'ay affemblé autrefois à Paris, des plus doctes Medecins, Chirurgiens & autres Naturaliftes, lef-quels m'ont tous accordé que les Philofophes, Phyficiens paffez & prefens, auoient abufé en efcriuant du reftaurant d'or, de l'or potable, des metaux, des eaux, & des pierres, & en plufieurs autres inftances, defquelles tu fçais que i'ay faict lecture, & n'ay iamais trouué homme qui m'ait contredit : toutesfois il fe trouua vn Alchimifte, lequel auoit bruit de se tourmenter après l'augmentation des metaux, pour de-là venir à la monnoye.

Iceluy, dis ie, estoit fort mal content de ce que ie parlois de l'or potable, pour ce qu'il prétendoit potager l'or pour donner teinture à l'argent, ce qui est impossible, sinon seulement sur la superficie pour en abuser : & comme tu sçais que de l'abondance du cœur la langue parle, iceluy passionné de mes propos, attendit que l'assemblée s'en fust allée, & puis me vint dire qu'il sçauoit faire de deux sortes d'or potable, sa passion auoit causé qu'il auoit mal entendu : car je ne disois pas que l'or ne se peut rendre potable, car ie sçay plusieurs moyens de le potager, mais ie disois que quand il seroit potager, iamais ne se conuertiroit en la nature humaine, pour lui seruir de restaurant, par ce qu'il ne se peut digerer. Et pour reuenir à pourfuiure les fausses opinions inueterées sur le fait des terres qu'ils appellent grasses, ie t'allegueray la mesme raison que i'ay dit en parlant des terres argileuses, qui est qu'esdites terres il y a deux eaux : l'vne est commune & exalatiue, ennemie du feu, l'autre est congelatiue, qui cause que la terre n'est que poussiere, qui se tient en vne masse, qui s'endurcit au feu : ie demanderay à tous ces dictionnaires si l'humeur radicale qui ioint les parties de la terre estoit grasse, pourroit-elle endurer le feu ? ne sçait-on pas bien que toute gresse espesse, oleagineuse brusle au feu ? ne sçauons-nous pas aussi que les drapiers desgressent leurs draps auec de la terre argileuse, ou de celle de marne : si elle estoit grasse comment pourroit-elle desgresser ?

Il y a quelques-vns qui pour prouuer qu'elle estoit grasse, ont dit que plusieurs puits étoyent foncez de terre de marne, voulant par-là prouuer qu'elle est grasse : mais vne telle preuue n'est pas bonne, car nous sçauons que toutes especes de terres argileuſes tiennent l'eau durant le temps qu'elles font ſouſternées, mais eſtant tirées de leur foſſe elles ne pourroyent tenir l'eau, ſinon durant le temps qu'elles ſeront molles comme paſte : mais après que leſdites terres ſont ſuccées, elles ſe viennent à diſſoudre ſoudain que l'on les mettra dedans l'eau, & ſi elles eſtoyent graſſes, comme on dit, iamais elles ne ſe pourroyent diſſoudre en l'eau, non plus que le ſuif, la cire, la poix-raiſine & autres choſes graſſes. Il eſt bien certain que ſi tu prends deux pieces de marne, ou de terre argileuſe, & que tu ayes deux vaiſſeaux, que l'vn ſoit plein d'huile, & l'autre d'eau, & qu'en chacun vaiſſeau tu mettes vne motte de marne ou terre argileuſe, que celle que tu mettras dedans l'huile, ne ſe diſſoudra iamais, mais celle que tu mettras dedans l'eau, ſe creuera & ſe diſſoudra comme vne pierre de chaux ; car nous ſçauons que les matieres graſſes & oleagineuſes ſont repugnantes à l'eau, & leſdites terres ſont compoſées de matieres aqueuſes, parquoy elles ne peuuent ſe ioindre ny entremeſler : il faut donc que ceux qui appellent les marnes & terres argileuſes graſſes, qu'ils aillent chercher autres raiſons que celles qu'ils mettent en auant. S'ils appelloyent leſdites terres paſteuſes, ils parleroyent beaucoup mieux & diroyent verité, car nous ſçauons que la farine & l'eau ont telle affinité, que ſoudain qu'elles ſont entremeſlées, elles ſe conuertiſſent en vn corps paſteux. Il les faut donc appeller terres paſteuſes, & non point graſſes ou viſqueuſes.

THÉORIQUE. Ie trouue eſtrange que tu dis, que non-ſeulement les choſes putrefiées ſe peuuent réduire en pierre, mais auſſi aucunes choſes ſans perdre leur forme ; comment eſt-il poſſible que l'eau que tu dis, puiſſe entrer dedans les corps ſolides, ſi premierement ne ſont molifiez par putrefaction ?

Z 2

PRACTIQUE. Comment oſes-tu dire le contraire de ce que i'ay dit, veu qu'en te parlant de l'eſſence & forme des pierres, ie t'ay monſtré pluſieurs coquilles reduites en pierre, combien que les coquilles eſtoyent auparauant autant ſolides que pourroit eſtre vn vaiſſeau de verre, ou de quelque matiere metalique ?

THÉORIQUE. Il faudroit donc qu'il n'y euſt rien qui ne fuſt poreux, & ſi ainſi eſtoit les vaiſſeaux ne pourroyent contenir l'eau de quelque matiere que ce ſoit, & toutesfois l'on voit le contraire.

PRACTIQUE. Ie ne doute point que toutes choſes ne ſoyent poreuſes, mais ces choſes qui ſont faites des matieres plus condenſées, ont les pores ſi ſubtils que les liqueurs ne peuuent paſſer à trauers euidemment, ſinon par quelque accident: comme tu as veu autrefois que quand ie voulois broyer mes couleurs en hyuer, ie faiſois chauffer la molette, & après l'auoir poſée ſur le marbre toute chaude, icelle molette pour ſa chaleur attiroit de l'eau dudit marbre, combien qu'iceluy marbre euſt apparence d'eſtre bien ſec : voilà vn argument qui te doit faire croire que le marbre eſtoit poreux, à trauers deſquels pores la chaleur de la molette faiſoit attraction de l'humidité.

Autre exemple : tu ſçais bien que les forgeurs d'armes & de taillans, quand ils veulent endurcir les armes & taillans, ils les font chauffer tant qu'ils ſoyent rouges, & puis les mettent froidir dans l'eau ; lors le tranchant des ferremens & armures deuient beaucoup plus dur. Ie te demande ſi le fer ou l'acier eſtant ainſi trempé, ne prenoit quelque ſubſtance iuſques au centre & par toutes les parties, s'ils ſe pourroit endurcir par l'action de l'eau? on ſçait bien que non : car ſi le tranchant, ou le harnois ne s'endurciſſoit que ſur la ſuperficie, cela ne ſeruiroit de rien.

Il faut donc conclure que les armures eſtant chaudes, ſont imbibées, & font attraction de quelque eau, autre que l'exalatiue, laquelle ſubuient & ſe fortifie; & pour te monſtrer & te faire mieux entendre que les armures ne ſont pas fortifiées par les eaux exalatiues, il faut que tu entendes que pour tremper leſdites armures, aucuns ont pluſieurs ſecrets : aucuns mettront du ſel dedans l'eau où ils veulent tremper leurs armures, aucuns mettront des vinaigres, autres mettront des pierres de chaux, autres mettront du verre ſubtilement broyé ; & ne faut que tu doutes que ſi le verre broyé ne pouuoit ſeruir à l'endurciſſement du fer ou acier, ie ne dis pas qu'il y puiſſe ſeruir eſtant en verre, mais eſtant bien broyé, le ſel dudit verre ſe liquifie parmy l'eau commune, & alors les armures qui y ſont trempées font leur proufit dudit ſel liquifié, duquel ils font attraction pour ſe fortifier & non pas de l'eau commune, car elle ne ſe peut fixer.

Du temps du feu Roy de Nauarre, il partit de Geneue deux orfeures qui porterent en la Cour du ſuſdit Roy, vne maſſe & vn coutelas, au labeur deſquels ils auoyent employé l'eſpace de deux années pour orner & enrichir ou tailler leſdites pieces, & parce qu'elles eſtoyent merueilleuſes & de haut prix, ils n'auoyent rien eſpargné à ce que ladite maſſe & coutelas fuſſent forgez de bonnes eſtoffes : & en cas pareil trempées en certaines eaux, qui cauſerent vne dureté auſdites armes. Ie ne ſçay ſi elles furent attrempées par le magnifique Maigret, lequel auoit bruit qu'en cherchant la generation de l'or, ou pierre philoſophale, il auoit trouué une eau qui cauſoit vne merueilleuſe dureté aux armures ; ignorant donc celui qui auoit fait la trempe, ie ſuiuray mon propos qui eſt que le coutelas dont ie parle eſtoit ſi bien attrempé que l'on en couppoit les chenets ou

landiers de fer, comme l'on euft fait du bois fans que le coutelas en reçuft aucun dommage.

Voila des preuues qui te doiuent affez donner à entendre
les propos que ie t'ay dit, fur le fait de la marne, que
comme les femences ne font totalement nourries par l'effeét
des eaux communes, auffi ne font les metaux. Ie te donneray encores vn bel exemple pour la confirmation,de ce que
i'ay dit, de ce qui caufe la bonté de la marne; elle caufe
auffi la congelation des pierres. Il y a certaines forges de
fer aux Ardennes au village de Daigny & Giuonne, autres
forges au village de Haraucourt, lefquelles ne font diftantes
pour le plus, que de deux lieues les vnes des autres, ce neantmoins ès forges de Haraucourt ils mettent de la terre blanche qu'ils prennent affez bas en terre, laquelle ils mettent
parmy la mine de fer pour aider à la fonte d'icelle mine, &
ceux-là de Daigny & Giuonne prennent pour la mefme
caufe de la pierre de laquelle l'on fe fert à faire de la chaux,
qu'ils appellent pierre de Caftille, laquelle ils caffent pour
aider à la fonte de leurs mines comme i'ay dit.

Vois-tu pas par-là vne preuue euidente, puis que les fels
des arbres aident à faire fondre toute chofe, qu'il y a vne
vertu falfitiue ès pierres, & conféquemment ès terres qui ne
font encores lapifiées comme celle de laquelle l'on fe fert à
Haraucourt, puis qu'elle fait la mefme aétion que font les
pierres de Daigny & Giuonne (8).

____

(8) On fait ufage pour faciliter la fufion des mines de fer & pour
précipiter ce métal, de différentes matieres calcaires; fuivant la convenance & les facilités de fe les procurer, on les jette en telle ou telle
proportion dans le fourneau felon la qualité de la mine: on emploie
dans certains endroits de la pierre calcaire réduite en fragment, dans

THÉORIQUE. Il semble que tu te contredis, en ce que tu dis quelquefois que les pierres sont congelées par la vertu du sel, & puis après tu dis que c'est vne eau.

PRACTIQUE. Il me semble que tu as vne cervelle bien dure, car il me souuient t'auoir dit au precedent qu'on n'a point accoustumé d'appeller l'eau de la mer sel, combien qu'elle soit salée : mais bien on l'appelle eau iusques à ce qu'elle soit congelée, & depuis on l'appelle sel : on n'appelle pas aussi l'eau glacée auparauant qu'elle soit gelée, mais estant gelée on l'appelle glace : on n'appelle point le lait fromage auparauant sa congelation ; semblablement ie ne puis appeller les choses susdites en autre terme qu'en la forme, ou qu'elles sont alors que i'en ay parlé depuis auoir escrit au precedent. Ie trouue tesmoignage certain contre ceux qui disent que la marne ne proufite gueres aux champs la premiere année ; il est certain que si fait, autant bien que la suiuante, moyennant qu'elle soit mise aux champs auparauant que l'hyuer ait commencé, par ce que la marne ne peut de rien seruir, si elle n'est premierement dissoute par les gelées.

I'ay esté aussi aduerty par les habitans de Champagne, de Brie & Picardie, qu'en certains lieux, la marne n'est

d'autres de la craye ou du tuf, en un mot toujours une substance calcaire, & c'est ce qu'on nomme ordinairement *castine*. M. Sage n'a pas eu des renseignemens exacts, lorsque dans ses Mémoires de Chimie, page 202, au chapitre de l'analyse du fer spathique d'Allevard, il dit qu'on traite cette excellente mine sans *castine*. La vérité du fait est cependant, d'après ce que j'en ai vû moi-même, dans un séjour de huit jours que je fis à Allevard avec M. Guettard pour en examiner les mines, qu'on s'y sert d'un tuf calcaire, d'un blanc sale qu'on emploie comme *castine* ; il est vrai que comme la mine est très-coulante, on n'emploie cette *castine* qu'à petite dose, mais elle est cependant nécessaire.

autre chofe que craye, & d'autant qu'en plufieurs contrées
defdits pays, il y a faute de pierre, ils font contrains quelquesfois de faire des murailles de craye : quand ils trouuent
quelque foffe où elle fera bien condencée & réduite en craye,
cela ne fe peut faire en toutes marnieres, par ce qu'aucunes
ne fe peuuent tirer que par petites pieces, & mefme il y
en a qui font encores liquides & bourbeufes. Et comme
i'ay dit au precedent, ne font toutes blanches, ains y en a
de diuerfes couleurs. As-tu pas confideré les femences qui
eftant mifes dedans vne phiole pleine d'eau, elles viennent
& fe promeinent dedans ladite eau, combien que la phiole
foit bien fcellée ? & toutesfois nous tenons pour certain que
toutes chofes animées ne pourroyent viure fans air ; il faut
donc que l'eau & la phiole foyent toutes deux poreufes, car
autrement ces beftes enclofes dedans ne pourroyent viure.
Autant en dis-ie des poiffons de la mer & des riuierres, que
fi l'eau n'auoit quelque pore, les poiffons ne pourroyent vivre.

As-tu pas confideré que quand le temps eft humide, &
qu'il aduient quelquefois à pleuuoir ou neiger contre les
vitres, qu'elles font mouillées à trauers, par le dedans ès
coftés de la chambre ? cuides-tu que le foleil fuft paffé à trauers des vitres, fi elles n'eftoyent poreufes ? Il eft certain que
non : auffi le feu ne pourroit percer à trauers des pots &
chaudieres de metaux, s'il n'y auoit quelques pores : tu vois
auffi que combien que la coquille des œufs foit bien condencée, fi eft-ce qu'eftant mife fur la braife ils pleurent certaines petites gouttes d'eau à trauers de la coquille, procedantes du dedans de l'œuf.

OBSERVATIONS
SUR LA MARNE.

PLINE, ainsi que je l'ai rappellé dans le sommaire de ce livre, fait men-tion de la marne dans son Hiftoire Naturelle: il nous dit que comme la marne eft une des richeffes de la Gaule & de la Grande Bretagne, il eft bien aifé de confacrer trois fections de fon ouvrage pour mettre cette ma-tiere dans tout fon jour. Il nous apprend d'abord que les Grecs appelloient une efpece de marne blanche dont on faifoit ufage dans le territoire de Mégare, du nom de *leuc argillos*, c'eft-à-dire *argile blanche*; qu'on ne con-noiffoit anciennement que deux fortes de marne; mais que dans la fuite on en découvrit plufieurs, telle que la marne blanche, la rouffe, celle qui eft couleur de gorge de pigeon, l'argileufe, la tofacée, celle qui eft fablo-neufe, &c. Il ajoute que la marne blanche, ainfi que celle qui eft tofa-cée, font excellentes pour les terres à bled; que celle qui fe trouve entre des fontaines eft infiniment fupérieure; mais que fi on l'emploie trop abon-damment, elle brûle le fol. Il n'eft point de marne, felon lui, auffi parfaite que la craie blanche, *dont on fe fert pour polir l'argent*; les bons effets de cette derniere durent jufqu'à quatre-vingts ans, au point qu'il n'y a pas d'exemple qu'un homme en ait mis pendant fa vie deux fois fur une même poffeffion. Il paffe enfuite à d'autres efpeces de marne, comme à celle qui eft fi douce au toucher, deftinée à l'ufage des foulons, & qu'on nomme *glyffomarga*: cette derniere eft plus utile pour les fourages que pour les bleds, puifqu'après la récolte du froment, elle produit dans le champ où elle a été jettée, un fourage abondant qu'on peut couper avant les fe-mailles fuivantes. Pline en un mot donne dans fon dix-feptième livre une très-bonne méthode de fe fervir de la marne, & n'oublie pas ce point vé-ritable & important: qu'il faut abfolument fe regler fur la qualité du fol, pour employer avec profit telle ou telle efpece de marne; la fablo-neufe, par exemple, dans un terrain humide, celle qui eft feche & friable également dans un terrain humide, la marne graffe pour les champs ari-des, &c. Rien de fi fage & de fi conféquent que tout ce que cet

Aa

habile naturaliste a écrit sur la marne: si son Histoire Naturelle entiere étoit traitée avec cette méthode, on ne se lasseroit jamais d'admirer cet Auteur sans être fondé à lui faire le moindre reproche.

Je pourrois rappeller ici tous ce que les Naturalistes, les Physiciens & ceux qui ont écrit sur l'agriculture, ont dit d'après Pline ou d'après leurs propres observations au sujet de la marne, & l'on verroit qu'ils ne sont point d'accord sur la maniere de définir & de déterminer cette substance d'une maniere fixe & positive. Pline lui-même, malgré l'art qu'il a de traiter ce sujet en maître, ne nous dit rien pourtant de bien constant & de bien assuré sur l'essence de cette terre, puisqu'il la qualifie tantôt d'argile blanche, de *leuc argillos*, tantôt de *glyssomarga*, ensuite de marne rude au toucher, de marne des fontaines, de marne tofacée, &c. Wallerius, quoique grand Minéralogiste, n'est pas plus satisfaisant sur ce sujet, puisqu'il place les marnes avec les bols, avec les terres grasses; M. Hill, d'autre part distingue les marnes par les couleurs: enfin sans nous attacher à analiser ici ce qu'ont dit ou pensé les Auteurs qui ont écrit sur la marne, nous observerons cependant qu'en général le plus grand nombre regarde cette substance comme une terre mixte composée de matieres calcaires & de matieres argileuses, en plus ou moins grande proportion; & c'est probablement l'union assez fréquente de ces deux terres qui a occasionné l'espece de confusion qui regne sur les marnes; car plusieurs n'ont pas distingué les argiles ou certaines terres à foulon, d'avec la marne véritable. Il est arrivé de-là que dans des pays où cet engrais n'est pas usité, des gens peu expérimentés ont rejetté des matieres excellentes purement calcaires, parce qu'ils croyoient que la marne devoit contenir de l'argile; & de-là beaucoup de terres précieuses, beaucoup de très-bonnes marnes ont été laissées de côté. Il est constant cependant que des détails clairs & à la portée de tout le monde sur la marne, obvieroient à cet inconvénient, mais pour pouvoir donner de pareils éclaircissemens, il reste bien des expériences & des observations à faire.

On sçait assez, il est vrai, que la meilleure marne, selon ceux qui paroissent être les plus experts dans cette matiere, est celle qui est formée d'un mélange de matieres calcaires, d'argile & d'une légere portion de sable. Selon d'autres, un simple mélange d'argile & de craie suffit. Mais personne n'a ignoré que la matiere calcaire seule faisoit dans certains terrains les mêmes effets que les meilleures marnes composées. Et c'est cette marne en tierement calcaire que Pline met au-deffus de toutes les autres , puifqu'il affirme que fes effets durent jufqu'à quatre-vingts ans ; il eft donc à préfumer que la principale vertu de la marne lui vient des matieres calcaires ; il eft poffible malgré cela que l'argile feule ou mélangée opere également des effets propres à améliorer les terres dans certaines circonf-tances ; nous aurons occafion d'en parler dans peu.

En confidérant dans la marne la matiere calcaire comme le principe actif de fa fécondité, je n'examinerai point ici fi fa qualité productive lui vient de l'alkali contenu dans les fubftances crétacées , & fi c'eft ce même alkali qui eft en général la bafe & le foutien de la végétation ; ou , comme d'autres l'ont voulu, (a) fi cette matiere calcaire étant formée par la combinaifon d'un acide *phofporique*, cet acide s'introduifant dans la terre , n'y opere pas de nouvelles combinaifons favorables aux végétaux.

D'autre part en fuppofant que l'argile même pût avoir des propriétés indépendantes des molécules calcaires, je ne chercherai pas fi ces propriétés lui viennent de l'union de l'acide vitriolique dégagé de l'argile , avec des matieres phlogiftiques , & fi cette combinaifon ne forme pas un foufre qui peut produire le développement des plantes. Il feroit auffi aifé que peu fûr de fe livrer dans ces circonftances à des théories féduifantes qui pourroient induire en erreur; il eft d'ailleurs important avant tout d'établir les faits de la maniere la plus irrévocable , de fe former des idées nettes & pofitives de ces mêmes faits, pour pouvoir établir enfuite , fi on le veut, toutes les hypothefes, tous les fyftêmes qui paroîtront les plus naturels.

Il feroit donc néceffaire , relativement à la marne, qu'on fit une fuite d'expériences pour en bien conftater la nature ; on pourroit , par exemple, effayer différentes craies , faire ufage de toutes les matieres calcaires propres à être réduites en pouffiere , les employer fur des terrains fecs ou humides, maigres ou gras, & tenir note exacte de tous les effets de ces différentes marnes calcaires. Il faudroit enfuite qu'on fit d'autres effais avec cette même matiere calcaire, qu'on en mélangeât avec des fables purement quartzeux , & qu'on éprouvàt fi ce mélange réuffiroit plus particulierement dans les terrains humides & trop gras.

(a) Elémens de minéralogie docimaftique , par M. Sage , de l'Académie Royale des Sciences,

Il seroit bon ensuite de faire un autre mélange à différentes proportions de la matiere calcaire avec la terre argileuse, tâcher d'imiter le mieux qu'il seroit possible les marnes argileuses les plus fécondes, & éprouver si les neiges, les gelées, le soleil, les vents & les pluyes, n'aideroient pas à décomposer ce mélange pour en former quelque sel neutre participant de la craie ou de l'argile, ou peut-être quelque substance savonneuse très-efficace pour le soutien des végétaux. Peu de personnes ignorent que la matiere purement argileuse unie aux substances calcaires, lorsqu'elle est maniée par le feu, ne devienne extrêmement fusible à l'aide des parties calcaires qui lui servent de fondant ; d'où il résulte des vitrifications à demi-transparentes, de véritables porcelaines ; le feu opere ici d'une maniere assez prompte, l'eau & les frimats ne peuvent-ils pas produire à la longue des effets à-peu-près semblables ? c'est-à-dire que ces deux terres, d'abord décomposées & comme dénaturées par ce liquide, à l'aide encore de plusieurs autres circonstances, peuvent se réunir au moyen des nouveaux principes qui s'y font développés, s'attaquer réciproquement & produire avec le tems quelque substance mixte dont les molécules conviennent peut-être parfaitement aux progrès sensibles de la végétation.

Lorsqu'enfin on seroit bien assuré des bons effets, ou des effets nuls de la matiere calcaire unie à des terres argileuses ; il faudroit, sans se décourager, faire usage de l'argile seule pour éprouver si elle pourroit opérer quelques bons effets ; il seroit aisé, par exemple, de former de petits monceaux d'argile grasse & onctueuse, de la laisser une année entiere ou même davantage, exposée aux vicissitudes de l'air & des saisons, de profiter du moment où elle se trouveroit bien divisée, pour la répandre sur un sol maigre, sec & infertile, auquel on donneroit ensuite les cultures nécessaires ; je ne doute pas qu'on ne tirât de bons avantages d'une pareille expérience, & que l'argile seule dans certaines circonstances ne fût d'une grande ressource pour les terrains trop friables qui n'ayant point de consistance, ne peuvent jamais retenir l'eau, l'ame de la végétation. L'argile qu'on répandroit dans un pareil terrain, remédieroit certainement à cet inconvénient, & c'est peut-être par la seule propriété de s'imprégner d'eau & de la retenir long-tems, que l'argile peut devenir utile lorsqu'elle est mélangée avec certaines marnes.

Cette expérience conduiroit naturellement à celle de mélanger en différentes proportions de la matiere argileuse avec des sables qui sont propres à divifer fa trop grande ténacité ; je me fuis fouvent apperçu en parcourant les bords du Rhône, ceux de l'Izère, &c. que les eaux roulant des maffes confidérables d'argile fur le fond d'un lit fablonneux, divifent par l'intermede de ce fable les molécules argileufes & en forment des atterriffemens qui deviennent de la plus grande fécondité, pour peu, furtout, qu'il s'y rencontre des parties calcaires ou des détrimens de végétaux. Or ce que la nature opere journellement fous nos yeux, l'art ne peut-il pas l'imiter dans cette occafion ?

L'argile peut donc, comme on le comprend, fervir à fertilifer certains terrains qui manquent de fraicheur & d'humidité ; elle peut encore dans quelques occafions donner de la légereté à des terrains trop compactes. Ceci paroîtra d'abord contradictoire, mais on va voir que je n'avance point ici un paradoxe ; en effet pour peu qu'on ait obfervé les argiles, on n'ignore pas que rien n'eft auffi varié, non-feulement par les couleurs, mais encore par la ténacité plus ou moins forte, que ces fortes de terres ; il femble même que la nature fe foit plu à manier cette matiere de cent manieres différentes, depuis la *glaife*, les *bols*, les *kaolins*, jufqu'aux argiles, aux pierres *ollaires*, au *tripoly*, aux *fchies*, &c. Il eft même encore un grand nombre de terres ou de pierres intermédiaires qui tiennent de la nature de l'argile, & qui peuvent être employées comme engrais toutes les fois qu'elles fe rencontrent fous des formes friables & divifées.

On voit fouvent dans certains cantons des montagnes entieres, formées par des bancs d'une ardoife feuilletée mal unie, fe decompofant à l'air & fe réduifant à l'aide du foleil & des gelées en une poudre fouvent très-fine. D'autresfois on remarque des éminences confidérables d'argile en maffe ou grifatre ou variée en couleur, qui ont entierement perdu ce gluten qui leur donnoit une fi forte adhéfion ; l'argile ainfi privée de fon phlogiftique, fi je puis m'exprimer ainfi, n'eft plus qu'une terre feche, friable, poreufe, fans confiftance ; & c'eft dans cette circonftance qu'elle peut agir en fens contraire de ce qu'elle feroit, fi elle étoit dans l'état de liaifon & de fouplefle que la perte de fon gluten lui a enlevé. Elle peut donc très-bien dans ce dernier cas être employée avec fucces pour amender les terrains trop tenaces, trop gras & trop humides.

On pourroit, comme on le voit, varier à l'infini les épreuves que je propofe, & de pareilles expériences faites par des mains habiles, fourniroient non-feulement des réfultats du plus grand avantage, mais ferviroient encore à nous donner des notions plus claires & plus diftinctes fur les marnes, parmi lefquelles il regne de la confufion ; car enfin s'il étoit parfaitement démontré que la qualité qu'a la marne de féconder les terres, ne lui vient que de la matiere calcaire, on ne définiroit plus des-lors la marne, *un mélange de matieres calcaires & de matieres argileufes*, mais la craie & généralement toutes les fubftances calcaires propres à fe divifer à l'air, formeroient ce qu'on devroit appeller marne. Il feroit donc de l'effence de cette marne de faire effervefcence avec les acides & de s'y diffoudre ; cette matiere devroit donc conferver dès-lors exclufivement le nom de *marne pure*; mais fi elle renfermoit de l'argile, il feroit mieux de la nommer marne argileufe.

D'autre part s'il arrivoit que l'argile feule fût propre dans quelques cas, foit par fa qualité tenace ou par l'acide vitriolique qu'elle renferme, à fertilifer certains terrains, dès-lors au lieu d'employer la véritable marne, la *marne pure*, on feroit ufage de l'argile, *on argileroit*, fi je puis me fervir de ce terme, les champs qui en feroient fufceptibles, & cette opération feroit diftincte & féparée de celle de *marner*; il cefferoit donc encore par-là d'y avoir de la confufion, tant dans la nomenclature de la marne, que dans la maniere de l'employer.

Mais pourra nous objecter quelque critique : s'il eft démontré par le réfultat de vos expériences, que la marne la plus propre à fertilifer, foit une fubftance mixte, formée par un mélange de matiere calcaire & d'une partie de terre argileufe, & que c'eft de cette combinaifon effentielle que dépend l'efficacité de la marne : eh bien fi cela étoit prouvé, il feroit fimple de répondre qu'il ne faudroit plus appeller la craie & les autres matieres calcaires réduites en poudre, *de la marne*, mais que la véritable marne devroit contenir de l'argile & de la matiere calcaire, & l'art pourroit alors imiter la nature par le mélange de ces deux fubftances. Il réfulteroit encore fi ce que nous venons d'établir étoit bien démontré, que Pline, Paliffy & d'autres Auteurs fe feroient trompés lorfqu'ils ont dit que la craie étoit une marne qui produifoit des effets de la plus longue durée. Mais quoi qu'il ne foit pas trop vraifemblable qu'on prouve jamais que la craie feule ne peut pas fervir d'engrais, fi cependant il étoit bien établi par de bonnes expériences, que le mélange des fubftances crétacées & de l'argile forme encore un meilleur engrais, il en réfulteroit toujours un grand jour répandu fur ce fujet, qui ferviroit à mieux éclairer nos idées.

Je ne dirai rien ici fur ce qu'on peut préfumer de la formation primitive de la marne & des couches de cette matiere, parce que je me
réferve d'entrer dans des détails à ce fujet dans l'Hiftoire Naturelle de
la Province de Dauphiné. Je crois pouvoir y démontrer par les faits
les mieux avérés, que fi les eaux de la mer ont formé, comme il y a
lieu de le croire, les lits horizontaux ou inclinés du plus grand nombre des matieres marneufes, il eft cependant quelques cas, rares à la
vérité, où l'on peut remarquer de ces lits qui ne font pas l'ouvrage de
la mer. Je citerai pour exemple de ce que j'avance, le paffage *du col
de l'échaudas* dans les Alpes non loin du monetier de Briançon, où
l'on voit fe former, par un méchanisme remarquable, des lits d'une
véritable marne, & cela fur une des plus hautes montagnes où l'on
voit de la neige dans la faifon la plus chaude de l'année. Je conferve
plufieurs échantillons de cette marne dans mon cabinet, j'en ai envoyé
à M. Adanfon & à d'autres Naturaliftes de Paris.

J'ai cru que les lecteurs verroient avec plaifir, à la fuite de l'eflai
que je viens de donner fur la marne, la lifte des principaux Auteurs
qui ont écrit fur cet matiere.

— Pline, Hift. Nat. lib. 17. Cap. 6. 7. & 8.

— Georf. Agricola de Nat. foff. lib. 2. p. 188 & 189.

— Cæfius, lib. 2. min. cap. 2. fect. 2. p. 144.

— Dictionnaire de Chimie à la fin du mot *terre*.

— Dictionnaire Œconomique au mot *marne*.

— Dictionnaire Encyclopédique aux mots *glaife*, *engrais*, culture des
    terres.

— Dictionnaire Raifonné Univerfel d'Hiftoire Naturelle, par M.
    Valmont de Bomare, au mot *marne*.

— Dictionnaire des foffiles, par M. Bertrand, au mot *marne*.

Vid. Du même auteur, l'Ufage des montagnes. Chap. 16. p. 216.

Vid. Du même, Lettre fur le Nil, ibid. p. 384.

— Geoffroy, Mater. Medic. part. I. cap. 11. p. 71. fig.

— J. Adod. Kulbel, Differtat. de caufâ fertilitatis terrarum.

— Journal Œconomique de Saxe, tome IV. page 822. pour le Dif-
    trict de Halberftadt. On y trouvera la police du Roi de Pruffe
    fur la marne.

— Hill. History of foffil. tome I. page 39 & fuivantes, Lond.
  1748.

Vid. Le même auteur, dans les notes Phyfiques & Critiques mifes
  au bas de la traduction du traité des pierres de Theophrafte,
  page 166. de la traduction Françoife, imprimée à Paris,
  1754. *in*-12.

— Hiftoire Naturelle de M. de Buffon, tome I. page 349. de l'édition *in*-12.

— Carol. Lin. Syftema-Naturæ.

— Chriftian. Gott. Lieb. Ludwig. terræ mufei regii drefdenfis, &c.
  Cap. 3. de terrarum fpeciebus, page 125. & feg. *infol.* Lipfiæ
  1749.

— M. Patullo, Effai fur l'amélioration des terres.

— Wallerius, Minéralogie, tome I. pages 39. 40. & fuiv. édition de
  1753.

ESSAI

SUR LA TERRE SIGILLÉE, OU TERRE SACRÉE DE LEMNOS.

LA terre de Lemnos dont Paliffy fait mention dans fon ouvrage fur la marne, avoit pris fon nom de l'ifle de Lemnos, d'où on la tiroit. Cette terre avoit toujours eu parmi les anciens une réputation qui ne s'étoit jamais démentie; les modernes en avoient fait eux mêmes long-tems ufage, lorfque la chimie l'a fait tomber en difcrédit parmi plufieurs Nations de l'Europe. Les anciens cependant avoient une vénération fi finguliere pour ce remede, que ce n'étoit qu'avec un appareil religieux qu'on préparoit depuis les tems les plus reculés cette fubftance argileufe à qui on avoit donné le nom de terre *Sacrée*, ainfi qu'Homere & Hérodote en font mention.

Les Prêtres, après avoir rempli plufieurs cérémonies publiques, relatives à cette terre, imprimoient fur les petits gâteaux qu'ils en formoient, l'empreinte du fceau où étoit l'effigie d'une chevre, animal confacré à Diane; & c'eft de cette derniere cérémonie que cette terre avoit pris le nom de *Sacrée*.

Plufieurs auteurs, tant anciens que modernes, ont parlé de cette terre. Cependant il ne laiffe pas malgré cela, que d'y avoir quelques nuages fur ce fujet, puifqu'on voit que Pline lui-même a confondu *la terre Sacrée* avec une ocre rouge qui fe trouvoit également dans l'ifle de Lemnos, & dont les Peintres faifoient ufage. Il peut être arrivé encore que par la fuite des tems les mines de la *terre Sacrée*, s'étant epuifées ou ayant été comblées par quelqu'accident, on ait fubftitué à cette terre figillée, l'ocre rouge qui étoit abondante dans la même ifle, & dont nous allons voir que Galien fait mention d'une maniere à démontrer l'erreur de Pline, & à donner des éclairciffemens d'autant plus fatisfaifans, que ce Médecin célebre parloit en connoiffance de caufe, ayant fait deux fois le voyage de Lemnos, dans

l'intention de vifiter les terres de cette ifle. Voici le paſſage intéreſſant de cet Auteur. » *Eumdem quem rubrica colorem obtinet, verùm ab eâ differt,*
» *quod contactu non contuminet, atque illa & ſecundum collem in Lemno, qui*
» *totus colore fulvo eſt & in quo neque arbor, neque Saxum, neque planta*
» *naſcitur, tantùm hujuſmodi terra viſitur. Porrò tres ejus ſignantur differen-*
» *tiæ : una, quam poſuimus, terræ Sacræ, quam alii nemini præter unum*
» *Sacerdotem contingere fas eſt : altera verò ejus, quæ reverà eſt rubrica,*
» *utuntur autem eâ potiſſimùm fabri : demùm tertia, ejus quæ extergit, quâ*
» *utuntur, qui lintea & veſtes lavant.* Après avoir ainſi établi les diſtinctions claires & préciſes des trois qualités de terre de Lemnos & des différens uſages auxquels on les employoit, Galien nous apprend la maniere dont on procédoit à la préparation de la terre uſitée en Médecine, de la *terre Sacrée* ou *Sigillée.*

» *Hanc terram Sacerdos cum patrio quodam honore ſumens, haud mactatis*
» *animalibus, ſed tritico atque hordeo piamenti gratiâ terræ redditis, in ur-*
» *bem comportat. Quam deindè aquâ maceratam, atque in lutum redactam,*
» *ubi valenter conturbavit, paulùmque indè quieſcere ſinit, aquam, quæ ſu-*
» *pernatat, primum aufert & mox, quod ſub eâ eſt, pingue terræ tollit, ac*
» *reliquum dumtaxat, quod ad imum ſubſedit, lapidoſum ſcilicet & arenoſum*
» *relinquit, ut inutile ac ſupervacuum. Porrò lutum illud pingue uſque eò deſ-*
» *ſiccat, dùm mollis ceræ conſiſtentiam accipiat, hujuſque exiguis acceptis*
» *particulis, ſacrum Dianæ ſignum imprimit ; ac poſt modum rursùm in umbrâ*
» *ſiccandum reponit, donec omnem humiditatem mittat, fiatque illud Medicis*
» *omnibus cognitum medicamentum, Lemnium Sigillum ».* On voit par cette deſcription intéreſſante avec quelle vénération on recueilloit cette terre & la maniere dont elle étoit préparée. Je conçois que tout cet appareil faſtueux n'étoit peut-être établi que pour en impoſer à la crédulité des peuples ; mais il pouvoit ſe faire auſſi cependant que les Prêtres qui étoient alors Miniſtres de l'Autel & des Loix, rempliſſoient une double cérémonie qui participoit du Sacerdoce & des fonctions civiles qui leur étoient confiées. En un mot la cérémonie de l'empreinte du ſceau pouvoit très-bien être relative à un acte judiciaire & de police, qui tendoit à donner de l'authenticité à cette terre ainſi ſcellée, afin d'éviter que des gens avides n'en ſubſtituaſſent d'autres à la place de celle-ci.

Au réſte non-ſeulement cette terre étoit renommée chez tous les peuples du monde, mais les Médecins les plus éclairés l'employoient comme un remede très-efficace dans certains cas. Nous voyons Galien lui-même, ce Philosophe Médecin, l'ami de Marc-Aurelle, ne pas se faire une peine en parlant de cette terre, de nous dire, *illud Medicis omnibus cognitum medicamentum.* Or il ne faut pas dire, comme ont voulu le faire croire quelques Auteurs modernes, que la plupart des Médecins & des Physiciens de l'antiquité fussent des superstitieux, des gens à secrets & sans talens. Il y avoit, comme parmi nous, quelques empyriques, il faut en convenir ; mais qu'on jette un coup d'œil sur la nombreuse liste de sçavans dont Pline nous rappelle les noms & les ouvrages, & on verra combien les Sciences & les Arts étoient en vigueur parmi les anciens ; qu'on life encore l'ouvrage rempli de recherches de M. Dutems, & on ne doutera plus ni de leurs sciences, ni de leurs découvertes dans presque tous les genres. C'est à ce sujet que je crois être fondé, en revenant à la terre de Lemnos, de dire que nous nous sommes peut-être trop pressés de condamner & d'exclure cette terre, qu'on ne veut plus regarder que comme une argile incapable de produire de bons effets, puisqu'étant inattaquable par les acides, elle ne peut devenir qu'une drogue inutile ou fatigante lorsqu'elle est prise intérieurement. Si cette assertion étoit indubitablement prouvée, on auroit très-bien fait de rejetter ce remède, mais je crois & je le répete, qu'on n'a pas pris toutes les précautions convenables avant de prononcer.

En effet est-il croyable que cette substance ait pu conserver une réputation aussi constante parmi presque tous les peuples de l'antiquité, sur-tout parmi des Médecins instruits sans avoir absolument aucune propriété ? Je suppose d'ailleurs que ni les Médecins, ni les gens de l'art n'eussent jamais analisé cette substance (ce qui est assez difficile à croire) & qu'ils n'eussent eu pour eux qu'une expérience soutenue, n'avoient-ils pas là un des guides les plus assurés, car a-t-on analisé le quinquina avant de connoître cette vertu fébrifuge qu'il possede à un dégré si éminent ; l'analife même de l'opium nous a-t-elle jamais éclairés sur son principe soporifique ?

On sçait que rien n'est si varié en général que les argiles, non-seulement par les couleurs, par les différens mêlanges qui y font annexés, mais encore par le degré plus ou moins avancé de leur décomposition ou de leur altération. Il étoit donc convenable, avant de décrier celle qui avoit eu la réputation la plus accréditée, d'examiner si la terre actuelle de Lemnos qui eſt au pouvoir des Turcs qui en font encore quelques trochiſques ſcellés avec des caracteres Arabes ou Turcs, étoit véritablement la même que celle dont faiſoient uſage les anciens & que Galien nous déſigne d'une maniere aſſez remarquable. Les mines de celles que les Prêtres préparoient, & ſcelloient avec des ſoins ſi religieux, ſont peut-être épuiſées; & il peut ſe faire que les Turcs lui ayent ſubſtitué, ou celle qui étoit deſtinée pour la peinture, ou même celle qu'on employoit à dégraiſſer les étoffes. Il falloit donc indiſpenſablement procéder à ces recherches préliminaires, pour ſe mettre en état de pouvoir porter un jugement certain.

S'il étoit donc prouvé que la terre actuelle que nous vendent les Turcs, eſt celle qui ſervoit au blanchiſſage des étoffes, ou que les peintres employoient; dès-lors la queſtion changeroit, parce qu'il ne s'agiroit plus ici dé la véritable terre ſigillée des anciens : mais ſi au contraire il étoit poſſible de démontrer que c'eſt la même que celle que Galien appelle *Sacrée*, alors il faudroit recourir à l'analiſe.

Cette terre contiendroit peut-être des matieres calcaires & deviendroit par-là le remede le plus efficace contre l'acide ſurabondant qui occaſionne la plupart des maladies de l'eſtomac.

La couleur tirant ſur le rouge qu'avoit cette terre, lui venoit ſelon les apparences d'un principe ferrugineux, d'une eſpece de ſafran martial très-propre à réparer les ravages d'une bile gênée dans ſa circulation.

Il eſt des argiles qui contiennent accidentellement du nitre, d'autres des parties alumineuſes; celle de Lemnos ne pouvoit-elle pas contenir un ſel ammoniac natif. On ne doute plus que ce ſel ne ſe trouve quelquefois dans la terre; le voiſinage des anciens volcans & des feux ſouterrains pourroit confirmer la conjecture que j'avance pour la terre ſigillée de Lemnos, & dès-lors on ne ſeroit plus étonné qu'elle eût été jadis un des plus puiſſans antidotes contre certains venins.

La partie argileuſe elle-même, quand nous l'enviſagerions ſeule dans l'ancienne terre de Lemnos, peut avoir été maniée par la nature, de maniere que l'acide vitriolique qui ſe trouve ſi étroitement combiné en général dans les argiles, ne le ſoit que très-foiblement dans celle-ci, qu'il y ſoit même ſur le point de s'en détacher à l'aide des plus légères circonſtances. Dans ce cas les alkalis de l'eſtomac peuvent s'unir avec facilité à cet acide en précipitant la bafe argileufe ; ou bién encore l'acide vitriolï-que. ainfi dégagé peut former à l'aide des matieres phlogiftiques de l'eſto-mac une eſpece de ſoufre néceffaire peut-être à l'économie animale.

Je prévois que les antagoniftes de ce remede pourroient répondre : Si la terre de Lemnos contenoit des matieres calcaires , n'eſt-il pas plus fim-ple de lui fubftituer des fubftances entièrement crétacées ?

Si la teinture ferrugineufe qu'on y remarque peut operer quelques bons effets, prenez, nous diront-ils, des chaux ferrugineufes , des fafrans de Mars, & vous aurez alors un remede plus efficace. Subſtituez encore tout fimplement l'acide vitriolique , l'efprit volatil de fel ammoniac, ou le fel ammoniac lui-même , à ces mêmes fubftances falines qui peuvent être combinées dans votre argile de Lemnos , & vous aurez des remedes plus actifs & plus affurés : & c'eſt juſtement , pourrois-je répondre à mon tour , parce que vos remedes ont trop de force & trop d'activité , qu'en foula-geant pour quelques inſtans nos maladies , ils détruifent nos tempéra-mens : la nature doit préférer fans contredit les remedes qu'elle prépare lentement dans fon fein à tous ceux que nous fabriquons rapidement par l'art dans nos laboratoires de chimie.

Qu'on nous pardonne cette löngue digreffion für un remede qui n'eſt plus en faveur , mais j'étois bien aife de faire voir que cette terre mérite-roit d'être examinée de nouveau, je parle de la véritable terre décrite par Galien , de celle que les anciens nommoient *Sacrée* ; & que c'eſt peut-être pour avoir négligé les recherches qu'il étoit convenable de faire , qu'on a rejetté de la médecine la terre figillée de Lemnos , ou que dans quelque cas on ne fait pas difficulté de lui fubftituer l'argile la plus commune.

Voici la lifte des principaux Auteurs qui ont écrit fur cette matiere ; les perfonnes qui voudroient faire des recherches fur cette terre, verront ici d'un coup d'œil le nom des Scavans qui pourroient leur fournir des inftruchions.

— Agricola in Bermano, edit. operum p. 699.

— Diofcorides, lib. V. cap. 104.

— Galien, lib. 1. de antidot. cap. 6 & 14. id. de fimp. medic. facul. lib. IX. cap. 1. N°. 2.

— Georg. Franc. de Franckonau, Differtatio de terrâ Lemniâ , Lip-
	  fiæ , 1674.

— Joh. Guintheri Andernaci de Medic. vet. & nov. commentarii dia-
	  log. V. p. 198. edit. Bafil. 1571. infol.

— Ludwig. terræ mufei regii Drefdenfis. cap. 111. p. 136.& feq. infol.
	  Lipfiæ , 1749.

— Mercatus metallor. vatican. am. 1. cap. 2. p. 8. & cap. 3. p. 11.

— Plinius , Hift. Nat. lib. 35. cap. 6.

— Paulus Ægineta de re medicâ lib. 7. cap. 3.

— Profper Alpinus de Medic. Ægyptiorum lib. IV. cap. 11. page 305.
	  edit. Lugd. Batav. 1718.

— Theophraftus lib. de lap. p. 11.

DES SELS DIVERS
ET DU SEL COMMUN.

SOMMAIRE.

IL n'eſt pas étonnant que dans un tems où les Sciences commençoient à ſortir du nuage obſcur qui les déroboit à la vue
de la France, depuis pluſieurs ſiecles, quelques mortels pri-
vilégiés s'occupaſſent à rallumer le feu ſacré qui vivifie l'ame
& l'éleve à ces connoiſſances ſublimes qui agrandiſſent ſon
exiſtence & qui tournent à l'avantage de la Société. On devoit
ſans doute avoir de l'eſtime & de la vénération pour de pareils hommes, tant à cauſe de leur bonne volonté, que parce
qu'ils conſacroient avec ardeur tous leurs momens à des études d'autant plus rebutantes que la ſcience n'étoit encore que
dans ſon berceau: mais que dans ce même tems un ſimple
artiſan ſans fortune, un Paliſſy, poignardé par la miſere,
dévoré par les ſoucis amers qu'entraîne l'entretien d'une famille nombreuſe & d'un ménage ſans reſſource ; que le même
homme contrarié par tout ce qui l'environne, tourné en ridicule par les perſonnes de ſon état, animé du feu d'un génie ſurnaturel, agité par la puiſſance d'un inſtinct qui l'entraîne malgre lui vers la contemplation de la nature, s'arme
d'un courage qui lui fait oublier toutes ſes peines, & qui

le porte à poursuivre avec un acharnement à toute épreuve,
cette nature dans ses moindres détails & dans ses opérations
les plus mystérieuses, c'est alors que notre surprise, notre estime & notre vénération doivent redoubler! C'est alors sur-
tout que le pouvoir du grand ouvrier se manifeste & qu'il
nous montre par cet essai de sa puissance, l'immensité des
combinaisons qu'un seul acte de sa volonté a prévue dans
l'instant où il a formé l'individu qui devoit regner sur la
terre. L'homme, en effet, soumis à telle ou telle modification
dans son organisation physique peut devenir, ou l'être le plus
étrange & le plus admirable, ou l'animal le plus stupide
& le plus idiot, souvent même le plus méchant & le plus
pervers. Mais cette combinaison heureuse qui rend l'homme propre à s'élever au-dessus de lui-même & qui produit les talens distingués, est celle qui s'effectue le plus rarement ; les Homere, les Aristote, les Platon, les Newton,
les Descartes, les Voltaire, & dans un autre ordre les Michel-Ange, les Raphael, les Rubens, les Lebrun, ne se font
pas montrés dans tous les siecles.

Celui de François Premier fut heureux pour la France,
car tandis que ce Monarque, doué d'un génie qui l'entraînoit vers les lettres & d'une ame sensible qui caractérise la
bonté, s'empressoit d'attirer auprès de lui des Scavans étrangers, la Nation possédoit dans le fond d'une Province un
homme étrange qui devoit à la lueur d'un génie singulier,
sortir un jour du sein de l'obscurité où la fortune l'avoit placé.
Il étoit né pour parcourir d'un pas rapide la route des sciences, & s'y faire une réputation brillante & distinguée ; mais

il

*il devoit, par une de ces fatalités inexplicables, rentrer en-
suite dans l'oubli jusqu'à ce qu'un Philosophe à qui rien
n'échappoit, instruisit la Nation du mérite de ce Sçavant ;
c'étoit enfin à M. de Fontenelle, à relever la gloire de Palissy, aussi s'empressa-t-il le premier de faire connoître avec
éloge ses talens trop long-tems oubliés.*

*Le lecteur en effet n'a pas vu sans étonnement ce que Pa-
lissy a écrit sur les terres, sur les pierres & sur la marne,
il va l'entendre disserter ici sur les sels, d'une maniere non
moins surprenante, & cela dans un tems où la Chimie n'a-
voit cessé de jeter la plus grande confusion sur les noms &
les qualités de toutes les substances minérales. Palissy sçut
débrouiller ce cahos, pour déployer des vues plus saines &
mieux entendues sur les sels, qu'il envisagea d'une maniere
sage, quoiqu'un peu générale.*

*Il fait mention d'abord de la diversité des sels, & nous
fait voir les rôles multipliés que ces substances essentielles
peuvent jouer dans la nature ; il contemple les sels dans les
végétaux, dans les matieres minérales & dans les animaux.
Ceci le conduit à parler des embaumemens particuliers aux
Egyptiens. Après avoir donné quelques détails à ce sujet,
il estime que la conservation des momies antiques est plutôt
due à la qualité des parfums qu'on employoit avec profusion,
qu'à celle du sel dont on faisoit usage pour les embaumemens.*

*Il revient ensuite aux propriétés générales & particulieres
des sels, & les envisage tantôt relativement à la végétation,
tantôt du côté de leur utilité dans les arts. Il n'oublie pas de ce-*

lébrer ici la vertu du sel alkali, pour la fusion des substances les plus intraitables : c'est à l'aide de cet agent que le caillou le plus dur se métamorphose en un verre cristallin, brillant & d'une transparence admirable. Après avoir agité diverses questions relatives aux substances salines & s'être armé d'une juste critique dans certaines circonstances, il s'égaye un instant au sujet du sel marin, qu'il regarde avec raison comme utile à la végétation, contre le sentiment de quelques personnes de son tems, nous disant à ce sujet que si ce sel estoit l'ennemi des plantes, il seroit ennemi des natures humaines. Les Bourguignons ne le diront pas : car s'ils eussent connu que le sel fust ennemi de nature humaine, ils n'eussent ordonné de mettre du sel dans la bouche des petits enfans quand on les baptise, & on ne les appelleroit pas Bourguignons salés, comme l'on fait.

Palissy consacre à la suite de ce petit traité sur les sels, un chapitre entier & séparé sur le sel commun, & sur la manière dont on se le procuroit dans les isles de Xaintonge. La description des marais salans & des diverses manœuvres qu'on employoit de son tems dans ce pays pour faire le sel marin, est d'une netteté, d'une justesse & d'une précision si admirables, que quoiqu'il entre dans les détails les plus minutieux à ce sujet, on ne seroit point en peine, d'après sa description, de tracer les plans de ces divers marais salans. Il est vrai que c'étoit en parfaite connoissance de cause qu'il parloit, puisqu'à l'époque de l'établissement de ces marais salans il avoit été appellé lui-même sur les lieux, avec permission de figurer lesdits marez.

DES SELS DIVERS.

PRACTIQUE. Ie te veux monſtrer qu'il n'eſt nulle choſe
ſans ſel. Si tu es homme d'eſprit (comme i'eſtime) tu connoiſtras pluſieurs ſecrets en parlant deſdits ſels, qui te pourront mieux aſſurer de l'impoſſibilité de la generation des metaux : & ce d'autant que les ſels ſeruent beaucoup à ceux qui
ſe meſlent d'adulterer, augmenter & ſophiſtiquer les metaux.

THÉORIQUE. Et comment? tu dis des ſels comme s'il y
en auoit de pluſieurs ſortes.

PRACTIQUE. Ie te dis qu'il y en a vn ſi grand nombre
qu'il eſt impoſſible à nul homme de les pouuoir nommer;
& te dis dauantage, qu'il n'y a nulle choſe en ce monde
qu'il n'y ait du ſel, ſoit en l'homme, la beſte, les arbres,
plantes, ou autres eſpeces de vegetatifs, voire meſme ès metaux : & dis encores plus, que nulles choſes vegetatiues ne
pourroyent vegeter ſans l'action du ſel, qui eſt ès ſemences; qui plus eſt, ſi le ſel eſtoit oſté du corps de l'homme,
il tomberoit en poudre en moins d'vn clin d'œil. Si le ſel
eſtoit ſéparé des pierres qui ſont ès baſtimens, elles tomberoyent ſoudain en poudre. Si le ſel eſtoit extrait des poutres, ſoliues & cheurons, le tout tomberoit en poudre. Autant en dis-ie du fer, de l'acier, de l'or & de l'argent, & de
tous metaux. Qui me demanderoit combien il y a de diuerſes eſpeces de ſels, ie reſpondrois qu'il y en a autant que
de diuerſes eſpeces de ſaueurs & ſenteurs.

THÉORIQUE. Si tu veux que ie croye ce que tu dis, nommes-en donc quelques vnes.

PRACTIQUE. La couperofe eft vn fel, le nitre eft vn fel, le vitriol eft vn fel, l'alun eft fel, le borax eft fel, le fucre eft fel, le fublimé, le falpeftre, le fel gemme, le falicor, le tartre, le fel ammoniac, tout cela font fels diuers. Si ie les voulois nommer tous, ie n'aurois iamais fait. Le fel que les alchimiftes appellent falis Alkali, eft extrait d'vne herbe qui croift ès marez falans des ifles de Xaintonge. Le fel de Tartare n'eft autre chofe que le fel des raifins, qui donne gouft & faueur au vin, & empefche la putrefaction d'iceluy, partant ie dis encores que la faueur de toutes chofes eft par le fel, lequel mefme a caufé la vegetation, perfection, maturité, & la totale bonté de la chofe alimentaire.

Et combien qu'il y ait beaucoup d'arbres & d'efpeces de vegetatifs, defquels le fel eft plus fixe & de plus dure diffolution que celui de la vigne & du falicor: fi eft-ce qu'il y en a en tous les arbres & plantes, ie dis autant ou peu s'en faut qu'aux fufdites. Et autrement plufieurs efpeces de cendres ne vaudroyent rien à blanchir le linge: en l'effect defdites cendres, tu peux connoiftre qu'il y a du fel en toutes chofes; & ne faut que tu penfes que les cendres ayent pouuoir de blanchir finon par la vertu du fel, autrement elles pourroyent feruir plufieurs fois. Mais d'autant que le fel qui eft dedans lefdites cendres, fe vient à diffoudre en l'eau que l'on met dans le cuuier, il paffe au trauers du linge, & par fa vertu & acuité, ou mordication, les ordures du linge font diffipées, mollifiées & emmenées en bas auecques l'eau, laquelle après fe nomme lexiue, à caufe qu'en icelle demeure le fel qui eftoit aux cendres, eftant diffout par l'action de l'eau, & les cendres eftant ainfi deffalées n'ont aucune vertu de plus blanchir le linge, & on les iette comme inutiles.

Autre exemple. Quand les salpestreux font atraction du salpestre qui est en terre, ils le font par vne telle maniere que la lexiue ; & quand ils ont tiré le salpestre, les cendres & la terre duquel ils ont extrait le sel, sont inutiles : parce que le sel qui causoit l'operation n'y est plus. Si tu n'as assez d'exemples pour croire qu'il y a du sel en tous les bois & plantes, considere les tanneurs de cuirs ; ils prennent de l'escorce de chesne, & l'ayant seichée & puluérisée, ils la meslent entre les cuirs qu'ils font tanner dans vn certain receptacle : & quand le cuir a demeuré le temps preordonné parmy ladite escorce, le tanneur prend son cuir & iette l'escorce hors, comme chose inutile : vray est qu'ès lieux où le bois est cher, l'on fait des mottes de ladite escorce, en forme de fromage, lesquelles on fait seicher pour les brusler à faute de bois : mais les cendres n'en valent rien, à cause que le sel en est dehors.

Ne peux-tu pas connoistre par-là que ce n'est pas l'escorce qui a endurcy & tanné le cuir, mais que c'est le sel qui estoit en icelle ? car autrement l'escorce pourroit seruir plusieurs fois : mais d'autant que le sel est dissout, il est mis dedans le cuir, à cause de son humidité, & en a fait atraction, pour seruir à soy mesme. Il faut que tu notes qu'en toutes especes de bois le sel est presque tout à l'escorce : aussi le bois sans escorce ne produit iamais bonnes cendres. M. Sifly, Medecin du Duc de Montpensier, me monstra quelquesfois vne verge de balsamum, ou de canelle, laquelle contenoit enuiron quatre pieds en longueur, & en grosseur vn pouce ou enuiron : il me fit gouster de l'escorce qui auoit saueur naturelle de fine canelle : mais quand au reste du bois, il n'auoit non plus de saueur qu'vne pierre. Voila pourquoy les tanneurs ne fe feruent que de l'efcorce, parce que le fel y eft, autrement le furplus du bois eftant puluerifé pourroit auffi bien feruir que l'efcorce.

Et en continuant mes preuues, qu'il y a du fel en toutes chofes: les Egyptiens auoyent de couftume de faler les corps de leurs Roys & Princes, ce que nous appellons embaumer. Les hiftoires difent qu'ils les embaumoyent de nitre & d'efpiceries aromatiques (1).

Il te faut noter que le nitre eft vn fel conferuatif, & qui empefche la putrefaction: toutesfois il n'euft fçeu empefcher la putrefaction par tant de mille années, n'euft efté lefdites efpiceries aromatiques, defquelles le fel a caufé l'incorruption defdits corps, qui en eftoyent embaumez. Et outre, la chair defdits corps eft appellée momye, à caufe defdites efpiceries, dont ils eftoyent poudrez. Les Princes Egyptiens gardent ladite momye pour leur feruir en leurs maladies. Ie croiray plutoft qu'vne telle manducation feroit plus vtile que l'or potable,

Quelques modernes ont voulu imiter les anciens, voulant faire de la momye de quelques pendus ou décapitez: mais qui la mettroit vn peu tremper, on la feroit retourner en puante charongne: par ce qu'elle n'a pas efté confite d'ef-

---

(1) Voyez les obfervations fur les embaumemens des Egyptiens, par M. Rouelle, mémoire dans lequel on fait voir que les fondemens de l'art des embaumemens Egyptiens font en partie contenus dans la defcription qu'en a donnée Hérodote, & où l'on détermine quelles font les matieres qu'on employoit dans ces embaumemens. Acad. des Scienc. ann. 1750, page 123, & page 53 de l'Hift.

On peut confulter auffi les obfervations fur une momie trouvée en Auvergne, par M. du Tour. Acad. des Scienc. ann. 1756, page 47 de l'Hift.

Obfervation de M. Guettard, fur une momie trouvée en Auvergne, Acad. des Scienc. 1759, p. 30 de l'Hift.

piceries ayant telle vertu que celles des anciens Egyptiens.
Auſſi dit - on communement que les odeurs & rubarbes,
gommes & eſpiceries aromatiques, ſont toutes adulterées au
parauant qu'elles ſoyent venues iuſques à nous. Et le ſel
commun n'a pas la vertu de conſeruer comme les aromatiques qui viennent de l'Arabie heureuſe & autres pays chauds.
Et par ce que notre propos eſt de prouuer qu'il y a du ſel
en toutes choſes, ie mettray ce poinct en auant, qui eſt que
l'on peut faire du verre de toutes cendres, combien que les
vnes ſont plus dures à la fonte que non pas les autres : &
s'il n'y auoit du ſel ès bois & ès herbes, il ſeroit impoſſible d'en pouuoir faire verre.

C'eſt aſſez prouué qu'il y a du ſel en toutes choſes : parlons de leurs vertus, qui ſont ſi grandes que nul homme ne
les connut iamais parfaictement. Le ſel blanchiſt toutes choſes : le ſel endurciſt toutes choſes : il conſerue toutes choſes :
il donne ſaueur à toutes choſes ; c'eſt vn maſtic qui lie &
maſtique toutes choſes : il raſſemble & lie les matieres minerales : & de pluſieurs milliers de pieces il en fait vne
maſſe. Le ſel donne ſon à toutes choſes : ſans le ſel nul metal ne rendroit ſa voix. Le ſel reſiouyſt les humains : il blanchiſt la chair, donnant beauté aux creatures raiſonnables.
il entretient l'amitié entre le maſle & la femelle, à cauſe de
la vigueur qu'il donne ès parties genitales : il aide à la generation : il donne voix aux creatures comme aux metaux.
Le ſel fait que pluſieurs cailloux pulueriſez ſubtilement, ſe
rendent en vne maſſe pour former verre & toutes eſpeces
de vaiſſeaux : par le ſel on peut rendre toutes choſes en corps
diafane. Le ſel fait vegeter & croiſtre toutes ſemences.

Et combien qu'il y ait bien peu de perſonnes qui ſçachent
la cauſe pourquoy le fumier ſert aux ſemences & qu'ils l'apportent ſeulement par couſtume & non pas par philoſophie ;

fi eft-ce que le fumier que l'on porte aux champs ne feruiroit de rien, fi ce n'eftoit le fel que les pailles & foins
y ont laiffé en fe pourriffant : parquoy ceux qui laiffent leurs
fumiers à la mercy des pluyes, font fort mauuais mefnagers,
& n'ont gueres de philofophie acquife ny naturelle. Car les
pluyes qui tombent fur les fumiers, découlant en quelque
valée emmeinent auec elles le fel dudit fumier, qui fe fera
diffout à l'humidité, & par ce moyen il ne feruira plus de
rien, eftant porté aux champs. La chofe eft affez aifée à croire :
& fi tu ne le veux croire, regarde quand le laboureur aura
porté du fumier en fon champ, il le mettra (en defchargeant)
par petites piles, & quelques iours après il le viendra ef-
pandre parmy le champ, & ne laiffera rien à l'endroit defdites piles : & toutesfois après qu'vn tel champ fera femé
de bled, tu trouueras que le bled fera plus beau, plus verd
& plus efpois à l'endroit où lefdites piles auront repofé,
que non pas en autre lieu ; & cela aduient par ce que les
pluyes qui font tombées fur lefdits pilots, ont pris le fel en
paffant au trauers & defcendant en terre ; par-là tu peux connoiftre que ce n'eft pas le fumier qui eft caufe de la generation : ains le fel que les femences auoyent pris en la terre.

Encores que i'aye deduit autrefois ce propos des fumiers,
en vn petit liure que ie t'ay dit que ie fis imprimer dès les
premiers troubles, fi eft-ce qu'il me femble qu'il n'eft point
fuperflu en cet endroit : car par-là tu entendras auffi la caufe
pourquoy tous excremens peuuent aider à la generation des
femences. Ie dis tous excremens, foit de l'homme ou de la
befte. C'eft toufiours confirmation d'vn propos que i'ay re-
peté plufieurs fois en parlant de l'alchimie, que quand Dieu
forma la terre il la remplit de toutes efpeces de femences :
mais fi quelqu'vn feme vn champ par plufieurs années fans le
fumer, les femences tireront le fel de la terre pour leur accroiffement,

croiſſement, & la terre par ce moyen ſe trouuera deſnuée
de ſel & ne pourra plus produire : parquoy la faudra ſumer
ou la laiſſer repoſer quelques années, afin qu'elle reprenne
quelque ſalſitude, prouenant des pluyes ou nué s. Car toutes
terres ſont terres: mais elles ſont bien plus ſalées les vnes
que les autres. Ie ne parle pas d'un ſel commun ſeulement,
mais ie parle des ſels vegetatifs.

Aucuns diſent qu'il n'y a rien plus ennemi des ſemences
que le ſel, & pour ces cauſes quand quelqu'vn a commis
quelque grand crime, on le condamne que ſa maiſon ſoit
raſée & la ſole labourée & ſemée de ſel afin qu'elle ne produiſe iamais ſemence. Ie ne ſçay s'il y a quelque pays où le
ſel ſoit ennemi des ſemences ; mais bien ſçay-ie que ſur les
boſſis des marez ſalans de Xaintonge, l'on y cueille du bled
autant beau qu'en lieu où ie fus iamais ; & toutesfois leſdits
boſſis ſont formez des vuidanges deſdits marez : ie dis des
vuidanges du fond du champ des marez, leſquelles vuidanges
& fanges ſont auſſi ſalées que l'eau de la mer : & toutesfois
les ſemences y viennent autant bien qu'en nulle terre que
i'aye iamais veue. Je ne ſçay pas où c'eſt que nos iuges ont
pris occaſion de faire ſemer du ſel en vne terre en ſigne de
malediction, ſi ce n'eſt qu'il y ait quelque contrée où le ſel
ſoit ennemi des ſemences.

THÉORIQUE. Peut-eſtre que les iuges ne le font pas pour
l'occaſion que le ſel ſoit ennemi des ſemences, mais ils le
font plutoſt parce que le ſel eſt vne ſemence qui ne vegete
point.

PRACTIQUE. Tu diras ce que tu voudras, mais ie ſçay
bien que pluſieurs Médecins & autres perſonnes m'ont voulu
maintenir que le ſel eſtoit ennemi des ſemences : & c'eſt pourquoy i'ay mis ce propos en auant, afin de parler amplement
des ſels : & en continuant encores mon propos, pour te

D d

monftrer que le fel n'eft pas ennemi des natures vegetatiues,
ny fenfibles; les vignes du pays de Xaintonge, plantées au
milieu des marez falans, apportent d'vn genre de raifins
noirs, qu'ils appellent chauchetz, defquels on fait du vin
qui n'eft pas moins à eftimer que hypocras, & y fait-on des
rofties tout ainfi qu'à l'hypocras. Et lefdites vignes font fi
fertiles, qu'vne plante de vigne apporte plus de fruit que
non pas fix de celles de Paris.

Voila pourquoy ie dis que tant s'en faut que le fel foit ennemi des natures, que au contraire il aide à la bonté, douceur & maturité, generation & conferuation defdits vins.
Et non-feulement le fel aide à ces chofes, mais auffi l'air
duquel les exalations font falées. Aufdites ifles & parmy les
marez falans, on y cueille de l'herbe falée, de laquelle on
fait les plus beaux verres, laquelle on appelle falicor : auffi
on y cueille de l'abfinte appellée Xaintonnique, à caufe
du pays de Xaintonge; ladite herbe a telle vertu, que
quand on la fait bouillir & prenant de fa decoction, on en
deftrempe de la farine pour en faire des bignets fricaffez en
fain de porc ou en beurre, & que l'on mange defdits bignets, ils chaffent & mettent hors tous les vers qui font dans
le corps, tant des hommes que des enfans.

Auparauant que i'euffe la connoiffance de ladite herbe,
les vers m'ont fait mourir fix enfans, comme nous l'auons
connu tant pour les auoir fait ouurir, que par ce qu'ils en
rendoyent fouuent par la bouche, & quand ils eftoyent près
de la mort, les vers fortoyent par les nafeaux. Les pays de
Xaintonge, Gafcongne, Agenes, Quercy, & le pays deuers
Toloze, font fort fuiets aufdits vers, & y a peu d'enfans
qui en foyent exempts, à caufe que les fruits defdits pays font
fort doux. Ie le dis par ce que les Médecins de Paris m'ont
attefté que c'eftoit chofe rare de trouuer des vers és enfans

dudit lieu : toutesfois ès pays des Ardennes ils y font fort fuiets. Ie ne fçay fi c'eft à caufe de la bierre, ou des laitages ;
je ne puis rendre tefmoignage finon des pays que i'ay fre-
quentez. Dans les rochers des ifles de Xaintonge l'on y cueille
auffi de la crifte-marine, autrement appellée perce-pierre,
laquelle a vne merueilleufe bonté & fenteur, à caufe de la
vapeur de la mer; quand elle eft fraifche, les falades en font
fort bonnes, & plufieurs en font confire pour toute l'année.
A Paris quelques-vns ont planté de ladite crifte-marine : mais
elle n'a garde d'auoir la bonté de celle qui vient naturellement
fur les rochers limitrophes de la mer.

Ie ne veux pas prouuer par-là que le fel commun foit plaifant à toutes efpeces de plantes. Mais ie fçay bien que les
terres falées de Xaintonge portent de toutes efpeces de fruits
qui y font plantez, lefquels ont vne telle douceur & autant
fuaue qu'en lieu là où i'aye iamais efté. Les herbes fauuages,
efpines & chardons y croiffent autant gaillardes qu'en nuls
autres pays. C'eft toufiours confirmation de mon argument,
contre ceux qui difent que le fel eft ennemi des plantes. S'il
eftoit ennemi des plantes, il feroit ennemi des natures humaines.

Les Bourguignons ne le diront pas : car s'ils euffent connu
que le fel fuft ennemi de nature humaine, ils n'euffent ordonné de mettre du fel en la bouche des petits enfans quand
on les baptife, & on ne les appelleroit pas Bourguignons
falez, comme l'on fait.

Les natures brutales ne diront pas que le fel leur foit ennemi : car les cheures en mangeront autant qu'on leur en fçauroit bailler, & mefmes vont cherchant les murailles piffeufes,
pour les lecher, à caufe du fel des vrines : les pigeons ne
pouuant trouuer du fel à leur commodité, quand ils trouuent quelque vieille muraille, de laquelle le mortier ait

Dd₂

esté fait de chaux & de fable, & qu’elle foit tant peu commencée à ruiner, on verra les pigeons tous les iours après
ladite muraille. ·Et les hommes qui viuent fans philofophie
difent que les pigeons mangent le fable : mais c’eft vne moquerie, ce feroit l’or potable des pigeons, car il eft indigeft :
& ne faut penfer qu’ils cherchent autre chofe que la chaux,
qui eft dans le mortier, à caufe de fa falfitude, & s’ils aualent
quelque grain de fable, c’eft contre leur volonté & intention (2).

Les huiftres fe nourriffent la plus grand part de fel, & leurs
coquilles en font faites, lefquelles elles mefmes ont bafties,

---

(2) Ce n’eft pour l’ordinaire que dans le gefier des oifeaux *granivores*
qu’on rencontre de petites pierres, & c’eft de-la peut-être que cette efpece
de ventricule étoit anciennement nommée le *perier* ou le *pierier*. Quelques
Auteurs ont conjecturé que c’étoit par inftinct que les oifeaux qui fe nourriffent de grains, avalent de tems en tems de petites pierres qui aident à
broyer des grains, qui pour l’ordinaire font d’une difficile digeftion ; je
l’ai penfé ainfi & je l’ai dit moi-même en parlant des prétendues pierres
d’hyrondelles dans la defcription que j’ai donnée des grottes de Saffenage ;
mais ayant fait depuis ce tems-là des recherches & des obfervations à ce
fujet, je commence à croire que c’eft moins par inftinct que par glou-
tonnerie, & même par une efpece d’erreur involontaire que les oifeaux
granivores avalent fouvent des pierres. Car il faut obferver que la plupart
des graines dures ayant peu ou point de faveur lorfqu’elles font avalées
entieres, il arrive que les oifeaux qui ne font ufage que de cette nourriture, font fouvent induits en erreur par les apparences & avalent de petites pierres rondes ou ovales qu’ils prennent pour des graines. Je me fuis
fouvent amufé à tromper ainfi des poules & des coqs d’Inde à qui je faifois avaler un grand nombre de pierres, en leur en préfentant qui reffem-
bloient par leur configuration, ou à des grains de froment ou à des
grains d’orge. Je penfe donc d’après les expériences que j’ai faites qu’il eft
peut-être autant probable que les animaux font féduits par des apparences trompeufes, que dirigés par un inftinct qui les porte à avaler
des pierres qu’on croit propre à accélérer leur digeftion. Je regarde en
l’état la chofe au moins comme très-problématique.

& qu'ainſi ne ſoit, on le void euidemment : par ce que leſdites coquilles eſtant iettées dans le feu elles pettent en pareille ſorte que le ſel commun. Et ſi le ſel a cette vertu
d'eſmouuoir les parties genitales (comme i'ay dit) c'eſt vne
choſe certaine & bien approuuée que les huiſtres cauſent
vne meſme action (3); qui eſt atteſtation de ce que j'ay dit,
que les huiſtres ſont nourries la pluſpart de ſel.

Et pour mieux monſtrer que le ſel n'eſt pas ennemi des
natures vegetatiues, voyons vn peu la maniere de faire des
laboureurs Ardennois; en certainess contrée des Ardennes, ils
coupent du bois en grande quantité, le couchent & arran-
gent en terre, enforte qu'il puiſſe auoir air par deſſouz. Après
ils mettent grand nombre de mottes de terre ſur ledit bois,
ſçauoir eſt de la terre herbeuſe en forme de gaſons, puis ils
font bruſler le bois au-deſſouz deſdites mottes, en telle ſorte
que les racines des herbes qui ſont en ladite terre ſont bruſlées, & quand ladite terre & racines ont ſouffert grand feu,
ils l'eſpandent par le champ comme fumier, puis labourent
la terre & y ſement du ſeigle. Au lieu qui auparauant n'eſtoit que bois, le ſeigle s'y trouue fort beau, & font cela
de ſeize ans en ſeize ans; car ils la laiſſent repoſer ſeize années, & en quelques endroits ſix années, & en d'autres que
quatre : durant lequel temps la terre n'eſtant point labourée,
produit du bois auſſi grand & eſpois comme il eſtoit auparauant. Et autant comme il leur faut de terre pour enſemen-
cer vne année, ils coupent des bois, & font bruſler des mottes, comme i'ay deſia dit, & conſequemment tous les ans
iuſques au nombre de ſeize : & alors recommencent à la pre-

---

(3) Horace dans la Satyre *unde & quò Catius ?* qualifie les coquillages
que l'on mange, de *lubrica naſcentes implent conchylia lunæ.*

miere piece de terre qu'ils auoyent labourée seize ans auparauant, en laquelle ils trouuent le bois aussi grand comme la
premiere fois.

J'ay dit ceci pour deux occasions, l'vne par ce que mon
propos du sel n'est pas encores siny, & par ce que les laboureurs dudit pays disent, que la terre est eschauffée par ce
moyen, & qu'autrement elle ne produiroit rien, à cause que
le pays est froid, surquoy ie dis que comme l'eau qui a esté
bouillie est plus suiette à geler que l'autre, aussi le feu qu'ils
y font, ne cause pas l'accroissement des fruits, ains faut
croire que c'est le sel que les arbres, herbages & racines
bruslées y ont laissé.

L'autre cause est pour donner à connoistre combien sont
heureux ceux qui habitent ès regions moderées & fertiles,
qui produisent tous les ans. Ces pauures gens sont en grand
peine quand l'année est pluuieuse, qu'ils ne peuuent brusler
leur bois en la saison conuenable; en la meilleure de leurs
années ils ne cueillent ny vin, ny fruits, ny aucune chose
que du seigle; & en chacun village le pauure a autant de
terre que le riche, pour faire son cultiuage. Si le sel estoit
ennemi des semences, il est certain que le bois & les herbes
qu'ils font brusler n'amenderoit point la terre, mais la rendroit inutile: par ce qu'en bruslant lesdits bois, le sel qui est
en iceux demeure en la terre. Si ie connoissois toutes les
vertus des sels, ie penserois faire des choses merueilleuses.

Aucuns Alchimistes blanchissent le cuiure auec du sel de
tartare ou autres especes de sels: le sel est fort vtile aux teintures; l'alun, qui est vn sel, attire à soy les couleurs du bresil,
de la gale, & autres matieres, pour les donner aux draps,
aux cuirs ou soyes, tellement que les teinturiers quelquesfois
voulant teindre un drap blanc en rouge, le trempent dans
de l'eau d'alun: le sel d'alun estant dissout dans l'eau, sera

caufe que le drap receura la teinture que l'on lui aura preparée, & vn autre drap qui ne fera point trempé en l'eau
d'alun, ne le pourra faire. Le fel donc eft vne chambriere
qui ofte la couleur à l'vn pour la bailler à l'autre. Aucuns
fels endurciffent le fer & le tranchant des armes, en telle
forte que on en coupe du fer comme fi c'eftoit du bois. Ie
ne fuis point capable de defcrire l'excellence des fels, ny
leurs vertus merueilleufes : toutesfois en parlant des pierres
i'en diray quelque chofe de ce qui aura efté oublié, auffi que
l'on ne fçauroit traiter d'icelles fans parler quelquefois des
fels.

THÉORIQUE. Il y a long tems que tu parles des fels, mais
iufques icy tu n'as point dit vn mot de la definition de fel,
& toutesfois c'eft le principal que d'entendre que c'eft que fel.

PRACTIQUE. Ie n'en fçaurois dire autre chofe que le fel
eft vn corps fixe, palpable, & conneu en fon particulier,
conferuateur & generateur de toutes chofes, & en autruy,
comme ès bois & en toutes efpeces de plantes & mineraux.
C'eft un corps inconneu & inuifible, comme vn efprit, &
toutesfois tenant' lieu, & fouftenant la chofe en laquelle il
eft enclos, & fi iamais il ne fentoit d'humidité, plufieurs
chofes, où il eft enclos, feroyent perpetuelles : comme le
fel qui eft au bois empefcheroit qu'il ne pourriroit iamais :
& s'il ne receuoit aucune humidité, il ne s'engendreroit iamais de vers dans ledit bois : car iamais ne fe peut faire de
generation fans qu'il y ait vne humeur efchauffée par putrefaction. Si le foin, la paille, & chofes femblables eftant bien
feichées, fans receuoir aucune humidité, eftoyent gardées
en lieu fec, ils feroyent perpetuels par la vertu du fel qui
y eft. Il y a aucuns fels lefquels eftant ès lieux fecs tiennent

la forme qui leur aura esté donnée, & estant mis en lieu humide se reduisent en huile, desquels le tartare est vn, & le sel de salicor vn autre.

Ce point bien entendu peut beaucoup aider à l'intelligence des propos que i'ay tenus en parlant de la generation des metaux: partant il est de besoing que tu entendes bien le tout: par ce que toutes ces matieres sont si bien concatenées ensemble, que l'vne donne intelligence de l'autre.

DU SEL COMMUN.

Théorique. Ie n'euſſe pas penſé qu'il y euſt eu tant d'eſpeces de ſels, ne qu'ils euſſent eu tant de vertus, ſi tu ne
me l'euſſes dit : Mais puis que nous ſommes ſus le propos
des ſels, deuant que paſſer outre, ie te prie me faire le diſcours de la maniere de faire le ſel commun, comme il s'en
fait aux iſles de Xaintonge, & me monſtrer la figure de la
forme comme ſont faits les marez ſalans : car tu le ſçais bien :
d'autant que ie t'ay ouy dire qu'autrefois tu as eſté ſur les
lieux auec commiſſion de figurer leſdits marez.

Practique. Ce qui eſt vray, ce fut du temps que l'on
vouloit eriger la gabelle audit pays. Or puis que tu as enuie
d'entendre ces choſes, donne-moy audience & ie t'en feray
volontiers le diſcours, & puis ie t'en monſtreray vne figure.

Premierement tu dois entendre que d'autant que la mer
eſt preſque toute bordée de grands rochers ou de terres
plus hautes que non pas la mer, pour faire les marez ſalans,
il a fallu trouuer neceſſairement quelque plaine plus baſſe
que la mer : car autrement il euſt eſté impoſſible de trouuer
moyen de faire du ſel à la chaleur du ſoleil : & faut croire
que ſi l'on euſt trouué en quelque autre partie de la France
limitrophe de la mer, lieu propre pour former marez, qu'il
y en auroit en pluſieurs endroits. Or ce n'eſt pas aſſez d'a-
uoir trouué vn platin ou campagne plus baſſe que la mer :
mais il eſt auſſi requis que les terres où l'on veut eriger ma-

Ee

rez, foyent tenantes, glueufes, ou vifqueufes, comme celles dequoy on fait les pots, briques & tuilles.

Il y a vn Seigneur d'Anuers qui a beaucoup defpendu pour faire des marez ès Pays-Bas, en la forme & femblance de ceux des ifles de Xaintonge : mais combien qu'il ait trouué affez de lieux bas pour faire venir l'eau de la mer, ce neant-moins d'autant que la terre n'eftoit pas glueufe ny tenante comme celle de Xaintonge, il n'a pu venir au bout de fon intention, & fa defpence a efté perdue : d'autant que les terres qu'il auoit fait creufer pour former lefdits marez ef-toyent arides & fableufes, qui ne pouuoyent contenir l'eau.

Combien que nos predeceffeurs des ifles Xaintoniques ayent trouué certains platins, ou lieux bas, limitrophes de la mer, & que les terres du fond ayent efté trouuées natu-rellement glueufes ou argileufes, cela n'a pas fuffi pour par-uenir à leur deffein : car il a fallu inuenter vne maniere de conroyer ladite terre en la forte & maniere que ie te diray cy-après.

Si nofdits predeceffeurs n'euffent eu vn grand iugement & confideration en formant les marez falans, ils n'euffent rien fait qui euft valu : ayant donc confideré les platins plus bas que la mer, ils ont trouué qu'il falloit trancher vn canal qui puft amener aifement l'eau de la mer iufques aux lieux pré-tendus, pour faire le fel. Ayant ainfi creufé certains canaux ils ont fait venir l'eau de la mer iufques à vn grand recep-tacle qu'ils ont nommé le iard, & ayant fait vne efclufe au-dit iard, ils ont fait au bout d'iceluy d'autres grands recepta-cles, qu'ils ont nommé conches, dedans lefquels ils laiffent couler de l'eau du iard en moindre quantité que non pas audit iard, & d'icelles conches ils font paffer l'eau dedans le forans par vne tronce de bois percée, qu'ils appellent l'amezau, lequel eſt par-deſſouz le boſſis, & d'iceluy forans la font paſſer par deux bois percez qu'ils appellent les per-tuis des poelles, pour entrer dedans certains lieux qu'ils nom-ment entablemens, vireſons, & moyens, leſquels ſont faits par vne telle meſure, que l'eau de laquelle l'on veut faire ſel, faut qu'elle tourne & enuironne vn bien long chemin & par diuers degrez, auparauant que l'on la laiſſe entrer dedans les parquets du quarré deſtiné à faire le ſel.

Il faut noter que combien que l'on faſſe paſſer ladite eau par pluſieurs degrez enclos aux receptacles, ſi eſt ce que de receptacle en autre, l'eau eſt miſe en moindre quantité, dé-coulant de l'vn à l'autre touſiours en diminuant, afin que la-dite eau ſoit bien preparée & eſchauffée auparauant qu'elle ſoit miſe dedans les aires ſalans, auſquels l'on l'a fait con-geler en ſel, c'eſt-à-dire auant que ouuerture luy ſoit faite pour entrer dedans leſdits aires. Car il y a certaines petites tablettes que l'on hauſſe pour laiſſer deſcouler dedans les aires, l'eau qui vient des vireſons & entablemens & autres degrez.

Mais pour monſtrer qu'elles n'ont pas eſté faites ſans grand labeur & auec vn bien long-temps, il a fallu creuſer la qua-drature du champ des marez, plus bas que le canal venant de la mer, ny que les iards & conches, afin de donner pente ou inclination ès degrez & membres ſuſdits, afin d'a-mener l'eau iuſques à la grande quadrature du champ de marez. Et faut noter qu'en creuſant celle grande quadrature il a fallu apporter les terres & vuidanges tout à l'entour de ladite quadrature, laquelle eſtant miſe tout à l'entour, fait vne grande plate-forme que l'on appelle boſſis, laquelle ſert

pour mettre de grands monceaux de fel qu'ils appellent vaches de fel; & quand fe vient en hyver que la faifon de
faire fel eft paffée, ils couurent lefdits monceaux de fel auec
des iencs, lefquels fe vendent bien à caufe de leur vtilité.
Lefdits boffis feruent auffi pour aller de marez en marez,
pour paffer les hommes & cheuaux en tout temps: & il eft
requis qu'ils ayent vne grande largeur, par ce que quand
quelqu'vn a vendu une vache de fel ou deux, felon que la
diftance eft longue, pour apporter le fel dedans le
nauire, il eft requis pour les lieux lointains vn grand nombre de beftes pour porter le fel à bord, & cela fe fait avec
vne merveilleufe diligence, tellement que l'on diroit, qui
n'en auroit iamais veu, que ce font efcadrons qui veulent
combattre les vns contre les autres. Il y a gens fur le bord
du bateau, qui ne font que vuider les facs, & vn autre qui
marque, & chacune befte ne porte qu'vn fac à la fois; &
ceux qui touchent les cheuaux font communement petits
garçons, qui foudain que le cheval eft defchargé & le fel
vuidé, fe iettent de viteffe fur le cheual, & ne ceffent de
courir la pofte iufques à la vache de fel, où il y a autres
hommes qui empliffent les facs & les chargent fur les cheuaux, & eftant rechargez lefdits garçons les remeinent en diligence iufques au nauire. Et d'autant que les vns & les autres vont & viennent tous en diligence, il eft requis que les
boffis ou plates-formes foyent bien larges, car les cheuaux
fe rencontreroyent l'vn l'autre.

Entends maintenant l'induftrie de laquelle il a fallu vfer
pour rendre les marez propres pour garder que la terre ne
fucce l'eau qui y eft mife pour faler. Quand la grande quadrature a efté creufée & les vuidanges oftées, auparauant

que former les voyes & parquetages, ils ont vn nombre de
chevaux & iumens, lefquels ils attachent l'vn à l'autre en
quelque forte pour les pourmener, puis les mettent dedans
icelle grande quadrature, où ils veulent former les marez.
Il y a vn perfonnage qui tient le premier cheual d'vne main,
& de l'autre main vn foüet, lequel pourmene lefdits cheuaux & iumens en diligence, iufques à tant que la terre de
la fole foit bien conroyée, & qu'elle puiffe tenir l'eau,
comme vn vaiffeau d'airain. Et la terre eftant ainfi bien conroyée, ils dreffent leurs voyes & parquetages par lignes directes, donnant la pente requife de degré en degré, en telle
forte qu'il n'y a maçon ny geometrien qui la fçeuft mieux
niueler auec tous les outils de geometrie, qu'ils la niuellent
avec de l'eau: car l'eau leur donne à connoiftre clairement
les lieux plus hauts ou plus bas.

Après dis-ie que la terre eft ainfi conroyée, ils forment
leurs voyes & parquetages ainfi que fi c'eftoit de la terre à
potier : voila pourquoy ie t'ay dit cy-deuant que ores que
l'on peut trouuer des lieux plus bas que la mer, il feroit
impoffible de dreffer marez falans fi la terre n'eft naturellement argileufe ou vifqueufe comme celle des potiers.

Il y a encores vn grand labeur qu'il a conuenu faire à nos
predeceffeurs pour dreffer les marez; il ne faut point douter que les premiers qui en ont erigé, n'ayent choifi les lieux
les plus proches de quelque canal naturel: car s'il n'y auoit
point de canal il feroit difficile d'amener le fel qui fe fait
fur les marez, iufques au nauire dedans la grande mer, par
ce que les grands nauires ne peuuent approcher du bord,
à caufe de leur grandeur : parquoy ceux qui vendent du fel
ameinent des petites barques qui entrent au-dedans du pla-

tin le plus près qu'ils peuuent du fel qu'ils auront vendu;
ils pofent l'ancre, & ainfi l'on apporte ledit fel premierement en la barque, puis l'on meine ladite barque pour defcharger dans le nauire : & faut noter que le plus fouuent
en certains canaux l'on n'y peut entrer que au plein : & pour
en fortir, fi la mer s'en eft allée, il faut attendre qu'elle
foit de rechef au plein.

Et combien que aucuns canaux ont efté trouués naturels,
ce neantmoins il a efté neceffaire d'aider à nature : afin que
les barques & petits nauires puiffent approcher des lieux où
l'on fait le fel : & ne faut douter que nos pr deceffeurs
n'ayent auffi efté contraints de former des canaux ès lieux
où il ne s'en eft point trouué de nature : car autrement ils
ne pourroyent tirer le fel defdits marez, d'autant que les
plates-formes font faites fi fort obliques, qu'il femble que
c'eft vn labyrinte, & ne fçauroit-on faire vne lieue au trauers qu'elle n'en monte à plus de fix, à caufe des enuiron-
nemens qu'il faut faire pour en fortir : & fi quelque eftran-
ger y eftoit enclos, à peine en pourroit-il fortir fans conduite : par ce qu'il faut trouuer vn grand nombre de pontages, qu'il faut chercher l'vn à dextre & l'autre à feneftre,
quelquesfois tout au contraire du lieu où l'on veut aller : car
il faut entendre que tout le platin des marez eft concaué de
canaux, de iards, de conches, ou de champ de marez ; aucuns defdits champs font quarrez, & autres longs & eftroits,
d'autres en forme d'efquere : afin que toute la terre foit employée en façons de marez : tout ainfi qu'en vne ville les premiers edifians ont pris place communement quarrée à leur
commodité, & les derniers ont pris les places & reftes des
autres, ainfi qu'elles fe font trouuées. Le femblable s'eft

fait ès marez, car les premiers ont pris place à leur commodité le plus près des canaux & de la mer qu'il leur a esté
possible, & les derniers venus ont pris les places, non pas
telles qu'ils desiroyent, mais ils les ont edifiez quelquefois
ès lieux bien lointains des canaux & riues de la mer, qui
cause que ceux-là ne sont pas tant vendus : d'autant que les
frais de l'amenage du sel sont par trop grands.

Autres ont edifié des marez qui sont de peu de valeur,
par ce que bien souuent l'eau leur défaut au plus grand be-
soin, d'autant que les canaux, iards & conches ne sont pas
assez bas en terre pour recouurer de l'eau de la mer à leur
souhait ; & faut icy noter vn point singulier, qui est qu'en
chacun marez il y a vn canal fait à force d'hommes, pour
amener l'eau de la mer dans le iard, & autres canaux comme
petites riuieres, qui seruent pour amener les barques entre
plusieurs marez, dedans lesquelles on porte le sel au grand
nauire, comme i'ay dit vne autrefois.

Par tel moyen toute la terre de la vallée des marez est
labourée, fossoyée & retranchée pour l'vtilité & seruice dudit
sel, & pour ces causes ay-ie dit cy-dessus que si vn estran-
ger estoit au milieu des marez, ores qu'il verroit le lieu où
il voudroit aller, à peine en pourroit-il sortir : d'autant que
bien souuent il luy faudroit tourner le dos pour chercher
les pontages : aussi qu'il n'y a chemin ny voye que seulement
les bossis, qui sont erigez par lignes obliques, & n'est possible de trouuer chemin ny voye dans lesdits marez autre que
les bossis, lesquels sont haut esleuez, par ce que toutes les
vuidanges des champs des marez y ont esté mises ; & si l'on
y estoit en hyuer l'on verroit tous lesdits champs couuerts
d'eau, comme de grands estangs, sans apparoir aucune forme

d'iceux. Ce qui a fait que aucuns peintres, ayant esté en-
voyez ès ifles pour fçauoir la caufe pourquoy il eft impoffible de pafler vne armée au trauers defdits marez, ont efté
deceus : d'autant qu'ils y font allez ès faifon que l'eau eftoit dedans lefdits marez, & en ont rapporté des figures incertaines.
Du temps que l'on vouloit eriger la gabelle au pays de
Guyenne, le fieur de la Trimouille & le general Boyer,
enuoyerent vn maiftre Charles, (peintre fort excellent) fur
les ifles, pour remarquer les paflages; ledit peintre apporta
figure certaine & au vray des bourgs & villages.

Mais quant eft des formes des marez, ce n'eftoit que confufion en fa figure : d'autant que pour lors les marez eftoyent
couuerts d'eau, & pour mieux te le faire entendre, il faut
néceflairement qu'après que les chaleurs font paflées, & qu'il
n'y a plus d'apparence de faire du fel, les fauniers pour la
conferuation des marez, ouurent certaines bondes des canaux qui paflent par le iard & par ces conches, & laiffent
entrer l'eau dans lefdits marez iufques à ce que toutes les
formes foyent couuertes. Car s'ils laifloyent lefdits marez
defcouuerts, les gelées les diffiperoyent en telle forte qu'il
les faudroit refaire tous les ans: mais par le moyen de l'eau
ils font conferuez d'vne année à l'autre.

Et afin que tu entendes mieux que le fel n'eft pas vne
chofe qui fe puiffe faire aifement & à peu de frais, il conuient noter que l'on n'en peut faire que durant trois ou quatre mois de l'année, pendant les grandes chaleurs. Et pour
le premier preparatif du fel, il faut prendre l'eau de la mer
au plein de la lune du mois de Mars. Car en ce temps-là
la mer eft plus haute & enflée qu'en nulle faifon, & lors
qu'elle eft en fa pleine grandeur les fauniers desbondent les

conduits

conduits des canaux & grandes tranchées, pour emplir ce
grand receptacle qu'ils appellent iard, lequel faut qu'il con-
tienne autant d'eau qu'il en fait befoin pour faire le fel iufques à la pleine lune du mois de Iuillet, auquel temps la
mer fe remet en fa grandeur & hauteffe comme celle de
Mars, & alors vn chafcun faunier fe trauaille à remplir le
iard. Toutesfois quelque labeur & diligence que nos predeceffeurs fauniers ayent fçeu faire, fi eft-ce que quand vn efté
eft fort fec, il y a plufieurs marez qui ne font rien vne partie de l'efté : car l'eau du iard eftant faillie deuant le temps,
ils n'ont aucun moyen d'en remettre d'autre, fi ce n'eft au
temps des grandes malignes [qu'ils appellent] qui eft lors
que la mer eft en fa fuperbe grandeur. Voila pourquoy les
marez qui font près du port, & qui peuuent auoir de l'eau
au plein de toutes les lunes, font beaucoup plus eftimez que
les autres.

Il faut auffi noter vn poinct qui eft, que fi durant que l'on
fait le fel il aduenoit vne pluye l'efpace d'vne nuict ou d'vn
iour, mefmes feulement deux heures, l'on ne fçauroit faire
de fel de quinze iours après : par ce qu'il faudroit nettoyer
tous les marez & ofter l'eau d'iceux, auffi bien la falée que
la douce, tellement que s'il pleuuoit tous les quinze iours
vne fois, l'on ne feroit iamais de fel à la chaleur du foleil :
parquoy faut croire qu'aux regions & contrées pluuieufes &
froides, l'on n'y fçauroit faire de fel à la maniere qu'il fe
fait ès ifles de Xaintonge, encores qu'ils euffent toutes les
commoditez cy-deffus alleguées.

Il eft encores de befoin d'entendre qu'auparauant que
faire le fel il faut efpuifer toute l'eau qui eft dans les marez,
laquelle y auoit efté mife pour les conferuer en hyuer : ce

qui n'eſt pas vn petit labeur, & ayant nettoyé tous leſdits
marez communement au mois de May, quand le temps
vient à s'eſchauffer, ils laſchent les bondes pour laiſſer paſſer
telle quantité d'eau qu'ils veulent, laquelle ils font couler
dedans les conches, entablements, moyens & vireſons, afin
qu'elle ſe commence à eſchauffer, & eſtant eſchauffée, ils
la mettent à ſobrieté dedans les aires où l'on fait creſmer
le ſel.

Et pour mieux te monſtrer encores la deſpenſe deſdits
marez, il faut entendre qu'en chaſcun champ de marez il
y a deux eſcluſes faites en maniere d'vn pont, leſquelles ne
ſe peuuent faire qu'auec grands deſpens, à cauſe de la grandeur du bois, car ils faut que les montans viennent du fond
& concauité du canal bien profond, & les pieces trauer-
ſantes ſeruent de paſſer hommes & cheuaux ; ils nomment
leſdits ponts l'vn la varengue & l'autre le gros mats, par ce
qu'il ſert auſſi à retenir les eaux du iard. Outre leſdits ponts
en chaſcun marez il y a pluſieurs pieces de bois qui ſont percées tout du long, pour faire paſſer les eaux de degré en
degré. En chaſcun champ de marez, il faut bien vne piece
de bois autant longue que le pied d'vn grand arbre, laquelle
eſt percée tout du long, qu'ils appellent l'amezau, & faut
que ledit pied d'arbre ſoit bien gros, & les autres pieces qui
ſont moindres ſont percées ſelon leur groſſeur. Ie te dis ceci
afin que tu entendes que les bois des marez eſtant pourriz
ou bruſlez, les foreſts de la Guienne ne ſçauroyent ſuffire
pour les refaire. Et n'y a homme ayant veu le labeur de tous
les marez de Xaintonge, qui ne iugeaſt qu'il a fallu plus de
deſpence pour les edifier, qu'il ne faudroit pour faire une
ſeconde ville de Paris.

THÉORIQUE. Voire mais ceux qui se font meslez d'escrire par cy-deuant, disent que le sel prouient de l'escume de la mer, & mesme vn autheur (qui a escrit depuis que le sel est si cher, vn petit liure, de l'excellence, dignité & vtilité du sel) l'a ainsi dit, & semblablement a dit que nous serions bien heureux si nous auions vne fontaine d'eau salée en France, comme ils ont en la Lorraine & autres pays.

PRACTIQUE. Tu peux bien auoir entendu par mon discours le contraire de leur dire, il n'est pas besoing que i'en repete quelque chose. Et quant à l'autheur que tu m'as allegué, il n'entend pas bien ce qu'il a mis en son liure, & plusieurs le croyant se pourront abuser : car quand il y auroit cent fontaines d'eau salée en France, elles ne pourroyent suffire à la moitié du Royaume. Et qui plus est, quand il y en auroit mille, elles seroyent inutiles. Car où sont les bois pour faire ledit sel ? i'ose bien dire que toutes les forests de France ne sçauroyent faire en cent ans autant de sel de fontaines ou de puits salez, qu'il s'en fait en vne seule année en Xaintonge, à la chaleur du soleil, non pas vne année, mais seulement depuis la my-May iusques à la my-Septembre, car ils n'en sçauroyent faire en autre saison. Il y a des puits ou fontaines en Lorraine, desquelles l'on fait grande quantité de sel : mais ie te prie considere vn peu la grande despense.

La chaudiere où l'on fait bouillir l'eau, a trente pieds de long & autant de large, elle est maçonnée sur vn four qui a deux gueules, & à chacune gueule il y a deux hommes qui ne cessent de ietter bois dans icelles. Il y a vn grand nombre de chariots pour charier le bois, & des hommes pour le mettre près du four, autres sont au bois pour le couper.

F f 2

L'on tient pour certain que toutes les années il faut la leuée de mille arpens ou quartiers de bois taillis pour entretenir lefdites fournaifes, & l'ordre eft tel qu'il y a quatre mille quartiers de bois deftinez pour l'entretenement des fours, & par chafcun an l'on en coupe mille quartiers, & au bout de quatre ans les quatre mille quartiers eftant coupez, ils re-commencent au premier millier qui auoit efté coupé. Or confidere fi quelqu'vn auoit en France mille quartiers de bois taillis, s'il voudroit bailler la leuée dudit bois pour le prix que pourroit eftre vendu le fel qui fe feroit en dix mille quartiers : il eft certain que le bois vaudroit plus , & s'en trouueroit plus d'argent que du fel. Et combien que le bois ne coufte rien au Duc de Lorraine, fi eft-ce que les frais de faire le fel au feu, font fi grands que le fel eft trois fois plus cher en Lorraine que non pas en France.

O combien la beatitude de la France eft plus grande en cet endroit que celle des autres Nations ! Et combien qu'en Portugal il s'en face à la chaleur du foleil, fi eft-ce qu'il n'eft pas fi naturel que celui de Xaintonge, par ce qu'il a vne acuité fi grande & corrofiue, que plufieurs en ayant falé des lards ont trouué des trous & incifions que les gros grains de fel auoyent fait au trauers defdits lards. Quant eft de celuy de Lorraine, tant il s'en faut qu'il foit fi conferuatif que celuy de Xaintonge, que bien fouuent les lards dudit lieu font tous remplis de vers après auoir efté falez.

Plufieurs Royaumes eftrangers, ayant quelque quantité de fel en leur pays, ne laiffent pour cela d'en venir querir en France, & quand ils en ont , ils l'augmentent & accroiffent du leur. Ceux des Ardennes fçauent très bien que le fel de Xaintonge eft meilleur que celuy de Lorraine , & pour ces caufes ils font foigneux d'en auoir: ils le connoiffent à la couleur & groffeur, car les grains du fel qui eft congelé au foleil font plus gros que de celuy qui eft fait au feu, & faut croire que le fel de Xaintonge eft auffi blanc que nul autre fçauroit eftre. Mais par ce que la terre des marez eft noire, ceux qui font le fel ne le peuuent tirer hors des aires fans racler & entremefler quelque peu de terre: ce qui lui ofte vne partie de fa blancheur; toutesfois quand les fauniers commencent à faire du fel, ils en font d'auffi blanc que neige, pour feruir à table, & en font des prefens à leurs parens & amis, qui font efpars ès terres douces. Ils prennent ledit fel blanc tout deffus, auant que de racler iufques au fond, & fans efmouuoir rien de ladite terre. Ce n'eft donc pas la faute de l'eau, que le fel de Xaintonge ne foit auffi blanc que celuy des autres pays. Et ne faut plus auoir opinion qu'il s'en face de l'efcume de la mer, ainfi que l'on l'a creu iufques auiourd'huy.

Le fel blanchit toutes chofes.

Et donne ton à toutes chofes.

Et fi fortiffie toutes chofes.

Et fi eft compagnon de toutes natures.

Et fi entretient l'amitié entre le mafle & la femelle (4).

---

(4) Entendons Plutarque nous dire à ce fujet: *que les Prêtres Egyptiens qui font chaftes & vivent faintement, s'abftiennent de tout fel, de forte qu'ils ne mangent point de pain falé. Quant au fel, ajoute-t-il, ceux qui veulent mener une vie fainte & impollue, s'en abftiennent à l'aventure, parce qu'il provoque ceux qui en ufent à luxure & à fe méler avec les femmes..... A mon avis les Poëtes appellent Vénus, c'eft-à-dire,* ἀφρὸς

Et si aide à la generation de toutes choses animées & vegetatiues.

Il empesche la putrefaction & endurcist toutes choses.

Il aide à la veüe & aux lunettes.

Sans le sel il seroit impossible de faire aucune espece de verre.

Toutes choses se peuuent vitrifier par sa vertu.

Il donne goust à toutes choses.

Il aide à la voix de toutes choses animées, voire à toutes especes de metaux & instrumens de musique.

---

engendrée de la mer, & en feignent une fable qu'elle ait pris sa generation de la mer, donnant par cela couvertement à entendre la vertu generative du sel: bref, ils font toujours les Dieux marins, peres de plusieurs enfans & de grande lignée... Œuvres Morales de Plutarque, traduction d'Amyot, Livre cinquieme, des Propos de table, quest. 10. p. 402. let. H. & 403. let. A. & D. de l'édit. *in-fol.* de Claude Morel, 1618.

AVIS
DU LIBRAIRE.

LEs *Etrangers qui liront Paliſſy entendroient difficilement les expreſſions uſitées comme techniques pour la fabrication du ſel dans une province particuliere du Royaume de France. Les François mêmes, peu accoutumés au langage des habitans de Saintonge, auroient beſoin d'en avoir l'explication, c'eſt pour faciliter les uns & les autres que nous croyons devoir joindre à la ſuite des Traités* des ſels *de notre Auteur, celui* de Nicolas Alain, *Médecin de la ville de Saintes* de facturâ ſalis *qu'il a écrit au commencement des* premiers troubles : *ouvrage très-rare, publié par* Jean Alain, *ſon fils, Avocat au Parlement de Bordeaux ; il avoit été compoſé du tems de Paliſſy, la deſcription & les termes ſont pour ainſi dire les mêmes. Nous l'avons extrait du livre intitulé :* De Santonum Regione & Illuſtrioribus Familiis, *in-*4. form. min.

Santonibus apud Franciscum Audebertum, 1598. *Jean Alain le dédia au Prince de Condé, Henry de Bourbon, Gouverneur de la Guienne.* Dominique *Burgensis, Médecin & Maire, Jean Grelaud, Conseiller du Roy, à Saintes, un certain Jacques Renaud, trois Avocats appellés Turmet, Guoy & le Conte, ont fait l'éloge du pere & du fils, en vers latins, suivant l'usage de ce siecle.*

DE FACTURA SALIS APUD SANTONES.

Hujus margines eo toto tractu salinis, & salis factitii acervis utrinque splendent. De quo, quaque industria fiat hîc obiter adnotare non erit extra rem, quandoquidem Santones hujus unius excellentia omnes nedum Aquitaniæ, verùm etiam totius Europæ Regiones antecellunt. De illo quem natura gignit sive in terrâ sive extrà terram reperiatur, nihil dicemus, neque de eo quem Belgarum quidam in Lotharingiâ, atque etiam Germani exhausta è puteis aqua salsa, ardentibusque lignis supposita excoquunt tam diligenter,

genter, ut foſſili & marino facilè carere poſſint, quia nec hujus eſt inſtituti, nec apud nos omnia ſalis genera ſunt in promptu.

Intumeſcente igitur ob æſtum pelago, brumali aut etiam vernâ tempeſtate, in oppoſitione ſolis cum lunâ, aquam marinam in certa quædam veluti ſtagna & ſpatioſos lacus, *Jacos* (fortaſsè quòd illîc immota aqua jaceat) appellant, ligneis Tubis ad id poſitis mare in lacum infundentibus Salinarii trajiciunt : reſidente mox æſtu, remeanteque in Pontum mari, cùm effluere & delabi Undæ non poſſint, quòd undique ſit incluſus aggeribus lacus, & tubi obſerati, obſtructique, in eo aquas conquieſcere ſtagnantium more oportet, uſque ad æſtatis initium, quo ex his lacubus ad Arearum campum derivantur. Ea res in hunc modum tranſigitur, peragiturque labore improbo & induſtriâ Salinariorum, & ſepimento terreo, (quòd quia extuberaſcit & intumeſcit, Galli ut id genus alia *Boſſiam*, quaſi tumorem indicantes, vocant, ad juſtam impediendi æſtus marini altitudinem, extructo.) Jam verò ad ſalis acervos in tuto collocandos planities excavatur, in quâ Salinarias

G g

areas effingunt undiquaque quatuordecim, aut circiter, pedum latitudine quadratas, easque oleaginosa terra condensata, subactaque magna vi expoliunt, pavimenta adæquant, marginesque in ambitu, pedali fastigio, & latitudine tripla erigunt, in quasquidem areas sordibus & limo verno tempore repurgatas, aqua marina è lacu educitur, & in campum admittitur. Sed aliquot diebus antè præparatur, incalescitque in fossis laxioribus ejus rei gratiâ paratis, quas à concharum cavitate, similitudineque, *Conchas*, appellant. Ex iis ineunte Maio, aut æstiuo sole in areas aquam pollicari altitudine immittunt: subinde adventente mox æstu à solis fervore, & flatu Aquilonio præsertim, humor capitur & siccari; coagularique cogitur, sale crassiore subsidente, & ejus veluti flore candidissimo supernatante. Eâ epotâ exsiccatâque aquâ, aliam super ingerunt, donec sal biduò, aut ad summùm triduò in spissitudinem creverit, nisi fortè imbrium copia cùm sal adhuc per areas stratus jacet, supervenerit quibus aqua ipsa dulcescit, quæ ob id tanquam huic opificio inepta, inde emittitur. At verò concretum salem sub noctem probè exficcatum inftrumentis ligneis incurvis extrahunt, & in aggeribus circà factis acervos falis conftruunt tam altos, ut profpicientibus colliculorum habeant fpeciem. Hos ubi caloribus obduruêre, imbribus vix liquefcere certum eft. Nam cùm calore fit fal conglutinatus, ficcitatem amat, contrà humor potiffimum gelidus, tepidufque eft illi inimicus, quandoquidem in ipfo pofitus liquefcit, reditque in aquam è quâ concreverat, & in eam ftatim refolvitur : humido item aëri expofitus aliquam molis jacturam facit. Itaque cùm in his ficcis locis confervetur, ftrues ipfas falis, arundineis, junceifque operimentis in multos annos tegunt, muniuntque Salinarii, ut advenientibus mercatoribus quandocumque libuerit vendant.

Mitto ufus varios quos fal mortalibus ad excitandam edendi aviditatem, & arcendam à mactatis animalibus putredinem, præbet, alia in vita quam plurima commoda fubminiftrans, adeò ut in proverbium abierit de re infuavi & injucundâ, eam effe fine fale. Unde *Plinius* eleganter, *Vita humanior fine fale degere nequit*, adeò neceffarium alimentum eft; aut verius ut cum *Galeno* loquar, *condimentum*, ut tranfierit intellectus ad voluptates animi quoque, nam ita fales appellantur, omnifque vitæ lepos, & fumma hilaritas, laborumque requies non alio magis vocabulo conftat. Honoribus etiam militiæque interponitur, Salariis inde dictis, magnâ apud antiquos auctoritate & præstantiâ, atque etiam neceffitate, quandò majus Regum vectigal ex eo eft, quam ex auro, atque margaritis, quorum penuriam in Galliis folus Sal fupplet.

NOTES
SUR LES TRAITÉS DES SELS.

Page 205.

CE Monsieur Sifly, Médecin du Duc de Montpensier, Prince du Sang, n'est point connu par ces ouvrages ni par aucun acte qui nous soit tombé entre les mains.

Page 208.

Il est question ici du livre imprimé à la Rochelle en 1563.

Page 217.

François I, par son Edit donné à Saint Germain-en-Laye, au mois de Mai 1543, regiftré dans toutes les Cours, ordonna de faire lever les droits de Gabelles fur les marais falans. Le *Confervateur* de la Xaintonge Gouverneur de la Rochelle, & fon *Greffier* furent établis à Xaintes (où il n'y en avoit point encore eu) par les Commiffaires nommés à cet effet, ce qui fit intervenir l'Edit de Saint Maur des Foffés, du mois de Juillet 1544. C'eft entre ces deux époques que Paliffy fut employé à faire le plan des falines de cette Province. Cet état de la Gabelle fubfifta jufqu'au mois de Décembre 1553, qu'elle fut vendue aux habitans de cette Province par un Edit de Henri II.

Page 218.

Guichardin dans fa Defcription des Pays Bas, imprimée à Anvers, en François, l'an 1582, dit que la France fournit à cette ville, du fel de Brouage tous les ans 6600. Chaque 100 contenant cent tonneaux de 225 à 230 livres par tonneau, lefquels, à 30 écus le 100, montent à la fomme de 198000 écus.

On conçoit que cette dépenſe pouvoit encourager les Marquis de Rhien, *Seigneurs de la Ville d'Anvers*, à attirer cette branche de commerce dans leurs Etats, ſi la choſe avoit été poſſible.

Page 224.

Louis de la Trémoille, Vicomte de Thouars, Gouverneur de Poitou, &c. créé Duc en Juillet 1563, mort le 25 Mars 1563, (l'année commençoit à Pâques.)

A l'égard de ce Boyer, c'étoit un des Généraux des Aides & Gabelles commis à cet effet. Le Peintre *Charles* n'eſt point connu juſqu'à préſent ni par ſa Carte, ni par d'autres ouvrages.

Page 227.

Jean de Marcouville, Gentilhomme du Perche, ſieur du Deffais & de Montgoubert, Auteur d'un Traité *De la dignité & utilité du ſel, & de la grande charté & preſque famine en l'an préſent* 1574, *par Jean de Marcouville, Percheron*, in-8. Paris, 1574. » On lit en tête un Sonnet par Fr. Gruget Ref. l'Auteur a daté un Avis au Leĉteur à la fin de ſon livre de Montgoubert, le 28 Novembre 1574».

» L'on apprend que les pluyes de l'an 1573, & l'exportation du ſel de France le firent monter juſqu'à 15 l.tourn. & même 25 l.mais Marcouville attribuoit cette cherté, non pas à des cauſes auſſi naturelles, mais à la colere de Dieu qui s'étoit manifeſtée le 14 du mois de Novembre 1574, par deux armées vues en l'air à Caen, &c. *Notes communiquées*.

DES EAUX
ET FONTAINES.

SOMMAIRE.

L'Intention de Paliſſy dans ce Traité, étoit d'enſeigner &
de développer avec le plus grand détail, une méthode ingénieuſe
& nouvelle pour conſtruire des fontaines artificielles qui devoient imiter en tout les ſources naturelles ; il étoit bien aiſe &
crut même qu'il étoit convenable, avant d'entrer en matiere,
d'examiner ſoigneuſement les différentes qualités des eaux
qui ſont le plus en uſage. Il conſidere en premier lieu celles
des puits, les compare, les analyſe & les regarde pour l'ordinaire comme trop crues, trop froides & quelquefois même
comme croupies.

Les eaux des mares valent encore moins, elles ſont dangereuſes tant pour les hommes que pour les animaux ; car outre
qu'elles ſont très-ſouvent corrompues, elles renferment
quelquefois & même pour l'ordinaire une multitude d'inſectes
& de reptiles malfaiſans. Celles des citernes ſont préférables,
mais elles ſont trop tranquilles, ſujettes à s'altérer ou à être

épuifées dans les grandes chaleurs de l'été. Les eaux de fources, les eaux de fontaines font donc les plus agréables, les
plus naturelles & les plus faines.

Cette analyfe le conduit à l'examen des différentes méthodes employées dans tous les tems connus pour conduire l'eau
d'un lieu à un autre : il examine & balance les inconvéniens ou
les avantages de ces différentes méthodes; celle qui lui paroît la
plus fure & en même tems la plus propre pour conduire les
eaux à de très-grandes diftances, eft l'ufage des aqueducs : il
contemple à cette occafion les ouvrages étonnans que les Romains avoient eu la hardieffe d'entreprendre & le courage
d'exécuter : les ruines qui nous reftent & qui caractérifent le génie de cette nation, nous montrent en même tems que
ce que les hommes édifient avec tant de bras, de fatigues &
de dépenfes, le tems fait le renverfer promptement & fans
peine.

Mais fi d'une part Paliffy a fait l'examen attentif des
eaux des puits, de celles des marais & des citernes, il ne négli-
ge pas de nous apprendre que les eaux des fources fouterraines
peuvent elles-mêmes éprouver des altérations occafionnées tantôt par des matieres falines, bitumineufes, minérales, &c.
Comme il exifte plufieurs de ces eaux minérales deftinées au
rétabliffement de la fanté des hommes, Paliffy examine en paffant leurs qualités, il en regarde quelques-unes comme propres à détruire dans des occafions affez rares certaines maladies qui réfiftoient à d'autres remedes, mais il s'en faut de

beaucoup

beaucoup qu'il pense avec les empyriques de son tems, que les eaux minérales sont généralement bonnes pour toutes les maladies. Il dit un mot des eaux thermales, dont il attribue la chaleur aux matieres sulfureuses, aux charbons fossiles, aux bitumes & à tous les corps inflammables qui se rencontrent en abondance dans le sein de la terre.

Il étoit difficile de parler des matieres inflammables souterraines, sans dire un mot des tremblemens de terre, aussi notre auteur ne tarde pas à en entretenir ses lecteurs, & il leur expose une théorie fondée sur les phénomenes que peuvent produire l'air, le feu & l'eau réunis, se combattant tour à tour & donnant lieu à ces ébranlemens formidables qui nous font croire la nature entiere en danger. Non-seulement ce sentiment est exposé d'une maniere très-ingénieuse, mais on y voit avec plaisir des détails qui annoncent combien Palissy savoit former de bons raisonnemens & mettre à profit les observations que ses recherches pratiques l'avoient mis à portée de faire. Ce n'est pas un potier de terre qui parle, c'est un physicien éclairé qui va nous apprendre dans quel livre il a puisé ses connoissances. Veux-tu que ie te die le liure des philosophes, où i'ay appris ces beaux secrets ? Ce n'a esté qu'vn chauderon à demi-plein d'eau, lequel en bouillant quand l'eau estoit vn peu asprement poussée par la chaleur du cul du chauderon, elle se souleuoit iusques par dessus led t chauderon; & cela ne se pouuoit faire qu'il n'y eust quelque vent engendré dedans l'eau

H h

par la vertu du feu, d'autant que le chauderon n'estoit qu'à demi plein d'eau quand elle estoit froide, & estoit plein quand elle estoit chaude. Les fourneaux aufquels ie cuis ma befongne, m'ont donné beaucoup à connoiftre la violence du feu : mais entre les autres chofes qui m'ont fait connoiftre la force des eflemens, qui engendrent les tremblemens de terre, i'ay confideré vne pomme d'airain qu'il n'y aura qu'vn petit d'eau dedans, & eftant efchauffée fur les charbons, elle pouffera vn vent très-vehement qu'elle fera brufler au feu, ores qu'il ne fuft coupé que du iour mefme.

La digreffion fur la maniere dont les tremblemens de terre peuvent s'opérer étant finie, il reprend le fujet principal de fon difcours & il s'occupe des eaux de fources & de fontaines. Il combat le fentiment de tous ceux qui penfoient alors que les eaux n'étoient pas le produit des nuages, mais qu'elles s'élevoient de l'intérieur de la terre en maniere d'évaporation. Il creufe à fond cette queftion, voulant déraciner un abus d'autant plus accrédité qu'il étoit étayé du fentiment d'un grand nombre d'auteurs anciens. Une pareille queftion qui paroîtroit oifeufe dans ce moment, ne l'étoit point alors ; auffi traite-t-il ce fujet avec la plus exacte attention. Il met en avant des preuves & des démoftrations faites pour lui attirer tous les fuffrages : il propofe enfin les moyens d'établir, à l'aide de l'art, des fontaines artificielles qui doivent imiter prefque en tout celles que la nature nous fournit pour nos befoins ; & c'eft non-feulement dans les terreins les plus arides qu'il offre de mettre à exécution *fon projet , mais encore dans les terreins bas , comme dans ceux qui font élevés. Cette idée peut paroître extraordinaire au premier coup-d'œil , mais elle devient très-vraifemblable lorfqu'on veut faire attention à tous les moyens de détails que notre auteur propofe pour cela , & c'eft en offrant lui-même de diriger de pareilles fontaines, qu'il doit nous faire comprendre que l'exécution n'en étoit point impoffible :* Si quelqu'vn vouloit edifier vne fontaine felon le deffin contenu en mon liure & qu'il ne puiffe entendre clairement l'intention de l'autheur, ie lui feray vn modele par lequel il pourra facilement entendre ce que deffus. *C'eft à la fuite de ce traité qu'on trouve l'explication qu'il donne fur la maniere dont il penfe que s'opere le phénomene qui fe remarque en Guienne fur la riviere de la Dordogne & qui eft connu fous le nom de* Mafcaret.

AVIS DE L'AUTHEUR.

Depuis que ce liure a esté commencé de mettre souz la presse, plusieurs personnages m'ont requis d'en faire lecture, afin d'auoir plus certaine connoissance des choses difficiles, qui m'a incité d'escrire ce qui s'en suit : à sçauoir que si après l'impression dudit liure, il se presente quelqu'vn qui ne se contente d'auoir veu les choses par escrit en son priué, & qu'il desire auoir une ample interpretation, qu'il se retire par deuers l'imprimeur, & il luy dira le lieu de ma demeurance, auquel on me trouuera tousiours prest à faire lecture & démonstration des choses contenues en iceluy.

Aussi si quelqu'vn vouloit edifier vne fontaine selon le dessin y contenu, & qu'il ne puisse entendre clairement l'intention de l'autheur, ie luy feray vn modele, par lequel il pourra facilement entendre ce que dessus.

DES EAUX
ET FONTAINES.

THÉORIQUE. Ie me trouuay ces iours paſſez (allant par les champs) fort alteré; & paſſant par quelque village ie demanday où ie pourrois trouuer quelque bonne fontaine afin de me rafraichir & deſalterer, à quoy me fut reſpondu qu'il n'y en auoit point audit lieu, & que leurs puits eſtoyent tous taris, à cauſe de la ſechereſſe, & qu'il n'y auoit qu'vn peu d'eau bourbeuſe au fond deſdits puits; ce qui me cauſa grande faſcherie, & fus fort eſtonné de la peine où eſtoyent les habitants de ce village, à cauſe de l'indigence d'eau. Et lors me ſouuins d'vne promeſſe que tu m'as faite, longtems y a, de me monſtrer à faire des fontaines aux lieux les plus ſteriles d'eaux. Or puis que nous ſommes de loiſir, ie te prie (ſuyuant ta promeſſe) de m'apprendre cette ſcience qui me ſera fort vtile : car i'ay vn heritage où il n'y a point de fontaines, & n'y a qu'vn puits qui eſt ſuiet à tarir auſſi bien que les autres.

PRACTIQUE. Ie le feray volontiers : mais auant que parler des fontaines de mon inuention, ie ſuis d'auis de te faire vn petit diſcours de la cauſe des bonnes ou mauuaiſes eaux, & de l'imprudence d'aucuns fontainiers modernes : auſſi des naiſſances des ſources naturelles. Et pour cet effect il faut regarder à l'inuention moderne, pour connoiſtre ſon vtilité & longue durée. Pluſieurs deſdits modernes, n'ayant nul moyen de trouuer ſources ne fontaines viues, ont creuſé les terres pour faire des puits ; & pour obuier au grand labeur de tirer l'eau, ils ont contemplé les pompes des nauires, & combien qu'elles soyent inuentées par nos antiques, aucuns artisans (desirant de gaigner, & se mettre en credit, aussi pour croiftre leurs renommées) ont conseillé à plusieurs Seigneurs & autres, de faire des pompes à leurs puits, non comme inuention vieille, mais comme premiers inuenteurs, & s'en font beaucoup fait valoir, & plusieurs ont fait de grandes despences esdites pompes, lesquelles ont encores à present grand regne. Toutesfois ie sçay à la verité, tant par practique que théorique, que lesdites pompes auront bien peu de durée, à cause de la violence des mouuemens desdites pompes, qu'ils endurent, tant par la subtilité des eaux, que par les vents qui s'entonnent dedans les tuyaux : & faut conclure que toutes choses violentes ne peuuent durer.

THÉORIQUE. Comment est-ce que tu oses mespriser vne inuention si ingenieuse, & tant vtile, veu que toy - mesme confesses qu'elle est inuentée par les anciens, & de tout temps l'on en a vsé pour la conseruation des nauires : car sans lesdites pompes ils periroyent bien souuent ; aussi l'on sçait bien qu'en plusieurs minieres de metaux l'on se sert desdites pompes, car autrement les eaux les submergeroyent à tous les coups.

PRACTIQUE. Ie ne mesprise point l'inuention des pompes : mais au contraire ie l'estime beaucoup, & quiconque l'a inuentée a eu vne grande consideration, & n'a pas esté sans auoir consideré l'anatomie de nature humaine. Car ie sçay bien que l'eau qui est montée le long des canaux, n'est montée sinon par vne attraction d'halene causée par la soufpape, laquelle ayant donné lieu à l'aspiration, ou sucement du vent qui est amené par le baston de la pompe, & que par l'attraction & haussement tant de la soufpape que du baston, estant

entré vne quantité d'eau au-dedans du tuyau, ladite soufpape
eftant remife en fon lieu enferme l'eau & le vent, qui font
enclos dedans la pompe, eftant demeurée & pouffée par le
mouuement dudit bafton, lequel contraint l'eau de monter
en haut, & cela ne fe peut faire fans grande violence : comme
tu vois qu'vn homme ne peut cracher fans premierement attirer à foy du vent ou de l'air, & cela ne fe peut faire que
la foufpape de la gorge de l'homme [que les Chirurgiens
appellent la luette] ne ioue comme celle des pompes. Et
combien que i'eftime l'inuention defdites pompes merueilleufement grande, & que ie fçay qu'elle feront toufiours de
requefte, & vtiles tant aux nauires que minieres, fi eft-ce
que pour les puits domeftiques elles feront bien peu de requefte : par ce qu'il faut toufiours des ouuriers après, à caufe
des fractions engendrées par les violences, & qu'il fe trouue
bien peu d'hommes qui les fçachent reparer.

Voila pourquoy ie parle hardiment, comme eftant bien
affeuré que plufieurs dedans Paris & ailleurs ont fait faire
defdites pompes auec grands fraix, qui à la fin les ont de-
laiffées à caufe des reparations qu'il y falloit fouuent faire.
Auffi ie fçay qu'il y a eu de noftre temps vn architecte François, qui fe faifoit quafi appeller le dieu des maçons ou architectes, & d'autant qu'il poffedoit vingt mille en benefices,
qu'il fe fçauoit bien accommoder à la Court, il aduint quelquefois qu'il fe vanta de faire monter l'eau tant haut qu'il
voudroit, par le moyen des pompes ou machines, & par
telle iactance incita vn grand Seigneur à vouloir faire monter l'eau d'vne riuiere en vn haut iardin qu'il auoit près ladite riuiere. Il commanda que deniers fuffent deliurez pour
faire les fraix : ce qu'eftant accordé, ledit architecte fit faire
grande quantité de tuyaux de plomb, & certaines roues dedans la riuiere, pour caufer les mouuemens des maillets qui

font iouer les foufpapes. Mais quand ce vint à faire monter l'eau, il n'y auoit tuyau qui ne creuaft, à caufe de la violence de l'air enclos auec l'eau : doncques ayant veu que le plomb eftoit trop foible, ledit architecte commanda en diligence de fondre des tuyaux d'airain, pour lefquels fut employé vn grand nombre de fondeurs, tellement que la defpence de ces chofes fut fi grande, que l'on a trouué par les papiers des controlleurs, qu'elle montoit à quarante mille francs, combien que la chofe ne valuft iamais rien. Et à ce propos i'ay veu plufieurs pompes qui ont amené par le mouuement de la foufpape vne fi grande quantité de fable, qu'enfin il falloit rompre les tuyaux pour ofter le fable qui eftoit dedans.

THÉORIQUE. Je ne fçay comment cela que tu dis fe peut faire : car i'ay veu vn millier de modeles de pompes, qui iettoyent l'eau auffi naturellement que fi c'euft efté vne fource.

PRACTIQUE. Tu t'abufes en m'alleguant les modeles : car ils ont trompé vn million d'hommes tant ès baftiments que plateformes, batteries, pontages & defuoyements de riuieres, chauffées, leuées ou paiffieres, & fingulierement aux eflevations des eaux. Car plufieurs ayant approuué l'eflevation & vuidanges des eaux par modele de pompes, ont fait de grandes entreprifes pour fonder des piliers dedans les riuieres, cuidans qu'après que l'eau feroit remparée alentour du lieu deftiné pour le fondement des piliers, il feroit bien aifé de la vuider par les pompes, ont fait faire de grandes pompes fuyuant les modeles qu'ils auoyent trouué véritables, en quoy ils ont efté deceus, & fe font ruinez : d'autant qu'ils n'ont fçeu faire en grand volume ce qu'ils faifoyent en petit. Autant en eft-il aduenu à plufieurs fur les defuoyements des cours des riuieres. Si inquifition eftoit faite de ces chofes, l'on en trouueroit quelque tefmoignage à Tolofe, en l'édi-

fication

fication d'vn pont affis fur la Garonne; parquoy faut conclure que les pompes font vtiles & neceffaires ès nauires & en quelques minieres : mais pour en faire eftat pour les puits, l'on en eft bientoft las , pour les caufes que i'ay dites ci deffus : parquoy ie ne t'en parleray dauantage.

Théorique. Et quant à l'eau des puits, que t'en femble ? La trouues-tu bonne ou mauuaife ?

Practique. Ie ne puis autre chofe dire des eaux des puits, finon qu'elles font toutes froides & croupies, les vnes plus, les autres moins; & ne faut pas que tu penfes que les eaux des puits procedent de quelque fource : car fi c'eftoit de quelque fource continuelle, les puits s'empliroyent foudain : parquoy eft à noter qu'elles ne viennent de gueres loing. & n'eft feulement que les efgoufts des pluyes qui tombent à l'entour des puits : & ceux qui font dedans les villes font fuiets à receuoir plufieurs vrines, & s'il y a des priuez circonuoifins, il ne faut douter que l'eau defdits puits ne s'en reffente : & ne peut-on autrement conclure, finon que les eaux des puits font efgoufts continuels des pluyes, qui fe rendent petit à petit en bas au trauers des terres. Et ce qui fait qu'aucuns puits font meilleurs les vns que les autres, & n'eft autre chofe finon que les terres circonuoifines font nettes de tous mineraux, falpeftres & autre fubftance que les eaux pourroyent prendre en paffant par les terres. Toutesfois depuis que les eaux font entrées dedans les puits elles croupiffent, & font aifées à empoifonner, par ce qu'elles n'ont point de cours.

Si tu auois leu l'hiftoire de Iehan Sleidan, tu connoiftrois que les eaux des puits & cifternes font fuiettes aux poifons. Il raconte que durant la guerre que l'Empereur Charles cinquiefme fit contre les Proteftants, il fut empoifonné plufieurs puits & eaux dormantes , & qu'il fut pris vn homme

Ii

qui confeſſa eſtre venu de lointain pays, exprès pour faire ce mauuais effect, & ce par le commandement de deux grands perſonnages que ie ne veux nommer [1]. Au grand

(1) Voici le paſſage de Jean Sleidan d'après l'édition de Pierre-François le Courrayer. » Vers le même-tems ils (l'Électeur de Saxe & » le Landgrave de Heſſe) publièrent un écrit où ils diſoient qu'ils » avoient appris de gens dignes de foi, que le Pape qui étoit l'Antechriſt » Romain, l'organe de Satan & l'auteur de cette guerre, & qui quelques » années auparavant avoit envoyé des incendiaires en Saxe qui y avoient » cauſé de grands dommages, y avoit fait préſentement paſſer des empoi- » ſonneurs pour empoiſonner les puits & les étangs, afin de faire périr » par le poiſon ceux qu'ils n'avoient pu détruire par le fer & les ar- » mes (a). En conſéquence ils exhortoient tout le monde en général, » mais ſur-tout leurs ſujets de faire ſaiſir les Commiſſaires, afin qu'après » les avoir convaincus de ce crime on pût les punir par les ſupplices qu'ils » avoient mérités.

Voici la note très-ſage & très-judicieuſe de Pierre-François le Courrayer.

(a) »C'eſt un de ces ſoupçons populaires ſur leſquels il n'y a pas » grand fond à faire : car ſans parler de l'atrocité de la choſe qui » la rend ſuſpecte par elle-même, comment s'imaginer qu'on pût » empoiſonner des puits & des étangs dans tout un pays ; la quan- » tité du poiſon qui ſeroit néceſſaire pour le ſuccès d'une telle ſcélé- » rateſſe, rend la choſe même incroyable, quand on pourroit ſe figu- » rer d'ailleurs qu'il y auroit des gens aſſez méchans pour donner une » commiſſion auſſi déteſtable ou pour s'en charger : ce n'eſt donc-là qu'un » de ces bruits populaires qu'on répand pour rendre odieux aux peuples » les gens qu'on cherche à noircir par ces ſortes de calomnies. (Hiſtoire de la Réformation ou Mémoire de Jean Sleidan, ſur l'état de la Religion & de la République ſous l'Empire de Charles-Quint, traduit de nouveau en François par Pierre-François le Courrayer, avec des notes, à Liége 1767, in-4. tome 2. page 360, ſur l'année 1546.) Je n'ajouterai rien à la note du traducteur, parce qu'elle eſt pleine de diſcernement & de raiſon, & qu'elle détruit ce que Sleidan, qui n'étoit pas l'ami des Catholiques Romains, avance ici ſans fondement & ſans vraiſemblance.

marché de Meaux en Brie, en la maifon des Gillets, l'on voulut curer vn puits ; & pour ce faire le premier qui y defcendit mourut foudain au fond dudit puits ; & fut envoyé vn autre pour fçauoir la caufe pourquoy iceluy ne difoit aucune chofe, & mourut comme l'autre : il en fut renuoyé encore vn qui defcendit iufques au milieu, mais là eftant fe print à crier pour fe faire tirer diligemment, ce que fut fait ; & eftant dehors fe trouua fi malade qu'il trauailla beaucoup à fauuer fa vie [2].

Item vne autre hiftoire raconte qu'il y eut iadis vn Medecin qui fe voyant deftitué d'argent & de practiques, s'aduifa de ietter quelques drogues dans les puits de la ville de fon habitation, qui fut caufe que tout ceux qui beuuoyent de l'eau, eftoyent pris de flux de ventre qui les tormentoit à merueilles, & les faifoit courir après le Medecin, lequel eftant ioyeux de l'operation de ladite medecine, confoloit hardiment les malades, & feindant leur bailler des medecines bien cheres, il leur bailloit de bon vin à boire, leur defendant de boire de l'eau; & par tel moyen la malice de l'eau s'en alloit, & la nourriture du vin demeuroit, & le Medecin gaignoit beaucoup. Il y a auffi quelques puits voifins des riuieres, defquels l'eau qui y eft ne vient que de la riuiere circonuoifine : & cela eft conneu d'autant que quand les riuie-

_____

(2) On lit dans les Mémoires de l'Académie Royale des Sciences de Paris, année 1701, une hiftoire prefqu'entierement femblable : ces exhalaifons pernicieufes où l'air fixe joue un grand rôle, ont caufé la mort à bien des gens, foit dans les mines, foit dans les puits ou dans certaines caves : il eft heureux pour l'humanité qu'on ait découvert un remede auffi fimple qu'aifé à pratiquer ; ce remede confifte principalement à expofer au grand air les corps de ces malheureufes victimes, fur lefquels il faut jetter avec profufion une abondante quantité d'eau froide & réitérer cette opération avec conftance.

res font groffes , il y a beaucoup d'eau dedans lefdits puits ; & quand les riuieres font baffes, auffi font les eaux defdits puits : & cela nous donne à connoiftre qu'il y a certaines veines qui vont des puits iufques aux riuieres, par lefquelles les eaux fe viennent rendre aufdits puits. Aucuns de ceux qui ont befongné à la congelation du fel qui fe fait en Lorraine, m'ont attefté que l'eau de laquelle ils font ledit fel, fe prend dedans des puits : & quand les riuieres font grandes il entre de l'eau douce dedans lefdits puits, qui caufe qu'ils font arreftez iufques à ce que les riuieres foyent remifes dedans leurs limites : partant ie conclus qu'aucuns puits font entretenus des eaux des fleuues circonuoifins.

THÉORIQUE. Puifque nous fommes fur le propos des eaux, que te femble de l'eau des mares, defquelles en plufieurs pays ils font contrains fe feruir, tant pour leur vfage que pour l'vfage de leurs beftes ?

PRACTIQUE. Il y a plufieurs efpeces de mares : plufieurs les appellent claunes : en quelques lieux ce n'eft qu'vne foffe gueres profonde, mife en quelque place inclinée d'vn cofté, afin que les eaux des pluyes fe rendent dans ladite foffe ou mare , & que les bœufs, vaches & autre beftail puiffent aifement entrer & fortir pour y boire ; & icelles ne font creufées que deuers la partie pendante. A la verité telles eaux ne peuuent eftre bonnes ny pour les hommes, ny pour les beftes ; car elles font efchauffées par l'air & par le foleil, & par ce moyen engendrent & produifent plufieurs efpeces d'animaux ; & d'autant qu'il y a toufiours grande quantité de grenouilles , les ferpens, afpics & viperes fe tiennent près defdites claunes, afin de fe repaiftre defdites grenouilles. Il y a auffi communement des fangfuës ; que fi les bœufs ou vaches demeurent quelque temps dedans lefdites mares , ils ne faudront d'eftre piquez par les fangfuës. I'ay veu plufieurs fois

des afpics & ferpens couchez & entortillez au fond des eaux
defdites mares: parquoy ie dis que lefdites eaux ainfi aërées
& efchauffées ne peuuent eftre bonnes ; & bien fouuent
il meurt des bœufs , vaches & autre beftail, qui peuuent
auoir pris leurs maladies ès abreuuoirs ainfi infectez. Si les
hommes qui verront les enfeignemens que ie donneray cy-
après, me vouloyent croire, ils auroyent toufiours des eaux
pures & nettes, tant pour eux que pour leurs beftes.

THÉORIQUE. Que veux-tu dire des mares qui font plus
baffes, defquelles on fe fert en plufieurs endroits de la Normandie & autres pays, pour le feruice de la maifon?

PRACTIQUE. Que veux-tu que ie te die, finon que c'eft
vne eau croupie; mais d'autant qu'elle eft froide, elle ne
peut produire aucun animal, d'autant qu'il ne fe fait iamais
de generation, tant des chofes animées, que des vegetatiues
fans qu'il y ait vne humeur efchauffée. Mais fi au-deffus defdites eaux & mares il y a feulement du limon verd, c'eft vn
figne de putrefaction & commencement de generation de
quelque chofe : & plus y apparoift & s'y engendre de putrefaction, & l'vfage en eft pernicieux.

THÉORIQUE. Dis-moy qu'il te femble des cifternes que
nos predeceffeurs ont eu en vfage, comme nous voyons tant
par leurs veftiges que par tefmoignage des efcritures.

PRACTIQUE. Les eaux des cifternes prouiennent des pluyes,
comme celles des claunes : mais d'autant qu'elles font clofes,
fermées, bien maçonnées, & au-deffous pauées, il ne peut
eftre qu'elles ne foyent fans comparaifon meilleures que celles
des mares: à caufe qu'elles ne peuuent rien produire pour
leur froidure & le peu d'air qu'elles ont: toutesfois toutes
ces eaux ne font point naturellement bonnes, comme celles
que i'ay entrepris te monftrer cy-après. Ie me tairay donc à

prefent de parler des eaux croupies, & parleray de celles
des fontaines naturelles, qui font à prefent en notre vfage.

THÉORIQƲE. Et que fçarois-tu dire des fontaines naturelles ? Puis qu'elles font naturelles tu n'y fçaurois trouuer à
redire, comme tu as faict fur les mares & pompes & puits :
que fi tu entreprens de parler contre les fontaines naturelles
tu entreprens contre Dieu qui les a faites.

PRACTIQUE. Tu me reprens deuant que i'aye parlé : ie fçay
bien que les fources des fontaines naturelles font faites de
la main de Dieu, parquoy ie n'y fçaurois rien reprendre des
fautes qui fe commettent pour conduire les eaux des fources
naturelles. Mais d'autant que les fontainiers qui amenent les
fources par tuyaux, canaux & aqueducs, depuis la fource
iufques aux maifons, villes & chafteaux, peuuent commettre
de grandes fautes ; voila de quoy i'entends parler, d'autant
que la vie de l'homme eft fi brefue qu'il eft impoffible qu'en
l'efpace de fi peu d'années vn homme puiffe connoiftre les
effects des eaux, & ne les connoiffant point il eft impoffible
de les conduire & amener vn long chemin, qu'il n'y ait quelque faute ; & fi on l'amene de deux ou trois lieues loin,
enclofe & enfermée par tuyaux elle fera de bien peu de durée, & y faudra fouuent mettre la main. Voila pourquoy ie
te veux bien dire que l'eau & le feu ioints auec l'air ont vn
effect fi très fubtil & vehement, que iamais homme ne l'a
directement conneu, comme tu pourras entendre, lors que
ie parleray des tremblemens de terre. Et fi tu veux vn peu
contempler les veftiges & antiquitez de nos predeceffeurs, tu
trouueras grand nombre de pyramides antiques, conftruites,
tant par les Empereurs Romains, que par les Roys d'Egypte ; tu trouueras auffi grand nombre d'arcs triomphans conf-
truits du temps des Cefars, comme tu as veu en la ville de

Xaintes deux arcs triomphans, que combien qu'ils foyent
fondez dedans l'eau, fi eft-ce qu'ils font encores debout, &
ne peut-on nier qu'ils ne foyent du temps des Cefars ; l'efcriture qui y eft infcrite en fait foy.

Ie t'ay mis ce propos en auant pour te monftrer que combien que nos predeceffeurs ayent auffi fait de grands defpens
pour les aqueducs, tuyaux & beauté de fontaines, fi eft-ce
que tu ne me fçaurois monftrer vne feule fontaine antique ;
comme les baftimens des arcs triomphans, palais & amphi-
theatres : & ne faut pourtant penfer que nos predeceffeurs
antiques ne fe foyent eftudiez & employez à grands defpens
auffi bien ès fontaines que ès autres baftimens ; & qu'ainfi ne
foit, quelqu'vn m'a affeuré auoir veu en Italie des aqueducs
contenans cinquante lieues de long (chofe incroyable toutesfois) lefquels ont efté faits pour amener les eaux d'vn lieu à
vn autre (3). Nos antiques monftrent par là qu'ils auoyent

(3) Les bains étant d'un ufage journalier parmi les Romains, ils n'é-
pargnoient rien pour fe procurer de l'eau : ils avoient des gardiens des
eaux qu'ils nommoient *Aquarii*, autrement *Caftellarii*. Ces gardiens portoient le nom de l'Empereur imprimé fur les deux mains. Rien n'étoit
auffi recherché que les eaux chez les Romains ; le Sénat & les Empereurs en avoient procuré avec les plus grands fraix à la Capitale. On
comptoit à Rome plufieurs aqueducs confidérables qui y amenoient l'eau
de très-loin : les plus fameux étoient l'*aqua Julia* que Marcus Agrippa
fir élever l'an 721, l'*aqua Alfietina* qui venoit du lac Alfietin fur le chemin d'Appius. Cet aqueduc apportoit l'eau pour les Naumachies ; & on
le devoit à Augufte : auffi l'appelloit-on *aqua Augufta*, mais rien n'éga-
loit l'*aqua Appia* que l'on devoit aux foins d'Appius Claudius, qui af-
fembla les eaux de plufieurs endroits à fept ou huit mille de Rome où
elles fe rendoient par un aqueduc confidérable. Ces eaux arrivées à la
ville fe partageoient en vingt regards, ou châteaux *Caftella*, & fe dif-
tribuoient dans les différens quartiers. Leur cours étoit d'environ vingt-

bien conneu que les eaux amenées par les aqueducs venoyent
plus à leur aife que non pas celles qui viennent enclofes dedans des tuyaux. Il eft certain qu'à Xaintes (qui eft ville antique, en laquelle fe trouuent encores des veftiges d'vn amphitheatre, & plufieurs antiquités, pareillement grande
quantité de monnoye des Empereurs) il y avoit vn aqueduc
duquel les veftiges y font encores, par lequel ils faifoient
venir l'eau de deux grandes lieues diftant de ladite ville, &
toutesfois la ruine s'en eft enfuivie en telle forte qu'à prefent
il y a bien peu d'hommes qui ayent connoiffance des veftiges
de l'aqueduc fufdit.

Voila pourquoy i'ay dit que combien que les antiques
ayent befongné de meilleures eftofes que les modernes, &
qu'ils ayent moins regardé aux fraix, fi eft-ce que l'on ne
trouue aucunes fontaines antiques. Ie ne dis pas pourtant que
les fources foyent perdues: car l'on fçait bien que la fource
antique de la ville de Xaintes eft encores au lieu d'où elle
procedoit: pour laquelle voir, le Chancelier de l'Hofpital
fe deftourna de fon chemin (reuenant du voyage de Bayonne)
pour voir l'excellence de ladite fource. Il y a encores en
certaines vallées entre la ville & la fource, quelques arcades
fur lefquelles l'on faifoit paffer les eaux de ladite fource:
toutesfois la caufe defdites arcades eft inconnue au vulgaire.
Et fi tu veux fçauoir pourquoy ie te mets deuant les yeux
ces arcades aux vallées, c'eft pour te monftrer l'ignorance
des modernes. Car fi les antiques euffent amené les tuyaux

---

deux mille pas de long. On comptoit encore l'*aqua Alexandrina*, l'*aqua
Claudia*, &c. Il y avoit un grand nombre d'aqueducs dans les différentes villes de la dépendance Romaine ; & il y en avoit d'admirables
par leur étendue & par la hardieffe de l'exécution.

de

de leurs cours de fontaines par deſſous la terre il euſt fallu
monter & puis deſcendre, & encores monter autant de
fois qu'il y euſt eu de montagnes & vallées, & euſt fallu
accommoder les tuyaux à toutes ces paſſions ; & comme ie
t'ay dit en pluſieurs endroits l'eau qui eſt ainſi contrainte,
ioints les vents ſubtils entremeſlez auec elle, font des efforts
tels que nul homme n'a iamais eu la parfaite connoiſſance
de la violence deſdites eaux.

C'eſt vne choſe merueilleuſe des effets des eaux enferrées ;
il y a bien peu d'hommes qui vouluſſent croire que l'eau
qui remplit & occupe vn tuyau de deux pouces de diametre, eſtant violemment pouſſée par les vents ou autres
eaux elle ſe referrera en telle ſorte qu'elle paſſera par vn
canal d'vn pouce de diametre (4) : & par ce que les vents
qui ſont enclos dedans leſdits tuyaux ou canaux occupent autant de place que les eaux, les fontainiers ſont bien ſouuent
trompez en leurs entrepriſes : meſmement aux tuyaux enclos
ſouz terre : car quelquefois leſdits tuyaux ſont occupez par
des racines qui s'engendrent & vegetent dedans, ayant quelque bout racinal entre les ioinctures : autres ſont occupez &
engorgez par les eaux congelatiues qui ſe lapiſient au dedans
deſdits tuyaux. C'eſt pourquoy les antiques faiſoyent les aqueducs aërez auec grande deſpence, afin d'amener les eaux ſans
violence, & euiter tous ces accidens ſuſdits. Toutesfois ie
ſuis certain que quand les eaux ſe viennent à congeler ſoit
en criſtal ou autrement, elles ſont contraintes de ſe referrer

---

(4) L'Auteur eſt ici dans l'erreur, l'eau n'eſt pas ſuſceptible de compreſſion, l'expérience très-connue de la ſphere de métal remplie d'eau
& miſe à une forte preſſe prouve cette vérité d'une maniere démonſtra-
tive ; on ſait que l'eau en cet état traverſe les pores du métal plutôt
que de ſe comprimer.

K k

en leur congelation, & ne se fait nulle congelation sans
compression.

Le semblable se trouue en la violence du feu, qui se
trouuant enclos dedans les montaignes, engendre vne vapeur aqueuse & vn vent si impetueux qu'il fait trembler la
terre & renuerser les montaignes, & bien souuent les villes
& villages; c'est la cause pourquoy les antiques faisoyent venir leurs sources d'eaux par aqueducs; & pour donner pente
légitime à leurs eaux, ils faisoyent des arcades aux vallées,
pour s'accommoder aux montaignes. Ie ne demande point
de meilleur tesmoignage que le pont du Gua, qui est en
Languedoc, lequel a esté fait expressement pour porter l'a-
queduc qui trauersoit la vallée entre deux montaignes, afin
d'amener l'eau de dix lieues distant de la ville de Nismes :
& ce pour obuier aux compressions & violences que les eaux
eussent engendrées si on les eust voulu faire suyure les montaignes & vallées. Ledit pont est vne œuure admirable : car
pour venir depuis le bas des montaignes iusques à la som-
mité d'icelles, il a fallu edifier trois rangs d'arcades l'vne
sur l'autre, & sont lesdites arcades d'vne hauteur extraordinaire, & construites de pierres de merueilleuse grandeur (5).

---

(5) Cet aqueduc est sans contredit un des beaux monumens de la
grandeur des Romains ; il est bâti sur la riviere du Gardon à trois
lieues de Nismes, & servoit à un double usage, puisque les voyageurs
pouvoient passer sur l'évasement de la base des pilastres du second étage
lorsque la riviere étoit débordée. Ce monument superbe est d'ordre Tos-
can, & a trois étages : le premier est formé par six arcades, le second en a onze & le troisieme trente-six : sa hauteur totale en y comprenant l'aqueduc, est de vingt-neuf toises trois pouces ; le troisieme
pont portoit l'aqueduc qui avoit été construit pour amener les eaux de la
fontaine d'Eure à Nismes.

De là nous pouuons tirer que Niſmes [ville antique, en laquelle ſe trouue teſmoignage, tant par l'amphitheatre que par autres veſtiges] eſtoit vne ville en laquelle les anciens Empereurs Romains & leurs Proconſuls auoyent fait de grandes & ſuperbes deſpenſes pour l'embellir & enrichir , & y auoyent employé des gens de ſçauoir, des plus grands qui fuſſent en l'Empire Romain, comme l'ouurage en fait encores foy.

Si tu auois eſté à Rome tu pourrois aiſement iuger combien les modernes ſont eſloingnez des inuentions de nos predeceſſeurs ſur le fait des fontaines: car il y a bien peu de bonnes maiſons dedans Rome auſquelles il n'y ait des fontaines prouenantes des aqueducs conſtruits en l'air; & qu'ainſi ne ſoit regarde vn peu vn pourtrait de ladite ville de Rome qui a eſté nouuellement imprimé, tu verras en iceluy vn receptacle d'eau haut eſleué d'vne grandeur aſſez ſuperbe, lequel receptacle contient ſi grande quantité d'eau, qu'il fournit la plus grande part de ladite ville de Rome, car il y a audit receptacle pluſieurs aqueducs diuiſez par branches, amenez & conduits de rue en rue, pour fournir les palais & grandes maiſons de la ville, & ſont leſdits aqueducs amenez & conduits ſur certaines arcades aſſez près l'vne de l'autre, & toutesfois autant eſleuées en l'air que les maiſons de ladite ville. Et te faut noter qu'il y a vn grand aqueduc principal venant de bien loin qui fournit le grand receptacle, duquel procedent tous les autres aqueducs. Or ſi les fontaines des fontainiers antiques faites auec ſi grande deſpenſe, n'ont peu durer iuſques à preſent, combien moins de durée peut-on eſperer de celles que les fontainiers modernes font paſſer par monts & vaux auec des tuyaux de plomb ſoudez & cachez trois ou quatre pieds dans terre. Si Monſieur l'architecte de la Royne, qui auoit hanté l'Italie, & qui auoit gaigné vne auctorité & commandement fur tous les artifans de ladite Dame, euft eu tant foit peu de philofophie feulement naturelle, fans aucunes lettres il euft fait faire quelque muraille ou arcade à la vallée de Saint Cloud, & de-là faire venir fon eau tout doucement, depuis le pont de Saint Cloud iufques aux murailles du parc, & puis renforcer ladite muraille de la clofture dudit parc pour faire paffer l'eau par deffus, & au bout de l'angle & coing dudit parc faire certaines arcades, en diminuant petit à petit iufques au dedans, & lors la fontaine euft peu durer, & n'y euft fallu faire tant de regards.

THÉORIQUE. Puis que tu trouues tant d'imperfections ès eaux des mares, puits & ès conduits ou tuyaux des fontaines, ie te veux à prefent faire vne demande, à fçauoir qui eft la caufe que les fources des fontaines naturelles font meilleures les vnes que les autres?

PRACTIQUE. Un homme qui a hanté les minieres, foffez & tranchées, & qui a confideré les diuerfes efpeces des terres argileufes, & qui a voulu connoiftre les diuerfes efpeces de fels & autres chofes foffiles, il peut aifement iuger de la bonté ou mauuaiftié des eaux prouenantes des fources naturelles. Et pour en donner iugement certain, il faut premierement confiderer qu'il n'y a aucune partie en la terre qui ne foit remplie de quelque efpece de fel, qui caufe la generation de plufieurs chofes, foit pierre, ardoife, ou quelque efpece de metal ou mineral; & eft chofe certaine que les parties interieures de la terre ne font non plus oyfiues que les exterieures, qui produifent iournellement arbres, buiffons, ronces, efpines & toutes efpeces de vegetatif. Il faut donc conclure qu'il eft impoffible que le cours des fontaines puiffe paffer par les veines de la terre fans mener auec foy quelque efpece de fel, lequel eftant diffout dedans l'eau eft

inconneu & hors du iugement des hommes : & felon que le
fel fera veneneux il rendra l'eau veneneufe ; comme celles
qui paffent par les minieres d'airain , elles amenent auec foy
vn fel de vitriol ou coperofe fort pernicieux : celles qui
paffent par des veines alumineufes ou falpeftreufes, ne peuuent amener finon la fubftance falfitiue par où elles paffent :
& fi aucunes fources paffent par des bois ou troncs pourriz
dedans terre, telles eaux ne peuuent eftre mauuaifes, par ce
que le fel des bois pourriz n'eft veneneux comme celuy de
la coperofe. Ie ne dis pas qu'il n'y ait quelque arbre, &
confequemment des plantes, defquelles le fel peut eftre veneneux; & ne faut penfer que toutes eaux bonnes à boire
foyent exemptes de venin : mais vn peu de venin en vne
grande quantité d'eau n'a pas puiffance d'actionner fa nature
mauuaife : comme les eaux qui paffent par des veines où il
y a du fel commun , ne peuuent eftre mauuaifes. Celles qui
paffent dedans les canaux des rochers ne peuuent amener autre chofe que du genre de fel qui a caufé la congelation defdits rochers, & ledit fel eft conneu en la calcination extraite
des pierres defdits rochers; & lors que telles pierres font
calcinées l'on trouue au gouft de la langue la mordication
& acuité dudit fel, lequel eftant dedans l'eau peut auffi bien
congeler des pierres au corps de l'homme comme il fait en
la terre, n'eftoit la raifon que i'ay alleguée cy-deffus; que
la grande quantité d'eau efface le pouuoir d'vn peu de venin.

C'eft chofe certaine qu'il y a des fontaines qui donnent les
fieures à ceux qui en boiuent. Ie n'ay iamais veu venir eftran-
ger au pays de Bigorre pour y habiter, que bien toft après
n'ait pris les fieures : l'on voit audit pays grand nombre d'hommes & femmes qui ont la gorge groffe comme les deux
poings ; & eft chofe toute certaine que les eaux leur caufent
ce mal, foit par la froidure des eaux ou par les mineraux

par où elles ont paffé. Pline raconte au trentiefme liure de fon Hiftoire Naturelle, chap. 16. qu'il y a vne fontaine en Arcadie, de laquelle l'eau eft d'vne nature fi pernicieufe, qu'elle diffipe tous les vaiffeaux aufquels elle eft mife : & ne peut on trouuer aucun vaiffeau qui la puiffe contenir. Sur ce propos ie diray ce qu'en efcrit Plutarque en la vie d'Alexandre le Grand, c'eft qu'aucuns ont penfé qu'Ariftote enfeigna à Antipater le moyen de pouuoir recueillir de cette eau, à fçauoir dans l'ongle d'vn afne, & qu'Alexandre fut ainfi empoifonné (6). C'eft vne chofe toute certaine que tout ainfi qu'il y a diuerfes efpeces de fel en la terre, qu'il y a auffi diuerfes huiles, tefmoin l'huile de petrolle, qui fort des rochers : & faut croire que le bitumen n'eft autre chofe qu'huile auparauant qu'il foit congelé. Et tout ainfi comme les eaux foufternées apportent auec elles quelques efpeces de fels par où elles paffent, femblablement fi elles trouuent des huiles elles les ameneront auec elles, & en beuuant telles eaux nous beuuons fouuent & de l'huile & du fel. N'as-tu pas leu quelques hiftoriens qui difent qu'il y a un fleuue & quelques fontaines d'où il fort grande quantité de bitumen,

---

(6) Voici le paffage de Plutarque : » ceux qui tiennent que ce fut » Ariftote qui confeilla à Antipater de ce faire, par le moyen duquel fut » porté le poifon, difent qu'un Agnothemis le raconta après l'avoir ainfi » ouï dire au Roi Antigonus, & fut le poifon, à ce qu'ils difent, une » eau froide comme glus qui diftille d'un roche étant au territoire de la » ville de Nonacris, & la recueille-t-on ni plus ni moins qu'une rofée » dedans la corne du pied d'un âno pour ce qu'il n'y a autre forte de » vaiffeau qui la puiffe contenir, tant elle eft extrêment froide & per- » çante. Les autres maintiennent que tout ce qu'on dit de cet empoifon- » nement eft faux, &c. » Plutarque de la traduction d'Amyot, édit. de Claude Morel, 1619, in-fol. fect. 23. lett. G. de la Vie d'Alexandre le Grand.

lequel eft recueilli par les habitans du pays, lefquels en font grand trafic le faifant tranfporter en pays eftranges?

Et pour l'affeurance & tefmoignage de ce que i'ay dit, que les huiles & fels peuuent rendre les eaux mauuaifes & pernicieufes: ceux qui ont efcrit des fontaines & fleuues, rendent tefmoignage que telles eaux font pernicieufes, & que mefme les oyfeaux meurent de la fenteur d'icelles. Les fources qui paffent au trauers des mines des terres argileufes, ne peuuent qu'elles n'amenent quelque falfitude mauuaife: d'autant qu'il fe trouue bien peu de terre argileufe, où il n'y ait quelques marcafites fulphurées & commencement de metaux: auffi qu'il y a bien peu de terres argileufes qui ne foyent de diuerfes couleurs, comme de blanc, rouge, iaune, noir, ou gris, entremeflées des couleurs fufdites, lefquelles couleurs font caufées par les mineraux fulphurez, qui font dedans icelles: comme nous fçauons à la verité, que le fer, le plomb, l'argent, l'antimoine, & plufieurs autres mineraux ont en eux vne teinture iaune, dont les terres iaunes ont pris leur couleur. Voila donc vn tefmoignage inexpugnable que les eaux qui paffent par les terres argileufes amenent auec elles du fel femblable à celuy qui eft efdites terres; lefquelles terres ne pourroyent iamais s'endurcir, cuire, colliger ny fe fixer, fi ce n'eftoit la vertu du fel qui eft efdites terres; & par le moyen dudit fel elles font bonnes à faire briques, tuiles & toutes efpeces de vaiffeaux pour le feruice de l'homme, comme ie donneray plus clairement à entendre parlant des terres argileufes & des pierres: & feray fin au propos de la bonté ou malice des eaux, fi ce que i'en ay dit t'a fuffifamment contenté.

THÉORIQUE. Ie me contente plus que fuffifamment de ce que tu m'en as difcouru: toutesfois iufques icy ie n'ay rien entendu de toy de la caufe des eaux chaudes, qui font en pluſieurs pays, & meſme en France, au lieu de Cauterets, Bauieres, & en pluſieurs autres lieux.

PRACTIQUE. Ie ne te puis aſſeurer d'autre choſe qui puiſſe cauſer la chaleur des eaux, que les quatre matieres cy-deſſus nommées, ſçauoir le ſouphre, le charbon de terre, les mottes de terre, & le bitumen : mais nulle de ces choſes ne peut eſchauffer les eaux ſi premierement le feu n'eſt ietté ou eſprins au dedans de l'vne de ces quatre matieres. Tu me diras qui eſt-ce qui auroit mis le feu ſouz terre pour bruſler ces choſes ? A ce ie reſpons, qu'il ne faut qu'vne pierre de rocher tomber ou s'incliner contre vne autre pour engendrer certaines eſtincelles, leſquelles ſeront ſuffiſantes pour allumer quelque veine ſulphurée : & de-là le feu pourra ſuyure l'vne des quatre matieres ſuſdites (7) : en telle ſorte que le feu ne s'eſteindra iamais, tant qu'il trouuera matiere pour ſe nourrir ; & quand l'vne de ces quatre eſt allumée, les eaux qui ſont encloſes dedans les rochers, deſcendantes continuellement de degré en degré, iuſques à ce qu'elles ſoyent au lieu où leſdites matieres ſont allumées, ne peuuent paſſer qu'elles ne s'eſchauffent, & cela ne ſe peut faire qu'il n'y ait vn merueilleux tourment engendré du feu & de l'eau : & quelque choſe que les Philoſophes ayent dit des tremblemens de terre, ie ne confeſſeray iamais qu'aucun tremblement de terre ſe puiſſe faire ſans feu : bien leur confeſſeray-ie que les eaux ſeules auec les vents enclos dedans icelles, peuuent abyſmer chaſteaux, villes & montaignes, tant par l'effect du vent enclos dedans les cauernes, que par la compreſſion des eaux desbordées, qui par leur ſubtilité & vehemence peuuent pouſſer, demolir & ruyner ce

---

(7) Cet événement n'eſt pas abſolument impoſſible dans quelques circonſtances ; mais la cauſe principale des feux ſouterrains eſt ordinairement occaſionnée par l'eau & les pyrites.

que

que deſſus : & ce par le moyen d'auoir chaſſé les terres ſur leſquelles ces choſes ſeront aſſiſes , & ayant concaué par deſſouz
les fondemens, icelles choſes peuuent tomber dedans cet abyſ-
me , ſans aucune aide ny action ignée. Mais les tremblemens
de terre ne peuuent eſtre engendrez que premierement il n'y
ait le feu, l'eau & l'air ioints enſemble.

Quelques hiſtoriens racontent qu'en certains pays il y a des
tremblemens de terre, qui ont duré l'eſpace de deux années
[choſe fort aiſée à croire] & cela ne ſe peut faire par autre
moyen que par celuy que i'ay mis cy-deſſus. Il faut qu'auparauant que la terre tremble il y ait grande quantité de l'vne de
ces quatre matieres [que i'ay nommées cy-deuant] allumée ;
& eſtant allumée qu'elle ait trouué en ſa voye quelques receptacles d'eau dedans les rochers, & que le feu ſoit ſi grand qu'il
ait puiſſance de faire bouillir les eaux encloſes dedans les rochers ; & alors par le feu, les eaux & l'air enclos , s'engendrera
vne vapeur qui viendra ſouleuer par ſa puiſſance les rochers ,
terres & maiſons qui ſeront au-deſſus. Et d'autant que la violence du feu, de l'eau & de l'air ne pourra ietter d'vn coſté ny
d'autre vne ſi grande maſſe, elle la fera trembler , & en tremblant il ſe fera quelques ſubtiles ouuertures qui donneront
quelque peu d'air au feu, à l'eau & aux vents ; & par tel moyen
la violence qui autrement euſt tout renuerſé, eſt pacifiée : que
ſi les trois matieres qui font trembler, ne prenoyent quelque
peu d'air en faiſant leur action, il n'y a ſi puiſſante montaigne
qui ne fuſt ſoudain renuerſée , comme il eſt aduenu en pluſieurs lieux que pluſieurs montaignes ont eſté conuerties en
vallées par tremblemens de terre, & pluſieurs vallées en
montaignes par vne meſme action. Et lors que leſdits tremblemens ont ietté bas villes, chaſteaux & montaignes, ç'a eſté
lors que les trois matieres ſuſdites eſtant en leur grand combat
ne pouuoyent auoir aucune haleine. Or il falloit neceſſaire-

ment, ou que les chofes qui eſtoyent deſſus ces trois eſſe-
mens vainquiſſent, & qu'elles eſtoufaſſent leſdits eſlemens,
ou bien que les eſlemens ioints enſemble en leur ſuperbe
grandeur vainquiſſent, ſe donnant ouuerture pour viure.

Veux-tu que ie te die le livre des Philoſophes, où i'ay
appris ces beaux ſecrets ? Ce n'a eſté qu'vn chauderon à demy
plein d'eau, lequel en bouillant quand l'eau eſtoit vn peu aſ-
prement pouſſée par la chaleur du cul du chauderon, elle
ſe ſouſleuoit iuſques par deſſus ledit chauderon : & cela ne
ſe pouuoit faire qu'il n'y euſt quelque vent engendré dedans
l'eau par la vertu du feu : d'autant que le chauderon n'eſtoit
qu'à demy plein d'eau quand elle eſtoit froide, & eſtoit plein
quand elle eſtoit chaude. Les fourneaux auſquels ie cuis ma
beſongne, m'ont donné beaucoup à connoiſtre la violence du
feu : mais entre les autres choſes qui m'ont fait connoiſtre la
force des eſlemens qui engendrent les tremblemens de terre,
i'ay conſideré vne pomme d'airain qu'il n'y aura qu'vn petit
d'eau dedans, & eſtant eſchauffée ſur les charbons elle pouſ-
ſera vn vent très-vehement qu'elle fera bruſler le bois au feu,
ores qu'il ne fuſt coupé que du iour meſme.

THÉORIQUE. Tu es pris à ce coup par tes meſmes paroles : car tu as dit cy-deſſus que les eaux & l'air pouſſez &
courroucez par la violence du feu, qui eſt leur contraire,
ne pouuoyent ſubſiſter enſemble, qui cauſoit les tremblemens
de terre, & renuerſemens des villes & chaſteaux, comme feroyent pluſieurs caques de poudre à canon enflambées. Et à
preſent ie prouue le contraire, par le recueil de tes paroles.
Car tu dis que les eaux chaudes (deſquelles on faiſt les bains
tant à Aignes-caudes, Cauterets, Bauieres, qu'à Aix en Alemagne, Sauoye & Prouence & autres lieux) ſont eſchauffées par le feu qui eſt continuel ſouz la terre, ou par le ſouphre, le charbon & mottes de terre, ou par le bitumen. Et

ce neantmoins ie fçay bien qu'il y a long-temps que lefdites fontaines chaudes ont duré, & durent encores en mefme eftat, voire fi long-temps, que la memoire en eft perdue. Et fi ainfi eftoit que tu dis, le feu, l'air & l'eau n'euffent-ils pas long-temps y a ruiné & defpecé & fait fauter à dextre & à feneftre les canaux & voutes, par lefquelles lefdites eaux paffent? ou pour le moins elles engendreroyent (felon que tu dis) vn continuel tremblement de terre.

Practique. Tu as fort mal entendu mes propos: car quand ie t'ay parlé des tremblemens de terre, ie t'ay dit qu'en tremblant par la force des trois eflemens enclos deffouz, qu'il fe faifoit quelques fubtiles ouuertures, par lefquelles fortoit vne partie de la force & haleine de la vapeur defdits eflemens, & qu'autrement lefdits eflemens tourneroyent cul fur pointe, toutes les voutes de deffus les canaux où fe fait le mouuement: & d'autant que tu m'as dit que cela fe deuroit faire dedans les voutes, par lefquelles les eaux des bains font efchauffées par le mefme effeft que celles qui caufent le tremblement de terre, à ce ie refpons que la caufe pourquoy la terre ne peut eftre esbranlée, ny agitée par lefdits feux, eft par ce qu'il y a vn canal par lequel les eaux paffent & fortent hors, qui appaife la violence defdits eflemens. Car iceux prennent haleine, & afpirent par le canal par où l'eau fort. Et tout ainfi comme l'homme ne pourroit viure ayant le col ferré & l'air enclos dedans le corps, auffi le feu ne fçauroit viure fans air. Et tout ainfi que l'homme & la befte à qui l'on eftouperoit les conduits de l'haleine, feroyent de grands efforts pour efchapper; ainfi le feu fe trouuant occupé de trop grande abondance d'air, que luy-mefme a caufé, efmouuant l'humide, fe trouuant dis-ie ainfi opprimé, & ne voulant point mourir, alors il renuerfe les montaignes pour auoir haleine, tendant afin de viure, & c'eft vne conclufion fi affeurée, qu'il n'y a Phi-

lofophe qui la fçeut impugner par raifons legitimes ; ie laifferay à dire le furplus iufques à ce que nous parlions de l'alchimie.

THÉORIQUE. Puis que nous fommes fur le propos des eaux
chaudes, dis-moy la caufe pourquoy tant de perfonnes fe
vont baigner efdites eaux, tant en France qu'en Alemagne.
As tu quelque iugement qu'elles puiffent feruir à guerir toutes
maladies ? Si tu en as quelque connoiffance, ie te prie de me
le dire.

PRACTIQUE. Tout ce que ie puis connoiftre de ces chofes,
c'eft que comme le poiffon, le lard & autres chairs font fortifiées & endurcies par l'action du fel, il peut eftre que les fels
qui font meflez parmy les eaux chaudes pourroyent endurcir
quelques lafches humeurs putrifiées au corps de ceux qui fe
baignent : mais pour t'affeurer ny croire qu'elles puiffent feruir à toutes maladies, ie fuis logé bien loing d'vne telle opinion. Ie me fuis tenu quelques années à Tarbe, principale
ville de Bigorre, & ay veu plufieurs malades aller aufdits bains
qui font reuenuz autant malades qu'ils eftoyent auparauant (8) :
d'autre part fi le feu eft cette année en vn endroit où il y aura
quelque efpece de mineral, & qu'iceluy ait vertu de guerir
quelque maladie, peut eftre que l'année qui vient le feu trouuera vn autre mineral, duquel le fel ne pourra faire la mefme
action que la premiere.

Voila pourquoy ie dis que les chofes font incertaines, d'autant que les eaux viennent de lieux inconnuz.

---

(8) Le voyage & l'efpece de régime qu'on obferve en prenant les eaux
minérales, & fur-tout la diffipation, foulagent plus les malades, que les
eaux elles-mêmes, qui peuvent à la vérité faire quelquefois de tres-bons
effets, mais qui font toujours fort nuifibles lorfqu'elles font ordonnées mal
à propos.

THÉORIQUE. Et des eaux de Spa au pays de Liege, veux-tu auſſi dire que la guerifon d'icelles foit incertaine? N'y a-t-il pas iournellement des perſonnes malades de diuerſes maladies, qui vont demeurer quelque temps audit lieu, pour boire de ladite eau, & s'en trouuent bien? Il n'eſt pas iuſques aux femmes fteriles qu'elles n'y aillent, afin de conceuoir.

PRACTIQUE. Ta demande n'eſt pas à propos, par ce que les eaux de Spa ne font pas chaudes: toutesfois afin de reſ-pondre à ta demande, ie te dis que ſi les eaux de Spa pou-uoyent cauſer vne conception aux femmes, elles feroyent de beaux miracles. Ie ſçay bien que pluſieurs y font allées boire de ladite eau, qui euſſent eu plus de proufit de boire du vin. Ie ne dis pas que ladite eau ne foit vtile contre la grauelle, par ce que pluſieurs s'en font bien trouuez: & la cauſe de ce eſt d'autant qu'elle prouoque à vriner, & ne demeurant gueres à paſſer par les parties ordinaires, les matieres qui cauſent la pierre n'ont pas le loiſir de s'aſſembler pour s'endurcir & la-pifier. Aucuns Medecins & autres perſonnes tiennent pour certain que leſdites eaux paſſent par des minieres de fer, & prennent cet argument de ce que la gueule de la fource eſt teinte en iaune; l'argument eſt fort bien fondé comme tu l'entendras par les preuues que ie te diray cy-après. Il fe trouue en pluſieurs villages du pays de Liege des fontaines qui ont la meſme vertu: mais les habitans de Spa ont publié la leur des premiers, dont il leur reuient un grand proufit. Si ainſi eſt que la mine de fer ait telle vertu, il fe trouuera au pays des Ardennes grand nombre de fontaines autant bonnes que les fuſdites, par ce que les terres du pays font pleines de mines de fer; les terres argileuſes iaunes qui y font, en rendent teſmoignage.

THÉORIQUE. Tu m'as cy-deuant fait entendre que fi les
eaux des bains de Bauieres, Cauterets, Argelais & Aix, auoyent
quelque vertu de guerir les maladies, que cela fe faifoit par
la vertu des fels; & à prefent tu dis que la mine de fer caufe
la vertu de l'eau de Spa.

PRACTIQUE. Quand tu auras bien entendu tout mon difcours, tu connoiftras que le fer n'eft engendré d'autre chofe
que de fel. Mais par ce que ce propos fe trouuera mieux à
point en prouuant qu'il y a du fel en toutes chofes, ie l'y
referueray.

THÉORIQUE. Si ainfi eft nous ne mangerions point de
beurre frais. Ie ne vis iamais vn plus arrefté fur ces fels. Mais
me penferois-tu faire croire qu'il y euft du fel fouz la terre,
& que les eaux le puiffent amener pour caufer les effects de la
medecine ?

PRACTIQUE. Tu n'es gueres fage de faire vne telle demande. As-tu point ouy dire à ceux qui font venus de Polongne que la miniere de fel eft merueilleufement baffe dedans
terre ? N'as- tu pas auffi ouy dire qu'il y a des puits falez en
Lorraine ? Il me femble l'auoir dit cy-deffus. Ne fçait-on pas
qu'en Bearn il y a des fontaines falées, defquelles l'on fait le
fel qui fournit la plufpart dudit pays, & de Bigorre ? Ce n'eft
pas encores affez : car quand il n'y auroit point de fel commun ès terres & canaux où le feu eft allumé, par où les eaux
chaudes paffent, il y en aura de plufieurs autres efpeces ; par
ce que fi le feu qui eft embrazé dedans les parties foufternées,
trouue du marbre ou autre efpece de pierre, de laquelle l'humeur ne foit fixe, le feu les calcinera ; & eftant reduites en
chaux, les eaux qui paffent par ladite chaux diffoudront le fel
qui eftoit au marbre, & autres pierres imparfaites : i'appelle

pierres imparfaites celles qui font fuiettes à fe calciner. Les parfaites ne fe calcinent iamais, ains fe vitrifient.

Item fi le feu qui eft allumé, & qui a caufé la chaleur des eaux s'eft attaché ès mottes de terre, qui font pleines de petites racines, ce qui les fait brufler; les mottes & racines eftant bruflées, laifferont le fel qui eft en elles, & l'ayant laiffé dedans les cendres, & les eaux paffant au trauers d'icelles ne faudront iamais d'emporter le fel diffout en icelles; autant s'en pourra faire des cendres, du foufphre & du charbon de terre. Et encores que les eaux ne peuffent eftre falées par les moyens que ie dis [ce qui ne peut eftre autrement] encores feroyent-elles falées du fel qui defgoutte continuellement auec les eaux qui paffent au trauers des terres pour fe rendre iufques au lieu là où lefdits feux font allumez. Il faut donc conclure que dans lefdites eaux chaudes, il y peut auoir plufieurs & diuerfes efpeces de fels tout en vn mefme temps : ie dis & fel commun, fel de vitriol, fel d'alum & de coperofe, & de toutes efpeces de mineraux. Et outre ce que ie dis il y peut auoir plufieurs efpeces de fels qui feront entremeflez auec du fable ou cailloux, en telle forte que la violence du feu les aura contrains fe vitrifier ; comme ainfi foit que cela foit aduenu par accident à ceux qui premierement ont inuenté le verre.

Aucuns difent que les enfans d'Ifraël ayant mis le feu en quelque bois, le feu fut fi grand qu'il efchauffa le nitre auec le fable, iufques à le faire couler & diftiler le long des montaignes, & que deflors on chercha l'inuention de faire artificiellement ce qui auoit efté fait par accident, pour faire le verre. Autres difent que l'exemple fut pris fur le riuage de la mer, là où quelques pirates eftoyent defcendus à bord ; & voulant faire bouillir leur marmite, & n'ayant aucuns chenets ou landiers, prindrent des pierres de nitre fur lefquelles ils mirent des groffes buches, & grande quantité de bois, qui causa vn si grand feu, que lesdites pierres se vindrent à liquifier, & estant liquifiées, descoulerent sur le sablon, qui fut cause que ledit sablon estant entremeslé auec le nitre, fut vitrifié comme le nitre, & le tout fit vne matiere diaphane & vitreuse.

Aussi ie te dis qui pourroit voir le lieu où les feux sont allumez dessouz les terres & montaignes, que l'on trouueroit plusieurs matieres vitrifiées de diuerses couleurs. Aussi trouueroiton or & argent fondu & autres metaux & mineraux, car tout ainsi que i'ay dit vne autrefois, que l'exterieur de la terre est tout plein de plantes diuerses, aussi l'interieur se trauaille iournellement à produire choses diuerses; & par ce que i'ay dit cy-dessus, que les feux qui sont enclos souz la terre ne peuvent engendrer tremblement, sinon quand ils ne peuuent aspirer, & que l'haleine est reserrée. Pour tesmoignage de mon dire, i'ay esté aduerti par plusieurs dignes de foy, que aux lieux où il y a des terres sulphurées, l'on voit de nuit vn grand nombre de petits trous au trauers de la terre, par lesquels sortent des flambes de feu procedantes du souphre qui est allumé par dessouz terre, & disent que les trous ne sont pas plus grands que trous de verres; & au tour de l'entrée desdits trous l'on trouue du souphre que les flambes du feu ont esleué de dessouz la terre, & cesdits feux n'apparoissent que de nuit. Tu peux connoistre par-là que le feu prenant aspiration par lesdits trous, brusle sans faire aucune violence ny tremblement en la terre. Autant en est-il de celuy qui eschauffe les eaux des bains: par ce qu'il prend haleine par le canal desdites eaux. Iusques à present i'ay pris peine de te faire entendre la cause des bontés ou malices des eaux, tant de celles des sources naturelles que des puits, mares & autres receptacles, & tout cela tendant afin que tu connoisses mieux la bonté de l'eau des fontaines, que ie te veux apprendre

dre à faire ès lieux les plus steriles des eaux. Ie laisseray donc tous autres propos pour venir à la cause des sources naturelles : & ce d'autant qu'il est impossible d'imiter nature en quelque chose que ce soit, que premierement l'on ne contemple les effects d'icelle, la prenant pour patron & exemplaire, car il n'y a chose en ce monde où il y ait perfection, qu'ès œuures du souuerain. En prenant donc exemple à ces beaux formulaires qu'il nous a laissez, nous viendrons à l'imitation d'iceux.

Quand i'ay eu bien long-temps & de près consideré la cause des sources des fontaines naturelles, & le lieu de là où elles pouuoyent sortir, enfin i'ay conneu directement qu'elles ne procedoyent & n'estoyent engendrées sinon des pluyes. Voila qui m'a meu d'entreprendre de faire des recueils des pluyes, à l'imitation & le plus près approchant de la nature, qu'il me sera possible ; & en ensuyuant le formulaire du souuerain fontainier, ie me tiens tout asseuré que ie pourray faire des fontaines desquelles l'eau sera autant bonne, pure & nette, que de celles qui sont naturelles.

Théorique. Après que i'ay entendu ton propos, ie suis contraint de dire que tu es vn grand fol. Me cuides-tu si ignorant que ie veuille adiouster plus de foy à ce que tu dis, qu'à vn si grand nombre de Philosophes, qui disent que toutes les eaux viennent de la mer, & qu'elles y retournent ? Il n'y a pas iusques aux vieilles, qui ne tiennent vn tel langage ; & de tout temps nous l'auons tous creu. C'est à toy vne grande outrecuidance de nous vouloir faire croire vne doctrine toute nouuelle, comme si tu estois le plus habile Philosophe.

Practique. Si ie n'estois bien asseuré en mon opinion tu me ferois grand honte : mais ie ne m'estonne pas pour tes iniures ny pour ton beau langage, car ie suis tout certain que ie le gaignerois contre toy & contre tous ceux qui sont de

ton opinion, fut-ce Ariſtote & tous les plus excellens Philoſophes qui furent iamais : car ie ſuis tout aſſeuré que mon
opinion eſt véritable.

THÉORIQUE. Venons doncques à la preuue : baille-moy quelques raiſons par leſquelles ie puiſſe connoiſtre qu'il y a quelque apparence de verité en ton opinion.

PRACTIQUE. Ma raiſon eſt telle, c'eſt que Dieu a conſtitué
les limites de la mer, leſquelles elle ne paſſera point, ainſi qu'il
eſt eſcrit ès Prophetes. Nous voyons par les effects cela eſtre
veritable, car combien que la mer en pluſieurs lieux ſoit
plus haute que la terre, toutesfois elle tient quelque hauteur
au milieu : mais aux extremitez elle tient vne meſure par le
commandement de Dieu, afin qu'elle ne vienne ſubmerger
la terre. Nous auons de fort bons teſmoings de ces choſes,
& entre les œuures de Dieu, cette la eſt grandement merueilleuſe, car ſi tu auois pris garde aux terribles effects de la
mer, tu dirois qu'il ſemble qu'elle vienne de vingt-quatre
heures en vingt-quatre heures, deux fois combattre la terre
pour la vouloir perdre & ſubmerger. Et ſemble ſa venue à
vne grande armée qui viendroit contre la terre pour la combattre ; & la pointe, comme la pointe d'vne bataille, vient
hurter impetueuſement contre les rochers & limites de la terre,
menant vn bruit ſi furieux qu'il ſemble qu'elle veuille tout
deſtruire. Et pour ce qu'il y a certains canaux ſur les limites
de la mer ès terres circonuoiſines, aucuns ont edifié des moulins ſur leſdits canaux, auſquels l'on a fait pluſieurs portes
pour laiſſer entrer l'eau dedans le canal, à la venue de la
mer, afin qu'en venant elle face moudre leſdits moulins : &
quand elle vient pour entrer dedans le canal, elle trouue
la porte fermée, & ne trouuant ſeruiteur plus propre qu'elle
meſme, elle ouure la porte & fait moudre le moulin pour
ſa bien venue. Et quand elle s'en veut retourner, comme

vne bonne feruante elle mefme ferme la porte du canal,
afin de le laiffer plein d'eau, laquelle eau l'on fait paffer
après par vn deftroit, afin qu'elle face toufiours moudre le
moulin. Et s'il eftoit ainfi que tu dis, fuyuant l'opinion des
Philofophes que les fources des fontaines vinffent de la mer,
il faudroit neceffairement que les eaux fuffent falées comme
celles de la mer, & qui plus eft, il faudroit que la mer fuft
plus haute que non pas les plus hautes montaignes, ce qui
n'eft pas.

Item tout ainfi que l'eau qui eft entrée au dedans des canaux, & fait moudre les moulins, & qui amene les bateaux
en plufieurs & diuers canaux, pour charger le fel, bois & autres chofes limitrophes de la mer, eft fuiette à fuyure la grande
armée de mer, qui eft venue efcarmoucher la terre. En cas
pareil ie dis qu'il faudroit que les fontaines, fleuues & ruiffeaux s'en retournaffent auec elle, & faudroit auffi qu'ils fuffent taris pendant l'abfence de la mer, tout ainfi que les canaux font emplis par la venue de la mer, & tariffent en fon
abfence. Regarde à prefent fi tes beaux Philofophes ont quelque raifon fuffifante pour conuaincre la mienne. C'eft chofe
bien certaine que quand la mer s'en eft allée elle defcouure en
plufieurs lieux plus de deux grandes lieues de fable, où l'on
peut marcher à fec, & faut croire que quand elle s'en retourne, les poiffons s'enfuyent auec elle. Il y a quelque genre
de poiffons portant coquilles, comme les moulles, fourdons,
petoucles, auaillons, huitres & plufieurs efpeces de burgans,
lefquels font faits en forme de limace, qui ne daignent fuyure la mer, mais fe fiant en leurs armures, ceux qui n'ont
qu'vne coquille s'attachent contre les rochers, & les autres
qui en ont deux demeurent fur le fable. Aucuns genres d'i-
ceux, lefquels font formez comme vn manche de couteau,

Mm 2

ayant enuiron demy pied de long, se tiennent cachez dadans le sable bien auant, & alors les pescheurs les vont querir.

C'est vne chose admirable que les huitres estant apportées à dix ou douze lieues de la mer, elles sentent l'heure qu'elle reuient & approche des lieux où elles faisoyent leurs demeurances, & d'elles mesmes s'ouurent pour receuoir aliment de la mer, comme si elles y estoyent encores. Et à cause qu'elles ont ce naturel, le cancre sçachant bien qu'elles se viendront presenter portes ouuertes quand la mer retournera en ses limites, se tient près de leurs habitations, & ainsi que l'huitre aura ses deux coquilles ouuertes; ledit cancre pour tromper l'huitre prend vne petite pierre, laquelle il met entre les deux coquilles, afin qu'elles ne se puissent clorre, & ce fait il a moyen de se repaistre de ladite huitre. Mais les souris n'ont pas conneu la cause pourquoy les huitres auoyent deux coquilles: car il est aduenu en plusieurs lieux bien distans de la mer, lors que les huitres sentoyent l'heure de la marée, & qu'elles se venoyent à ouurir, comme i'ay dit cy-dessus, les souris les trouuant ouuertes, les vouloyent manger, & l'huitre sentant la douleur de la morsure venoit à clorre & resserrer ses deux coquilles, & par ce moyen plusieurs souris ont esté prises, car elles n'auoyent pas mis de pierre entre deux, comme le cancre.

Quant est des gros poissons, les pescheurs des isles de Xaintonge ont inuenté vne belle chose pour les tromper: car ils ont planté en certains lieux dedans la mer plusieurs grandes & grosses perches, & en icelles ont mis des poulies ausquelles ils attachent des cordes de leurs rets ou filets; & quand la mer s'en est allée, ils laissent couler leurs filets dessus le sable, laissant toutesfois la corde où ils sont attachez, tenant des deux bouts ausdites poulies. Et quand la mer s'en

reuient, les poiſſons viennent auec elle, & cherchent paſture
d'vn coſté & d'autre, ne ſe donnant point de difficulté des
filets qui ſont ſur le ſable, par ce qu'ils nagent au-deſſus: &
quand les peſcheurs voyent que la mer eſt preſte de s'en retourner, ils leuent leurs filets iuſques à la hauteur de l'eau,
& les ayant attachez auſdites perches, le bas deſdits filets eſt
compreſſé de pluſieurs pierres de plomb, qui les tient roides par le bas. Les mariniers ayant tendu leurs rets & eſle-
uez en telle ſorte, attendent que la mer s'en ſoit allée; &
comme la mer s'en veut aller, les poiſſons la veulent ſuyure,
comme ils ont accouſtumé, mais ils ſe trouuent deceus d'autant que les filets les arreſtent, & par ce moyen ſont pris
par les peſcheurs, quand la mer s'en eſt allée.

Et afin de ne ſortir hors de notre propos ie te donneray
vn autre exemple. Il faut tenir pour choſe certaine que la
mer eſt auſſi haute en eſté comme en hyuer; & quand ie dirois
plus, ie ne mentirois point, par ce que les marées les plus
hautes ſont en la pleine lune du mois de Mars, & à celle du
mois de Iuillet, auquel temps elle couure plus de terre ès
parties maritimes des inſulaires Xaintoniques, que non pas
en nulle autre ſaiſon. Si ainſi eſtoit que les ſources des fontaines vinſſent de la mer, comment pourroyent-elles tarir en
eſté veu que la mer n'eſt en rien moindre qu'en hyuer : prens
garde à ce propos, & tu connoiſtras que ſi la mer alaictoit de
ſes tetines les fontaines de l'vniuers, elles ne pourroyent iamais tarir ès-mois de Iuillet, Aouſt & Septembre, auquel
temps vn nombre infiny de puits ſe tariſſent. Il faut que ie diſpute encores contre toy & tes Philoſophes latins, par ce que
tu ne trouues rien de bon s'il ne vient des latins. Ie te dis pour
vne regle generale & certaine, que les eaux ne montent iamais plus haut que les ſources d'où elles procedent. Ne ſçais-
tu pas bien qu'il y a plus de fontaines ès montaignes que non

pas aux vallées : & quand ainfi feroit que la mer fuft auffi haute
que la plus haute montaigne, encores feroit-il impoffible
que les fontaines des montaignes vinffent de la mer ; & la
raifon eft, par ce que pour amener l'eau d'vn lieu plus haut
pour la faire monter en vn autre lieu auffi haut, il faut neceffairement que le canal par où l'eau paffe foit fi bien clos
qu'il ne puiffe rien paffer au trauers : autrement l'eau eftant
defcendue en la vallée elle ne remonteroit iamais ès lieux
hauts : mais fortiroit au prochain trou qu'elle trouueroit.

A prefent donc ie veux conclure que quand la mer feroit
auffi haute que les montaignes, les eaux d'icelle ne pourroyent aller iufques aux parties hautes des montaignes, d'où
les fources procedent. Car la terre eft pleine en plufieurs
lieux de trouz, fentes & abyfmes, par lefquels l'eau qui viendroit de la mer fortiroit en la plaine, par les premiers trouz,
fources ou abyfmes qu'elle trouueroit ; & auparauant qu'elle
montaft iufques au fommet des montaignes, toutes les plaines feroyent abyfmées & couuertes d'eau : & qu'ainfi ne foit
que la terre foit percée, les feux continuels qui fortent des
abyfmes amenent auec foy des vapeurs fulphurées qui en rendent tefmoignage, & ne faudroit qu'vn feul trou, ou vne
feule fente, pour fubmerger toutes les plaines. Or va querir
à prefent tes Philofophes latins pour me donner argument contraire, lequel foit auffi aifé à connoiftre comme ce
que ie mets en auant.

THÉORIQUE. Tu dis que fi les fources des fontaines venoyent de la mer, que les eaux en feroyent falées comme
celles de la mer, & toutesfois l'opinion generale & commune eft que les eaux fe deffalent en paffant par les veines
de la terre.

PRACTIQUE. Ceux qui fouftiennent vne telle opinion n'y
entendent rien : par ce qu'il eft plutoft à croire que le fel de

la mer vient de la terre, y eſtant porté tant par les eaux des
riuieres qui ſe rendent en icelle, que par les flots impetueux
qui frappent violemment contre les rochers & terres ſalées.
Car il te faut noter qu'en pluſieurs pays il y a des rochers
de ſel. Il y a quelque autheur qui a mis en ſes œuures qu'il y
a vn pays où les maiſons ſont faites de pierres de ſel, quoy
conſideré il te faut chercher argumens plus légitimes, pour
me faire croire que les eaux des fontaines & riuieres procedent de la mer.

THÉORIQUE. Et ie te prie fais - moy donc bien entendre
ton opinion, & d'où tu cuides qu'elles peuuent venir, ſi elles
ne viennent de la mer.

PRACTIQUE. Il faut que tu croyes fermement que toutes
les eaux qui ſont, feront & ont eſté, ſont creées dès le commencement du monde : & Dieu ne voulant rien laiſſer en
oyſiueté, leur commande aller & venir & produire. Ce qu'elles
font ſans ceſſe, comme i'ay dit que la mer ne ceſſe d'aller & venir. Pareillement les eaux des pluyes qui tombent
en hyuer remontent en eſté pour retourner encores en hyuer; & les eaux & la reuerberation du ſoleil & la ſiccité des
vents frappans contre terre fait eſleuer grande quantité d'eau,
laquelle eſtant raſſemblée en l'air & formée en nuées, ſont
parties d'vn coſté & d'autre comme herauts enuoyez de
Dieu. Et les vents pouſſant leſdites vapeurs, les eaux retom-
bent par toutes les parties de la terre, & quand il plaiſt à
Dieu que ces nuées (qui ne ſont autre choſe qu'vne amas
d'eau) ſe viennent à diſſoudre, leſdites vapeurs ſont conuerties en pluyes qui tombent ſur la terre.

THÉORIQUE. Veritablement ie connois à ce coup que tu
es vn grand menteur : & ſi ainſi eſtoit que les eaux de la mer
fuſſent eſleuées en l'air & tombaſſent après ſur la terre, ce ſeroit des eaux ſalées; te voila donc pris par tes paroles meſmes.

PRACTIQUE. C'eſt fort mal theoriqué à toy : me cuides-tu ſurprendre par ce point ? tu es bien loing de ton compte. Si tu auois conſideré la maniere comment ſe fait le ſel commun, tu n'euſſes mis vn tel argument en auant, & s'il eſtoit ainſi que tu dis, l'on ne pourroit iamais faire de ſel. Mais il te faut entendre que quand les ſauniers ont mis l'eau de la mer dedans leurs parquetages pour la faire congeler à la chaleur du ſoleil & du vent, elle ne ſe congeleroit iamais n'eſtoit la chaleur & le vent qui eſleuent en haut l'eau douce qui eſt entremeſlée parmy la ſalée. Et quand l eau douce eſt exalée, la ſalée ſe vient à craimer & congeler : voila comment ie prouue que les nuées eſleuées de l'eau de la mer ne ſont point ſalées. Car ſi le ſoleil & le vent exaloyent l'eau ſalée de la mer, ils pourroyent auſſi exaler celle de quoy l'on fait le ſel, & par ce moyen il ſeroit impoſſible de faire du ſel. Voila tes argumens vaincuz.

THÉORIQUE. Et que deuiendra donc l'opinion de tant de Philoſophes qui diſent que les fontaines, fleuues ou riuieres ſont engendrées d'vn air eſpois, qui ſort du deſſouz des montaignes, de certaines cauernes qui ſont dans leſdites montaignes, & diſent qu'iceluy air vient à s'eſpeſſir, & quelque temps après ſe diſſout & conuertit en eau, qui cauſe la ſource des fontaines & riuieres.

PRACTIQUE. Entens-tu bien ce que tu dis, que c'eſt vn air qui s'eſpeſſit contre les voutes des cauernes, rochers, & que cela ſe vient à diſſoudre en eau ? Poſe le cas que cela ſoit : toutesfois il me ſemble que la maniere de parler eſt mal propre. Tu dis que c'eſt vn air eſpeſſy, & puis qu'il ſe diſſout en eau : c'eſtoit donc de l'eau conforme à celle que ie dis qui eſt eſleuée, que l'on appelle nuées, leſquelles s'approchant près de la terre obſcurciſſent l'air par vne compreſſion qu'elles apportent, & font que ledit air eſt tellement eſmeu

par

par compreſſion des eaux aſſemblées en forme de nuées. Et qu'ainſi ne ſoit, prens garde quand leſdites nuées ſont diſ-ſoutes & reduites en pluyes, tu connoiſtras que les vents ne ſont autre choſe qu'vne compreſſion d'air, engendrée par la deſcente des eaux, d'autant qu'après que les eaux ſont tom-bées en bas, les vents ſont ſoudain pacifiez, & de-là eſt venu le prouerbe que l'on dit, petite pluye abat grand vent. Ainſi donc la pluye auoit cauſé leſdits vents, leſquels eſtant pa-cifiez par la cheute de la pluye, deſlors l'air qui eſtoit ob-ſcurcy, commence à s'eſclaircir. C'eſt pour te faire entendre que ie ne nie pas que les eaux encloſes dedans les cauernes & gouffres des montaignes ne ſe puiſſent exaler contre les rochers & voutes qui ſont au-deſſouz deſdits gouffres : mais ie nie que ce ſoit la cauſe totale des ſources des fontaines : tant s'en faut, car ſi tu veux conſiderer que depuis la crea-tion du monde, il eſt ſorti continuellement des fontaines, fleuues & ruiſſeaux deſdites montaignes, tu connoiſtras bien qu'il eſt impoſſible que leſdites cauernes peuſſent fournir d'eau pour vne année, non pas pour vn mois, autant de fleu-ues qui deſcoulent iournellement.

Il faut donc conclure que les eaux qui ſortent deſdites cauernes ne viennent ny de la mer, ny des abyſmes : car ie ſçay à la verité que deſdits creux des rochers il ſort vne mer-ueilleuſe quantité d'eau : & en pluſieurs montaignes on la void ſortir comme vne groſſe fumée eſpeſſe, qui en s'eſleuant en haut obſcurcit l'air en ſe dilatant parmy iceluy d'vne part & d'autre, & quand ladite vapeur vient à ſe diſſoudre ce n'eſt autre choſe que pluye. I'ay veu pluſieurs fois ſortir de telles eſpeſſes vapeurs au pays d'Ardenne, & ceux qui les voyoyent ſortir comme moy diſoyent que dans peu de temps nous aurions de la pluye ; eſtant bien aſſeurez que leſdites vapeurs ſe diſſoudroyent en eau. I'ay veu aux mon-

N n

taignes Pyrenées plusieurs fois sortir de telles vapeurs, qui estant esleuées en haut se conglaçoyent en neiges, & bien tost après lesdites neiges couuroyent toute la terre. Ie ne nie donc pas que les vapeurs aqueuses des cauernes sousternées ne puissent contenir grande quantité d'eaux: mais il faut necessairement qu'elle y ait esté mise & portée par les postes & messagers de Dieu, sçauoir est, les vents, pluyes, orages & tempestes, comme il est escrit que ce sont les herauts de la iustice de Dieu. Or donc les eaux des cauernes y ont esté mises par les pluyes engendrées, tant des eaux qui sont esleuées de la mer, que de la terre & de toutes choses humides, lesquelles en dessechant les vapeurs aqueuses, sont eslevées en haut pour tomber de rechef, voila comment les eaux ne cessent de monter & descendre; comme le soleil & la lune n'ont en eux nul repos, semblablement les eaux ne cessent de trauailler à engendrer, produire, aller & venir ainsi que Dieu leur a commandé.

THÉORIQUE. Tu as cy-deuant conclud comme par vn arrest definitif, que toutes les sources des fontaines & fleuues ne procedent d'autre chose que des eaux de pluyes, chose fort esloingnée de toute opinion commune; ie te prie donne-moy quelque raison qui ait apparence de verité pour me faire croire que ton dire soit fondé sur quelque preuue legitime.

PRACTIQUE. Auparauant que venir aux raisons, il te faut considerer la cause des montaignes, & consequemment des valées; & ayant consideré de bien près ces choses, tu entendras directement la raison pourquoy en certaines contrées l'on ne peut trouuer aucune source d'eau, non pas mesme sous la terre, pour faire des puits : & quand tu auras entendu ces choses, il te sera aisé à croire que toutes fontaines ne procedent que des sources prouenantes des pluyes. Venons donc à la connoissance des montaignes, pourquoy c'est qu'elles font plus hautes que la terre; il n'y a autre raifon que celle de la forme de l'homme, car tout ainfi que l'homme eft fouftenu en fa hauteur & grandeur à caufe des os, & fans iceux l'homme feroit plus acroupy qu'vne bouze de vache. En cas pareil fi ce n'eftoit les pierres & mineraux qui font les os de la forme des montaignes, elles feroyent foudain conuerties en valées, ou pour le moins tous pays feroyent plats & à niueau, par les faits des eaux qui defcendroyent auec elles des terres & montaignes droites aux valées.

Ayant mis en ta memoire vne telle confideration, tu pourras connoiftre la caufe pourquoy il y a plus de fontaines & riuieres procedantes des montaignes que non pas du furplus de la terre, qui n'eft autre chofe finon que les roches & montaignes retiennent les eaux des pluyes comme feroit vn vaiffeau d'airain. Et lefdites eaux tombantes fur lefdites montaignes au trauers des terres & fentes, defcendent toufiours, & n'ont aucun arreft iufques à ce qu'elles ayent trouué quelque lieu forcé de pierre ou rocher bien contigu ou condencé; & lors elles fe repofent fur vn tel fond, & ayant trouué quelque canal ou autre ouuerture, elles fortent en fontaines ou en ruiffeaux & fleuues, felon que l'ouuerture & les receptacles font grands : & d'autant qu'vne telle fource ne fe peut ietter (contre fa nature) aux montaignes, elle defcend aux valées. Et combien que les commencemens defdites fources venant des montaignes ne foyent gueres grandes, il leur vient du fecours de toutes parts, pour les agrandir & augmenter ; & fingulierement des terres & montaignes qui font à dextre & à feneftre du cours defdites fources. Voila en peu de paroles la caufe des fources des fontaines, fleuues & ruiffeaux; & ne te faut chercher nulle autre raifon que celle-là. Si les Philofophes ont efcrit que les fources eftoyent engendrées d'vn air efpois fourdant du bas des montaignes,

& que cedit air eſtant diſſout en eau, cauſoit les fontaines:
c'eſtoit donc de l'eau auparauant prouenant des pluyes eſtant
tombées auant que remonter.

Venons à preſent à la cauſe pourquoy il n'y a auſſi bien
des ſources ès plats pays & campagnes comme ès montaignes.
Tu dois entendre que ſi toute la terre eſtoit ſableuſe, deliée
ou ſpongieuſe comme les terres labourables, l'on ne trouueroit iamais ſources de fontaines en quelque lieu que ce fuſt.
Car les eaux des pluyes qui tomberoyent ſur leſdites terres,
s'en iroyent touſiours en bas iuſques au centre, & ne ſe pourroyent iamais arreſter pour faire puits ny fontaines.

La cauſe donc pourquoy les eaux ſe trouuent tant ès ſources qu'ès puits, n'eſt autre qu'elles ont trouué vn fond de
pierre ou de terre argileuſe, laquelle peut tenir l'eau autant
bien comme la pierre; & ſi quelqu'vn cherche de l'eau dedans des terres ſableuſes, il n'en trouuera iamais, ſi ce n'eſt
qu'il y ait au-deſſous de l'eau quelque terre argileuſe, pierre
ou ardoiſe, ou mineral, qui retiennent les eaux des pluyes
quand elles auront paſſé au trauers des terres. Tu me pourras
mettre en auant que tu as veu pluſieurs ſources ſortant des
terres ſableuſes, voire dedans les ſables meſmes: à quoy ie
reſpons, comme deſſus, qu'il y a deſſous quelque fond de
pierre, & que ſi la ſource monte plus haut que les ſables,
elle vient auſſi de plus haut: & ne t'abuſes point en ta ſeule
opinion, car tu ne trouueras iamais raiſons plus certaines que
celles que ie t'ay mis en pluſieurs endroits de ce diſcours,
& ſi tu ne me veux croire, c'eſt à moy grand folie de t'en
parler dauantage. Parquoy ie feray fin de la cauſe des ſources
des fontaines

THÉORIQUE. A la verité il y a long temps que nous ſommes ſur ce propos, & i'ay eſté bien deçeu: par ce que dès
le commencement tu m'as promis de me montrer à faire des

fontaines ès lieux fteriles d'eau, & en quelque part que ie voudrois ; mais iufques icy tu ne m'en as pas dit encores vn feul mot.

PRACTIQUE. Tu n'es gueres fage ; ne crois-tu pas que le Medecin prudent, n'ordonnera iamais vne medecine à vn malade, fi premierement il ne connoift la caufe de la maladie ? En cas pareil ne falloit-il point que auparauant que t'apprendre à faire des fontaines, ie te montraffe la caufe de celles qui fe font naturellement ? Ne fçais-tu pas que ie t'ay promis dès le commencement de t'apprendre à faire des fontaines à l'imitation de celles du fouuerain fontainier ? Et comment cela fe pourroit-il faire fans premierement contempler les natures ? Voila pourquoy ie t'ay voulu inciter à te faire entrer en une telle contemplation. Et combien que cy-deuant ie t'aye beaucoup parlé de l'effence des fources, fi eft-ce que ie te veux encores faire entendre qu'il eft impoffible qu'elles puiffent proceder de la mer, pour vne caufe que i'ay oublié à dire cy-deuant, qui eft qu'il n'y a rien de vuide fous le ciel, & que lors que la mer fe retire des canaux, concauitez, trouz ou voyes où elle eftoit entrée quand elle eftoit haute, les eaux n'ont pas fi toft laiffé lefdits trouz ou canaux vuides, qu'ils ne fe foyent remplis d'air, & fi l'eau retournant de la mer vient à enclore & enfermer l'air qui aura pris poffeffion en fon abfence dans lefdits trouz, iceluy fera obftacle à l'eau s'il ne trouue quelque fubtile afpiration pour luy ceder place: & fi cela fe fait en vne fiole de verre tant foit elle petite ou grande, combien cuides-tu que cela fe peut faire plus affeurement en vn canal d'eau qui iroit depuis la mer iufques aux montaignes d'Auuergne ? Si tu dis que entre les montaignes & la mer il y peut auoir quelques fubtiles afpirations par lefquelles l'air s'en pourra fuir au-deuant de l'eau, ie refpons que fi l'air y paffe, l'eau y paffera auffi : &

eſt certain que l'eau de la mer vient d'vne telle viteſſe, que quand il y auroit vn canal bien clos depuis la mer iuſques aux montaignes, & qu'elle fuſt auſſi haute que les montaignes, ſi eſt-ce que l'eau ne pourroit venir iuſques auſdites montaignes, qu'elle ne fit creuer le canal à cauſe de la grande diſtance & de l'air enclos auec elle. Et comme i'ay dit vne autrefois, ſi cela ſe pouuoit faire, les riuieres, fontaines & ſources des montaignes tariroyent quand la mer s'en ſeroit allée, qui eſt vne regle auſſi certaine que celle que i'ay dit cy-deſſus, à ſçauoir que ſi les fontaines ou riuieres venoyent de la mer, les eaux ſeroyent ſalées. I'ay encores vne exemple ſinguliere, & pour la derniere de ce propos, qui eſt qu'aux pays & iſles de Xaintonge limitrophes de la mer, il y a en pluſieurs bourgs & villages, des puits doux & des puits ſalez: l'on peut connoiſtre clairement par-là que les puits dont les eaux ſont ſalées, ſont abreuuez de l'eau de la mer, & les puits d'eau douce qui ſont près des ſalées & auſſi près de la mer, ſont abreuuez des eſgouts des pluyes qui viennent de la partie contraire de la mer. Et qui plus eſt, & bien à noter, il y a pluſieurs petites iſles enuironnées & entourées d'eau de la mer, meſme quelques vnes qui ne contiennent pas vn arpent de terre ferme, eſquelles il y a des puits d'eau douce; ce qui donne clairement à connoiſtre que leſdites eaux douces ne prouiennent ny de ſource ny de la mer, ains des eſgouts des pluyes, trauerſant les terres iuſques à ce qu'elles ayent trouué fond, ainſi que ie t'ay deſia dit.

Après que i'eus conneu ſans nulle doute que les eaux des fontaines naturelles eſtoyent cauſées & engendrées par les pluyes, i'ay penſé que c'eſtoit vne grande ignorance à ceux qui poſſedent heritages ſteriles d'eaux qu'ils n'auiſoyent les moyens de faire des fontaines: veu & entendu que Dieu ennoye des eaux autant bien ſur les terres ſableuſes que ſur les autres, & qu'il faut bien peu de science pour la fçauoir recueillir. Si les antiques n'euffent autrement contemplé les œuures de Dieu, ils fe fuffent nourris de la pafture des beftes; ils euffent feulement pris les fruits des champs tels qu'ils fuffent venus fans labeur : mais ils fe font voulu fagement exercer à planter, femer & cultiuer, pour aider à nature, c'eft pourquoy les premiers inuenteurs de quelque chofe de bon, pour aider à nature, ont efté tant eftimez par nos predeceffeurs, qu'ils les ont reputez eftre participans de l'efprit de Dieu. Ceres laquelle s'aduifa de femer & cultiuer le bled, a efté appellée Deeffe: Bacchus homme de bien (non point yurongne comme les Peintres le font) fut exalté par ce qu'il s'aduifa de planter & cultiuer la vigne; Priapus en cas pareil, pour auoir inuenté le partage des terres, afin que chacun cultiuaft fa part ; Neptune, pour auoir inuenté la nauigation: & confequemment tous inuenteurs de chofes vtiles, ont efté eftimez participans des dons de Dieu. Bacchus auoit bien trouué des raifins fauuages; Ceres auoit bien trouué du bled fauuage, mais cela ne fuffifoit pas pour les nourrir fuauement, comme quand les chofes furent tranfplantées.

Nous connoiffons par-là que Dieu veut que l'on trauaille pour aider à nature, comme ainfi foit que toutes chofes tranfplantées font beaucoup plus fuaues que non pas les fauuages: & veu que Dieu nous enuoye de l'eau pure & nette, iufques à nos portes, qui ne coufte rien qu'à luy preparer lieu pour la recueillir, ne fera pas à nous vne grande pareffe après auoir veu vne bonne inuention pour recueillir les eaux que Dieu nous enuoye, de croupir en notre pareffe, fans daigner receuoir vne telle benediction ? Or ie feray mon deuoir fuyuant la promeffe que ie t'ay faite, proteftant que fi tu la mefprifes tu es indigne de iamais iouir du benefice des eaux de fontaines ; ie dis partant que tu ayes quelque heritage auquel tu puisses recueillir des eaux , ainsi que ie te feray entendre.

THÉORIQUE. Ie te prie doncques ne me faire plus languir ; mais me monstrer promptement le moyen d'y proceder.

PRACTIQUE. Ie ne te puis sagement instruire que ie n'aye entendu de toy si le lieu où tu veux faire ta fontaine est montueux ou plat, par ce que selon la commodité du lieu il faut que la chose soit dessignée, ou autrement l'on trauailleroit en vain.

THÉORIQUE. I'ay vne maison champestre auprès de laquelle y a vne montaigne assez roide, & ma maison est près du pied de ladite montaigne.

PRACTIQUE. Si ainsi est, tu as vne grande commodité pour construire ta fontaine à peu de frais, & te diray comment : il n'est point de montaigne qui ne soit foncée de rochers, comme ie t'ay dit plusieurs fois ; tu te peux donc asseurer que si tu prens garde qu'il n'y ait quelque trou ou fente le long de la montaigne, tu pourras recueillir grande quantité d'eau & la faire descendre iusques auprès de ta maison. Prens donc garde qu'il n'y ait quelque ouuerture par laquelle ton eau se puisse perdre ; & s'il y en a, ferme la de pierres & de terre, & puis rempare la circonference à dextre & à senestre du lieu que tu auras destiné pour receuoir les eaux des pluyes ; & ayant ainsi fait vn rempart en maniere de chaussée, toute l'eau qui tombera dedans ton enclos se viendra rendre au lieu que tu luy auras preparé : & ce fait tu feras deux receptacles, l'vn après l'autre : le second sera plus bas que le premier, afin que l'eau du premier, estant desia purifiée, se vienne rendre au second. Et pour purifier les eaux, faut qu'elles passent au trauers d'vne quantité de sable que tu auras mis audeuant du premier receptacle, & faut maçonner les pierres

du

du premier receptacle fans mortier, afin que les eaux puiffent paffer iufques au fecond, ou bien faire quelque grille
d'airain ou vne platine percée de petits trouz, afin qu'il ne
paffe rien que l'eau; & ainfi quand elle aura paffé au trauers le fable & par le premier receptacle, elle fera bien
affinée quand elle fe rendra au fecond; & au bas d'iceluy,
pour ce que le premier receptacle fera grand, & defcou-
uert en l'air comme vn eftang, il faudra faire vn troifiefme
degré plus bas que les deux autres, duquel fortiront les eaux
pour l'ufage de la maifon : fi tu veux enrichir la face du receptacle du cofté que tu tires l'eau, tu le pourras enrichir
de telle beauté que bon te femblera, foit en façon de roc
ou autrement; & fi tu pourras planter des arbres à dextre
& à feneftre, que tu feras courber en forme de tonnelle ou
cabinet, pour donner beauté à ta fontaine.

THÉORIQUE. Voire : mais fi ma maifon eftoit vn chafteau
entouré de foffez cela ne me pourroit feruir.

PRACTIQUE. Si ainfi eftoit, il faudroit amener l'eau du receptacle par tuyaux iufques au-dedans du chafteau, tout ainfi
que tu vois les fontaines de Paris, & celles de la Royne,
que l'on fait paffer au trauers les foffez, par dedans certaines pieces de bois qui font creufées pour cet effet, & font
couuertes par deffus, & y a dedans vn tuyau de plomb par
où l'eau defdites fontaines paffe.

THÉORIQUE. Ie connois à ce coup qu'il y a quelque apparence de vérité en ton dire : toutesfois quand i'aurois fait
tout ce que tu dis, ie n'aurois rien fait finon vne cifterne;
ie me tiens tout affeuré que tous ceux qui verroyent ma fontaine ne l'appelleroyent point autrement.

PRACTIQUE. Mais penfes-tu connoiftre la verité ny le poids
de mes paroles, fi tu n'as fouuenance de ce que i'ay dit au

parauant, de la cauſe des ſources naturelles ? Il eſt bien certain que ſi tu ne retiens qu'vne partie de tout ce que ie dis, tu
n'entendras rien : mais toute perſonne qui entendra les beaux
exemples & preuues ſingulieres que ie t'ay dites cy-deuant, il
confeſſera touſiours que la fontaine que ie te veux monſtrer
à faire ne peut eſtre appellée ciſterne, ains à bon droit elle
ſera appellée fontaine naturelle; d'autant que l'eau qu'elle
iettera procede du meſme treſor que les autres fontaines. Et
n'y a nulle difference, ſinon deux points; le premier eſt que
l'on a aidé à recueillir, ou pour mieux dire receuoir le bien qui
nous eſt preſenté : mais qu'eſt-ce que ie dis, n'y a-t-il point de
peine ? & ne fait-on point de frais pour amener les ſources
naturelles dedans les villes & chaſteaux ? Ne faut-il pas auſſi
bien de la maçonnerie comme à celle que ie te monſtre à faire ?
Et qui eſt celui qui la pourra légitimement appeller ciſterne,
veu qu'elle n'a rien moins que les fontaines naturelles ? Ie
t'ay dit qu'elle eſtoit toute ſemblable aux naturelles, excepté
deux points: le premier eſt, comme i'ay dit, que l'on a aidé
à nature : tout ainſi que ſemer le bled, tailler & labourer la
vigne, n'eſt autre choſe qu'aider à nature: le ſecond eſt de
grand poids, & ne peut eſtre entendu ſi tu n'as bien retenu le
commencement de mes propos; & l'ayant bien entendu tu
pourras iuger par les preuues que i'ay alleguées, que nulle
des fontaines naturelles ne ſçauroit produire eaux deſquelles
on puiſſe eſtre aſſeuré qu'elles ſoyent bonnes, comme de celle
que ie te monſtre à faire. La raiſon eſt, comme tu peux
auoir entendu, que toute la terre eſt pleine de diuerſes eſpeces de ſels & de mineraux, & qu'il eſt impoſſible que les
eaux paſſant par les conduits des rochers & veines de la terre,
n'amenent auec elles quelque ſel ou mineral veneneux, ce
que ne peut eſtre en l'eau de la fontaine que ie t'apprens à
faire.

Item, tu fçais bien que c'eſt vne regle generale que les eaux les plus legeres ſont les meilleures : ie te demande, y a-t il des eaux plus legeres que celles des pluyes ? Ie t'ay dit par cy-deuant qu'elles ſont montées auparauant que deſcendre, & cela a eſté fait par la vertu d'vne chaude exalation : or les eaux qui ſont montées ne peuuent porter en elles que bien peu de ſubſtance terreſtre, & encores moins de ſubſtance minerale. Et cette eau, qui eſt ainſi legerement montée par exalation, redeſcend ſur les terres, leſquelles tu fçais bien qui ſont nettes de tous mineraux & autres choſes qui peuuent rendre les eaux mauuaiſes. Voila pourquoy ie puis conclure que les eaux des fontaines faites ſelon mon deſſin, feront plus aſſeurement bonnes, que non pas les naturelles, & ne deuront point eſtre appellées autrement que fontaines naturelles : & tout ainſi ques les arbres fruitiers ne peuuent changer de nom pour eſtre entez & tranſplantez, auſſi mes fontaines ne peuuent changer de nom pour eſtre meilleures que les autres ; & s'il eſtoit loiſible de leur changer de nom, il faudroit appeller les ſources naturelles ſauuages au regard de celles que ie te monſtre : tout ainſi que les arbres fruitiers qui croiſſent naturellement ès bois, ſont appellez ſauuages, & eſtant tranſplantez on les appelle francs. Et pour te faire mieux connoiſtre que les eaux des pluyes ſont les plus legeres, & par conſequent les meilleures, interroge vn peu les teinturiers & les affineurs de ſucre, ils diront que les eaux des pluyes ſont les meilleures pour leurs affaires, & pour pluſieurs autres choſes.

Si tu ne veux croire tant de belles preuues que ie t'ay amenées, ie te renvoye voir le grand Viɛtruue, qui eſt celuy de tous ceux qui ont parlé des eaux, qui en parle le plus ſainement : il prouue dans ſon liure, par raiſons ſuffiſantes, que l'eau des pluyes eſt la meilleure & la plus ſaine.

THÉORIQUE. Ie connois à prefent que ce que tu dis eft fort aifé à faire, & que les eaux de telles fontaines feront affeurement bonnes : mais ie crains vne difficulté, qui eft que quand il pleut afprement de pluye d'orage, les eaux qui defcendent violemment du haut de la montaigne ne viennent à amener grande quantité de terre, fable & autres chofes qui empefchent le cours de la fontaine, ou bien des eaux qui fe pourroyent rendre en icelle.

PRACTIQUE. Pour vray ie connois à ce coup que tu n'es pas aliené de iugement ; & par ce que ie voy que tu es attentif à mes paroles, ie te feray cy après vn pourtrait ou deffin conuenable pour la place ou lieu que tu m'as fait entendre pour faire ta fontaine. Et pour obuier à la malice des grandes eaux qui fe pourroyent affembler en peu d'heures par quelque tempefte, il faut qu'après que tu auras defigné ton parterre pour receuoir les eaux, tu mettes de groffes pierres au trauers des plus profonds canaux qui viennent en ton parterre. Et par tel moyen la violence des eaux & rauines fera amortie, & ton eau fe rendra paifiblement dans tes receptacles.

THÉORIQUE. Ie te demande fi le long de la montaigne que ie veux choifir pour le parterre, il y a des arbres, faudrat-il les couper ?

PRACTIQUE. Nenny de par Dieu, donnes-t'en bien garde : car lefdits arbres te feruiront beaucoup en cette affaire. Il fe trouue en plufieurs parties de la France, & fingulierement à Nantes, des ponts de bois, que pour defrompre la violence des eaux & glaces qui pourroyent offenfer les pilliers defdits ponts, l'on a mis grande quantité de bois debout au deuant defdits pillers : par ce que fans cela ils feroyent de peu de durée. Semblablement les arbres qui font plantez le long de la montaigne où tu veux faire ton parterre, feruiront beaucòup pour abattre la trop grande violence des eaux , & tant s’en faut que ie te conseille de les couper, que s’il n’y en auoit point ie te conseillerois d’y en planter : car ils te seruiroyent pour empescher que les eaux ne puissent concauer la terre ; & par tel moyen l’herbage sera conserué , au long duquel herbage les eaux descendront fort doucement droit à ton receptacle. Et te faut noter vn point singulier , lequel n’est conneu que de peu de gens, qui est que les fueilles des arbres qui tomberont dedans le parterre & les herbes croissantes au-dessouz , & singulierement les fruits s’il y en a aux arbres estant putrefiées , les eaux du parterre attireront le sel desdits fruits, feuilles & herbages, lequel rendra beaucoup meilleure l’eau de tes fontaines, & empeschera toute putrefaction. Quand nous parlerons des sels tu pourras plus clairement connoistre ce point ; parquoy ie ne t’en diray plus.

THÉORIQUE. I’ay vne autre maison champestre, mais la montaigne est bien à demy quart de lieue à costé de ma maison ; n’y auroit-il point de moyen d’y faire venir la fontaine ? Car quand les eaux descendent elles s’en vont tomber dedans des prairies assez loing de ma maison.

PRACTIQUE. N’as-tu pas moyen de remparer les eaux au pied de la montaigne, & leur faire prendre le chemin vers le costé de ton heritage ? & quand tu les auras amenées iusques à la plaine, deuers le costé de ta maison, il te les faudra amener le surplus du chemin par tuyaux de plomb, de terre ou de bois : tu feras bien cela, c’est chose bien aisée.

THÉORIQUE. Et si ie voulois faire vne fontaine en vn lieu champestre, que la terre fust à niueau comme l’on voit communement aux campagnes, y auroit-il quelque moyen d’en faire ?

PRACTIQUE. Ouy bien : mais c'eſt à plus grands frais que non pas ès montaignes, d'autant que là où la place eſt droite, il luy faut donner pente à force d'hommes.

THÉORIQUE. Comment eſt-il poſſible de lui donner pente ſi elle n'y eſt de nature ?

PRACTIQUE. Encores n'eſt-ce pas le pis : car il eſt bien aiſé de donner pente à force d'hommes : mais le pis eſt qu'eſtant hauſſée d'vn coſté & abaiſſée de l'autre, il la faut neceſſaire-ment pauer : car autrement tout ne vaudroit rien.

THÉORIQUE. Il faut donc conclure tout en vn coup que cela ne ſe peut faire : parquoy il n'en faut plus parler.

PRACTIQUE. Si fait, ſi fait, & la choſe eſt bien aiſée, moyennant que l'on veuille employer du temps & de l'argent.

THÉORIQUE. Ie te prie me dire comment tu y voudrois proceder.

PRACTIQUE. Ie voudrois en premier lieu choiſir vn champ bien près de la maiſon ; & ſelon la grandeur de ma famille ie voudrois faire mon parterre ; & ayant tendu mes cordeaux i'aurois vn nombre de mercenaires, auſquels ie ferois oſter la terre du bout prochain de la maiſon où ie voudrois faire les receptacles, & la ferois porter à l'autre bout de mon parterre ; & par ce moyen ie n'aurois pas ſitoſt baiſſé la partie prochaine de la maiſon de deux pieds, que l'autre partie ne ſe trouuaſt plus haute de quatre pieds, qui feroit vne hauteur aſſez capable pour amener toutes les eaux des pluyes qui tomberoyent dedans ton parterre ; les frais de cela ne ſont pas ſi grands qu'ils vaillent le diſputer. Mais quant aux frais du paué il pourroit couſter plus ou moins, ſelon la commo-dité des eſtoffes qui ſe trouueront près du lieu.

THÉORIQUE. Et quel beſoing eſt-il de pauer ce parterre ?

PRACTIQUE. Par ce que tu m'as dit que c'eſt vn pays plat, & que tu as taſché à y faire des puits, où tes predeceſſeurs & toy auez beaucoup deſpendu, & ſi n'auez ſçeu trouuer d'eau, ie t'ay dit cy·deuant que ſi toutes terres eſtoyent ſableuſes & ſpongieuſes, que les eaux des pluyes paſſeroyent ſoudain qu'elles ſeroyent cheutes ; & que ſi toutes terres eſtoyent ainſi, que iamais ne pourroit auoir ſource de fontaine ; & que les fontaines ne ſont cauſées que de ce que les terres ſont foncées de pierre, ou de quelque mineral. Pour ces cauſes quand tu aurois fait apporter les terres du bout de ton parterre à l'autre, & qu'il ſeroit tout preparé à receuoir les pluyes, cela ne te ſeruiroit de rien, par ce qu'elles ne trouueroyent rien qui les puſt arreſter : voila pourquoy ie t'ay dit qu'il faut neceſſairement que ton parterre ſoit paué, afin qu'il puiſſe contenir l'eau. Ie n'entens pas qu'il faille que ce ſoit vn paué taillé ny choiſi de pierres dures comme celuy des villes, ny aſſis auec du ſable, s'il ne ſe trouue ſur le lieu, ains les poſer toutes cornues auec de la terre ſimplement. Voila comment ie l'entends : afin que tu ne penſes que la deſpence ſoit ſi grande ; & s'il ſe trouue de la pierre plate, comme l'on voit en pluſieurs contrées, il les faut mettre de plat, afin qu'elles tiennent plus de place ; pourueu qu'elles puiſſent empeſcher que les terres ne boyuent l'eau, c'eſt tout vn, comment elles ſeront miſes.

THÉORIQUE. Et ſi ie veux eriger ma fontaine en quelque lieu où il n'y ait point de pierre ?

PRACTIQUE. S'il n'y a point de pierre, fonce-là de brique.

THÉORIQUE. Et s'il n'y a ny pierre ny brique ?

PRACTIQUE. Fonce-là de terre argileuſe.

THÉORIQUE. Et comment ? La terre argileuſe ne boira-t-elle point l'eau comme l'autre terre ?

PRACTIQUE. Non : car ſi les eaux pouuoyent paſſer au trauers des terres argileuſes, l'on ne pourroit iamais faire du
ſel à la chaleur du ſoleil. Qu'ainſi ne ſoit les champs & parquetages de marez ſalans, ſont foncez de terre argileuſe,
& par ce moyen l'eau de la mer qui eſt encloſe dedans leſdits parquetages, y eſt contenue pour eſtre congelée & reduite en ſel. Mais il te faut noter que les terres argileuſes
dequoy l'on ſe ſert pour tenir leſdites eaux, faut qu'elles
ſoyent conroyées comme ie te diray. Le moyen duquel ceux
des iſles vſent pour la conroyer : premierement ils ont vn
nombre de cheuaux attachez à la queue l'vn de l'autre tout
d'vn rang, & au premier cheual pour la conduite d'iceux y
a vn homme qui tient la bride d'vne main, & de l'autre les
touche tout à coup d'vn fouët, les faiſant pourmener tout le
long de la place, iuſques à ce qu'elle ſoit bien conroyée :
après ils l'applaniſſent & la mettent en telle forme qu'elle
leur puiſſe ſeruir à tenir les eaux, & pour ce ie t'ay dit que
tu pourrois foncer ton parterre de terre argileuſe, par faute
de pierre, ou de brique; ie te parleray plus amplement de
cecy en traitant du ſel commun.

THÉORIQUE. Et ſi mon parterre eſtoit paué de pierre, de
brique, ou de terre d'argile, mon champ ne me pourroit
ſeruir, ſinon pour receuoir les eaux, & ce ſeroit grand dommage à vn pauure homme qui n'auroit qu'vn peu de terre,
de l'employer en vne fontaine ſeulement.

PRACTIQUE. Si tu me veux croire, ledit parterre te portera grand profit & vtilité, à ſçauoir en y plantant grand
nombre d'arbres fruitiers de toutes eſpeces, & les planter
par lignes directes, & puis paueras ton parterre, & à l'endroit d'vn chaſcun arbre tu laiſſeras trois ou quatre pouces
de terre ſans eſtre paué, afin que ledit paué n'empeſche l'accroiſſement

croiſſement des arbres. Et quand cela ſera fait tu pourras faire apporter ſur ledit paué de la terre iuſques à vn pied de haut & dauantage : après tu pourras ſemer telle eſpece de legumes que tu voudras, & par ce moyen les arbres croiſtront, & la terre fructifiera & te portera pluſieurs fruits, & meſme du bois pour te chauffer, & n'y aura piece de terre de ſi grand reuenu, par ce qu'elle feruira à pluſieurs choſes. Premierement pour les fontaines, ſecondement pour les fruits, tiercement pour le bois, quartement pour les choſes que tu ſemeras audit parterre : que ſi tu n'y veux rien ſemer de ce que nous auons dit, ſemes-y du foing, lequel feruira de paſturage : & pour la fin, ce ſera vn pourmenoir fort delectable, or voila vne piece de terre qui portera cinq belles commoditez.

Théorique. Voire : mais ſi ie couure ledit parterre paué de terre, & que ie ſeme quelque choſe deſſus, les eaux qui paſſeront, ſubmergeront les ſemences que i'y auray ſemées.

Practique. Tu as fort mal retenu le propos que ie t'ay dit pluſieurs fois, que les terres ſpongieuſes & labourées ne peuuent contenir l'eau, parquoy tu dois entendre que les pluyes qui tomberont dedans ton parterre deſcenderont à trauers des terres iuſques ſur le paué, & eſtant ſur ledit paué, trouuant la pente d'iceluy, deſcendront iuſques au ſable qui ſera ioingnant les receptacles, & en continuant paſſeront à trauers des ſables, pour ſe rendre iuſques au premier. Cela te doit bien faire conſiderer que les eaux des pluyes qui tombent par les montaignes, terriers & toutes places qui ont inclination vers le coſté des riuieres ou fontaines, ne s'y rendent pas ſi ſoudain. Car ſi ainſi eſtoit toutes ſources tariroyent en Eſté : mais par ce que les eaux qui ſont tombées

durant l'hyuer fur les terres ne peuuent paſſer promptement ;
mais petit à petit deſcendent iuſques à ce qu'elles ayent
trouué la terre foncée de quelque choſe, & quand elles ont
trouué le roc elles fuyuent la partie inclinée, ſe rendant ès
riuieres, de-là vient qu'au-deſſouz deſdites riuieres, il y a
pluſieurs ſources continelles : & par ainſi ne pouuant paſſer
que peu à peu, toutes ſources ſont entretenues depuis la fin
d'vn hyuer iuſques à l'autre.

THÉORIQUE. Tu m'as donné le deſſin de trois fontaines,
deux ès montaignes & vne en plat pays : mais d'autant que
celle du plat pays ne ſe peut faire ſans frais, & tous n'ont
pas la commodité des montaignes, ne me ſçaurois-tu donner
quelque inuention de laquelle les laboureurs ſe puiſſent aider
en plat pays, ſans eſtre contrains de pauer la ſole ? par ce
que tous n'ont pas la puiſſance d'auoir du paué : meſme qu'il
y a pluſieurs campagnes où l'on ne ſçauroit trouuer ny pierre,
ny brique, ny terre argileuſe.

PRACTIQUE. Si i'eſtois homme de village, & que mon habitation fuſt en pleine compagne, i'aurois eſpoir de trouuer
moyen de faire quelque fontaine pour la prouiſion de ma
famille.

THÉORIQUE. Ie te prie me dire comment tu voudrois
faire.

PRACTIQUE. I'eſliroi s quelque piece de terre prochaine de
ma maiſon, & l'ayant hauſſée d'vn bout, comme i'ay dit cy-
deuant, ie voudrois auoir certains maillets de bois & bat-
trois la terre fort vnie : & eſtant ainſi battue & bien dreſſée,
ie ferois les deux receptacles que i'ay dit cy-deſſus, & cher-
cherois en quelque part, ſoit prez ou bois, quelque terre
qui fuſt bien eſpoiſſe d'herbe, & d'icelle ie ferois vn ſi grand

nombre de gazons, que i’en aurois pour foncer tout le dedans de mon parterre; & afin que les racines des herbes entraſſent d’vn gazon à l’autre, ie remplirois toutes les iointures de terre fine, & par tel moyen les racines des gazons paſſeroyent de l’vn à l’autre, & lors ce ſeroit vn paué de pré qui ameneroit les eaux iuſques au receptacle, par le moyen de ſon inclination.

Théorique. Et cuides-tu que les eaux des pluyes ne puiſſent paſſer au trauers deſdits gazons, ou pour mieux dire, que les terres les boiroyent ſans leur donner le loiſir de ſe rendre au receptacle?

Practique. Et penſes-tu que ie te baille vn tel conſeil ſans auoir premierement contemplé les prées naturelles. I’en ay veu plus d’vn millier qui n’auoyent pas trois pieds de pente, où toutesfois les eaux des pluyes ſe rendoyent en la partie baſſe de la prée, & demeuroyent-là vn bien long temps auparauant que la terre les euſt ſuccées. Car la quantité des herbes & racines empeſche que la terre ne puiſſe ſuccer l’eau comme les terres labourées, ie ne dis pas que les fentes qui furuiennent en Eſté à cauſe de la ſiccité, ne puiſſent boire vne partie des eaux, quand les terres ſont alterées; mais l’inclination ou pente du parterre, cauſe que la plus grand part des eaux qui tombent, ſe rendent ſoudain entre les ſables qui ſont au-deſſus du premier receptacle. Si tu auois ſeulement bordé ton parterre de pluſieurs eſpeces d’arbres, cela donneroit ombrage audit parterre, afin que le ſoleil ne fit fendre leſdits gazons. Item, ie voudrois laiſſer croiſtre l’herbe deſdits gazons, ſans la couper, & les pluyes deſcendantes du haut du parterre en bas, feroyent coucher ton herbage, & lors elle ſeruiroit de couuerture aux fentes de la terre.

Et quand lefdites herbes fe putrefieroyent, leur fel feroit amené par les eaux dedans le receptacle qui cauferoit vne bonté ès eaux, comme i'ay dit.

THÉORIQUE. Tu m'as donné tant de raifons que ie fuis contraint de confeffer que les fontaines naturelles ne procedent que des eaux des pluyes, toutesfois i'ay veu de fi grandes fources qu'elles faifoyent moudre des moulins, & d'autres qui eftoyent commencement de riuieres, & cela ne fe peut faire qu'il n'y ait quelque autre chofe que les pluyes.

PRACTIQUE. Tu t'abufes, par ce que tu n'entends pas que celles des grandes fources viennent de bien loing, à caufe qu'elles trouuent la continuation des rochers fort grande, & ayant trouué vn canal naturel, lefquelles eaux mefmes auront fait par longue efpace de temps, tout ainfi que tu vois dedans les grandes riuieres il fe rend plufieurs petites riuieres; ce qui fe fait en cas pareil dedans les matrices des montaignes, y ayant des canaux principaux qui amenent les fources, aufquelles s'en rendent plufieurs autres. Cela fe fait dis-ie auffi bien dans les montaignes interieurement comme fe fait vifiblement à toutes les riuieres; & ne cherche plus la caufe de la grandeur ou petiteffe des fources, car tu ne trouueras nul qui t'en puiffe donner d'autre plus veritable.

THÉORIQUE. Et fi le champ lequel i'aurois mis en parterre pour recueillir les eaux à fournir ma fontaine, ne fuffit pour toute l'année, & qu'elles viennent à tarir aux grandes chaleurs, par quel moyen pourrois-ie obuier au defaut defdites eaux?

PRACTIQUE. Le moyen eft fort aifé, & ne faut pas grand efprit pour le connoiftre. Si ton parterre ne fuffit, aiouftes y encores vne piece de champ, & le paué en cas pareil que ie t'ay dit : & par tel moyen tu n'auras iamais faute d'eau.

Théorique. Ie n'ay pas encores entendu vn point principal, à ſçauoir ſi cette fontaine ſourdera continuellement ou bien ſi l'eau ſe doit tirer par vn robinet.

Fractique. Ie t'ay dit cy-deuant qu'en la face de ta fontaine tu mettrois telle beauté ou enrichiſſement que bon te ſembleroit, & qu'il faudroit vn robinet en ladite face.

Théorique. Et ſi ainſi eſt, il me faudra tirer l'eau comme le vin d'vn tonneau, & pour cette cauſe ne ſe pourra appeller fontaine ; car les fontaines naturelles ſourdent touſiours.

Practique. Si iamais ie n'auois veu de fontaines tu me ferois accroire beaucoup de choſes : & ne ſçait-on pas bien que celles de Paris & vn millier d'autres ſe tirent par robinets.

. Théorique. Voire : mais tu m'as dit que les fontaines que tu m'apprens à faire ſeruiront pour moy & pour mes beſtes, veux-tu qu'elles aillent tendre la gueule au-deſſouz du robinet ?

Practique. Ie ne ſçay comment tu oſes faire vne telle demande. Ne ſçaurois-tu faire quelque receptacle à coſté, hors le chemin de ta fontaine, pour retirer de l'eau afin d'en abreuuer ton beſtail ? ie ferois vn robinet à part ſur le coing de la fontaine, & quand il faudroit abreuuer le beſtail il le faudroit ouùrir & le laiſſer deſcouler dedans l'abreuuoir, & alors tes beſtes boiroyent de l'eau freſche, pure & nette.

Théorique. Voire : mais ce feroit dommage d'employer tant de terre pour ſeruir ſeulement en fontaine.

Practique. Ie ne connus iamais homme de ſi peu d'eſprit : eſtimes-tu ſi peu de choſe l'vtilité des fontaines ? Y a-t-il quelque choſe en ce monde plus neceſſaire ? Ne ſçais-tu pas que l'eau eſt l'vn des eſlemens, voire le premier entre tous, ſans lequel nulle choſe ne pourroit prendre commencement? Ie dis nulle choſe animée, ny vegetatiue, ny minerale ne meſme les pierres, comme ie te feray entendre en parlant d'icelles. Item, ie t'ay dit que tu pourras planter toutes eſpeces d'arbres dedans le parterre: & ſi ainſi eſt, eſtimes-tu vne terre inutile de produire arbres fruitiers ou autres?

Il faut à preſent que ie te face vn long diſcours de ton ignorance, & de cent mil autres, laquelle ie ne puis aſſez deteſter, & mon eſprit n'eſt pas capable de crier aſſez contre vne telle ignorance. Premierement regarde que c'eſt que ie t'ay dit, que l'homme ny la beſte ne ſçauroyent viure ſans eau : auſſi dis-ie qu'ils ne ſçauroyent viure ſans feu : voilà pourquoy ie dis que quand ton parterre ne ſeruiroit que d'apporter du bois, ce ſeroit la plus belle choſe que tu ſçaurois auoir en ton heritage. Ie t'ay dit cy-deſſus que tu pourras recueil.ir du bois, des fruits, & de toutes eſpeces de paſturages dans ton parterre, ſans que les eaux en ſoyent aucunement desbauchées. Cuides tu que ce ſoit peu de choſe à l'homme prudent, qui conſiderera l'vtilité du bois, & qui ſur toutes choſes s'eſtudiera d'en auoir en ſon heritage; que ſçaurois-tu faire ſans bois, feras-tu cuire ton diſner au ſoleil? Ie te prie conſidere vn peu ſi tu trouueras quelqu'vn de quelque eſtat que ce ſoit qui s'en puiſſe paſſer: regarde qu'il y a peu d'artiſans qui ne gaignent leur vie par le moyen du bois. Si tu veux baſtir des maiſons il faut du bois tant pour les poutres, ſoliues, que cheurons, pour cuire la chaux, pour faire la maſſonnerie; s'il eſt queſtion de faire outils & inſtrumens pour trauailler de quelque eſtat que ce ſoit, il faut du charbon pour les forger; s'il eſt queſtion de nauiger pour trafiquer

en pays eftranges , il faut du bois pour faire les nauires; s'il
eft queftion d'auoir des armes de defence , il les faut monter
de bois. Il faut du bois pour faire les chariots & charettes ;
les marefchaux, ferruriers, orfeures , & tous ceux qui befongnent de charbon, quel eftat prendront-ils pour fe paffer de
bois? Bref, s'il eft queftion de faire des moulins, de conroyer les cuirs, de faire les teintures, de faire des tonneaux
à mettre du vin & autres chofes, defquelles on ne fe peut
paffer, pour toutes ces chofes il faut neceffairement du bois.
Quant eft des fruits, comme poires, pommes, cerifes, chaftaignes, prunes, & autres efpeces; d'où les recueiliera-t-on fi
on ne plante des arbres ? Si ie voulois mettre par efcrit combien la neceffité du bois eft grande, & comme il eft impoffible de s'en paffer, ie n'aurois iamais fait.

ADVERTISSEMENT

Au Gouverneur & Habitans de Iaques Pauly,
autrement nommé Broüage.

EN pourſuyuant le diſcours des fontaines, i'ay trouué bon d'aduertir par cet eſcrit le Gouuerneur de Broüage, du beau moyen & vtilité qui eſt audit lieu, pour faire vne fontaine ſelon mon deſſing, & à peu de frais, d'autant qu'audit lieu il y a commencement des bois des pompes tout percé qui ne reſte qu'à les emboiſter l'vn dans l'autre, depuis les bois d'Yers iuſques au lieu de Iaques Pauly, autrement Broüage; la pente du lieu eſt ſi commode que l'on pourroit faire piſſer vne fontaine plus d'vne lance haute audit lieu de Iaques Pauly, & cela dis-ie pour auoir entendu la grande indigence d'eau que l'on a eu audit lieu durant vn ſiege qui a eſté fait de noſtre temps deuant ladite ville.

DU MASCARET

Qui s'engendre au fleuue de Dourdongne en la Guienne (a).

THÉORIQUE. Tu m'as fait cy - deuant vn bien long dif-cours, des effets des eaux, des feux & des tremblemens de terre: mais tu ne m'as rien dit de la caufe de l'effence du mafcaret.

PRACTIQUE. Et qu'eft-ce que tu appelles mafcaret? Car ie n'ouis iamais parler de mafcaret, ny ne fçay que ce peut eftre, fi tu ne me le dis.

THÉORIQUE. L'on appelle mafcaret vne grande montaigne d'eau qui fe fait en la riuiere de Dourdongne, vers les con-trées de Libourne, & ladite montaigne ne fe fait finon au temps d'efté, mefme ès faifons les plus paifibles, & lors que les eaux font les plus tranquilles: & tout en vn moment, en une faifon inconneue la montaigne d'eau fe forme en vn inftant & fait vne courfe quelquefois bien longue le long de

---

(a) Le mafcaret eft une efpece de barre occafionnée par la ma-rée montante: voyez à ce fujet le Dictionnaire Encyclopédique au mot mafcaret. Voyez auffi le Traité des riuieres de France, par Coulon, Tome I. page 529.

Qq

l'eau, & quelquefois plus courte : & lors que la montaigne fait fon cours, elle renuerfe tous les bateaux qu'elle trouue en fon chemin ; parquoy les habitans limitrophes de la ri- uiere, quand ils voyent le mafcaret en fa formation, ils fe prennent foudain à crier de toutes parts, garde le mafcaret, garde le mafcaret, & les bateliers qui pour lors font en la riuiere, s'enfuyent ès riuages pour fauuer leurs vies, qui au- trement feroyent près de leur fin.

PRACTIQUE. Et qu'en difent les hommes du pays où fe forme ledit mafcaret ?

THEORIQUE. Ils ne font pas tous d'vne opinion : car les vns difent d'vn, & les autres difent d'autre. Toutesfois les Bordelois & Libournois, & Guitroys, tiennent pour certain que la caufe de ce, n'eft autre chofe que la venue du mon- tant de la mer, qui rencontre le defcendant de la riuiere, & veulent conclure par-là que le combat des deux eaux caufe d'engendrer celle grande montaigne. Voilà l'opinion plus certaine & commune des habitans du pays.

PRACTIQUE. Et à toy que t'en femble-t-il de la caufe de cet effet ?

THEORIQUE. Ie fuis de l'opinion des autres.

PRACTIQUE. Ny toy, ny eux n'y entendent rien : car fi ainfi eftoit que le montant de la mer & la defcente de la Dour- dongne caufaft le mafcaret, il fe formeroit auffi bien des maf- carets en la Garonne comme en la Dourdongne, voire à la Charente & en la riuiere de Loyre, voire pour mieux dire tout en vn coup en toutes les riuieres qui defcendent dedans la mer, & toutesfois nous n'auons iamais entendu qu'ès mois d'autonne & ès iours tranquilles il se trouuast mascaret sinon en ladite riuiere de Dourdongne ; parquoy il faut chercher autre cause que la susdite, pour venir à la cognoissance de cet effet.

THEORIQUE. Ie t'en prie, dis-moy doncques quelle peut estre la cause de ce?

PRACTIQUE. Ie ne puis penser ny croire que ce soit autre chose qu'vn air enclos au-dedans de quelque canal qui est sous terre, trauersant depuis le fleuue de Garonne iusques au-dessous du fleuue de la Dourdongne, & est bien croyable voire que cela ne se peut faire que par vn air enclos sous les eaux. Toutesfois l'air ne le pourroit faire pour cause de la foiblesse s'il n'estoit poussé par accident ; il faut doncques penser & croire que quand il vient au descendant de la mer, que la riuiere de Garonne est basse pour l'absence de la mer, que lors il y a quelques canaux vuides, lesquels se remplissent d'air, depuis la Dourdongne iusques à la Garonne : estant ainsi remplis d'air, quand la mer retourne, elle fait enfler & augmenter la riuiere de Garonne, & estant ainsi enflée elle vient à entrer dedans les canaux qu'elle auoit laissé vuides en sa descente, & de-là vient que l'air qui est dedans les canaux se trouue enclos entre les deux fleuues, & estant viuement poussé par les eaux de la Garonne, il s'enfuit au-deuant desdites eaux, & en s'enfuyant il se trouue enclos sous la riuiere de Dourdongne, & se trouuant enclos il esleue les eaux comme vne montaigne, & ne les pouuant ſitoſt percer, il les mene ainſi en leur hauteur, ſans ſe desformer ny ſe laiſſer, iuſques à ce que par quelque mouuement les eaux ainſi montées ſe trouuent plus foibles en quelque endroit, & lors l'air enclos les vient à eſclater aux parties plus foibles, & les ayant eſclatées, ledit air s'en-fuit & les eaux s'abbaiſſent tout en vn coup, & la riuiere reuient en ſa premiere tranquillité : & ne faut que tu cher-ches autre raiſon pour cognoiſtre la cauſe du maſcaret.

Theorique. Ie trouue en ton dire vne opinion contraire à la verité : car nous ſçauons qu'il ſe fait ordinairement des vagues dedans la mer auſſi hautes que les montaignes, & meſme ès paſſages de Maumuſſon, leſquelles vagues ſont ſi grandes que les nauires n'y peuuent paſſer ſans eſtre en peril de naufrage, & s'en perd grand nombre audit paſſage.

Practique. Cela ne fait rien contre mon dire : car iamais les vagues de la mer ne ſont formées, ſinon par l'action des vents qui cauſe ainſi eſleuer les eaux de la mer : & la cauſe pourquoy elles ſont plus enflées & eſleuées au paſſage de Maumuſſon, c'eſt par ce qu'il y a des rochers contre leſquels les eaux de la mer eſtant pouſſées par les vents, viennent frapper impetueu-ſement, qui cauſe vne grande eſleuation ès eaux, ie dis vne eſleuation ſi grande que le bruit eſt entendu de plus de ſept lieues loing. Et quand la mer eſt auſſi eſmeue, les nauires ſe donnent bien garde d'y paſſer, par ce que les vagues les ieteroyent contre les rochers & ſeroyent ſoudain froiſſez. Toutesfois cela ne contrarie en rien à mon dire touchant le maſcaret. Car ie te dis que le maſcaret ſe forme au temps

de l'autonne ès iours les plus tranquilles, & lors que les
eaux des fleuues font baffes ; & fi ledit mafcaret eftoit caufé
par les vents comme les vagues de la mer, il apparoiftroit
& fe formeroit plus fouuent en hyuer que non pas en efté.
Mais iamais homme ne l'a veu en hyuer : auffi fçay-ie bien
que la terre qui fait diuifion entre la Dourdongne & la Garonne, fait vne pointe entre Bordeaux & Blaye, là où les
deux riuieres fe rencontrent, laquelle pointe, viz-à-viz du
bourg, l'on appelle le bec d'Ambez. Ie me fuis trouué quelquefois en ladite pointe où il y a plufieurs maifons ou me-
tairies, lefquelles font fondées fur la terre, par ce que s'ils
creufoyent pour faire fondement, ils trouueroyent l'eau qui
les empefcheroit de baftir; & ne faut douter qu'il n'y ait vn
grand pays de ladite pointe qui eft foutenu par les eaux d'vn
bout, & de l'autre bout elle eft arreftée par les terres fermes
deuers le cofté du haut pays: cela ay-ie conneu, par ce qu'en
me fecouant fur lefdites terres ie faifois branfler tout alentour de moy, comme fi c'euft efté vn plancher. Ie voyois
auffi qu'au mois d'Aouft & de Septembre, les terres de laditte pointe font fendues de fentes fi grandes que bien fouuent la iambe d'vn homme y pourroit entrer : cela me fait
croire & affeurer que le mafcaret n'eft caufé finon de l'air
enclos, dont i'ay auffi conneu par autres exemples des pluyes
qui tombent des couuertures des maifons ès ruiffeaux, &
forment par les vents vne veffie ronde, laquelle fe creue quand
le vent eft forty. I'ay auffi plufieurs fois contemplé les fources naturelles, lefquelles amenent en cas pareil des vents

enclos formez en globe , qui tiennent leurs formes rondes iufques à ce que l'air les ait creuées : puis que tu vois que l'air eftant pouffé par la pefanteur des eaux, a puiffance d'ef-leuer vne fi grande quantité defdites eaux, tu peux con-noiftre par là que telles chofes ou femblables peuuent en-gendrer vn tremblement de terre, non pas fi grand comme les trois matieres, defquelles i'ay traité au difcours efcrit en ce liure, fur les faits des caufes du tremblement.

TRAITÉ
DES MÉTAUX ET ALCHIMIE.

SOMMAIRE.

LE but de ce Traité eſt moins d'expliquer la théorie des
minéraux que de démontrer l'impoſſibilité de ce que les alchimiſtes ont nommé le Grand Œuvre. La folie de vouloir
tout convertir en or tournoit bien des têtes dans ce tems-là ;
on voyoit une multitude d'Adeptes errer à l'aventure, ſans
principes & ſans méthode, dans une route auſſi chimérique
que périlleuſe : il étoit réſervé à un artiſan philoſophe de
combattre une épidémie d'autant plus dangereuſe qu'elle ſe
préſentoit ſous l'aſpect le plus ſéduiſant. Ce fut à l'abri d'un
génie né pour les ſciences & nourri de bonnes obſervations
que Paliſſy eut le courage d'attaquer & de détruire un ſyſtême qui ne portoit que ſur un étalage de mots plus énig-
matiques les uns que les autres ; mais voulant en même-tems
ménager l'amour-propre, d'une foule de grands Seigneurs &
de gens de Lettres qui donnoient dans cette rêverie, & les

engager finement à la lire, il eut la précaution de placer adroitement à la tête de son traité un avis par lequel il prévenoit le public qu'il n'entendoit pas blâmer dans son livre ceux qui travaillent à la recherche de la pierre philosophale sans fraude ny malice, mais dans la persuasion que la chose est possible; *ne blamant pas non plus* les Seigneurs qui pour occuper leurs esprits & par maniere de recreation, sans estre menez d'affection de gaing illegitime, *font la même recherche aussi bien que* toutes especes de physiciens ausquels est requis de connoisttre les natures, *mais il promet de ne pas ménager les autres.*

C'est dans cette intention qu'il annonce dans le début de son Traité que ce n'est qu'un principe honteux d'avarice & de paresse qui excite les esprits à la recherche du grand œuvre; que pour peu qu'on ait étudié la nature & qu'on ait de connoissance en chimie, on en voit l'impossibilité; en un mot que tous les auteurs qui ont prétendu révéler le mystere sous des emblêmes plus obscurs & plus embrouillés les uns que les autres, ne sont absolument que des fourbes & des imposteurs. Il ajoute qu'il met hardiment de ce nombre, un Gebert, *un* Arnauld de Villeneufue, *& l'auteur du Roman de la Rose; il n'oublie pas de tourner agréablement en ridicule*, la couuée des œufs, les differentes lampes, les calcinations, reuerberations, distillations, putrefactions, infusions, &c.

Il étoit nécessaire, pour démontrer l'absurdité de tant de pratiques ridicules, d'entrer dans quelques détails sur la théorie

des

des mineraux ; & notre auteur dit ici son sentiment sur leur
origine qu'il attribue à la premiere formation du globe,
estimant que la masse des matieres minérales une fois créée,
peut à la vérité éprouver différens mélanges & diverses combinaisons dans le sein de la terre ; mais qu'elle ne peut ni
s'y accroître, ni s'y multiplier. Il estime que les diverses
molécules minérales ont été & sont même encore souvent tenues en dissolution dans un fluide aqueux qui ne cesse pas
pour cela d'être limpide & transparent : & c'est ici qu'il
rappelle son eau congelatiue alliée avec l'eau exalatiue
commune, la même dont il développe la théorie dans le
Traité de la marne & qu'il nomme un cinquieme élément
qui donne la consistance essentielle & particuliere à chaque
corps & qui joue le principal rôle dans la minéralisation.

C'est de ce point qu'il part pour démontrer l'impossibilité
absolue de la transmutation des métaux & la folie qu'il y
a de vouloir courir après ce phantôme. Théorique ne manque pas cependant de lui objecter qu'il est incontestable qu'il
y a eu des alchimistes qui ont véritablement fait de l'or en
présence même d'un grand nombre de témoins ; mais Palissy
convient du fait, & apprend à Théorique que cette opération ne s'est faite qu'en vertu d'un tour de gibeciere ; qu'il
est arrivé que des faiseurs d'or ont quelquefois introduit un
petit bouton d'or dans une baguette qu'ils plaçoient adroitement à la portée & sous la main des spectateurs & avec
laquelle il les invitoient à remuer la matiere en fusion ; que

R r

dans d'autres occasions, ils faisoient couvrir le creuset avec des charbons préparés qui recéloient des parties d'or. Il dévoile enfin toutes les friponneries usitées dans ce tems & qui se renouvellent quelquefois dans le nôtre pour faire de l'or; & finit ce traité en employant les raisonnemens les plus justes, les comparaisons les plus ingénieuses & les plus fortes pour guérir les esprits d'une maladie qui faisoit alors bien des ravages.

A U   L E C T E U R.

Amy Lecteur, le grand nombre de mes iours & la
diuerſité des hommes m'a fait connoiſtre les diuerſes affections & opinions indicibles qui ſont en l'uni-
uers : entre leſquelles i'ai trouué l'opinion de la multiplication, generation & augmentation des metaux,
plus inueterée en la ceruelle de pluſieurs hommes
que nulle des autres opinions. Et par ce que ie ſçay
que pluſieurs cherchent ladite ſcience ſans penſer en
fraude ny malice, ains pour vne aſſeurance qu'ils ont
que la choſe eſt poſſible : cela m'a cauſé proteſter
par cet eſcrit que ie n'entends aucunement blaſmer
trois manieres de perſonnes. Sçauoir eſt les Seigneurs, qui pour occuper leurs eſprits & par maniere
de recreation, ſans eſtre menez d'affection de gaing
illégitime. Les ſeconds ſont toutes eſpeces de phyſiciens, auſquels eſt requis de connoiſtre les natures.
Les troiſiemes ſont ceux qui ont le pouuoir & qui
croyent la choſe eſtre poſſible, & qui pour rien ne
voudroyent en abuſer. Et par ce que i'ay entrepris
de parler contre un millier d'autres qui ſont indignes d'une telle ſcience, & totalement incapables,
à cauſe de leur ignorance & peu d'experience ; auſſi

par ce qu'ils n'ont le pouuoir de ſupporter les pertes des fautes qui ſuruiennent, ils ſont contraints
abuſer de teintures exterieures & ſophiſtications de
metaux. Pour ces cauſes ay-ie entrepris de parler
viuement, auec preuues inuincibles, ie dis inuincibles à ceux deſquels ie parle ; & s'il y a quelqu'vn
qui aye tant fait par ſon labeur qu'il ait eſmeu la
charité de Dieu à luy reueler vn tel ſecret, ie n'entends parler de tels perſonnages : mais au contraire,
d'autant que la capacité de mon eſprit ne peut s'accommoder à croire que telle choſe ſe puiſſe faire,
lors que ie verray le contraire, & que la verité me
redarguera, ie confeſſeray qu'il n'y a rien plus ennemi de ſcience que les ignorans, entre leſquels ie
n'aurois point de honte de me mettre au premier
rang, en ce qui conſiſte la generation des metaux.
Et s'il y a qu'vn à qui Dieu aye diſtribué ce don,
qu'il excuſe mon ignorance, car ſuiuant ce que i'en
croy e m'en vay mettre la main à la plume, pour
pourſuiure ce que i'en penſe, ou pour mieux dire,
ce que i'en ay apris auec vn bien grand labeur,
& non pas en peu de iours, ny en la lecture de diuers liures : ains en anatomizant la matrice de la
terre, comme l'on pourra voir par mon diſcours
cy-après.

TRAITÉ

DES METAUX ET ALCHIMIE.

THÉORIQUE. Il me semble que tu as affez parlé des fontaines. Ie voudrois que fuiuant ta promeffe tu m'euffes donné quelque connoiffance du fait des metaux; car ie fçay qu'il y a vn grand nombre d'hommes en France, qui fe trauaillent tous les iours à l'œuure de l'alchimie, & plufieurs y font de grands proufits, ayant trouué de beaux fecrets, tant pour augmenter l'or & l'argent, qu'autres effects : chofes que ie voudrois bien fçauoir & entendre.

PRACTIQUE. Parlà tu peux connoiftre combien l'infatiable auarice des hommes amene de maux en ce bas fiecle. Il n'eft abus entre les hommes qui caufe plus de larcins & tromperies que l'auarice, ainfi qu'il eft efcrit que l'auarice eft racine de tous maux. Il eft certain que plufieurs defirant d'eftre riches fe font enueloppez en plufieurs douleurs : fuiuant quoy ie ne puis mieux connoiftre que tu veux eftre compris au rang des auaricieux, que de ce que tu defires fçauoir faire ou augmenter l'or ou l'argent; car plufieurs actes auaricieux fe peuuent cacher par hypocrifie. Mais quant eft de ceux qui veulent faire l'or & l'argent, leur auarice ne fe peut cacher, & leurs intentions ne peuuent eftre mifes en autre rang qu'en celuy des conuoiteux & ventres pareffeux, qui pour obuier à trauailler à quelque art vtile & iufte, voudroyent fçauoir faire de l'or & de l'argent, afin de viure à leur aife, & fe faire grands à peu de labeur: & eftant menez d'vne telle conuoitife, ne pouuant paruenir à faire ce qu'ils cherchent, ils vfent de ce qu'ils peuuent, iufte ou iniufte. Voila vn point que tout homme de bon efprit auroit honte de me le nier : parquoy fi tu m'en veux croire tu ne mettras iamais ton affection à ces chofes.

THÉORIQUE. Tu me donnes icy de terribles traits ; tu me veux quafi accufer d'un mal que ie n'ay pas encores fait : d'autre part, me veux-tu faire croire que ce foit mal fait de prendre de l'huile d'antimoine ou de l'huile d'or, & auec lefdites huiles par vn art philofophal puiffe teindre l'argent en couleur d'or ? Eft-ce mal fait de conuertir l'argent en or ? Si ie prends du fin cuiure & que ie vienne à lui ofter fon flegme, ou teinture rouge, & que ie le puiffe reduire en couleur d'argent, ie dis en telle forte qu'il endurera la coupelle & tous autres examens, quel mal eft-ce fi ie le puis faire, moyennant que ce foit bon argent ?

PRACTIQUE. Tu as beau faire ; & trauaille tant que tu voudras, & confomme tes iours & tes biens comme tant de milliers d'autres ont fait, tu n'y paruiendras iamais.

THÉORIQUE. Et ne fçay-ie pas bien que plufieurs par cydeuant font paruenus à ce que ie dis ? N'auons-nous pas tant de beaux liures qu'ils nous ont laiffé par efcrit ; entre autres vn Gebert (1), vn Arnauld de Villeneufue, le Roman de

---

(1) Si l'on eft bien aife de prendre des inftructions fur la vie & les ouvrages de Gebert, on peut confulter ce que l'Abbé Lenglet Dufrenoy a écrit dans le premier volume de fon Hiftoire de la Philofophie Hermétique, au fujet de ce fçavant qui étoit tout à la fois, Chimifte, Alchimifte, Médecin & Aftronome.

Arnaud de Villeneuve étoit Médecin & Aftrologue dans le XIV fiecle ; fes Œuvres, furent imprimées à Lyon en 1520, & à Bale en 1585, gr-fol. C'étoit vne mauvaife tête que cet Arnaud de Villeneuve, puif-

la Rofe, & tant d'autres : mefme que quelqu'vns de nos anciens ont fait autrefois vne pierre Philofophale, laquelle en
mettant vn certain poids dedans l'or elle l'augmentoit de
cent fois autant, & c'eft ce que plufieurs cherchent auiour-
d'huy, fçachant bien que cela a efté fait autrefois, & cela
s'appelle le grand œuure.

qu'il eut la folie de pronoftiquer la fin du monde & d'en fixer l'époque
en 1345.

Quant au Roman de la Rofe, ce premier livre de notre poëfie Françoife, fut commencé par Guillaume de Lorris, qui vivoit en 1260, &
terminé par Jean de Meung, dit *Clopinel*, ou le Boiteux. Cet ancien
ouvrage avoit été regardé par plufieurs Littérateurs comme le fimple
fruit de l'imagination & de la paffion déréglée qu'avoit Guillaume de
Lorris pour une belle Dame ; mais quelques fcavans avoient cru entrevoir dans ce livre quelques traits de la philofophie Hermétique, myfté-
rieufement enveloppés dans des emblêmes galants, moraux & fatyriques.
Paliffy en plaçant cet ouvrage fur la ligne de ceux de Gebert & d'Arnaud de Villeneuve, nous apprend que de fon tems même on regardoit
le Roman de la Rofe comme un Poëme allégorique, relatif à l'alchimie. *Ce Jean de Meung*, dit *Clopinel* qui y avoit travaillé après *Guillaume
de Lorris*, étoit non-feulement Poëte, mais on fçait qu'il faifoit encore
une étude particuliere de la philofophie, de l'alchimie & de l'aftronomie ; & cette chimie auffi bien que cette aftronomie étoient dans ce
tems-là une véritable alchimie, une aftrologie judiciaire des mieux caractérifées, ce qui tendroit à fortifier le fentiment de Paliffy. Il y a une
édition ancienne de cet ouvrage exécutée en petit in-fol. fur velin, avec
figures en couleur, & imprimée en caractères gothiques, fans indication
de ville ni d'année. M. de Bure, dans fa Bibliographie inftructive, fait
mention de cette édition comme étant extrémement rare ; il dit qu'il en
exiftoit autrefois un exemplaire à Paris dans le cabinet d'un amateur,
mais qu'il ignore où il a pu pafier. Je crois obliger les Bibliographes en
leur apprenant qu'il exifte un exemplaire pareil en tout à celui dont
parle M. de Bure, à Grenoble, dans la Bibliothèque curieufe de M. Vi-
daud de la Tour, ci-devant premier Préfident du Parlement de Dauphiné, & actuellement Confeiller d'Etat.

PRACTIQUE. Et vray Dieu! es-tu encore ſi ignorant de croire cela? Cuides-tu que les hommes du temps paſſé n'euſſent en eux quelque menſonge, pour ſçauoir attirer l'argent par fallace, auſſi bien que ceux du iourd'huy? Sçais-tu pas ce que dit Dauid de ſon temps. Seigneur aide-nous, car nous ſommes tous deſnuez d'hommes droits : les hommes, dit-il, ſont tous pleins de flatterie, & parlent tout au contraire de leurs penſées. Et Salomon dit que l'iniquité eſt ſi grande qu'il ny a pas vn artiſan qui ne ſoit enuieux contre ſon ſemblable. Cuides-tu que ie veuille croire vn Gebert, vn Arnauld de Villeneufue, ou vn Roman de la Roſe, en ce qu'ils auront parlé contre les œuures de Dieu? Et cuides-tu que ie fois ſi mal inſtruit, que ie ne ſçache bien que l'or & l'argent & tous autres metaux ſont vne œuure diuine, & que c'eſt temerairement entrepris contre la gloire de Dieu, de vouloir vſurper ſur ce qui eſt de ſon eſtat.

Or tout ce qui eſt donné à l'homme de pouuoir faire enuers les metaux, c'eſt d'en tirer les excremens, & les purifier & examiner, & en former telles eſpeces de vaiſſeaux ou monnoyes que bon lui ſemblera, & eſt choſe ſemblable aux cueillettes & cultiuement des ſemences. Car c'eſt à l'homme ſeulement de trier le grain d'auec la paille, le ſon d'auec la farine, & de la farine en faire du pain, & de preſſurer les grappes pour en tirer le vin : mais c'eſt à Dieu de leur donner le croiſtre, la ſaueur & couleur : ie dis qu'ainſi que l'homme ne peut rien en ceſt endroit, auſſi ne peut-il enuers les metaux.

THÉORIQUE. Comment? Tu parles icy de ſemer, comme ſi les metaux venoyent de ſemences, comme le bled ou autres vegetatifs.

PRACTIQUE. Ie n'ay pas entrepris vn tel propos, ny mis vn tel argmuent en auant ſans quelque raiſon. Ne ſçay-ie pas
bien

bien que tous ces conuoiteurs de richeſſes , qui taſchent de
ſçauoir faire l'or & l'argent, quand on leur dit qu'il y a long
temps qu'ils ſont après , & que l'on ne voit aucune experience , ils diſent que tout en cas pareil que le laboureur attend patiemment le temps & ſaiſon de la cueillette , après
auoir ſemé , auſſi faut qu'ils attendent ; & que cela ne ſe peut
faire qu'auec la generation qu'ils ont conclud faire dedans
leurs vaiſſeaux, qu'ils ont deſtinez à beſongner & ſeruir
comme vne matrice à la generation des metaux.

Et cela, diſent-ils, a bien eſté conſideré & preueu par les philoſophes antiques ; car tout ainſi que l'on iette la ſemence du
bled pour cauſer l'augmentation en la ſeconde generation,
auſſi (diſent-ils) qu'après qu'ils ont ſeparé par calcinations ,
diſtillations ou autres manieres de faire, les matieres l'vne
de l'autre, ils mettent couuer ou germer ſelon leurs deſſeins,
leurs matieres, par poids & meſure, telle qu'ils ont imaginée ; & ce fait ils mettent leſdites choſes en vn feu fort
lent, voulant imiter la matrice de la femme ou de la beſte,
ſçachant bien que la generation ſe fait par vne lente chaleur : & afin d'auoir touſiours vn feu continuel & d'vne
meſme ſorte, ils ſe ſont aduiſez de faire vne lampe auec vne
meſche toute d'vne groſſeur ; & leurs matieres eſtant dedans
la matrice, ils les ſont chaufer de la chaleur de la lampe ,
& attendent ainſi long temps à couuer les œufs : ie dis aucuns ont attendu pluſieurs années , teſmoin le magnifique
Maigret, homme docte & fort experimenté en ces choſes,
qui toutesfois ne pouuant venir à ſon deſſein, ſe vanta que
ſi les guerres n'euſſent eſteint ſa lampe deuant le temps, qu'il
auoit trouué la feue. Autres ſont des fourneaux que le feu
vient d'vn degré aſſez loing de là où l'on a mis couuer les
œufs: mais afin qu'il continue touſiours à vne chaleur lente
& de meſure, ils ſont quelques portes de fer, leſquelles ils

ouurent felon le degré qu'ils veulent donner à leur feu : telles gens ne dorment gueres & ont beaucoup de penſées en leur poitrine, & tourmens d'eſprit, languiſſans après le temps de la viſitation de la couuée.

Voila l'vn des points par lequel ie prouue que les alchimiſtes vſent de ce mot de ſemence & autres termes. Ce n'eſt pas ſans cauſe que i'ay dit que c'eſt l'œuure de Dieu que de ſemer la matiere des metaux & leur donner l'accroiſſement, & aux hommes de les recueillir, purifier & examiner, fondre & mailler, pour les mettre en telle forme que bon leur ſemblera pour leur ſeruice.

THÉORIQUE. Voila vn propos qui eſt aſſez long, & toutesfois ie ne le puis entendre, d'autant que ie ſçay qu'il eſt permis à l'homme de ſemer de toutes eſpeces de ſemences, & cependant tu appelles les metaux ſemences diuines, & tu me veux empeſcher de les ſemer.

PRACTIQUE. Tu as beaucoup mieux dit que tu ne penſois, que les matieres des metaux ſont ſemences diuines. Ie dis tellement diuines qu'elles ſont inconneues aux hommes, voire inuiſibles : & de ce n'en faut douter, & croy que ſi me mets après pour te le prouuer, ie te le monſtreray ſi clairement que tu ſeras contraint d'accorder mes fins & concluſions.

THÉORIQUE. Ie te prie doncques de m'en faire le diſcours tout au long, par lequel ie puiſſe connoiſtre ton dire eſtre veritable.

PRACTIQUE. Il faut doncques que tu tiennes pour choſe certaine, que toutes les eaux qui ſont au monde, qui ont eſté & ſeront, furent toutes creées en vn meſme iour ; & ſi ainſi eſt des eaux, ie te dis que les ſemences des metaux & de tous mineraux & de toutes pierres ont eſté creées auſſi en vn meſme iour : autant en eſt-il de la terre, de l'air & du feu, car le fouuerain createur n'a rien laiffé de vuide , & comme il eft parfait, il n'a rien laiffé d'imparfait.

Mais (comme ie t'ay dit tant de fois , en te parlant des fontaines) il a commandé à nature de trauailler , produire & engendrer, confommer & diffiper; comme tu vois que le feu confomme plufieurs chofes, auffi il nourrit & foutient plufieurs chofes ; les eaux desbordées diffipent & gaftent plufieurs chofes , & toutesfois fans elles nulle chofe ne pourroit dire ie fuis. Et tout ainfi que l'eau & le feu diffipent d'vne part, ils engendrent & produifent d'autre. Suiuant quoy ie ne puis dire autre chofe des metaux , finon que la matiere d'iceux eft vn fel diffout & liquifié parmy les eaux communes, lequel fel eft inconneu aux hommes: d'autant qu'iceluy eftant entremeflé parmy les eaux, eftant de la mefme couleur que les eaux liquides & diafanes ou tranfparentes, il eft indiftinguible & inconneu à tous, n'ayant aucun figne apparent, par lequel les hommes le puiffent diftinguer d'auec les eaux communes. Voila vn trait fingulier, lequel (comme ie penfe) eft caché & inconneu à beaucoup d'hommes , qui penfent eftre bons philofophes ; & te fouuienne de ce point, & le garde pour t'en feruir contre tous ceux qui te voudront faire accroire que la generation des metaux fe peut faire par œuure manuelle, car quand tu n'aurois que ce feul point, il fuffira pour conuaincre toutes les opinions des alchimiftes.

THÉORIQUE. Voire ! mais comment les pourroy-ie vaincre par ce point ? Ie ne voy point que pour cela ils puiffent eftre vaincus.

PRACTIQUE. Je me romps la tefte en vain. Ie te demande, dis-moy par quel moyen les alchimiftes befongnent à la generation, multiplication ou augmentation des metaux, & quand tu me l'auras dit, ie te monftreray que tu n'as pas bien entendu le principe que ie t'ay baillé.

THÉORIQUE. **Les** alchimiftes befongnent par feux de reuerberation, calcination, diftillation, putrefaction & infufion.

PRACTIQUE. Et pourquoy vfent-ils de tant de fortes de feux?

THÉORIQUE. Par ce qu'ils en font aucuns pour deftruire
le cuiure, l'or & l'argent, & autres metaux : & quand ils
les ont deftruits, calcinez & puluerifez, ils font vn amas de
plufieurs defdites matieres: & par ce que le vif argent duquel
ils vfent volontiers, s'exaleroit à vn grand feu, il eft requis
qu'ils vfent de feux gueres chauds; & ayant enclos le vif
argent, qu'ils appellent Mercure, dedans des vaiffeaux bien
lutez & fermez, ils tafchent à le fixer petit à petit, & le
captiuer à vn petit feu, pour le contraindre de fe congeler;
afin que puis après il puiffe endurer vn plus grand feu. C'eft
pourquoy ils ont beaucoup de fortes de vaiffeaux, & diuerfes efpeces de fourneaux.

PRACTIQUE. Ie ne demande autre preuue que celle que
tu m'as alléguée pour te monftrer, & par ta confeffion
mefme, que autant qu'il y a d'alchimiftes en France cherchent la generation des metaux par feu; & toutesfois ie t'ay
dit pour regle certaine & methode affeurée, que les metaux
font engendrez d'vne eau, à fçauoir d'eau falée, ou pour
mieux dire d'vn fel diffout; & fi ainfi eft (comme la verité
eft telle) tous les alchimiftes cherchent à edifier par le deftructeur. Le feu eft deftructeur de l'eau, & en quelque part
qu'il entre, il faut qu'il chaffe l'eau, ou s'il ne la chaffe,
elle le fera mourir: puis qu'ainfi eft que le feu & l'eau font
contraires, c'eft doncques vne pure folie de vouloir generer les
metaux par feu: veu qu'il eft ennemi & deftructeur d'iceux.

THÉORIQUE. I'ay bien entendu que tu m'as dit que les
metaux eftoyent engendrez d'vn fel liquifié: mais cela ne
fait rien contre mes propos; ains au contraire il me iuftifie.
La raifon eft telle, que ce fel qui eft diffout parmy les eaux

de la mer eſt inconneu, comme ſont les ſels metaliques: &
toutesfois il ſe congele & diſtingue d'auec les eaux par feu.

PRACTIQUE. Tu t'abuſes. Toutes congelations faites par
froidure ſe diſſoudent par chaleur; & toutes congelations faites
par chaleur, ſe diſſoudent par humidité : comme le ſel que
tu as allegué, il ſe congele par chaleur & ſe diſſout par humidité. Or les metaux ſe diſſoudent tous par chaleur, il s'enſuit doncques qu'ils ſont engendrez & congelez par humidité.
Te voila forclos de deffences à la mode des practiciens.

THÉORIQUE. Tu me la bailles belle, de me vouloir faire
croire que les metaux ſoyent engendrez ou congelez en
humidité.

PRACTIQUE. Et ſi tu ne le veux croire, va voir les minieres
où l'on tire l'or & l'argent & autres metaux, & tu trouueras dedans la pluſpart d'icelles qu'il faut eſpuiſer l'eau nuit
& iour, pour auoir le metal qui eſt en icelles. Vn iour Antoine Roy de Nauarre commanda de pourſuiure la veine de
quelques mines d'argent qui auoyent eſté trouuées aux montaignes Pyrenées. Mais quand l'on en eut tiré quelque quantité, les eaux qui y eſtoyent contraignirent les maiſtres des
minieres de quitter tout. Et l'on ſçait bien que pluſieurs minieres ont eſté delaiſſées par tel moyen.

Tu trouueras doncques bien eſtrange quand ie te prouueray
cy-après que nulle pierre ne peut eſtre congelée ny formée ſans
eau ; & s'il y a de l'eau, c'eſt doncques par humidité, choſe
directement contraire à ceux qui cherchent la generation des
metaux par feu ; ie t'en dirois beaucoup de preuues fort propres pour ſouſtenir mon propos : mais d'autant qu'il ſe trouuera beaucoup meilleur en parlant de l'eſſence, matiere &
congelation de toutes pierres : ie laiſſeray le reſte de mes preuues pour ce temps-là.

THÉORIQUE. Tu diras ce que tu voudras : mais i'ay veu vn Philofophe qui augmenta vn tefton deuant moy : & afin qu'il n'y euft tromperie il me le fit faire à moy-mefme.

PRACTIQUE. Et comment ?

THÉORIQUE. Il me fit pefer vn tefton & autant de vif argent, & me fit mettre le tout dedans vn creufet, lequel ayant mis dedans le feu, il me bailla d'vne poudre pour mefler, laquelle auoit vertu d'arrefter le vif argent : & puis me fit fouffler iufques à ce que le tout fuft fondu enfemble ; & eftant fondu il fe trouua le poids de deux teftons de bon argent, car le vif argent s'eftoit fixé par la vertu de la poudre qu'il m'auoit baillée, & moy-mefme auois mis toutes ces chofes : parquoy n'y auoit nulle tromperie.

PRACTIQUE. Dis-moy vn peu comment c'eft que tu faifois ?

THÉORIQUE. Pendant que les matieres fondoyent ie les remuois d'vn bafton.

PRACTIQUE. Où auois-tu pris ce bafton-là ?

THÉORIQUE. En vn coing, le premier que ie trouuay à la main.

PRACTIQUE. Ie fçauois bien que l'on t'auoit trompé. Car ce maiftre philofophe auoit mis ce bafton auprès de toy, fçachant bien qu'il te le feroit prendre pour mefler les matieres : & voila comment il te trompa, car il auoit mis de l'argent au bout du bafton ; & pendant que tu remuois les matieres dedans le creufet, la cire de laquelle il auoit fermé l'argent au bout du bafton, fe fondit, & l'argent tomba dedans le creufet, & le vif argent & la poudre s'en alloit en fumée : & par tel moyen ne demeuroit rien dans le creufet, finon l'argent du tefton, & autant poifant d'argent qu'il auoit mis au bout du bafton : voila comment il augmenta ton tefton de moitié.

THÉORIQUE. Eft-il bien poffible qu'il fe fuft aduifé de me tromper par ce moyen ?

Practique. Et mon amy c'eſt la moindre des fineſſes deſquelles ils trompent les hommes: ſi ie voulois dire toutes les tromperies qu'ils ſçauent faire, & dont i'ay eſté aduerti, ie n'aurois iamais fait. Si par tel moyen il n'euſt mis l'argent dans le creuſet, il t'euſt baillé d'vne poudre d'argent, laquelle t'euſt eſté inconneue, & t'euſt fait accroire que ladite poudre auroit arreſté le vif argent: & cette poudre euſt peſé autant comme il euſt voulut faire l'augmentation; ou s'il n'euſt mis l'augmentation par vn tel moyen, il euſt mis l'argent en cachette de toy, dedans vn grand charbon, duquel il t'euſt fait couurir ton creuſet, & le charbon & l'argent fuſt tombé dans ton creuſet: par ainſi tu ne pouuois eſchaper la tromperie. Dis-moy ie te prie, te monſtra-t-il à faire la multiplication de l'argent?

Théorique. Non.

Practique. Et pourquoy faiſoit-il doncques cela en ta préſence.

Théorique. C'eſtoit qu'il me le vouloit monſtrer pour de l'argent.

Practique. T'ay-ie pas bien dit que ce n'eſtoit que tromperie? car ſi la ſcience eſtoit veritable, il n'auroit garde de te la monſtrer: mais il tendoit ſes filets pour attraper ton argent. Et quand tu euſſes eſté affronté, tu n'euſſes eu garde de t'en vanter; car il n'en euſt eſté autre choſe, ſinon que tu euſſes eſté aſſez moqué. Ie ſçay bien qu'il y en a en France plus de deux mil qui ont eſté affrontez pour cette affaire, que iamais l'on en viſt vn qui ait intenté procès pour recouurer ſon argent.

Théorique. Et tu eſtimes doncques qu'il y a beaucoup de gens qui ſe meſlent d'affronter les hommes par tels moyens?

Practique. Ie ne dis pas tels moyens ſeulement, car ie ſçay qu'ils ont vn millier d'autres moyens plus ſubtils, deſquels ils affrontent les plus fins, & ceux meſmes qui ſe pen-

sent mieux donner de garde. Le sieur de Courlange, varlet
de chambre du Roy, sçauoit beaucoup de telles finesses,
s'il en eust voulu vser ; car quelque iour venant à disputer
de ces choses deuant le Roy Charles neuuiesme, il se vanta
par maniere de facetie, qu'il luy apprendroit à faire l'or &
l'argent, pour laquelle chose experimenter il commanda audit
de Courlange qu'il eust à besongner promptement : ce qui
fut fait, & au iour de l'experience ledit de Courlange apporta deux phioles pleines d'eau claire comme eau de fontaine, laquelle estoit si bien accoustrée que mettant vne
esguille ou autre piece de fer tremper dans l'vne desdites
phioles, elle deuenoit soudain de couleur d'or, & le fer
estant trempé dans l'autre phiole, venoit de couleur d'argent : puis fut mis du vif argent dedans lesdites phioles, qui
soudain se congela ; celuy de l'vne des phioles, en couleur,
d'or, & celuy de l'autre en couleur d'argent : dont le Roy
print les deux lingots & s'alla vanter à sa mere, qu'il auoit
appris à faire de l'or & de l'argent : & toutesfois c'estoit vne
tromperie, comme ledit de Courlange me l'a dit de sa propre bouche. Voila pourquoy ie t'ay dit que la tromperie
de laquelle l'autre te vouloit empoigner, estoit des plus
grossieres.

THÉORIQUE. Or dis ce que tu voudras : mais ie sçay que
plusieurs Alchimistes ont trouué de sçauoir faire vn medium
d'argent & vn tiercelet d'or, desquels ils besongnent ordinairement, car i'en suis tout asseuré.

PRACTIQUE. Et moy ie suis tout asseuré que si leur medium
d'argent & tiercelet d'or estoit mis à la coupelle, il ne s'y
trouueroit rien de bon que ce qui y auroit esté mis de naturel, & le surplus de ce qui y auroit esté adiousté seroit
conneu estre faux : & ie sçay bien que toutes les additions &
sophistiqueries qu'ils sçauent faire, ont causé vn millier de
faux

faux monnoyeurs, par ce qu'ils ne fe peuuent desfaire de leur marchandife finon en monnoye, car s'ils la vendoyent en lingots la fauffeté fe trouueroit à la fonte. Mais ils fe desfont aifement de monnoye à toutes gens; c'eft pourquoy quand ils ont bien trauaillé & ne fe peuuent releuer de leurs pertes, ils font contraints fe ietter fur la monnoye.

Il fut pris vn iour vn faux monnoyeur, Bearnois, au diocefe de Xaintonge, auquel fut trouué quatre cents teftons prefts à marquer; que s'ils euffent efté marquez, il n'y auoit orfeure ny autre qui ne les euft pris pour bons, car ils enduroyent le mail, la touche, la fonte & le ton, tout femblable aux bons; mais quand ils furent mis à la coupelle, la fauffeté fut defcouuerte. En ce temps-là il y auoit vn Preuoft à Xaintes nommé Grimaut, qui m'affura qu'en faifant le procès à vn faux monnoyeur, iceluy luy bailla le nom & furnom de huit vingts hommes, qui fe mefloyent de fon meftier, enfemble leurs aages, qualitez & demeurances & autres enfeignemens affeurez. Et quand ie dis audit Preuoft pourquoy il ne faifoit prendre lefdits monnoyeurs nommez en fon rolle, il me refpondit qu'il n'oferoit l'entreprendre : par ce qu'au nombre d'iceux il y auoit plufieurs Iuges & Magiftrats, tant du Bordelois, Perigord, que de Limofin : & que s'il auoit entrepris de les fafcher, qu'ils trouueroyent moyen de le faire mourir.

Quand l'iniquité eft entre les Grands, & entre ceux qui doiuent punir les autres, c'eft vn fi grand feu allumé qu'il n'eft poffible de l'efteindre par forces d'hommes. Si ie voulois dire tous les abus qui fe commettent fous ombre de iufte labeur, ie n'aurois iamais fait. Ie t'ay donné feulement cet exemple, afin qu'il ne te prenne iamais enuie de chercher generation, augmentation ny congelation des metaux : par ce auffi que c'eft vne œuure qui fe fait par le comman-

T t

dement de Dieu, inuifiblement & par vne nature fi très-oc-
culte qu'il ne fut iamais donné à homme de le connoiftre.

THÉORIQUE. Tu m'as beau prefcher, car ie fçay qu'il y
a plufieurs gens de bien & grands perfonnages, qui cherchent tous les iours ces chofes, & qui pour rien du monde
ne fe voudroyent attacher à la monnoye : auffi qu'ils ont bien
le moyen de s'en paffer.

PRACTIQUE. Ie confeffe qu'il y a plufieurs Seigneurs gens
de bien & grands perfonnages, qui s'occupent à l'alchimie,
& y defpendent beaucoup. Laiffe les faire : cela les garantit
d'vn plus grand vice : & puis ils ont du reuenu pour approuuer ces chofes. Quant aux Médecins, en cherchant l'alchimie ils apprendront à connoiftre les natures : & cela leur feruira en leur art : & en ce faifant ils connoiftront l'impoffi-
bilité de la chofe. I'ay recouuert certaines pierres tranfparentes comme criftal, fans nulle couleur ny tache, ce néantmoins par examen l'on peut faire apparoir directement qu'il
y a du metal parmy lefdites pierres, combien qu'elles foyent
auffi claires, nettes & tranfparentes, que lors qu'elles eftoyent
encore en eau.

THÉORIQUE. Tu dis toufiours qu'il eft impoffible : & ton
opinion veut furmonter celles de plufieurs milliers d'hommes, qui font plus doctes fans comparaifon que toy, lefquels te feroyent rougir, fi tu auois entrepris de difputer
contre eux : car tu n'as pas beaucoup de raifons, & ils t'en
ameneroyent vn millier, aufquelles tu ne fçaurois contredire.

PRACTIQUE. S'il n'eftoit queftion que de raifons, i'en ay
vn grand nombre, que la moindre fuffira pour vaincre toutes
celles qu'ils me fçauroyent amener.

THÉORIQUE. Ie te prie doncques donne-moy vne de ces
belles raifons que tu dis.

PRACTIQUE. Quand les alchimistes veulent faire de l'or ou de l'argent il calcinent & puluerifent leurs metaux, & les ayant puluerifez par calcinations, ils fe trauaillent pour faire regenerer lefdites matieres. Or fi par ce moyen ils peuuent faire nouuelle generation des metaux hors la matrice où ils ont efté faits premierement, ils leur feroit beaucoup plus aifé de faire regenerer vne noix, vne poire ou vne pomme qu'ils auroyent mife en poudre.

Dis doncques au plus braue d'iceux qu'il pile vne noix, i'entends la coquille & le noyau, & l'ayant puluerifée qu'il la mette dedans fon vaiffeau alchimiftal, & s'il fait raffembler les matieres d'vne noix ou d'vne chaftaigne pilée, les remettant au mefme eftat qu'elles eftoyent auparauant, ie diray lors qu'ils pourront faire l'or & l'argent; voire mais ie m'abufe, car ores qu'ils peuffent raffembler & regenerer vne noix ou vne chaftaigne, encores ne feroit-ce pas là multiplier ny augmenter de cent parties, comme ils difent que s'ils auoyent trouué la pierre des philofophes, chafcun poids d'icelles augmenteroit de cent. Or ie fçay qu'ils feront auffi bien l'vn que l'autre.

THÉORIQUE. Pourquoy eft-ce que tu m'allegues des noix, des chaftaignes & autres fruits ? veu que ce font ames vegetatiues, ne pouuant eftre formées finon auec vn long temps, & faut que premierement elles foyent venues de femences. Mais quant aux metaux, il ny a nulle raifon de les accomparager aux fruits : d'autant que leurs corps & leur effect eft infenfible.

PRACTIQUE. A ce ie refpons qu'il eft beaucoup plus aifé de contrefaire vne chofe vifible que non pas celle qui eft inuifible, les fruits font formez vifiblement & toutesfois il eft impoffible de les contrefaire : mais encores eft-il plus aifé que non pas les metaux. Et quant eft de ce que tu dis que les fruits fe forment par vne aêtion vegetatiue, & que les metaux font corps morts & infenfibles, en cet endroit ie te veux reueler vn fecret que tu n'entends pas.

Sçache doncques que deflors que Dieu crea la terre, il mit en icelle toutes les fubftances qui y font & qui y feront : car autrement nulle chofe ne pourroit vegeter, ni prendre forme : & faut croire que les arbres plantez & femencez, ont pris accroiffement dès le commencement de leur nature par le commandement de Dieu, & depuis (comme i'ay dit en parlant des fontaines) les hommes ayant des femences fauuages les ont femées, cultiuées, tranfplantées. Mais lefdites femences ne pourroyent prendre accroiffement fi la matiere de l'accroiffement n'eftoit en terre. Il faut doncques conclure que dès lors que la terre fuft creée, qu'auec elle furent creées toutes matieres vegetatiues, toutes douceurs & amertumes, toutes couleurs, fenteurs & vertus, & de-là vient que chafcune des femences eftant iettée en terre, attire à foy odeurs & vertus. Aucunes attirent des matieres veneneufes & pernicieufes, prenant toutes ces chofes en la terre.

THÉORIQUE. Tout ce que tu m'as allegué cy-deffus ne fait rien contre mon opinion.

PRACTIQUE. Si fait : car tout ainfi que ie t'ay dit que les femences ou matieres de toutes chofes vegetatiues eftoyent creées dès le commencement du monde auec la terre : aufli t'ay-ie dit que toutes les matieres minerales (que tu appelles corps morts) furent aufli créées comme les vegetatiues, fe trauaillent à produire femences pour en engendrer d'autres. Aufli les minerales ne font pas tellement mortes qu'elles n'enfantent & produifent de degré en degré, chofes plus excellentes ; & pour mieux te le faire entendre, les matieres minerales font entremeflées & inconneues parmy les eaux, en la matrice de la terre, ainfi que toute humaine creature &

brutale eſt engendrée ſous eſpece d'eau en ſa formation : &
eſtant entremeſlées parmy les eaux, il y a quelque matiere
ſupreſme, qui attire les autres qui ſont de ſa nature pour
ſe former. Et ne faut penſer qu'auparauant leur formation
& congelation, leur couleur fuſt conneue parmy les eaux.

Mais comme tu vois que les chaſtaignes ſont blanches
en leur premiere formation, & noires en leur maturité : les
pommes noires au commencement, & rouges en leur maturité : les raiſins verds en leur premiere eſſence, & noirs en
leur maturité : ſemblablement les metaux en leur premier
eſtre n'ont aucune couleur que d'eau ſeulement : & cela ay-ie
conneu auec vn grand trauail ; proteſtant que iamais ie n'en
ay rien cherché en intention de pretendre au fait de l'alchimie. Car i'ay touſiours eſtimé la choſe impoſſible : ie dis ſi
fort impoſſible, qu'il n'y a homme qui me ſçeuſt donner
raiſons legitimes, que cela ſe puiſſe faire.

. Quand i'ay contemplé les diuerſes œuures & le bel ordre
que Dieu a mis en la terre, ie me ſuis tout eſmerueillé de
l'outrecuidance des hommes ; car ie vois qu'il y a pluſieurs
coquilles de poiſſons, leſquelles ont vn ſi beau poliſſement
qu'il n'y a perle au monde ſi belle. Entre les autres y en a
vne au cabinet de Monſieur Raſce, qui a vn tel luſtre, qu'elle
ſemble vne eſcarboucle, à cauſe de ſon beau poliſſement ;
& voyant telles choſes ie dis en moy-meſme, pourquoy eſt-
ce que ceux qui diſent ſçauoir faire l'or ne pulueriſent vn
nombre deſdites coquilles & en faire de la paſte pour en
former quelque belle coupe ? Ie ſuis aſſeuré qu'vne coupe
bien faite de telle matiere ſeroit plus chere & plus precieuſe
que l'or. Ou bien que ne regardent-ils dequoy le poiſſon a
formé cette belle maiſon, & prendre de ſemblables matieres, pour faire quelque beau vaiſſeau. Le poiſſon qui fait

ladite coquille n'eſt ſi glorieux que l'homme, c'eſt vn animal qui a bien peu de forme, & toutesfois il ſçait faire ce que l'homme ne ſçauroit faire.

En quelque partie de la mer Oceane ſe trouue vne grande quantité de poiſſons portans chaſcun vne coquille ſur le dos, lequel s'attache contre le roc ; & par ce qu'il eſt couuert de ſa coquille, il forme au-deſſus d'icelle ſix trouz, pour auoir air, ou pour receuoir nourriture ; & ainſi qu'il augmente ſa coquille, il fait vn nouueau trou, & en ferme vn autre ; la plus grande deſdites coquilles n'eſt pas plus grande que la main de l'homme : le dedans de ladite coquille eſt de couleur de perle, & plus beau : par ce qu'il tient des couleurs de l'arc celeſte, comme la pierre que l'on appelle opalle : le deſſus de ladite coquille eſt aſſez rude & mal plaiſant, à cauſe de l'eau de la mer qui donne deſſus : mais quand la croute en eſt oſtée, le deſſus de ladite coquille eſt auſſi beau que le dedans. Ledit poiſſon n'a aucune forme, & toutesfois il ſçait faire ce que les alchimiſtes ne ſçauroyent faire. Il y a vne iſle en laquelle ſe trouue ſi grande quantité dudit poiſ-ſon, que les habitans d'icelle en engraiſſent les pourceaux, & pour les arracher de leurs coquilles, ils les font bouillir & font bruſler leſdites coquilles pour faire de la chaux.

Théorique. Pourquoy eſt-ce que tu me fais vn ſi long diſcours d'vne coquille, veu que notre propos n'eſt autre que du fait de l'alchimie ?

Practique. C'eſt pour vaincre ton erreur & de tous ceux qui ſont de ton opinion, que i'ay mis en auant vn poiſſon le plus difforme que l'on ſçauroit trouuer en toutes les parties maritimes, lequel ſçait faire vne maiſon peinte d'vne telle beauté que tous les alchimiſtes du monde n'en ſçauroyent faire vne ſemblable.

I'ay plusieurs fois admiré les couleurs qui sont esdites coquilles, & n'ay peu comprendre la cause d'icelles: toutesfois enfin i'ay consideré que la cause de l'arc celeste n'estoit sinon d'autant que le soleil passe directement au trauers des pluyes qui sont opposites de l'aspect du soleil: car l'on ne vist iamais l'arc celeste que le soleil ne luy fust opposite; aussi ne vist-on iamais l'arc celeste que la pluye ne tombast deuers la partie de sa formation: suiuant quoy i'ay pensé que quand ledit poisson fait sa maison, il se met sur quelque roche, à l'endroit de laquelle l'eau de la mer n'a pas beaucoup d'espoisseur; & que pendant le temps que ledit poisson forme sa maison, le soleil donne au trauers de l'eau & cause les couleurs de l'arc celeste en ladite eau; & les matieres desdites coquilles estant aqueuses & liquides en leur formation & congelations, retiennent les couleurs actionnées par la reuerberation du soleil passant au trauers desdites eaux (2). Voila comment il y a temps & saison aussi bien pour les hommes que pour les bestes; les vegetatifs qui n'ont aucun sentiment nous donnent enseignement de ces choses, i'ay veu plusieurs fois besongner les limaces à bastir leurs maisons; mais iamais homme ne les vist bastir en temps d'hyuer.

Les abeilles ou mouches à miel & autres animaux ne le font pas aussi, parquoy il est aisé à conclure que les metaux & tous mineraux ont quelque saison pour leur formation, qui nous est inconneue. Nous pouuons connoistre en ces choses, la folie de ceux qui veulent entreprendre de generer l'or & l'argent hors la matrice de la terre, & qui plus est, les veulent engendrer sans connoistre les matieres propres à

---

(2) Explication certainement fausse, mais l'idée en est très-ingénieuse.

leur effence : & (encores piz) veulent faire par feu ce qui
eft naturellement fait par eau. Et (comme i'ay dit cy-deffus)
les matieres des metaux font en telle forte cachées , qu'il eft
impoffible à l'homme de les connoiftre auparauant qu'elles
foyent congelées , non plus qu'vne eau en laquelle l'on auroit fait diffoudre du fel , nul ne fçauroit dire qu'elle fuft
falée fans la tafter à la langue.

Théorique. Et comment fçais-tu ces chofes , & furquoy
te fondes-tu , pour entreprendre de parler à l'encontre de tant
de fçauans philofophes qui ont fait de fi beaux liures d'alchimie ? veu que tu n'es ny Grec ny Latin , ny gueres bon
François.

Practique. Ie te le diray. Il aduint un iour que ie fis
bouillir & diffoudre vne liure de falpeftre dedans vn chauderon plein d'eau , & puis ie le mis refroidir , & quand elle
fut froide, ie trouuay le falpeftre qui en fe conglaçant s'eftoit attaché audit chauderon par glaçons longs , ayant forme
quadrangulaire (3). Quelque temps après i'achetay du criftal
qui auoit efté apporté d'Efpaigne , qui eftoit formé ainfi que
le falpeftre que i'auois fait diffoudre. Ie connuz lors que
combien que les metaux foyent corps morts (comme tu as
dit) toutesfois le criftal n'eft pas tellement mort qu'il ne luy
foit donné de fe fçauoir feparer des autres eaux , & au milieu d'icelles fe former par angles & pointes de diamans : &
comme il eft donné au criftal , falpeftre & fel commun , de
fe fçauoir congeler & faire vn corps à part au milieu de l'eau
commune , il eft donné auffi aux matieres minerales de faire le

---

(3) Paliffy fe trompe ici très-fortement : la criftallifation du fel de
nitre eft exangulaire & non quadrangulaire , le criftal de roche eft éga-
-lement d'une forme hexagone.

femblable ;

femblable, comme ie prouue par vne ardoife que tu vois icy, en laquelle font plufieurs marcaffites formées.

Et non fans caufe t'ay-ie mis en auant le propos de cette ardoife, car elle me donne à connoiftre la conclufion de ce que i'ay allegué cy-deffus. Tu vois que les marcaffites metaliques qui font en icelles, font quarrées par faces femblables à vn dez. Si ie te demande laquelle des deux a efté formée la premiere, ou l'ardoife ou la marcaffite, tu ne me fçaurois refpondre ; ie feray doncques le Preftre Martin, ie me refpondray moy-mefme, prenant pour argument les coquilles, lefquelles ie prouue eftre formées dedans l'eau qui depuis ont efté petrifiées & l'eau & les vafes où elles habitoyent. Et tout ainfi commes les coquilles eftoyent formées auparauant qu'eftre petrifiées & le lieu où elles habitoyent : femblablement les marcaffites qui font en cette ardoife eftoyent formées auparauant l'ardoife, & eft chofe certaine que quand elles fe formoyent elles eftoyent couuertes d'eau meflée de terre, laquelle depuis s'eft reduite en ardoife, & les marcaffites ont demeuré en leurs propres formes enchaffées dedans ladite ardoife, comme les coquilles fe trouuent enchaffées dedans la pierre.

Conclus donc que lefdites marcaffites font formées d'une matiere qui (auparauant fa formation) eftoit inconneue dedans les eaux, & par vn ordre que Dieu a mis en nature, les matieres qui auparauant eftoyent vagantes, fe font formées en telle forte, que les hommes deuroyent grandement s'efmerueiller des œuures de Dieu, & connoiftre que c'eft vne grande folie de le penfer imiter en telle chofe. Quelque temps après que i'eus pris garde à ce que deffus ie m'en allois par les champs la tefte baiffée, pour contempler les œuures de nature : lors ie trouuay certains mercenaires qui tiroyent de la mine de fer, affez bas dans terre, & ladite mine eſtoit en pierres d'enuiron la groſſeur d'vn œuf, ie nomme la groſſeur par ce qu'ès Ardennes la mine de fer y eſt fort menue. Or celle que leſdits mercenaires tiroyent n'auoit aucune forme, les vnes pierres eſtoyent longues & les autres rondes, bicornues, ſelon le lieu où la matiere s'eſtoit arreſtée au temps de ſa congelation.

Quelque temps après i'en trouuay certaines pierres aſſez groſſes que toute la ſuperficie eſtoit formée à pointe de diamans: ie fus pluſieurs ans à ſonger qui pourroit eſtre la cauſe de la forme deſdites pointes, & ne pouuant entendre la cauſe, ie la mis quelque temps à nonchaloir, ne m'en ſouciant plus. Et comme vne autrefois ie cherchois la cauſe de la formation de toutes pierres, qui d'vn coſté eſtoyent formées à pointes de diamans, & eſtoyent leſdites pointes pures, nettes, candides & tranſparantes comme criſtal ; & de l'autre coſté elles eſtoyent tenebreuſes, rudes & mal plaiſantes. Or d'autant qu'elles auoyent eſté congelées en ce meſme lieu, i'ay conneu que la partie diaphane eſtoit formée d'eau pure, & la partie tenebreuſe d'vne eau trouble meſlée de terre.

Mais quant aux pointes de diamans ie n'en ſçeus encores pour lors entendre la cauſe. Il aduint vn iour que quelqu'vn me monſtra de la mine d'eſtain qui eſtoit ainſi formée par pointes ; vne autre fois me fut monſtré de la mine d'argent tenant encores auec la roche, où les matieres dudit argent auoyent eſté congelées, laquelle mine eſtoit auſſi formée en pointe de diamans. Quand i'ay eu conſideré toutes ces choſes, i'ay conneu que toutes pierres & eſpeces de ſels, marcaſſites & autres mineraux, deſquels la congelation eſt faite dans l'eau, apportent en ſoy quelque forme triangulaire, ou quadrangulaire, ou pentagone, & le coſté qui eſt en terre & contre le roc, ne peut porter autre forme que celle de l'aſſiette du lieu où elle repoſoit au temps de ſa congelation.

Voila qui fuffira pour renuerfer les opinions de tous ceux qui cherchent à faire l'or & l'argent par fon contraire. Car puis qu'il y a des formes de pointes de diamant ès minieres d'or, d'argent, de plomb, d'eftain & autres metaux, tu te peux affeurer que la principale matiere d'iceux n'eft autre chofe qu'vn fel diffout, lequel habitant auec les autres eaux fe fepare d'auec icelles, attirant à foy les chofes qu'il aime, pour les congeler & reduire en metal. Et combien que tous les philofophes ayent conclud que l'or eft fait de fouphre, & d'argent vif, ie maintiens que le fouphre que nous voyons, ne fe fçauroit mefler auec les matieres minerales ou femences d'icelles, bien confefferay-ie que parmy les eaux il y a quelque genre d'huile, lequel eftant meflé auec l'eau & le fel mineral, aide à la generation des metaux, & les metaux eftant paruenuz en leur parfaite decoction, l'huile eft lors congelée parmy le metal, & prend le nom de fouphre.

Il y a des fecrets fi fort cachez & inconneus en toutes natures, que de tant plus vn homme fera fçauant en philofophie, de tant plus il craindra les hazards qui furuiennent ordinairement en toutes entreprifes fufibles, metaliques & vulcaniftes.

N'eft-ce pas chofe eftrange & de grande confideration qu'il y a à Montpelier certaines eaux où l'on reduit le cuiure en verd de griz (4), & tout auprès d'icelles, il y a autres eaux où l'on n'en fçauroit faire? N'y a-t-il pas auffi des eaux qui font bonnes aux teintures & à cuire legumes, &

---

(4) Paliffy a été mal inftruit, il n'exifte point de fontaines femblables à Montpellier ni dans les environs; on y voit à la vérité des fabriques confiderables de verd de gris, mais c'eft avec l'acide du vin qu'on transforme le cuivre en verd de gris.

autres eaux bien près d'icelles n'y vaudront rien? I'ay veu du temps que les vitriers auoyent grand vogue, à caufe qu'ils faifoyent des figures ès vitraux des temples, que ceux qui peignoyent lefdites figures n'euffent ofé manger aulx, ny oignons; car s'ils en euffent mangé, la peinture n'euft pas tenu fur le verre. I'en ay conneu vn nommé Iean de Connet, par ce qu'il auoit l'haleine punaife, toute la peinture qu'il faifoit fur le verre ne pouuoit tenir aucunement, combien qu'il fuft fçauant en fon art (5).

Les hiftoriens difent que s'il y a vne palme plantée fur le bord d'vn fleuue, & vne autre de l'autre cofté dudit fleuue, que les racines iront de l'vn à l'autre par deffous ledit fleuue, à caufe de l'amitié ou affinité qu'elles ont enfemble (6). Il eft certain auffi que les femmes alaictantes, eftant loing de leurs enfans endormis, fentent à leurs mammelles quand il crient eftant efueillez. I'ay veu vne femme pudique, fage & honorable, que quand fon mari eftoit aux champs, elle fentoit par quelque mouuement fecret, le iour que fon mari deuoit arriuer (7).

---

(5) Un homme qui auroit mangé beaucoup de lait ou qui auroit l'haleine naturellement puante, feroit en effet peu propre à peindre fur le verre, parce que la refpiration d'une telle perfonne étant chargée d'une multitude de molecules putrides, alkalines, combinées avec l'humidité qu'entraîne l'air des poumons, ne peut que difficilement fe diffiper dans l'air & doit s'attacher contre les furfaces polies, particulierement contre le verre qui ne peut recevoir que difficilement alors les couleurs dont on fe fervoit dans ce genre de peinture, ces couleurs eftant broyées avec des fubftances graffes telles que la térébenthine, &c.

(6) C'eft une vieille erreur dont on eft revenu.

(7) Ce qui eft dit ici au fujet des femmes qui allaitent leurs enfans, paroîtra d'abord extraordinaire, & l'eft en effet dans le fens où Paliffy

Tels mouuemens ne font pas feulement aux creatures humaines & brutales, mais auffi aux vegetatiues & metaliques. Et tout ainfi comme les matieres animées fe feruent de chofes alimentaires, & en ayant pris la fubftance nutritiue, enuoyent le demeurant ès vaiffeaux excrementaires, femblablement les metaux engendrent quelques excremens inutiles après leur formation. Ie prends donc le fouphre comme vne colofaigne ou excrement qui a ferui à la gene ation, laquelle eftant parfaite, les excremens n'y feruent plus de rien, & fi cela aduient ès creatures humaines & brutales, auffi fait-il a tous vegetatifs.

---

entend que la chofe s'opere, mais il y a tout lieu de préfumer que voici ce qui a fait imaginer cette prétendue fympathie. On fait qu'il eft d'ufage & de convenance qu'une mere qui nourrit, place la nuit fon enfant non loin d'elle & toujours à fa portée : le nourriffon dans cet âge tendre où la la nature tend à fe développer, téte plufieurs fois pendant ia nuit, fes cris annoncent fes befoins ; la mere s'éveille, le foulage, fe rendort, & la nature foutenue par la tendreffe, s'accoutume bientôt à cette pénible marche : mais fi par quelque circonftance imprévue, cette mere eft obligée de fe féparer pour cinq ou fix heures de fon nourriffon, ou fi elle eft forcée de le faire coucher dans une chambre éloignée de la fienne, il arrivera néceffairement que n'étant plus à portée d'entendre fes cris, elle n'en fera pas réveillée ; le fein fe furchargeant de lait lui occafionnera des douleurs propres à la tirer de fon fommeil trompeur ; la premiere idée qui fe préfente alors à fon efprit agité, eft celle de fon nourriffon affamé, pouffant des cris ; on trouve en effet le petit malheureux qui fe défefpère, on l'apporte tout en pleurs à fa mere, qui par un effet d'amour & de tendreffe, fe perfuade de bonne-foi qu'elle a été réveillée par une caufe d'analogie & de fympathie qui exifte en elle & fon enfant, & cette caufe n'eft cependant qu'un effet bien naturel.

Quant à *la femme pudique qui fentoit par des mouvemens fecrets le jour où fon mari devoit arriver* : cette efpece de prophétie que le hazard a pu quelquefois réalifer, ne doit être attribuée qu'à une extrême fenfibilité dans le fyftême nerveux, ou pour parler plus clairement, à de véritables vapeurs hiftériques.

Et qu'ainſi ne ſoit, tu vois les noix & les chaſtaignes qui ont vne robbe excrementale, & deſlors qu'elles viennent à leur perfection, elles iettent en bas leurs robbes comme vn excrement inutile. Ainſi toutes ſemences ou plantes vegetatiues, produiſent quelque choſe pour leur aider & ſeruir pour vn temps ſeulement. Semblablement ceux qui affinent les mines des metaux, ſeparent le ſouphre d'auec le metal, comme choſe inutile : tout ainſi comme le laboureur ſepare le bled d'auec la paille. Voila pourquoy ie te dis que le ſouphre vulgaire n'eſt pas tel comme lors qu'il a generé les metaux, & qu'auparauant ce ne pouuoit eſtre qu'vne huile inconneue (8); tout ainſi que tu vois que la gomme n'eſt qu'vne eau quand elle eſt au dedans de l'arbre, & quand elle eſt ſortie, & qu'elle découle le long de l'arbre, elle ſe deſſeche & endurcit, & lors elle prend le nom de gomme. La terebenthine eſt vne huile qui diſtile des piniers, & quand elle eſt cuite elle s'endurcit, & puis s'appelle poix-reſine.

Voila comment il faut que tu entendes que la generation des metaux eſt faite par matieres & vertus inconneues aux hommes. Et ne penſe pas que le vif argent ſoit autre choſe qu'vn commencement de metal, fait ou commencé par vne matiere aqueuſe & ſalſitiue : ie ne dis pas de ſel commun, car ie ſçay que le nombre des eſpeces de ſels eſt infiny à noſtre connoiſſance, comme ie te feray entendre cy après en parlant des ſels.

THÉORIQUE. Tu es terriblement prompt à detracter des philoſophes, & c'eſt la plus belle choſe du monde que la

---

(8) L'acide vitriolique qu'on nomme quelquefois improprement huile de vitriol, combiné avec des matieres inflammables, forme un véritable ſoufre.

philofophie, car par philofophie l'on fait des diftilations
les plus vtiles pour la medecine, que chofe que l'on fçauroit trouuer : mefme l'on tire par philofophie toutes fenteurs, vertus & faueurs, tant des efpiceries que de toutes
chofes odoriferantes.

PRACTIQUE. Tu te moques bien de moy de dire que i'ay
en haine la philofophie, & tu fçais bien que ie n'ay rien en
plus grande recommandation, & que ie la cherche tous les
iours, & ce que i'en parle n'eft pas contre les philofophes
actuels & dignes de ce nom. Mais ie parle contre ceux qui
meritent plus d'eftre appellez antiphilofophes que philofophes ; car ie loue grandement les diftilateurs & tireurs d'effences, & eftime cette fcience grandement vtile & proufitable. Ie n'entends parler, finon contre ceux qui veulent ufur-
per [pour viure à leur aife] vn fecret que Dieu a referué à
foy, auffi bien comme la puiffance de faire vegeter & croiftre toutes les plantes & toutes chofes. Car c'eft Dieu luy-
mefme qui a ietté la femence des metaux en la terre. Et ils
veulent entreprendre de faire vne œuure qui fe fait occultement, ny en combien de temps la chofe peut paruenir à fa
perfection.

L'on a quelque connoiffance du temps qu'il faut pour la
maturité des bleds & autres femences : mais quant eft de la
femence des metaux, ils n'en ont aucun tefmoignage ny connoiffance de la vertu, par laquelle les matieres fe lient &
congelent. Ie fçay bien que ces chofes ont quelque vertu
d'attirer l'vn à l'autre, comme l'aimant tire le fer. Auffi fçay-
ie bien que quelquefois i'ay pris vne pierre de matiere fufi-
ble, qu'après l'auoir pilée & broyée auffi finement que fumée, & l'ayant ainfi puluerifée, ie la meflay parmy de la
terre d'argile, & quelques iours après quand ie voulus befongner de ladite terre, ie trouuay que ladite pierre s'eftoit

commencée à raffembler, combien qu'elle fuft meflée fi fubtilement parmy la terre, que nul homme n'en euft fçeu trouuer vne pierre auffi groffe que les petits atomes que l'on
void dedans les rayons du foleil, entrant dans la chambre,
chofe que i'ay trouuée merueilleufement admirable.

Cela te doit faire croire que les matieres des metaux fe
raffemblent & congelent admirablement, fuiuant l'ordre &
vertu admirable que Dieu leur a ordonné.

THÉORIQUE. Tu as beau parler contre l'alchimie, toutesfois i'ay veu plufieurs philofophes, qui m'ont baillé de grandes raifons du fait de la generation de l'or & autres metaux.

PRACTIQUE. Ie me doute que ceux que tu appelles philofophes, ne foyent les plus grands ennemis de philofophie. Car fi tu fçauois que c'eft que philofophie, tu connoiftrois que ceux qui cherchent à faire l'or & l'argent, ne
meritent pas ce titre : par ce que philofophe veut dire amateur de fapience. Or Dieu eft fapience : l'on ne peut donc
aimer fapience fans aimer Dieu. Et ie m'efmerueille comment vn tas de faux monnoyeurs, lefquels ne s'eftudient
qu'à tromperies & malices, n'ont honte de fe mettre au rang
des philofophes. Or comme i'ay dit dès le commencement
l'auarice eft racine de tous maux, & ceux qui cherchent à
faire l'or & l'argent, ne peuuent eftre exempts du titre d'a-
uaricieux, & eftant auaricieux, ne peuuent eftre dits philofophes ny compris au nombre de ceux qui aiment fapience.

I'ay mis ce propos en auant, par ce que tous ceux qui
cherchent à faire l'or & l'argent, ont toufiours ce mot en la
bouche, que les fecrets de fçauoir faire les metaux, n'appartiennent finon aux enfans de philofophie, & non-feulement le difent de bouche, mais le mettent ès liures impri-
mez : comme ainfi foit qu'il fut imprimé à Lyon vn liure de
l'or potable, du temps que le Roy Henri troifiefme y eftoit

a fon

à son retour de Polongne, auquel liure eſt clairement eſcrit, que l'alchimie ne doit eſtre reuelée ſinon aux enfans de philoſophie: s'ils ſont enfans de philoſophie, ils ſont enfans de ſapiei ɔ, & conſequemment enfans de Dieu. Si ainſi eſtoit il ſeroit bon que nous fuſſions tous de la religion des alchimiſtes.

THÉORIQUE. Tu m'as allegué cy-deſſus des chaſtaignes, des noix & autres fruits : mais cela ne fait rien contre moy, par ce que les metaux ſont vn & les fruits ſont vn autre.

PRACTIQUE. I'ay grand honte que ce propos dure ſi longuement : toutesfois à cauſe de ton opiniatriſe ie parleray encores de ce fait. Que ne conſideres-tu le fait de l'aimant, qui par vne vertu ſinguliere attire à ſoy le fer, combien qu'il n'ait nulle ame vegetatiue; & ſi ainſi eſt hors de la matrice de la terre, combien cuides-tu qu'il ait plus grande vertu en terre, quand il eſt encores en matiere liquide ? L'aimant n'eſt pas ſeul qui ait pouuoir d'attirer à ſoy les choſes qu'il aime : ne vois tu pas le Iayet & l'Ambre, leſquels attirent le feſtu ? item de l'huile eſtant iettée dedans l'eau ſe ramaſſe à part de laditte eau. Veux-tu meilleures preuues que du ſel commun, du ſalpeſtre, de l'alun, de la coperoſe & de toutes eſpeces de ſels, leſquels eſtant diſſous dedans l'eau ſe ſçauent bien ſeparer & faire vn corps à part diſtingué & ſeparé d'auec l'eau; & en confirmant ce que i'ay dit cy-deſſus, ie te dis encores, que la ſemence des metaux eſt liquide & inconneue aux hommes. Et tout ainſi que ie t'ay dit que la ſemence du ſel liquide ſe ſçait ſeparer de l'eau commune pour ſe congeler, autant en eſt-il des matieres metaliques.

Et te faut icy philoſopher encores de plus près. Regarde les ſemences, quand l'on les iette en terre, elles n'ont qu'vne ſeule couleur,& venant à leur croiſſance & maturité elles ſe forment plufieurs couleurs ; les fleurs, les branches, les feuilles & les boutons, ce feront toutes couleurs diuerfes, & mefme en vne feule fleur il y aura diuerfes couleurs. Semblablement tu trouueras des ferpens, des chenilles & papillons, qui feront de plufieurs belles couleurs.

Venons à prefent à philofopher plus outre : tu me confefferas que d'autant que toutes ces chofes prennent nourriture en la terre, que leur couleur procede auffi de la terre : & ie te diray par quel moyen, & qui en eft la caufe. Si tu peux attirer de la terre, par art alchimiftal, les couleurs diuerfes, comme font ces petits animaux, ie t'accorderay que tu peux auffi attirer les matieres metaliques, & les raffembler pour faire l'or & l'argent. Mais (comme ie t'ay dit tant de fois) tu y procedes tout au contraire de la nature. Tu as entendu par mes argumens que toutes matieres metaliques font aqueufes & fe forment dedans l'eau, & cependant tu les veux former par le feu, qui eft fon contraire.

Ne t'ay-ie pas monftré euidemment par vne ardoife remplie de marcaffites, que les matieres metaliques eftant encores fluides dedans les eaux, elles s'attirent l'vne à l'autre pour fe reduire en corps : & comme i'ay toufiours dit, elles font inconneues & indiftinguibles des autres eaux, iufques à leur congelation.

THÉORIQUE. Ie trouue fort eftrange que tu dis que les matieres metaliques font inconneues dedans les eaux, & toutesfois l'on void le contraire, car tous tant qu'il y a de philofophes difent que tous metaux font compofez de fouphre & de vif argent. S'il eft ainfi pourquoy croiray-ie qu'ils ne fe peuuent connoiftre dedans l'eau ? car ie fuis certain que s'il y en auoit dedans l'eau ie les connoiftrois bien.

PRACTIQUE. Et comment n'as-tu point de fouuenance que ie t'ay allegué le fel commun & autres, pour te faire en-

tendre que tout ainſi que le ſel n'a aucune couleur eſtant
liquide dedans l'eau, que auſſi les matieres metaliques n'ont
aucune couleur, iuſques à leur congelation. Mais ils la prennent en ſe raſſemblant & congelant : tout ainſi que toutes
eſpeces de fruits changent de couleur en leur croiſſance &
maturité.

Si ie voulois alleguer les ſemences humaines & brutales,
y trouuera-t-on quelque couleur au parauant leur formation ?
non, non plus qu'aux metaux. Ie t'ay deſia dit cy-deſſus que
tu n'as iamais veu ſouphre ny vif argent, qui ne fuſt congelé,
& qu'auparauant ils n'eſtoyent pas de la couleur qui ſont
à preſent, & qu'ils eſtoyent inconneus, comme le ſel eſt inconneu dedans l'eau de la mer.

Il y a long temps que ie penſois faire fin au propos de
l'alchimie, eſtimant qu'en parlant des pierres tu pourrois
connoiſtre la verité de mes preuues : mais par ce que ie te
trouue de dure ceruelle & par trop arreſté en ton opinion,
ie ſuis contraint pour conclure à ce que deſſus, te dire qu'il
ne ſe peut entendre autre choſe des metaux, ſinon ce que
les natures humaines, brutales & vegetatiues me donnent à
connoiſtre : qui eſt, que quand la chaſtaigne, la noix &
tous autres fruits ſont ſemez en terre, en iceux ſont enclos
les racines, les branches, les feuilles & toutes les parties,
vertus, ſenteurs & couleurs, que l'arbre ſçauroit produire
quand il ſera né. Auſſi qu'en la ſemence des natures humaines & brutales, les os, la chair, le ſang & toutes les autres
parties ſont compriſes en ladite ſemence. Et tout ainſi que
tu vois que nulle de ces choſes ne demeure en ſa premiere
couleur : mais en la croiſſance d'iceux ils changent de couleur, & en vne meſme choſe y a pluſieurs couleurs : en cas
pareil te faut croire que les ſemences des metaux (qui ſont

matieres liquides & aqueufes) changent de couleur, pefanteur & dureté.

La premiere connoiffance que i'ay eu de ces chofes, fut
à vne miniere de terre argileufe, qui eftoit à vne tuilerie
près Saint Sorlin de Marennes ès ifles de Xaintonge, là où
ie trouuay parmy ladite terre vn grand nombre de marcaffites de diuerfes grandeurs & pefanteurs, toutes lefquelles
eftoyent formées de telle forte que l'on pouuoit iuger que
la matiere de leur formation eftoit liquide, & qu'elle eftoit
cheute du haut en bas, ès iours de fa congelation, tout ainfi
que fi l'on auoit laiffé tomber de la cire fondue, petit à petit
pour la faire congeler.

THÉORIQUE. I'ay bien entendu tes raifons. Mais ne feroit-ce pas vn grand bien en France, s'il y auoit cinq ou fix
hommes qui fuffent paruenus à leur fin, touchant la pierre
des anciens philofophes? Car i'ay entendu par le dire de plufieurs alchimiftes que s'ils y eftoyent paruenus, ils feroyent
affez d'or pour faire la guerre contre tous aduerfaires, &
mefme contre le Turc.

PRACTIQUE. En tous les propos que tu as dit par cy-deuant, il n'y en a pas vn fi efloigné de fapience que celuy que
tu viens de dire : mais ie dis au contraire qu'il vaudrot mieux
vne pefte, vne guerre, & vne famine en France, que non pas
fix hommes qui fçeuffent faire l'or en fi grande abondance que
tu dis. Car après que l'on feroit affeuré que la chofe fe
pourroit faire, tout le monde mefpriferoit le cultiuement de
la terre, & s'eftudieroit à chercher de faire de l'or, & par
ce moyen la terre demeureroit en friche, & toutes les forefts
de la France ne fçauroyent fournir de charbons tous les alchimiftes l'efpace de fix ans.

Ceux qui ont veu les hiftoires difent qu'vn Roy ayant trouué quelque mine d'or en fon Royaume, employa la plus grande partie de fes fuiets pour tirer & affiner ladite mine, qui caufa que les terres demeuroyent en friche, & la famine commença audit Royaume. Mais la Royne (comme prudente & efmeue de charité enuers fes fuiets) fit faire fecretement des chapons, poulets, pigeons & autres viandes de pur or, & quand le Roy voulut difner, fit feruir defdites viandes, dont il fut ioyeux, n'entendant pas à quoy la Royne tendoit: mais voyant que l'on ne luy apportoit point d'autres viandes, commença à fe fafcher, quoy voyant la Royne, le fupplia de confiderer que l'or n'eftoit pas nourriture, & qu'il valloit mieux employer fes fujets à cultiuer la terre que non pas à chercher les mines d'or.

Si tu ne te veux arrefter à vn fi bel exemple, entre en toy-mefme, & t'affure que s'il y auoit fix hommes en France, comme tu dis, qui fçeuffent faire l'or, ils en feroyent fi grande quantité que le moindre d'eux fe voudroit faire Monarque, & ils fe feroyent la guerre entre eux ; & après que la fcience feroit diuulguée, il fe feroit fi grande quantité d'or qu'il viendroit à tel mefpris, que nul n'en voudroit bailler pain ne vin pour efchange. Ie ne dis pas que ce ne foit chofe iufte que les Princes commettent gens ès minieres, mefme des forfaires criminels, pour extraire lefdites mines, afin de s'en aider, tant pour le commerce que pour les inftrumens neceffaires, que l'on forme defdits metaux.

THÉORIQUE. Ie m'as cy-deffus donné beaucoup d'argumens contre ceux qui veulent generer les metaux par chaleur, & mefme t'es vanté de prouuer vn cinquiefme eflemen : defquelles chofes ie ne puis me contenter, fi ie n'ay vne conclufion plus certaine.

PRACTIQUE. Ie ne puis conclure autre chofe fur le fait
des metaux, finon la mefme chofe que i'ay dit cy-deffus;
que toutes matieres metaliques font liquides, fluides & diafanes, & inconneues parmy les eaux communes, iufques à
leur congelation : & quant eft du cinquiefme ellement, ie
ne te puis donner autre preuue que celle que i'ay donné publiquement deuant mes auditeurs, où tu eftois préfent, dont
la preuue a efté faite par vne pierre que tu vois icy.

Ne te fouuient-il pas qu'en faifant la démonftration de
cette pierre, que ie difois que toutes pierres ayant forme
triangulaire, ou pentagonne, ou quadrangulaire, ou à pointes de diamans, eftoyent formées dedans l'eau, & qu'autrement elles ne pouuoyent prendre les formes fufdites. Ayant
donc refolu vn tel argument, ie leur monftrois ladite pierre,
laquelle eft compofée de trois matieres diuerfes; fçauoir eft,
le deffus de ladite pierre eft de criftal pur & net, formé en
la fuperficie fuperieure en pointes de diamans, & l'autre partie fuiuante au-deffous d'icelle, eft de mine d'argent; & la
troifiefme partie eft d'vne pierre commune, qui donne clairement à entendre que celle que i'appelle commune, qu'aucuns appellent tuf, femblable à celle des carrieres, eftoit formée la premiere; & depuis fa formation la matiere d'argent
defcendant d'en haut auparauant fa congelation, s'eft arreftée fur la carriere de ladite pierre, & quelque temps après
s'eft congelée en mine d'argent, & en vn autre temps, la
matiere criftaline s'eft arreftée fur ladite mine, & s'eft congelée & formée en pointes de diamans, & ce durant le temps
que les eaux communes eftoyent plus hautes que lefdites matieres : car autrement iamais le criftal ne fe fuft formé par
pointes.

Tu fçais bien que tous ceux à qui i'ay fait demonftration
de ladite pierre ont approuué mes argumens, fans aucune
contradiction. Et pour venir à la preuue du cinquiefme eflement, ladite pierre m'a auffi ferui de preuue : par ce que
leur ay prouué que iamais ne fe forma criftal ny autres pierres à pointes ou à faces, qu'elles ne fuffent dedans les eaux
communes, & que la verité eft telle, que le criftal, le diamant & toutes pierres diafanes ne font formées que de
matieres aqueufes, & puis que le criftal & autres pierres
diafanes fe forment au milieu des eaux communes, ne voulant auoir aucune affinité auec elles en leur congelation,
non plus que le fuif, la graiffe, les huiles, la poix-refine
& autres telles matieres, lefquelles fe feparent des eaux
communes.

Il faut conclure doncques que l'eau de laquelle le criftal
eft formé, eft d'vn autre genre que non pas les eaux communes : & fi elle eft d'vn autre genre, nous pouuons doncques affeurer qu'il y a deux eaux, l'vne eft exalatiue & l'autre
effenciue, congelatiue & generatiue, lefquelles deux eaux
font entremeflées l'vne parmy l'autre, en telle forte qu'il
eft impoffible les diftinguer auparauant que l'vne des deux
fo t congelée (9).

---

(9) J'ai vifité dans certaines parties des Alpes, un grand nombre de
mines de criftal de roche ; je fuis entré dans des galleries très-profon-
des où je me fuis attaché à faire les obfervations les plus exactes &
les plus fuivies, en confidérant non-feulement toutes les pofitions où
fe trouvent les différentes matieres de criftal, mais en m'attachant à
la multitude d'accidens auffi intéreffans que remarquables qu'on eft à
portée d'examiner en étudiant la nature fur les lieux. Toutes mes recherches m'ont conduit à croire avec Faliffy que c'eft non-feulement
dans un liquide que la criftallifation s'eft opérée, mais que ce liquide

THÉORIQUE. Si tu mets vn tel propos en auant, l'on se moquera de toy : par ce que les Philosophes tiennent pour chose certaine qu'il n'y a que quatre eslemens ; & s'il y auoit deux genres d'eau, comme tu dis, il y en auroit cinq.

PRACTIQUE. Ie te l'ay assez fait entendre par le cristal, lequel quand il se veut congeler le plus souuent dedans les neiges, il se separe des autres eaux, & les eaux communes qui sont demeurées en neiges, se dissoluent, & le cristal ne se peut dissoudre, ny au soleil, ny au feu : qui est vn argument bien certain que les eaux communes ne font qu'aller & venir, monter & descendre, comme i'ay dit en parlant des fontaines ; & t'ose dire encores que les eaux congelatiues font aussi euaporatiues & exalatiues, & leur habitation & demeure est parmy l'eau commune, iusques à leur congelation.

THÉORIQUE. Il y a bien peu d'hommes qui veulent croire ce que tu dis, par ce qu'ils voudront s'arrester aux Philosophes anciens.

PRACTIQUE. Tu diras ce que tu voudras : mais si est-ce que quand tu auras bien examiné toutes choses par les effets du feu, tu trouueras mon dire veritable, & me confesseras que le commencement & origine de toutes choses naturelles est eau : l'eau generatiue de la semence humaine & brutale, n'est pas eau commune ; l'eau qui cause la germination de tous arbres & plantes, n'est pas eau commune, & combien que nul arbre, ny plante, ny nature humaine, ny brutale,

---

que je pourrois appeller avec lui *l'eau exalative*, tenoit en dissolution la matiere du cristal *ou l'eau congelative & générative.* J'expliquerai cette théorie d'une maniere détaillée dans un Mémoire sur le cristal de roche, destiné à entrer dans l'Histoire Naturelle de la Province du Dauphiné.

ne fçauroit viure fans l'aide de l'eau commune, fi eft-ce que parmy icelle il y en a une autre germinatiue congelatiue, fans laquelle nulle chofe ne pourroit dire ie fuis: c'eft celle qui germine tous arbres & plantes, & qui fouftient & entretient leur formation iufques à la fin ; & mefme quand la fin & confommation d'iceux eft furueneue par feu, icelle eau generatiue fe trouue ès cendres, defquelles l'on peut faire du verre femblable à l'eau de laquelle le criftal eft formé ; & ne faut que tu penfes que autrement les bleds & autres plantes feiches fe puiffent fouftenir, par ce que l'eau exalatiue qui eftoit auparauant leur maturité, s'eft exalée par l'attraction du Soleil ; mais l'eau congelatiue a toufiours foufteneu la forme de la paille.

En ce cas pareil te faut croire que combien que l'homme ne boiue que de l'eau commune en apparence, fi eft-ce qu'en beuuant & mangeant il attire de ladite eau generatiue, ce qui eft en toutes matieres nutritiues : & felon l'effet de nature, la dureté des os eft caufée par l'action de l'eau congelatiue, & pour ces caufes il y a plufieurs efpeces d'os qui endurent plus grand feu que non pas les pierres naturelles.

Il te fera plus aifé de confumer au feu vne pierre naturelle, que non pas les os d'vn pied de mouton, ou les coquilles d'œufs. Tu peux par-là connoiftre que l'eau criftaline, qui caufe la veue, a quelque affinité auec l'eau generatiue, de laquelle les lunettes, le criftal & miroir font faits.

THÉORIQUE. Il me femble que tu te contredis en parlant de cette eau generatiue, par ce qu'en parlant des fels tu dis qu'il y a du fel en toutes chofes, & que fans iceluy nulle chofe ne pourroit eftre.

PRACTIQUE. Tu ne trouueras point de contradiction en mes propos. Veux-tu que i'appelle l'eau de la mer fel, tandis qu'elle fera vagante parmy les eaux communes ? Ie ne

Y y

puis appeller les chofes fluides & liquides ou aqueufes (pendant qu'elles font inconneues parmy les eaux communes)
finon eau. Non pas mefme les metaux auparauant leur congelation : par ce que ie t'ay dit que les matieres metaliques n'ont aucune couleur, finon d'eau, iufques à leur
congelation.

THÉORIQUE. Tu m'as tant de fois dit que les matieres
metaliques eftoyent liquides comme l'eau commune, auparauant leur congelation, toutesfois ie ne puis comprendre
comment cela peut eftre veritable, fi tu ne me donnes preuues plus intelligibles.

PRACTIQUE. Ie ne fçaurois donner preuues plus fuffifantes
que celles que i'ai monftré euidemment en ta prefence à mes
difciples, qui eft (comme tu fçais) vn grand nombre de
bois reduit en metal. Ne te fouuient-il pas que quand ie
faifois montre defdits bois, ie leur difois, comment feroit-
il poffible que le bois fe fuft reduit en metal, s'il n'euft premierement long-temps repofé dans les eaux metaliques entremeflées parmy les eaux communes? Et fi les eaux metaliques n'euffent efté autant liquides & fubtiles comme les
communes, comment euffent-elles peu entrer dans le bois
& l'embiber par toutes fes parties, fans luy ofter aucunement fa forme premiere ?

C'eft vn point que tous ceux qui le confiderent feront contrains condefcendre à mon opinion : & te diray encores vne
autre preuue plus affeurée, pour te monftrer combien il faut
que les matieres metaliques foyent fubtiles pour actionner
& reduire en metal, fans desformer les chofes defquelles ie
te veux parler. Premierement il fe trouue grand nombre
de coqu'lles de poiffon, qui pour auoir croupi quelque
temps dans les eaux metaliques font reduites en metal fans
perdre leur forme, defquelles coquilles i'en ay veu quelque

quantité au cabinet de Monſieur de Roiſi. De ma part i'en
ay vne que i'ay monſtré au maiſtre Maçon des fortifications
de Breſt en Baſſe-Bretaigne, qui m'a atteſté qu'il s'en trouuoit grande quantité en icelle contrée.

Au cabinet de Monſieur Race, Chirurgien fameux de cette
ville de Paris, y a vne pierre de mine d'airain, où il y
auoit vn poiſſon de meſme matiere. Au pays de Mansfeld
ſe trouue grande quantité de poiſſons réduits en metal, &
cela eſt trouué fort eſtrange à ceux qui viuent ſans Philoſophie, & ne peuuent iamais paruenir à la connoiſſance de la
cauſe ; combien qu'elle ſoit aſſez facile, comme ie feray entendre cy-après. Mais premierement il faut que i'anticipe
ſur le diſcours que i'ay à te faire de la cauſe des coquilles &
bois petrifiez, qui eſt que les coquilles ſont formées d'vne
matiere aliſe, ſerrée & fort compacte, & bien fort dure :
& toutesfois quand leſdites coquilles ont long-temps croupi dedans les eaux communes, elles ſont attraction d'vne eau
criſtaline generatiue, de laquelle i'ay tant parlé, laquelle les
rend de matieres de coquilles en matiere de pierre, ſans rien
changer de leur forme.

Ie n'en demande autre teſmoing que toy, qui a eſté preſent quand i'ay monſtré à mes auditeurs vn grand nombre de
coquilles de diuerſes eſpeces reduites en pierre, & non-ſeulement les coquilles, mais auſſi les poiſſons : auſſi pluſieurs
pieces de bois. Il eſt doncques aiſé à conclure que les poiſſons qui ſont reduits en metal ont eſté viuans dans certaines
eaux & eſtangs, eſquelles eaux ſe ſont entremeſlées autres
eaux metaliques, qui depuis ſe ſont congelées en miniere
d'airain, & ont congelé le poiſſon & le vaſe ; & les eaux
communes ſe ſont exalées ſuiuant l'ordre commun qui leur
eſt ordonné, comme ie t'ay dit cy-deſſus. Et ſi lors que les
eaux ſe ſont congelées en metal il y euſt eu en icelles quel-

que corps mort, foit d'homme ou de befte, il fe fuft auffi
reduit en metal : & de ce n'en faut aucunement douter. Et
tout ainfi que tu vois que les eaux communes defcendantes
amenent auec elles plufieurs incommoditez, comme terres &
fables & autres ordures, auffi les eaux metaliques eftant impures en leur congelation, elles congelent toutes chofes qui
font en icelles : parquoy les affineurs ont grand peine à feparer le pur d'auec l'impur, comme tu pourras plus clairement entendre en la conclufion que ie feray fur le traité des
pierres.

Tu fçais bien que la caufe qui m'a meu de te remonftrer
ces chofes, n'eft autre finon afin que iamais ne te prenne
enuie de t'affocier auec ceux qui veulent generer les metaux.
Car par les inftructions que ie t'ay donné tu peux aifement
connoiftre qu'ils s'abufent de vouloir faire par feu ce qui
fe fait par eau. Ie te puis affeurer auoir conneu vn grand nombre des chercheurs fufdits qui font fi ignorans qu'ils penfent
retenir les efprits enfermez dans des vaiffeaux de terre, chofe
à eux impoffible.

THÉORIQUE. Et qu'eft-ce qu'ils appellent efprits?

PRACTIQUE. Ils appellent efprits toutes matieres exalatiues, & fingulierement le vif argent, qui eft vne eau qui
s'exale comme l'eau commune, quand elle eft preffée du feu;
& ils ont opinion que s'ils pouuoyent trouuer quelque terre
de laquelle ils puffent faire des vaiffeaux pour faire chauffer
le vif argent, eftant enclos dedans iceux, qu'iceluy fe congeleroit en argent, & feroit rendu maleable.

Mais les pauures gens s'abufent fi lourdement que i'ay honte
de le dire : car quand le vaiffeau auroit cent toifes d'efpoiffeur, il feroit impoffible de le garder de creuer, s'il eftoit
tout clos, partant qu'il y euft au dedans tant peu foit d'humidité : comme ie t'ay fait entendre en parlant des tremble-

mens de terre, que les matieres humides eſtant touchées par le feu font de merueilleux efforts, & ne peuuent endurer eſtre encloſes ſans air, comme tu as entendu par vne pomme d'airain, & meſme les œufs, les chaſtaignes, les pommes & autres fruits ſont contrains ſe creuer quand l'humeur eſt eſchauffée : & voila pourquoy l'on eſt contraint de creuer la peau des chaſtaignes, afin que l'humeur eſchauffée ne les face peter : ſi ces bonnes gens conſideroyent ces effets, ils ne chercheroyent point de terre pour retenir les eſprits.

THÉORIQUE. Tu m'as allegué cy-deſſus des chaſtaignes, des noix & autres fruits, contre mon opinion de l'alchimie : mais cela ne fait rien contre moy, par ce que les metaux ſont vn, & les fruits ſont vn autre.

PRACTIQUE. I'ay grand honte que ce propos dure ſi longuement : toutesfois à cauſe de ton opiniatriſe, ie ſuis contraint parler encores de ce fait. Es-tu ſi grand beſte que tu ne conſideres le fait de l'aymant, qui par vne vertu ſinguliere attire à ſoy le fer, combien qu'il n'ait aucune ame vegetatiue ; & ſi ainſi eſt hors de la matrice de la terre, combien cuides-tu qu'il y ait plus de vertu eſtant en la terre, quand il eſt encores en matiere liquide ? Et cuides-tu que l'aymant ſoit ſeul qui ait pouuoir d'attirer à ſoy les choſes qu'il aime ? Ne vois-tu pas bien que le Iayet & l'Ambre attirent à eux le feſtu ?

Item, ne vois-tu pas bien que l'huile eſtant iettée dedans l'eau, ſe ramaſſe à part de l'eau ? Veux-tu meilleure preuue que du ſel commun, du ſalpeſtre, de l'alun, de la coperoſe & de toutes eſpeces de ſels, qui eſtant diſſous dedans l'eau ſe ſçauent très-bien ſeparer & faire vn corps à part, diſtingué & ſeparé d'auec l'eau.

Et confirmant ce que ie t'ay dit cy-deſſus, ie te dis encores que la ſemence des metaux eſt liquide & inconneue aux

hommes, tout ainſi comme le ſel diſſout, ne ſe peut connoiſtre parmy l'eau commune iuſques à ſa parfaite congelation : auſſi pour tout certain la ſemence des metaux ne ſe
peut connoiſtre eſtant en matiere liquide entremeſlée parmy
les eaux, iuſques à ſa congelation : & tout ainſi que ie t'ay
dit que la ſemence du ſel liquide ſe ſçait ſeparer de l'eau
commune pour ſe congeler, autant en eſt-il des matieres
metaliques.

Et te faut ici philoſopher encores de plus près. Regarde
les ſemences, quand tu les iettes en terre, elles n'ont qu'vne
ſeule couleur, & en venant à leur croiſſance & maturité,
elles ſe forment pluſieurs couleurs ; la fleur, les feuilles, les
branches, les rameaux & les boutons ſeront toutes couleurs
diuerſes, & meſme à vne ſeule fleur il y aura diuerſes couleurs. Semblablement tu trouueras des ſerpens, des chenilles
& des papillons, qui ſeront figurez de merueilleuſes couleurs, voire par vn labeur tel que nul peintre ny brodeur ne
ſçauroit imiter leurs beaux ouurages.

Venons à preſent à philoſopher plus outre : tu me con-
feſſeras, que d'autant que toutes ces choſes prennent nourriture en la terre, que leur couleur procede auſſi de la terre :
& ie te diray par quel moyen & qui en eſt la cauſe ? Si tu
me donnes raiſons apparentes de ce que deſſus, & que tu
puiſſes attirer de la terre, par ton art alchimiſtal, les couleurs
diuerſes, comme font ces petits animaux, ie te confeſſeray
que tu peux auſſi attirer les matieres metaliques, & les raſſembler pour faire l'or & l'argent. Mais quoy ! ie t'ay dit
tant de fois que tu y procedes tout au contraire de la nature, & tu vois bien par mes argumens que les matieres metaliques ſont toutes aqueuſes, & ſe forment dedans l'eau, &
tu les veux former par le feu, qui eſt ſon contraire.

Ne t'ay-ie pas monftré euidemment cy-deffus par vne ardoife remplie de marcaffites & autres pierres & mineraux,
que les matieres metaliques eftant encores fluides dedans les
eaux, elles s'attirent l'vne à l'autre pour fe reduire en corps
metalique & (comme i'ay toufiours dit) elles font inconneues & indiftinguibles des autres eaux, iufques à leur
congelation.

THÉORIQUE. Ie trouue fort eftrange que tu dis que les
matieres metaliques font inconneues dedans les eaux, & toutesfois on voit le contraire: car autant qu'il y a de philofophes difent, que tous metaux font compofez de fouphre &
de vif argent.

S'il eft ainfi, me veux-tu faire croire que le fouphre &
l'argent vif ne fe peuuent connoiftre dedans l'eau? Ie me tiens
pour certain que s'il y auoit du fouphre & du vif argent dedans
l'eau, ie le connoiftrois.

PRACTIQUE. Ie vois bien que ie perds mon temps : tu es
auffi grand befte auiourd'hui comme hier. Et n'as-tu point
de fouuenance que ie t'ay allegué le fel commun & autres:
pour te faire entendre que tout ainfi que le fel n'a aucune
couleur ce pendant qu'il eft liquide dedans l'eau, que auffi
les matieres metaliques n'ont aucune couleur iufques à leur
congelation, mais prennent leur couleur en fe raffemblant
& congelant: tout ainfi que tu vois toutes les efpeces de
fruits changer de couleur en leurs croiffances & maturitez.
Si ie voulois alleguer les femences des natures humaines &
brutales, y trouueroit-on quelque couleur auparauant leur
formation non plus qu'aux metaux?

T'ay-ie pas dit cy-deffus que tu ne fçaurois dire iamais
auoir veu fouphre ne vif argent qui ne fuft congelé? Penfes-tu

que le vif argent que tu vois & le souphre ayent esté dès le
commencement des couleurs qu'ils sont à present ? Ie sçay bien
que non , & qu'auparauant ils estoyent inconneus, comme
le sel est inconneu dedans l'eau de la mer.

AVIS.

D'Autant que i'ay reprouué par le discours precedent la
medecine alchimistale sur l'effet de la generation, augmentation & fixation sur le fait des metaux : i'ay trouué bon &
à propos de reprouuer aussi les effets de l'or potable, lequel
i'estime ennemy de la nourriture corporelle des humains.

DE L'OR POTABLE.

SOMMAIRE.

CE fut dans le tems où l'alchimie étoit dans sa plus belle vigueur, & où la folie de faire de l'or avoit tourné les têtes, qu'on fit des épreuves de tous les genres sur ce trop précieux métal. On ne tarda pas à s'appercevoir que lorsqu'il étoit divisé en particules très-fines, il restoit suspendu dans certaines huiles atténuées & volatiles ; on crut dèslors devoir en faire un remede admirable, une panacée universelle qui guériroit non-seulement les maladies les plus intraitables, mais qui tendroit même à procurer peut-être un jour l'immortalité. Ce fut à cette fin que des gens adroits ou ignorans distribuerent avec emphase ou quelquefois mystérieusement, pour donner plus de crédit au remede, des élixirs d'or, des teintures d'or, des goutes d'or, de l'or potable. Palissy n'appercevant dans toutes ces préparations qu'un or simplement divisé & nullement décomposé, ne contempla ce prétendu remede que comme une potion au moins aussi inutile que dispendieuse & quelquefois même nuisible ; il crut devoir dans cette circonstance l'attaquer avec des armes d'autant plus

Z z

avantageuses, qu'elles étoient dirigées par une main sur &
expérimentée. La cause de la santé des hommes l'intéressant
vivement, il ne craignit pas de se mesurer avec Paracelse,
espece d'enchanteur en Médecine, dont la réputation faisoit le plus grand bruit & qui traitoit la plupart des maladies les plus graves avec son or potable. Palissy dont les
yeux n'étoient pas aisés à fasciner, crut s'appercevoir & osa dire
que Paracelse, pour tirer un parti plus lucratif de son art,
employoit probablement quelques substances sémi métalliques,
quelques pyrites ou des préparations d'antimo ne, auxquelles
il donnoit le nom d'or potable, pour tromper la crédulité de
certaines gens & s'enrichir à leur dépens. On voit même que
de tout tems il y a eu des personnes adroites à qui l'avidité
suggéroit des moyens nouveaux pour abuser de la crédulité
humaine ; c'est à ce sujet que Palissy nous raconte l'aventure
singuliere d'un Médecin d'une petite ville de Poitou, qui avoit
l'art de connoître toutes les maladies à la seule inspection des
urines qu'on lui présentoit ; il nous apprend en même tems la
méthode assurée dont usoit le Médecin pour ne pas se tromper
& pour s'acquérir une réputation à toute épreuve.

La Suisse a produit de nos jours un Médecin à peu près
semblable, chez qui l'on accourt des quatre parties de l'Europe ; le tems viendra peut-être où l'on sçaura le secret du
phlegmatique charlatan Michel Schuppach, particulierement
connu sous le nom de Médecin de la Montagne.

Enfin Palissy finit sa dissertation sur l'or potable en concluant que c'est une absurdité de regarder cette préparation
comme un remede, & qu'il n'y a que l'ignorance ou la mau-

vaiſe ſoi qui puiſſent l'employer en médecine. Malgré cela l'erreur s'eſt perpétuée juſqu'à nous, puiſqu'on connoît de nos jours l'or potable de Mademoiſelle Grimaldi, dont les véritables Médecins ne font cependant pas uſage; & qu'on voit encore à regret, dans le Diſpenſaire de la Faculté de Médecine de Paris, une recette pour faire l'or potable, recette qui pourroit être placée dans un livre de ſimple curioſité, mais qui figure mal dans un Code conſacré à la ſanté, au ſoulagement & à la vie des hommes.

TRAITÉ
DE L'OR POTABLE.

THÉORIQUE. Quand tu m'alleguerois toutes les plus belles raiſons du monde, ſi eſt-ce que tu ne me ſçaurois faire meſpriſer l'alchimie: car ie ſçay que pluſieurs font de belles choſes, & quaſi des miracles en la medecine, par le moyen d'icelle, teſmoing l'or potable que les alchimiſtes ont inuenté: choſe de grand poids & digne de louanges: car il fait quaſi reſuſciter les morts, il guarit toutes maladies, il entretient la beauté, il prolonge la vie & tient l'homme ioyeux: que ſçaurois-tu contredire à cela?

PRACTIQUE. Et comment es-tu encores en ces reſueries? N'as-tu point veu vn petit liure (*) que ie ſis imprimer durant

(*) Paliſſy fit imprimer un petit livre durant les premiers troubles qui, ſuivant le Préſident Hénault, commencerent vers l'an 1558, ſous

les premiers troubles , par lequel i'ay fuffifamment prouué que l'or ne peut feruir de reftaurant , ains plutoft de poifon, dont plufieurs Docteurs en Medecine ayant veu mes raifons, furent de mon party: tellement que depuis quelque temps il y a eu vn certain Medecin Docteur & Regent en la Faculté de Medecine , lequel eftant à Paris en la chaire , a confirmé mes propos , les propofant à fes difciples comme doctrine bien affeurée. Quand il n'y auroit que cela , c eft affez pour te rendre confus en tes argumens.

Théorique. Et comment ofes-tu tenir vn tel propos , veu que tant de milliers de Medecins ont de fi long-temps ordonné de l'or pour feruir de reftaurant aux malades , & mefme les Medecins Arabes en vfoyent , qui eftoyent les plus excellens de tous les autres.

Practique. Ie t'accorde qu'il y a vn nombre infini de Medecins qui ont fait bouillir des pieces d'or dedans des ventres de chapons , & puis fa'foyent boire le bouillon aux malades , & difoyent que le bouillon auoit retenu quelque fubftance de l'or , par ce que lefdites pieces eftoyent vn peu blanchies fur la fuperficie à caufe du fel & de la graiffe : ce

---

Henri II ; il écrivit alors contre l'ufage de l'or potable , qui ne pouvoit, dit-il , *feruir de reftaurant ,. ains plutoft de poifon* ; ce petit livre eft différent de celui qui fut imprimé à la Rochelle en 1563 , qu'il appelle *Ce mien fecond Liure* , & où il n'eft pas queftion d'or potable. Il annonce encore un *troifiefme Liure* , qui eft celui-ci , & qui parut l'an 1580 ; au refte le Docteur Régent de la Faculté de Médecine de Paris , dont il veut parler , eft Germain Courtin , qui a publié un livre fous ce titre : *Germani Courtini , Medici Parifienfis adverfus Paracelfi de tribus princip is auro potabili totáque pyrotechniá portentofas opiniones , Difputatio ,* in-4. *Parifiis* , 1579. *Note communiquée.*

qui eſtoit faux, & s'ils euſſent poiſé leſdites pieces après les auoir bouilli, ils les euſſent trouuées auſſi poiſantes que deuant. Autres faiſoyent limer leſdits pieces d'or, & faiſoyent manger la limeure aux malades parmy quelque viande, ce qui eſtoit pire que s'ils euſſent mangé du ſable. Autres prenoyent de l'or en feuille dequoy vſent les Peintres, mais tout cela feruoit autant d'vne ſorte que d'autre.

THÉORIQUE. Encores que l'or ne ſerue rien aux malades en la ſorte que tu dis, tu ne peux nier qu'il ne leur ſerue quand il eſt potable: car les alchimiſtes qui le rendent potable, le calcinent en poudre fort ſubtile, & quand il eſt meſlé parmy quelque liqueur, il s'incorpore auſſi bien comme pourroit faire la graiſſe de chapon parmy le bouillon. Voila comment & par quel moyen l'or peut ſeruir à reſtaurer & nourrir le malade.

PRACTIQUE. Tu n'entens pas bien ce que tu dis: car tu ſçais bien que les fournaiſes de feu ne peuuent conſommer l'or pur, comment ſeroit-il doncques poſſible que l'eſtomac d'vn malade le peuſt conſommer, attendu qu'il eſt deſia ſi debile qu'il ne ſçauroit digerer vne pomme cuite.

THÉORIQUE. Et tu te moques bien de moy, l'or n'eſt-il pas deſia conſommé quand il eſt potable? l'alchimiſte qui l'a rendu potable, l'a rendu auſſi liquide que de l'eau claire.

PRACTIQUE. Tu t'abuſes & n'entens rien de tous mes propos, ou bien tu fais ſemblant de n'en vouloir rien entendre: car quand tous les alchimiſtes auroyent mis l'or en potage plus ſubtil que la fine eſſence ou quinte diſtilation de vin, encores dirois-ie qu'ils n'ont rien fait à ce qu'il puiſſe ſeruir de nourriture. Vray eſt que s'ils pouuoyent diſſoudre l'or ſans aucune addition, alors ie ferois de leur party, moyennant auſſi qu'il ſe peuſt diſſoudre à vne chaleur du tout ſemblable à celle de l'eſtomac : car autrement quel proufit pourroit faire vne matiere à l'eſtomac ſi la chaleur naturelle n'eſt capable de la diſſoudre, comme elle fait les viandes qui lui ſont données pour nourriture ? Mais quoy ! ils ne font qu'adulterer, calciner & puluerifer, & puis mettent autres liqueurs pour le faire boire. Ne ſçay-ie pas bien que toutes choſes dures, ſeiches & alterées, eſtant puluerifées ſe peuuent boire auec autres liqueurs ? Ce n'eſt pas à dire pourtant qu'elles puiſſent ſeruir de nourriture, tu pourras bien boire du ſable & autres pouſſieres; diras-tu pourtant que cela te ſoit nourriture ? l'on ſçait bien que non.

THÉORIQUE. Ce n'eſt pas tout vn : car on prend l'or pour reſtaurant, comme le plus parfait de tous les alimens; & dit-on qu'vn homme qui ſe nourriroit d'or ſeroit immortel, ainſi que l'or ne ſe peut conſommer, & dure à iamais ?

PRACTIQUE. Vrayement tu as bien dit à ce coup : car ſi vn homme ſe pouuoit nourrir d'or, ô que ce ſeroit vn bel idole ! Ie m'eſmerueille que tu n'as honte de mettre vn tel propos en auant, d'autant que ce propos eſt ſuffiſant pour vaincre toutes tes diſputes. Tu dis que l'or eſt eternel ſelon le cours de ce ſiecle. Or s'il eſt eternel, l'eſtomac de l'homme n'aura doncques garde de le conſommer, puis que le temps, la terre, l'air ny le feu ne le peuuent conſommer; par quel moyen ſera-t-il doncques conſommé en l'eſtomac? Car l'effet de l'eſtomac de l'homme eſt de cuire & conſommer ce qui luy eſt donné : & ce qui eſt bon pour la nourriture eſt enuoyé par tous les membres, pour augmenter la chair & le ſang & tout ce qui eſt en l'homme, & le ſurplus il l'enuoye hors aux excremens. Or ie te demande, vn homme qui feroit nourri d'or fans manger autre chofe, pourroit-il en-gendrer quelque excrement ? Si tu dis que ouy, l'or n'eft doncques pas eternel : fi tu dis que non, il ne faudra pas de priuez, ny de chaifes percées pour ceux qui feroyent nourris d'or potable.

THÉORIQUE. Il eft impoffible de vaincre tes opinions : tou-tesfois plufieurs ont efcrit que l'or potable a des vertus mer-veilleufes. N'as-tu pas veu vn liure imprimé (1) depuis n'ague-res, qui dit que le Paracelfe, Medecin Alemand, medecinale-ment a guari vn nombre de ladres par le moyen de l'or po-table. Et toy qui n'es qu'vn terracier defnué de toutes langues, finon de celle que ta mere t'a appris, ofes-tu bien parler contre vn tel perfonnage, qui a compofé plus de cin-quante liures de medecine, lequel eft eftimé vnique, voire monarque entre les medecins ?

---

(1) Le livre dont il veut parler ici eft le *premier Traiclé de l'homme & de fon effentielle anatomie auec les élémens, & ce qui eft en eux, de fes ma-ladies, médecine & abfolus remedes ès teintures d'or, corail & antimoine, & magiftere de perles, de leur extraction.* Paris, in-8°. 1580.

L'auteur étoit un Normand, natif de Falaife ; il fe nommoit Roc le Baillif, Sieur de la Riviere, & fe qualifioit du titre de Médecin Spagirique. Après avoir été Médecin du Prince de Léon Henri, Vi-comte de Rohan, & du Duc de Mercœur, il devint Médecin ordinaire du Roi ; fon ignorance eft confignée dans fes ouvrages, dans les Mé-moires de la Faculté de Médecine, & dans les Regiftres du Parlement de Paris. Suivant la Croix du Maine, le fecond Traité de l'Homme n'é-toit pas encore imprimé en 1584 ; il fera demeuré manufcrit, fans qu'il foit poffible de le regretter. *Note communiquée.*

PRACTIQUE. Quand le Paracelſe & tous les Medecins qui fûrent iamais m'auroyent preſché, ie diray touſiours que ſi l'or potable eſtoit mis dedans vn creuſet, & ſouſflé, que la liqueur qui auroit eſté miſe auec l'or ſe viendroit à exaler, bruſler & conſommer, & l'or qui auroit eſté potagé ſe rendroit en lingot ; & ſi l'eſtomac de l'homme eſtoit auſſi chaud qu'vne fournaiſe, il feroit auſſi venir cet or potable en vne maſſe ou lingot : & s'il eſtoit autrement, l'or ne pourroit eſtre appellé fixe ou eternel, comme tu dis.

THÉORIQUE. Et que deuiendra doncques le dire du Paracelſe qui en a guari tant de ladres ?

PRACTIQUE. Ie me doute que Paracelſe eſt plus fin que toy ny moy [2]: car peut eſtre qu'après qu'il a eu trouué quelque rare medecine par le moyen des metaux imparfaits, marcaſſites, ou autres ſimples, il fait accroire que c'eſt or potable, pour la faire trouuer meilleure, & s'en faire mieux payer.

---

(2) Paliſſy jugeoit au mieux Paracelſe : cette eſpèce de viſionnaire en médecine voulut ſe donner hautement pour le réformateur de la méthode d'Hypocrate & de Gallien. Il fut le premier qui mit en vogue avec quelque ſuccès, certaines préparations chimiques, mais il pouſſa le charlataniſme juſqu'à affirmer avec effronterie qu'il avoit l'art de prolonger la vie à ſa volonté, par le moyen de certains remedes de ſon invention. Il célébroit avec emphaſe les propriétés miraculeuſes de *ſon or potable*, il ſavoit faire *de l'or*, il parloit ſans ceſſe *de l'or*, il ordonnoit *l'or* par-tout, pour mieux attrapper apparemment celui des autres. Paliſſy ne ſe trompoit donc pas ſur le compte de cet empyrique qui mourut à Saltzbourg vers 1534, dans un âge peu avancé ; l'édition la plus complette de ſes ouvrages eſt celle de 1658, imprimée à Genève en trois vol. in-fol.

C'eſt

C'eſt la moindre fineſſe dequoy il ſe pourroit aduiſer : i'en
ay bien veu de plus fines en vne petite ville de Poitou, où
il y auoit vn Medecin (*) auſſi peu ſçauant qu'il y en eut en
tout le pays, & toutesfois par vne ſeule fineſſe il ſe faiſoit
quaſi adorer. Il auoit vne eſtude ſecrette bien près de la porte
de ſa maiſon, & par vn petit trou voyoit venir ceux qui
luy apportoyent des vrines, & eſtant entrez en la cour, ſa
femme bien inſtruite ſe venoit aſſoir ſur vn bois près de
l'eſtude où il y auoit vne feneſtre fermée de chaſſis, & interrogeoit le porteur d'vrines d'où il eſtoit, & que ſon mari
eſtoit en la ville, mais qu'il viendroit bien toſt, & les faiſant aſſoir auprès d'elle, les interrogeoit du iour que la maladie print au malade, & en quelle partie du corps eſtoit
ſon mal, & conſequemment de tous les effets & ſignes de
la maladie. Et pendant que le meſſager reſpondoit aux in-
terrogations, Monſieur le Medecin eſcoutoit tout, & puis

(*) Le Médecin de la petite ville de Poitou que Paliſſy veut déſigner,
eſt Mᵉ. Sébaſtien Colin ; nous aurons occaſion avant la fin de cet ouvrage
de parler du mépris que Paliſſy faiſoit de ce Médecin qui fit imprimer un
livre ſur cette importante matiere des urines, ſous ce titre : *Bref Dialogue
contenant les cauſes, iugemens, couleurs & hypoſtaſes des vrines, leſquelles
aduiennent le plus ſouuent à ceus qui ont la fieure, compoſé par M. Sébaſtien
Colin, Medecin à Fontenay en Poitou. Poitiers, in-8°.* 1558, 60 *pages.*
Colin a mis en tête de ſon livre un Avertiſſement en Latin, daté de
Fontenay, en 1557. Les perſonnages ſont Enoch qui plaide la cauſe des
urines, ſous le nom duquel eſt caché Sébaſtien Colin, & Hélie qui
n'eſt pas partiſan de cette doctrine, & qui à la fin ſe laiſſe perſuader. A
la page 57 on lit une traduction de *Jan Actuaire, flz de Zacharie,* contre
ceux qui diſent que la conſidération des urines eſt inutile, & enfin des
vers latins d'un certain *P. Fluvii Ædituï. Note communiquée.*

A a a

fortoit par vne porte de derriere, & rentroit par la porte
de deuant, par où le meffager le voyoit venir: lors la dame
luy difoit voila mon mari, parlez à luy; ledit porteur n'a-
uoit pas fitoft prefenté l'vrine, que Monfieur le Medecin ne
la regardaft auec fort belle contenance, & après il faifoit
vn difcours de la maladie, fuyuant ce qu'il auoit entendu du
meffager par fon eftude. Et quand ledit meffager eftoit re-
tourné au logis du malade, il contoit comme par vn grand
miracle le grand fçauoir de ce Medecin, qui auoit conneu
toute la maladie foudain qu'il auoit veu l'vrine, & par ce
moyen le bruit de ce Medecin augmentoit de iour à autre [3].
Voila pourquoy ie t'ay dit que peut-eftre Paracelfe faifoit accroire que fa medecine eftoit d'or potable, & qu'il
n'en vfa iamais.

THÉORIQUE. Ie ne fçay comment tu l'entens: tu as dit
cy-deffus que peut-eftre le Paracelfe faifoit quelque mede-

---

(3) *Le bruit du Médecin*, connu fous le nom de *Médecin de la Montagne*, *à fi fort augmenté*, qu'on a voulu procurer aux amateurs le plaifir de poffeder fon effigie & celle de Madame fon époufe qui y fait pendant. On a gravé à Bâle en 1774, le portrait de *Michel SCHUPPACH*,
Médecin praticien très-renommé, *à Langnau*, *dans le canton de Berne*, *né
en 1707*, & celui de *Marie FLUCKIGGER*, *époufe de Michel Schuppach*,
Médecin praticien à Langnau dans le canton de Berne, *née en 1735*; ces deux
gravures furent bien-tôt contrefaites à Paris, parce que chacun voulut
avoir le portrait du *Medecin de la Montagne*, & les Graveurs ne
manquerent pas de le vendre bien cher. Il eft fâcheux que nous n'ayons
pas celui de Monfieur le Medecin *praticien* de la petite ville de Poitou,
dont Faliffy nous raconte l'hiftoire; il fe feroit bien vendu dans ce
moment.

cine pour la lepre, de quelques metaux ou autres simples, & puis faisoit accroire que c'estoit or potable, afin d'estre mieux payé. Puis qu'il peut faire medecine de metaux, pourquoy l'or ne pourra-t-il aussi bien seruir à la medecine comme les autres metaux ?

PRACTIQUE Tu te trompes : le desir que tu as de faire trouuer ta cause bonne, t'empesche d'entendre mon propos. Car ie ne t'ay pas dit que le Paracelse prenoit des metaux : mais bien des metaux imparfaits, ou quelques marcassites, ou autre mineral, comme pourroit estre l'antimoine (*), duquel plusieurs font estat en la medecine.

THÉORIQUE. Te voila pris par ta propre bouche : car puis que tu confesses que l'antimoine peut seruir en la medecine, ie dis que l'or y peut aussi bien seruir, car l'antimoine est vn metal, partant la victoire me demeure, & faut que tu confesses estre vaincu.

(*) Il paroît que Palissy étoit partisan à cette époque de l'usage intérieur de l'antimoine, ce qui ne diminue pas sa gloire ; il avoit été témoin oculaire à la Rochelle des expériences de Louis de Launay, Medecin l'enfionnaire de cette ville, qui lui procurerent cette heureuse découvert : le premier ouvrage de Louis de Launay sur l'*antimoine*, parut en 1564 à la Rochelle, in-4°. Jacques Grevin, Médecin de Paris & Poëte galant, écrivit un *Discours contre l'usage de l'antimoine & contre Launoy*, en 1565. Ce dernier publia ensuite une *Réponse au Discours de Jacques Grevin*, *qu'il a escrit contre son liure de la faculté de l'antimoine*, imprimé chez *Bertot*, Imprimeur de Palissy, *en* 1566. Grevin repliqua par une nouvelle *Apologie sur les vertus & facultés de l'antimoine contre Louis de Launay*. Paris 1567, in-4°. Palissy & Launay ont fait passer leurs sentimens à la postérité; celui de Grevin & de sa Faculté ont été abandonnés. *Note communiquée.*

PRACTIQUE. Te voila auſſi ſage qu'auparauant, de dire que l'antimoine eſt vn metal, & qu'il ſert en medecine. Et tu ſçais bien que toute notre diſpute n'eſt que ſur le fait du reſtaurant, qui vaut autant à dire comme reparation de nature. En premier lieu tu parles fort mal de dire que l'antimoine eſt vn metal; car il eſt certain que ce n'eſt qu'vne eſpece de marcaſſite, ou bien commencement de metal: d'autre part tu dis que i'ay dit qu'il ſert en medecine; ouy bien: mais non pas de reſtaurant. Car s'il pouuoit ſeruir de reſtaurant, l'on en pourroit manger comme d'vne autre viande. Mais tant s'en faut : car l'homme qui en prendra plus de quatre ou ſix grains ſe met en hazard de mourir.

Or ceux qui veulent faire valoir l'or potable, diſent qu'vn malade en peut prendre deux fois par chacun iour : parquoy l'antimoine n'eſt pas à propos pour prouuer le reſtaurant d'or. Car vn metal parfait ne ſe peut mouuoir à la chaleur de l'eſtomac, mais il n'eſt pas ainſi de l'antimoine, car ſon action eſt veneneuſe, & par ſa venenoſité il eſmeut toutes les parties de l'eſtomac, du ventre & de tout le corps : & cela ſe fait par vne exalation qui eſt cauſée de luy meſme, par ce qu'il eſt imparfait, & qu'il a eſté tiré de la miniere auparauant que ſa decoction fuſt venue en ſa perfection, comme ainſi ſoit que les metaux parfaits ne pourroyent eſmouuoir aucune vapeur en l'eſtomac comme fait l'antimoine.

Voila comment il faut parler des choſes auec preuues fondées ſur quelque raiſon, non pas aller chercher les corps celeſtes, comme aucuns qui pour prouuer le reſtaurant d'or montent iuſques au ciel, & vont chercher vn Sol, Luna & autres planettes, iuſques au nombre de ſept, diſant qu'elles ont domination ſur les metaux & ſur les corps humains.

Ie n'entens rien à l'aſtrologie, mais bien ſçay-ie que le corps humain ne peut eſtre nourry que de choſes ſuiettes à

putrefaction : & d'autant que l'or ne fe peut putrefier ny confommer au corps de l'homme, ie dis & maintiens qu'il ne
peut feruir de medecine ny de reftaurant, & que toutes chofes defquelles la langue ne peut faire attraction de faueur,
ne peuuent feruir à la nourriture; car Dieu a mis la langue
pour fonder les chofes qui font vtiles pour les autres parties
du corps. Et faut noter que quand vn homme eft fort malade, on luy baille des viandes les plus tendres : fi on luy
baille du fruit, on le fait cuire afin qu'il foit plutoft mis en
putrefaction, autrement l'eftomac debile ne les pourroit confommer pour enuoyer la liqueur nutritiue à toutes les
parties du corps, & le marc aux parties excrementales.
Si ainfi eft qu'vn eftomac debile trauaille beaucoup à digerer vne pomme cuite, comment peux-tu croire qu'il peut
confommer l'or? Et veu que le corps ne peut rien confommer finon les chofes defquelles la langue puiffe tirer quelque faueur auparauant qu'elles aillent plus outre, comment
pourra-t-il confommer l'or? Tu l'as beau tafter à la langue,
tu n'as garde d'en tirer aucune faueur.

Veux-tu que ie te die vn beau trait auant que fin'r mon propos?
Si la langue pouuoit tirer quelque faueur d'vne piece d'or, ie te
puis affeurer qu'elle amoindriroit de poids, d'autant que la langue en auroit attiré. Auffi ie dis que quelque fleur que tu
flaires auec le nez, que tu diminues fa vertu d'autant que tu en
prens auec le nez. Et note encores ce point, que toutes les chofes que tu prefentes à la langue, & que tu en tires quelque faueur, ladite faueur n'eft autre chofe que le fel qui eft en la
chofe que tu taftes. Car le fel eft de telle nature qu'il fe diffout à
l'humidité, & quand l'humidité eft chaude, il fe diffout plus
promptement. Or la langue apporte auec foy vne humeur

chaude, qui cauſe ſoudain faire attraction de quelque peu de
ſel de la choſe qui luy eſt preſentée. Voila pourquoy ie dis
que ſi la langue pouuoit tirer quelque ſaueur de l'or, ce
ſeroit le ſel, & l'or diminueroit d'autant que la langue en
auroit attiré : & n'en pouuant rien tirer comme des alimens
nutritifs, il eſt aiſé à conclure que l'or ne peut ſeruir de
nourriture.

DU MITRIDAT

OU THERIAQUE.

SOMMAIRE.

L'OBJET de ce traité est de démontrer que la multiplicité des drogues qui entrent dans la composition du mithridate, est plus propre à produire de mauvais effets sur la santé des hommes, qu'à remplir le but que se proposoient les premiers instituteurs de ce remede.

On croit assez communément en effet, d'après ce que nous ont appris certains Auteurs, que Mithridate pour disposer son corps à résister à tous les poisons, usoit journellement de l'électuaire qui a porté depuis son nom; mais l'antidote dont se servoit le Roi de Pont, a souffert des changemens considérables; il n'étoit composé, dit-on, primitivement que de quatre drogues, tandis qu'il y a des dispensaires qui en exigent actuellement soixante-cinq. Celse a donné des détails sur ce remede qu'il nomme antidotum Mithridadatis; mais Andromaque, Medecin de l'Empereur Néron, y fit des augmentations & y ajouta entr'autres choses, la chair de vipere, à laquelle il donna le nom de τηριον d'où dériva, selon quelques Auteurs, celui de thériaque, & voilà pourquoi la thériaque est quelquefois appellée thériaque d'Andromaque. La thériaque ne commença en effet à prendre ce

nom qu'à l'époque où la chair de vipere y entra ; & ce re-
mede n'est que le mitridat de Celse, avec les additions d'An-
dromaque, ce qui fait voir que Palissy n'est point blâmable
de confondre, comme il le fait, le mitridat *avec la* thériaque,
& de regarder ces deux mots comme synonimes : mais ceci
nous apprend en même tems que le dispensaire de Paris n'au-
roit pas dû donner deux recettes différentes du mithridate &
de la thériaque, puisque ces deux remedes sont réellement
les mêmes : on eût mieux fait de donner la formule du mi-
tridat décrit par Celse, & celle du mitridat *augmenté par*
Andromaque, c'est-à-dire de la thériaque, *ce qui eût été mieux*
dans l'ordre.

Au reste ce remede attribué bien ou mal à propos à Mi-
thridate, est encore en grande vénération parmi le peuple qui
en fait souvent usage, c'est même sa panacée ordinaire ; les
les Médecins éclairés en font peu de cas. Palissy a le mérite
d'être un des premiers qui ait déclaré ouvertement la guerre
à cet assemblage discordant de drogues, & rien en vérité n'est
si curieux ni si surprenant que de voir un potier de terre
donner la chasse à un remede regardé comme recommandable
par son ancienneté, & qui jouissoit alors plus que jamais d'un
crédit universel.

Non-seulement notre auteur établit ici des raisons très-sages
& très-solides pour ouvrir les yeux aux personnes qu'il veut
désabuser, mais il employe encore avec une adresse infinie,
les comparaisons les plus délicates & les plus ingénieuses,
pour éclairer les gens même les moins instruits ; tantôt c'est
à un bouquet composé d'une multitude de fleurs qu'il com-
pare ce remede : iamais, *dit-il*, la senteur dudit bouquet ne
sera si amiable comme s'il estoit d'vne fleur seulement, les
senteurs meslées ensemble font vne confusion telle que
tu ne sçaurois iuger, laquelle est la supresme & meilleure
d'icelles.

d'icelles. Item, fi tu prens vn chapon, vne perdrix, vne becaffe, vn pigeon & de toutes fortes de chairs, le tout bien cuit & preparé, puis que tu les mettes dans vn mortier & les piles enfemble pour les manger, elles feront bonnes, mais y trouueras-tu auffi bon gouft comme fi tu les mangeois particulierement? L'on fçait bien que non. Item, fi tu prens de l'azur, du vermillon, du mafficot & de toutes autres couleurs & que tu les broyes toutes enfemble & en faces vn meflange, tu connoiftras que la moindre de toutes eftoit plus belle à part foy, qu'elles ne font toutes meflées enfemble.... Confidere vn peu quel accord pourroit eftre en vne mufique de trois cens muficiens chantans tous enfemble. *Des comparaifons pareilles caractérifent autant l'homme d'efprit & de génie que l'homme fenfé & philofophe.*

DU MITRIDAT
OU-THERIAQUE.

PʀᴀᴄᴛɪQᴜᴇ. Or ayant defconfit vne erreur de fi long-temps inueterée, touchant le reftaurant d'or, il m'eft pris enuie de parler vn peu du mitridat auant que de parler des fels.

TʜᴇᴏʀɪQᴜᴇ. Et as-tu quelque chofe à dire contre le mitridat (1) ?

---

(1) Guy Patin plaidant lui-même en 1647, contre les Apothicaires de Paris, jetta un ridicule fingulier fur leur bezoard & fur leur thériaque : il ofa leur dire en face que *organa pharmaci erant organa fallaciæ* : la plai-

PRACTIQUE. Oui bien : mais afin de ne rendre mal con-
tents les Medecins, & que par-là ils prennent occafion de

fanterie étoit forte, maïs fupportable, peut-être pour le tems : elle feroit
mal accueillie dans ce moment, où la pharmacie eft portée dans la capitale à un degré éminent de perfection. La bonne chimie inféparable de cet
art l'a annobli en l'éclairant ; les laboratoires de plufieurs Apothicaires
font devenus des cabinets fcientifiques, où la nature analifée de cent manieres, nous offre d'un part des remedes plus fimples, plus efficaces, &
mieux connus, tandis qu'elle nous montre de l'autre des phénomenes curieux & variés qui tendent à accélérer de jour en jour les progrès de la
fcience : la Chimie & l'Hiftoire Naturelle doivent beaucoup aux Apothicaires de Paris ; ce corps qui produit journellement de véritables favans,
mérite de la reconnoiffance & des éloges.

Il exifte des ftatuts très-fages faits pour prévenir les abus de la pharmacie, ces reglemens néceffaires dans un tems, deviennent dans ce moment
comme inutiles par la maniere noble avec laquelle cet art s'exerce dans la
Capitale ; mais ces loix de Police qui ne font en vigueur que dans Paris &
dans quelques villes principales, devroient être abfolument générales, &
regarder toutes les perfonnes qui font métier de préparer des remedes def-
tinés pour la fanté des hommes. C'eft dans les petites villes, c'eft dans les
villages & dans les campagnes, c'eft-à-dire, dans la portion la plus confidérable du Royaume, où ces loix feroient indifpenfablement néceffaires :
c'eft-là où une multitude de débitans de drogues qui fe qualifient d'Apothicaires, y vendent à un prix exhorbitant de mauvais remedes, qui
trompant l'efperance des Médecins, deviennent de véritables poifons
pour les malades. S'il étoit poffible de dreffer un nécrologue exact des victimes infortunées que les bévues ou la mauvaife foi de ces hommes ignorans ou avides, leurs drogues falcifiées, corrompues ou mal choifies,
ont précipitées dans le tombeau, certe lifte funèbre d'affaffinats &
d'empoifonnemens cachés, faifant frémir l'humanité, réveilleroit l'attention des Magiftrats pour réprimer de fi horribles abus.

detraɛter de mes autres œuures, ie n'en parleray ſinon par maniere de diſpute, prenant mon argument ſur ce que aucuns diſent qu'il faut de trois cenſ ſortes de drogues pour le compoſer, ce que ie trouue bien fort eſloingné de ma capacité, & ne puis penſer que tant de ſortes de ſimples puiſſent loger enſemble dans vn eſtomac, ſans faire ennuy l'vn à l'autre.

THÉORIQUE. Si tu mets vn tel propos en auant, tu te feras hayr de beaucoup de gens; voudrois-tu bien entreprendre de contredire à tant de notables Medecins, qui ont pluſieurs fois examiné diligemment vne telle matiere, & à eſté diſputé pluſieurs fois aux Uniuerſitez & Eſcoles de Medecine? Ie ſçay qu'en vne ville d'Alemagne fut commandé aux Medecins dudit lieu, par les Magiſtrats, de s'aſſembler pour aduiſer enſemble de donner quelque moyen contre le venin de la peſte, qui eſtoit pour lors en ladite ville. Suyuant quoy les Medecins ne trouuerent rien meilleur que le mitridat qu'ils ordonnerent, & fut compoſé du nombre des ſimples ſuſdits. Voila pourquoy ie te dis que ſi tu parles contre tant de ſçauans hommes, que l'on t'eſtimera fol.

PRACTIQUE. Mais n'eſt-il pas auſſi poſſible que les Medecins ſe puiſſent tromper en la compoſition du mitridat, comme ils ſe ſont trompez, adherant à l'opinion des Arabes, touchant le reſtaurant d'or? Car tu as bien entendu cy - deſſus que c'eſt vn abus manifeſte, les Medecins ſages n'auront garde de trouuer mauuais ce que i'en dis, par ce que c'eſt par maniere de diſpute & cela les incitera à penſer s'il y a quelques raiſons en mes argumens.

B b b 2

THÉORIQUE. Et quels font tes argumens ?

PRACTIQUE. Ils font bien notables, & entre les autres i'en
ay trois finguliers : le premier eft la confideration d'vn bouquet compofé de plufieurs fleurs, iamais la fenteur dudit bouquet ne fera fi amiable comme s'il eftoit d'vne fleur feulement, & par-là tu connoiftras que les fenteurs meflées enfemble font vne confufion telle que tu ne fçaurois iuger : laquelle eft la fuprefme & meilleure d'icelles. Item fi tu prens
vn chapon, vne perdrix, vne becaffe, vn pigeon & de toutes
fortes de chairs, le tout bien cuit & préparé, puis que tu
les mettes dans vn mortier & les piles enfemble pour les
manger, elles feront bonnes ; mais y trouueras - tu auffi bon
gouft comme fi tu les mangeois particulierement ? L'on fçait
bien que non. Item, fi tu prens de l'azur, du vermillon, du
mafficot & de toutes autres couleurs, & que tu les broyes
toutes enfemble, & en faces vn meflange, tu connoiftras que
la moindre de toutes eftoit plus belle à part foy, qu'elles ne
font toutes meflées enfemble. Cela me fait penfer que tant
de fimples enfemble ne peuuent eftre qu'ils n'effacent & def-
truifent la vertu l'vn de l'autre : tout ainfi que les fenteurs,
faueurs & couleurs. Ie te prie auffi confidere vn peu quel
accord pourroit eftre en vne mufique de trois cens muficiens
chantans tous enfemble. Depuis quelques iours i'ay veu vn
liure duquel les Apothicaires fe feruent pour les compofitions de leurs drogues, & ayant demandé à l'Apothicaire
qu'il me dît en Francois les drogues du Mitridat, il le fit

volontiers; entre autres il me nomma le gif & l'alebaftre (2).
Ce qui me fait parler plus affeurement, par ce que ie fçay
que l'vn & l'autre font indigeftes : & quand ils font calcinez
ce n'eft autre chofe que plaftre, i'ay veu quelque liure ancien qui dit que le plaftre eft mortel : par ce (dit-il) qu'il
eftoupe les conduits, par-là ie connois que plufieurs efcriuent
des chofes qu'ils n'entendent pas. Car par ce qu'ils ont veu
quelquefois fermer des trouz de murailles auec du plaftre ,
ils ont penfé qu'il pourroit faire le femblable dans le corps
de l'homme, chofe fort mal entendue : car le plaftre ne dur-
cit iamais quand il eft rendu potable, & fi l'on y met de
l'eau plus qu'il n'en faut, il perd toute fa force. L'argument
eft donc mal fondé , de dire que le plaftre eftoupe les conduits. Ie crois qu'il eft auffi bon au mitridat comme à autre
medecine. Si ie voulois compofer vn electuaire ou medecine
de pierreries, ie voudrois premierement connoiftre deux
chofes : l'vne de quelle matiere les pierres font formées , &
l'autre, fi l'eftomac eft capable de les digerer. Or puis que

---

(2) Le *gypfe* & l'*albâtre* n'entrent plus dans la compofition de notre
thériaque. Le *Codex* de Paris donne une formule de ce remede. Il eft à
préfumer que par le mot *albâtre* on entendoit le véritable *albâtre* calcaire
qui devoit entrer dans la thériaque en qualité d'abforbant , car les pierres
nommées communément *albâtre* & qui ne font point effervefcence avec
les acides, ne font que des *gypfes* , nom qui leur convient mieux que celui
d'*albâtre* qui défigne une pierre calcaire d'un poli gras, d'une demi-
tranfparence & d'un arrangement de parties qui diffère de celui du marbre,
quoi que le fond de la matiere foit effentiellement le même

les pierres verdes font teintes par la coperofe, elles ne peuuent eftre que ennemies de nature.

THÉORIQUE. Or ça, pour les mefmes caufes que tu dis,
l'on met plufieurs fimples enfemble, par ce qu'aucuns font
trop rudes, mordicatifs, corrofifs & laxatifs, & mefme aucuns pernicieux, eftant pris particulierement : mais pour les
corriger l'on y mefle des matieres douces

PRACTIQUE. En cela ie trouue vne difficulté bien grande,
qui eft telle que ie ne fçay qu'vne compofition de trois cens
fimples ne peut eftre qu'il n'y en ait plufieurs d'iceux de plus
dure digeftion que les autres, qui me fait penfer qu'eftant
dans l'eftomac, les plutoft cuites font enuoyées les premieres
en nourriture, fuyuant l'ordre naturel ; tout ainfi que ie t'ay
monftré par certaines marcaffites, que les matieres qui ont
quelque affinité fe fçauent feparer & ioindre enfemble en la
matrice de la terre ; cela, dis-ie, fe peut auffi bien faire dans
l'eftomac, fçauoir eft que les matieres nutritiues feront dif-
perfées par les membres, & les ennemis de la nature feront
enuoyés aux excremens, & fi entre tant de fimples il y en
a quelqu'vn que l'eftomac ne puiffe digerer, comment pouuons nous efperer qu'il puiffe feruir ? Auffi ie trouue fort
eftrange des electuaires, qui eft vne medecine faite de pierres
pilées, lefquelles ie fçay qu'il y en a aucunes fi fixes, qu'il
eft impoffible à l'eftomac de les digerer : or vne matiere in-
digefte ne peut feruir à vn eftomac.

THÉORIQUE. Comment ofes-tu reprouuer le mitridat, lequel de fi long temps a efté approuué, & plufieurs en ayant

mangé à ieun, ont esté garantis de poison, & mesme que le Roy Mitridates fut mort, l'on trouua en son cabinet la recepte dudit mitridat au milieu de ses besongnes les plus precieuses, & par ce qu'il en prenoit tous les matins, il ne put estre empoisonné.

PRACTIQUE. Ce propos ne fait rien contre moy, par ce que le contrepoison de Mitridates n'estoit composé que de quatre simples, sçauoir est, de noix, de figues, de rue & de sel [3]; c'est bien loing de trois cens. Pour connoistre si vne matiere peut seruir contre le poison, il faut premiere-

---

(3) Si c'est ici la véritable recete de l'antidote dont le Roi de Pont faisoit journellement usage pour accoutumer son corps à résister à tous les poisons, voici je pense sous quel point de vue il faut envisager la chose: les noix, les figues, la rue & le sel, n'ont jamais eu ni pu avoir la propriété de préserver nos corps de l'action des venins, parce que la famille des poisons est malheureusement aussi multipliée que diverse dans ses opérations & variée dans ses effets, que d'ailleurs le remede dont s'agit pourroit tout au plus produire à la rigueur quelques bons effets dans certains cas legers. Il est donc plus naturel de croire que Mitrhidate après la mort de son pere, surnommé *Evergette*, ayant été soumis à des tuteurs ambitieux qui lui donnerent une éducation dure & féroce en lui faisant passer sa premiere jeunesse dans les campagnes & dans les forêts, usa, pour se garantir des exhalaisons pestilentielles qui s'élevoient dans les bois & les marais du pays chaud qu'il habitoit, de l'antidote qui se présentoit naturellement sous sa main : la rue dont on prétend qu'il fit usage, est aujourd'hui même un des remedes les plus estimés pour les maladies contagieuses ; le sel marin qu'il y joignit pouvoit par son acide remplir le même but ; les figues & les noix sont des substances grasses & huileuses dont il se servit peut-être pour adoucir l'acreté de la rue & diminuer l'action de l'acide marin.

ment fçauoir que c'eſt que poiſon. Quelqu'vn a mis en ſes
eſcrits qu'il y en a de trois cens ſortes. Si ainſi eſt, qui ſera
celuy qui dira qu'vn mitridat puiſſe ſeruir à toutes eſpeces
de poiſon? Quant eſt du contrepoiſon de Mitridates, il y
a quelque grande raiſon, par laquelle l'on peut iuger de ſon
vtilité, & pour en donner quelque iugement, il faut auoir
eſgard à ce que le ſublimé qui eſt le plus commun poiſon,
n'eſt pas de matiere oléagineuſe, ains d'vne matiere aqueuſe,
& les matieres oleagineuſes n'ont aucune affinité auec les
aqueuſes, il faut doncques croire que celuy qui compoſa le
contrepoiſon du mitridat de quatre ſimples, eut eſgard à ce
que le ſublimé & aucuns autres poiſons qui eſtant dans l'eſtomac ou boyaux, s'attachent & inciſent la partie où ils re-
poſent, & par tel moyen leur action eſt pernicieuſe & mor-
telle: & pour obuier à vn tel effet il eſtoit de beſoin que
ledit contrepoiſon fuſt compoſé de matieres oleagineuſes &
bonnes à manger, afin que l'eſtomac ne les abominaſt. Nous
ne pouuons nier que les noix ne ſoyent oleagineuſes & plaiſantes à manger, les figues conſequemment ont vn ſel en elles
ſi fort corroſif & diſſolutif, qu'au pays d'Agenès & lieux
circonuoiſins, où il y a grande quantité de figuiers, ceux
qui mangent les figues auant qu'elles ſoyent meures, ont les
leures fendues à cauſe de la mordication du lait deſdites figues. Le lait deſdites figues a grande vertu de diſſoudre les
choſes viſqueuſes: quand les peintres ſe veulent ſeruir de
blanc d'œuf pour deſtremper leurs couleurs, ils y mettent
des petites figues decoupées, ou bien des gittes des branches de figuier, & ſoudain que cela eſt remué parmy ledit
blanc

blanc d'œuf, il se vient à dissoudre, & se rend aussi clair qu'eau de fontaine, sans aucune visquosité. Ie dis cecy pour donner à entendre que le mitridat composé de ces quatre choses pouuoit engraisser l'estomac & les boyaux, par la vertu oleagineuse des noix, & dissoudre le poison par la vertu des figues & de la rue : quant est du sel, c'est vne chose certaine qu'il est contraire au venin, comme ie te diray en parlant des sels. Voila comment le mitridat ne peut estre mauuais : non pas qu'il soit vtile pour tous poisons ou venins. Si ie connoissois la cause i'en pourrois parler. Le venin de la peste est inuisible ; il va de iour & de nuit ainsi que Dieu luy a commandé. Aucuns disent que la cause de la verole, de la peste, & de la lepre sont inconnues. Ie sçay que toutes les maladies se guarissent par leurs contraires : & si ie ne connois la maladie, comment connoistray-ie son contraire ? Il ne faut pas douter qu'il n'y ait aucunes choses qui sont mortelles par leur frigidité, & autres par leur grande chaleur & mordication extresme, & autres qui estoufent les esprits vitaux, se rangeant communement au cerueau, s'esleuant en quelque vapeur aërée. En la mer Oceane enuiron le temps de Pasques, il se prend un grand nombre de poissons, qui sont grands comme enfans, que l'on nomme maigres, desquels les pescheurs font grand argent. I'ay veu plusieurs fois des hommes & des femmes qui ont pelé par le corps, les mains & le visage, pour auoir mangé du foye desdits poissons, & dit-on que cela se fait quand ledit poisſon ſe prend lors qu'il eſt en chaleur [4]. Or par ce que les natures des diuers venins ſont ſi mal aiſées à connoiſtre, i'ay dit par maniere de diſpute, que ie ne puis croire qu'vne compoſition de trois cens ſimples puiſſe eſtre ſi bonne comme celle de Mitridates, qui n'eſt compoſée que de quatre ſeulement (*).

---

(4) C'eſt l'*umbra Sciæna nigrovaria, pinnis ventralibus integerrimis.* *LINN.* *Syſtém. Nat.* 167. Ce poiſſon eſt très bien décrit dans le Gen. XV. de M. Goüan. Rondelet, à la page 120 & 121 de l'édit. Françoiſe, en donne la figure & la deſcription. Il ne lui connoiſſoit pas la propriété dont Paliſſy fait mention.

(*) Paliſſy avoit écrit au commencement *des premiers troubles* contre les abus des fragmens précieux dans les compoſitions Pharmaceutiques ; il entraîna dans cette opinion pluſieurs Médecins illuſtres, il répandit ſa doctrine dans les conférences qu'il fit à Paris. De ſon tems, Jean Suau, Médecin & Juriſconſulte de Niſmes, fit imprimer *les Impoſtures des Spagiriques & les Abus des Médecins, Chirurgiens & Apoticaires, in-8. Paris,* 1586. Enfin un Doyen de la faculté de Paris, nommé le Docteur Saint-Jacques, fit imprimer le *Codex,* c'eſt-à-dire, l'Antidotaire de cette Ecole, en 1638, *etiam invitis Diis,* car la plupart des Médecins ne l'approuverent point. Lorſque Guy Patin devint Doyen, il contribua à ôter de cette Pharmacopée les inutilités qui s'y trouvoient; cet ouvrage n'eſt pas encore dans ſa perfection, il ſeroit peut être le livre de tous les jeunes Médecins ſi Patin avoit publié ſa Méthode dans laquelle il devoit réfuter » le bezoar, » les eaux cordiales, la corne de licorne, la thériaque, le mithridat, les » confections d'hiacinthe & d'alkermes, l'orviétan, les fragmens précieux » & autres bagatelles arabeſques ». *Note communiquée.*

DES GLACES.

SOMMAIRE.

ON voit à la lecture de cet Essay sur la glace, que plusieurs personnes étoient alors dans l'opinion bien fausse, que les glaçons commençoient en hiver à se produire dans le fond des eaux, d'où ils s'élevoient ensuite pour s'établir sur la superficie & y former la croute plus ou moins épaisse de glace qu'on y remarque dans la rigueur de la saison.

Palissy nous apprend à ce sujet que son intention est de démontrer le peu de fondement d'un systême aussi contraire à l'observation qu'à la bonne physique; il employe des raisons fortes & pleines de bon sens pour prouver que la glace commence à se former sur la superficie des eaux, (ce qui n'est point un problême de nos jours) Mais comme notre auteur n'avoit en vue que d'établir ce seul point, il entre dans peu de détails sur les phénomenes aussi variés qu'intéressans de la glace. Son mémoire ne peut donc être considéré que comme une simple & très-légere esquisse. M. l'Abbé Noïlet a traité le même sujet dans un Mémoire inséré dans ceux de l'Académie Royale des Sciences [An. 1743], c'est-à-dire qu'il a voulu expliquer la maniere dont fe forment les glaçons qui flottent fur les grandes rivieres & fur les différences qu'on y remarque lorfqu'on les compare aux glaces des eaux en repos. *Mais rien n'eft auffi inftructif & auffi bien fait que le fçavant Traité qu'a donné M. de Mairan fur la glace.*

DES GLACES.

THÉORIQUE. Ie ne vis iamais homme fi opiniaftre que toy : car depuis que tu as quelque chofe en la tefte, il eft impoffible de te faire croire le contraire. Cela me fait fouuenir d'vn iour que tu eftois au long de la riuiere de Seine vis-à-vis des Tuilleries, où plufieurs perfonnes, mefme des bateliers, difoyent & fouftenoyent que les glaces qui courent fur la riuiere, quand il gele fort, fortoyent du fond d'icelle, toutesfois tu fouftenois le contraire par ton opiniaftreté.

PRACTIQUE. Appelles tu opiniaftreté de fouftenir la verité ?

THÉORIQUE. Et quoy : perfiftes-tu encores en ta folle opinion ?

PRACTIQUE. I'y perfifte & y perfifteray tant que ie viuray : car ie fçay que mon dire eft veritable, que l'eau ne fe peut geler au fond de la riuiere que premierement toute la fuperficie ne foit gelée, & qu'elle n'ait entierement perdu fon cours : & ſuis fort aiſe que tu m'as reproché vn tel propos : par ce qu'il me ſeruira d'argument pour prouuer que ſi en vne choſe viſible & aiſée à connoiſtre, vne ſi grande multitude d'hommes ſouſtiennent le contraire de verité, diſant que les glaçons que la riuiere porte ont eſté gelez au fond d'icelle, combien plus ſe peuuent-ils eſtre abuſez ès choſes interieures, comme ils ont fait du reſtaurant d'or, qui m'a incité à diſputer du mitridat.

THÉORIQUE. Ne ſçais-tu pas que pluſieurs t'ont maintenu en barbe qu'en temps de gelée ils voyent ordinairement monter les glaçons du fond de l'eau ? Ne ſçais-tu pas auſſi que pluſieurs gens doctes t'ont maintenu par raiſons philoſophiques (que tu n'as ſçeu conuaincre) que cela eſtoit veritable ?

PRACTIQUE. Tant plus tu veux confondre mon dire, & plus ie ſuis aſſeuré en mon opinion, & n'y a homme en ce monde qui m'en ſçeut faire rougir, car ie ſçay qu'il eſt impoſſible que les glaces puiſſent eſtre formées au fond de l'eau.

THÉORIQUE. Mais puis que tes contraires t'alleguent raiſons naturelles, tu deuſſes auſſi produire les tiennes en auant, afin que l'on conneuſt ſi elles ſont meilleures que les leurs.

PRACTIQUE. Si ie me voulois eſtudier à chercher les raiſons, i'en trouuerois vn millier de plus ſuffiſantes que non pas celles que mes contrediſans alleguent. Premierement il faut tenir pour choſe certaine que ſi les riuieres ſe glaçoyent au fond, comme ils diſent, que tous les poiſſons qui ſont en l'eau mourroyent, & de cela n'en faut douter. Il ne ſe trouueroit glaçon montant de l'eau qui ne fuſt tout lardé de poiſſons. Ie crois que tu ne connois pas quels ſont les effets mortels des glaces : leur action pernicieuſe eſt telle que comme l'eau ſe conglace, elle fait vne compreſſion ſi grande, que les choſes qui ſont meſlées parmy icelle ne la peuuent endurer, meſmement les choſes animées, faut qu'elles rendent l'eſprit, quelques puiſſantes qu'elles ſoyent. Regarde les bleds quand ils ſont gelez, tu ne connoiſtras point qu'ils ſoyent perdus iuſques au deſgel. Mais quand il ſera deſgelé, tu connoiſtras que la compreſſion de la gelée aura coupé la iambe du bled, & qu'il n'y a autre cauſe qui l'ait fait mourir. Si tu penſois me faire croire que les poiſſons fuſſent plus durs à la gelée que les pierres, tu t'abuſerois. Ie ſçay que les pierres des montaignes d'Ardenne ſont plus dures que le marbre : & ce neanmoins les habitans du pays ne tirent point deſdites pierres en hyuer, à cauſe qu'elles ſont ſuiettes à la gelée : & pluſieurs fois l'on a veu les rochers tomber auparauant qu'eſtre coupez, dont pluſieurs perſonnes ont eſté tuées, au temps que leſdites roches deſgeloyent. Tu ſçais bien que l'eau des puits eſt plus chaude en hyuer qu'en eſté : car l'air qui eſt chaud en temps d'eſté ſe retire en temps de froidure, pour fuir ſon contraire ; & qu'ainſi ne ſoit, te ſouuient-il point quand nous allaſmes dans les carrieres de ſaint Marceau, au-dedans deſquelles i'eſtois tout deſgouſtant de ſueur, combien que dehors l'air eſtoit fort froid ; & ſi c'euſt eſté en temps de chaleurs, nous euſfions trouué le dedans defdites carrieres froid (1). Aucuns difent que pour ces caufes l'homme mange mieux en hyuer qu'en efté, par ce que la chaleur naturelle fe tient ferrée au-dedans, aidant à la concoction de l'eftomac.

Voicy à prefent vn autre exemple qui te deura fuffire pour toutes preuues. Lors que les riuieres fe gelent, elles commencent aux extrefmes parties & fur la fuperficie, & quand elles ont gelé vne nuit le cours principal & le refidu de l'eau qui n'eft point gelée fe baiffe, & quand elle eft vn peu baiffée & qu'elle a laiffé fes glaçons attachez contre les terres des extrefmitez, il aduient qu'ils tombent dedans l'eau, emportant auec eux grande quantité de terre & de pierres, qui caufent enfoncer lefdits glaçons ; & les glaçons eftant au-dedans de l'eau, & trouuant la chaleur du fond, fe viennent à diffoudre, & ainfi qu'ils commencent à efchauffer la terre & pierre qui les auoyent contraints d'aller au fonds, tombent & lafchent lefdits glaçons, & eux eftant allegés, s'efleuent en haut fur la fuperficie; & quand il y en a grande quantité, l'eau les amene iufques à ce qu'ils ayent trouué quelque retour ou obftacle pour les arrefter, & ayant trouué arreft, ils fe foudent l'vn contre l'autre, & par tel moyen les

---

(1) La chaleur ne fe retire point en hyver dans les puits ni dans les fouterrains qui font à l'abri de l'intempérie de l'air, mais s'ils nous paroiffent plus chauds ou plus froids dans certaines faifons, ce n'eft qu'en raifon de la température extérieure qui agit puiffamment fur nos corps.

riuieres fe glacent tout au trauers. Voila la caufe qui les
trompe, & qui leur fait fouftenir que la riuiere fe glace au
fond. Si ainfi eftoit, où eft-ce que les poiffons habiteroyent
quand les riuieres feroyent gelées ? C'eft vne chofe toute
certaine que plufieurs poiffons maritimes fe retirent au fond
de la mer durant les grandes froidures : ce qui fe peut véri-
fier par les pefcheurs Xaintoniques, qui en temps d'efté pefchent des maigres & des feiches en fi grand nombre, qu'il
y a tel homme qui en fait faler & feicher pour plus de cinq
cens liures tous les ans, defquels ne s'en pefche pas vn en
hyuer : & fi ainfi eft des poiffons de la mer, combien plus
de ceux des riuieres ? Il n'eft pas iufques aux grenouilles
qu'elles ne fe plongent au fond de l'eau, mefme dans les
vafes, pour conferuer leur vie durant le froid ; car autrement tous les poiffons mourroyent. Aucuns ayant frequenté
en Mofcouie, Pruffe & Polongne, difent qu'en temps d'hyuer, les pefcheurs de ces pays-là prennent grand peine à
rompre les glaces de certaines riuieres ou lacs : & ayant
fait vn trou d'vn cofté & vn d'vn autre, ils mettent les filets à l'vn des trous, & par l'autre ils chaffent le poiffon,
& par ce moyen prennent vne grande quantité de poiffons.
Brouille & fagotte à prefent tes opinions : tu n'as garde de
me faire croire que la riuiere foit auffi gelée au fond, &
que l'habitation des poiffons foit entre deux glaces.

Autre exemple : confideres vn peu la forme des glaçons
lors que la riuiere commence à glacer, ils n'ont autre forme
que platte, comme le verre duquel les vitriers befongnent,

&

& s'ils ne font ainfi à niueau, les formes boffues y font venues à la feconde gelation, par l'empefchement des premiers
glaçons, qui caufent faire quelques fauts ès eaux qui donnent
contre, & après vient plus grande quantité de glaçons qui
font contrains par le pouffement de l'eau, de fe ietter l'vn
fur l'autre. Or fi lefdits glaçons eftoyent formez au fond de
la riuiere, il faudroit qu'ils tinffent neceffairement la forme
des foffes & concauitez du fond de la riuiere : & outre cela
il ne fe pourroit faire qu'ils n'apportaffent auec eux de la
terre ou fable du lieu où ils fe formeroyent : & fi ainfi eftoit
que les eaux fe gelaffent au fond, il faudroit que les froidures
vinffent du deffous de la terre, ce qui feroit contre verité.
Car fi elles venoyent du fond de terre il faudroit que toutes
les fources des fontaines gelaffent les premieres, & confequemment les puits & les vins qui font dans les caues : & fi
la froidure vient de l'air (comme la verité eft telle) & qu'elle
caufaft geler les eaux au fond, il faudroit que la riuiere fuft
plus fpongieufe que nulle chofe de ce monde, encores ge-
leroit-elle deffus le premier; puis qu'ainfi eft que la froidure
vient de l'air. Mais tant s'en faut qu'elle foit fpongieufe, que
ie ne trouue rien fi allié qu'elle eft : & qu'ainfi ne foit, tu
le peux connoiftre par elle-mefme, quand elle eft glacée,
car il n'y a ny trou ny veine, ni artere ; tu le peux auffi connoiftre par les diamans qui font d'vne eau pure congelée,
que s'ils eftoyent tant foit peu poreux, ils ne prendroyent
nul poliffement. Il faut doncques conclure que la froidure
vient de l'air, & que la riuiere eft alife ou condenffée comme

D dd

le criftal , & que la froidure de l'air vient deffus , & ne fçauroit paffer iufques au fond de l'eau , & qu'il y a vne chaleur
naturelle au fond d'icelle , aidée en partie par plufieurs petites fources , qui procedent du fond de la terre , qui caufent
que les poiffons conferuent leur vie au plus profond des eaux.

THÉORIQUE. Pofe le cas qu'ainfi foit : toutesfois il me femble qu'il n'eftoit pas befoin d'en faire fi long difcours , & que
le temps feroit bien mieux employé à parler des autres chofes
dont tu m'as fait promeffe.

DECLARATION
DES ABUS
ET IGNORANCES DES MEDECINS,

AU LECTEUR.

Si ie n'allegue nul autheur,
Mais seule vraye experience,
Diras-tu mon liure menteur,
Ou qu'il en ait quelque apparence?
Tout homme de bonne science
Le lisant iugera fort bien
Que ce qu'ay mis en euidence
Est veritable, & faict pour bien.

P. G. *

A L'AUTEUR.

Les Anciens ont fort parlé d'Apis,
Et d'Esculape experts en Médecine.
La mort du tout ne les a assoupis,
Car seulement, le corps elle ruine;
Mais leur sçauoir, bruit immortel s'assigne,
Or qui voudra voir ton art tout exprés,
Il cognoistra que nature divine,
Les sus nommés te fait suyure de prés.

UN AMY A L'AUTEUR.

Les Médecins ne feront par raison
Si grandement de ton liure offencez,
Comme ont esté par lourde desraison
Les Pharmatis outragez & blessez,
Premierement, mais non pas trop froissez
Benancio son salaire reçoit,
Benancio ha bien ici assez
De payement: ou mon sens me deçoit.

---

* Pierre Guoy, Echevin de la ville de Xaintes.

AVERTISSEMENT
DU LIBRAIRE.

UN *Médecin de Fontenay-le-Comte, en Poitou, nommé Sébastien Colin, connu par plusieurs traductions d'Alexandre Trallian & d'Antoine le Gaynier, par quelques ouvrages sur l'hygiene, sur les différentes fievres, sur la peste & sur les urines, impatienté contre les Apoticaires & les Barbiers des provinces du Poitou, de l'Anjou & de la Touraine, dont il faisoit de grandes plaintes, fit imprimer une Diatribe sanglante sous ce titre :*

Declaration des abuz & tromperies que font les Apoticaires, fort vtile & necessaire à vng chascun studieux & curieux de sa santé, par M^e. Lisset Benancio, imprimé à Tours, par Mathieu *Chercelé*, pour Guillaume *Bourgea*, Libraire, demourant audict lieu, in-16.

Mathieu Chercelé *est un nom imaginaire, ainsi que Guillaume* Bourgea*; à l'égard de celui de* Lisset Benancio*, c'est l'anagramme de* Sebastien Colin. Baillet *attribuoit ce livre à un* Antoine Belisse*, qu'il se figuroit être le même que* Symphorien Champier*, mais il regardoit sa conjecture comme douteuse, & effectivement en se donnant la même liberté, on pourroit y reconnoître* Benoit Escaleins*, ou tout autre nom en l'air, sans être mieux fondé: car* Iacques Contant*, Apoticaire de la ville de* Poitiers*, qui a écrit sur la Botani-*

que en 1528, tant sur ses propres observations que sur celles de son pere, dit positivement qu'il a été imputé des erreurs aux Apoticaires » par un livret composé par M^e. *Sébastien » Colin, Médecin au pays de Poitou, lequel s'est fait caba- » liser en son livret, Lisset Benancio ».* Ce passage leve tous les doutes & nous porte à croire que ce petit livre a été imprimé à Poitiers chez *Enguilbert de Marnef* qui a imprimé tous les ouvrages de Colin, & qui se déguisa pour cette fois sous le nom de Chercelé, quant à la destination pour Bourgea, c'est le nom de l'ennemi que Colin avoit en vue. Ce petit livre fut réimprimé à *Lyon* l'an 1557, chez Michel Ioue, il le fut à *Rouen* & dans plusieurs villes de France. Thomas Bartholin *le traduisit en latin, sous ce titre,* Declaratio fraudum & errorum apud Pharmacopos commissorum; *il le fit imprimer in-8. à Francfort en 1667 & 1671; de nos jours il a été traduit en Allemand & imprimé in-8. en 1753, il mérite la peine d'être recherché.*

Un autre pseudonime qui s'est déguisé sous le nom de Pierre Braillier, *marchand Apoticaire de* Lyon, *scandalisé du ton indécent de ce livre & peut-être fort mal, personnellement avec le Médecin de Fontenay-le-Comte, y répondit par celui-ci.*

Declaration des abus & ignorances des Medecins, œuure tres-vtile & profitable à vn chacun studieux & curieux de sa santé, composé par *Pierre Braillier*, Marchand Apoticaire de Lyon, pour reponce contre *Lisset Benancio*, Medecin. Lyon, par *Michel Ioue.*

Il est dedié à Claude de Gouffier, *Comte de* Caruasz & de Maulevrier, *Seigneur de* Boysi & *grand Ecuyer de France; Médecin de la ville de* Lyon, le premier Janvier 1557.

Michel Ioue, *dont la devise est* Cuncta juvant à Jove *est un nom imaginaire : son symbole est un Jupiter foudroyant porté sur une aigle déployée, dans l'attitude où les Peintres représentent Saint Michel terrassant le Diable ; la devise & le symbole montrent l'intention de l'auteur qui vouloit exprimer par cette hyperbole, qu'il renversoit les sentimens de son adversaire.*

Si l'on compare les caractères italiques & romains de ce Michel Ioue, *ses vignettes & ses lettres grises, sa maniere d'imposer les sommaires & les fins de matieres, avec les mêmes choses de l'imprimerie de* Barthelemi Berton *de la* Rochelle, *on sera obligé de convenir que ce titre de Lyon est une supercherie du Libraire, qui se cache sous des noms empruntés. Ce traité de* Lisset Benancio *& celui de* Pierre Braillier, *tous deux de l'édition de* Michel Ioue, *en 1557, format in-16. sont certainement de la Rochelle ; les Bibliographes à qui cette petite observation sera connue, seront obligés d'en convenir.*

L'année suivante il parut à Lyon *un autre livre concernant cette querelle.*

Apologie des Medecins contre les calomnies & grands abus de certains Apothicaires, par *Jean Surrelh,* Medecin, in-8. Lyon 1558.

Ce livre est écrit également contre P. Braillier *&* Benancio ; *l'auteur le dédia à Monseigneur, Monsieur* Iacques du Puy, *Capitaine & Chatelain de Saint Galmier en Forez ; l'Epitre est datée de Saint Galmier, le 10 Mai 1558.*

Jean Surrelh, *descendu des* hautes montaignes d'Auvergne, *étoit natif de Langeac, d'une famille de Notaires & de*

Marchands; son pere aussi Apoticaire, habitoit (suivant le terrier de Mathalin Suat, *Seigneur de Chavagnac, qui appartient au Sieur de la Coste de la Tourrette) dans une maison sur la place de cette petite ville, & dans la masse de bâtimens appellé* le Ranc. *Il avoit été lui-même Apoticaire comme son pere, & par le moyen de quelque peu de lettres latines, il se fit Empyrique & se qualifioit du titre de Médecin; chargé d'une femme & de plusieurs enfans, il étoit aussi maitre d'Ecole à* Saint Galmier: *bien connu à* Lyon *on sçavoit qu'il n'avoit pas donné* cinq cens ecus *pour son degré de Docteur en médecine, cette réputation lui attira une réponse foudroyante sous ce titre:*

Les articulations de Pierre Brallier, Apothicaire de Lyon, sur l'Apologie de *Iean Surrelh*, Medecin à Saint Galmier. Lyon 1558, in-8.

*Ce nouvel Auteur se disoit écolier du Collége de Monsieur M*e. Iean de Canapes, *l'un des plus renommés Medecins de* Lyon, *instituteur de la jeunesse Lyonnoise.*

Nous ignorons quel est ce Brallier, *différent du premier, qui pourroit cependant être* Iean de Canapes *lui-même: telle est l'histoire de cette dispute polémique; il ne nous reste plus qu'à découvrir quel rapport cet évènement peut avoir avec M*e. Bernard Palissy.

Bernard Palissy fit imprimer à la Rochelle: Recepte veritable par laquelle tous les hommes de la France pourront apprendre à multiplier & augmenter leurs tresors. Item, ceux qui n'ont iamais eu cognoissance des lettres, pourront apprendre

prendre vne philofophie neceffaire à tous les habitans de la terre. Item, en ce liure eft contenu le deffin d'vn iardin autant delectable & d'vtile inuention qui en fut oncques veu. Item, le deffin & ordonnance d'vne ville de fortereffe la plus imprenable qu'homme ouyt iamais parler, compofé par Maître Bernard Paliffy, Ouurier de terre & Inuenteur des Ruftiques Figulines du Roy, & de Monfeigneur le Duc de Montmorancy, Pair & Conneftable de France, demeurant en la ville de Xaintes, *in-4. à la Rochelle, de l'imprimerie de Barthelemy Berton, 1563.*

C'eft dans ce livre que Paliffy rapporte qu'il avoit compofé un ouvrage dont aucun Bibliographe n'a parlé fous fon nom, ce qui prouve qu'il exiftoit dans la Republique des Lettres, ou comme anonyme ou comme pfeudonyme : car voici les termes de cet Auteur dans l'avertiffement qui eft au commencement de cet ouvrage, & dans celui qui fe trouve à la fin du livre dont le titre vient d'être rapporté. » Si ie connois » ce mien Second Liure eftre approuué... ie mettray en lumiere » le troifieme liure que ie feray cy-après, lequel traitera... de » diuerfes efpeces de terres, *tant des argileufes que des au* » *tres, auffi fera parlé de la merle qui fert à fumer les autres* » terres. Item, fera parlé de la mefure des vaiffeaux antiques, » auffi des efmails, des feux, &c. » *Cette annonce eft décifive ; il avoit déja fait un livre, celui de la Rochelle étoit le fecond, il en promet un troifieme qui parut effectivement fous ce titre :*

Difcours admirables de la nature des Eaux & Fontaines, tant naturelles qu'artificielles, des Metaux, des Sels & Salines, des Pierres, *des Terres, du Feu,* & des *Emaux,* auec plufieurs autres excellens fecrets des chofes naturelles. Plus vn Traité *de la Marne,* fort vtile & néceffaire pour ceux qui

E e e

ſe meſlent de l'agriculture: le tout dreſſé par dialogues, eſquels ſont introduits la theorique & la practique, par Me. BERNARD PALISSY, inuenteur des ruſtiques ſigulines du Roy & de la Royne ſa Mere, *in-8. Paris, chez Martin le jeune, à l'enſeigne du ſerpent, devant le College de Cambray*, 1580.

Il y a un Traité de l'or potable à la page 138 de ce dernier ouvrage: Practique *qui eſt Paliſſy, dit: »* n'as-tu point » veu vn petit liure *que ie fis imprimer durant les premiers* » *troubles, par lequel i'ay ſuffiſamment prouué que l'or ne* » *peut ſeruir de reſtaurant, ains plutoſt de poiſon ». Les premiers troubles concernant la religion commencerent dans l'année 1557; ou ſuivant notre maniere de compter 1558. Paliſſy a écrit vers ce tems, ſuivant ſon propre témoignage, il a, dit-il, prouvé que l'or potable ne peut ſervir de reſtaurant. Cela déſigne l'époque & la matiere du premier livre qu'il avoit compoſé avant celui imprimé à la Rochelle en 1563, où il eſt auſſi queſtion de l'or potable dans les mêmes expreſſions que dans ſon premier livre. On ne trouve d'autre traité contre l'or potable écrit en François, langue naturelle de Paliſſy, depuis 1540 à 1560, que le petit livre du ſoi-diſant Pierre Braillier, Apoticaire de Lyon, imprimé dans le mois de Janvier, fin de l'année 1557 alors. Tout ce qui ſe trouve dans le livre de l'adverſaire de Sébaſtien Colin, concernant l'or potable, les confections ou électuaires compoſés avec une énorme quantité de drogues, avec des pierres fort dures, appellés les fragmens précieux, ſe trouve répété idée pour idée, terme pour terme dans le traité de Paliſſy, imprimé à Paris en 1580, aux articles de l'or potable & du mitridat ou theriaque.*

On trouve beaucoup de conformité de ſtile & des principes dans cet ouvrage & ceux du même auteur. Il y a même une ſinguliere analogie entre les ſaits rapportés depuis la page 55 juſqu'à la page 67 du livre des Abus des Medecins, *& ce qui eſt écrit dans le livre imprimé à* Paris *en 1580, de la page 138, à la page 156. D'ailleurs ſa haine contre Sébaſtien* Colin *eſt confirmée par l'hiſtoriette du Médecin des urines d'une petite ville du* Poitou, *où il le déſignoit poſitivement dans le Traité de l'or potable.*

  Soit que la religion ou toute autre cauſe ait excité le mépris perſonnel qu'il faiſoit de Colin, il le peint avec différentes couleurs dans ſes ouvrages. Ie ne conneus iamais Medecin qui euſt nom Liſſet, c'eſt un nom qui eſt ſot & rare & croy que le maître eſt ſot & rare comme ſon nom. *Ailleurs* ie n'ay point eſcrit par enuie que i'aye contre Liſſet: car ie ne le conneus iamais, mais plutoſt ie douteray que ce ſoit quelque Medecin qui a changé ſon nom pour nous blaſmer. *Cette aſſeclation répetée ſouvent, démontre qu'il n'ignoroit pas quel étoit le maſque. C'eſt pourquoi comme Colin s'étoit caché de Poitiers à Tours, chez Mathieu* Chercelé, Paliſſy *ſe transforma en Apoticaire; pour éloigner la ſcene du lieu qu'il habitoit, il la tranſporta à Lyon chez* Michel Ioue. *Son nom qu'il pouvoit mettre par les lettres initiales,* B. P. *furent changées en celles de* P. B. *Enfin voulant y mettre encore plus de difficulté, il écrivit* Pierre Braillier. *Attaché à des Grands par ſes talens & ſon état, il dédia ce petit livre au Seigneur de Boiſy; ſous ce manteau il peignit des abus dans l'exercice de la médecine par les ignorans:* ici, *dit-il, ne ſont blaſmez les Docteurs & Sçauans.* Paliſſy *montre ſa feinte à découvert en diſant,* i'ay conneu des Apothicaires de Tours, Aniou & Poitou qui eſtoyent ſçauans & m'esbays comme ils ont enduré ces iniures, ſans luy répondre. *Enfin dans ce premier livre, Paliſſy commandé par ſon génie vouloit détruire des abus dans les connoiſſances phyſiques, il eſperoit avec le tems mettre ſes découvertes* en lumiere & euidence, te promettant, *dit-il à ſon lecteur,* auant long-temps auec l'aide de Dieu, choſe meilleure: A Dieu.

A NOBLE SEIGNEUR

CLAUDE DE GOUFFIER,

Comte de Caruasz et de Mauleurier, Seigneur de Boysi et Grand Escuyer de France.

Monseigneur,

Pour la grande beniuolence que de voſtre bonne grace m'auez monſtrée par le paſſé, ioinre à celle ver-tueuſe nobleſſe qui eſt en vous, ie vous adreſſe ce mien petit Traiɟé, afin de vous donner quelque recreation, comme i'eſpere & deſire : car par iceluy cognoiſtrez que certain Medecin ſatyrique, ſous vn nom emprunté & forgé nouuellement (ainſi qu'il peut ſembler y auiſant de près) s'eſt legerement ingeré de blaſmer & vilipen-der l'eſtat de la Pharmatie, auquel Dieu m'a appellé, eſtat, certes, non moins vtile & neceſſaire que le ſien, duquel s'il a abuſé, il ne s'enſuit pas qu'il doiue ſi deſordonnement eſcrire que les Apoticaires abuſent du leur. *Car si aucuns abus y a , ils procederoyent principalement des Medecins mesmes, comme i'ay amplement deduit & declaré par ce present Traicté, ce que vous plaira voir & cognoistre par ce discours. En quoy ie n'entens blasmer sinon ceux qui le meritent, & qui seroyent semblables à notre susdit Reuerend Medecin. Aussi n'ay pas voulu laisser passer sous silence les fautes des imperits & imprudens Apoticaires, mesme afin que ie me montrasse non par affection particuliere estre incité à luy respondre, ains (comme disoit iadis vn sçauant & sage personnage) me suis voulu monstrer seulement, & sincerement amy de verité. Surquoy faisant fin à la presente Espitre, vous priray m'excuser, & mon petit ouurage : suppliant le Createur pour vous, Monseigneur, qu'il vous maintienne en prosperité.*

De Lyon, ce premier de Janvier 1557.

E S P I T R E
A U L E C T E U R

TU ne feras point fcandalifé, Amy Lecteur, fi nous n'obferuons la loy de noftre Seigneur Iefus Chrift, qui nous commande rendre bien pour mal, pardonner à tout le monde, mefme à ceux qui nous ont offencé, & offencent: encores que foit fans caufe, raifon & verité. Et nous défend prendre vengeance l'vn de l'autre, & auffi de nous iniurier l'vn l'autre, comme faict Liffet Benancio en fon liure intitulé, *Les Abus & tromperies que font les Apoticaires*, les denigrant, outrageant à toute outrance, fans fçauoir qu'il dit, & fans confiderer que ce qu'il en a efcrit eft faux & ne contient verité, de chofe qu'il dit, ains a faict fon liure par grand enuie qu'il a contre les Apoticaires, pour ce qu'ils n'en tiennent conte, & qu'ils ne luy font gaigner argent comme ils font à quelques autres, à caufe que c'eft quelque pauure fol opiniaftre & ignorant. Vous connoiftrez facilement, fi vous lifez fon liure, la grand affection & mal talent qu'il a contre les Apoticaires de Poitou, Aniou & Touraine. Ie m'esbays

bien que iceux ne luy ont refpondu : il faut bien
qu'il ayent crainte de lui, ou qu'ils n'en veulent
tenir conte non plus que d'vn fol, ou qu'ils foyent
tels qu'il les nomme, à fçauoir ignorans & indoctes.

Il dit qu'ils font incorrigibles, & que par charité
les a voulu admonefter, & faict admonefter par fes
amis : qui eft bien au contraire, car au lieu de les
admonefter & corriger fecretement, il les a timpa-
nifez & fcandalifez, blafmez & iniuriez par ces efcritures, qui fe vendent & crient publiquement par
toutes les villes de France. Parquoy tu ne trouueras
eftrange, fi ie me fuis ingeré à refpondre aux grandes iniures & blafmes que ce venerable Liffet a efcrit contre les Apoticaires, tant pour fouftenir ceux
de ma qualité, que pour remonftrer que ce qu'il dit
eft faux, & ne contient verité (comme i'ay dit)
& auffi que les abus dequoy il nous charge, ne viennent de nous, mais d'eux-mefmes, fi abus y a. Ie ne
pourrois endurer voir deuant mes yeux denigrer & vilipender vn fi noble eftat comme celui de la Pharmatie
que ie n'eftime moins que la Medecine & Chirurgie.

L'autre partie de la rancune & haine qu'il
a conçeu contre les Apoticaires, c'eft à caufe
qu'ils practiquent & panfent les malades fans luy,
fe y fentant fort intereffé, fans confiderer que par
charité il faut aider aux pauures qui n'ont de quoy

payer

payer le Medecin, non-feulement pour achepter
une poulle pour fe fubftanter : car il ne faut pas attendre que la plus grand part des Medecins de maintenant les aillent vifiter s'ils n'en penfent eftre payez,
& deuffent-ils mourir tout quant & quant. Parquoy
ne deuons eftre blafmez fi à ceux nous adminiftrons
la medecine fans eux : car il en mourroit beaucoup
fi n'eftoit ce peu d'aide & fecours que nous leur
baillons, dequoy de la plus grand part n'en auons
iamais rien, & y perdons temps & drogues, & eux
qui n'y fourniffent que leur peine, n'y retourneront
iamais s'ils ne font payez. Il fait excufe difant que
les Apoticaires practiquent fans eux pour gaigner
dauantage, qui eft au contraire, car la où le Medecin ordonne, l'Apoticaire y a plus de prouffit de la
moitié, & eft mieux payé & a moins de peine. Ils
fe peuuent bien plaindre & grufer, difant que les
Apoticaires fe font incontinent riches en furuen-
dant leurs drogues, qui eft bien à rebours : car de
tous les eftats de ce monde, c'eft le plus mal payé,
le plus fuiet & le plus mal eftimé.

Ie ne m'esbays pas fi ceux qui l'exercent fe meflent
d'autre vacation : car la leur eft tant anichilée, & tant
mife au bas par les Medecins & Chirurgiens, que les
pauures Apoticaires n'y trouuent nul prouffit, & femble aux malades qu'ils les doiuent panfer & foliciter

F ff

gratis, pour leurs beaux yeux : difant, (quand ils font gueris) que m'auez vous baillé? des herbes : & voila comme les pauures Apoticaires font payez.

Quant au Medecin, il eft payé contant, ou s'il n'eft payé il n'y retournera plus, encores qu'il n'y fournit rien que fa peine, & l'Apoticaire fournit de fa peine beaucoup plus que le Medecin : car il faut qu'il applique tout, & dauantage fournit fes drogues, fon temps, & de fes feruiteurs, & quelquefois n'a rien de tout, & perd fon fon temps, peines & drogues : qui eft fort mal parti, & confideré. Car fi le peuple fçauoit que c'eft que l'eftat de la Pharmatie quand il eft bien fait, il en feroit beaucoup plus de conte, car l'on ne fçauroit payer vn Apoticaire faifant fon deuoir : i'entens quand il eft fçauant & bon fimplicite. Tu n'as garde trouuer de bons Medecins ny Chirurgiens fi tu n'as de bons Apoticaires : car c'eft l'Apoticaire qui tient tout, & s'il eft befte, les deux autres eftats font beftes comme luy : car il ne peuuent rien fans luy, & par fon ignorance leue l'intention du Medecin & Chirurgien. Liffet a fort bien parlé, quand il a dict que les Apoticaires vendent la vertu des plantes & drogues que Dieu nous baille gratis, fans cultiuer, ce qu'ils ne doiuent faire, & dit que c'eft grandement offencé enuers Dieu. Ie luy voudrois bien prier

de prendre la peine, à luy & aux autres, d'aller
chercher les herbes, fleurs, racines, & femences,
gommes, fruicts, & autres : & icelles conferuer &
garder auec grand foin & diligence, payer louage
des maifons, gages de feruiteurs, les nourrir, achepter les drogues qui viennent de pays lointains, à
grandes fommes d'argent contant, & puis les bailler
gratis : & ils trouueroyent combien leur faudroit
d'argent, mais ils s'en garderont bien. Comment
bailleront-ils leurs drogues pour rien, quand feulement ne veulent pas fournir vne fimple vifite fans
eftre payez, & vendent leurs prefences & paroles ?
Encore que leur vifite & ordonnance fert plutôt quelquefois à faire mal que bien. Et les pauures Apoticaires faut qu'ils fourniffent toutes ces belles chofes
à credit, & quelquefois à iamais rien auoir, & perdre leurs peines & vacations. N'eft-ce pas la briganderie que efcrit Liffet contre les Apoticaires ? N'eft-
ce pas la volerie qu'il dit qu'ils font aux malades,
quand ils les panfent fans eux, vendant leurs compofitions outre la raifon.

Ie vous laiffe à penfer fi pour tafter le poulx d'vn malade, & ordonner vn fimple Iullep ils font confcience
prendre vn efcu, ou deux teftons, & l'Apoticaire en
aura bien deux fols, ou fix blancs à grand difficulté :
qui eft plus grand voleur l'Apoticaire ou le Medecin ?

Il me souuient auoir pansé vn homme de qualité , qui estoit malade d'vne fieure double tierce , & fut malade enuiron vn mois , le Medecin ne ordonna iamais que Iulleps , & vne simple Medecine purgatiue, & cousta de Medecin pour ordonner ces beaux Iulleps & vne medecine, trente escus sol, & la partie que ie luy portay ne monta que à cinq liures, & si luy auois fourny du sucre & autres marchandises Latines , & quelle briganderie est-ce là ? Encores que tout ce que le Medecin auoit ordonné ne seruit de rien : car le patient se voyant ainsi affronté, luy donna congé , & n'y fit rien plus , & nature le guerit à chef de temps après : & qui ne l'eust point mediciné , il eust esté plutost gueri qu'il ne fut.

Ne trouues-tu pas vne grande ignorance & peu de iugement aux Medecins de promettre à vn patient qu'ils le gueriront en sept ou huit iours , mais cependant le tiendront vn mois ou deux ? N'est-ce pas bien prognostiqué à eux qui portent le nom & titre de Medecin ; ce qui est faux , & n'en est rien : car celuy qui est, & veut estre appellé Medecin , doit faire l'action d'vn Medecin, ce est guerir toutes maladies , promettre la vie ou prononcer la mort : mais bonne partie des Medecins de maintenant sont tant parfaits en leur estat que à grand peine oseroyentils asseurer la vie à vn malade d'vne simple fieure

tierce, & n'oseroyent asseurer la guerir. Parquoy ie
dis qu'ils ne sont pas Medecins : car le Medecin ne
doit estre appellé Medecin s'il ne guerit toutes maladies. Ils me respondront que les maladies qui sont
plus fortes que nature, & qui conuainquent nature,
sont incurables, voire pour ce qu'ils ne sçauent pas
les curer : car si Dieu a donné les maladies, il a
donné les remedes pour les guerir, mais ils leur sont
incogneus, & ne les sçauent pas. Dequoy sont - ils
doncques Medecins ? Des maladies qui se gueriroyent sans eux ; encores quelquefois y font-ils plus
de mal & nuisance que de bien. Leur estude est de
grand valeur & efficace, mais ie ne sçay à quoy,
ne qu'ils ont iamais estudié.

Ie croy qu'ils ont le plus estudié à faire la mine :
car à cela ils sont plus sçauans qu'en perfection de
medecine ; & à bon droit se doiuent plutost appeller
freres mineus que Medecins : car c'est la plus grande
perfection qu'ils ayent. S'ils auoyent perfection en autres, concernant la medecine, ils le montreroyent,
mais il faut doncques qu'ils confessent que la medecine est imparfaite, & n'y a nulle perfection, Dieu en
a tiré l'eschelle à luy : parquoy tout est à l'aventure.
Ils appellent les maladies incurables pour ce qu'ils ne
les sçauent pas guerir. Ils veulent estre appellés Medecins, & ne font nul acte de medecin.

Mettez entre leurs mains vn hydropic, vn afmatic, un epiletic, vn apopletic, vn etic, vne pefte, s'ils les gueriront, ouy de beaux. Ie ne fçay à quoy ils ont eftudié : s'ils auoyent feulement appliqué leur eftude à guerir l'vne de ces maladies (qu'ils difent quafi incurables) ils deuroyent eftre appellez Medecins de cette maladie : mais ils n'en fçauroyent guerir vne. I'ay veu guerir de la pefte, i'ay veu guerir d'hidropics, d'afmatics, elles ne font pas doncques incurables, finon à ceux qui ne les fçauent curer, mais ils ne fe fouffient de les guerir aucunement : c'eft tout vn, mais que les teftons viennent, viue ou meure le patient s'il veut.

Et ne trouues-tu pas abufer grandement, de prendre l'argent d'vn pauure patient, lui promettant lui ofter fa maladie, & tu n'en as point de certaineté ? Et fi toy même en eftois frappé, tu ne t'en fçaurois guerir.

Ie cognois beaucoup de Medecins qui font frappez & affligez de certaines maladies, defquelles ils ne fe peuuent guerir, les vns de gouttes artetiques, les autres de gouttes migraines : les autres de colliques venteufes, les autres de nephrefie, les autres de frenefie, & tant d'autres, & ne s'en fçauent guerir, & font contrains endurer & garder leurs maladies par force ; & ne laiffent pas d'en panfer les au-

tres. Regarde quelle perfection eſt en leur eſtat : &
ſe ingerent blaſmer les autres, comme la Pharmatie
qui eſt vn art parfait, & le leur eſt imparfait : car
tu peux cognoiſtre que tout ce qu'ils font eſt à l'a-
uenture, ſans perfection : voyant qu'ils ne ſe peuuent
guerir eux-meſmes des maladies dequoy ils ſont frappez. Si ie voulois eſcrire les grands & enormes abus
& tromperies que i'ay veu faire aux Medecins, il y
auroit grand volume, & n'eſcrirois que choſes veritables : & quelquefois ſi les Apoticaires n'eſtoyent
plus ſages & prudens que les Medecins à mitiger
leurs ordonnances, il en mettroyent beaucoup à la
renuerſe : car ils ne ſçauent pas la moitié de la force
& acrimonie des medicamens qu'ils ordonnent. Il
dit que les Apoticaires ſophiſtiquent leurs drogues
& medicamens, & en a fort bien eſcrit à ſon honneur, & en ſera fort bien eſtimé entre gens doctes
& ſçauans, qui cognoiſtront par ces eſcritures que
ce qu'il dit eſt fort veritable, & eſt bien poſſible
de faire ce qu'il en dit.

Il n'y a ſi petit apprenty en la Pharmatie qui ne
iuge qu'il n'eſt qu'vne beſte, & ne vit oncques medicamens. Porquoy il eſt à preſumer qu'il dit ainſi
verité des autres choſes, & qu'il n'eſt qu'vn menteur, & que foy ne doit eſtre adiouſtée en ſes dits.
Car il a fait ſon liure par grand haine & malueillance
qu'il a contre les Apoticaires, pour ce qu'ils ne

l'appellent pas en leurs practiques, & ne luy font
gaigner argent, dequoy il eſt enragé : puis dit par
ſon excuſe qu'il a fait ſon liure par charité. Tu me
diras qui t'a meu luy reſpondre, voyant qu'il ne
te blaſme, ny ceux de ta patrie? Ie te dis que ie
ignore qu'il ſoit du pays d'Aniou, Poitou ou Touraine : mais ie doute plutoſt que ce ſoit quelque
Medecin de Lyon ou des enuirons, qui auroit changé ſon nom, & ce ſeroit nommé ainſi, & donner
la charge aux Apoticaires de ce pays, pour blaſmer
ceux de ma patrie. Et ainſi pour crainte que ceux
de Lyon ne luy fiſſent reſponſe : car ie ne cogneus
iamais Medecin qui euſt nom Liſſet, c'eſt vn nom
qui eſt ſot & rare, & croy que le maiſtre eſt ſot &
rare comme ſon nom, ſi maiſtre y a; & auſſi que
ie me ſuis fort ſcandaliſé liſant vn liure ſi ſatyrique
& iniurieux contre les Apoticaires, ne contenant
verité : lequel liure ſe vend publiquement dans Lyon,
& ſi plutoſt fuſt venu en ma notice, plutoſt luy euſſe
reſpondu.

    Icy ne ſont blaſmez les doctes & ſçauans, & afin
de n'eſtre prolixe, ie prieray à Dieu très-affectueuſe-
ment qu'il nous donne la grace de ſi bien exercer nos
eſtats & vacations en quoy luy a pleu nous appeller,
que ce ſoit à ſa louange & gloire, afin que n'ayons
iuſte occaſion nous blaſmer & iniurier les vns les autres, au grand preiudice & moquerie des facultez.

                      DECLARATIONS

DECLARATION
DES ABUS
ET IGNORANCES DES MEDECINS.

LE grand Dieu eternel, qui tout a fait & creé sous sa
main, a orné la terre de beaux arbres, arbustes, herbes, plantes, pierres & metaux. Puis il a creé les animaux, rationaux
& non rationaux, comme bestes, oyseaux, & poissons: mais
par sus tout l'homme est rational, a qui il a donné vne raison qui participe aux Anges, & par cette raison l'a fait mais-
tre sus tous autres animaux. Car sans la raison il seroit beste
moindre que les brutes, & par cette raison l'a fait à sa sem-
blance, & luy a donné cognoissance des astres, des maladies, des herbes, des plantes, des pierres & metaux, le tout
pour son vsage & service.

Puis il a donné aux vns la science plus qu'aux autres; aussi
des biens de terres aux vns plus qu'aux autres. Et à ceux à qui il
a donné la sçience, il n'a pas donné la richesse, à ceux à qui il
a donné la richesse, il n'a pas donné la science, à celle fin que
l'vn serue à l'autre, & a si bien dispersé ses graces, que nul ne
peut repugner contre luy, & se doit chascun contenter de
ce peu qu'il luy a pleu donner en son estat & vacation, où
il luy a pleu l'appeller. Et pour ce qu'il a donné si brieue
vie à l'homme, il n'est possible qu'il puisse comprendre beaucoup de choses, & ne peut pas grandement estre parfait en son

Ggg

eſtat, comme en la medecine ſpecialement, qui eſt vn art fort long à comprendre, & la vie eſt fort brieue, parquoy perfeĉtion n'eſt en medecine : car auant que l'homme ait la cognoiſſance des maladies qui ſont diuerſes, & qui ſe chan-gent tous les iours, auſſi les compleĉtions des hommes ſem-blablement ſe changent, puis des herbes, plantes, metaux, pierres, animaux & autres; & auant qu'il ſache la vertu & faculté de tout pour s'en ſeruir en ce que concerne la mede-cine, il a long temps à eſtudier; puis auant qu'il les puiſſe compoſer & ordonner, il a bien à philoſopher.

Premier doit conſiderer le Medecin, auant que ordonner, l'acrimonie de la maladie, la force d'icelle, la force & l'aage de ſon malade, la temperature & habitude d'iceluy, la qua-lité & temperature du temps; puis doit ſçauoir & cognoiſtre la vertu & faculté de ſon medicament, pour la guerir : & ayant le tout bien cogneu & conſideré, encores eſt-il bien empeſché, & quelquefois ne peut venir à ſes fins.

Ie te donne à penſer ſi les Medecins de maintenant, quand ils vont voir leurs malades, ont en recommandation toutes ces choſes; il s'en faut beaucoup. Ils ont bien en recomman-dation le teſton, mais de guerir ne s'en ſouſſient pas grande-ment; gueriſſe le patient s'il peut, mais qu'ils ayent leurs mains pleines, c'eſt aſſez ; auſſi font-ils de belles cures à rebours. Et ne ſçauroit eſtre autrement : car s'ils vont chez le malade, ils n'ont pas le loiſir de le regarder, de tenir le poulx, voir l'v-rine, qu'ils tendent la main pour auoir le ſalaire & s'en aller; & puis en iront voir cinq ou ſix ; puis iront chez l'Apoticaire ordonner, eſcriuant quelquefois l'ordonnance de l'vn pour l'autre, ne ſe ſouuenant de la maladie de leurs patiens.

Et voila les pauures malades bien ſeruis, & à propos, la où le Medecin deuroit demeurer vne heure pour le moins à in-terroger ſon malade, pour preuoir les incidens qui ſuruienent toutes les heures, pour y obuier, ils ne font qu'entrer & ſortir, prendre argent & à Dieu. Si tu prends garde aux Medecins de maintenant tu trouueras que ce n'eſt rien qu'auarice, & ne ſe ſouſſient que d'auoir argent, gueriſſe ou meure le patient s'il veut.

Car ils n'ont point d'honneur deuant leurs yeux, ny aucune honte non plus que beſte. Ils nous peuuent bien appeller mangeurs d'hommes, ils en ont grand raiſon. Ie te donne à penſer qui pille ou mange mieux le patient, le Medecin ou l'Apoticaire? Ie ne vis iamais en practique où ie fuſſe, que le Medecin n'euſt deux fois autant d'argent, ſans rien fournir que ſa peine, que moy qui fourniſſois tout, & auois plus de peine & de ſoin du malade deux fois que le Medecin, & quelquefois ſuis venu de practique & le plus ſouuent que ie n'apportois qu'vn beau credo, & le Medecin eſtoit payé tout contant : voila comment nous les deſtruiſons & mangeons. Maiſtre Liſſet dit que nous abuſons en nos eaux diſtillées, vieilles & corrompues, mais c'eſt bien au contraire : car c'eſt eux-meſmes, comme ie diray cy-après.

Il a eſcrit la maniere de les diſtiller en alambics de verre, qui ne vaut gueres mieux que diſtiller en plomb, & toutes deux ne valent rien : & ſi tu eſtois vn bon diſtillateur, & que tu euſſes bien frequenté la diſtillation, tu dirois auec moy, que toutes eaux ſublimées & diſtillées, ſoit en plomb, verre ou cornue ſont de nulle valeur, reſerué l'eau forte, dont les orfeures vſent.

Qui eſt la cauſe que nous les diſtillons en cette maniere : eſt-elle venue de nous? En ſommes nous les inuenteurs? Non : c'eſt eux, & c'eſt doncques eux qui en abuſent, & non pas nous. Regarde tous nos vieils diſpenſaires, & tu trouueras la maniere de diſtiller à la vieille mode, & nous l'auons touſiours obſerué & gardé. A quoy tient-il qu'ils ne nous ont apprins la vraye maniere de diſtiller? Il tient qu'ils

n'en fçauent & n'en fçeurent iamais rien. Si eſt-ce que c'eſt
le principal de la Medecine, que fçauoir bien diſtiller, mais
nos Medecins s'en paſſent bien, & n'en veulent point d'autres; & qui leur en voudroit bailler de parfaites diſtillées,
ils n'en voudroyent point, car elles ne font à leur vſage :
mais plutoſt des diſtillées en nos alambics de plomb ou de
verre, n'ayant nulle odeur, ny faueur de l'herbe ou drogue
dont elles font extraites.

Si tu euſſes bien experimenté & fabriqué la diſtillation, tu
euſſes cogneu que les eaux diſtillées ne valent non plus que
eau de puits ou fontaine : car en telle diſtillation ne monte
que la ſimple eau terreſtre, n'ayant gouſt ny faueur non plus
que eau de puits, finon du feu qui la pouſſe. Et ſi tu en veux
fçauoir la vraye experience, prends vne liure d'eau & vne
liure de fel, & les fais bouillir enſemble, tu trouueras l'eau
bien falée : fais-là diſtiller en plomb ou verre, comme tu
voudras & tu trouueras ton eau auſſi douce comme elle eſtoit
auant que la fiſſes bouillir au fel. Ainfi eſt-il de toutes autres
chofes comme herbes, fleurs, racines, femences & autres,
rien ne fe leue que la ſimple eau terreſtre, fans odeur, faueur
ny vertu que bien peu.

Tu me diras que l'eau rofe tient beaucoup de l'odeur de
la rofe. Ie te dis que la rofe tient plus de la vertu aërée que
nulle autre herbe ny plante, qui eſt la caufe que l'eau retient
quelque peu de l'odeur. Mais ſi tu la diſtillois comme il la
faut diſtiller, tu trouuerois bien vne autre odeur que n'eſt
celle qui eſt diſtillée en plomb ou en verre, car ſi tu en
auois frotté tes mains ou ta barbe (ſi tu en as) l'odeur n'en
fortiroit de trois ou quatre iours. Et ſi tu veux cognoiſtre
l'eau bien diſtillée, il faut qu'elle ait l'odeur, faueur & force
du fuiet dont elle eſt extraite, & qu'elle ne tienne rien de
la violence du feu. Et eſtant ainfi tu iugeras que ton eau eſt

bien diftillée, & tient partie de la vertu de fon fuiet. Les Medecins qui ordonnent les eaux, cuidant auoir la vertu entiere du medicament, font bien beftes, & dignes de mener paiftre; car il faut entendre que toutes herbes, plantes, pierres & metaux, font engendrez des quatre eflemens celeftes, & femblablement l'homme & tous autres animaux, & ont en chafcun corps quatre eflemens terreftres, à fçauoir quatre humeurs confonans au celefte qui eft le feu, l'eau, l'air, la terre. Auffi le petit monde qui eft l'homme, eft compofé de quatre humeurs qui font la colere pour le feu, le flegme pour l'eau, le fang pour l'air, & la colere noire (que nous difons melancolique) pour la terre. Semblablement toutes herbes & plantes, pierres & metaux, font compofez de quatre eflemens, humeurs ou effences, à fçauoir l'eau pour l'eau, l'huile pour le feu, le fel pour l'air, & la forme pour la terre. Et chafcun de fes eflemens tient fa part de la vertu du corps où ils font implantez l'vn plus que l'autre; parquoy tu es bien abufé fi pour faire boire de l'eau d'vne herbe aux malades, tu penfes auoir toute la vertu de l'herbe dont eft extraite l'eau. Tu n'en as point en la maniere que nous auons efté enfeignez par les Medecins à diftiller: mais encores qu'elle fuft diftillée en toute perfection, tu n'en aurois que bien peu : car l'eflement de l'eau de quelle herbe que ce foit, foit chaude ou froide, eft toufiours eau. Ie ne dis pas quand elle eft bien diftillée, que elle ne tienne de la vertu, mais moins que l'huile de la moitié, & moins que le fel du quart, & cela tu cognoiftras, fi tu gouftes lefdits eflemens, à l'odeur, faueur & force.

Ie voudrois bien prier vn Medecin qu'il m'enfeignaft à extraire les quatre eflemens ou effence d'vne herbe ou plante, pierres ou metaux, & les rendre chafcun à part, fans y adioufter ou diminuer, qui eft le principal point de la Medecine. Il ne faut point attendre cela d'eux, car ils n'y fçauent rien du tout, & n'en veulent rien fçauoir, & ne veulent que leur vieille mode, qui eft fauffe, & ne vaut rien; mais ce leur eft tout vn, feulement qu'argent vienne: auffi leurs cures vont le plus fouvent à rebours.

N'eft-ce pas vne grande ignorance à eux, qui deuroyent eftudier aux chofes exquifes & neceffaires, chaffer toutes erreurs, s'enquerir des chofes bien faites, & les chofes mal faites & abufiues, les reformer afin que leurs operations en fuffent meilleures, & que les malades ne fuffent en danger, & la meilleure ordonnance qu'ils ayent, c'eft vn Iullep à vn pauure malade, ayant l'eftomac debile & defuoyé, auquel Iullep entre quatre onces d'eau, diftillées à la maniere antique (ne fentant que le plomb & feu qui vaudroit mieux eau de puits ou fontaines) auec vne once ou deux de firop le matin pour conforter ce pauure eftomac, & voila le meilleur remede qu'ils ayent.

Et fi ie difois à vn Medecin; i'ay de l'eau diftillée parfaitement, il me diroit: gardez-vous bien y en mettre, car ils ne fçauent que c'eft, & n'eft point efcrit en leurs liures. Et combien nous en ont-ils fait faire d'abus par leurs ordonnances le temps paffé? Comme prendre vn medicament l'vn pour l'autre, à caufe qu'ils n'auoyent point eftudié en Grec, & feulement ne le fçauoyent pas lire; & puis difoyent que les Apoticaires failloyent & qu'ils n'auoyent pas bien fait leurs ordonnances, quand leurs operations ne venoyent à propos, & s'excufoyent fur les pauures Apoticaires, encores auiourd'huy font le femblable.

Ne trouues-tu pas vn grand abus & ignorance aux Medecins, faire tenir vn pauure malade enfermé dans vne chambre, les feneftres bouchées, le lit bouché, & defendre luy donner air? Ià que le pauure patient ne peut afpirer ny

auoir fon haleine à caufe de la maladie, que à grand peine
& tu la luy rends pour le bien enfermer & clore ? Regarde
comment tu abufes, premier tu luy ofte l'afpiration, & le
rends plus melancolique que ne fait fa maladie, auec les
mauuaifes odeurs qui ne s'en peuuent exaler, qui luy penetrent le cerueau & le rendent plus malade de beaucoup:
& fi tu me confeffes que l'air aide à la vertu expulfiue, &
que nuls animaux ayant poumons ne peuuent viure fans air,
doncques l'homme quelque fain & allegre qu'il foit, ne peut
viure fans air, & eftant malade encores moins; parquoy ie
dis que tu abufes de defendre l'air aux malades quand il eft
beau, & quand il n'eft trop froid ny trop humide, ou ven-
teux. Ie ne dis pas que fi le patient a mal de tefte ou qu'il
le craigne, qu'il ne luy foit ofté, non pas le faire mourir
à petit feu par ton ignorance.

Ie te voudrois demander qui t'enfermeroit feulement fix
iours en vne chambre fans air, toy fain, & non malade,
(comme tu enfermes les malades) fi tu le trouuerois bon,
& fi tu pourrois viure comme tu fais à l'air.

Vn autre abus inueteré dont les Medecins de maintenant
vfent communement, & mefme noftre Maiftre Liffet, qui
dit que c'eft très-mal operé bailler à boire à vn febricitant
de fieure continue ou égue, & que le boire augmente la
colere. Les fieures continues & égues alterent bien fort les
malades qui en font frappez: & que leur ordonneras-tu pour
leur eftancher la foif, eux qui font en feu continuel auec la
ficcité qui caufe l'alteration, & tu luy defens le boire de l'eau
& autre potion.

Ie te dis que l'eau eft froide & humide & ne peut engendrer ny augmenter la colere, qui eft chaude & feiche : car
elle luy eft toute contraire. Et pour leuer la chaleur & ficcité, il me femble (fous correction) qu'il luy faut bailler

froid & humide, car toutes alterations sont procedées de chaleur & seichent; parquoy l'eau qui est contraire à la cha-leur & siccité, peut estancher la soif, & ne la peut-on estan-cher autrement.

Ie ne dis pas qu'il soit raisonnable de bailler à boire à vn febricitant toutes les fois qu'il en demandera, car il en demanderoit trop souuent; & luy en bailler peu & souuent ne sert que l'inflammer dauantage, mais bien luy en bailler vne fois ou deux assez abondamment au lieu de luy en bailler cinq ou six fois. Alors tu luy esteindras cette grande chaleur, siccité & acrimonie; & aussi tu luy defendras le foye & les intestins, à qui cette grande chaleur & inflammation nuit beaucoup; & ce faisant ne le feras mourir martyr, à faute de boire, comme tu as de coustume. Et si tu as esgard à ton patient qui a la langue noire, les dents & les leures, tu con-sidereras qu'il y a grande chaleur au foye & estomac; parquoy tu luy concederas le boire raisonnable, sans le faire languir & mourir à petit feu: mais aucuns Medecins de maintenant prennent si bien garde à leurs malades, & espeluchent si bien les matieres, qu'ils n'oseroyent conceder outre ce que leurs liures en ont dit, sans donner aucun allegement à leurs pa-tiens, & deussent-ils mourir, ce qu'ils sont la pluspart à faute de les soulager; mais c'est tout vn au Medecin, pourueu qu'il ait argent.

Ie trouue vne grande philosophie aux Medecins de main-tenant, qui ordonnent l'eau bouillie à leurs patiens, disant que l'eau bouillie par l'ebullition du feu, se rend plus vnc-tueuse, perd sa froideur & viuacité, ce qui est faux, sinon que l'on la sist boire chaude ou tiede, & ce faisant perdroit sa viuacité actuelle, mais non potentielle: car quand tu l'au-rois fait bouillir trois iours, laisse là puis refroidir, elle re-tourne comme elle fut, & n'y aura plus n'y moins: sinon qu'elle

print

print quelque gouſt eſtrange de fumée, ou du vaſe où elle auroit eſté bouillie : car tu te peux bien aſſeurer que ce ſera touſiours eau, comme elle fut, froide & humide, ſi tu la laiſſes refroidir ; parquoy tu es bien abuſé faire bouillir l'eau ſimple pour la faire plus proufitable aux malades. Ie t'aſſeure bien qu'elle vaut moins, car en bouillant le plus ſubtil s'en va, & demeure le plus terreſtre & le plus gros ; parquoy il ſeroit bien meilleur la faire boire ſans bouillir, que la bouillir.

Si tu eſtois bon philoſophe tu ſçaurois que les eſlemens ne ſe deſtruiſent l'vn l'autre, & n'ont puiſſance l'vn ſur l'autre ſinon que l'vn ſoit plus fort que l'autre, à ſçauoir en plus grande quantité ; comme ſi l'eau eſt en plus grande quantité que le feu, elle le chaſſe ou pouſſe, & ſe rend actiue & rend le feu paſſif ; au ſemblable quand le feu eſt en plus grande quantité que l'eau, il pouſſe & chaſſe l'eau en ſe rendant actif & rendant l'eau paſſiue ; mais la deſtruire, conſommer ou changer ſa complexion, il n'en eſt rien : car rien ne ſe perd en ce monde ; les eſlemens ne augmentent ny diminuent, ny ſe tranſmuent l'vn l'autre, chaſcun fait ſon action.

S'il eſtoit ainſi que le feu conſommaſt l'eau & tranſmuaſt, & que l'eau conſommaſt le feu ou le tranſmuaſt, il y a long-temps que nous euſſions faute d'eau ou de feu, ou bien que Dieu augmentaſt ou diminuaſt l'aſtre à meſure que les eſlemens augmenteroyent ou diminueroyent. Ie ne dis pas que chaſcun n'ait ſon temps & force vne fois l'vn plus que l'autre : comme en hyuer la terre, au printemps l'air, en eſté le feu ou ſoleil, en automne l'eau, & ont chaſcun leur regne en leurs temps ; comme au petit monde les humeurs ayant ſemblable action comme les eſlemens.

Ie ne dis pas que faire bouillir en eau quelque medicament, comme orge, rigaliſſe ou autre, ne ſoit bon, car le medicament cuit ou putrifié en eau, s'il eſt chaud, rend l'eau moins froide, y laiſſant de ſa vertu ſelon la quantité que tu y mets. Et ſi tu y fais bouillir orge ou autre medicament nutritif, la rendras nutritiue comme aux potages de chair, ou autres, & ſemblablement auras de la vertu des herbes & plantes que tu y feras cuire, quelque portion & non toute; mais ſi y aura-t-il touſiours de l'eau qui fera ſon action par dedans. Ie ne te donneray aucune autorité que la vraye experience; & ſi tu la veux ſçauoir, prens vn grand materac ou phiole, & y mets deux onces d'eau bien peſées, puis le bouche du verre meſme, que rien n'en puiſſe aſpirer, & que nuls porres du verre ne ſoyent ouuerts, puis tiens-la ſur le feu tant que tu voudras, & la fais rougir au feu ſi bon te ſemble, & tant de drachmes que tu en conſommeras, ie t'en donneray autant de cent eſcus, & l'y tinſſes-tu deux ans comme i'ay fait. Et ayant ce experimenté, cognoiſtras que les eſlemens ne conſomment ny deſtruiſent l'vn l'autre; & ſi tu n'en veux faire l'experience, i'en fais iuge de mon dire toutes gens de ſçauoir & bons philoſophes qui en diront la verité, & d'autres choſes que ie diray cy-après, ſans alleguer autheur: car ie ne veux eſcrire la cognoiſſance des maladies, ny la maniere de les curer; mais ie veux eſcrire les abus & ignorances de pluſieurs Medecins en la cognoiſſance des medicamens & cure des maladies, & le danger où ils mettent leurs malades, par leur grand betiſe & nonſcauance, cuidant auoʼr la vertu d'vn medicament par vn moyen dont il n'eſt poſſible, comme des huiles qui ſe vſent auiourd'huy en la pharmatie, qui eſt vn grand abus, & ne l'ont encores cogneu nos Medecins, & encores pullulent.

Les Medecins diront que c'eſt nous qui le faiſons & l'auons inuenté, qui eſt bien au contraire: car ſi tu cherches les vieux diſpenſaires & les nouueaux, tu trouueras la maniere

de faire lefdites huiles, efcrite ià paffé cent ans, qui eft fi
très-fauffe & abufiue, que vn afne y mordroit : & fi en vfent
encores auiourd'huy, c'eft qu'ils ordonnent communement
huile de menthe, abfinthe, rue & autres qui font faites defdites fleurs, fruits & autres, auec huile d'oliue, penfant auoir
la vertu defdites herbes en l'huile d'oliue qui eft chofe impoffible : car ce font toutes chofes contraires, comme le feu
& l'eau.

Tu es bien abufé de penfer incorporer les eflemens aqueux
& liquides auec les eflemens de nature oleagineufe & craffe;
tu affemblerois & incorporerois auffi-toft le feu & l'eau comme
tu ferois entrer la vertu d'vne herbe ou plante en huile ou
greffe, & l'experience te le monftre euidemment. Regarde vne
huile où tu auras bouilli force herbes ou fleurs, & la fais
en la meilleure mode que tu fçauras, & tu trouueras que ton
huile ne tient du gouft ou faueur de fon fuiet, & moins de
l'odeur; parquoy tu peux iuger que la vertu n'y eft pas demeurée, & n'en tient rien.

Autre experience; prens de l'huile laquelle tu voudras, &
de l'eau, & tafche de les incorporer enfemble, & y fais tout ce
que tu fçauras & pourras, & fi tu les incorpores fimples, fans
y rien adioufter, qu'ils ne fe feparent d'enfemble, ie payeray
ce que tu voudras; & à cela tu peux cognoiftre qu'ils ne
font de femblable nature, mais differente & contraire; parquoy tu ne peux ioindre les facultez & vertus enfemble.

Autre experience; prens vn fimple tel que tu voudras, &
le diftille, & tu verras que le feu chaffe l'eau la premiere :
car il fait toufiours fon action à fon contraire, & puis à fon
femblable qui eft l'huile, à part & non iamais enfemble, qui
te monftre bien que l'huile & l'eau ne font de femblable
vertu, mais bien contraire : car toutes huiles tiennent plus du
feu que des autres eflemens, & fuft l'herbe froide dont l'huile

feroit extraite, & auffi iamais ne fe peuuent incorporer, encores qu'ils foyent extraits d'vn mefme corps engendré &
nourry enfemble par nature. Dauantage fi tu prens lefdites
herbes ou fleurs qui auront efté bouillies & prefque toutes
bruflées en huile d'oliues & que tu les diftilles & en tires
l'huile du propre corps d'icelles fans y rien adioufter, tu en
tireras vne huile qui aura autre odeur que celle que tu as
fait par ton ebullition aqueufe: car elle aura la propre odeur,
faueur & force que fon fuiet mefme, que fi tu en mefles
demi-once en vne liure d'huile d'oliues, elle te rendra telle
odeur à ladite huile qu'il femblera que toute l'huile foit extraite du mefme medicament: Or regarde fi pour bouillir tes
herbes elles laiffent leur vertu dans l'huile ou greffe où tu
les as bouillies. Par cela tu peux cognoiftre facilement qu'il
n'y a rien du tout, veu que fi grande quantité d'herbes
ne peut pas bailler l'odeur que fait demi-once qui a efté extraite à part.

Ie ne penfe point que les bons autheurs ayent efcrit la maniere de faire les huiles autrement que par la vraye diftillation, non pas celles brouilleries qui font efcrites en nos dif-
penfaires, qui ont efté efcrits de quelque vieux refueur: car
il eft facile de tirer l'huile de tous les vegetans fans y adiouter, & en vaudroit mieux vne once que dix liures faites
par decoction en huile d'oliues.

Si tu auois veu de l'huile extraite ou tirée d'vne herbe,
fleur ou racine, tu dirois c'eft le vray: car fi tu en auois
tafté le gros d'vn cul d'efpingle en ta bouche, il te feroit
aduis que toute l'herbe ou fleur fuft en ta bouche auec femblable force. Et fi tu en auois frotté tes mains ou ta barbe,
l'odeur n'en partiroit de deux iours, & celles-là font les vraies
huiles, & les autres ne font qu'abus inueterez, dequoy les
Medecins font autheurs qui nous les ont apprins à faire en

cette forte, & ne veulent vſer encore auiourd'huy que de
celles-là, & qui leur en voudroit bailler des parfaites, ils n'en
voudroyent point : car ils ne les ſçauent pas ordonner, ils
n'en virent iamais, & ne ſçauent la force & ſubtilité d'icelles,
& ſeroyent trompez en faiſant plutoſt mal que bien à ceux
à qui ils les ordonneroyent ; parquoy ie ſuis d'aduis qu'ils ſe
tiennent à leurs vieilles paſte & mode de faire inutile, à
celle fin que s'ils ne font pas de bien, qu'ils ne facent point
de mal.

Liſſet dit que nous baillons de quid pro quo en leurs ordonnances, ce qui eſt vray : n'eſt-ce bailler vn quid pro quo
à vn malade, luy bailler de l'huile d'oliues, pour huile de
menthe, ſauge ou autre ? N'eſt-ce pas abuſer le patient qu'il
penſe refroidir vn membre par l'huile roſat ou violat ou autre ? Et il y a de l'huile d'oliues qui eſt chaude & acre : tu
aurois beau bouillir herbes froides dans l'huile auant que lui
oſter ſon naturel, qui eſt chaud & acre, non pas ſeulement
luy diminuer : car l'herbe n'eſt pas de ſemblable nature, mais
contraire, qui empeſche que les vertus ne ſe peuuent ioindre
enſemble ; & maiſtre Liſſet dit que nous ſommes imperits &
faiſons mourir les malades par noſtre imperitie.

Ie vous laiſſe à penſer ſi eux-meſmes ne ſont imperits, ne
ſçachant que c'eſt qu'ils ordonnent, ny moins donner raiſon
comme les compoſitions peuuent rendre leurs vertus ſuiuant
leurs intentions, comme tu vois des huiles : le ſemblable eſt
des autres choſes.

Si ie voulois eſcrire combien i'ay veu mourir d'hommes
par leurs imperities & ignorances ! comme les vns pour s'a-
muſer à iullepter pendant la maladie augmentoit, & la nature diminuoit tant que le malade mouroit ; d'autres que pour
ordonner la diette trop extreſme, debilitoit tant la chaleur
naturelle, que le patient tomboit en conuulſion de ſes mem-

bres, & mouroit; d'autres pour auoir ordonné des dormi-
toires (fans auoir efgard fi les malades eftoyent chargez de
fluxions) qui dorment encores, & tant d'autres qu'ils ont
faits & font tous les iours, qui feroit tant long à reciter,
que l'on en feroit vne Bible ! Et de tels Medecins en a grande
quantité en l'Europe, Afie & Afrique: de ce que Liffet efcrit contre eux & contre les Chirurgiens, ie n'y refponds rien,
ie fuis de fon cofté en cela.

Il dit que l'eftat de la Pharmatie eft plus douteux qu'il ne
fut iamais, à caufe que les Apoticaires fe meflent d'autre
eftat & vacation que la leur ; ie luy refpond que les Medecins en font bien dauantage, car ils fe meslent, les vns de
prefter à vfure l'argent qu'ils ont gaigné iniuftement des pau·
ures malades ; les autres de faire marchandife , comme faire
faire veloux ; les autres à iouer toute la nuit aux cartes & dez ;
les autres à chercher les femmes enceintes, & leur aller tafter
le ventre pour fçauoir fi elles feront fils ou fille, pour gager
deffus, & voila leurs eftudes. Et ne faut penfer que l'eftude
du Medecin foit autre que à l'auarice ; parquoy la medecine
eft plus douteufe que la pharmatie : car l'art de la pharma·
tie fe peut faire parfaitement, ce que ne fait la medecine ;
car elle eft imparfaite , & n'y eut iamais perfe&ion n'y aura,
l'experience le montre à l'œil.

Tu verras des Medecins frappez de certaines maladies,
defquelles ils ne s'en peuuent guerir , & font contraints languir
& enfin mourir ; les vns font affligez de goutes artetiques,
les autres de goutes migraines, les autres de coliques, les autres de nephretiques, les autres font frenetiques , & ne s'en
peuuent guerir, & en penfent guerir tous les autres tous les
iours qui en font malades comme eux. Regarde quel abus &
quelle perfe&ion y a en leur art ; s'il y auoit perfe&ion ils
fe gueriroyent les premiers, mais ils ne peuuent guerir eux

ny les autres, & blafment les Apoticaires qui pancent les malades fans eux.

Ie te dis que fi l'Apoticaire eft fçauant & bon fimplicite, il le peut faire auffi feurement que le Medecin : car il a intelligence & cognoiffance des medicamens, qui eft le principal : car de ieuneffe & frequentation il eft nourry auec eux, & fçait quelle force & temperature ils ont, & en quelle action ils font mieux que le Medecin, ioint qu'il a veu & retenu les grandes fautes que les Medecins ont fait & font en la cure des maladies dont il fe peut garder : car il eft toufiours plus prochain du malade, que le Medecin, pour ce qu'il faut qu'il applique l'ordonnance, & s'il eft homme de bon efprit & iugement, qui le gardera retenir le bon, & laiffer le mauuais ? Ie t'affeure que les Medecins font tant eftonnez du moindre incident qui furvient en leurs practiques, qu'ils ne fçauent que dire; quelquefois ils diront il eft mort, qu'il guerira; quelquefois ils diront qu'il guerira, qu'il mourra incontinent.

Combien de fois me fuis-ie trouué auec le Medecin aller voir des malades le foir dire à leurs parens; il fe portera bien & guerira bientoft pour certain, que le matin nous le trouvions mort fur la table ? Plufieurs fois cela m'eft aduenu auec les Medecins qui eftoyent les mieux famez, dont ie me efbayfois fort. Et fi un Apoticaire pance vn pauure homme fans leurs ordonnances, il en fera blafmé, & s'il meurt, l'on dira : l'Apoticaire l'a tué par fon ignorance; que ne dit-on doncques ainfi des Medecins quand leurs malades meurent entre leurs mains ? I'efpere voir le temps que le peuple cognoiftra que c'eft que le Medecin, & dequoy il fert, & auffi l'Apoticaire.

Notre maiftre Liffet nous blafme, difant que nous faifons vfer beaucoup de drogues aux malades pour auoir plus d'ar-

gent; c'eſt bien au contraire, car l'Apoticaire ſçauant ſe
gardera bien de bailler aux malades choſe dequoy il ne ſoit
aſſeuré par experience, & qu'il n'en cognoiſſe bien la faculté; & ne fera pas comme font beaucoup de Medecins qui
ordonnent des recepetes confuſes, à ſçauoir grands triacles,
grand quantité de drogues, pour dire qu'ils ſont fort ſçauans, là où deux ou trois ayant bons reſpets à la maladie,
feroyent plus que tous ces grands triacles. Et qui examine-
roit le Medecin qui les ordonne, il ſe trouueroit bien empeſché de dire la faculté de la moitié, & trouueroit ſa recepte
confuſe: car il eſt impoſſible que tant de drogues puiſſent
faire vne fermentation ayant reſpect à la maladie, qu'il n'y
en ait quelqu'vne qui nuiſe & qui repugne, & qui ait quelque vertu oculte qui ne vient à propos. Parquoy ie trouue
ſage vn operateur qui uſe de peu de medicamens, bien cogneus & experimentez, meſme de ceux qui croiſſent deuant
luy, ſans aller chercher les lointains qui ſont nourris les vns
en pays chaud, les autres en pays maritimes qui ne ſont con-
ſonans à noſtre nature, qui n'eſt engendrée ni nourrie en ces
pays.

Tu peux pancer & medeciner les corps nez au pays de
France, des herbes & plantes qui ſont nées audit pays, ſans
en aller chercher au pays lointains & ſera plus ſeurement: (*)
car les medicamens nez & nourris ſous le climat où ſont nez
& nourris les corps, proufitent beaucoup plus auſdits corps
que ceux qui ſont nez ſous autre climat.Experience, regarde

(*) Depuis Paliſſy on a publié *Brief Traité de la Pharmacie Provin-
ciale & Familiere, ſuivant laquelle la Médecine peut être faite des remedes qui ſe trouvent dans chaque Province, par Antoine Conſtantin, in-8.*
Lyon, 1597.

ſi ceux des Indes & autres pays ſe medecinent des medicamens qui croiſſent en noſtre climat, & nous nous medeci-
nons bien des leurs, & qui en eſt la cauſe ? Nos imperits
de Medecins; pour ce que Galien, Hippocrates & Auicenne
en ont eſcrit de ce qu'ils ont veu par experience en leur
pays & climat, tant des medicamens que des corps, & s'ils
euſſent eſté en France nourris, ils euſſent eſcrit des medicamens nez & nourris ſous le climat de France, & n'euſſent
point eu la peine de les aller chercher ſi loing.

Tu ne me ſçaurois faire croire qu'vn médicament né en
pays chaud & maritime, ne ſeiue mieux à ceux de ſon climat, que à ceux d'vn autre climat froid ; ſi tu cherches bien
les herbes chaudes en France, comme les Indiens & Arabes
ont en leurs pays, tu les y trouueras, mais non tant chaudes, ny tant acres, auſſi ne nous ſeruiroyent-elles pas bien :
pour ce que nos corps ne les pourroyent endurer, ny noſtre
nature n'en pourroit ſi bien faire ſon proufit comme de celles
qui croiſſent deuant nos yeux, & en noſtre region & climat,
qui quelquefois ne ſont encores que trop fortes, violentes,
& acres, ſans en aller chercher plus loing de plus fortes, &
plus acres, meſmes qui nous enuoyent le plus ſouuent l'vn
pour l'autre, ſe moquant de nous, comme de noſtre eſpodion
bruſlé.

Ie voudrois bien demander à nos Medecins s'ils ſçauroyent
bien diſcerner vn os mis en cendres, ſi c'eſt de l'os de la
iambe de l'Elephant, ou autre animal : ouy de beaux. Et
tant d'autres que ie ne veux citer.

Si le Medecin eſtoit docte & bon operateur, il n'vſeroit
iamais, ny feroit vſer par la bouche de drogues lointaines,
que du rhubarbe, agarit & aloës, pour ce que cela eſt cogneu & experimenté par nous.

Ie te voudrois bien demander quelle vertu prens - tu en l'efpode bruflé, en la corne de cerf bruflée? Penfes-tu que nature puiffe alterer & tranfmuer en fang cette cendre fi aride?

Si tu me dis, ie la baille pour defeicher quelque humeur dans l'eftomac, ie te refponds qu'il en faudroit grande quantité pour defeicher, & tu n'en ordonne qu'vne drachme pour le plus, qui ne fçauroit defeicher grande humidité.

Parquoi mets cela au rang des abus, & n'en vfe plus pour ton honneur: car tout cela ne fert que d'empefche dans l'eftomac: tout ainfi comme des metaux que nos Medecins veulent que l'eftomac debille, tranfmue, & fanguifie, comme l'or & l'argent.

Ie te dis que l'or eft fi parfait (*) & fi fixe, qu'il ne craint eflement qui foit, celefte ou terreftre : rien ne le peut alterer,

---

(*) Voyez dans cette édition les pages 363 à 374, du Traité de l'*Or Potable.* Dans les *Singularités de la Nature* imprimées plufieurs fois & qu'on cite ici d'après le tome IV, des Mélanges Philofophiques, Littéraires, Hiftoriques, in-4. Genève, 1771, chap. XVII, de *Bernard Paliffy.* M. de Voltaire, trompé par les perfonnes qui lui ont donné des Mémoires, parlant du *Fallun de Touraine*, d'une Mine de Marne de trois lieues d'étendue, fur lequel Bernard Paliffy prononça que ce n'étoit qu'un amas de coquilles, &c. ajoute fans avoir lû les ouvrages de cet Auteur. » Pourquoi ne crut-on pas Paliffy fur fa parole ? Ce Paliffy d'ailleurs étoit un
» peu vifionnaire, il fit imprimer un livre intitulé: *le Moyen de devenir*
» *riche & la maniere veritable par laquelle tous les hommes de France pour-*
» *ront apprendre à multiplier & à augmenter leurs trefors & poffeffions, par*
» *Maiftre Paliffy, Inventeur des Ruftiques Figulines du Roy.* Il tint à
» Paris une Ecole où il fit afficher qu'il rendroit l'argent à ceux qui
» lui prouveroient la fauffeté de fes opinions. En un mot Paliffy crut
» avoir trouvé la Pierre Philofophale, fon grand Œuvre décrédita fes
» coquilles »,

rien ne le peut tranfmuer : il demeure toufiours en fon entier, & tu luy veux faire rendre fa vertu dans l'eftomac de l'homme debille. Tu es bien abufé, non pas dans l'eftomac de l'Auftruche. I'ay veu faire des petites pelotes d'or, pefant chafcune douze grains (*) ; & les faire manger auec du pain à vn Gal : pour ce qu'il a vn Docteur qui a efcrit que le Gal le deftruit & digere : nous luy en fifmes manger vingt & quatre, lefquelles il nous rendit comme nous les luy auions baillées, fans eftre en rien diminuées, & eufmes noftre pois autant pefant qu'il en auoit mangé.

I'ay veu tenir l'or au feu par l'efpace de quarante-huit heures fans eftre diminué d'vn feul grain ; regarde comme la diminuera vn eftomac debille, comme te reftaurera-t-il le cœur, fi l'eftomac ne le tranfmue ? Comment te refiouyra-t-il les efprits ? Si fera, & ie te le diray : car tu ne fçais pas, & croy que les autheurs qui en ont efcrit, l'ont ainfi entendu.

Ce feul paffage contient plufieurs faits inexacts. Perfonne n'étoit moins vifionnaire que Paliffy, fes ouvrages en font la preuve ; il ne fit point imprimer le *Moyen de devenir riche*, avec ce titre, mais un Libraire charlatan donna une nouvelle édition d'une partie de Œuvres de Paliffy qu'il tronqua & qu'il publia en 1636. Paliffy étoit mort il y avoit cinquante ans. Il eft le premier homme raifonnable qui ait écrit en France contre la Pierre Philofophale, & dans fon temps cela fuffifoit pour le rendre ridicule : les extravagances des hommes font dans tous les fiecles le tourment de la Philofophie. *Note communiquée.*

(*) Les préjugés fur l'Or Potable que Paliffy détruit dans cet endroit, fe trouvent encore combattus dans fon ouvrage imprimé à la Rochelle en 1563, comme on le verra ci-après, & comme on pourra le remarquer dans le Traité de l'Or Potable qu'on peut lire ci-devant page 363, & qui fut imprimé à Paris en 1580. L'analogie qui exifte entre ces trois Traités eft prouvée par l'indentité des exemples, des termes, des idées, du ftyle, &c. Nous invitons les amateurs de notre Philofophe, d'y faire la plus grande attention. *Note communiquée.*

Si tu voyois deux ou trois mille efcus fur ta table, ou dans tes coffres, ne ferois-tu pas plus ioyeux que s'il n'y en auoit point, & que tu en deuffes ? Ouy de la belle moitié. Il te reftaureroit le cœur, les efprits & la veue exterieurement, mais non interieurement ; & ne defplaife à noftre autheur qui a ordonné le Diacameron en noftre difpenfaire, ou il ordonne limature d'or & d'argent, difant que la compofition eft tant fouueraine, qu'elle reduit l'homme de vie à mort, dis-ie de mort à vie ; & ie t'affeure que c'eft des meilleurs abus de noftre pharmatie, entretenus par les doctes Medecins.

Si ie voulois dire que l'or ne fuft reftauratif, i'aurois bien menty : car par l'or on a chapons, perdrix, cailles, phaifans & toutes chofes qui font bonnes pour refiouir & reftaurer l'homme, comme maifons, chafteaux, terres, poffeffions qui refiouiffent l'homme exterieurement, & non interieurement : comme de le manger en fubftance, que nos Medecins ordonnent. I'aimerois mieux fi i'eftois malade auoir perdu vn efcu que d'en auoir mangé vn autre en quelque fauce que le Medecin me le fçeuft mettre : car il ne fert en l'eftomac que de chofe eftrange, & d'empefche : & fi ie l'auois en ma bourfe, il ne me fçauroit empefcher. Ainfi en eft-il des pierreries ou fragmens que les Medecins ordonnent à manger aux malades pour reftaurer & conforter le cœur, le cerueau & les efprits.

Liffet peut bien dire que nous en abufons en baillant du verre broyé pour lefdites pierres (*). Affeure toy que autant vaut l'vn que l'autre, & autant rend de faculté en l'eftomac l'vn que l'autre.

Si tu cognoiffois que c'eft que ces pierres, tu iugerois que autant feruent elles que les metaux, & non plus : car elles

---

(*) Voyez les pages 377 à 386, concernant les Electuaires dans le Traité du *Mitridat*. *Note communiquée.*

font auffi difficilles à tranfmuer & fanguifier que l'or ou l'argent, car la perfection de la pierre eft en fa dureté, & plus elle eft dure, & plus lucide & tranfparante elle eft, & auffi plus rebelle à cuire & digerer à vn eftomac debille, à qui communement les Medecins les ordonnent, & moins fe peut fanguifier, & ne peut feruir en l'eftomac que d'empefche, à caufe de fa pefanteur & frigidité, rendant l'eftomac inutile de fon action au lieu de le reftaurer & conforter.

Ie te voudrois demander fi vn bon chapon bien cuit & preffé, le fuc ne reftaureroit pas mieux qu'vne pierre bien dure, fuft-elle la plus precieufe de ce monde? Penfes-tu reftaurer & conforter les corps des chofes dures & indigeftibles? Penfes-tu que nature puiffe alterer vne pierre & vn metal? Tu t'abufes & abufes les pauures malades à qui tu les ordonnes : car toutes chofes que nature peut alterer, elle en a fait fon proufit, & ce qu'elle ne peut alterer, l'altere, la conuaint & endommage, luy faifant grand mal, la rendant tant debille que le patient ne peut quafi afpirer, & les caufes font ces chofes eftranges, abufiues & mal inventées. Il faudroit beaucoup manger de pierres pour faire & engendrer vne once de fang ; auffi faudroit-il beaucoup en manger pour confommer vne once d'humidité. Si l'intention du Medecin eftoit telle, & toutesfois il en ordonne bien peu ; parquoy ie dis que c'eft vn des premiers abus de Medecine.

Tu chercheras autre nourriffement pour reftaurer, que pierres : car les pierres ne reftaurent que exterieurement, comme quand elles font belles, bien orientales, bien colorées, bien lucides & tranfparantes : & pour leur beauté conforte la veue, l'efprit, à celuy à qui elles font ; mefmes quand elles font de grand prix, & bien parfaites. Les pierres font engendrées par congelation, les metaux par deficcation. Il faut long temps auant qu'elles foyent en leur perfection;

plufieurs difent qu'elles font creées dès le commencement du monde: tant plus dures font-elles , & plus de temps faut pour attirer leurs vertus à noftre pauure eftomac debille, qui n'a la puiffance de digerer vn coulis, ou bouillon, qui eft prefque digeré à force de cuire, & voila les belles ordonnances de nos Medecins.

Tu me diras, Galien, Hyppocrates, Auicenne l'on efcrit: ie te refpons qu'ils ont bien efcrit d'autres chofes qui ne feruent de rien non plus que cela , & ont bien failly en plufieurs chofes, tu ne te deuois pas tant fier à eux que tu n'en fiffes quelque experience. Prens quelques pierres que tu voudras, & les fais diftiller ou brufler, ou en tires les quatre eslemens, & tu verras quelle peine tu y auras, & combien tu en tireras. Il faudroit beaucoup de faphirs , rubis, iacinthes, efmeraudes & autres pour tirer vne once d'huile, & pour tirer demi-once de fel. Ie ne voudrois pas eftre obligé de rendre vne once d'huile de ces pierres pour cent efcus fol... Regarde quel abus voila aux Medecins qui n'en ordonnent que demie drachme ou vne drachme : autant rendent-elles de vertu dans l'eftomac, comme elles te rendent d'odeur & faueur fur la langue , & les broye tant fubtiles que tu voudras ; d'autant plus ie m'esbays des Docteurs qui en ont efcrit fans les auoir experimentées.

Ie me ris encores mieux des Medecins qui les ordonnent en onguent, comme le corail & autres, appliquez fur l'eftomac, & veulent qu'ils entrent par les pores, ablués d'huile ou greffe ; vne chofe dure & pefante, que iamais ne laiffe fa vertu, à caufe de fa grande dureté, pour chofe que l'on luy face. Et encores qu'il eft ablué de greffe ou huile qui eft baftante de l'empefcher, s'il eftoit preft à rendre fa vertu ; & veux-tu qu'il entre par les pores fubtilement : tu as bel attendre.

Ie m'esbays que tu n'as mieux experimenté les abus qui ont tant regné & regnent encores. Lisset se peut bien moquer des Apoticaires qui appliquent les retentifs sur le ventre pour restraindre le flux; & les Medecins ordonnent les pierres sur l'estomac qui n'ont nulle aspirité, odeur, saueur, ny force. Si les y ordonnent-ils pour restraindre & conforter, & qui est plus ignorant, est-ce pas le Medecin & plus imperit? Tu me diras, tu parles contre le proufit de la Pharmatie, & ie te dis que ie suis amy de verité, & que i'aime mieux que cet abus soit osté qui encherit grandement les compositions où entrent ces belles pierres precieuses, tant pour les pauures que pour les riches, qui ne seruent que d'empesche, & que les proufits ne soyent pas si grands, afin que le peuple ne soit tant abusé: car auiourd'huy nos Medecins ordonnent fort de ces belles compositions pierreuses ou restaurans, qui sont cuits au bain marie, composés d'vn vieux chapon de dix ou huit ans, dur, aride, & gouteux qui meurt de vieillesse, ethic, sans chair, ny suc; & iceux nos Medecins font chercher pour restaurer les corps debilles & destituez de nature: & le chapon qui est destitué de nature, & qui n'a nul nourrissement ny chaleur naturelle, peut bien restaurer vn malade debille & destitué de chaleur naturelle. Nonobstant, si en faut-il auoir, & ne veulent point de ieunes, tendres, gras & chauds, ayant bon suc & bon nourrissement; ceux-là ne valent rien à restaurer, mais bien les vieux ethics durs comme pierres.

Ie cuide que l'on cherche tous les moyens d'abreger les heures aux malades: i'en fais iuges tous les frians qui disent ieune chair & vieux poisson; ie ne sçay où ils ont trouvé ces resueries. Vn homme qui n'auroit iamais estudié en medecine, & ne sçauroit rien de la qualité des choses, iugeroit qu'vn bon ieune chapon, gras & tendre, vaut trop mieux

qu'vn vieux, fec & maigre, dur & gouteux, & que le ieune
a plus de fubftance que le vieux, ils me diront que le vieux
eft plus chaud que le ieune, ce qui eft faux : car toute chofe
près de fa natiuité a plus de chaleur que la chofe vieille &
loing de fa maturité. Regardes le par toy-mefme, fi tu as tant
de chaleur que quand tu eftois ieune : fi tu veux dire ouy,
tu rendras les hommes immortels par vieilleffe, ce que tu
ne fçaurois faire : car tout homme & tous animaux ont toute
leur chaleur à leur naiffance, & va toufiours diminuant iufques
à la fin, & en diminuant nous fait changer de couleur tous
les iours; nous tranfmuant à mefure qu'elle fe perd ; à fçauoir
là où nous eftions rouge , nous fait venir blefmes; la barbe
que nous auions rouffe ou noire la fait venir blanche : là où
nous eftions forts & roides, nous fait demeurer flacs & debilles ; ne pouuant plus tendre nos nerfs, n'ayant plus de fuc,
ny d'humidité radicale, deftituez de chair, eftant prefque
éthics; & la caufe eft que nous n'auons plus cette chaleur
qui nous faifoit auoir nourriffement de toutes chofes; ainfi
eft-il de tous autres animaux. Parquoy fi tu me veux croire,
tu n'vferas plus de vieux animaux pour reftaurer les corps
vieux & debilles , & ne prendras plus ce qui a befoin d'eftre
reftauré, pour reftaurer les deftituez & debilles.

Il me fouuient auoir ouy dire à vn Medecin que le vin
vieux eftoit plus chaud que le nouueau , & ie luy demanday
ou le vin prend fa chaleur; il me dit, en la tine ou vaiffeau
où l'on le fait; & ie luy refpondis qu'il auoit fa chaleur auant
que y eftre mis, & nous accordafmes à cela. Puis ie luy demanday où prend le vin cette chaleur acquife que vous dites
en enuieilliffant, veu qu'il eft fubtil & s'euapore tous les
iours. Le pauure homme ne me fçeut donner autre raifon,
finon qu'il attiroit ; & ie luy dis qu'il le falloit doncques tenir
au foleil , & non en la caue.

Il

Il y a des grandes fophifteries entre ces Medecins, ils ont mis de toutes chofes le char deuant les bœufs, mais auiourd'huy ne peuuent plus faire croire leurs abus & ignorance, dire que le vin vieux eft plus chaud & plus fumeux ayant plus d'afperité & force que le vin nouueau; ie t'en vais donner vraye experience.

Prens vn barraut ou mefure de vin vieux, le meilleur que tu pourras trouuer, & femblable mefure de vin nouueau, qui foit bon & purifié, & les fais diftiller par vne ferpentine, ayant fes reuolutions, & tu trouueras que le vin nouueau te rendra plus d'eau ardente que le vin vieux d'vn bon tiers, & à cela tu cognoiftras que le vin nouueau a plus de chaleur & afperité que le vin vieux, contre le dire de tous les vieux refueurs. Ie ne dis pas qu'vn vin vieux ne foit plus proufitable au corps & plus temperé que le nouueau : car il ne penetre le cerueau comme fait le nouueau; mais pour dire qu'il foit plus chaud, il n'en eft rien.

Regarde l'ignorance des Medecins & leurs bonnes experiences, qui cherchent les chofes froides, arides, fans nourriffement, comme pierres dures, chapons vieux & ethics pour faire reftaurans pour les corps debilles & deftituez de chaleur naturelle, & font ordonnez de fi bon gouft lefdits reftaurans, qu'vn homme bien fain & alegre, aimeroit mieux ne iamais manger que prendre de ces beaux reftaurans aborriffant à nature, à caufe de leur mauuais gouft. Regarde comme les malades debilles & defgouftez, en peuuent eftre reftaurez, car il faut que ce qui reftaure foit plaifant & alegre à nature; encores ont-ils trouué une autre maniere de reftaurer, fort abufiue que notre Maiftre Liffet approuue très-bonne, c'eft qu'ils font diftiller la chair d'vn chapon, perdrix, cailles ou autres, en eau, puis ils y mettent du fucre & canelle, pour faire boire ladite eau à leurs malades, penfant leur donner

K k k

telle fubftance que s'ils auoient fait manger lefdites chairs à
leurs malades, qui eft bien au contraire : car il ne diftillera que
l'eau pure, comme ie t'ay ia baillé l'experience de l'eau falée, & n'aura nulle odeur ou faueur, finon de la chair qui
bruflera au cul de l'alambic, qui fera que l'eau fentira l'a-
lambic & le bruflé, & rien autre; & le bon & le fubftan-
tiel demeurera & ne montera point; & le Medecin fera boire
de cette eau à fon malade penfant le reftaurer, qui ne vaut
non plus que eau de puits, n'a odeur que d'eau & de feu.

Experience, prens vn chapon ieune & non vieux, & vne
perdrix, ou autre que tu voudras, & le fais bien cuire, &
tu trouueras en la decoction ou bouillon vne grande odeur,
fi tu l'odores, & vne grande faueur fi tu le gouftes, tellement que tu iugeras que cela eft baftant pour reftaurer. Fais
le diftiller, puis prends de l'eau & en gouftes, & tu la trouueras infipide, fans gouft, ny odeur que du bruflé, comme
i'ay ia dit; lors tu iugeras que ton reftaurant n'eft bon, &
ne peut rendre bon fuc au corps debille, à qui tu l'ordonnes
pour faiie bon fang, pour reftaurer ny fortifier les efprits
de nature.

Ie ne veux pas dire que le fucre & canelle, quand ils y en
ordonnent, n'y feruent plus que toutes les chairs diftillées
qu'ils y fçauroyent mettre : car il vaudroit mieux l'odeur des
potages defdites chairs, que l'eau qui en fort ; & vaudroit
mieux eau de fontaine que icelle eau ayant mauuaife odeur ;
& voila les reftaurans de nos ignorans Medecins.

Si tu veux faire vn bon reftaurant facile à diftribuer,
& tranfmuer, par tout le corps, fais cuire chapons,
poulles, ieunes, non vieux, & autres que tu voudras,
puis le preffe fo t bien dans vne preffe, tant que les os
rendent leurs moelles, puis en fais vne gelée bien claire &
de bon gouft, & tu auras toute la fubftance de la chair,

fans diftiller; & fi y adioufteras tel medicament que tu voudras, dont tu auras la fubftance, & n'empefcheras l'eftomac
de ton patient, ains le reftaureras, fans aborrition comme
font les autres reftaurans fufdits, aborrifant aux fains & ale-
gres, mais le prendras plaifamment, & ne luy couftera que
d'aualler, & aura la fubftance & vertu de tout ce que tu y
auras mis, comme i'ay dit.

Maiftre Liffet recite l'argument qu'il fit à l'Apoticaire qui
difoit que le rhubarbe attiroit du cerueau, & Liffet luy demanda, à fçauoir fi les drogues qui ont vertu d'attirer du
cerueau, doiuent eftre legeres ou pefantes : l'Apoticaire luy
refpond qu'elles doiuent eftre legeres ; & Liffet luy dit pour-
.quoy il prenoit le rhubarde, veu que le bon rhubarbe fe doit
eflire le plus pefant; ie refponds icy à noftre Maiftre Liffet
que l'Apoticaire luy auoit mieux refpondu que ledit Liffet
ne luy auoit demandé : car s'il n'eft la plus grande befte du
monde, pour attirer du cerueau en toutes les compofitions
il y a du rhubarbe: & fi le rhubarbe eft de fubftance pefante,
fi eft-il de vertu fubtile ; & s'il n'eftoit de vertu fubtile, il
ne purgeroit pas la colere. L'aloes eft bien de fubftance pefante, fi attire-t-il du cerueau mefme, & en vfons en toutes
nos pillules, voila vn bel argument pour efcrire & faire
imprimer.

Il dit bien vray que nature guerit les maladies, car ce ne
font pas les Medecins : parce qu'ils ne cognoiffent les maladies, nature ny medicamens ; n'eft-ce pas bien cogneu la
vertu & faculté des medicamens qu'ils ont tenus, eux & les
Chirurgiens, l'argent vif ou mercure, froid au quart degré,
qui eft au contraire ; il eft bien froid actuellement, mais
chaud potentiellement, & n'y a metal que luy qui foit fubtil, & qui entre dans les pores, de tant qu'il y en a.

K k k 2

Ie fuis esbay que les Medecins & Chirurgiens n'y ont prins garde, mefme l'experience le leur a toufiours monftré deuant les yeux. Y a-t-il Medecin ny Chirurgien qui fçeuft inflammer le foye & l'eftomac, par onguent qu'il fçache faire à vn verollé, luy donner mal de gorge fans argent vif, ny moins qu'ils puiffe guerir cette maladie qui eft vne lepre froide, fans argent vif, qui eft le principal medicament, & celuy qui fait plus d'action en cette maladie, qui comme par fa grande chaleur fait ulcerer la gorge, les leures, les genciues, fait branler les dents comme vn clauier d'orgues. Et s'il eftoit froid, feroit-il toutes ces actions, donneroit-il telles inflammations, cauferoit-il faire fuer? Tu me diras, ce n'eft pas luy feul qui enflamme & donne mal de gorge.

Ie te vais conter vne experience veritable d'vn ieune homme qui vne fois vint à moy, & me pria luy donner fecours à certaine maladie: c'eftoit qu'il auoit force morpions, & ne pouuoit durer; ie luy fis vn petit liniment où ie mis vne once de pommade qui eft faite de greffe de chevreaux, de pommes & d'eau rofe, & tout cela eft froid: ie y mis vne dragme d'argent vif, & le tout incorporé, luy en fis frotter les genitoires, cet onguent luy donna telle chaleur & inflammation que le pauure homme cuida brufler toute la nuit, & le matin tira toute la peau de fes genitoires comme vne bourfe, fi bien l'argent vif l'auoit bruflé. Tu ne fçaurois dire que ce fuft autre que l'argent vif: car tout le refte eftoit froid; & fi tu penfes que ie fois menteur, efprouue la recepte fur toy, & s'il ne t'en prent ainfi, ie payeray ce que tu voudras: car ie fuis affeuré de mon experience. Ie luy chaffay fort bien les morpions, auffi il ne s'en mefcontenta pas; nonobftant, les Medecins & Chirurgiens le tiennent pour froid, & en vfent à refroidir.

Ils s'abusent bien, car d'autant que tu penses qu'il soit froid, il est chaud, & qui pis est, ne meurt iamais en quelque lieu où il soit appliqué, fut-il mis au feu: car le feu n'a nulle puissance sur luy, que de le chasser: car il est si subtil, que incontinent qu'il sent le feu, il s'en va en fumée. Mais il ne diminue en rien, & rien ne s'en perd, si non que l'on y mesle du souphre pour en faire du cinabre, ou bien que tu le voulusses sublimer; mais encores baille moy du cinabre & sublimé, & i'en tireray d'argent vif, non pas tout. Et ne faut plus que tu sois ignorant de dire qu'il est froid: car il est chaud sans difficulté; tu me diras que les Autheurs l'ont escrit froid, disant que les choses graues & pesantes de leur substance sont froides, & les legeres lucides & transparantes, en leur substance sont chaudes. Si tu as bien leu Mesué, tu trouueras qu'il ne faut auoir esgard à la pesanteur, ny à la legereté, c'est qu'il est ainsi & n'en sçauroit donner raison.

Regarde les herbes qui sont les plus froides (comme le iusquiame) croissent en lieux les plus chauds & se y nourrissent. Les chaudes & seiches en l'eau, comme les cressons; puis il y en croist des froides & seiches, comme les capillaires: parquoy tu ne sçaurois iuger qui est la cause, sinon que Dieu a donné ses vertu si occultement que l'homme ne les peut comprendre. Et pour sçauoir quelle vertu elles ont il les faut experimenter par experience.

I'approuue le camphre chaud, ce qu'il est encores que les Medecins & Chirurgiens l'ordonnent pour refroidir contre tous leurs autheurs. Premierement il est fort leger, lucide, transparant & de forte odeur, tellement que son odeur esmeut le cerueau; il est de substance subtile, les choses froides ne sont point subtiles, & leur odeur ne penetre le cerueau. Dauantage il a conuenance auec le feu, & brusle mieux

que l'huile ou gommes, s'il eſtoit froid, il repugneroit au
feu ſon contraire : mais au contraire, le feu s'y prend ſitoſt
qu'il le touche ; s'il étoit froid comme le ſalpeſtre, il bruſ-
leroit auec bruit & repugneroit : mais il bruſle lentement ſans
mener aucun vent, & l'eau ne l'en peut garder : car il bruſle
en l'eau ; dauantage, quand il eſt meſlé auec la poudre à canon, où il y a du ſalpeſtre, il fait la poudre fort violente,
à cauſe du froid & du chaud, qui eſt le ſalpeſtre & le camphre, & s'il étoient tous deux froids, ils ſeroyent longs à
bruſler : car le ſouphre eſt long à bruſler, & n'auroit pas tant
de vigueur, force, ny violence ; parquoy i'approuue le camphre chaud par toutes ces raiſons : & quant à l'experience,
ie ne vis onques refroidir inflammation par camphre : & n'eſtoient les autres medicamens froids que les Medecins & Chirurgiens ordonnent pour accompagner le camphre, iamais il
ne refroidiroit les parties enflammées ; mais au contraire, reſ-
chaufferoit au lieu de refroidir ; & ſi tu en veux autre experience, eſprouue le ſeul, & tu trouueras qu'il eſt chaud.

Notre Maiſtre Liſſet dit que les Sandaux ſont chauds à cauſe
de leur odeur violente, & dit que icelle odeur leur eſt baillée par les Apoticaires. Veritablement il a bien parlé, & à
ſon honneur, & a beaucoup veu de Sandaux. Il n'y a ſi petit
apprentif en la Pharmatie, qui ne iuge que c'eſt vn ignorant
du tout : car il ne ſeroit poſſible de bailler odeur à vne piece
de bois comme il dit, qui ne coutaſt à l'Apoticaire plus de
deux eſcus ſans le temps perdu, & le ſandal blanc & citrin
ne couſte que huit ſols la liure Ne ſeroit-il pas bien de loiſir
qui s'y amuſeroit, gaigneroit-il pas bien ſa vie ? Encores n'eſt-
il poſſible de le faire.

Il dit auſſi que les Apoticaires font tremper de bons girofles pour donner odeur aux vieux. Ne ſeroit-il pas bien de
loiſir auſſi l'Apoticaire qui s'amuſeroit à bouillir vne liure de

girofles bons, pour donner odeur à vne liure de vieux & pourris? Maiſtre Liſſet ne ſçait pas & n'a pas experimenté que les girofles bouillis ou trempez en eau ne valent rien; & fuſſent-ils les meilleurs du monde, auant bouillir ou tremper : car ils ne ſe peuuent ſi bien deſſeicher qu'ils ne donnent bien à cognoiſtre qu'ils ont eſté mouillez: car ils regrignent ou regrillent comme vn cuir, & la où ils doiuent eſtre gros, charnus & ſecs, ils ſe montrent comme cuir bruſlé tous entortillez; & n'y a homme qui en ſçeuſt vendre ne qui en vouluſt acheter : car ils ſont difformes.

Ie crois que celuy qui luy a donné à entendre ces belles folies, ſe moquoit de luy, & c'eſt bien moquerie dire que l'on peut bailler odeur au bois; mais s'il euſt dit que ordonner du bois en onguent ne ſert de rien, non plus que des pierres, il euſt dit verité, & ne ſe fuſt pas monſtré aſne comme il eſt, & les autres qui l'ordonnent; car le bois n'eſt pas ſi ſubtil, tant ſoit-il pulueriſé, qu'il puiſſe penetrer par les pores: & eſt difficile que nature le puiſſe tant eſchauffer qu'elle en ſçeuſt tirer la vertu, à cauſe de ſa dureté & ſiccité. Ioint qu'ils l'ordonnent auec huiles & greſſes qui le garderoit rendre ſes facultez s'il eſtoit preſt à les rendre. Mais ſans huile ny greſſe le bois ne ſert de rien, appliqué exterieurement, ſinon à eſchauffer & faire des couleurs, comme breſil, ſandal & autres. Et voila de belles ignorances des Medecins de maintenant, qui vſent du bois & pierres ſur les eſtomacs, penſant faire entrer la vertu deſdites choſes par les pores.

Ie ne dis pas ſi tu mets du bois en decoction, & la faire prendre par la bouche ou en fomenter quelque partie où tu la voudrois appliquer bien chaude, que la decoction ne ſoit bonne, & qu'elle ne tienne quelque peu de la vertu du bois; mais ſi tu en ſçauois tirer l'huile parfaite, tu en ferois de belles operations; ſa ſubſtance dure ne t'y empeſcheroit, &

entreroit par les pores, à caufe de fa fubtilité, & feroit fans abufer & tromper les malades, comme font les Medecins.

Ie trouue vne grande fottife aux Medecins ordonner tor-reffier le rhubarbe, mirabolans & autres, voyant qu'ils font fi fecs : car le rhubarbe s'il n'eft fec tombera en putrefac-tion incontinent, & ne fe pourra garder, ny les autres; & pour les garder, faut qu'il foit fec, & les Medecins les font defeicher dauantage de peur de faillir; pour ce qu'ils ont en leurs autheurs qui ont efcrit du rhubarbe, & mirabolans qui croiffent en leur pays, & les ont tous recens. Auffi les or-donnent-ils feicher, pour ce qu'ils ont trop d'humidité eftant verd: ou recens, & nous n'en auons point que de fecs, car l'on ne les fçauroit apporter recens, & nos Medecins de par-deça les ordonnent feicher qui eft vne grande folie : car in-continent les font rehumecter en la mefme decoction en quoy ils les font vfer.

S'ils les faifoyent prendre fecs, ie dirois qu'ils auroyent intention de imbiber quelque humeur dans l'eftomac, ou ref-traindre plus amplement; mais font torrefier le rhubarbe & autres, & quant & quant auec vne decoction en font faire vn potus. Et dequoy a ferui le torrefier? Car eftant en la de-coction fe renfle comme deuant & mieux. Si tu me dis, ie le fais feicher pour luy ofter fa fubtilité, ie te refponds que quand elle feroit à demi-bruflée, elle n'en perdroit rien, & n'eft que folie torrefier le rhubarbe, mirabolans & autres, pour faire prendre en potus auec eau & decoction. Mais c'eft vne vieille couftume entre les Medecins qui n'oferoyent auoir ordonné du rhubarbe & mirabolans à vn flux de ventre, s'ils ne les ordonnent torrefiez : autrement feroyent appellez beftes & auroyent grandement failli.

Maiftre Liffet nous a grandement chargez de fophiftication : mefmes en celuy de l'ambre gris, difant que nous l'adulterons

&

& augmentons de certaines drogues, ce que n'eſt vray ; mais il n'a pas dit que c'eſt que ambre, & luy eſt à pardonner, à luy & aux autres, car ils ne ſçauent que c'eſt.

Ie m'eſbays comme nos Medecins n'ont mieux eſtudié pour cognoiſtre les grands abus, & iceux repudier, corriger & chaſſer pour ne abuſer le peuple ; & ils l'ont par leur ignorance laiſſé regner & pulluler depuis ie ne ſçais combien de temps, ſans l'auoir cogneu. C'eſt la plus belle ſophiſtication & la plus chere qui ſoit en noſtre Pharmatie. Ie n'ay point leu ny peu ſçauoir à la verité que c'eſt que ambre, ſinon ſophiſtication, comme ie diray.

L'vn dit que c'eſt le ſperme de la baleine, que la mer iette ſur le riuage, & puis eſt englouty & mangé de certains renards marins : puis eſt prinſe la fiente deſdits renards, & dit-on que cela eſt le vray ambre, & y en a de deux ſortes, à ſçauoir celuy qui eſt failly par le ſophiſticateur, qui eſt mol comme ſauon noir, & on dit celuy eſtre qui n'a paſſé par le ventre du renard, & l'autre qui eſt dur eſt celuy qui a paſſé par le ventre du renard. Voila de belles baliuernes, & t'y fie ſi tu veux.

Les autres ont dit que c'eſt l'eſpume de mer, que par force de flotter contre quelque rocher, s'eſt engendré & endurcy en vn germe, que autres diſent eſtre vray ambre gris, ce qui eſt faux ; les autres ont dit que c'eſt la fiente d'vn certain poiſſon que la mer iette ſur le ſablon, qui eſt amaſſé & apporté pour ambre gris.

Il me ſouuient auoir trouué vn bec d'vn poiſſon & vne pierre d'ambre qui reſembloit le bec d'vn petit oyſeau qui eſt frequent en ce pays, qui ſe nomme vn gros bec, autrement ne ſe nomme, & celuy qui auoit vendu l'ambre, ſouſtenoit que c'eſtoit le bec d'vn poiſſon que l'autre poiſſon auoit mangé

L l l

Or deuinez que c'eſt, & le quel eſt de ces trois , & ſi tu
ne le ſçais, ie t'en vais dire mon opinion : c'eſt vne belle
miſture & ſophiſtication qui nous eſt enuoyée par les Turcs
& Arabes, qui nous la font payer plus que l'or, & s'en mo-
quent, & nos Medecins qui n'ont eu le ſens & entendement
de ſçauoir que c'eſt, nous contraignent acheter ce bel abus
à grand couſt, pour en conforter & reſtaurer les malades qui
poſſible eſt contraire, & ainſi en abuſent les pauures gens,
auec grands couſtanges.

Maiſtre Liſſet s'eſt fort bien ingeré de nous vouloir parler
des choſes rares, que nous ne pouuons auoir ny recouurer
qu'à grand frais & peines, comme la vraye terre ſigillée, le
balſamon, le myrre, le rheon, l'amomon, & le vray Cina-
momon & tant d'autres. Il eſt venu trop tard pour nous enſeigner cela, & autres choſes: car feu Monſieur Symphorien Chanpier nous en a deſbandez les yeux, il y a paſſé vingt-
cinq ans par ſon liure intitulé, *Le Miroir des Apoticaires* (*),
& Liſſet nous le veut ramener & penſe que nous l'ayons
oublié. Celuy ne nous a iniurié comme Liſſet, ains remonſtré affablement. Auſſi auoit-il plus de ſens d'eſprit & ſçauoir que Liſſet. Il l'a monſtré par ces eſcritures, car il ne
nous accuſe eſtre les inuenteurs d'abus, & n'en dit rien auſſi;
qui eſt-ce qui nous a apprins à abuſer? (ſi abus il y a) N'eſt-
ce pas les Medecins ? S'ils parlent contre nous, ils parlent

(*) *Le Myrouel des Apoticaires & Pharmacopoles , par lequel il eſt
démontré comment les Apoticaires communément errent en pluſieurs médeci-
nes. Les lunectes des Chirurgiens & Barbiers, par Symphorien Campeſe,*
Lyon, in-8. Gothique.

Ce qui fait voir clairement l'erreur de Baillet, qui attribuoit le livre
de *Liſſet Benancio* , à Champier qui étoit mort.

contre eux : car c’eſt eux qui ſont les autheurs. Regarde nos vieux antidotes, & tu verras la maniere comme nous auons eſté enſeignez & apprins, puis ſe penſent bien excuſer, diſant, que c’eſt nous qui faiſons les abus qu’ils nous ont aprins.

Maiſtre Liſſet dit que les herbes ſilueſtres qui croiſſent ſans cultiuer, ſont de plus grande vertu que celles qui ſont cultiuées, ce qui eſt faux ; & ſi tu n’es aſne, tu trouueras que les chardons qui ſont viandes d’aſnes, cultiuez ſont plus ſauoureux plus grands en herbe, racine & ſemence, & plus plaiſans à manger que ceux qui croiſſent par les montaignes, & champeſtres non cultiuez. Semblablement ſi tu regarde les herbes & plantes commes les eſpeces d’antibes & autres, ſi l’agriculture ne leur donne double ſaueur, double corps, & au lieu d’eſtre ſeiches & arides, ſont douces & amiables. Et ſi tu veux dire qu’elles n’ayent double vertu, ie te dis que pour le moins elles en ont plus que celles qui croiſſent ſans cultiuer ; & ſi tu veux ſçauoir l’experience, regarde vn arbre ou fructice qui n’ait point eſté enté, & vn de meſme fruict qui ait eſté enté, & taſte des deux fruicts, & tu verras lequel eſt le meilleur, & lequel a plus attiré de la uertu aërée.

Autre : prens des raiſins, des lambrucs qui croiſſent ſaus cultiuer, & de ceux de vigne qui eſt cultiuée, & en fais du vin, & gouſte dudit vin, & tu trouueras que celuy qui eſt fait ſans cultiuer, ne ſent que l’eau & l’acerbe ; & celuy qui eſt cultiué, eſt de bon gouſt, & plus chaud deux fois que celuy de lambrucs ; parquoy tu peux iuger que le vin de ſa nature eſt chaud, & ne perd ſa chaleur pour l’agriculture, ains l’augmente de la moitié. Par ce moyen ie conclus que toutes choſes cultiuées croiſſent en corps & vertu de moitié plus que les champeſtres, & non cultiuées, & ſont plus odorantes vertes & ſeiches.

Quelle erreur trouue Liſſet à l'Apoticaire prendre les herbes ſeiches au lieu des vertes? Les Medecins penſent - ils
qu'vne herbe priſe en ſon temps bien deſeichée , ſoit moindre qu'vne verte & recente ? Ie dis que la ſeiche ne perd rien
de ſa vertu pour eſtre ſeichée , elle ne peíd que l'eau terreſtre dequoy elle a eſté nourrie en la terre ; mais de ſon eau
eſlementaire elle n'en perd rien , meſme que ſi ie voulois
auoir la vraie eau , moy & tous les bons diſtillateurs , il la
faudroit faire ſeicher ou prendre de la ſeiche.

Autre : ſi tu en veux ſçauoir l'experience , prens vne pougnée d'herbe ſeiche de laquelle que tu voudras , & vne pougnée de verte , & les faits bouillir à part , & autant l'vne que
l'autre , puis prens la decoction des deux , & en taſte & l'o-
dore , & tu trouueras que la decoction de toute herbe qui
eſt ſeiche eſt plus odorante & plus forte que celle de la verte ;
parquoy tu iugeras que l'herbe ſeiche ne perd rien de ſa vertu
pour eſtre ſeichée.

Si nous voulons auoir l'huile ou autre eſlement d'vne herbe
par diſtillation , nous la faut faire ſeicher. Ie ne dis pas qu'il
ne ſe puiſſe faire ſans ſeicher. Or ie voudrois demander aux
Medecins , qui fait la plus grande faute en automne ou hyuer ,
le Medecin qui ordonne l'herbe verte ou l'Apoticaire qui luy
en baille de ſeiche. Ie dis que le Medecin erre grandement
d'ordonner l'herbe verte hors ſon temps : car l'herbe cueillie
en ſon temps qui eſt Auril & May , quand la vertu eſt aux
caules ou tiges , & feuilles , a plus de vertu ſeiche que n'a
la recente quand la vertu eſt en la fleur ou ſemence , ou quand
la vertu eſt retournée en la racine , qui eſt en automne ou en
hyuer. Tu ne peux auoir la vertu des herbes aux feuilles ſi
elle eſt en la racine. Auſſi tu ne la peux auoir en la racine
quand elle eſt aux feuilles , & au ſemblable tu ne la peux

auoir en la fleur ſi elle eſt en la ſemence, auſſi en la ſemence ſi elle eſt en la fleur.

Chaſcune choſe a ſon temps, & doit eſtre cueillie & amaſſée en ſon temps ſi tu ne veux grandement errer; parquoy ie dis que l'Apoticaire qui diligemment amaſſe & ſe fournit d'herbes, racines, fleurs & ſemences en leurs temps, & les fait ſeicher pour en ſeruir en l'ordonnance du Medecin ſeiches, fait beaucoup mieux que les bailler vertes, encores que le Medecin l'ordonne hors du temps des feuilles; comme en automne ou en hyuer, encore que l'on les puiſſe trouuer: car nos Medecins en temps d'hyuer ou automne font chercher les herbes recentes, qui ont paſſé leur temps, & laiſſent les ſeiches qui ont eſté prinſes & amaſſées au temps de leur vertu, qu'il en vaut mieux vne pougnée qu'vn plein ſac de recentes de ce temps-là, & ſont encores en cette ignorance.

Maiſtre Liſſet eſt fort empeſché ſçauoir que c'eſt que turbith que nous uſons auiourd'huy en la Pharmatie; pour te dire que c'eſt, ce n'eſt le taptia que tu dis, qui ſe trouue en la Romaigne, c'eſt l'eſula maior qui ſe trouue au Royaume de Naples, & en autres lieux, & nous eſt apportée des Venitiens & autres Nations, fort chere. Ie te monſtreray d'eſula maior auſſi belle, charneuſe & laticineuſe comme celle qui nous eſt apportée des Neapolitains, qu'ils appellent turbith.

I'ay experimenté l'eſula maior de ce pays, que i'ay trouuée plus laxatiue ſans erroſion que n'eſt celle qui nous eſt apportée pour turbith, & auſſi belle, & ſi laticineuſe: car la gomme que tu vois aux deux bouts n'eſt autre que le laict qui ſort quand tu la coupe freſche, qui ſe ſeiche-là, & par les fentes quand tu la fends freſche comme i'ay dit, & t'aſfeure qu'elle n'eft point fi maligne ny fi venimeufe que celle qui eft apportée pour turbith.

Ie me tairay de parler de l'election des drogues, auffi de leurs vertus: car ie n'ay deliberé refpondre que contre les abus & ignorances des Medecins, tels que Maiftre Liffet: car i'efpere auec le temps efcrire des médicamens, enfemble de la diftillation plus amplement. Encores que Liffet dife que les Apoticaires ne font aucunement grammariens, & ne fçauroyent eftudier; parquoy la medecine eft en grand danger. Ie trouueray Apoticaires qui parleront auffi feurement de la medecine en François, que beaucoup de Medecins ne fçauroyent refpondre en Latin. Il eft plus facile eftudier chafcun en fa langue, que d'emprunter les langages des eftranges pour eftudier.

Gallien a efcrit en fa langue, & n'a pas emprunté le langage d'vne autre region pour faire fes liures; auffi Hyppocrates, Auicenne, chafcun a efcrit & eftudié en fa langue. Les Apoticaires de France peuuent eftudier en François fans aller emprunter les langues Latines, ny celles des Alemans: car tout ce qui concerne la Pharmatie eft traduit en François; parquoy ils fe peuuent faire fçauans, fans eftre Latins, ni Grammariens, contre le dire de Maiftre Liffet, & mieux que les Medecins: car leurs liures font en Grec & Latin fort elegans, & la moitié des Medecins n'entendent Grec ny guerres Latin; parquoy ils ne fçauent qu'ils eftudient, & les pauures malades font en grand danger fous leurs mains: car ils nous medecinent à la mode des Grecs & Arabes, & des drogues des Grecs & Arabes; & nous ne fommes Grecs ny Arabes, & moins de leur complection, ny nez, ny nourris en leur climat qui eft tout contraire au noftre: car leur pays & climat eft plus chaud deux fois que le noftre, & leurs medicamens plus forts & plus egus, & plus veneneux que les noftres. Nonobftant nos Medecins s'en feruent à mediquer nos corps, auffi nous mettent-ils en grand danger, qui eft grand betife à ceux qui pourroyent bien trouuer des medicamens en France pour medeciner ceux de France, fans en aller chercher en ces pays maritimes qui font du tout contraires à nous; mais ils n'ont cognoiffance ny intelligence aux medicamens non plus que beftes, & n'oferoyent entreprendre d'experimenter autre que ce qu'ils ont leu en leurs liures, & pour ce qu'ils vilipendent l'eftat de Pharmatie, ie dis que iamais ne fut & ne fera bon Medecin, s'il n'a efté Apoticaire, & qu'il n'ait frequenté l'herbolage & les drogues pour connoiftre la force, faueur, vertu & acrimonie, les auoir veu compofer pour feurement en ordonner après, & ne faire comme celuy qui me demanda dernierement fi i'auois du firop d'abfinthe Romain, & ie luy dis que ouy.

Il me dit qu'il auoit plus de vertu à conforter l'eftomac que l'abfinthe Pontic, & en va ordonner pour boire en l'eau bouillie, & à la cueillier à vne ieune Damoifelle, fans regarder l'amertume qui eft fi grande, que quand la ieune Damoifelle en tafta, cuida creuer de vomir, & rua fiole, firop & verre par terre. Et fi le Medecin euft veu faire le firop & en euft tafté, il fe fut bien gardé d'en ordonner pour boire en eau, car il eft trop plaifant: & s'il fe fuft trouué près de la Damoifelle quand elle goufta du firop, elle luy euft ietté par la tefte; ainfi font-ils des autres chofes, pour ce qu'ils ne virent iamais rien faire des compofitions qu'ils ordonnent, & ne fçauent fi elles font aigres ou douces, vertes ou blanches.

Ie ne dis pas qu'il n'y ait des Apoticaires veaux & afnes, ne fçachant rien de leur eftat; ie n'efcris pas pour fouftenir ceux-là, mais plutoſt les voudrois vilipender , & monſtrer au doigt que de les ſouſtenir: car c'eſt grande conſcience à vn Apoticaire de ſe meſler de diſtribuer la medecine , & n'a la cognoiſſance des medicamens, & plus grande conſcience au Medecin qui ordonne quand il a cognoiſſance que l'Apoticaire eſt vne beſte.

Mais auiourd'huy les Medecins iront plutoſt ordonner chez vn Apoticaire ignorant que chez vn ſçauant : car l'ignorant luy leuera le bonnet tant de fois qu'il parlera , fera grandes reuerences, donnera preſens, trouuera tout bon, ne contredira en rien , & deuſt le Medecin tourner tout ſans deſſus deſſous, ce que ne fera vn docte Apoticaire: car il ne peut endurer vne choſe mal faite deuant les yeux, qu'il ne repugne; auſſi les Medecins ne cherchent pas ceux-là, & ſe garderont bien y aller s'ils peuuent, mais plutoſt les detracteront pour pouſſer en auant leurs ſemblables. Auſſi vous trouuerez ces aſnes d'Apoticaires plus riches que les ſçauans, à cauſe de ce que i'ay dit , & qu'ils endurent tout, & meſme de leurs ſeruiteurs : car ils n'oſeroyent rien commander à leurs ſeruiteurs, mais au contraire leurs ſeruiteurs leur commandent , & faut qu'ils endurent pour ce qu'ils ont peur d'eſtre appellez aſnes par leurs ſeruiteurs.

Et voila pourquoy la medecine eſt mal faite par ces veaux: car ſi vn ſeruiteur fait mal vne compoſition, le maiſtre ne l'oſe reprendre: car il ne ſait pas. Voila qui fait les ſeruiteurs arrogans, à cauſe qu'on endure d'eux, qui ne ſont que veaux, & les maiſtres veaux en ſont cauſe. Il ſeroit bon que l'eſtat fuſt iuré , & que nul n'exerçaſt la Pharmatie qu'il ne fuſt examiné, vieux & ieunes: car il y a de grands aſnes d'Apoticaires en France, & auſſi y en a-t-il de ſçauans.

Mais

Mais pour chaffer cette vermine qui fait tant de maux , &
qui deshonore l'eftat, feroit bien fait de leur faire faire vn examen, pour fçauoir s'ils font capables auant que fe mefler d'adminiftrer la medecine. Mais qui les pourfuiura? les Medecins?
Non: car ils ont fi grand peur que l'on ne les contraigne
d'eux corriger les premiers, & fe graduer, qu'ils fe garderont bien rien entreprendre contre les Apoticaires, ce qui
feroit bien raifonnable: car il y a tant de gens qui viuent de
cet eftat, & n'en fçauent rien, que c'eft chofe horrible. Auffi
feroit-il bien raifonnable que les Medecins fuffent paffez Docteurs auant que les laiffer practiquer, & leur faire faire approbation de leur eftude : car le premier qui vient eft Medecin paffé. I'y veu dans Lyon venir plufieurs qui fe difoyent
Medecins, qui en leur vie n'auoyent ordonné recepte.

Ie te monftreray par les receptes qui font efcrites de leurs
mains, qu'il n'y a fi petit Apoticaire (fuft-il apprentif) qui ne
iuge qu'ils n'en auoyent iamais ordonné autant, & fi auoyent
grand bruit, & gaignoyent force argent, en abufant le pauure peuple; & voila qui eft la caufe des grands abus qui fe
font, & mefmes les Chirurgiens qui fe meflent de la
Pharmatie & Medecine, qui eft chofe impofilble : car
le Chirurgien a tant à eftudier en fon eftat, qu'il ne faut
point qu'il en cherche d'autre : auant qu'il fut fçauant Medecin, & fçauant Chirurgien & Apoticaire, il luy
faudroit trois aages, encores n'en pourroit-il venir à bout
& luy fuffiroit bien fçauoir mediocrement la chirurgie.

Ie voudrois trouuer vn Chirurgien qui ofaft affeurer guerir
vne maladie, & en donner raifon, ie l'eftimerois bien. Ils diront bien qu'ils la gueriront, fi autre accident n'y vient; mais
de preuoir l'accident, pas rien. Quand tout eft dit c'eft comme

des Medecins, ils fçauent bien faire la mine, rien autre,
pourueu qu'ils foyent bien braues, de l'argent gaigné aux pauures gens, en les abufant, c'eſt tout vn, àuſſi tout eſt à l'a-
venture.

I'ay veu vn Chirurgien aſſeurer guerir vne petite playe à la
cheuille du pied, dans quatre iours, n'en faifant grand conte,
& le patient mourut en ſix iours, & la caufe de mort fut la
douleur de l'vlcere qui caufa la fieure continue, & le veau
ne luy ſçeut iamais leuer la douleur, & s'il eſtoit fort braue
& bien velouté, & tant d'autres que i'ay veu faire deuant
mes yeux. Parquoy il ſuffiroit bien au Medecin faire ſa Medecine, au Chirurgien, la Chirurgie, encores en feroyent-
ils bien empeſchez, ſans comprendre ſur les autres eſtats,
& feroit bien aſſez que chafcun ſçeuſt donner raifon de ce
qu'il fait; mais leurs raifons font tant minces, que les imperits aujourd'huy leur font grand honte.

I'ay veu dans Lyon vn Courdonnier & vn couſturier qui
n'auoyent iamais eſtudié en medecine, ny en chirurgie, ſe
meſler de practiquer & guerir les maladies que les Medecins
& Chirurgiens auoyent defefperez & abandonnez. N'eſt-ce pas
vne grande honte à eux; & ils entreprennent l'vn ſur l'autre, &
de tout ne ſçauent rien, & ne font certains de rien; parquoy
il feroit bien meilleur laiſſer toutres autres faciendes pour
eſtudier en la medecine & chirurgie, à fin de confondre tous
ſes imperits, guerir les maladies & fatisfaire ſi bien que les
couſturiers & courdonniers, n'emportaſſent l'honneur qu'ils
doivent auoir, & ne ſe fafcher ſi vn plus ſçauant & experimenté que eux y entreprenne; qui eſt grand honte, ſans
s'amufer à blafmer l'vn l'autre par efcrit, qui eſt vne grande
moquerie entre les ſçauans & doctes. Ie penfe bien que Liſſet

n'a reçeu grand honneur d'auoir ainſi vilipendé & iniurié les Apoticaires.

Quant à moy, la reſponſe que ie lui en fais, c'eſt pour ce qu'il blaſme ſans raiſon & ne dit verité : car ce qu'il dit des ſophiſtications, n'eſt poſſible le faire, & donne faux à entendre au peuple ignare, cuidant mettre à neant l'art d'Apoticaire, ce qui ne ſçauroit faire, mais plutoſt l'honorer & ſe deshonorer ſoy-meſme entre les ſauans, qui cognoiſſent bien que ce qu'il a eſcrit eſt par enuie & haine qu'il a contre les Apoticaires.

I'ay proteſté ne blaſmer les doctes & ſçauans, ny auſſi ie ne veux laiſſer blaſmer l'eſtat, & ceux de l'eſtat où Dieu m'a appellé. Ie n'ay point eſcrit par enuie que i'aye contre Liſſet : car ie ne le cogneus iamais; mais plutoſt ie douterois que ce ſoit quelque Medecin qui a changé ſon nom pour nous blaſmer, en chargeant ceux d'Aniou & Poitou, craignant auoir la reſponſe de ceux de Lyon.

Si eſt-ce que i'ay cogneu des Apoticaires de Tours, Aniou & Poitou, qui eſtoyent ſçauans, & m'eſbays comme ils ont enduré ces iniures, ſans luy reſpondre. Il ne faut pas qu'il s'excuſent d'auoir faute de matiere, car il y a tant d'abus en la medecine que les Medecins ont fait & font tous les iours, que qui voudroit chercher en trouueroit pour amplir vne rame de papier.

Quant à moy, ie m'en tais pour le preſent. Il eſt temps que ie face fin à ma reſponſe, te laiſſant à penſer (Amy Lecteur) ſi les Medecins ont grand raiſon de blaſmer les Apoticaires après qu'ils les ont introduits & enſeignez à faire les choſes de quoy ils les accuſent d'abuſer, & c'eſt eux qui abuſent, comme ie t'ay monſtré cy deſſus, & ſont ignorans des abus qu'ils font, & en vſent encores auiourd'huy.

Ie n'ay voulu efcrire tout ce que i'en fçay , à caufe de la moquerie du peuple ; mais i'ay efcrit les plus euidens qu'ils ordonnent tous les iours. Ie n'ay efcrit certains abus de medecine qui ne confiftent en la Pharmatie , efperant auec le temps le tout mettre en lumiere & euidence. Te fuppliant, Amy Lecteur, nous auoir pour excufez , fi nous n'auons dit chofe digne de toy , te promettant auant long-temps auec l'ayde de Dieu, chofe meilleure: & à Dieu.

RECEPTE

VÉRITABLE

PAR LAQUELLE TOUS LES HOMMES DE LA FRANCE
POURRONT APPRENDRE A MULTIPLIER ET
AUGMENTER LEURS THRESORS.
1563.

F. B. (*) A M.

BERNARD PALISSY,

SON SINGULIER ET PARFAIT AMY,

Salut.

> Si le malin vulgaire, Amy Bernard,
> Mefdit fouuent de ce qui eft louable,
> Craindras-tu point, veu mefme ton propre art,
> Luy diuulguer ce liure profitable ?
> Non, fi me crois ; car il m'eft agreable,
> Quoique voudroyent enuieux mal parler :
> Les ignorans, de l'art tant admirable
> Par ton moyen y pourront profiter.

AU LECTEUR

Salut.

> En petit corps gift fouuent grand puiffance :
> Ce qu'entendras, lecteur, lifant ce liure,
> Qui de nouueau eft mis en euidence
> Pour d'aucuns fots l'erreur ne faire viure ;
> Car il demonftre à l'œil ce qu'il faut fuiure
> Ou reietter, en fes dits admirables :
> En recitant maints propos veritables
> Tend à ce but, qu'art imitant Nature,
> Peut accomplir que maints eftiment fables,
> Gens fans raifon, & d'inique cenfure.

(*) Peut-être François Beroalde, Sieur de Verville, contemporain
& amateur des Sciences comme Palissy.

A MONSEIGNEUR

LE MARESCHAL

DE MONTMORANCY,

Cheualier de l'Ordre du Roy, Capitaine de cinquante Lances, Gouuerneur de Paris & de l'Ifle de France (a).

MONSEIGNEUR,

Combien qu'aucuns ne voudroyent iamais ouir parler des Efcritures faintes, fi eft-ce que ie n'ay trouué rien meilleur que de fuiure le confeil de

---

(*a*) L'an 1562, le Parlement de Bourdeaux rendit un Arrêt » par » lequel les vie. des Réformés étoient abandonnées fans appel à quelque » Juge Royal que ce fût ». Son exécution enclupoit l'infortuné Palifly, dans le catalogue de ce. malheureux Proteftans. Il étoit alors occupé aux Ruftiques Ligulines du Connétable. Louis de Bourbon, premier Duc de Montpenfier, lui donna une fauve-garde, François Comte de la Rochefoucaut, envoyé par le Roi en Saintonge, ordonna que fon atelier

Dieu, ſes Edits, Statuts & Ordonnances: & en
regardant quel eſtoit ſon vouloir, i'ay trouué que
par ſon Teſtament dernier, il a commandé à ſes hé-

jouiroit de la même protection pendant la tenue du Synode de Saintes
qui ſe faiſoit, dit d'Aubigné, » pour ceux qui de peur, faiſoient conſ-
» cience & vouloient diſputer ſur la juſtice des armes».Mais les troupes du
Duc de Montpenſier ayant aſſuré la plupart des villes de ces Provinces dans
le parti du Roy; les Rochelois reçurent ſa petite armée & il les traita
dit encore le ſatyrique d'Aubigné, » ſelon les Ordonnances du Roi
» & ſa douceur, les rempliſſant de garniſons & d'Inſolences, & leur
» ôtant la religion, la liberté & le bien. Le Maire *Jean Pineau Sr. des*
» *Sibilles*, eut le loiſir de faire ſa troupe qui crioit vive l'Evangile auſſi
» bien que les autres: & comme la ville par-là fut pleine de confuſion,
» il fit entrer *Charles, Seigneur de Burie (d'une ancienne Maiſon de*
» *Saintonge), Lieutenant Général pour le Roi en Aunis, ſous les ordres*
» *d'Antoine , Roi de Navarre*, avec force qui rendirent miſérables les
» uns & les autres ; il mit les conquérans priſonniers & en fit pendre
» la plupart. Par après on fit des traités tels qu'on les voulut, à Saintes
» & aux Iſles ». Les Officiers de Juſtice de Saintes trainerent alors Paliſſy
en priſon, ſon travail fut détruit ainſi que l'atelier qui avoit été *en
partie érigé aux dépens du Connétable.* Il étoit même menacé de la mort
lorſque le Seigneur de Burie , le Comte de Rochefoucaut, Antoine, Sire de Pons, Comte de Marennes, ſa femme, Anne de Partenay, fille du Seigneur de Soubiſe & Guy de Chabot, Baron de Jarnac , célèbre par ſon duel avec la Chataigneraie, Gouverneur & Sé-
néchal de la Rochelle, s'employerent pour lui faire rendre ſa liberté;
ſes ennemis mépriſant les ſollicitations des Grands qui le protégoient,
l'envoyerent de nuit à Bourdeaux.Ce fut dans ces circonſtances que le Connétable voulut le conſerver pour la gloire des Sciences & des Arts;
il préſenta à Catherine de Médicis un Placet en ſa faveur ; cette Princeſſe
employa l'autorité du Roi afin de lui ſauver la vie & de lui rendre la liberté: c'eſt le ſujet des trois Epitres de Paliſſy,dont la premiere eſt adreſſée
à François de Montmorency , Maréchal de France , fils aîné du Connétable, ſon Mecene.

ritiers

ritiers qu'ils euſſent à manger le pain au labeur de leurs corps & qu'ils euſſent à multiplier les talens qu'il leur auoit laiſſez par ſon Teſtament

Quoy conſideré ie n'ay voulu cacher en terre les talens qu'il luy a pleu me diſtribuer ; ains pour les faire proufiter & augmenter, ſuiuant ſon commandement, ie les ay voulu exhiber à vn chaſcun, & ſingulierement à votre Seigneurie, ſçachant bien que par vous ne ſeront meſpriſez, combien qu'ils ſoyent prouenus d'vne bien pauure theſorerie, eſtant portée par vne perſonne fort abiecte & de baſſe condition ; ce neanmoins, puis qu'il a pleu à Monſeigneur le Conneſtable, voſtre pere, me faire l'honneur de m'employer à ſon ſeruice, à l'edification d'vne admirable Grotte ruſtique (*b*)

(*b*) Le Château d'Ecouen ſitué à quatre lieues de Paris, appartient à M. le Prince de Condé : il a été bâti par Anne, Duc de Montmorency, Connétable & Grand Maître de France. Voici ce qu'écrivoit Nicolas-Claude Fabry de Peireſc, l'an 1606, qu'il y alla accompagné du premier Préſident du Vair, depuis Garde des Sceaux de France,
» nous vîmes, dit-il, une douzaine de têtes & pluſieurs belles figures
» de marbres, antiques, il y en a une d'un Héros, de marbre blanc,
» qui eſt excellente, & ſur-tout deux Captifs languiſſans, de la main de
» *Michel-Ange*, qui ne ſont pas achevés, mais le deſſin en eſt merveil-
» leux : dans la Chapelle nous vîmes de belles peintures, & entr'autres
» la copie de la Cêne, de *Raphael d'Urbin*, tirée ſur la piece de tapiſ-
» ſerie rapale que M. le Connétable rendit à feu Pape *Clément VIII*.
» La Cour eſt preſqu'entierement quarrée, elle a quarante-deux pas
» de largeur, ſur quarante-cinq de longueur. Les Galleries & le Châ-
» teau renferment pluſieurs marbres précieux & de ces belles poteries
» inventées par Maître *Bernard des Thuilleries*. Il y a deux Galleries

de nouuelle inuention, ie n'ay craint à vous adreffer partie dès talens que i'ay reçus de celuy qui en
a eu abondance. MONSEIGNEUR, les talens que ie

» toutes peintes fort doctement par un *Maeſtro Nicolo*, qui avoit été
» au feruice du *Cardinal de Chaſtillon*. Aux Verrieres, les Fables qui y
» font le mieux repréſentées, c'eſt celle de Proferpine, à l'une, & celle
» du Banquet des Dieux; celle de Pſyché, à l'autre, le pavé d'icelles
» eſt auſſi de l'invention du fuſdit Maître *Bernard*», (manuſcrit de
M. de Peireſc) Ce que l'on voit de plus ancien en France de cet Art
de Terre, c'eſt le tombeau de Guillaume Fillaſtre, Chancelier & Hiſ-
torien de l'Ordre de la Toiſon d'Or, Evêque de Tournay, qui eſt dans
l'Egliſe de fon Abbaye de Saint Bertin, à Saint Omer.

A l'égard du Château d'Eſcouen qui exiſte tout entier avec différens
détails d'ornemens qui ne feroient point défavoués par les plus habiles
Architectes, on y trouve une infinité de choſes curieuſes qui y ont
été placées par les foins de Paliſſy, attaché au Connétable & à ſa maifon. Dans le Périſtyle avant la Chapelle, eſt une table ronde exceſſi-
vement grande, d'un marbre noir & blanc, rempli de coquillages. La
Chapelle eſt revétue d'un ancienne marqueterie où ſe voyent les figures des Apôtres d'après d'habiles Maîtres: le bénitier eſt un vaſe de Jafpe
d'Italie, foutenu par des pieds de bronze antique; il y a outre le tableau d'après *Raphael*, d'autres morceaux, entr'autres, la femme
adultere, de *Jean Bellin*; la Sacriſtie eſt pavée avec les Figulines de
Paliſſy, ce font des fujets de l'Ecriture Sainte. Cette fayence eſt d'une
belle couleur, les têtes font joliment deſſinées; il a fur le buffet de la
Sacriſtie une Carte des Croiſades & pluſieurs autres tableaux en bois
de rapport. La Paſſion de Notre Seigneur en ſeize tableaux réunis dans
un feul cadre, d'un émail parfait, compoſé par Paliſſy, d'après *Albert
Durer*. Du côté de la fenêtre une pierre fpéculaire fervant de miroir.

Dans deux Galleries, l'une appellée de Pſyché & l'autre la feconde
Gallerie, on admire les carreaux de la fayance inventée par Paliſſy,
qui furpaſſe infiniment celles du même genre qu'on peut voir dans la
Flandres & la Hollande. Ce pavé eſt bien conſervé, les couleurs font
vives, tout l'enſemble offre un genre de beauté qui eſt foiblement rendu
par les magnifiques tapis de Turquie & de la Savonnerie.

vous enuoye, font en premier lieu plufieurs beaux fecrets de nature, & de l'agriculture, lefquels i'ay mis en vn liure, tendant afin d'inciter tous les hommes de la terre, à les rendre amateurs de vertu & jufte labeur, & fingulierement en l'art d'agriculture fans lequel nous ne fçaurions viure. Et par ce que ie vois que la terre eft cultiuée le plus fouuent par gens ignorans qui ne la font qu'auorter, i'ay mis plufieurs enfeignemens en ce liure, qui pourront eftre le moyen qu'il fe pourra cueillir plus de quatre millions de boiffeaux de grain par chafcun an en France, plus que de couftume, pourueu qu'on veuille fuiure mon confeil: ce que i'efpere que vos fuiets feront, après auoir reçeu l'aduertiffement que i'ay donné en ce liure.

Les vitres de la Sacriftie, de la Chapelle, des Galleries & de tout le Château, avoient été peintes par Paliffy: les deffins font dans le même genre que la fayance de la Sacriftie.

Dans une allée du jardin il y avoit une fontaine appellée la *Fontaine Madame*; on y voyoit autrefois la Grotte Ruftique dont Paliffy parle fouvent dans fon livre, elle recevoit de l'eau des deux fources placées fur la hauteur de la montagne.

L'intérieur du Château contient des marbres fort rares, comme le *noir d'Egypte*, le verre antique, &c. du bazalt & d'autres pierres, ce Château renferme encore une infinité de chofes curieufes qui nous font ofer de fupplier M. le Prince de Condé d'en ordonner la confervation & de faire réparer les tableaux, fur-tout un David qui eft du genre du *Titien*, qui s'altere confiderablement faute de foins & qui eft d'un grand prix.

Item , par ce que vous estes vn Seigneur puiſſant
& magnanime & de bon iugement, i'ay trouué
bon vous déſigner l'ordonnance d'vn iardin autant
beau qu'il en fut iamais au monde , horsmis celuy
de Paradis Terreſtre , lequel deſſin de iardin ie
m'aſſeure que trouuerez de bonne inuention.

Item , en ce liure eſt contenu le deſſin & ordonnance d'vne ville de forterreſſe , telle que iuſques
ici on n'a point ouy parler de ſemblable. Il y a
audit liure pluſieurs autres choſes fructueuſes que ie
laiſſeray dire à ceux qui en le liſant les retiendront
& vous en feront le recit. Ie n'ay point mis le pourtrait dudit iardin en ce liure , pour cauſe que pluſieurs ſont indignes de le voir, & ſingulierement
les ennemis de vertu & de bon engin ; auſſi que
mon indigence & occupation de mon art ne l'a
voulu permettre. Ie ſçay qu'aucuns ignorans, ennemis de vertu , & calomniateurs , diront que le deſſin de ce iardin eſt vn ſonge ſeulement & le voudront
peut eſtre comparer au ſonge de Polyphile , ou bien
voudront dire qu'il ſeroït de trop grande deſpence
& qu'on ne pourroit trouuer lieu commode pour
l'edification dudit iardin iouxte le deſſin. A ce ie
reſponds qu'il ſe trouuera plus de quatre mille maiſons nobles en France , auprès deſquelles ſe trouueront pluſieurs lieux commodes pour edifier ledit

jardin, iouxte la teneur de mon deſſin. Et quant à la deſpence, il y a en France pluſieurs iardins qui ont plus couſté qu'iceluy ne couſteroit.

Quand il vous plaira me faire l'honneur de m'employer à cette affaire, ie ne faudray à vous en faire ſoudain un pourtrait, & meſme le mettray en execution s'il vous venoit à gré de ce faire. Et quand eſt du deſſin & ordonnance de la ville de forte-reſſe, ie ſçay qu'aucuns diront qu'il ne ſe faut arreſter à mon dire, d'autant que ie n'ay point exercé l'eſtat militaire & qu'il eſt impoſſible de ſçauoir faire ces choſes ſans auoir veu premierement pluſieurs batteries & aſſauts de villes. A ce ie reſponds que l'œuure que i'ay commencée pour Monſeigneur le Conneſtable, rend aſſez de teſmoignage du don que Dieu m'a donné pour leur clore la bouche; car s'ils font inquiſition, ils trouueront que telle beſongne n'a oncques eſté veue.

Item, ayant fait plus ample inquiſition, ils trouueront que nul homme ne m'a apprins de ſçauoir faire la beſongne ſuſdite. Si doncques il a pleu à Dieu de me diſtribuer de ſes dons en l'art de terre, qui voudra nier qu'il ne ſoit auſſi puiſſant de me donner d'entendre quelque choſe en l'art militaire, lequel eſt plus apprins par nature ou ſens naturel, que non pas par practique? La fortification d'une ville confiste principalement en traits & lignes de Geometrie, & en sçait bien que, graces à Dieu, ie ne suis point du tout despourveu de ces choses. I'ay prins la hardiesse de vous proposer ces argumens, afin d'obuier aux detractions qu'aucuns vous pourroyent persuader en vous disant que la chose est impossible. Toutesfois ie me soumets à receuoir honteuse mort, quand ie ne feray apparoir la verité estre telle toutesfois & quantes qu'il vous plaira m'employer à cette affaire.

Si ces choses ne sont escrites à telle dexterité que vostre Grandeur le merite, il vous plaira me pardonner : ce que i'espere que ferez, veu que ie ne suis ne Grec, ne Hebrieu, ne Poete, ne Rhetoricien, ains vn simple Artisan bien pauurement instruit aux Lettres. Ce neanmoins, pour ces causes, la chose de soy n'a pas moins de vertu que si elle estoit tirée d'vn homme plus éloquent. I'aime mieux dire verité en mon langage rustique, que mensonge en vn langage rhetorique. Suiuant quoy, Monseigneur, i'espere que receurez ce petit œuure d'aussi bonne volonté que ie desire qu'il vous soit agreable. Et en cet endroit, ie prieray le Seigneur Dieu, Monseigneur, vous donner en parfaite santé, bonne & longue vie.

De Xaintes.

Vostre très affectionné & très-humble seruiteur,

BERNARD PALISSY.

A MA TRES-CHERE ET HONORÉE DAME,

MADAME

LA ROYNE-MERE.

Madame,

Quelque temps après que par voftre moyen &
faveur, à la requête de Monfeigneur le Conneftable, ie fus deliuré des mains de mes cruels enne-

mis, i'entray en vn debat d'efprit fur le fait de l'ingratitude des hommes, fçachant bien que la caufe
pour laquelle ils me vouloyent liurer à la mort,
n'eftoit finon pour leur avoir pourchaffé leur bien,
voire le plus grand bien qui leur pourroit iamais
aduenir. Quoy confideré i'entray en moy-mefme
pour fouiller les fecrets de mon cœur, & entrer en ma
confcience pour fçauoir s'il y avoit en moy quelque
ingratitude (*a*) comme celle de ceux qui m'auoyent
liuré au peril de la mort. Lors me vint à fouuenir
du bien qu'il vous a pleu me faire, quand de voftre
grace vous employaftes l'authorité du Roy pour ma
delivrance. Quoy voyant ie trouuay que ce feroit
en moy vne grande ingratitude fi ie ne recognoif-
fois vn tel bien : ce neantmoins mon indigence n'a
voulu permettre que ie me tranfportaffe jufques en
voftre prefence pour vous remercier d'un tel bien,

(*a*) Paliffy n'eft pas du nombre des Ecrivains de fon fiecle qui n'ont
point été reconnoiffans envers cette Reine, » ils ont efté, dit Brantôme,
» pareffeux ou ingrats : car elle ne fuft iamais chiche à l'endroit des Sça-
» vans qui efcriuoyent quelque chofe. I'en nommerois plufieurs qui ont
» tiré de bons biens, en quoy d'autant ils font accufez d'ingratitude ».

qui

qui eſt la moindre recompenſe que ie pourrois faire.
Et combien que Dieu m'aye donné pluſieurs inuentions deſquelles ie pourrois faire ſeruice, ce neantmoins ie n'ay eu moyen vous le faire entendre, qui
m'a cauſé mettre en recompenſe de ce, pluſieurs ſecrets en lumiere contenus en ce liure, leſquels tendent afin de multiplier les biens & vertus de tous
les habitans du Royaume.

Ma petiteſſe n'a oſé prendre la hardieſſe de deſ-
dier mon œuure au Roy ſçachant bien qu'aucuns
voudroyent dire que i'aurois ce fait, tendant afin
d'eſtre recompenſé : quand ainſi ſeroit, ce ne ſeroit
rien de nouueau. MADAME, il ne fut iamais que les
bonnes inuentions ne fuſſent recompenſées par les
Roys; ce neanmoins que i'ay eſperance que cet
œuure ſera plus vtile au Roy que pour nul autre.
Toutesfois à cauſe de ma petiteſſe, ie l'ay deſdié à
Monſeigneur de Montmorancy, bon & fidele ſeruiteur du Roy, lequel i'eſpere qu'il aura très-bien fait
entendre à ſon ſouuerain Prince & Roy. Il y a des
choſes eſcrites en ce liure qui pourront beaucoup
ſeruir à l'édification de voſtre iardin de Chenon-

ceaux : & quand il vous plaira me commander vous
y faire feruice, ie ne faudray m'y employer. Et s'il
vous venoit à gré de ce faire, ie feray des chofes
que nul autre n'a fait encores iufques ici. Qui fera
l'endroit, MADAME, où ie prieray le Seigneur
Dieu vous donner en parfaite fanté , longue & heureufe vie.

Voftre très-humble & très-affectionné
feruiteur,

BERNARD PALISSY.

A MONSEIGNEUR
LE DUC
DE MONTMORANCY,
PAIR ET CONNESTABLE DE FRANCE. (*)

Monseigneur,

Ie crois que ne trouuerez mauuais de ce que ne
vous ay esté remercier lors qu'il vous pleust employer la Royne-Mere pour me tirer hors des mains

---

(*) La devise du Connétable de Montmorency se lit sur presque tous
les ornemens de peinture du Château d'Ecouen, mais particulierement
sur les superbes fayances de Palissy, c'est Ἀπλανής, *sans erreur.* Il y a un
Monogramme formé par la réunion de plusieurs croissans qui est celui
de Diane de Poitiers.

de mes ennemis mortels & capitaux. Vous fçauez
que l'occupation de voftre œuure, enfemble mon
indigence ne l'a voulu permettre. Ie cuide que n'euffiez trouué bon que i'euffe laiffé voftre œuure pour
vous apporter vn grand mercy. Iefus Chrift nous a
laiffé vn confeil efcrit en Saint Mathieu, Chap. 7,
par lequel il nous defend de femer les marguerites
deuant les pourceaux, de peur que fe retournant
contre nous, ils ne nous defchirent. Si i'euffe creu
ce confeil, ie n'euffe efté en peine vous prier pour
ma déliurance, vous affeurant à la verité que mes
haineux n'ont eu occafion contre moy, finon pour
ce que ie leur auois remonftré plufieurs fois certains
paffages des Efcritures Saintes où il eft efcrit que
celuy eft malheureux & maudit qui boit le lait &
veftit la laine de la brebis, fans luy donner pafture.
Et combien que cela les deuft inciter à m'aimer,
ils ont par-là prins occafion de me vouloir faire deftruire comme malfaicteur : & eft chofe veritable que
fi ie me fuffe confeffé ès Iuges de cette ville, qu'ils
m'euffent fait mourir auparauant que j'euffe fçeu obtenir de vous aucun fecours. Et l'occafion qui mou-
uoit aucuns Iuges à eftre vn corps & vne ame &
vne mefme volonté auec le Doyen & Chapitre, mes
parties, c'eftoit parce qu'aucuns defdits Iuges eftoyent parents dudit Doyen & Chapitre, & pof-

fedent quelque morceau de benefice, lequel ils craignent perdre, par ce que les laboureurs commencent à gronder en payant les dixmes à ceux qui les reçoiuent, fans les meriter.

Ie me fuffe très-bien donné garde de tomber entre leurs mains fanguinaires, n'euft efté que i'auois efperance qu'ils auroyent efgard à voftre œuure, & à l'imitation de Monfeigneur le Duc de Montpenfier, lequel me donna vne fauue-garde, leur interdifant de non cognoiftre ny entreprendre fur moy ny fur ma maifon; fçachant bien que nul homme ne pourroit acheuer voftre œuure que moy. Auffi eftant entre leurs mains prifonnier, le *Seigneur de Burie*, le *Seigneur de Iarnac* & le *Seigneur de Ponts*, prindrent bonne peine pour me faire deliurer, tendant afin que voftre œuure fuft paracheuée. Quoy voyant mes haineux, m'enuoyerent de nuit à Bourdeaux par voyes obliques, fans auoir efgard ny à voftre Grandeur, ny à voftre œuure. Ce que ie trouuay fort eftrange, veu que Monfieur *le Comte de la Rochefoucault*, combien que pour lors il tenoit le parti de vos aduerfaires, ce neantmoins il porta tel honneur à voftre Grandeur, qu'il ne voulut iamais qu'aucune ouuerture fuft faite en mon aftelier, à caufe de voftre œuure. Mais les fufdits de cette ville ne firent pas ainfi, ains au contraire foudain que ie fus prifonnier, ils firent ouuerture & lieu public de partie de mon aftelier, & auoyent conclu en leur maifon de Ville de ietter mon aftelier à bas, lequel a efté partie erigé à vos defpens, & euft efté executé vne telle deliberation, n'euft efté le *Seigneur & Dame de Ponts* qui prierent les fufdits de n'executer leur intention.

Ie vous ay efcrit toutes ces chofes afin que n'euffiez opinion que i'euffe efté prifonnier comme larron ou meurtrier. Ie fçay combien il vous fçaura très-bien fouuenir de ces chofes en temps & lieu, & combien que voftre œuure vous couftera beaucoup dauantage pour le tort qu'ils vous ont fait en ma perfonne : toutesfois i'efpere que fuiuant le confeil de Dieu, vous leur rendrez bien pour mal, ce que ie defire ; & de ma part & de mon pouuoir ie tafcheray à recognoiftre le bien qu'il vous a pleu me faire. Qui eft l'endroit où ie prieray le Seigneur Dieu, MONSEIGNEUR, vous donner en parfaite fanté longue & heureufe vie.

Voftre très-humble & affectionné
feruiteur.

BERNARD PALISSY.

AU LECTEUR,
SALUT.

Amy Lecteur,

Puifqu'il a pleu à Dieu que cet efcrit foit tombé
entre tes mains, ie te prie ne fois fi pareffeux ou
temeraire de te contenter de la lecture du commencement ou partie d'iceluy ; mais afin d'en apporter
quelque fruit, prends peine de lire le tout, fans
auoir efgard à la petiteffe & abiecte condition de
l'autheur, ny auffi à fon langage ruftique & mal orné,
t'affeurant que tu ne trouueras rien à cet efcrit qui
ne te proufite ou peu ou prou : & les chofes qui
au commencement te fembleront impoffibles, tu les
trouueras enfin veritables & aifées à croire. Sur toutes
chofes ie te prie te fouuenir d'vn paffage qui eft en
l'Efcriture Sainte, là où Saint Paul dit : qu'vn
chafcun felon qu'il aura reçeu des dons, qu'il en
diftribue aux autres. Suiuant quoy ie te prie inftruire.

les Laboureurs, qui ne font lettrez, à ce qu'ils ayent foigneufement à s'eftudier en la philofophie naturelle, fuiuant mon confeil, & fingulierement que ce fecret & enfeignement des fumiers que i'ay mis en ce liure, leur foit diuulgué & manifefté, & ce iufqu'à tant qu'ils l'ayent en auffi grande eftime comme la chofe le merite. Comme ainfi foit que nul homme ne fçauroit eftimer combien le proufit fera grand en France, fi en cet endroit ils veulent croire mon confeil. Il y a en certaines parties de la Gafcongne & aucuns autres pays de France, vn genre de terre qu'on appelle Merle (*), de laquelle les Laboureurs fument leurs champs, & difent qu'elle vaut mieux que fumier. Auffi difent-ils que quand vn champ fera fumé de ladite terre, que ce fera affez pour dix années.

Si ie vois qu'on ne mefprife point mes efcrits & qu'ils foyent mis en execution, ie prendray peine de chercher de ladite Merle en ce pays de Xaintonge & feray *vn troifieme Liure*, par lequel i'apprendray toutes gens à cognoiftre ladite Merle & mefme la maniere de l'appliquer au champs, felon la methode de ceux qui en vfent ordinairement. Ie

(*) Marne.

fçay

fçay que mes haineux ne voudront approuuer mon œuure, ny auffi les malicieux & ignorans, car ils font ennemis de toute vertu. Mais pour eftre iuf-tifié de leurs calomnies, enuies & detractions, i'ap-pelleray à tefmoin tous les plus gentils efprits de France, Philofophes & gens bien viuans, pleins de vertus & de bonnes mœurs, lefquels ie fçay qu'ils auront mon œuure en eftime; combien qu'elle foit efcrite en langage ruftique & mal poli; & s'il y a quelque faute, ils fçauront fort bien excufer la con-dition de l'Autheur.

Ie fçay qu'aucuns ignorans diront qu'il faudroit la puiffance d'vn Roy pour faire vn iardin iouxte le deffin que i'ay mis en ce liure: mais à ce ie ref-ponds que la defpenfe ne feroit fi grande, comme aucuns pourroyent penfer. Et puis il faut entendre que tout ainfi qu'a vn liure de medecine, il y a diuers remedes felon les maladies diuerfes, & vn chafcun prend felon ce qui luy fait befoin, felon la diuerfité du mal: auffi en cas pareil au deffin de mon iardin, aucuns en pourront tirer felon leurs portées & commoditez des lieux où ils habiteront. Voila pourquoy nul ne pourra iuftement calomnier le deffin de mon iardin. Ie fçay auffi que plufieurs fe mocqueront du deffin de la ville forterefle que j'ay mis en ce liure, & diront que c'eſt reſuerie : mais à ce ie reſponds que s'il y a quelque Seigneur Cheualier de l'Ordre, ou autres Capitaines qui ſoyent tant curieux d'en ſçauoir la verité, qu'ils penſent de n'eſtre ſi ſuiets ny captifs ſous la puiſſance de leur argent que pour le contentement de leur eſprit, ils ne m'en departent quelque peu pour leur faire entendre par pourtrait & modele la verité de la choſe. Ie ſçay qu'ils trouueront eſtrange que ie n'aye point mis en ce liure le pourtrait dudit iardin, ny auſſi de la ville de forterefſe ; mais à ce ie reſponds que mon indigence & l'occupation de mon art ne l'a voulu permettre.

I'ay auſſi trouué vne telle ingratitude en pluſieurs perſonnes, que cela m'a cauſé me reſtraindre de trop grande liberalité : toutesfois le deſir que i'ay du bien public & de faire ſeruice à la nobleſſe de France, m'incitera quelque iour de prendre le temps pour faire le pourtrait dudit iardin, iouxte la teneur & deſſin eſcrit en ce liure. Mais ie voudrois prier la nobleſſe de France auſquels le pourtrait pourroit beaucoup ſeruir, qu'après que i'auray employé mon temps pour leur faire ſeruice, qu'il leur plaiſe ne me rendre mal pour bien comme ont fait les Eccleſiaſtiques Romains de cette ville, leſquels m'ont voulu faire pendre pour leur auoir pourchaſſé le plus grand bien que iamais leur pourroit aduenir, qui eſt pour leur auoir voulu inciter à paiſtre leurs troupeaux, ſuiuant le commandement de Dieu. Et ne ſçauroit-on dire que iamais ie leur euſſe fait aucun tort; mais par ce que ie leur avois remonſtré leur perdition aux dix-huitieme de l'Apocalypſe, tendant afin de les amender, & que pluſieurs fois auſſi ie leur auois monſtré vne authorité eſcrite au Prophete Ieremie, où il dit: malediction ſur vous Paſteurs qui mangez le lait & veſtiſſez la laine, & laiſſez mes brebis eſparſes par les montagnes, ie les redemanderay de voſtre main. Eux voyant telle choſe, en lieu de s'amender, ils ſe font endurcis, & ſe font bandez contre la lumiere, afin de cheminer le ſurplus de leurs iours en tenebres & en ſuiuant leurs voluptez & deſirs charnels accouſtumez.

Je n'euſſe iamais penſé que par-là ils euſſent voulu prendre occaſion de me faire mourir. Dieu m'eſt teſmoin que le mal qu'ils m ont fait n'a eſté pour autre occaſion que pour la ſufdite. Ce neantmoins ie prie Dieu qu'il les veuille amender. Qui ſera l'endroit où ie prieray vn chaſcun qui verra ce liure, de ſe rendre amateur de l'agriculture ſuiuant mon premier propos, qui eſt vn iuſte labeur & digne

d'eſtre priſé & honoré. Auſſi comme i'ay dit cy-
deſſ s, que les ſimples ſoyent inſtruits par les doctes, afin que nous ne ſoyons redarguez à la grande
iournée d'avoir caché les talens en terre, combien
ſçauons que ceux qui les auront ainſi cachez ſeront
bannis du Regne eſternel, de devant la face de celuy
qui vit & regne eſternellement au ſiecle des ſiecles.
Amen.

A MAISTRE
BERNARD PALISSY,

PIERRE SANXAY, DIT SALUT.

Par tous les fiecles paffez,
Nature, mere des chofes,
De ces threfors amaffez
Les portes a tenu clofes.

L'homme comme un ieune enfant,
Sans grace & intelligence,
N'a fait gefte triomphant,
N'œuure beau par excellence.

Hercules, ou comme on dit,
Les neueux du premier homme,
De dreffer ont eu credit
Vne & vne autre colomne.

La Grece a reçeu l'honneur
De quelques Cariatides :
L'Ægypte, pour la grandeur
De ces hautes Pyramides.

Du Sepulchre Carien
N'est esteinte la memoire :
L'amphitheatre ancien
Couronne Cesar de gloire.

Mais cela n'approche point
Des Rustiques Figulines
Que tant & tant bien as peint,
Et dextrement imagines.

A chascun œuure il falloit
Mille milliers de personnes :
Mais le plus beau n'esgaloit
Celuy que seul tu façonnes.

Le plus beau a bien esté
Enrichi par eloquence :
Le tien a plus de beauté
Que la langue d'elegance.

Les anciens qui nombroyent
Sept merueilles en ce monde,
La tienne veue, ils diroyent
Que nulle ne la seconde.

Appelles à eu le prix
En bien peindant ſur Parrhaſe ;
Parrhaſe ſur Xeuzis :
Ton pinceau le leur ſurpaſſe.

Le rocher haut & eſpais
Ne diſtille l'eau tant claire,
Que celuy-là que tu fais ,
Iettra l'eau de ſa riuiere.

Vn Architas Tarentin
Fit la Colombe volante ,
Tu fais en cours argentin
Troupe de poiſſons nageante.

Les ranes (*) en vn eſtang
Ne ſont point plus infinies :
Mais leur coax on n'entend,
Car elles ſont ſeriphies.

Megere au chef tant hydeux
Portoit les ſerpens nuiſantes ;
Mais toy , non moins hazardeux ,
Les fais par-tout reluiſantes.

(*) Les Grenouilles.

Le lizard ſur le buiſſon
N'a point vn plus naif luſtre,
Que les tiens en ta maiſon
D'œuure nouueau tout illuſtre.

Les herbes ne ſont point mieux
Par les champs & verdes prées;
D'vn eſmail plus precieux,
Que les tiennes diaprées.

Le froid, l'humide, le chaud,
Fait fleſtrir tout autre herbage;
Tout ce qui tombe d'en haut
Le tien de rien n'endommage.

Ie me tairay donc, diſant
Que ta meilleure nature,
D'vn threſor riche à préſent
Nous donne en toy ouuerture.
                    A Dieu.

DES

SOMMAIRE

DES QUATRE TRAITÉS

DE BERNARD PALISSY,

Intitulés : Recepte veritable par laquelle tous les hommes de la France pourront apprendre à multiplier & augmenter leurs thresors, &c.

*L*E *premier Traité de ce livre renferme des idées sur l'agriculture ; rien n'annonce autant l'esprit de patriotisme que ce qui suit & que Palissy adresse à ses compatriotes au sujet de son livre,* que ie peux entreprendre selon la suffisance du peu de cognoissance que i'ay de ce que la terre & la nature retiennent de plus secret & incogneu au centre de leurs entrailles, afin que le proufit de ce talent, comme il m'est gratuitement donné par la faueur d'en haut, aussi ne voulant en iouir seul, ny en posseder le bien, ie desire le communiquer au public de ma patrie par ce liure que ie luy desdie, où se voyent les plus rares & singuliers secrets de la nature, & ceux de la parfaite agriculture reduits par vne methode de si facile cognoissance que les esprits les plus grossiers & ignorans n'auront peine de le comprendre.

Q q q

*Il dit qu'il a eu en vue d'être utile à sa patrie en s'occu-
pant de la maniere la plus propre à fortifier une place dans
un genre qui n'avoit été connu jusqu'alors de personne. Il
craint à sujet qu'on ne le blâme de cette entreprise qui paroit au-dessus de son état,* d'autres aussi pourroyent attribuer
à mon peu de practique & à l'indignité de ma basse & vile
vacation, les choses que ie remarque en ce liure pour fortifier vne ville & vne place importante: *mais voici comme
il tâche de se justifier;* la fortification d'vne place consiste
en traits & lignes de geometrie & ceux qui me connoissent
sçauent que ie ne suis point ignorant en cela.

*Il comprend qu'il étoit nécessaire d'accompagner de plans
& de dessins ce qu'il a écrit sur la maniere de construire
un iardin delectable, & de fortifier une ville : mais il
nous dit à ce sujet,* ie n'ay point mis en ce liure le plan
du iardin auec les façons que ie dis y estre necessaires,
ny de la ville ou place qui se peut fortifier par les raisons que i'en donne, d'autant que mon indigence & l'occupation de mon art ne m'en ont donné le moyen & le
temps.

*Comme c'étoit le premier ouvrage que Palissy rendoit
public, il prévient les lecteurs sur son style & sa maniere
d'écrire, & il s'appuie sur son état & sa profession, pour
s'excuser sur son peu de capacité dans l'art de s'énoncer,*
quoique le style (de cet œuure) soit rude & mal plaisant,
i'estime que s'il s'y trouue quelque faute, que leur prudence
sçaura très-bien excuser la capacité petite de l'auteur & l'indignité de sa condition pour escrire & parler de telles matieres: ie ne suis Poete ny Orateur, mais simple artisan sans
lettres, & neantmoins l'intention n'est pas moins louable que

fi c'eftoit l'ouurage d'vn parfait Orateur : i'aime mieux peindre la verité toute nue & fans fard par vn pinceau ruftique
que de la corrompre par la couleur apparente du menfonge.

*Si Paliffy eût été tout autre qu'un ouvrier en poterie, on pour-
roit regarder cet énoncé comme l'ouvrage d'une fauffe modeftie,
car en voulant nous prévenir lui-même contre fon ftyle, il
nous démontre & nous prouve par le fait que perfonne n'écrivit mieux que lui : c'eft une chofe bien finguliere en effet
que de voir un artifan fans lettres & fans culture s'énoncer
de la maniere la plus claire & la plus énergique fur des matieres le plus fouvent très-abftraites & très-compliquées, faire
ufage des termes les plus propres & du plus heureux choix ;
écrire conftamment du ton le plus naturel & le plus capable
d'inftruire en infpirant de l'intérêt ; finir fouvent par nous
offrir une fuite de tableaux qui caractérifent le grand peintre. C'eft ici qu'on peut dire avec raifon que fon livre, à ne
le confiderer même que du côté du ftyle & de la diction,
eft bien fupérieur à celui de Montagne. Ce dernier dont les
éditions multipliées à l'infini font entre les mains d'un chacun, s'eft acquis une réputation plus univerfelle : mais Paliffy l'auroit emporté fur lui fi la rareté des exemplaires de
fon livre, n'avoit privé la plupart des fçavans de connoître
& de méditer cet auteur. Je ne puis en vérité me refufer à de
juftes tribus d'éloges fur le mérite de Paliffy, toutes les fois
que l'occafion s'en préfente ; c'eft en lifant, c'eft en étudiant
fouvent fes ouvrages, que j'ai pris pour lui cet enthoufiafme
qui m'invite à jetter de tems en tems des nouvelles fleurs fur
fa cendre.*

*Le premier des Traités du livre que nous annonçons ici
eft confacré, ainfi que je l'ai déja obfervé à l'agriculture ;*

Palissy y traite fort au long des engrais & de la maniere de les employer : c'est sur ce point essentiel qu'est fondée la base de la meilleure culture ; la végétation enlevant une très-grande quantité de principes productifs à la terre ; c'est à l'aide des engrais qu'il faut les lui restituer, & les engrais ne sont pour l'ordinaire que les restes, que les détrimens de ces mêmes végétaux, ou de différentes substances animales, riches en molécules propres au développement & à l'accroissement des plantes.

C'est à ce sujet qu'il entre dans divers détails sur les sels qu'on peut extraire des végétaux par la combustion ou par d'autres moyens. Après avoir discuté assez au long cette partie, il traite de la coupe des arbres, releve les fautes qui se commettent journellement dans l'exploitation des bois & donne des principes excellens sur la maniere de couper & de tailler les différens arbres : il parle encore ici de la végétation & des principes salins qui en sont la base. Les sels le conduisent à faire un retour sur les différentes substances où on les trouve combinés, ce qui l'engage à examiner avec assez de détail, les pierres calcaires, celles qui sont vitrifiables, les cristaux, les pierres précieuses, les marnes, &c. On voit en un mot par la variété des matieres & par le peu d'ordre & de méthode qui y regne, que ce premier ouvrage de Palissy n'étois qu'une espece d'ébauche des différens Traités qu'il développa plus au long dans la suite & dont il forma autant de discours séparés.

Un goût constant & décidé pour l'étude & la contemplation de la nature, une imagination vive, mais reglée par la méditation, une ame sensible à l'excès, mais remplie de candeur & de vertu, portée cependant à la mélancolie par les malheurs des tems & les perſécutions de religion , tout avoit concouru en un mot à inſpirer à Paliſſy le deſir de la tranquillité, de la retraite & de la ſolitude : ce fut dans cette idée qu'il ſe plut à former le deſſin ingénieux d'un jardin auſſi agréable que pittoreſque , qui pouvoit à la vérité exiger des dépenſes conſidérables dans le principe , mais qui annonçoit dans l'inventeur une imagination fertile & ſinguliere : c'eſt là qu'on retrouve non-ſeulement la plupart des tableaux variés de ces jardins enchanteurs dont on fait honneur aux Anglois , mais l'on y remarque encore une multitude de détails qui manquent à ces derniers & qui tendroient cependant à en augmenter les beautés.

Rien n'eſt ſi varié, ſi ſéduiſant, ſi poétique que la narration du ſonge heureux que lui avoit occaſionné le projet de ſon jardin ; il fait paſſer à ce ſujet ſous les yeux du lecteur une multitude de payſages qui tranſportent l'ame , & c eſt par ce trait unique de morale que je vais rapporter qu'il finis cette eſpece d'apologue. Item, m'eſtoit auis que i'entendois la voix de pluſieurs Vierges qui gardoyent leurs troupeaux, pareillement me ſembloit que i'oyois certains bergers iouant melodieuſement de leurs flaiols : & lors me ſembloit que ie diſois en moy-meſme, ie m'eſmerueille d'un tas de fols laboureurs que ſoudain qu'ils ont vu peu de bien qu'ils auront gaigné auec grand labeur en leur ieuneſſe, ils auront après honte de faire leurs enfans de leur état de labourage, ains les feront du premier iour plus grands qu'eux-meſmes, les faiſant communement de la Practique, & ce que le pauure homme aura gaigné à grand peine & labeur, il en deſpendra vne grande partie à faire ſon fils Monſieur, lequel Monſieur aura enfin honte de ſe trouuer en la compagnie de ſon pere, & ſera

defplaifant qu'on dira qu'il eft fils d'vn laboureur ; & fi de cas
fortuit le bon homme a certains autres enfans, ce fera ce
Monfieur là qui mangera les autres & aura la meilleure part
fans auoir efgard qu'il a beaucoup couflé aux efcholes pendant que fes autres freres cultiuoyent la terre auec leur pere.

*On voit par ce récit que les gens de la campagne natu-
rellement enclins aux procès, ont eu de tout tems un goût
décidé pour placer leurs enfans dans les routes de la chicane &
que ce goût n'a fait que fe perpétuer & s'accroître, car un
payfan de nos jours qui eft un peu dans l'aifance ne manque pas de faire fon fils aîné Vicaire, ou Notaire, ou Procureur de village, & fi Monfieur l'Abbé devient Curé, il ne
tardera pas pour l'ordinaire de chercher difpute à fon Seigneur, quelquefois même à fon Evêque, tandis que Monfieur
le praticien fomentera la divifion dans les familles, fera
naître des procès, défolera la banlieue, & finira fouvent par
chaffer fon pere de fa propre maifon. Paliffy avoit donc bien
raifon d'attaquer un pareil abus ; il ne fait pas grace non
plus à plufieurs Evêques, Cardinaux, Prieurs, Abbés, Mo-
nafteres & Chapitres, qui détruifoient impitoyablement les
plus belles forêts de la France pour fe procurer des revenus
plus confidérables, fous le prétexte fpécieux des défrichemens
mille fois plus nuifibles qu'avantageux à l'agriculture.*

*C'eft après avoir fini la defcription de fon jardin que notre
auteur fatisfait ce femble de fon ouvrage, s'engage & donne
fous le voile de la plaifanterie un libre effort à fon imagination en traçant des leçons de morales fi excellentes qu'on
ne peut en fentir la fineffe qu'en les rendant mot à mot.*
Lors ie voulus fçauoir, *nous dit-il,* quelles efpeces de fo-

lies eftoyent en l'homme qui le rendoyent ainfi difforme &
mal proportionné : mais ne le pouuant fçauoir ny cognoiftre par l'art de Geometrie, ie m'aduifay de l'examiner par
vne philofophie alchimiftale qui fut le moyen que ie vins
foudain ériger plufieurs fourneaux propres à cette affaire ;
les vns pour putrefier, les autres pour calciner ; aucuns autres pour examiner, aucuns pour fublimer & autres pour
diftiller. Quoy fait ie prins la tefte d'vn homme & ayant tiré
fon effence par calcinations, diftillations, fublimations &
autres examens faits par matrats, cornues & bainfmarie,
& ayant féparé toutes les parties terreftres de la matiere
exalatiue, ie trouuay que veritablement en l'homme il y
auoit vn nombre infini de folies, que quand ie les eu ap-
perçues, ie tombay quafi en arriere comme pafmé à caufe
du grand nombre de folies que i'auois apperçeu en ladite
tefte. Lors me print foudain vne curiofité & enuie de fçauoir qui eftoit la caufe de fes grandes folies, & ayant examiné de bien près mon affaire, ie trouuay que l'auarice &
ambition auoit rendu prefque tous les hommes fols, & leur
auoit quafi pouri toute la ceruelle, &c. *Il analife après cela la*
tête d'un fripon de marchand, celle d'un jeune étourdi, celle
d'un Officier de Robe Longue, celle de la femme de cet Of-
ficier, qui étoit glorieufe & coquette, &c.

C'eft ainfi qu'après s'être égayé fur un fujet de philofo-
phie & de morale, il va fe rappeller les malheurs occafion-
nés par les troubles de Religion : fi tu auois veu , dit il, les
horribles debordemens des hommes que i'ay veu durant ces
troubles, tu n'as cheueux en la tefte qui n'euffent tremblé
craignant de tomber à la mercy de la malice des hommes.
Et celuy qui n'a iamais veu ces chofes, il ne fcauroit iamais

penſer combien la guerre eſt grande & horrible. *C'eſt d'après
une telle idée dont le ſouvenir révoltoit ſon imagination,
qu'il ſe mit en tête d'écrire ſur l'art de fortifier une ville
d'une maniere auſſi ſûre que neuve. Il entre à ce ſujet dans
tous les détails relatifs à ſon plan & termine ſon ouvrage
par ce quatrieme livre ſur l'art de fortifier une ville d'une
maniere inconnue juſqu'alors.*

LIURE PREMIER.

DE L'AGRICULTURE.

Pour auoir plus facile intelligence du prefent difcours, nous le traiterons en forme de Dialogue, auquel nous introduirons deux perfonnes, l'vne demandera, l'autre refpondra comme s'enfuit.

Puifque nous fommes fur les propos des honneftes delices & plaifirs, ie te puis affeurer qu'il y a plufieurs iours que i'ay commencé à tracaffer d'vn cofté & d'autre pour trouuer vn lieu montueux, propre & convenable pour edifier vn iardin pour me retirer & recréer mon efprit en temps de diuorces, peftes, epidimies & autres tribulations defquelles nous fommes à ce iourd'huy grandement troublez.

DEMANDE.

IE ne puis clairement entendre ton deffein, par ce que tu dis que tu cherches vn lieu montueux pour faire vn iardin delectable. C'eft vne opinion contraire à celle de tous les antiques & modernes: car ie fay qu'on cherche communement les lieux planiers pour edifier iardins ; aufli fçay-ie bien que plufieurs ayant des boffes & terriers en leurs iardins, fe font conftituez en grands fraix pour les applanir. Quoy confideré, ie te prie me dire la caufe qui t'a meu de chercher vn lieu montueux pour edifier ton iardin.

RESPONCE. Quelques iours après que les efmotions & guerres ciuiles furent appaifées, & qu'il eut pleu à Dieu nous enuoyer fa paix, i'eftois vn iour me pourmenant le long

de la prairie de cette ville de Xaintes, près du fleuue de
Charante, & ainsi que ie contemplois les horribles dangers
desquels Dieu m'auoit garanti au temps des tumultes & horribles troubles passez, i'ouy la voix de certaines vierges qui
estoyent assises sous certaines aubarées, & chantoyent le
Pseaume cent quatriesme. Et par ce que leur voix estoit
douce & bien accordante, cela me fit oublier mes premieres
pensées; & m'estant aresté pour escouter ledit Pseaume, ie
laissay le plaisir des voix & entray en contemplation sur le
sens dudit Pseaume, & ayant noté les poincts d'iceluy, ie
fus tout confus en admiration sur la sagesse du Prophete
Royal, en disant en moi-mesme: ô diuine & admirable
bonté de Dieu! A la mienne volonté, que nous eussions les
œuures de tes mains en telle reuerence, comme le Prophete
nous enseigne en ce Pseaume. Et deflors ie pensay de
figurer en quelque grand tableau les beaux paysages que le
Prophete descrit au Pseaume susdit : mais bien-tost après mon
courage fut changé, veu que les peintures sont de peu de
durée, & pensay de trouuer vn lieu conuenable pour edifier
vn iardin iouxte le dessin, ornement & excellente beauté, ou
partie de ce que le Prophete a descrit en son Pseaume, &
ayant desia figuré en mon esprit ledit iardin, ie trouuay que
tout par vn moyen, ie pourrois auprès dudit iardin edifier
vn Palais, ou amphitheatre de refuge, qui seroit vne sainte
delectation, & honneste occupation de corps & d'esprit.

DEMANDE. Ie te trouue fort esloingné de toute opinion
commune en deux instances : la premiere est, par ce que tu
dis qu'il est requis trouuer vn lieu montueux pour edifier vn
iardin delectable; & l'autre, par ce que tu dis que tu voudrois aussi edifier vn amphitheatre de refuge, pour les Chres-
tiens exilez : ce que ne puis prendre à la bonne part. Considere
que nous auons la paix, aussi que nous esperons que de brief

on aura liberté de prefcher par toute la France, & non-
feulement en la France, mais auffi par tout le monde ; car il
eft ainfi efcrit en Saint Mathieu, chapitre XXIV, là où le
Seigneur Dieu dit, que l'Euangile du Royaume fera prefché en l'vniuerfel monde en tefmoignage à toutes gens.
Voilà qui me fait dire & affeurer qu'il n'eft plus de befoin
de chercher des Citez de refuge pour les Chreftiens.

RESPONCE. Tu as fort mal confideré les fentences du nouueau Teftament: car il eft efcrit que les enfans & efleus de
Dieu feront perfecutez iufques à la fin, & chaffez & moquez,
bannis & exilez. Et quant à la fentence que tu as amenée,
efcrite en Saint Mathieu, vray eft qu'il eft efcrit que l'Euangile du Royaume fera prefché à l'vniuerfel monde; mais il
ne dit pas qu'il fera reçeu de tous ; mais bien dit qu'il fera
en tefmoignage à tous, fçauoir eft pour iuftifier les croyans
& pour condamner iuftement les infideles. Suyuant quoy il
eft à conclure que les peruers & iniques, fymoniaques, auaricieux & toute efpece de gens mefchans, feront toufiours
prefts à perfecuter ceux qui par lignes directes voudront fuyure les ftatuts & ordonnances de noftre Seigneur.

DEMANDE. Quant au premier point, ie te donne gaigné,
mais quand eft de ce que tu dis, qu'il eft requis vn lieu montueux pour edifier iardins, ie ne puis à ce accorder.

RESPONCE. Ie fay que toute folie accouftumée eft prinfe
comme par vne loy & vertu : mais à ce ie ne m'arrefte &
ne veux aucunement eftre imitateur de mes predeceffeurs,
finon en ce qu'ils auront bien fait felon l'ordonnance de Dieu.
Ie vois de fi grands abus & ignorances en tous les arts, qu'il
femble que tout ordre foit la plus grande part peruerti, &
qu'vn chafcun laboure la terre fans aucune philofophie, &
vont toufiours le trot accouftumé, en enfuiuant la trace de

leurs predecesseurs sans considerer les natures ny causes principales de l'agriculture.

DEMANDE. Tu me fais à ce coup plus esbahir de tes propos, que ie ne fus oncques. Il semble à t'ouyr parler, qu'il est requis quelque philosophie aux laboureurs, chose que ie trouue estrange.

RESPONCE. Ie te dis, qu'il n'est nul art au monde, auquel soit requis vne plus grande philosophie qu'à l'agriculture, & te dis, que si l'agriculture est conduite sans philosophie, que c'est autant que iournellement violer la terre, & les choses qu'elle produit, & m'esmerueille que la terre & natures produites en icelle, ne crient vengeance contre certains meurtrisseurs, ignorans & ingrats, qui iournellement ne font que gaster & dissiper les arbres & plantes sans aucune consideration. Ie t'ose aussi bien dire, que si la terre estoit cultiuée à son deuoir, qu'vn iournau produiroit plus de fruit que non pas deux, en la sorte qu'elle est cultiuée iournellement. Te souuient-il point auoir leu vne histoire, qu'il y auoit vn certain personnage (*) agriculteur, qui estoit si

---

(*) C'est Pline qui nous rapporte dans son Histoire Naturelle, Livre XVII, que C. Furius Ctesinus Affranchi, fut le personnage agriculteur dont Palissy fait mention, *in invidia magna erat, ceu fruges alienas pelliceret veneficiis.* Sp. Postumius Albinus Ædile Curule, le fit citer devant lui pour se justifier. Il se présenta avec sa famille & les instrumens de son labourage en disant *Veneficia mea, Quirites, hæc sunt, nec possum vobis ostendere, aut in forum adducere lucubrationes meas, vigiliasque & sudores.* Ce brave homme fut absous par tous ceux qui étoient dans le Tribunal. Ce fait historique a été peint d'une maniere supérieure, par M. Brenet, pour M. l'Abbé Terray, Ministre d'Etat; il est un des principaux ornemens de sa gallerie. Ce tableau a tant d'effet, que M. d'Angivilliers, Directeur des bâtimens, vient de charger le même Peintre de le faire en grand pour être exécuté en tapisserie aux Gobelins. *Note communiquée.*

très-bon philofophe, & fubtil ingenieux, que par fon labeur & induftrie, il faifoit qu'vn peu de terre qu'il auoit,
luy rendoit plus de fruit que non pas vne grande quantité
de celles de fes voifins, dont s'en enfuiuit vne enuie : car fes
voifins voyant telles chofes, furent marris de fon bien, &
l'accuferent qu'il eftoit forcier, & que par fa forcelerie, il
faifoit que fa terre portoit plus de fruit que non pas celles de
fes voifins. Quoy voyant les Iuges de la Cité, le firent con-
uenir, pour luy faire declarer, qui eftoit la caufe que fes
terres apportoyent fi grande abondance de fruits : quoy voyant
le bon homme, print fes enfans & feruiteurs, fon chariot &
haftelage, & auec ce plufieurs outils d'agriculture, lefquels
il alla exiber deuant les Iuges, en leur remonftrant que la
forcelerie de laquelle il vfoit en fes terres, eftoit le propre
labeur de fes mains, & des mains de fes enfans & feruiteurs
& les diuers outils qu'il auoit inuentez, dont le bon homme
fut grandement loué, & renuoyé en fon labourage : & par
tel moyen l'enuie de fes voifins fut amplement cogneue.

DEMANDE. Ie te prie dis moy en quoy eft-ce qu'il eft befoin que les laboureurs ayent quelque philofophie : car ie
fay que plufieurs fe moqueront d'vne telle opinion : *donnez
vous garde d'eftre feduit par vaines philofophies.*

RESPONCE. Tu t'abufes en m'alleguant ce paffage de Saint
Paul en cet endroit, d'autant qu'il ne fait rien contre moy :
car quand Saint Paul dit, donnez vous garde d'eftre féduits
par philofophie, il adioufte vaine, mais celle dont ie te
parle n'eft point vaine, ains eft approuuée bonne, mefme
par Saint Paul ; mais tu dois entendre que quand Saint
Paul efcrit qu'on fe donne garde de vaine philofophie, il
parle à ceux qui par philofophie humaine vouloyent cognoiftre Dieu. Parquoy ie conclus que cela ne fait rien
contre mon opinion. Comment cuides-tu qu'vn labou-

reur cognoiſtra les ſaiſons de labourer, planter ou ſemer, ſans philoſophie ? Ie t'oſe bien dire qu'on pourra labourer la terre en telle ſaiſon, que cela luy cauſera plus de dommage que de proufit. Item, comment cognoiſtra vn laboureur la difference des terres ſans philoſophie ? Les vnes ſont propres pour les fromens, les autres pour les ſeigles, les autres pour les pois & autres pour les fefues. Les fefues creuës en vn champ, ſont cuiſantes, & tout auprès d'icelles y aura vn autre champ, duquel les fefues qui y ſeront produites, ne ſeront iamais cuiſantes ; pareillement en eſt-il de toutes eſpeces de legumes. Auſſi il y a des eaux, deſquelles les legumes ne pourront cuire, & il y a d'autres eaux, deſquelles les legumes ſeront cuiſantes. Brief, il eſt impoſſible de te pouuoir reciter combien la philoſophie naturelle eſt requiſe aux agriculteurs ; & ce n'eſt ſans cauſe que ie t'ay mis ces propos en auant : car les actes ignorans que ie voy tous les iours commettre en l'art d'agriculture, m'ont cauſé pluſieurs fois me tourmenter en mon eſprit & me colerer en ma ſeule penſée, par ce que ie voy qu'vn chaſcun taſche à s'agrandir & cherche des moyens pour ſuccer la ſubſtance de la terre ſans y trauailler, & cependant on laiſſe les pauures ignares pour le cultiuement de la terre, dont s'enſuit que la terre & ce qu'elle produit eſt ſouuent adulterée, & eſt commiſe grande violence ès beſtes bouines que Dieu a creées pour le ſoulagement de l'homme.

DEMANDE. Ie te prie me monſtrer quelque faute commiſe en l'agriculture, afin de me faire croire ce que tu dis.

RESPONCE. Quand tu iras par les villages, conſidere vn peu les fumiers des laboureurs, & tu verras qu'ils les mettent hors de leurs eſtables, tantoſt en lieu haut, tantoſt en lieu bas, ſans aucune conſideration, mais qu'il ſoit appilé, il leur ſuffit ; & puis prens garde au temps des pluyes, & tu verras

que les eaux qui tombent fur lefdits fumiers , emportent vne
teinture noire en paſſant par ledit fumier , & trouuant le
bas, pente ou inclination du lieu où les fumiers feront mis,
les eaux qui paſſeront par lefdits fumiers emporteront ladite
teinture qui eſt la principale & le total de la ſubſtance du
fumier ; parquoy le fumier ainſi laué , ne peut feruir , finon
de parade : mais eſtant porté aux champs, il n'y fait aucun
proufit. Voila doncques vne ignorance manifeſte, qui eſt grandement à regretter?

DEMANDE. Ie ne crois rien de cela, fi tu ne me donnes
autre raifon.

RESPONCE. Tu dois entendre premierement la caufe pourquoy on porte le fumier au champ, & ayant entendu la
caufe, tu croiras aifement ce que ie t'ay dit. Il faut que tu
me confeffes que quand tu apportes le fumier au champ ,
que c'eſt pour luy rebailler vne partie de ce qui luy a eſté
oſté : car il eſt ainſi qu'en femant le bled, on a efperance qu'vn
grain en apportera pluſieurs : or cela ne peut eſtre fans prendre quelque fubſtance de la terre, & fi le champ a eſté femé
pluſieurs années, fa fubſtance eſt emportée avec les pailles
& grains. Parquoy il eſt befoin de rapporter les fumiers ,
boues & immondicitez , & mefme les excremens & ordures ,
tant des hommes que des beſtes, fi poſſible eſtoit, afin de
rapporter au lieu la mefme fubſtance qui luy aura eſté oſtée,
& voilà pourquoy ie dis que les fumiers ne doiuent eſtre mis
à la mercy des pluyes, par ce que les pluyes en paſſant par
lefdits fumiers, emportent le fel, qui eſt la principale fubſtance & vertu du fumier.

DEMANDE. Tu m'as dit à prefent vn propos qui me fait
plus refuer que tous les autres , & fay que pluſieurs fe moqueront de toy, par ce que tu dis qu'il y a du fel ès fumiers ,

ie te 'prie donne moy quelque raison apparente pour me le faire croire.

RESPONCE. Par cy-deuant tu trouuois estrange que ie te disois qu'il est requis aux laboureurs quelque philosophie, & à present tu me demandes vne raison qui est assez despendante de mon premier propos. Ie te la diray, mais ie te prie l'auoir en telle estime, comme elle le requiert de soy; en attendant icelle, tu entendras plusieurs choses que par cy-deuant tu as ignoré. Note doncques, qu'il n'est aucune semence tant bonne que mauuaise, qui n'apporte en soy quelque espece de sel, & quand les pailles, foins & autres herbes sont putrefiées, les eaux qui passent à trauers, emportent le sel qui estoit esdites pailles & autres herbes ou foins; & tout ainsi comme tu vois qu'vn merlu salé ou autre poisson, qui auroit long temps trempé, perdroit enfin toute sa substance salsitiue, & enfin n'auroit aucun goust; en cas pareil te faut croire que les fumiers perdent leur sel quand ils sont lauez des pluyes.

Et quant est de ce que tu me pourrois alleguer en disant que le fumier demeure fumier, & qu'estant porté en la terre il pourra encore beaucoup seruir, ie te donneray vn exemple contraire. Ne sçais-tu pas bien que ceux qui tirent *les* essences des herbes & espiceries, ils tireront la substance de la canelle sans desfaire aucunement la forme? Toutesfois tu trouueras qu'en la liqueur qu'ils auront tiré de la canelle, ils auront emporté de ladite canelle la saueur, la senteur, & entierement la vertu d'icelle; ce néantmoins la canelle demeurera en sa forme, & aura apparence de canelle comme auparauant; mais si tu en manges, tu n'y trouueras ny senteur, ny saueur, ny vertu. Voila vn exemple qui doit suffire pour te faire croire ce que dessus.

DEMANDE.

Demande. Quand tu m'aurois prefché l'efpace de cent ans, fi eft-ce que tu ne me fçaurois faire croire qu'il y euft du fel ès fumiers, ny à toutes efpeces de plantes, comme tu me veux faire croire.

Responce. Ie te donneray à prefent des argumens qui te feront croire ce que tu ignores, ou bien il faudroit que tu euffes la tefte d'vn afne fur tes efpaules. En premier lieu il faut que tu me confeffes que le falicor eft vne herbe qui croift communement ès terres des marais de Narbonne & de Xaintonge. Or ladite herbe eftant bruflée, fe reduit en pierre de fel, lequel fel les Apoticaires & Philofophes Alchimiftals appellent *fal alcaly*: brief, c'eft vn fel proeuenu d'vne herbe.

Item, la fougere auffi eft vne herbe, & eftant bruflée, fe reduit en pierre de fel, tefmoins les verriers qui fe feruent dudit fel à faire leurs verres, auec autres chofes que nous dirons quand le propos fe prefentera, en traitant des pierres. Item, confidere vn peu les cannes defquelles on fait le fucre, c'eft vne herbe nouée, & creufe comme vne iambe de feigle, faite en façon de rofeau; ce neantmoins, d'icelle herbe le fucre eft tiré, qui n'eft autre chofe que fel. Vray eft que tous les fels n'ont pas vne mefme faueur, ny vne mefme vertu, & ne font vne mefme action; neantmoins ie te puis affeurer qu'il y a vn nombre infini d'efpeces de fels fur la terre. Si elles n'ont vne mefme faueur & vne mefme apparence, & vne mefme action, cela n'empefche toutesfois qu'elles ne foyent fel, & t'ofe bien dire de rechef, & fouftenir hardiment qu'il n'eft aucune plante, ny efpece d'herbes fur la terre, qu'elle n'aye en foy quelque efpece de fel, & te dis encores qu'il n'eft nul arbre de quelque genre que ce foit, qu'ils n'en aye confequemment les vns plus & les autres moins. Et qui plus eft, ie t'ofe dire que s'il ny auoit du fel ès fruits qu'ils n'auroyent ne faueur, ne vertu, ne odeur, & ne pourroit-on empefcher qu'ils ne fuffent putrefiez, & afin que tu ne difes que ie parle fans raifon, ie te baille en premier lieu le principal fruit qui eft à noftre vfage, à fça-uoir le fruit de la vigne. Il eft chofe certaine, que la lie du vin eftant bruflée, elle fe reduit en fel, que nous appellons fel de tartre : or ce fel eft grandement mordicatif & cor-rofif. Quand il eft mis en lieu humide, il fe reduit en huile de tartre, & plufieurs gueriffent les enderces de ladite huile, par ce qu'elle eft corrofiue. Le fel de l'herbe falicor, quand il eft tenu en lieu humide, il eft auffi oligineux comme celuy de tartre. Voila des raifons qui te doiuent faire croire qu'il y a du fel aux arbres & plantes.

Qui me demanderoit combien il y a d'efpeces de fel, ie voudrois refpondre qu'il y en a d'autant d'efpeces que de di-uerfes faueurs. Il eft doncques à conclure que le fel du poiure & de la maniguette eft plus corrofif que celuy de la canelle, & que de tant plus les vins font forts & puiffans, de tant plus il y a abondance de fel, qui caufe la force & vertu dudit vin.

Qu'ainfi ne foit, contemple vn peu les vins de Montpel-lier, ils ont vne puiffance & force admirable, tellement que les rapes de leurs raifins, bruflent & calcinent les lamines d'airain, & les reduifent en verd de gris : & fi quelqu'vn ofe dire que cela ne fe fait par la vertu du fel qui eft auf-dites rapes, mon dire eft aifé à verifier, par ce que c'eft chofe certaine, que fi on met du fel commun ou du fel de tartre dedans vne poele d'airain, elle deuiendra verde en moins de vingt & quatre heures, pourueu que le fel foit diffout, & cela fe fera à caufe de fon acreté. Voila vn ar-gument qui te doit fuffire pour le tout, toutesfois pour mieux te faire entendre ces chofes, ie te veux apprendre a

prefent de tirer du fel de toutes efpeces d'arbres, herbes &
plantes, & fi te le feray entendre prefentement, fans mettre la main à l'œuure. Tu me confefferas aifement que toutes
cendres font aptes à la buée, auffi tu me confefferas qu'elles
ne peuuent feruir qu'vne fois en ladite buée; fi tu me confeffes cela, c'eft affez: car par là tu dois entendre que le fel
qui eftoit aux cendres, s'eft diffout & meflé parmy la leffiue,
& cela a caufé d'emporter les faletez & ordures des linges,
à caufe de la la modication: dont s'enfuit que la leffiue eft
teinte & oligineufe dudit fel, qui eft diffout parmi, & la
leffiue eftant venu en fa perfection, elle a emporté tout le
fel qui eftoit aufdites cendres, d'où vient que les cendres demeurent alterées & inutiles, & la leffiue qui a emporté le
fel defdites cendres, a toufiours quelque vertu de nettoyer.
Si tu ne veux croire ces raifons, prends vn chauderon de
leffiue, & le fais bouillir iufques à ce que l'humide foit tout
euaporé, & lors tu trouueras le fel au fonds de la chaudiere.

Si les argumens fufdits ne font fuffifans, prends garde à la
fumée du bois; car il eft ainfi que les fumées de toute efpece de bois font cuire les yeux & endommagent la veue, &
ce, pour caufe de certaine falfitude qu'elle attire du bois,
lors que les autres humeurs font exalées par la vehemence
du feu, qui chaffe les matieres haineufes & humides: &
qu'ainfi ne foit, tu cognoiftras, lors que tu feras bouillir l'eau
dans quelque chaudiere, par ce que la fumée de ladite eau
ne te nuira aucunement à la veue, combien que tu prefente
les yeux fur ladite fumée; & pour mieux encores te prouuer qu'il y a du fel ès bois & plantes, confidere l'efcorce de
laquelle les Taneurs courrayent leur peaux; fi elle eft feiche & puluerifée, elle endurcit & garde de putrefier les
peaux de bœufs & autres beftes. Cuides-tu que les efcorces
de chefne euffent vertu d'empefcher la putrefaction defdites

peaux, fans qu'il y euſt du fel eſdites eſcorces? Non pour vray, & ſi ainſi eſtoit que l'eſcorce euſt cette vertu, elle pourroit ſeruir pluſieurs fois, mais dès qu'elle a ſerui vne fois, l'humidité de la peau a fait attraction & a diſſout le fel qui eſtoit en l'eſcorce, & l'a prins & attiré à ſoy, pour ſe fortifier & endurcir; & ainſi ladite eſcorce ne ſert plus de rien que de mettre au feu, après qu'elle a ſerui vne fois ſeulement.

Autre exemple. Il me ſouuient auoir veu certaines pierres qui eſtoyent faites de paille bruſlée, ce qui ne peut eſtre fait ſans que leſdites pailles tiennent en ſoy grande quantité de fel (2). Item, le feu ſe print vne fois à vne grange pleine de foin, le feu fut ſi grand, que ledit foin enfin fut reduit en pierre, de la maniere que ie t'ay conté du ſalicor & de la fougere: mais par ce qu'en iceluy foin il y a moins de fel qu'au ſalicor & au tartre, leſdites pierres de foin & de paille ne ſont ſuiettes à diſſolution, ains endurent l'iniure du temps comme pourroit faire vn lopin d'excrement de fer. Ie ſay auſſi que pluſieurs verriers de ceux qui font les verres des vitres, ſe ſervent de la cendre du bois de ſayan (*) en lieu de ſalicor, qui vaut autant à dire, que la cendre dudit ſayan n'eſt autre choſe que fel: car autrement elle ne pourroit ſeruir à cette affaire.

---

(2) Il faut croire que Paliſſy en faiſant mention de ces eſpeces de pierres faites avec de la paille brûlée, n'entend parler que de certaines terres miſes en fuſion par quelques perches de pailles où le feu aura pris accidentellement; on comprend dès lors ce qu'il veut dire, parce qu'il peut arriver en effet qu'un volume conſidérable de paille enflammée produiſe à l'aide de l'alkali, qui ſe trouve dans les cendres & de la terre voiſine, des matieres à demi vitrifiées, des eſpeces de porcelaines opaques qui imitent en quelque ſorte les ſubſtances pierreuſes: je crois ſi je ne me trompe, que ce n'eſt que dans ce ſens que ce paſſage peut être entendu.

(*) Heſtre

Quand ie voudrois mettre par efcrit tous les exemples que
ie pourrois trouuer, il me faudroit vn bien long temps; mais
pour conclufion, ie te dis comme cy-deffus, qu'il y a vn nombre infini d'efpeces de fel, voire autant d'efpeces diuerfes,
que de diuerfes faueurs. La couperofe & vitriol ne font que
fel, le borrax n'eft que fel, & le nitre fel. Ie te dis que fans
qu'il y euft du fel en toutes chofes, elles ne pourroyent fe
fouftenir, ains foudain feroyent putrefiées & annichilées.

Le fel affermit & garde de putrefier les lards & autres
chairs, tefmoins les Egyptiens qui faifoyent de grandes pyramides pour garder les corps de leurs Roys trefpaffez; &
pour empefcher la putrefaction defdits corps, ils les pou-
droyent de nitre, qui eft vn fel, comme i'ay dit, de certaines efpiceries qui tiennent en foy grande quantité de fel; &
par tel moyen leurs corps eftoyent conferuez fans putrefaction; mefme iufques à ce iourd'huy on en trouue encores efdites pyramides, qui ont efté fi bien conferuez, que la chair
defdits morts fert auiourd'huy d'vne medecine qu'on appelle
Momie.

Ie te demande, as-tu pas veu certains laboureurs, que
quand ils veulent femer une terre deux années fuyuantes, ils
font brufler le gleu ou paille du refte du bled qui aura efté coupé, & en la cendre de ladite paille fera trouué le fel que
la paille auoit attiré de la terre, lequel fel demeurant dans
le champ, aidera de rechef à la terre; & ainfi la paille
eftant bruflée dedans le champ, elle feruira d'autant de fumier, par ce qu'elle laiffera la mefme fubftance qu'elle auoit
attirée de la terre. Il eft temps que ie face fin à ce propos:
car fi tu ne veux croire les raifons fufdites, ce feroit grand
folie de te donner autres exemples; toutesfois, par ce que
noftre propos a efté dès le commencement pour te monftrer
que les pluyes emportent le fel des fumiers qui font au def-

couuert, ie te donneray encores pour conclurre mon propos, vn exemple qui te suffira pour le tout. Prends garde au temps de semailles, & tu verras que les laboureurs apporteront leurs fumiers aux champs, quelque temps auparauant semer la terre, ils mettront iceluy fumier par monceaux ou pilots dans le champ, & quelque temps après, ils le viendront espandre par tout le champ ; mais au lieu où ledit pilot de fumier aura reposé quelque temps, ils n'y laisseront rien dudit fumier, ains le ietteront deçà & delà, mais au lieu où ledit fumier aura reposé quelque temps, tu verras qu'après que le bled qui aura esté semé sera grand, il sera en cet endroit plus espois, plus haut, plus verd & plus gaillard que non pas ès autres endroits.

Par-là tu peux aisement cognoistre que ce n'est pas le fumier qui a causé cela, car le laboureur le iette autre part, mais c'est que quand ledit fumier estoit aux champs par pilots, les pluyes qui sont suruenues, ont passé à trauers desdits pilots de fumier iusques à la terre, & en passant ont dissout & emporté certaines parties du sel qui estoit audit fumier. Tout ainsi que tu vois que les eaux qui passent à trauers des terres salpestreuses, emportent auec elles le salpestre, & après que les eaux ont passé par lesdites terres, lesdites terres ne peuuent plus seruir à faire salpestre, car les eaux qui ont passé ont emporté tout le sel : autant en est-il des cendres, desquelles les salpestreurs se seruent, & semblablement de celles qui seruent aux buées, & voila pourquoy elles sont après inutiles, qui est le point qui te doit faire croire ce que ie t'ay dit dès le commencement : c'est à sçauoir que les eaux qui passent par les fumiers emportent tout le sel & rendent le fumier inutile, qui est vne ignorance de très-grand poids. Et si elle estoit corrigée, on ne sauroit estimer combien le proufit seroit grand. A la mienne

volonté, qu'vn chafcun qui verra ce fecret, foit auffi foigneux à te garder, comme de foy il le merite.

DEMANDE. Dis moy comment donc pourrois-ie garder de
gafter mon fumier ?

RESPONCE. Si tu veux que ton fumir te ferue à plein &
à outrance, il faut que tu creufes une foffe en quelque lieu
conuenable près de tes eftables, & icelle foffe creufée en
maniere d'vn claune, ou d'vn abreuuoir, faut que tu paues de
cailloux, ou de pierres, ou de brique ledit claune ou foffe,
& iceluy bien paué auec du mortier de chaux & de fable,
tu porteras tes fumiers pour garder en ladite foffe, iufques
au temps qu'il le faudra porter aux champs. Et afin que ledit fumier ne foit gafté par les pluyes, ny par le foleil, tu
feras quelque maniere de loge pour couurir ledit fumier,
& quand il viendra au temps des femailles, tu porteras ledit
fumier dans le champ, auec toute fa fubftance, & tu trouueras que le paué de la foffe ou receptacle aura gardé toute
la liqueur du fumier, qui autrement fe fuft perdue, & la terre
euft fuccé partie de la fubftance dudit fumier ; & te faut icy
noter, que fi au fonds de la foffe ou receptacle dudit fumier, fe trouue quelque matiere claire, qui fera defcendue
des fumiers, & que ladite matiere ne fe puiffe porter dans
des paniers, il faut que tu prennes des baffes qui puiffent
tenir l'eau, comme fi tu voulois porter de la vendange, &
lors tu porteras ladite matiere claire, foit vrine de beftes
ou ce que tu voudras; ie t'affeure que c'eft le meilleur du
fumier voire le plus falé : & fi tu le fais ainfi, tu rapporteras
à la terre la mefme chofe qui luy auoit efté oftée par les
accroiffemens des femences, & les femences que tu y mettras après, reprendront la mefme chofe que tu y auras porté.

Voila comment il faut qu'vn chafcun mette peine d'entendre fon art, & pourquoy il eft requis que les laboureurs,

ayent quelque philofophie : ou autrement ils ne font qu'a-
uorter la terre & meurtrir les arbres. Les abus qu'ils commettent tous les iours ès arbres, me contraignent en parler icy d'affection.

DEMANDE. Tu fais icy femblant que des arbres ce font des
hommes, & femble qu'ils te font grand pitié : tu dis que les
laboureurs les meurtriffent, voila vn propos qui me donne
occafion de rire.

RESPONCE. C'eft le naturel des fols & des ennemis de
fcience; toutesfois ie fay bien ce que ie dis, car en paffant
par les taillis, i'ay contemplé plufieurs fois la maniere de
couper les bois, & ay veu que les bucherons de ce pays,
en coupant leurs taillis, laiffoyent la feppe ou tronc qui demeuroit en terre tout fendu, brifé & efclaté, ne fe fouciant
du tronc, pourueu qu'ils euffent le bois qui eft produit dudit
tronc, combien qu'ils efperaffent que toutes les cinq années
les troncs en produiroyent encore autant. Ie m'efmerueille
que le bois ne crie d'eftre ainfi vilainement meurtry.

Penfes-tu que la feppe qui eft ainfi fendue & efclatée en
plufieurs lieux, qu'elle ne fe reffente de la fraction & extor-
fion qui luy aura efté faite ? Ne fçais-tu pas bien que les
vents & pluyes apporteront certaines pouffieres dans les fentes de ladite feppe, qui caufera que la feppe fe pourrira au
milieu, & ne fe pourra refoudre, & fera à tout iamais malade de l'extortion qui luy aura efté faite ? Et pour mieux te
faire entendre ces chofes, contemple vn peu les aubiers,
lefquels fur vn mefme degré produifent plufieurs branches
qui croiffent directement en haut en peu de temps, & icelles
paruenues à la groffeur ou enuiron du bras d'vn homme, on
les vient à couper, & la mefme année que lefdites branches
auront efté coupées, près & ioignant la coupe d'icelles, il
fortira vn nombre de gittes, qui de rechef viendront à la

mefme

mefme groffeur que les fufdites , & par tel moyen la tefte de l'aubier s'engroffira en cet endroit , après que plufieurs années on luy aura coupé fes branches, defquelles aucuns font des cercles & des paux (3) pour fouftenir les feps des vignes : dont s'en enfuyura que les coupes de la multitude des branches qui auront efté coupées fur tefte dudit aubier, feront vn receptacle d'eau fur ladite tefte, laquelle eau eftant ainfi retenue, entrera petit à petit dans le centre & moele de l'aubier, & pourrira la iambe & tronc, comme tu peux apperceuoir en plufieurs aubiers, lefquels tu troueras communement pourris par le dedans; & s'ils eftoyent coupez par fcience, ce mal feroit obuié par la prudence de l'homme.

Veux-tu que ie te produife tefmoignage de mon dire? Va à vn Chirurgien, & luy fais vn interrogatoire, en difant: Maiftre, il eft aduenu à ce iourd'huy, que deux hommes ont eu chafcun d'eux vn bras coupé, & y en a vn d'iceux à qui on l'a coupé d'vn glaiue tranchant, d'vn beau premier coup tout nettement, à caufe que le glaiue eftoit bien aiguifé ; mais à l'autre, on luy a coupé d'vne ferpe toute efbrechée, en telle forte qu'il luy a fallu donner plufieurs coups deuant que le bras fuft coupé ; dont s'enfuit que les os font froiffez & la chair meurtrie & lambineufe, ou ferpilleufe à l'endroit où ledit bras a efté coupé. Ie vous prie me dire lequel des deux bras fera le plus aifé à guerir. Si le Chirurgien entend fon art, il te dira foudain, que celuy qui a eu le bras coupé nettement par le glaiue tranchant, eft beaucoup plus aifé à guerir que l'autre. Semblablement ie te puis affeurer qu'vne branche d'arbre coupée par fcience, la playe de l'arbre fera

____

(3) Paux eft ici le pluriel de pal, ce mot vient du latin *palus pali,* & fignifie pieu , échalas.

Ttt

beaucoup plutoſt guerie , que non pas celle qui par violence
& inconſiderement ſera froiſſée. Voila pourquoy ie voudrois
que les laboureurs & bucherons euſſent cette conſideration,
quand ils couperont les branches des arbres , en eſperance
que la ſeppe apporte encores branches , qu'ils euſſent eſgard
de faire la coupe nettement & en pente, afin que les eaux
ny aucune choſe ne ſe peuſt retenir ſur ladite coupe; & ſur
toutes choſes qu'on ſe donnaſt bien garde de les froiſſer ,
ny fendre en les coupant.

Veux-tu ouyr vn bel exemple ? Il y auoit deux laboureurs
qui auoyent arrenté vne terre nouuelle , & pour icelle clore,
ils auoyent fait vn foſſé par eſgale portion ; & ſur le bord
dudit foſſé, ils auoyent planté des eſpines vn meſme iour
l'vn & l'autre; quelque temps après que les eſpines furent
grandes & bonnes à faire fagots pour chauffer les fours, ils
vont enſemble accorder qu'il falloit eſtaucer leur palice ou
haye, afin que les eſpines produiſent de rechef multitude de
gittes & branches; cela fait & accordé, au iour determiné
l'vn d'iceux print vn volant, qui eſt vn ferrement comme vne
ſerpe; mais il eſt emmanché au bout d'un baſton, & ainſi
celuy qui auoit le volant, coupoit ſes eſpines de bien loin,
à grands coups, craignant s'eſpiner, & en les coupant faiſoit
pluſieurs fautes & fractions aux ſeppes & racines deſdites eſpines; mais ſon compagnon plus ſage que luy, monſtra qu'il
auoit quelque philoſophie en eſprit, car il print vne ſie, &
ayant des gans aux mains, il ſia toutes les branches de ſes
eſpines auec ladite ſie, en telle ſorte qu'il ne fut faite aucune fraction (4); mais pluſieurs ſe moquoyent de luy, dont

---

(4) C'eſt bien là la meilleure méthode , mais lorſque la ſcie a fait
ſon effet, il faut avoir ſoin d'enlever avec une ſerpette bien tranchante

à la fin ils furent moquez : car la partie de la haye qui auoit
esté siée ainsi sagement, elle se trouua auoir produit de rechef ses branches en deux années plus grosses & grandes,
que non pas celles de son compagnon en cinq années : voilà
vn tesmoignage qui te doit donner occasion de premediter
& philosopher les choses deuant que les commencer. Ce n'est
doncques pas sans cause que ie t'ay dit qu'il est requis vne
grande philosophie en l'art d'agriculture.

DEMANDE. Tu m'as dit que les aubiers estoyent creux &
pourris au dedans du cœur, à cause des eaux qui sont retenues sur la teste, pour la faute ou imprudence de ceux qui
coupent les branches, toutesfois i'ay veu plusieurs chesnes
ès forests, qui auoyent la iambe creuse & n'auoyent iamais
esté estaucez ou coupez.

RESPONCE. Cela n'empesche pas que ma raison ne soit legitime, mais en cet endroit tu dois entendre que plusieurs
arbres ont des carrefours sur la rencontre des fourches, &
plusieurs branches qui ont prins leur accroissement en vn
mesme endroit, & en se dilatant l'vne deçà & l'autre delà,
elles font vn certain receptacle entre lesdites branches, sur
lesdits carrefours : & en temps de pluyes, les eaux qui des-
coulent le long des branches, sont retenues sur lesdits carrefours; & ainsi, par succession de temps, elles percent &
penetrent la iambe de l'arbre iusques à la racine, par ce que

---

deux ou trois lignes du bois au-dessous de la coupure de la scie, c'est
ce qu'on appelle en terme de jardinage, *rafraichir la plaie de l'arbre*;
cette précaution est nécessaire à prendre, parce que le frotement de la
scie échauffe & déchire en même tems le bois jusqu'à une certaine profondeur ; ce qui alterant la seve voisine, fait que le bois secheroit dans
cette partie, comme s'il avoit été brûlé, & feroit un obstacle pour les
nouveaux jets.

le naturel de l'eau est de tirer tousiours en bas, voila qui cause que lesdits arbres sont creux dans le corps.

Veux tu bien clairement entendre ces choses ? Prends garde au bois de noyer, & tu trouueras que quand il est vieux, le bois est maderé, ou figuré, & de couleur noire par le dedans du tronc ; & pour cette cause, les vieux noyers sont plus estimez à faire menuiserie, que non pas les ieunes : car le bois des ieunes est blanc, & ny a aucune figure. Cela te doit asseurer que les eaux qui distilent le long des branches se retiennent & arrestent sur les carrefours desdits noyers, & petit à petit lesdites eaux entrent par les pores dudit noyer. Et si tu ne veux croire que le bois de noyer soit porreux, va chez vn Menuisier, & tu trouueras que quand il rabote quelque table ou membrure dudit noyer, il se fait des escoupeaux longs & terues comme papier : prends vn desdits escoupeaux & le regarde contre le iour, & tu verras là vn nombre infini de petits pertuis, qui est la cause que ledit bois est fort espongeux, & suiet à s'enfler soudain qu'il reçoit quelque humidité.

Ie te donneray encore vn exemple fort aisé : il faut que tu me confesses que le bois d'erable est plus maderé, figuré & damasquiné que nul autre bois, & pour cette cause, les Flamans en font des tables merueilleusement belles : car ayant vn tronc bien damasquiné, ils le sieront bien terue & l'enchasseront dans quelque autre table de moindre estime, en ioignant & assemblant plusieurs desdites tables ensemble : ils chercheront le racord des figures de la damasquine, tellement qu'il semblera que toutes lesdites tables iointes ensembles ne sont qu'vne mesme piece, à cause que le racord des figures empesche la cognoissance de l'assemblage.

Veux-tu fçauoir à prefent qui eft la caufe que ledit bois fe trouue ainfi figuré? Note qu'il eft tout branchu depuis la racine iufques aux branches, & par ce qu'il ne produit aucun fruit profitable, on coupe fouuent les branches, & laiffe-t-on le tronc; lors les branches eftant coupées, la tefte du tronc fe renforce d'efcorce & de gittes, & fait vn receptacle fur lequel font retenues quantité d'eaux ès temps des pluyes, ainfi que ie t'ay dit cy-deffus. L'eau a fon naturel de percer toufiours en bas, & paffant par les pores le long du tronc, en tirant en bas, elle trouue qu'à l'endroit des branches de la iambe, le bois eft plus dur & moins porreux, par ce que les nœuds defdites branches prennent leur origine dès le centre du tronc : & ainfi que ladite eau defcend en bas, & quelle trouue le dur de la naiffance, & la branche, elle eft contrainte fe defuier par autre voye en tenant lignes obliques, & tant plus il y a de branches audit tronc, d'autant plus fe trouuent diuerfes figures au bois d'erable. Et pour bien cognoiftre cela, va à vn ruiffeau où il ny a gueres d'eau & mets plufieurs pierres dedans le cours de l'eau, enuiron diftantes de quatre doigts l'vne de l'autre; fi les pierres font vn peu plus hautes que l'eau, tu verras que les pierres feront diuertir l'eau en la manire que deffus. Si ce fecret eftoit cogneu de tous, les bois d'erable ne feroyent bruflez, ains feroyent gardez precieufement, defquels on pourroit faire de belles colonnes & autres telles chofes.

Puifque nous fommes fur le propos des arbres & des abus que les ignorans commettent au gouuernement d'iceux, combien penfes-tu qu'il y ait de gens qui regardent le temps & faifon conuenables pour couper les bois de haute futée? De ma part, ie penfe qu'il y en a bien peu: vray eft que com-

munement ils ne les coupent pas en efté, par ce qu'ils ont
d'autres affaires qui les preffent, & par ce qu'ils n'ont rien à
faire en hyver, & qu'il fait bon trauailler pour s'efchauffer;
ils coupent communement leurs bois en hyuer : car en efté
ils ne pourroyent finer de iournalliers, parquoy font
contrains d'attendre l'hyuer; mais il faut philofopher plus
outre : car fi les bois font coupez ès iours que le vent eft
au Sud ou à l'Oueft, ce font les vents humides, lefquels
par leurs actions font enfler les bois & remplir les pores
d'humidité; & eftant ainfi enflez, humectez & abreuuez,
s'ils font coupez en tel eftat, l'humeur qui eft dedans les
pores s'efchauffera & engendrera quelques coffons ou ver-
mines, qui quelque temps après gafteront le bois.

Quoiqu'il en foit, la charpente d'vn bois coupé en la faifon fufdite, fera de petite durée; mais fi le bois eft coupé
en temps de froidures & que le vent foit au Nord, les pores
defdits bois font refferez en telle forte, que comme l'homme
eft plus fain & plus fort en temps de froidure que non pas au
temps que par fueur les humeurs font dilatées, & les pores
ouuerts, femblablement le bois qui eft coupé au temps que
le vent eft au Nord, il eft plus halis & plus fort que non pas
en efté. Et te faut auffi noter que nulle nature ne produit
fon fruit fans extrefme trauail, voire & douleur : ie dis autant bien les natures vegetatiues comme les fenfibles & raifonnables. Si la poule deuient maigre, pour efpellir fes poulets, & la chienne fouffre en produifant fes petits, & confequemment toutes efpeces & genres, & mefme la vipere
qui meurt en produifant fon femblable (5); ie te puis auffi

---

(5) La vipere ne meurt point en donnant le jour à fes petits, on le
croyoit autrefois, mais l'obfervation a détruit cette ancienne erreur.

affeurer que les natures vegetatives & infenfibles fouffrent
en produifant leurs fruits.

I'eſtois quelquefois ès Iſles de Xaintonge, où i'apperçeu
vne vigne plus chargé de fruits que toutes les autres, & m'enquerant de la raiſon, on me reſpondit qu'elle eſtoit chargée
à la mort: lors ayant demandé l'interpretation de cela, on
me dit qu'on lui auoit laiſſé plus de rameaux que de couſtume, par ce qu'on la vouloit arracher après la cucillie, &
qu'autrement on euſt voulu permettre qu'elle euſt chargé ſi
abondamment, qui vaut autant à dire, que ſi on laiſſoit faire
auſdites vignes ce qu'elles voudroyent, qu'elles ſe tueroyent
à cauſe de l'abondance des fruits qu'elles s'efforceroyent de
produire.

I'ay contemplé pluſieurs fois des arbres & plantes, qui
par fechereſſe ou autre accident ſe mouroyent : toutesfois,
deuant que mourir, ils ſe hatoyent de fleurir & produire
graines & fruits deuant le temps accouſtumé. Or ſi ainſi eſt,
que les arbres & autres vegetatifs trauaillent, & ſont malades
en produifant, il faut conclure que ſi tu coupe tes arbres au
temps des fruits, des fleurs & des fueilles, tu les coupes
en leur maladie, dont la foibleſſe de ladite maladie demeurera auſdits arbres, & la charpente qui ſera faite deſdits arbres ne ſera iamais ſi forte, ny de ſi grande durée, que celle
qui ſera faite des arbres qui ſeront coupez au temps d'hyuer
& froidures ſeiches, comme i'ay dit cy-deſſus. Si tu es homme de bon iugement, tu peux à preſent cognoiſtre par les
argumens ſuſdits, que ce n'eſt pas ſans cauſe que i'ay dit qu'il
eſt requis quelque philoſophie à ceux qui exercent l'art d'a-
griculture, & ſi tu euſſes entendu ce qu'vn bon laboureur
deuroit entendre, tu n'euſſes trouué eſtrange ce propos que

ie t'ay dit au commencement, c'eſt à ſçauoir que ie cherchois vn lieu montueux pour edifier vn iardin excellent &
de grand reuenu.

DEMANDE. A la verité i'ay trouué cela fort eſtrange, & ne
puis encores entendre la cauſe ; parquoy ie te prie me la
dire afin de m'oſter de cette fantaiſie.

RESPONCE. Tu dois entendre que les terres des lieux montueux ſont plus ſalées, que non pas celles des vallées & pour
cette cauſe les arbres fruitiers qui croiſſent ſur les hauts terriers
produiſent leurs fruits plus ſalez & de meilleur gouſt que
ceux des vallées : voila vne raiſon qui te doit ſuffire pour le
tout.

LIURE SECOND.

DE

L'HISTOIRE NATURELLE.

DEMANDE.

CUIDES-TU que ie te croye de ce que tu dis à prefent, de dire qu'il y ait du fel en la terre, & mefme en toutes efpeces?

RESPONCE. Veritablement tu as vn pauure iugement : ie t'ay prouué cy-deuant, que en toutes efpeces d'arbres, herbes & plantes, il y auoit du fel, & à prefent tu veux ignorer qu'il y en ait en toutes terres. Et où penfes-tu que les arbres, herbes & plantes prennent leur fel, s'ils ne le tirent de la terre? Tu trouuerois bien eftrange, fi ie te difois qu'il y a auffi du fel en toutes efpeces de pierres, & non-feulement ès efpeces de pierres, mais ie te dis auffi qu'il y en a en toutes efpeces de metaux, car n'y en ayant point, nulle chofe ne fe pourroit tenir en fon eftre, ains fe reduiroit foudain en cendre.

DEMANDE. Si de ces chofes tu ne me donnes des raifons bien apparentes, ie ne croiray rien de tout ce que tu m'en as dit.

RESPONCE. Il te faut icy entendre que la caufe qui tient la forme & boffe des montaignes, n'eft autre chofe que les rochers qui y font, tout ainfi comme les os d'vn homme

V v v

tiennent la forme de la chair, de laquelle ils font reueftus. Et tout ainfi que fi l'homme auoit les os froiffés & efcachez, la forme du corps fe viendroit à encliner, perdre & rabaif-fer fon eftre: femblablement, fi les pierres qui font ès mon-taignes fe venoyent à reduire en terre, lefdites montaignes perdroyent leur forme: car les eaux qui defcendent des nues emmeneroyent les terres defdites montaignes aux vallées, & ainfi il n'y auroit plus de montaignes, mais les pierres, comme i'ay dit, tiennent ladite forme. Et par ce qu'efdites pierres il y a plus de fel que non pas en la terre, les terres qui font fur les rochers, fe reffentent du fel defdites pierres: car tout ainfi que ie t'ay dit, que l'acuité de la fumée du bois eftoit tefmoignage qu'elle portoit en foit quelque falfitude qui fai-foit cuire & gafter les yeux, femblablement la vapeur qui fort des rochers defdites montaignes apporte quelque falfitude ès terres qui font deffus, qui caufe que les fruits qui y croiffent font plus falez, & de meilleur gouft, & ne font fuiets à pu-trefaction & pourriture, comme ceux qui font produits ès vallées, & ceux des vallées font communement plus fades & de mauuaife faueur & fuiets à pourriture; & ce, pour caufe que les terres des vallées font fuiettes à receuoir & donner paffage ès eaux qui defcendent des montaignes, lef-quelles eaux font diffoudre & emportent le fel des terres def-dites vallées, qui caufent que les fruits ne font gueres falez.

Item, les arbres qui font plantez ès vallées, ne peuuent porter fi grande abondance de fruits que ceux des montaignes ou terriers hauts; & la caufe eft, par ce que les arbres des vallées font trop guais, à caufe de l'abondance d'humeur, qui fait qu'ils employent leur temps & force à produire grande quantité de bois & branches, & cherchent le foleil & deuiennent plus hauts & plus droits que ceux qui font aux terriers hauts: auffi lefdits arbres des vallées en cas pareil,

n'ont point fi grande quantité d'huile en leur bois, comme
ceux des hauts terriers & montaignes. Voila auffi pourquoy
ils ne bruflent pas fi bien que ceux des hauts lieux, & ne
font lefdits arbres de fi longue durée. Et fi tu ne veux croire
qu'il y ait du fel ès fruits, contemple vn peu quelque arbre de cerifier, pommier ou prunier : fi tu vois vne année
qu'il n'ait gueres de fruit, & que le temps fe porte fec, tu
trouueras ce fruit là d'vne excellente faueur, & s'il aduient
vne année fort mouillée, & que ledit arbre ait grande quantité de fruit, tu trouueras que ledit fruit fera fade & de
mauuaife faueur & de peu de garde. Et cela aduiendra pour
deux caufes : la premiere eft, par ce que le tronc & branches
dudit arbre n'ont pas affez de fel pour en diftribuer abondamment à fi grande quantité de fruit : l'autre, par ce que
l'année a efté pluuieufe, & que les pluyes ont emporté partie
du fel dudit fruit, comme il feroit d'vn poiffon falé qui feroit pendu à vne branche dudit arbre.

DEMANDE. Quant eft de ces raifons que tu m'as données des
fruits, elles font affez aifées à croire : mais de croire qu'il y
ait du fel aux pierres & metaux, il n'y a homme qui me le
feuft faire accroire.

RESPONCE. Tu trouue bien eftrange que ie dis, qu'il y a
du fel en toutes efpeces de pierres & metaux : tu t'efbahiras
donc beaucoup plus, quand ie te diray, qu'aucunes pierres
font prefque toutes de fel, & fi te prouueray par bonnes
raifons, qu'il y a certains metaux qui ne font autre chofe
que fel ; & afin que tu n'aye occafion de t'en aller mal edifié de mes propos, commençons du mineur au maieur. Tu
me confefferas en premier lieu, que les pierres de chaux empefchent la putrefaction, & endurciffent, & mondifient les
peaux des beftes mortes ; ou autrement elles ne pourroyent

feruir aux courrayeurs. Tu es bien afne fi tu penfes que la pierre de chaux ait cette vertu, fans qu'il y euft du fel.

Paffons outre, ie te demande pourquoy eft ce que les courrayeurs iettent ladite chaux après qu'elle a ferui vne fois ? N'eft-ce pas par ce que fon fel s'eft diffout, & eftant diffout, a falé lefdites peaux, & le réfidu de la pierre eft demeuré inutile ? Car autrement ladite chaux pourroit feruir plufieurs fois.

Ie t'ay donné cy-deffus vn exemple du fel de l'efcorce du bois, duquel fe feruent les tanneurs: l'vne raifon te doit affez fuffire pour te faire croire l'autre. Si tu taftes de la chaux diffoute fur le bout de la langue, tu trouueras vne mordication falfitiue beaucop plus poignante que celle du fel commun. Item, tout ainfi que le fel du vin qu'on appelle cendre grauelée, nettoye les draps & eft bonne à la buée, auffi fait le fel qui eft aux cendres du bois. Semblablement le fel de la pierre de chaux, eft bon à la buée, quelque chofe qu'on die, qu'il brufle les draps: cela ne peut eftre, fi ce n'eftoit que dans vn peu d'eau on mift vne grande quantité de ladite chaux: mais fi vne moyenne quantité de chaux eft mife & diffoute dedans affez bonne quantité d'eau, & que ladite chaux ait trempé quelque temps dedans ladite eau, le fel qui y eft fe viendra à diffoudre & mefler parmi l'eau: lors ladite eau eftant falée du fel de la chaux, fera fort apte pour feruir à la buée, comme ie t'ay dit cy-deuant, que l'eau qui diftille des fumiers, eft prefque le total de ce qui deuft eftre porté en la terre. Voila les raifons qui te doiuent faire croire le total, toutesfois ie te donneray encores certains exemples qui te feront croire ce que tu ignores à prefent.

Confidere vn peu certaines pierres qu'on appelle gelices, ou venteufes, & tu verras qu'elles fe confomment iournellement & fe reduifent en cendre ou menue poufliere. Veux-tu fauoir la caufe de cela ? C'eft par ce qu'il n'y a pas long-temps que ladite pierre a esté faite & a esté tirée de sa racine deuant que sa discretion fust paracheuée : dont s'ensuit que l'humidité de l'air & pluyes qui donnent contre, font dissoudre le sel qui est en ladite pierre, & le sel estant ainsi dissout & reduit en eau, il laisse ses autres parties ausquelles il s'estoit ioint, & dela vient que ladite pierre se reduit de rechef en terre, comme elle estoit premierement, & estant reduite en terre, elle n'est iamais oisiue : car si on ne luy donne quelque semence, elle se trauaillera à produire espines & chardons, ou autres especes d'herbes, arbres ou plantes, ou bien quand la saison sera conuenable, elle se reduira de rechef en pierre.

Pour bien cognoistre ces choses, quand tu passeras près des murailles qui sont gastées par l'iniure du temps, tastes sur la langue de la poussiere qui tombe desdites pierres, & tu trouueras qu'elle sera salée, & que certains rochers qui sont descouuers, combien qu'ils soyent encores au lieu de leur essence, ils sont suiets à l'iniure du temps. Et tu dois icy noter que les murailles & rochers qui sont ainsi incisez par l'iniure du temps, le sont beaucoup plus deuers la partie du Sud & du Ouest, que non pas du Nord, qui est attestation de mon dire, c'est à sauoir que l'humidité fait dissoudre le sel, qui estoit la cause de la tenance, forme & discretion de la pierre, & mesmes tu vois que le sel commun estant dans les maisons, se dissout de soy-mesme en temps de pluyes, qui sont agitées par lesdits vents du Ouest & Sud.

DEMANDE. L'opinion que tu m'as dite à present, est la plus menteuse que i'ouys iamais parler : car tu dis, que la pierre qui depuis peu de temps a esté faite, est suiette à dissoudre, à cause de l'iniure du temps, & ie say que dès le commencement que Dieu fit le ciel & la terre, il fit aussi toutes les pierres, & n'en fut fait oncques depuis. Et mesme le Pseaume fur lequel tu veux edifier ton iardin, rend tefmoignage que tout a efté fait dès le commencement de la creation du monde.

RESPONCE. Ie ne vis oncques homme de fi dure ceruelle que toy: ie fay bien qu'il eft efcrit au liure de Genefe, que Dieu crea toutes chofes en fix iours, & qu'il fe repofa le feptiefme: mais pourtant Dieu ne crea pas ces chofes pour les laiffer oifiues, ains chafcune fait fon deuoir felon le commandement qu'il luy eft donné de Dieu. Les Aftres & planettes ne font pas oufiues, la mer fe pourmene d'vn cofté & d'autre, & fe trauaille à produire chofes proufitables, la terre femblablement n'eft iamais oifiue: ce qui fe confomme naturellement en elle, elle le renouuelle, elle reforme de rechef, fi ce n'eft en vne forte, elle refait en vne autre. Et voila pourquoy tu dois porter les fumiers en terre, afin que de rechef la terre reprenne la mefme fubftance qu'elle luy auoit donnée.

Or faut icy noter que tout ainfi que l'exterieur de la terre fe trauaille pour enfanter quelque chofe, pareillement le dedans & matrice de la terre fe trauaille à produire; en aucuns lieux elle produit du charbon fort vtile, en d'autres lieux, elle conçoit & engendre du fer, de l'argent, du plomb, de l'eftain, de l'or, du marbre, du iafpe, & de toutes efpeces de mineraux & efpeces de terres argileufes; & en plufieurs lieux elle engendre & produit du bitume, qui eft vne efpece de gomme oligineufe qui brufle comme refine; & aduient fouuent que dedans la matrice de la terre, s'allumera du feu par quelque compreffion, & quand le feu trouue quelque miniere de bitume, ou de fouffre, ou de charbon de terre, ledit feu fe nourrit & entretient ainfi fous la terre, & aduient fouuent, que par vn long efpace de temps, aucunes montaignes deuiendront vallées par vn tremblement de terre ou grande vehemence, que ledit feu engendrera, ou bien, que les pierres, metaux & autres mineraux qui tenoyent la boffe de la montaigne fe brufleront, & en fe confommant par feu, ladite montaigne fe pourra encliner & baiffer petit à petit : auffi autres montaignes fe pourront manifefter & efleuer, pour l'accroiffement des roches & mineraux qui croiffent en icelles, ou bien il aduiendra qu'vne contrée de pays fera abyfmée ou abaiffée par tremblement ce terre, & alors ce qui reftera, fera trouué montueux, & ainfi la terre trouuera toufiours dequoy fe trauailler, tant ès parties interieures, qu'exterieures. Et quant eft de ce que tu te mocques, que ie t'ay dit, que les pierres croiffent en terre, il n'y a aucune occafion ny raifon de fe mocquer de moy ; mais ceux qui s'en mocqueront, fe declareront ignorans deuant les Doctes, car il eft certain, que fi depuis la creation du monde, il n'eftoit creu aucune pierre en la terre, il feroit difficile d'en trouuer auiourd'huy vne charge de cheual en tout vn Royaume, finon en quelques montaignes & deferts, ou autres lieux non habitez, & ie te donneray à prefent à cognoiftre, qu'il eft ainfi que ie t'ay dit. Confidere vn peu combien de millions de pipes de pierres font iournellement gaftées à faire de la chaux.

Item, confidere vn peu les chemins, tu trouueras qu'vn nombre infini de pierres font reduites en pouffiere par les chariots & cheuaux qui paffent iournellement par lefdits chemins. .

Item, regarde vn peu trauailler les maçons, quand ils feront quelque baftiment de pierre de taille, & tu verras qu'vne bien grande partie de ladite pierre eft gaftée & mife en pouffiere, ou en farine par lefdits maçons. Il n'y a homme au monde, ny efprit fi fubtil, qui feuft nombrer la grande quantité de pierres qui font iournellement diffoutes & puluerifées par l'effet des gelées, non compris vn nombre infini d'autres accidens, qui iournellement gaftent, confument & reduifent les pierres en terre. Parquoy ie puis affeurement conclurre, que fi les pierres n'euffent efté aucunement formées, creuës, & augmentées depuis la premiere creation efcrite au liure de Genefe, qu'il feroit auiourd'huy difficile d'en pouuoir trouuer vne feule, finon comme i'ay dit cy-deuant, ès hautes montaines & lieux deferts & non habitez, & fera bien gros d'efprit celuy qui ne le croira ainfi, s'il a efgard ès chofes fufdites.

DEMANDE. Donne moy donc quelque raifon, qui me face entendre comment les pierres croiffent iournellement entre nous, & lors ie ne t'importuneray plus.

RESPONCE. Sur toutes les chofes qui m'ont fait croire & entendre que la terre produifoit ordinairement des pierres (*) ;

(*) L'opinion de Paliffy fur l'origine des pierres, fe trouve dans un livre intitulé : *Paradoxes ou Traités Philofophiques des Pierres & Pierreries, contre l'opinion vulgaire*, par Etienne de Clave, Docteur en Médecine, *Paris*, in-8. 1635. Ce de Clave, avec un Jean Bitaud, de Xaintes, & Antoine de Villon, *dit* le Soldat Philofophe, furent connus à Paris par des Thefes qui devoient être foutenues le 24 & le 25 Août 1624, dans le Palais de la Reine Marguerite, contre le Dogmes d'Ariftote, de Paracelfe & des Cabaliftes. La Faculté de Théologie de Paris, préfenta Requête le 18 Août au Parlement contre les Auteurs. La Cour ordonna affez mal à propos que ces imprimés feroient déchirés, & que de Clave, Villon & Bitaud fe retireroient dans 24 heures de Paris, avec défenfes d'habiter & d'enfeigner dans les villes & lieux du reffort. De Clave fut mandé, & devant lui on déchira ces Thefes, le 4 Septembre de la même année. Je rapporte ce fait pour montrer combien il étoit difficile dans ce fiecle d'avoir d'autres opinions que celles des pédans de l'Univerfité. De Clave cependant reparut, & il publia le livre cité, avec l'agrément de M. Séguier, Protecteur des Lettres, alors

ç'a efté , par ce que i'ay trouué plufieurs fois des pierres ,
qu'en quelque part qu'on les euft peu rompre , il fe trouuoit
des coquilles , lefquelles coquilles eftoyent de pierre plus

Garde des Sceaux ; il étoit obfcur dans fes écrits , mais fes fentimens
font les mêmes que ceux de Paliffy , qu'il ne cite point quoiqu'il pa-
roiffe que lui & fes compagnons aient été fes difciples.

Ce que Paliffy nomme ici *augmentation congelative* , fuppofe d'abord
la formation des corps pierreux exiftant par couches dans les entrailles
de la terre , dont la fubftance plus ou moins porreufe , eft fufceptible
d'augmentation de pefanteur par l'infiltration *des fubftances pierreufes , falines , métaliques & inconnues* dans les bancs de pierres , & dont la diffolution eft opérée par les pluies & les eaux , ce qu'il appelloit *addition
congelative* ; il difoit auffi que fi les pétrifications s'étoient faites tout à
coup, jamais elles ne pourroient fe fendre comme on le voit dans les pierres
fondues des rochers de Saint Arcons , de Chanteuge & de Chillac en
Auvergne. *Les pointes ou fins* des carrieres étoient fuivant lui , la preuve de
ces *additions congelatives*. Il fe fait , dans fon fyftême , au milieu d'une
carcaffe pierreufe la même opération intérieure que nous voyons à l'extérieur dans les caves de l'Obfervatoire de Paris.

De Clave qui réfute les fentimens de Platon , d'Empedocle , d'Hyp-
pocrate , de Fallope , de Gafton du Cloud , de Fernel , d'Agricola , de
Boodt , de Cardan , &c. qui fuppofe d'ailleurs dans le centre de la terre
un feu central , caufe de toutes les générations fouteraines , qui fera , fi
l'on veut , l'*électricité* , qui attribue aux pierres une faculté attractrice ,
qu'on nommera *l'attraction* , dit comme Paliffy , que *les pierres ont leurs
pores plus laxes dans la terre , leur matrice eft plus condenfée , lorfqu'elles
font hors de la carriere* que dans la terre , *les féminaires des foffilles elevés
ou excités avec les vapeurs fouteraines , jufqu'à ce que trouvant un lieu
propre , s'y pétrifioient enforte que cet aliment les fait croître & augmenter.
Il le prouve par les amethiftes qui femblent avoir une certaine matiere confufe qui leur fert de racine & dans lefquelles ces pierres colorées s'elevent
par figures angulaires comme étant compofées de fels effentiels , de vitriol ,
ou d'alun , car les émeraudes font enracinées au praffium , les criftaux au
marbre , &c.* De Clave appelle cette nutrition des pierres *affimilation* , il
oppofe ce terme à celui *d'appofition* : on lit dans le Traité de Jean Cécile

Xxx

dure que non pas le reſidu, qui a eſté la cauſe que ie me
ſuis tourmenté & de battu en mon eſprit l'eſpace de pluſieurs
iours, pour admirer & contempler qui pouuoit eſtre le moyen
& cauſe de cela. Et quelque iour ainſi que i'eſtois ès iſles de
Xaintonge, en allant de Marepnes à la Rochelle, i'apperçeu
vn foſſé creuſé de nouueau, duquel on auoit tiré plus de cent
charretées de pierres, leſquelles en quelque lieu ou endroit
qu'on les ſeuſt caſſer, elles ſe trouuoyent pleines de coquilles, ie dis ſi près à près, qu'on n'euſt ſçeuſt mettre vn dos
de couſteau entre elles, ſans les toucher; & dès lors ie commençay à baiſſer la teſte le long de mon chemin, afin de ne
voir rien qui m'empeſchaſt d'imaginer qui pourroit eſtre la
cauſe de cela; & eſtant en ce trauail d'eſprit, ie penſay deſlors choſe que ie crois encores à preſent, & m'aſſeure qu'il
eſt veritable, que près dudit foſſé il y a eu d'autresfois quelque habitation, & ceux qui pour lors y habitoyent, après
qu'ils auoyent mangé le poiſſon qui eſtoit dedans la coquille,
ils iettoyent leſdites coquilles dedans cette vallée, où eſtoit
ledit foſſé, & par ſucceſſion de temps, leſdites coquilles
s'eſtoyent diſſoutes en la terre, & auſſi la terre de ce bourbier s'eſtoit mondifiée, & les ſaletez pourries & réduites en
terre fine, comme terre argileuſe; & ainſi que leſdites coquilles ſe venoyent à diſſoudre & liquifier, & la ſubſtance
& vertu du ſel deſdites coquilles faiſoyent attraction de la

Frey, Médecin de Paris, intitulé : *Admiranda Galliarum.* » Fert Nor-
» mania non longe Alenſonia urbe multiformem rupibus intertextam
» cryſtallum, colore, nitore, ſi durities adeſſet, adamanti parem : &
» eſt mihi cryſtallus è rupe fiſſa, ubi manifeſto argumento unarum ca-
» varum multis jam probari philoſophis, non per *appoſitionem*, ſed per
» *intus ſuſceptionem*, ut loquuntur, alimentum ſubminiſtrari ». *Note
communiquée.*

terre prochaine, & la reduifoyent en pierre auec foy ;
toutesfois, par ce que lefdites coquilles tenoyent plus de
fel en foy, qu'elles n'en donnoyent à la terre, elles fe congeloyent d'vne congelation beaucoup plus dure que non pas
la terre : mais l'vn & l'autre fe reduifoyent en pierre, fans
que lefdites coquilles perdiffent leur forme (6). Voila la
caufe, qui depuis ce temps-là, me fit imaginer & repaiftre
mon efprit de plufieurs fecrets de nature, defquels ie t'en
monftreray aucuns.

Item, vne autre fois ie me pourmenois le long des rochers de cette ville de Xaintes, & en contemplant les natures, i'apperçeu en vn rocher certaines pierres qui eftoyent
faites en façon d'vne corne de mouton, non pas fi longues
ny fi courbées, mais communement eftoyent arquées, &
auoyent environ demi pied de long (7). Ie fus l'efpace de
plufieurs années, deuant que ie cogneuffe qui pouuoit eftre
la caufe, que ces pierres eftoyent formées en telle forte :
mais il aduint vn iour qu'vn nommé Pierre Gucy, Bourgeois & Efcheuin de cette ville de Xaintes, trouua en fa
Meftairie vne defdites pierres qui eftoit ouuerte par la moi-

---

(6) L'homme célebre & univerfel du fiecle, a écrit férieufement ou
en plaifantant, que les coquillages pétrifiés qu'on rencontre fur les
montagnes de France & d'Italie, peuvent y avoir été apportés, *par
cette foule innombrable de Pélerins & de Croifés qui porta fon argent dans
la terre fainte & en rapporta des coquilles.* Paliffy ayant remarqué fur le
chemin de Marene à la Rochelle, vne tranchée ouverte dans un rocher où tout n'étoit que coquilles, s'imagina que les productions marines étoient les reftes des repas que les habitans du voifinage y avoient
jettés avant que ce rocher ce fût pétrifié. Mais notre auteur ayant obfervé de plus près la nature, changea bien vite d'opinion, ainfi qu'on
l'a vu dans les Traités précédens.

(7) C'étoit des cornes d'Ammon.

tié, & auoit certaines dentelures qui se ioignoyent admirablement l'vne dans l'autre, & par ce que ledit Guoy sauoit
que i'estois curieux de telles choses, il me fit vn present de
ladite pierre, dont ie fus grandement resiouy, & deslors ie
cogneu que ladite pierre auoit esté d'autres fois vne coquille
de poisson, duquel nous n'en voyons plus. Et faut estimer &
croire que ce genre de poisson a d'autrefois frequenté à la
mer de Xaintonge: car il se trouue grand nombre desdites
pierres, mais le genre du poisson s'est perdu, à cause qu'on
l'a pesché par trop souuent, comme aussi le genre des Sau-
mons se commence à perdre en plusieurs contrées des bras
de mer, par ce que sans cesse on cherche à le prendre, à
cause de sa bonté.

I'estois quelquefois à Sainct Denis d'Olleron, qui est la
fin d'vne Isle de Xaintonge, où ie prins vne vingtaine de
femmes & enfans pour me venir aider à chercher sur les
rochers maritimes, certaines coquilles, desquelles i'auois nécessairement affaire, & m'estant rendu sur vn rocher, qui estoit
iournellement couuert de l'eau de la mer, il me fut mons-
tré vn grand nombre de poisson armé, qui estoit fait en
forme d'vn pellon de chastagne, plat par dessous, & vn
trou bien petit, duquel il s'attachoit à la roche & prenoit
nourriture par ledit trou : or ledit poisson n'a aucune forme,
ains est une liqueur semblable à l'huitre, toutesfois elle rem-
plist toute sa coquille. Le dehors & dessus de sa coquille est
tout garny d'vn poil dur & poignant, comme celuy d'vn
herisson.

Ie fus fort aise de l'auoir trouué, & en ayant prins &
emporté vne douzaine en ma maison, ie fus grandement
deçeu: car quand le dedans de la coquille fut osté, la racine du poil qui tenoit contre la coquille, se putrefia en
peu de iours & ledit poil tomba ; & après que le poil fut tom-

bé, la coquille demeura toute nette, & à l'endroit de la racine de chacun poil, se trouva vne bossette, lesquelles bossettes sont mises par vn si bel ordre, qu'elles rendent la coquille plaisante & admirable. Or quelque temps après, il y eut vn Aduocat, homme fameux, & amateur des lettres & des arts qui en disputant de quelque art, il me monstra deux pierres toutes semblables de forme ausdites coquilles d'herisson, qui toutesfois estoyent toutes massives; & soustenoit ledit Aduocat nommé Babaud, que lesdites pierres auoyent esté ainsi taillées par la main de quelque ouurier, & fut fort estonné quand ie luy maintins que lesdites pierres estoyent naturelles, & trouua fort estrange que ie disois, que ie sauois bien la cause pourquoy elles auoyent prins vne telle forme en la terre: car i'auois desia consideré que c'estoit de ces coquilles d'herisson, qui à succession de temps s'estoyent liquifiées, & enfin reduites en pierre, voir que la salsitude de ladite coquille auoit aussi congelé & reduit en pierre, la terre qui estoit entrée dans ladite coquille: or ay-ie recouuert depuis ce temps-là plusieurs desdites coquilles, qui sont conuerties en pierres.

Voila qui te doit faire croire que iournellement la terre produit des pierres; & qu'en plusieurs lieux la terre se reduit en pierre par l'action du sel, qui fait le principal de la congelation, comme tu peux cognoistre, que pour cause que les coquilles sont salées, elles attirent à soy ce qui leur est propre, pour se reduire en pierres.

Item, i'ay trouué plusieurs coquilles de sourdon qui estoyent reduites en pierres: toutesfois elles estoyent massiues, combien qu'elles fussent jointes, comme si le poisson eust esté dedans. Et que diras-tu de ceux qui ont trouué des os d'hommes enclos dedans des pierres, & autres ont trouué des monnoyes antíques (8); n'eſt-ce pas bien atteſtation que les pierres augmentent en la terre? Veux-tu encore vn bel exemple? Il y a certaines pierrières, deſquelles la pierre a vn nombre infini de ſins, combien qu'elles ſe tiennent en vne maſſe, ſi eſt-ce qu'en mettant des coins par deſſous, elle ſe fendra aiſement, & ſe leuera en ſus.

Veux-tu ſçauoir comme on la tire, ſçache que par ce que les veines ou ſins de ladite pierre ſont en trauerſant, Vitruue dit qu'en coupant ladite pierre, il faut marquer ſon liĉt : car ſi les Maſſons mettoyent la pierre qui eſtoit couchée en ſon liĉt debout, le bout qui eſtoit de trauers,

---

(8) On n'a jamais trouvé de monnoyes antiques dans des pierres; les pierres numiſmales avoient probablement donné lieu à cette erreur : ces pierres au ſujet deſquelles on a tant écrit, ne ſont que des productions marines, qu'il a été difficile juſqu'à préſent de bien claſſer, par ce qu'on n'a pas mis aſſez de diſtinĉtion dans la variété de ces pierres & qu'on a ſouvent confondu avec ces dernieres, d'autres foſſiles qui n'ont qu'un reſſemblance imparfaite avec ceux-ci : on trouve en Dauphiné, du côté de Gap, & ſur une montagne fort élevée auprès du village d'Uncelle, une quantité conſidérable de petites numiſmales, qu'on nomme ſur les lieux, *lentilles pétrifiées*, ces pierres lenticulaires, ſont pour l'ordinaire détachées & mêlées avec divers corps marins : elles ſont d'une couleur qui approche du noir & portent un caraĉtere très-diſtinĉt & très-remarquable, qui me perſuade qu'il faut les regarder comme de petits fungites marins, d'une eſpece particuliere ; c'eſt ce que j'examinerai plus au long dans l'Hiſtoire Naturelle de la Province du Dauphiné.

Au reſte, quoi qu'on n'ait jamais trouvé dans des carrieres aſſiſes par couches, des monnoyes, des potteries antiques, ni rien de relatif aux ſociétés humaines, il eſt poſſible cependant de rencontrer des monnoyes ou des inſtrumens anciens, incruſtés dans des matieres ſtalaĉtites qui ſe forment journellement, mais on ſait que de telles incruſtations ne nous apprennent pas grand choſe.

cela cauferoit que ladite pierre fe fendroit & s'efclatteroit ;
pour la pefanteur de celles qui feroyent mifes deffus.
Toutes pierres ne font pas ainfi, il y en a aucunes qui
n'ont ne long, ne trauers : mais font fi bien congelées, qu'on
ne regarde pas du cofté qu'on les met.

Venons à prefent à la caufe, qu'aucunes pierres ont fi
grand nombre de veines, lefquelles font aifées à fendre, &
pourquoy c'eft que les veines ne font auffi bien defcendantes
d'en haut, comme elles vont en trauerfant. La caufe de cela
eft, parce qu'au deffus de la pierriere, il y a vne grande
efpeffeur de terres : il eft bien vray que quand la pierre fe
faifoit, l'eau qui tomboit des pluyes, paffant à trauers de
ladite terre, prenoit auec foy quelque efpece de fel, &
l'eau eftant defcendue iufques à la profondeur du lieu où elle
s'arreftoit : ladite eau ainfi falée, conuertiffoit & congeloit
la terre où elle eftoit arreftée en pierre : & pour ce coup
fe formoit vne couche ou lict de ladite pierre, & ladite
pierre eftant endurcie, elle feruoit après de receptacle pour
les autres eaux qui tomboyent après, & paffoyent à trauers
des terres, iufques audit receptacle, & ayant prins encores
vn coup quelque fel en paffant par les terres, il fe formoit
vne autre couche ou lict, qui fe formoit & fe ioignoit auec
le premier : & ainfi à diuerfes fois, annéés & faifons, plufieurs minieres de pierres ont efté augmentées, & augmentent iournellement en la matrice de la terre. Et il aduient
quelquefois qu'vn lict & couche de pierre aura par deffus
quelque couche de terre glueufe, qui caufera quelque faleté
au-deffus du perrier ou lict : les autres eaux qui fe congeleront auec la terre qui eft deffus ledit lict, ne fe pourroyent
ioindre ou fouder enfemble, à caufe de la faleté contraire.
Dont fe commencera vn lict à part, & fe trouuera vne feparation en ladite roche, que les pierreurs appellent vne fin.

DEMANDE. Penses-tu me trouuer fi befte, que ie croye à préfent vne telle folie, que tu m'as icy propofé ? Ne fay-ie pas bien, que fi ainfi eftoit, que depuis la creation du monde, toutes les eaux & la terre feroyent conuerties en pierre, & qu'à prefent les poiffons feroyent à fec ?

RESPONCE. Ie t'affeure, que ie ne cogneus onques vne fi grande befte que toy, i'ay perdu mon temps de tout ce que ie t'ay dit cy.devant: car tu n'as rien conçeu. T'ay-ie pas dit que tout ainfi, que iournellement les pierres eftoyent augmentées d'vne part, qu'en cas pareil, elles eftoyent diminuées d'vne autre part, & en fe diminuant par fractions, brifures, & diffolutions des vents, pluyes & gelées, lors qu'elles font diffoutes, elles rendent l'eau, le fel & la terre, de laquelle elles auoyent prins leur effence ?

DEMANDE. Voire, mais ie vois bien fouuent des pierres qui font fort blanches, & toutesfois la terre qui eft deffus eft noire : s'il y auoit de ladite terre comme tu dis, la pierre ne feroit ainfi blanche, ains feroit de la couleur de la terre qui eft deffus, puis qu'elle a efté formée de partie d'icelle.

RESPONCE. Si tu auois quelque philofophie, tu n'euffes ainfi argumenté : car c'eft chofe certaine, que le fel blanchift la terre en la congelation, & non-feulement la terre, mais plufieurs autres chofes, tefmoins les experts Alchimiftes, qui fouuentesfois prendront du fel de tartre, ou du fel de falicor, ou quelque autre efpece de fel, pour blanchir le cuiure, & le faire reffembler argent. Le plomb auffi qui eft noir, quand il eft calciné par la vapeur falfitiue du vinaigre, il fe reduit en blanc de plomb de quoy la cerufe eft faite, & blanc rafe, qui eft la plus blanche de toutes les drogues. Et quant eft de ce que tu as allegué, que depuis le commencement du monde, toutes les eaux euffent efté

conuerties

conuerties en pierre, s'il estoit comme ie t'ay dit, tu as
fort mal entendu ce poinct: car ie ne t'ay point dit que
toute l'eau qui passoit à trauers des terres, se conuertissoit
en pierre, mais seulement vne partie: & qu'ainsi ne soit,
qu'il n'y aye de l'eau dedans les pierres, considere celles
qu'on fait cuire pour faire la chaux, & tu trouueras qu'elles
sont pesantes deuant qu'estre cuites, & après qu'elles sont
cuites, elles sont legeres. N'est ce pas attestation que l'eau qui
estoit iointe auec le sel de la terre, s'est euaporée par la vehemence du feu, & les autres parties sont demeurées alterées,
qui cause que soudain qu'on met de l'eau dessus lesdites pierres de chaux, se trouuant alterées, en boiuent si tres-vio-
lemment que cela les cause soudain reduire en farine. Et te
faut ici noter que les pierres qui sont faites d'vn bien long
temps, l'eau & les autres parties se font si bien unies, qu'elles
ne peuuent estre propres à faire la chaux, à cause que leur
congelation est plus parfaite, comme ie te feray bien entendre en te parlant des cailloux: mais les pierres bonnes à
faire chaux, il n'y a pas long temps qu'elles sont congelées
& fermées; & si autrement estoit, qu'ainsi que ie te dis,
toutes pierres feroyent bonnes à faire chaux. Et quant est
de l'autre poinct, que l'eau qui passe à trauers des terres se
reduit en pierre, & que ie t'ay dit, que cela ne s'entendoit
pas du tout, ains d'vne partie, considere vn peu la maniere
de faire le salpestre. On fera bouillir l'eau qui aura passé par
la terre salpestreuse, & par les cendres: est-ce pourtant à
dire, que toute ladite eau se conuertisse en salpestre? Non.
Pareillement, toute l'eau qui passe à trauers des terres, ne
se conuertist pas en pierre, mais vne partie: & ainsi, il y a
bien peu d'endroits en la terre, qui ne soyent foncez de pierre,
ou d'vne espece ou d'autre, car autrement il seroit difficile
de trouuer vne seule fontaine.

Yyy

DEMANDE. Je te prie, laiſſe pour cette heure le propos des pierres, & me fais vne petite (*) enarration de ces fontaines, puis que le propos s'y preſente.

(*) Ces principes ont été appliqués à Coulanges-la-Vineuſe, petite ville de Bourgogne, à trois lieues d'Auxerre. Coulanges eſt riche en vins & de-là ſon epithète, qui lui convient d'autant mieux, qu'elle n'avoit que du vin, & point d'eau. M. d'Agueſſeau, depuis Chancelier de France, ayant acquis le domaine de cette ville & voulant lui donner de l'eau, s'adreſſa, en 1705, à M. Couplet, qui partit pour Coulanges au mois de Septembre; ce mois eſt ordinairement, dit M. de Fontenelle, un des plus ſecs de toute l'année, (& celle-ci fut très-ſeche.) M. Couplet avoit étudié le ſyſtême de Paliſſyſur l'origine des fontaines, dont on lit une analyſe dans ſon éloge; il arriva à quelque diſtance de Coulanges, mais ſans la voir encore, & s'étant ſeulement fait montrer vers quel endroit elle étoit; il mit toutes ſes connoiſſances en uſage, & enfin promit hardiment cette eau ſi deſirée & qui s'étoit dérobée à tant d'autres Ingénieurs depuis pluſieurs ſiècles. Il marchoit ſon niveau à la main; & dès qu'il put voir les maiſons de la ville, il aſſura que l'eau ſeroit plus haute. Couplet continuoit ſon chemin en marquant avec des piquets les endroits où il falloit fouiller, & en prédiſant dans le même tems à quelle profondeur préciſément on trouveroit l'eau. Après avoir donné ſes ordres pour les travaux qui devoient ſe faire en ſon abſence, il repartit pour Paris. Enfin le 21 Décembre, l'eau arriva dans la ville; jamais la plus heureuſe vendange n'y avoit répandu tant de joie. Hommes, femmes, enfans, tous couroient à cette eau pour en boire, & ils euſſent voulu pouvoir s'y baigner. Le Juge de la ville, devenu aveugle, n'en crut que le rapport de ſes mains qu'il y plongea pluſieurs fois. Pour opérer cette merveille, Couplet ne fit pas 3000 livres de dépenſe. Il donna à Auxerre les moyens d'avoir de meilleure eau, & à Courſon, dans le voiſinage de Coulanges, de retrouver une ſource perdue. Voy. Fonten. Elog. de M. Couplet.

Après Paliſſy, le meilleur ouvrage que l'on puiſſe conſulter, c'eſt le *Septieme lieu du Théâtre d'Agriculture & ménage des champs*, par Olivier de Serres, Chapitre III. *Aſſeurée Recherche des Fontaines*. On ne doit point oublier à cette occaſion que la ville de Riom en Auvergne, a fait faire des canaux de cette belle pierre de Volvic, dans la Seigneurie

RESPONCE. Je t'ay dit cy-deuant, qu'il y a bien peu de terre qui ne foit foncée par deffous de pierres, ou de mines de metaux, ou de terre argileufe, voire bien fouuent foncée de toutes les trois efpeces : dont s'enfuit que quand les eaux des pluyes tombent de l'air fur la terre, elles font retenues fur lefdits rochers, & lefdits rochers feruent de vaiffeau & receptacle pour lefdites eaux : car autrement les eaux defcendroyent iufqu'aux abyfmes ou au centre de la terre : mais eftant ainfi retenues fur les rochers, elles trouuent quelquefois des iointures & veines efdits rochers, & ayant trouué tant peu foit-il d'afpiration, foit terue ou fente, ou quoy que ce foit, lefdites eaux prendront leur cours deuers la partie pendante, pourueu qu'elles trouuent tant peu foit-il d'ouuerture : de-là vient le plus fouuent que des rochers & lieux montueux fortent plufieurs belles fontaines, & de tant plus elles viennent de loin, fortant & paffant par de bonnes terres, d'autant plus lefdites eaux feront faines & purifiées, & de bonne faueur. Auffi communement les eaux qui fortent defdits rochers, font plus falées & de meilleur gouft que les autres, par ce qu'elles font toufiours quelque peu d'attraction du fel qui eft efdits rochers.

DEMANDE. Tu reuiens toufiours au propos de ce fel, & on ne te fauroit ofter de la tefte, qu'il n'y aye du fel aux pierres.

RESPONCE. Ie ne t'ay pas dit aux pierres feulement, mais aux cailloux, & en toutes chofes.

---

de Tournoille, pour amener fes eaux ; ils font d'une folidité & d'une magnificence digne des Romains. C'eft ainfi que les Officiers Municipaux doivent travailler pour leurs concitoyens. *Note communiquée.*

DEMANDE. Ie te nie à prefent qu'il y aye aucun fel aux cailloux , & te prouueray le contraire par certains argumens, que tu m'as cy-deuant baillez. Tu m'as dit que les pierres qu'on appelloit gelices ou venteufes , fe diffoluoyent à l'humidité du temps, à caufe du fel qui eftoit en elles : auffi tu m'as dit que des pierres à faire chaux, l'humide s'euaporoit pour la vehemence du feu : or eft-il chofe certaine , que les cailloux ne font fuiets à nuls de ces accidens : car ie n'en vis iamais diffoudre par l'iniure du temps , auffi le feu ne chaffe aucunement l'humeur defdits cailloux : te voila doncques vaincu par tes mefmes raifons.

RESPONCE. Ie veux à prefent prouuer mon dire veritable par les mefmes raifons que tu prens , pour te rendre menteur. Tu dis qu'aux cailloux il y a aucune efpece de fel, par ce qu'ils ne font fuiets à fe diffoudre, ne par eau , ne par feu : cela n'empefche point qu'il n'y en ait , voire beaucoup plus abondamment, que non pas ès pierres tendres, bonnes à maffonner : & qu'ainfi ne foit , as-tu iamais veu faire verre , qu'il n'y euft du fel ? As-tu auffi iamais veu aucun qui fçeuft faire fondre , ou liquifier les cailloux , fans fel ? Il faut neceffairement que pour faire liquifier les cailloux , qu'on y mette quelque efpece de fel : or le plus apte pour cette affaire eft le falicor , & après celuy-là , le fel de tartre y eft fort propre : car il a pouuoir de contraindre les autres chofes à fe liquifier, combien que d'elles-mefmes foyent liquifiables. Tu m'as dit que les cailloux n'eftoyent fuiets à nulle diffolution par humidité , ne par feu , & par là tu as voulu prouver qu'il ne tenoyent point de fel en leur nature, mais tu n'as pas dit ce qui eft du caillou : car veritablement, quand il eft mis en vne fournaife extrefmement chaude , comme les fournaifes à faire chaux ou verre , ou autres telles fournaifes efquelles le feu eft extrefmement violent , lefdits cailloux ſe viennent à vitrifier d'eux-meſmes, ſans aucune mixtion ; qui eſt vne atteſtation bien notoire, que les cailloux ont en eux grande quantité de ſel, qui leur cauſe ſe vitrifier, voire que le ſel qui eſt en ſoy tient ſi bien fixes les autres eſpeces, que leſdits cailloux ont retenu leur humeur en telle ſorte, qu'ils ne ſe peuuent iamais exhaller, ains toutes les matieres deſdits cailloux ſont fixes & inſeparables : & qu'ainſi ne ſoit, prens vn certain poids de verre qui aura eſté fait deſdits cailloux & du ſalicor, fais le chauffer le plus violemment que tu pourras, ſi eſt-ce que tu trouueras encores ſon poids.

Par cy-deuant ie t'auois bien dit que l'humidité de la pierre de chaux s'exhaloit au feu, mais quant eſt du ſel qui eſt en ladite pierre, ie ne t'auois pas dit qu'il fuſt ſuiet à exhalation, mais bien à ſe diſſoudre. Voila vne raiſon qui te doit faire croire que tant plus il y a de ſel en vne pierre, d'autant plus elle eſt fixe. I'ay encore vn exemple pour te le mieux prouuer. Il eſt ainſi, que le verre le plus beau eſt fait de ſel & de cailloux : or eſt-il fixe autant que matiere de ce monde, comme ie t'ay dit, toutesfois il eſt tranſparent, qui eſt ſigne & apparence euidente qu'il n'y a gueres de terre. Il s'enſuit donc qu'il y en a bien peu au caillou & au ſalicor.

Que dirons-nous donc, que c'eſt de ces matieres ainſi diaphanées ? Nous pourrons dire qu'il n'y a gueres autre choſe que de l'eau & du ſel, & bien peu de terre : car la terre n'eſt pas diaphane de ſoy, & s'il y en auoit quantité, le verre ne pourroit eſtre tranſparent : ſuiuant quoy, que pourrons-nous dire du caillou, ſinon qu'il eſt engendré de ſemblables matieres que le verre ? Et ce d'autant qu'il eſt diaphane comme le verre, & auſſi ſuiet à ſe vitrifier de ſoy-meſme, ſans aucun aide, & la vitrification ne ſe pourroit faire ſans ſel,

Parquoy il eſt à conclurre, que eſdits cailloux, il y a vne bonne portion de ſel.

DEMANDE. Tu m'as cy-deuant dit, qui eſtoit la cauſe que la pierre s'augmentoit aſſiduellement ès minieres, mais quant eſt des cailloux qui ſont faits de petites pieces, tu ne m'as pas dit la cauſe, ne l'origine de l'eſſence (*).

RESPONCE. En ce pays de Xaintonge, nous avons grande quantité de terres vareneuſes, auſquelles ſe trouue vn nombre de cailloux, qui ſe forment annuellement en la terre, qui ſont fort cornus & raboteux & mal plaiſans par le dehors: mais par le dedans, ils ſont blancs & criſtalins, fort plaiſans, propres à faire verres & pierreries artificielles.

(*) Bernardus Paliſſy, Gallus, Figulus illiteratus, ſed ingenioſus tamen, patrâ linguâ libros conſcripſit *de Natura Fontium*, *Metallis*, *Gemmis*, ubi ex aquis omnia vult produci, aquas tamen duas ſtatuit, alteram materialem, alteram congelantem. Quæ ſi quis rectè perpendat, diverſitatem hnìc principiorum agnoſcet. Quando enim duplicis generis aquas facit, neceſſe eſt alteram illam aquam diverſum quid eſſe à priori. Aqua enim, per ſe conſiderata, elementum eſt ſimpliciſque naturæ. Ergo vel non eſt propria hæc locutio, ſi aqua ſtatuitur primum omnium rerum principium, vel involvuntur ſub aquâ iſtâ diverſa principia, quæ expedita tamen atque inter ſe diſtincta haberi oportebat. Non repugnabo, ſi quis aquam vehiculum omnium miſtorum corporum ſtatuat, & quaſi gluten aliquod, mediumque, quo uniuntur miſcibilia. Sed ex eâ ſola fieri aliquid poſſe non credo : fiet enim ex illâ vel per tranſmutationem materiæ quæ ſi concederetur, quæreret alius, in quo principium commutationis conſtiteret ? Neque enim per ſe materia aquæ in materiam alteram abit. Si confugiant ad aliam particularum diſpoſitionem, quæram ulterius, unde iſta diſpoſitio variata ? Atomi enim & minutiſſimæ particulæ corporis ſimplicis & ſingularis omnes ſibi ſunt ſimiles ; ergò aliud quid accedere debet ad aliam materiam producendam. *Voyez Morhoff. Poly. Hiſt. Phil. Lib. II. Part. I. N°. 3. p. 202. de Sectæ Ionica Principiis. Note communiquée.*

La caufe que lefdits cailloux font ainfi cornus & raboteux par le dehors, c'eft à caufe de la place & lieu où ils ont
efté formez, qui eft, que quelque temps après que les herbes & pailles dudit champ ont efté pourries, & qu'il aura
demeuré long-temps fans pleuuoir, il viendra quelque temps
après, qu'il fera vne certaine pluye, qui prendra le fel de
la terre & des herbes qui auoyent efté pourries dans le
champ : & ainfi que l'eau courra le long du feillon du champ,
elle trouuera quelque trou de taupe ou de fouris, ou autre
animal, & l'eau ayant entré dedans le trou, le fel qu'elle aura
amené prendra de la terre & de l'eau ce qui luy en faut, &
felon la groffeur du trou & de la matiere, il fe congelera
vne pierre ou caillou tel que ie t'ay dit cy-deffus, qui fera
boffu, raboteux & mal plaifant, felon la forme de la place
où il aura efté congelé (9).

Veux-tu que ie te donne des raifons qui m'ont fait cognoiftre qu'il eft ainfi? Quelquefois ie cherchois des cailloux
pour faire de l'efmail & des pierres artificielles: or après
auoir affemblé vn grand nombre defdits cailloux, en les
voulant piler, i'en trouuay vne quantité qui eftoyent creux
dedans, où il y auoit certaines pointes, comme celles de diamant, luifantes, tranfparentes & fort belles: alors ie me commençay à tourmenter, pour fauoir qui eftoit la caufe de cela,

---

(9) Cette maniere d'expliquer la formation des geodes, n'eft pas fatisfaifante ; je fais que quelques Auteurs font du fentiment de Paliffy,
particulierement au fujet de celles qu'on trouve dans les matieres arena-
cées : je crois malgré cela qu'il faut accorder aux geodes une origine
plus ancienne : j'ai dans ma collection des morceaux de cette efpece,
non-feulement très-curieux en ce que l'intérieur eft rempli de petits
criftaux quartzeux à deux pointes & d'une belle eau, mais qui renferment encore des cornes d'ammon, en partie décompofées & couvertes
également de petits criftaux, ce qui recule l'origine de ces geodes.

& ne le pouuant entendre par theorique, ne philofophie
naturelle, il me print defir de l'entendre par practique, &
ayant prins vne bonne quantité de falpeftre, ie le fis diffoudre dans vne chaudiere auec de l'eau, laquelle ie fis bouillir; & eftant ainfi bouillie & diffoute, ie la mis refroidir,
& l'eau eftant froide, i'apperçeu que le falpeftre s'eftoit congelé aux extremitez de la chaudiere, & lors ie vuiday l'eau
de ladite chaudiere, & trouuay que les glaçons du falpeftre
eftoyent formez par quadratures & pointes fort plaifantes.
Quoy confideré dès lors en mon efprit, ie vis que les cailloux dont ie t'ay parlé, eftoyent congelez : mais ceux qui fe
trouuerent maffifs, c'eft figne & euidente preuue, qu'il y
auoit affez de matiere pour remplir la foffe, & ceux qui
eftoyent creux, c'eft qu'il y auoit vne fuperfluité d'eau, laquelle s'eftoit deffechée pendant que la congelation fe faifoit aux extrefmes parties, & quand l'humidité du milieu fe
deffechoit, les matieres propres pour le caillou, demeuroyent
fermes & congelées par le dedans, comme petites pointes de
diamant. Ie ne te dis chofe que ie ne te monftre de quoy, fi tu
veux venir en mon cabinet, car ie te monftreray de toutes
efpeces de pierres que ie t'ay parlé.

   I'ay trouué quelques efpeces de cailloux qui ont vn trou
ou canal qui paffe tout à trauers defdits cailloux, cela m'a
fait affeurement croire que l'eau qui apportoit les matieres
du caillou, paffoit tout à trauers pendant que ledit caillou fe congeloit, & par ce que le cours de l'eau ne trouuoit aucune fermure qui l'arreftaft, elle a toufiours paffé à
trauers dudit caillou, & en paffant en cette forte, la viteffe
de l'eau a empefché qu'il ne fe fift congelation au milieu
dudit caillou, dont s'en eft enfuiui que le caillou eft demeuré
creux, comme vne canelle tout à trauers. Tu peux prendre
cet exemple par les ruiffeaux courans au temps des gelées,
lefquels

lefquels fe congelent aux extremitéz, mais non pas au cœurs principal, à caufe de la viteffe de l'eau.

Il y a vn autre exemple qui m'a fait croire que les pierres ont efté congelées de certaine liqueur, par la vertu du fel. Quelquefois ainfi que i'allois de Xaintes à Marepnes, paffant par les brandes de Saint Sorlin, ie vis certains manouuriers qui tiroyent de la terre d'argile pour faire de la thuile : & ainfi que i'eftois arrefté pour contempler la nature de la terre fufdite, i'apperçeu vn grand nombre de petits tourteaux de marcaffites qui fe trouuoient parmy ladite terre : & ayant contemplé plus outre, ie cogneus que lefdites pierres de marcaffites auoyent une forme telle, comme fi quelqu'vn auoit coulé de la cire fondue petit à petit auec vne cueillere : car lefdites marcaffites eftoyent faites par rotonditez conglacées, la premiere plus euafée que la feconde, & la feconde plus que la tierce, & confequemment toutes les circulations & rotonditez eftoyent faites en appetiffant, en montant en haut, & en la fin de ladite pierre, il y auoit vne pointe qui me faifoit naturellement cognoiftre que c'eftoit la fin & derniere goutte de la liqueur qui auoit diftillé lors que lefdites marcaffites fe congeloyent. Si de cela tu ne me veux croire, va t'en aufdits terriers, & tu trouueras quantité defdites marcaffites, & fi tu les gardes long-temps, tu trouueras qu'elles chaumeniront, & tafte au bout de la langue, & tu trouueras qu'elles font falées, qui te fera croire que les metaux ont en eux du fel, auffi bien comme les pierres, car les marcaffites ne font autre chofe que commencement de quelque metal : & qu'ainfi ne foit, prens deux defdites pierres & les frotte l'vne contre l'autre, & tu trouueras qu'elles fentiront comme le fouffre, & mefme fi tu les frappes, il en fortira du feu, comme fait des autres mines de metaux.

Zzz

Ie te veux alleguer encore vn exemple de la congelation des cailloux. Quelquefois que i'eſtois à Tours durant les grands iours de Paris, qui eſtoyent lors audit Tours, il y eut vn Grand Vicaire (*) dudit Tours, Abbé de Turpenay & Maiſtre des Requeſtes de la Royne de Nauarre, homme Philoſophe & amateur des lettres & des bonnes inuentions, il me monſtra en ſon cabinet pluſieurs & diuerſes pierres : mais entre toutes les plus admirables, il me monſtra vne grande quantité de cailloux blancs, formez à la propre ſemblance de dragées de diuerſes façons, & en faiſoit ledit Abbé pluſieurs preſens, comme de choſe admirable : quelques iours après, il me mena en ſon Abbaye de Turpenay, & en paſſant par vn village qui eſt le long de la riuiere de Loire, il me monſtra vne grande cauerne par laquelle on alloit bien auant ſous terre, par le deſſous des rochers : & me dit, qu'au dedans de ladite cauerne, il y auoit vn rocher duquel romboit de l'eau par petites gouttes, bien lentement : & en diſtillant, elle ſe congeloit & ſe reduiſoit en vne maſſe de caillou blanc, & me dit qu'on mettoit par deſſous l'eau qui diſtilloit, de la paille, afin que les gouttes qui diſtilleroyent, ſe congelaſſent ſur ladite paille, pour faire des dragées de diuerſes façons, & m'aſſeura ledit Abbé, que la dragée qu'il m'auoit monſtrée, auoit eſté prinſe en ce lieu-là, & qu'elle auoit eſté faite par le moyen ſuſdit : auſſi pluſieurs gens dudit

---

(*) Thomas de Gadaigne, en latin, *Vadagnius* ou *Gadaneus* étoit un Florentin dont la famille s'eſt établie en France, à Lyon & dans le Comtat d'Avignon. Il étoit Maître des Requêtes de Jeanne d'Albret, mere de Henri IV, Grand Vicaire d'Alexandre, Cardinal de Farneſe, Archevêque de Tours. Son Abbaye de Turpenay eſt dans ce Dioceſe ; il avoit ſuccédé à Jean de Selve, celebre Juriſconſulte. Gilbert du Cheir, d'Aigueperſe en Auvergne, a fait des vers latins pour un Antoine de Gadaigne, imprimés dès l'an 1538, à Lyon. *Note communiquée.*

village m'attesterent la chose estre telle (10). Tu peux donc bien croire à present, que l'eau des pluyes qui passent à trauers des terres, qui sont au-dessus du rocher, apporte quelque espece de sel, qui cause la congelation de ces pierres, qui est le propos que ie t'ay tousiours tenu. Cela se peut encore auiourd'huy verifier : nous pouuons aussi iuger par-là, que le cristal & autres pierres transparentes, sont congelées la plus grand part d'eau & de sel.

DEMANDE. Par quel argument me voudrois-tu faire croire que le cristal soit fait d'vne eau congelée?

RESPONCE. I'auois vne fois vne boule de cristal, qui estoit bien nette, ronde & bien polie : quand ie la regardois en l'air, i'apperceuois certaines estincelles à trauers dudit cristal, après ie prenois vne phiole pleine d'eau bien claire, & voyois aussi des bluettes ou estincelles semblables à celles du cristal. Ie prenois aussi vne piece de glace & la regardois en l'air, & en cas pareil i'apperceuois des petites bluettes & estincelles comme dessus, & me sembloit que les trois choses susdites se ressembloyent de couleur, de pesanteur & de froidure. Voila qui me donna occasion d'entendre & cognoistre que toutes les pierres transparentes sont la plupart de matiere aineuse : & de tant plus elles sont aineuses, elles resistent plus vaillamment au feu, & de tant plus qu'elles sont de nature froide, de tant plus elles se cassent en se froidissant quand elles sont vne fois eschauffées.

DEMANDE. Entre toutes les choses que tu m'as conté de la croissance des pierres, ie ne trouue rien si estrange que

---

(10) Ces dragées n'étoient que des matieres stalagnistes en petits grains, ce qui est fort commun dans plusieurs cavernes. Les premieres qui ont eu quelque réputation, son celles de Tivoli , *Confetti di Tivoli*, *Bellaria lapidea*.

ce que tu m'as dit des varaines : car tu dis qu'en cette terre là, il y a quelque espece de sel, qui cause la congelation desdites pierres.

RESPONCE. Veux-tu que de cela ie te donne presentement vn bon argument ? Va t'en à vn four à chaux, duquel le mortier sera fait de ladite varaine, si ledit four a chauffé deux ou trois fois, tu verras que son mortier se sera vitrifié. I'en ay veu aucuns duquel le mortier estoit si fort vitrifié, qu'il y auoit plusieurs tetines de verre qui pendoyent ès voutes dudit fourneau. Penses-tu que la terre se fust ainsi vitrifiée s'il n'y auoit quelque espece de sel ? Tu trouuerois bien estrange, si quelqu'vn te disoit, qu'il y a du bois qui se reduit en pierre : il te fascheroit beaucoup de le croire, toutesfois ie crois qu'il est ainsi, & say bien les causes pourquoy cela se fait. Il y a vn Gentilhomme près de Peyrehourade, qui est l'habitation & ville du Vicomte d'Orto, cinq lieues distantes de Bayonne, lequel Gentilhomme est Seigneur de la Mothe, & est Secretaire du Roy de Nauarre, homme fort curieux & amateur de vertu : il se trouua quelquefois à la Court, en la compagnie du feu Roy de Navarre, auquel temps il fut apporté audit Roy vne piece de bois qui estoit reduite en pierre, dont plusieurs furent esmerueillez : & après que ledit sieur eust reçeu laditte pierre, il commanda à vn quidam de ses seruiteurs de la luy serrer auec ses autres richesses : lors le Seigneur de la Mothe (*),

---

(*) La Mothe Fenelon, Chevalier de l'Ordre du Roi, avoit commencé par être Secrétaire du Roi de Navarre ; il s'étoit apparamment établi dans les Etats de son maître. C'est lui qui, suivant Pierre Olhagaray, alla trouver en 1568, de la part du Roi de France, à Orthez, Jeanne d'Albret, comme elle revenoit de Navarre, pour la prier d'user de clémence à l'endroit de sa Noblesse Basque. Il revint encore pour ce sujet à

Secretaire fufdit, pria ledit quidam de luy en donner vn pe‑
tit morceau, ce qu'il fit, & ledit de la Mothe paffant par
cette ville de Xaintes, m'en fit vn prefent, fachant bien à la
verité que i'eftois curieux de telles chofes : cela te peut
être dur à croire, mais de ma part, ie fay à la verité qu'il
eft ainfi, & depuis ie me fuis enquis, d'où c'eftoit que le bois
reduit en pierre auoit efté apporté: il me fut dit qu'il y
auoit vne certaine foreft de Fayan qui eftoit vn partie marefca‑
geufe, dont ie conclus en mon efprit, que le bois de Fayan
tient en foy plus de fel que nulle autre efpece de bois : par‑
quoy il faut croire que quand ledit bois eft pourri, & que
fon fel eft humecté, il reduit le bois, qui eft defia pourri, en
efpece de fumier ou terre, & deflors le fel qui eft diffout
dudit bois, endurcit l'humeur pourrie du bois & la reduit
en pierre, qui eft la mefme raifon que ie t'ay dit des coquil‑
les: c'eft, que pour fe mollifier & reduire en pierre, elles
ne perdent aucunement leur forme : femblablement le bois
eftant reduit en pierre, tient encore la forme du bois, tout
ainfi comme les coquilles. Et voila comment nature n'eft
pas fitoft deftruite d'vn effet, qu'elle ne recommence foudain
vn autre, qui eft ce que ie t'ay toufiours dit, que la terre
& autres eflemens ne font iamais oififs.

Sais-tu ce qui me fait croire que le bois de Fayan eft plus
apte à reduire en pierre, que non pas les autres bois ? C'eft
par ce qu'il a en foy vne fi grande quantité de fel, qu'il y a
aucunes verrieres de verre de vitre, où après qu'ils ont chauffé
leur fourneau dudit Fayan, ils prennent la cendre pour fe

Nerac dans les premiers jours de Septembre, & alors elle chargea le
fieur de la Mothe de fes lettres datées de *Bergerac*, le 16 du même mois
& adreffées à Charles IX. Le Capitane la Mothe & le jeune la Mothe
étoient dans la ville de Navarreins lors qu'on en fit le fiége, le 27 Avril
1569. *Note communiquée.*

seruir à faire verres de vitres, en lieu de salicor, ou de fougere. Il ne faut donques trouuer estrange, si ledit bois estant
pourri, est propre pour se reduire en pierre, attendu qu'il
est propre & vtile à faire verre : car tout bien consideré, le
verre n'est autre chose qu'vne pierre.

Pourquoy est-ce que tu trouues estrange que ie dis que les
pierres s'engendrent annuellement en la terre, veu qu'elles
s'engendrent bien dans le corps des hommes, & dans la teste
des bestes ? Il n'est pas iusques aux limaces rouges qui n'en
ayent. Les Medecins disent que les poissons portant coquilles, sont dangereux d'engendrer la pierre, c'est vne attestation de tout ce que i'ay dit cy-deuant, que si le poisson qui
porte coquille engendre la pierre, la coquille a esté formée
de la propre substance du poisson, & ainsi ils sont d'vne mesme
nature.

Ie finiray doncques mon propos en concluant que tout ce
que i'ay dit cy-dessus contient verité. Combien que i'eusse
cy-deuant conclu ce que ie pretendois traiter de l'essence des
pierres & de l'action du sel, si est-ce qu'afin que le secret
que i'ay donné des fumiers, serue à l'vniuersel, & qu'on
ne mesprise en cet endroit mon conseil, pour tousiours mieux
asseurer que le sel a affinité auec toutes choses, & que sans
iceluy, toutes choses se putrefieroyent soudain ; i'ay voulu
encores t'aduertir que i'ay leu quelque historien qui dit,
qu'en Arabie se trouue quelques contrées de pierre de sel,
desquelles on bastit les maisons. Tu ne dois doncques trouuer
estrange si ie t'ay dit que les cailloux qui sont transparens
comme verres, sont congelez par le sel. Et quant à ce que
ie t'ay dit, qu'aucunes pierres se consomment à l'humidité
de l'air, ie te dis à present, non-seulement les pierres mais
aussi le verre, auquel y a grande quantité de sel : & qu'ainsi
ne soit, tu trouueras ès temples de Poitou & de Bretagne,

vn nombre infini de vitres, qui font incifées par le dehors par l'iniure du temps, & les vitriers difent que la Lune a ce fait, mais ils me pardonneront : car c'eft l'humidité des pluyes qui a fait diffoudre quelque partie du fel dudit verre (11) : ie te dis de rechef, que le fel fait des congelations merueilleufes. Les Alchimiftes en ont fenti quelque chofe : car ils fe tourmentent fort après ces fels preparez.

Il me fouuient auoir veu vn potier qui faifoit brier du plomb calciné à vn moulin à bras ; & ainfi qu'on luy annonça l'heure du difner, il enuoya fes feruiteurs deuant, & print vne poignée de fel commun, & le mefla parmi fon dit plomb qui eftoit deftrampé clair comme eau, & l'ayant meflé, il donna deux ou trois tours à fon moulin, afin que fes feruiteurs n'apperceuffent le beau fecret qui luy auoit efté apprins, de mettre du fel dedans fon plomb, pour faire la couleur plus belle ; mais au retour du difner, ce fut vne fort belle rifée, car il trouua que le fel, le plomb & l'eau s'eftoyent fi bien endurcis & congelez par la vertu du fel, qu'il ne fut poffible de plus virer les meules, & eftoit le deffus & le deffous fi bien prins l'vn à l'autre, qui fut difficile de les feparer. Voila vne hiftoire que ie t'ay voulu dire, pour mieux

---

(11) Paliffy a raifon : c'eft particulierement les pluies & l'humidité de l'air qui fendillent, trezalent, & rendent ternes certains verres dans lefquels la matiere faline étant en trop grande quantité, n'eft pas fuffifamment combinée avec la terre vitrifiable : les ouvriers appellent un tel verre, *verre qui jette fon fel* : cet accident ne tarde pas à arriver aux verres où l'alkali domine trop ; mais ce qu'il y a d'étrange, c'eft que les verres les mieux fondus & les plus durs éprouvent à la longue des altérations fur leur fuperficie, fur tout ceux qui fe trouvent renfermés dans des terres humides, ce que j'ai fouvent obfervé fur des lacrimatoires & des urnes de verre antiques qu'on fortoit de la terre : leur fuperficie fe détachoit par petites lames très-fines & offroit des iris.

t'affeurer que le fel a vertu de congeler & les metaux & les pierres.

DEMANDE. Puis que tu as cherché la maniere de cognoif-tre ainfi les pierres & cailloux, & l'effet de leur effence, me faurois-tu donner quelque raifon des douze pierres rares, lefquelles Saint Iean en fon Apocalypfe prend comme par vne figure de douze fondemens de la Sainte Cité de Ierufa-lem? Car il faut entendre que les douze pierres font dures & indiffolubles, puis que Saint Iean les prend par figures d'vn perpetuel baftiment.

RESPONCE. Le Iafpe, qui eft vne defdites pierres, eft vne eau qui a paffé par beaucoup de terres, & en paffant, elle a prins la fubftance falfitiue, & eft tombée fur vn certain re-ceptacle, & eftant ainfi cheute deuant qu'eftre congelée, font tombées autres gouttes d'eau, qui en paffant à trauers des terres, ont trouué quelque efpece de marcaffites ou metaux parfaits, & ayant prins teinture ès chofes fufdites, les gout-tes d'eau qui eftoyent ainfi teintes, font cheutes fur l'autre eau ; & ainfi l'eau teinte tombant fur la blanche, a fait plu-fieurs figures, idées, ou damafquinées en ladite pierre de Iafpe, & par ce qu'vne partie de l'eau a apporté auec foy vne fubftance de fel metallique, la congelation de la pierre s'eft faite merueilleufement dure, & fa dureté eft caufe que quand ladite pierre eft polie, le poliffement eft merveilleufe-ment beau, & fes figures fort plaifantes.

Quant eft du Calcidoine, ie t'en dis en cas pareil.

La Topaffe eft vne eau, qui auffi a paffé par quelque mi-niere de fer, où elle a prins fa teinture iaune, & de-là vient que la fubftance metallique luy donne quelque dureté d'a-uantage.

L'Efmeraude eft vne eau fort nette qui a paffé à trauers des minieres d'airain, ou de couperofe, de laquelle l'airain

eft

eſt fait , & là a prins ſa teinture de verre , & le ſel qui a
cauſé ſa congelation : car ladite couperoſe n'eſt autre choſe
que ſel , qui eſt touſiours teſmoignage de ce que ie t'ay dit
cy-deuant.

La Turquoiſe eſt auſſi vne eau qui a diſtillé & paſſé par
certaines veines de minieres d'airain & de ſaphre (*), &
de-là vient qu'elle tient aucunement couleur des deux eſpeces des mineraux, & y a parmy leſdites eſpeces quelque
quantité de terre qui cauſe que ladite terre n'a point de tranſ-
parence comme l'Eſmeraude (12).

Le Saphir, eſt comme deſſus, vne eau bien pure, mais
par ce qu'elle a paſſé par quelque miniere de ſaphre, elle
tient vn peu de la couleur & teinture dudit ſaphre..

(*) Le Saphre eſt une terre qui ſe prend ès mines d'or , laquelle
eſt terre fixe autant comme l'or même ; d'icelle on fait une couleur d'a-
zur en eſmail. Paliſſy appelle fixe les choſes qui endurent le feu juſqu'à
la fonte , comme le verre , l'or & l'argent. *Mſ. Extrait de Paliſſy à la
Bibliotheque de l'Abbaye Saint Germain des Prez* , N°. 2322.

Ce manuſcrit qui étoit dans la Bibliotheque de M. le Chancelier Seguier , contient cinquante-ſept feuilles in-fol. il a pour titre : *Extrait des
Diſcours de Mᵉ. Bernard Paliſſy , touchant la nature des Eaux & Fontaines ,
eſcript le* 14 *Septembre* 1584. Il a paſſé dans la Bibliotheque de M. Henry
du Cambout , Duc de Coiſlin , Pair de France , Evêque de Metz , léguée
à Saint Germain en 1732 , N°. 1094, aujourd'hui , N°. 2322. Cet abrégé
eſt fort bien fait & prouve combien les ouvrages de Paliſſy étoient eſ-
timés dans ſon tems , puiſqu'on le liſoit avec un ſoin particulier & qu'on
l'étudioit avec attention. *Note communiquée.*

(12) Les Turquoiſes ſont des dents pétrifiées d'animaux marins ,
ainſi que nous l'avons déja obſervé , & c'eſt au cuivre à qui elles doivent leur couleur : voyez à ce ſujet la Lettre de M. Hill au Docteur
Parſons , ſur les couleurs du Saphir & de la Turquoiſe , inſérée dans la
traduction françoiſe du Traité des pierres de Théophraſte.

A aaa

Le Diamant n'eſt autre choſe qu'vne eau, comme le criſ-tal, mais il eſt congelé par quelque rare eſpece de ſel, pur & monde, lequel eſt tellement endurci en ſa congelation, qu'il eſt plus dur que mille des autres pierres : & faut icy no-ter, que ſon excellente beauté procede en partie de ſa du-reté, & ce, d'autant que le poliſſement eſt plus beau, de tant plus la pierre eſt dure.

Les Lapidaires diſent ainſi : Voilà vn diamant qui a vne belle eau. Ils parlent bien, mais il y a du criſtal, que s'il eſtoit auſſi dur qu'eſt le Diamant, il ſe troueroit auſſi lumineux & excellent en beauté, comme le Diamant, & ne cognoiſ-troit-on aucunement la difference de l'vn auec l'autre.

Demande. Iuſques icy tu as touſiours perſiſté, en diſant, qu'en toutes eſpeces de pierres il y auoit du ſel, i'en ay rom-pu pluſieurs, & principalement certains cailloux qui auoyent la propre ſemblance du ſel : toutesfois quand ie taſtois à la langue, ie n'y trouuois aucune ſaueur.

Responce. Cela n'empeſche point qu'il n'y aye du ſel : ſi tu taſtes à la langue vne peſle d'airain, tu n'y trouueras au-cun gouſt, toutesfois l'airain eſt venu de couperoſe, qui n'eſt autre choſe que ſel (13).

Veux-tu bien ſauoir la cauſe pourquoy en taſtant à la lan-gue, tu n'apperçois aucun gouſt de ſel ? La cauſe eſt, par ce que les matieres ſont ſi bien fixes, qu'elles ne ſe peuuent diſ-ſoudre par l'humidité de la langue, comme fait le ſel com-mun. Le ſel commun, la couperoſe, le vitriol, l'alun, le ſel amoniac & le ſel de tartre, toutes ces eſpeces, ſoudain qu'elles ſont tant peu ſoit-il humeſtées du bout de la langue,

---

(13) J'ai déja fait remarquer la bévue de Paliſſy au ſujet de la cou-peroſe qui n'eſt qu'un vitriol martial, étranger au cuivre ; c'eſt proba-blement la couleur verte de ce ſel qui l'avoit induit en erreur.

elles fe diſſoudent, & lors la langue trouue aiſement le gouſt ,
par ce que l'humidité de ladite langue fait attraction & dilate les parties de toutes ces eſpeces de ſels : mais quand vn
ſel eſt bien fixe auec l'eau & la terre , ou autres choſes à luy
iointes , lors il ne peut diſſoudre que par bonne philoſophie,
ou par le moyen & practique de philoſophie.

Exemple. Le verre eſt la plus grande partie de ſel & d'eau;
ie dis de ſel, à cauſe du ſalicor qui eſt vn ſel d'herbe : après
ie dis d'eau , par ce que les cailloux ou ſable ioints au ſel de ſalicor , ſont partie d'eau & de ſel. Or eſt-il ainſi , que ſi tu
taſtes vn verre à la langue, tu n'as garde de le trouuer ſalé ,
combien que ce ne ſoit la plus grande partie que ſel : qui eſt
donc la cauſe que l'humidité de la langue ne peut faire attraction de la ſaueur dudit ſel ? C'eſt pour la meſme cauſe que
i'ay dit , que les matieres terreſtres, aineuſes & ſalſitiues,
ſont ſi bien iointes enſemble, qu'elles ne ſe peuuent diſſoudre, ſinon par induſtrie & practique.

Un iour vn Alchimiſte (*) trouua fort eſtrange que ie luy
dis, que ie tirois du ſel d'vn verre : il penſoit eſtre bon phi-

---

(*) Nous croyons devoir rapporter un fait copié dans le manuſcrit du
célebre Jean d'Ipres , Abbé de Saint Bertin , à Saint Omer , concernant
Gilbert, quarante-neuvieme Abbé de ce Monaſtere, & qui fut élu en 1250;
il n'eſt point encore connu des Hiſtoriens de la Chimie, & confirme le
ſentiment de Paliſſy. *Gillebertus Abbas vocatus Aureus , non ſolum in Curia
Romana verum etiam in terra iſta... Dicitur magnum fuiſſe Alchimicum ,
quod quantum vim habeat relinquo ſcienti :* vidi tamen qui ſcribo in repo-
ſitoriis noſtris vaſa *quædam illius artis ,* quæ dicebantur de vaſis Gilleberti
Abbatis fuiſſe, poſuitque in Eccleſia noſtra candelabra quatuor , duo ma-
jora, duo minora, bene pulchra & honeſta ſolemni opere Triphonio fabre-
facta , duoque folia textus Evangeliorum, qui textus hic deſertur oſcu-
landus *in duplicibus.* Certiſſimum & me præſente compertum , quod ſunt
ex argento Alchimico; nam tempore Willelmi primi Abbatis unus quatuor

lofophe, mais il n'auoit pas encores practiqué iufques-là, combien que la chofe fuft affez aifée. Ie ne parleray plus de ces chofes, fachant bien que fi tu ne reçois les raifons que ie t'ay données, ce feroit folie de t'en monftrer dauantage.

Angelorum qui funt in cornu textus prædicti, pefque unus minorum candelabrorum fracti traditi funt Aurifabro reparandi, fed me præfente in igne pofiti non duraverunt, fed inftantiffime & citiùs ftagno vel plumbo liquati formam argenti non retinuerunt, fed ferè totaliter in cineres evanuerunt; quare opportuit fieri novos, & facti funt ex argento vero, & in fuis repofiti omnibus aliis imaginibus ejufdem textus candelabrifque & candelabrorum partibus in fua priftina forma manentibus, quod adhuc hodie poffet experiri, qui vellet.

Et quoniam de Alchimia fermo verfatur, rogo cunctos & fingulos, ne in hanc Artem mentem fuam infigant. *Hæc enim ars pulchra promittit, & pauca donat, fortiter attrahit & allicit homines, & multi decipiuntur in ea, experto crede, nam & ego qui fcribo, in ea deceptus fui, & plurimos vidi eodem modo deceptos, nec unquam vidi qui attigerit ad opus verum quod fatis eft probabile; nam hujus artis principia non propriè concordant cum principiis naturalibus; etiam fit metallum bonum,* tefte AlBERTO in libro fuo qui intitulatur SEMITA RECTA quem ipfe de hac arte compofuit, ubi dicit fic: » & fit per hunc modum aurum meliùs omni eo quod extrahitur à » terra miffa in pondere & colore, in fufibilitate, ductilitate & mallea- » tione; excepto quod ferrum Alchimicum non trahitur ab adamante, & » aurum Alchimicum non curat lepram nec per fe lætificat cor hominis, » & vulnus ex eo factum tumefcit, quod non fit ex auro Dei ». Hoc funt verba *Alberti.* Ubi bene notandum quod multa eft differentia inter au- rum Alchimicum & aurum Dei, cùm opus Alchimicum deficiat à vero effe naturali & principio radicali: quare Papa Johannes XXII, in quo- dam extravaganti excommunicat omnes monetas ex auro Alchimico cu- dentes feu fabricantes. V. Corpus Juris Can. T. II. extravagant. comm. lib. V. T. VI. Caput unicum *de crimine falfi,* fpondent, &c. Et ci-de- vant page 417 & fuiv. dans le Traité de Paliffy, *des Abus des Medecins,* concernant le reftaurant d'or potable.

DEMANDE. Ie ne t'en feray aussi plus de question; mais ie voudrois que tu m'eusses dit quelque chose de l'essence des metaux.

RESPONCE. C'est vne regle bien accordée entre les philosophes, que les metaux sont engendrez de souphre & d'argent vif, ce que ie leur accorde, ce neantmoins il y a quelque espece de sel, qui aide à la congelation. Nous ne pouuons nier que l'argent, l'estain, le plomb & le fer, ne tiennent la plus grand part de couleur & du poids de l'argent vif.

Item, nous sauons qu'auparauant que les metaux soyent purifiez, ils sentent le souphre, & toutesfois ie ne puis accorder, que le souphre qui estoit à la minierc d'argent, soit fixe auec ledit argent, par ce que les Orpheures disent que le souphre empesche de souder l'argent, & est grandement ennemy de la forge d'argent. Bien croiray-ie que ledit souphre aye aidé à la decoction dudit argent, & qu'ainsi que la miniere estoit à la fournaise, le souphre se soit exhalé. Quant est de l'or, les philosophes disent qu'il est engendré de souphre rouge & de vif argent, voulant dire par-là que le souphre rouge a donné la teinture à l'or.

Quant est de moy, ie ne vis oncques souphre rouge, mais quand ainsi seroit, qu'il s'en trouueroit quantité si ne pourrois-ie accorder que l'or print sa teinture dudit souphre: car il faut necessairement que ce qui a teint ledit or, soit de plus haute couleur que rouge, car vn rouge ne peut augmenter vn autre rouge sans se palesir. Ie crois plutost que la teinture de l'or seroit venue de l'antimoine, que non pas du souphre; & ce, à cause que sa teinture iaune est de si haute couleur, qu'vne liure d'antimoine pourra teindre vn grand nombre de liures d'argent vif, ou autre metal blanc.

Ie suis fort esmerueillé comment on peut croire que l'or puisse seruir à restaurer les personnes, sans estre dissout: c'est

pour les mefmes caufes que ie t'ay dit que tu ne peux trouuer
le gouft du fel, fi premierement il ne fe diffout : & fi ainfi eft
qu'on ne trouue point de faueur ès pierres falées, aufquelles
le fel eft fixe parfaitement, combien moins de gouft trouuera
vn malade en l'or, s'il n'eft diffout ? Or il eft ainfi qu'il n'y a
rien plus fixe que l'or : tu l'as beau tremper & bouillir, tu n'as
garde de le diffoudre. Il me femble que la nourriture de
l'homme eft en ce que fon eftomac cuit & diffout les chofes
qu'il prend par la bouche, & puis la fubftance fe depart par
toutes les parties du corps, & voila vne nourriture & reftaurant : mais comment l'eftomac d'vn homme debile, & quafi
mort, pourra-t-il diffoudre l'or, & le departir par toutes les
parties de fon corps, veu que les fournaifes, voire mefme efchauffées d'vne chaleur plus que violente, ne le peuuent confommer : il faudroit que l'eftomac de l'homme malade fuft
plus chaud que les fournaifes, où ie n'y entends rien.

Vray eft qu'aucuns Philofophes (*), Alchimiftes, difent
fauoir rendre l'or en eau par quelque diffolution : veritable-

---

(*) Par deux quittances paffées devant Martin Riffent, Notaire &
Secretaire du Roi, le 8 Avril 1483, on apprend que Ferrault de Bonnel,
natif de *Pymont*, étoit Alchimifte de Louis XI. Par la premiere, Bonnel reconnoît avoir reçu de Michel le Tenthurier, Confeiller du Roi,
Receveur Général des Finances des pays de Languedoc, Lyonnois, Forez
& Baujolois, *la fomme de neuf vingt douze liures tournois... Pour le rem-
bourfement de quatre-vingt-feize efcus d'or vielz qu'il a mis pour ledit Seigneur Roy, à faire certain breuuage cppellé,* Aurum Potabile, *à luy ordonné pour medecine.* Par la feconde, Bonnel reçoit du même le Tenthurier, *la fomme de huit vingt deux liures dix fols tournois,* de la part du
Roi, *pour la defpence qu'il luy conuient faire faire à aller querir fa femme
qui eft en Sauoye, pour venir deuers luy en la ville de Tours, où ledit
Seigneur Roy veut qu'ils foyent refidens continuellement pour faire certains
breuuages ordonnez pour medecine audit Seigneur.*

ment s'ils le peuuent diſſoudre, il eſt potable : or venons à preſent à ſauoir, ſi eſtant potable, il peut ſeruir de nourriture. Les Philoſophes diſent, qu'il eſt de ſouphre & d'argent vif : eſtant donc diſſout, ce ſera du ſouphre & de l'argent vif que tu donneras à boire aux malades, autre choſe n'en peux-tu tirer, que ce qui y a eſté mis, & toutesfois tu dis que le vif argent eſt vn poiſon. Veux-tu donc nourrir le malade de poiſon pour le reſtaurer? Ie ne puis entendre autrement cette affaire : parquoy ie m'en tairay pour le preſent, & le laiſſeray diſputer à ceux qui le croyent autrement que moy.

DEMANDE. Comment oſes-tu tenir vn tel propos contre la commune opinion de tous les Medecins? Car il ne fut oncques qu'on ne fiſt du reſtaurant d'or.

RESPONCE. Ie ne t'ai pas dit mal des Medecins, i'en ſerois bien marry; car il y en a en cette ville à qui ie ſuis grandement tenu, & ſingulierement à Monſieur l'Amoureux (*), lequel m'a ſecouru de ſes biens, & du labeur de ſon art : toutesfois comme par vne maniere de diſpute, ils ne doiuent

---

Cette anecdote prouve combien la crédulité de ce Prince étoit grande & combien ſon premier Médecin Coctier étoit fripon, de ſe prêter à cet abus. On diſtinguoit à cette époque l'or potable qui ſe faiſoit par ſcience d'*Arquemye moult difficile*, & l'eau d'or qui ſe faiſoit ſuivant la recepte qui eſt à la fin du *Propriétaire*, traduit en françois pour Charles V, Roi de France, en cette forme. » *Prenez* platines d'or bien »' échauffées dedans le feu, & les mortifiez quarante fois dedans l'eau » de bon puits ou fontaine, & ſoit gardée nettement en une phiolle » de verre pour la boire pure ou en bon vin ». Cette méthode revient aſſez au bouillon d'or, fait avec un gal, dont Paliſſy fait ſi bien ſentir l'abſurdité. *Note communiquée.*

(*) Il eſt bien glorieux à ce Médecin, dont le nom eſt d'ailleurs ignoré, d'avoir été l'un des Mecenes & des amis de Paliſſy.

trouuer mauuais, fi ie dis ce qu'il m'en femble. Ie fay bien
que plufieurs Medecins & Apoticaires ont fait bouillir de
l'or dans les ventres des chapons gras, pour reftaurer les malades, & difoyent que l'or fe diminuoit, ce qu'on n'a garde
de me faire croire: tu l'as beau bouillir & fricaffer, tu n'as
garde de le faire amoindrir de poids.

Si le fel ou graiffe du pot fait trouuer fa couleur plus pale
fur la fuperficie feulement, cela ne fait rien contre mon opinion. Si l'or fe pouuoit diminuer en bouillant, les alchimiftes auroyent gagné le prix, & ne fe faudroit tant trauailler
pour diffoudre l'or: car après qu'ils en auroyent fait bouillir
vne grande quantité, ils prendroyent l'eau où ledit or auroit
efté bouilli, & ayant fait euaporer l'humide, ils trouueroyent
l'or au fonds de leur vaiffeau, duquel ils fe feruiroyent, à
ce qu'ils pretendent.

Ie te demande, fais-tu que c'eft à dire reftaurant? N'eft-ce
pas à dire nourriture & reparation de nature? Veux-tu vn
peu penfer l'effet & le naturel des chofes qui reftaurent les
corps des humains? Confidere vn peu toutes les chofes qui
font bonnes à manger & à reftaurer, & tu trouueras que
foudain qu'elles font fur la langue, elles fe commencent à diffoudre: car autrement la langue ne pourroit iuger de la faueur de la chofe; & fi la langue ne reçoit aucune faueur ny
gouft bon, ne mauuais de ce qui luy eft prefenté, tu peux
par-là aifement iuger que le ventre, ne l'eftomac ne pourront
auffi receuoir quelque faueur de ce qui leur fera prefenté.

Confidere auffi que nulle chofe n'eft bonne pour nourriture, que d'elle mefme ne foit fuiette à s'efchauffer, corrompre & putrefier: c'eft vn argument bien notable pour fouftenir mon propos: or il eft ainfi que l'or n'eft fuiet à nul de
ces accidens: tu as beau appiller des efcus enfemble, ils
n'ont garde de s'efchauffer, ne putrefier, comme font les

chofes

chofes bonnes à manger. Que diras - tu là ? As - tu quelque
chofe pour legitimement contredire à ce propos ? Peut-eſtre
que tu diras, qu'il faut croire les doctes & anciens qui ont
efcrit ces chofes, il y a vn bien long-temps ; qu'il ne ſe faut
arrefter à mon dire, d'autant que ie ne ſuis ne Grec, ne Latin, & que ie n'ay rien veu des liures des Medecins. A ce ie
refpons, que les anciens eſtoyent auſſi bien hommes comme
les modernes, & qu'ils peuuent auſſi bien auoir failli comme
nous: & qu'ainſi ne ſoit, regarde vn peu les œuures d'Yſi-
dore & du Lapidaire (*), & de Dioſcoride, & pluſieurs
autres autheurs anciens ; quand ils parlent des pierres rares,
ils diſent que les vnes ont vertu contre les diables, & les autres contre les ſorciers, & les autres pour rendre l'homme
content, plaiſant, beau & victorieux en bataille, & plus d'vn
millier d'autres vertus, qu'ils attribuent auſdites pierres.

Ie te demande, n'eſt-ce pas vne fauſſe opinion & directement contre les authoritez de l'Eſcriture Saincte ? Si ainſi eſt
que ces Docteurs anciens & tant excellens, ayent erré en
parlant des pierres, pourquoy eſt-ce que tu me voudrois nier
qu'ils ne puiſſent auoir erré en parlant de l'or ? Si tu dis que
peut-eſtre que l'or eſtant dans le corps, a pouuoir d'attirer
à ſoy les mauuaiſes humeurs, comme l'aimant tire le fer, ie
te demande, pourquoy eſt-ce doncques que tu le ſepares en
tant de parties: car les vns le mangent eſtant limé & les au-

---

(*) Jean de Mandeville eſt auteur du Livre imprimé avec ce titre :
Le Lapidaire, contenant la vertu & propriété des Pierres précieuſes, Lyon,
in-8. goth. *ſans date*. L'auteur de cette note a donné à la Bibliotheque du
Roi, un manuſcrit du commencement du quatorzieme ſiecle, en vers
François, qui contient le Lapidaire & le Beſtiaire qu'on peut conſulter.
C'eſt une traduction d'Iſidore. *Note conununiquée.*

tres battu par feuilles, & d'espece bien menu : or si l'aimant
estoit ainsi puluerisé, il n'auroit pouuoir d'attirer le fer comme
il a, estant ioint en vne masse. Parquoy ie conclus que si on
ne me donne meilleure raison que celles que i'ay alleguées,
ie ne saurois croire que l'or seust restaurer vn malade, non plus
que feroit du sable dedans l'estomac, & ce d'autant qu'il est
impossible à nul estomac le pouuoir dissoudre.

LIURE TROISIEME.

IARDIN DELECTABLE.

DEMANDE.

Dès le premier commencement de notre propos, tu m'as dit que tu cherchois vn lieu montueux, pour edifier vn iardin de plaisance (*), tu sais que i'ay trouué fort estrange

---

(*) Le Jardin de Palissy rassemble, suivant son plan, l'utile & l'agréable ; le côteau offre des points de vues très-agréables ; son parterre, ses terrasses, ses grottes sont des choses délicieuses & les salles de verdure qu'il propose, sont très-variées.

Le goût de son siecle le portoit à maltraiter les arbres pour en former des ornemens d'architecture ; mais certainement cela étoit préférable à cette maniere de tailler les ifs, les romarins, en la forme d'une grue, d'un gendarme, &c. comme on en voit encore aujourd'hui dans les Jardins de l'Abbé de Clairmarais, à Saint Omer, & dans ceux de l'Abbé des Dunes à Bruges en Flandre, qui sont deux exemples de ce genre d'absurdité : donc Palissy avoit grande raison de s'en moquer. Si on veut lire une description de jardin, il faut avoir une petite brochure du Chevalier Temple, intitulée : *Le Jardin d'Epicure*. Il y parle du plus beau jardin qu'il ait vu, celui du Parc de Moore dans le Comté d'Hartford, en Angleterre, construit par une Comtesse de Betfort, qui avoit suivi les idées de Palissy.

Depuis quelque tems il s'est introduit en France un goût bizarre & dispendieux, pour des *Jardins* qu'on appelle *Anglois*, & qui depuis le siecle dernier, sont appellés en Angleterre *Jardins Chinois*, dont tout le

vne telle opinion ; & toutefois tu ne m'as aucunement contenté, comme des autres chofes que nous auons parlé. Ie
voudrois te prier de m'en donner quelque raifon.

RESPONCE. Es tu encores fi ignorant que tu ne faches
qu'il ne fut iamais montaigne , qu'au pied d'icelle n'y euft vne
vallée ? Quand ie t'ay dit que ie cherchois vn lieu montueux
pour edifier mon iardin, ie ne t'ay pas dit que ie voulois
faire mon iardin fur la montaigne : mais pour auoir la commodité du iardin, il faut neceffairement qu'il y aye des
montaignes auprès d'iceluy.

DEMANDE. Ie te prie me faire vn difcours de l'ordonnance
du iardin que tu veux edifier.

RESPONCE. Le propos fera bien prolixe , mais toutesfois
ie te le feray affez bien entendre. Il eft impoffible d'auoir
vn lieu propre pour faire vn iardin , qu'il n'y aye quelque
fontaine ou ruiffeau, qui paffe par le iardin : & pour cette
caufe, ie veux eflire vn lieu planier au bas de quelque montaigne ou haut terrier, afin de prendre quelque fource d'eau
dudit terrier , pour la faire dilater à mon plaifir par toutes

---

merveilleux confifte dans des ponts à fec , des ruines de bâtimens qui
n'ont jamais exifté, des rivieres fur des montagnes, de petites butes
dans les plaines qu'on nomme des montagnes, &c. En fuppofant que
l'on pût à force de génie, rendre raifon de ces monftres de l'art : » Je
» ne voudrois pas confeiller à perfonne de fuivre cette méthode pour
» les jardins, ce font de trop grands chefs-d'œuvre , dit M. Temple ,
» pour être entrepris par toute forte de mains ; & plus il y auroit
» d'honneur à y bien réuffir, plus il y auroit de honte a les faire mal ;
» or de vingt perfonnes qui l'entreprendroient , il n'y en auroit peut-
être pas une qui n'y échouât ». Revenons aux plans de Paliffy, ils imitent la nature. *Voyez la Bibliotheque Botanique de M. de Haller , à l'article
Paliffy , & le fupplément à l'ouvrage de M. Roger Chabol , qui le cite.*

les parties de mon iardin ; & alors ayant trouué telle commodité, ie designeray & ordonneray mon iardin de telle inuention, que iamais homme n'a veu le semblable. Et m'asseure, qu'ayant trouué ce lieu, ie feray vn autant beau iardin, qu'il en fut iamais sous le ciel, hors-mis le iardin de Paradis terrestre.

DEMANDE. Et où penses-tu trouuer vn haut terrier où il y aye quelque source d'eau, & vne plaine au bas de la montaigne, comme tu demandes ?

RESPONCE. Il y a en France plus de quatre mille maisons nobles, où ladite commodité se pourroit aisement trouuer, & singulierement le long des fleuues, comme tu dirois le long de la riuiere de Loire, le long de la Gironde, de la Garonne, du Lot, du Tar, & presque le long des autres fleuues. Cela n'est point impossible quant à la commodité : ie penserois trouuer bien-tost vn lieu commode le long d'vne riuiere.

DEMANDE. Dis-moy doncques comment tu pretens orner ton iardin, après que tu auras acheté la place.

RESPONCE. En premier lieu, ie marqueray la quadrature de mon iardin, de telle longueur & largeur que i'aduiseray estre requise, & feray ladite quadrature en quelque plaine qui soit enuironnée de montaignes, terriers ou rochers, deuers le costé du vent de Nord, & du vent d'Ouest, afin que lesdites montaignes, terriers ou rochers me seruent ès choses que ie te diray cy-après. I'aduiseray aussi de situer mon iardin au-dessous de quelque source d'eau sortant desdits rochers, & venant de lieu haut, & ce fait, ie feray madite quadrature : mais quoy qu'il soit, ie veux edifier mon iardin en vn lieu où il y aye vne prée par dessous, pour sortir aucune fois dudit iardin en la prée ; & ce, pour les causes qui feront desduites cy-après. Et ayant ainsi fermé la situation

du iardin, ie viendray lors à le diuifer en quatre parties ef-
gales; & pour la feparation defdites parties, il y aura vne
grande allée qui croifera ledit iardin, & aux quatre bouts
de ladite croifée, il y aura à chafcun bout vn cabinet, & au
milieu du iardin & croifée, il y aura vn amphitheatre tel que
ie te diray cy-après. Aux quatre anglets dudit iardin, il y aura
en chafcun vn cabinet, qui font en nombre huit cabinets, &
vn amphitheatre, qui feront edifiez au iardin : mais tu dois entendre que tous les huit cabinets feront diuerfement eftoffez
& de telle inuention qu'on n'en a encore iamais veu ny ouy
parler. Voila pourquoy ie veux eriger mon iardin fur le
Pfeaume cent quatre, là où le Prophete defcrit les œuures
excellentes & merueilleufes de Dieu, & en les contemplant
il s'humilie deuant lui, & commande à fon ame de louer le
Seigneur en toutes fes merueilles.

Ie veux auffi edifier ce iardin admirable afin de donner
occafion aux hommes de fe rendre amateurs du cultiuement
de la terre, & de laiffer toutes occupations ou delices vicieux & mauuais trafics, pour s'amufer au cultiuement de la
terre.

Demande. Ie te prie me defigner ou me faire vn difcours
de ces beaux cabinets que tu pretens ainfi eriger.

Responce. En premier lieu tu dois entendre que ie feray
venir la fource d'eau, ou partie d'icelle, du rocher, aux
huit cabinets fufdits. Ce qui me fera affez aifé à faire : car
ainfi que l'eau diftillera de la montaigne ou rocher, ie prendray fa fource & la meneray par toutes les parties de mon
iardin, ou bon me femblera, & en donneray à chafcun cabinet vne portion, ainfi que ie verray eftre neceffaire, &
edifieray mes cabinets de telle inuention, que de chafcun
d'eux fortira plus de cent piffeures d'eau ; & ce, par les

moyens que ie te feray entendre en te faifant le difcours de la beauté des cabinets. Venons doncques au difcours de tous mes cabinets l'vn après l'autre.

Du premier Cabinet.

Le premier cabinet qui fera deuers le vent du Nord, au coin & anglet du iardin, au bas & ioignant le pied de la montaigne ou rocher, ie le baftiray de briques cuites, mais elles feront formées de telle forte, que ledit cabinet fe trouuera reffembler la forme d'vn rocher, qu'on auroit creufé fur le lieu mefme, ayant par le dedans plufieurs fieges concaues au-dedans de la muraille, & entre deux d'vn chafcun des fieges il y aura vne colomne, & au-deffous d'icelle, vn piedeftal, & au-deffus des teftes des chapiteaux des colomnes, il y aura vn architraue, frife & corniche qui regnera au tour dudit cabinet ; & au long de la frife, il y aura certaines lettres antiques pour orner ladite frife, & auffi au long de ladite frife, y aura en efcrit : *Dieu n'a prins plaifir en rien, finon en l'homme, auquel habite Sapience* : & ainfi mon cabinet aura fes feneftres deuers le cofté du Midi, & feront lefdites feneftres & entrée dudit cabinet, en maniere d'vn rocher : auffi ledit cabinet fera du cofté du Nord, & du cofté du Oueft, maffonné contre les terriers ou rochers, en telle forte, qu'en defcendant du haut terrier, on fe pourra rendre fur ledit ca-binet fans cognoiftre qu'il y aye aucun baftiment deffous. Et afin de rendre ledit cabinet plus plaifant, ie feray planter fur la voute d'iceluy plufieurs arbriffeaux portant fruits, bons pour la nourriture des oifeaux, & auffi certaines herbes def-quelles ils font amateurs de la graine, afin d'accouftumer lefdits oifeaux à fe venir repofer & dire leurs chanfonnettes fur lefdits arbriffeaux, pour donner plaifir à ceux qui feront

au-dedans dudit cabinet & iardin ; & le dehors dudit cabinet
fera maffonné de groffes pierres de rochers, fans eftre polies, ni incifées, afin que le dehors dudit cabinet n'aye en
foy aucune forme de baftiment. Et en maffonnant le dehors
dudit cabinet, i'ameneray vn canal d'eau, lequel ie feray
paffer au-dedans de la muraille, & eftant ainfi maffonné dans
le mur, ie le dilateray en plufieurs parties de piffeures qui fortiront par le dehors dudit cabinet, en telle forte que ledit
cabinet reffemblant vn rocher, on penfera que lefdites piffeures fortent dudit cabinet, fans aucun artifice, à caufe que
le dehors d'iceluy cabinet femblera vn rocher, & lefdites
piffeures eftant cheutes, fe rendront à vn certain lieu que ie
te diray cy-après : mais ie te veux premierement difcourir la
beauté du poliffement du dedans du cabinet.

Quand le cabinet fera ainfi maffonné, ie le viendray couurir de plufieurs couleurs d'efmails, depuis le fommet des
voutes iufques au pied & paué d'iceluy : quoy fait, ie viendray faire vn grand feu dedans le cabinet fufdit; & ce, iufques à tant que lefdits efmails foyent fondus ou liquifiez fur
ladite maffonnerie ; & ainfi, les efmails en fe liquifiant, cou-
leront, & en fe coulant s'entremefleront, & en s'entremef-
lant, ils feront des figures & idées fort plaifantes, & le feu
eftant ofté dudit cabinet, on trouuera que lefdits efmails auront couuert la iointure des briques, defquelles le cabinet
fera maffonné. Et en telle forte, que ledit cabinet femblera
par le dedans eftre tout d'vne piece, par ce qu'il n'y aura aucune apparition de iointures ; & fi fera ledit cabinet luifant
d'vn tel poliffement, que les lezars & langrottes qui entreront
dedans fe verront comme en un miroir, & admireront les
ftatues : que fi quelqu'vn les furprend, elles ne pourront monter au long de la muraille dudit cabinet, à caufe de fon poliffement, & par tel moyen, ledit cabinet durera à iamais,

&

& n'y faudra aucune tapifferie: car fa parure fera d'vne telle beauté, comme fi elle eftoit d'vn iafpe ou porphire, ou calcidoine bien poli.

Du second Cabinet.

Le fecond cabinet qui fera en l'autre coin ou anglet, qui aura auffi fon regard deuers la partie meridionale, fera par le dehors de femblable ornement & parure que le premier: auffi par deffus fa voufte, il y aura certains arbriffeaux plantez ainfi que ie t'ay dit du premier: auffi le dedans dudit cabinet fera tout maffonné de briques, mais lefdites briques feront maffonnées & façonnées d'vne telle induftrie, qu'il y aura au-dedans du baftiment plufieurs figures de termes, qui feruiront de colomnes, & feront pofez lefdits termes fur vn certain embaffement, qui feruira de fiege pour ceux qui feront affis dedans ledit cabinet, & au-deffus defdites figures de termes, il y aura vn architraue, frife & corniche qui regnera à l'entour du deffus defdites figures de termes, & au-dedans de la frife y aura plufieurs grandes lettres antiques, & y aura en efcrit: *La crainte de Dieu eft le commencement de Sapience*: lefdits termes qui feront geftes & grimaces eftranges, feront efmaillez de plufieurs & diuerfes couleurs, qui feroyent trop longues à defduire; auffi tout le refidu dudit cabinet fera efmaillé de diuerfes couleurs d'efmails, & tout ainfi que ie t'ay dit, que les efmails du premier cabinet feroyent fondus fur le lieu mefme, ainfi en fera fait de cettuy fecond, & ce, afin que les iointures & la maffonnerie ne foit apperçeue, & que le tout luife comme vne pierre criftaline.

DU TROISIESME CABINET.

Le troifiefme cabinet, qui fera à l'autre coin, deuers la partie du Midy, du cofté de la prairie, fera voufté & couvert de terres & arbres, en telle forme que le premier: auffi fortiront du dehors du cabinet plufieurs piffeures d'eau; comme du premier, & le dedans fera auffi maffonné de briques, mais fa façon fera differente aux autres: car il fera tout ruftique, comme fi vn rocher auoit efté creufé à grands coups de marteaux: toutesfois il y aura tout à l'entour dudit cabinet, certaines concauitez creufées dedans la muraille, qui feruiront de fieges; & au-deffus, il y aura efpece ou maniere d'architraue, frife & corniche, non pas proprement infculplées, mais comme qui fe moqueroit, en les formant, & les infculpant à grands coups de marteaux: toutesfois elles auront quelque apparence, & feront grauées certaines lettres antiques au long de ladite frife, qui denoteront, que *la Sapience n'habitera point au corps fuiet à peché, ny en l'ame mal affectionnée*: or ce cabinet fera couuert d'vn efmail blanc maderé, moucheté & iafpé de diuerfes couleurs par deffus ledit blanc, de telle forte que lefdits efmails & diuerfitez de couleurs, couuriront les iointures des briques & de la maffonnerie; & ainfi ledit cabinet apparoiftra eftre tout d'vne mefme piece, comme le premier, & fes efmails feront luifans & plaifans, comme ceux du premier & du fecond.

DU QUATRIESME CABINET.

Le quatriefme cabinet fera maffonné de briques comme les trois fufdits; mais la façon fera fort differente des trois premiers: car il fera maffonné par le dedans d'vne telle in-

duſtrie, qu'il ſemblera proprement que ce ſoit vn rocher qui
auroit eſté caué pour tirer la pierre du dedans : or ledit cabinet ſera tortu, boſſu, ayant pluſieurs boſſes & concauitez
biaiſes, ne tenant aucune apparence ny forme d'art d'inſculp-
ture, ny labeur de main d'homme; & ſeront les vouſtes tortues de telle ſorte, qu'elles auront quelque apparence de
vouloir tomber, à cauſe qu'il y aura pluſieurs boſſes pendantes : toutesfois, par ce qu'aux trois ſuſdits, il y a à chaſcun
d'iceux vne authorité notable eſcrite, & prinſe en la Sapience, en ce quatrieſme cy ſera eſcrit, *ſans Sapience, eſt
impoſſible de plaire à Dieu.* Et ledit cabinet ſera comme
d'vn eſmail de couleur d'vn calcidoine, iaſpe maderé & moucheté d'vn eſmail blanc, qui en ſe fondant ou liquifiant, ſera
pluſieurs veines, figures & idées eſtranges, en ſe dilatant &
diſſoudant d'en haut au bas dudit cabinet; & en ce faiſant,
il couurira les iointures des briques, deſquelles ledit cabinet
ſera maſſonné en telle ſorte, qu'il ſemblera qu'il ſoit d'vne
meſme piece comme les trois ſuſdits, & par le dehors ſera
maſſonné de groſſes pierres, telles comme elles ſeront prinſes au rocher, ſans eſtre aucunement taillées ny façonnées,
afin que le dehors dudit cabinet reſſemble proprement vn
rocher naturel. Et par ce que ledit cabinet ſera érigé ioignant
le pied de la montaigne, qui eſt deuers le coſté du Oueſt,
en l'anglet qui eſt deuers le Midy, iceluy cabinet eſtant deſſus couuert de terrre, & ayant pluſieurs arbres plantez ſur
ladite terre, il y aura bien peu d'apparence de baſtiment,
par ce qu'en deſcendant du terrier haut, on pourra marcher
ſur la vouſte dudit cabinet, ſans apperceuoir qu'il y aye aucune forme de baſtiment; & tout ainſi que ie t'ay dit, qu'au
premier cabinet il y auroit pluſieurs piſſeures d'eau qui ſortiront de la muraille par le dehors, auſſi en ce quatrieſme en
ſortira abondamment, qui ſera choſe de grande recreation :

Cccc2

& ainſi qu'au premier cabinet, ie t'ay dit qu'il y auroit certains arbres portant fruits, pour les oiſeaux, il y en aura
auſſi à ce quatrieſme cy. Auſſi les feneſtres ſeront de telle
monſtruoſité que les premieres: voila le diſcours des quatre
cabinets.

Des Cabinets qui ſeront aux quatre bouts de la croiſée qui
trauerſera le milieu du iardin du trauers & du long.

Quant eſt de ces quatre cabinets cy, il ſeront faits de certains hommeaux, que ie planteray tout à l'entour de la circonference de la place que i'auray pourtraite pour la grandeur de mes cabinets ſuſdits, & combien qu'au commencement de mon propos, tu pourras peut-eſtre iuger en toy-
meſme, que ce n'eſt rien de nouueau, que de faire des cabinets d'hommeaux, ou autres arbres, toutesfois, ſi tu veux
ouyr patiemment mon propos, ie te feray bien entendre,
que ce ſera vne grandiſſime choſe, voire telle, qu'homme
n'a veu la ſemblable : ayes doncques patience, & ne me re-
dargues point de prolixité.

Au premier des quatre cabinets qui ſeront ainſi faits d'hommeaux, y aura au-dedans & deſſous la couuerture des branches deſdits cabinets à chaſcun vn rocher, qui ſera maſſonné
auec la muraille de la cloſture du iardin.

Ce premier rocher doncques, qui ſera au cabinet du coſté
du vent de Nord, ſera fait de terre cuite inſculpée & eſmaillée en façon d'vn rocher tortu, boſſu, & de diverſes
couleurs eſtranges, ainſi que ie fay la Grotte de Monſeigneur
le Conneſtable, non pas proprement d'vne telle ordonnance,
par ce que ce n'eſt pas auſſi vn œuure ſemblable.

Note doncques qu'au bas & pied du rocher, il y aura vn
foſſé naturel ou receptacle d'eau, qui tiendra autant en lon-

gueur comme ledit rocher. Pour cette caufe, ie feray plufieurs boffes en mon rocher, le long dudit foffé, fur lefquelles boffes ie mettray plufieurs grenouilles, tortues, chan-
cres, efcreuiffes, & vn grand nombre de coquilles de toutes
efpeces, afin de mieux imiter les rochers. Auffi y aura plufieurs branches de corail, duquel les racines feront tout au
pied du rocher, afin que lefdits coraux ayent apparence
d'auoir creu dedans ledit foffé.

Item, vn peu plus haut dudit rocher, y aura plufieurs trous
& concauitez, fur lefquels y aura plufieurs ferpens, afpics
& viperes, qui feront couchés & entortillés fur lefdites
boffes & au-dedans des trous : & tout le refidu du haut du
rocher fera ainfi biais, tortu, boffu, ayant vn nombre d'efpece d'herbes & de mouffes infculpées, qui couftumierement
croiffent ès rochers & lieux humides, comme font fcolopen-
dre, capilli Veneris, adianthe, politricon, & autres telles
efpeces d'herbes. Et au-deffus defdites mouffes & herbes, il
y aura vn grand nombre de ferpens, afpics, viperes, lan-
grotes & lezars, qui ramperont le long du rocher, les vns
en haut, les autres de trauers, & les autres defcendant en
bas tenant & faifant plufieurs geftes & plaifans contourne-
mens, & tous lefdits animaux feront infculpez & efmaillez
fi près de la nature que les autres lezars naturels & ferpens,
les viendront fouuent admirer, comme tu vois qu'il y a vn
chien en mon haftelier de l'art de terre, que plufieurs autres
chiens fe font prins à gronder à l'encontre, penfant qu'il fuft
naturel : & dudit rocher diftillera vn grand nombre de piffeures d'eau qui tomberont dedans le foffé qui fera dans ledit
cabinct, auquel foffé y aura vn grand nombre de poiffons
naturels, & des grenouilles & tortues. Et par ce que fur le
terrier ioignant ledit foffé, il y aura poiffons & grenouilles
infculpés de mon art de terre, ceux qui iront voir ledit ca-

binet, cuideront que lefdits poiſſons, tortues & grenouilles
ſoyent naturelles, & qu'elles ſoyent ſorties dudit foſſé, d'autant qu'audit foſſé il y en aura de naturelles. Auſſi audit rocher ſera formé quelque eſpece de buffet, pour tenir les
verres & coupes de ceux qui banqueteront dans le cabinet.
Et par vn meſme moyen, ſeront formez audit rocher certains parquets & petits receptacles, pour faire rafraiſchir le
vin, pendant l'heure du repas, leſquels receptacles auront
touſiours l'eau froide, à cauſe que quand ils ſeront pleins
à la meſure ordonnée de leur grandeur, la ſuperfluité de
l'eau tombera dedans le foſſé, & ainſi l'eau ſera touſiours
viue dedans ledit receptacle : auſſi audit cabinet y aura vne
table de ſemblable eſtoffe que le rocher, laquelle ſera af-
ſiſe auſſi ſur vn rocher, & ſera ladite table en façon ouale,
eſtant eſmaillée, enrichie & colorée de diuerſes couleurs
d'eſmail, qui luiront comme vn criſtalin. Et ceux qui ſeront
aſſis pour banqueter en ladite table, pourront mettre de l'eau
viue en leur vin, ſans ſortir dudit cabinet, ains la prendront
ès piſſeures des fontaines dudit rocher.

Et quant eſt à preſent des hommeaux, qui ſeront la cloſture & couuerture dudit cabinet, ils ſeront mis & dreſſez
par vn tel ordre, que les iambes des hommeaux ſeruiront
de colomnes, & les branches feront vn architraue, friſe &
corniche, & tympane & frontiſpice, & obſeruant l'ordre de
la maſſonnerie.

DEMANDE. Veritablement ie penſe que tu es inſenſé, de
vouloir obſeruer les reigles d'architecture ès baſtimens faits
d'arbres, & tu ſais que les arbres croiſſent tous les iours, &
qu'ils ne peuuent tenir longuement quelque meſure que tu
leur ſaurois donner : & nous ſauons que les anciens architectes n'ont rien fait qu'auec certaines meſures & grandes

confiderations, tefmoins Victruue (*) & Sebaftiane qui ont fait certains liures d'architecture.

RESPONCE. Tu te deuois bien effrayer & efleuer contre moy : tu as allegué de belles raifons pour me prouuer d'eftre infenfé, & mefprifer l'inuention de mon iardin, veu que c'eft vne chofe de fi grande eftime.

Si tu as leu les liures que tu dis d'architecture, tu trouueras que les anciens inuenteurs des excellens edifices, ont prins leurs pourtraits & exemplaires de leurs colomnes, ès arbres & formes humaines, & qu'ainfi ne foit, mefure vn peu leurs colomnes, & tu trouueras qu'elles font plus groffes par le bas de la iambe que non pas en haut, qui eft vne des raifons qu'ils ont prins en formant leurs colomnes; & auffi les colomnes faites d'arbres feront trouuées toufiours plus rares & excellentes que non pas celles des pierres : & fi tu veux tant honorer celles des pierres, que tu les vueilles preferer à celles qui feront faites de iambes d'arbres, ie te diray, que c'eft contre toute difpofition de droit diuin & humain : car les œuures du fouuerain & premier edificateur, doiuent eftre en plus grand honneur que non pas celles des edificateurs humains.

Item, tu fais qu'vne pourtraiture qui aura efté contrefaite à l'exemple d'vne autre pourtraiture, la contrefacture ou pourtraiture qui aura efté faite, ne fera iamais tant eftimée comme l'original, fur lequel on aura prins le pourtrait. Parquoy les colomnes de pierre ne fe peuuent glorifier contre celles de bois, ne dire, nous fommes plus parfaites, & ce,

---

(*) Paliffy fe fert de la Traduction des *huit livres d'Architecture de Vitruve* & de celle des *fix livres d'Architecture de Sébaftien Serlio*, par Jean Martin Parifien, Secrétaire du Cardinal de Lenoncourt, imprimés à Paris en 1572. *Note communiquée.*

d'autant que celles de bois ont engendré, ou pour le moins
ont aprins à faire celles de pierres. Et puis le Souverain Geometrien & premier edificateur y a mis la main, il les faut
plus estimer que celles des pierres, quelques rares qu'elles
foyent, hors-mis qu'elles fuffent de pierre de iafpe ou d'autres
pierres rares.

DEMANDE. Voire, mais les colomnes de pierres qui ont
esté infculpées par nos anciens edificateurs, elles ont chafcune vn chapiteau, pour imiter la tefte de l'humaine nature :
auffi les anciens edificateurs ont infculpé au pied d'vne chafcune defdites colomnes, vne bafe, qui fignifie le pied de
l'homme. Et quand ceux de Corinthe inuenterent leurs genres de colomnes, defquelles ils edifierent le Temple de la
grande Diane, qui eftoit vn merueilleux baftiment, ils firent
au corps de leurs colomnes certains canaux, & voyes creufes, qui denotoyent les plis & froncis des robes & cotes de
leur Deeffe Diane: auffi au chapiteau de leurs colomnes, ils
mirent certains roleaux façonnez en maniere d'vne ligne af-
piralle, lefquels entortillemens fignifioyent les cheueux &
coiffure de ladite Diane. Voila comment nos anciens edificateurs n'ont rien fait fans grande confideration, & raifon
bien affeurée: mais toy, quelle raifon, mefure, ny ordre
pourrois-tu tenir à ton baftiment fait de pieds & branches
d'hommeaux, veu que lefdits hommeaux augmentent tous
les iours en groffeur & hauteur ?

RESPONCE. Pour vray, ie penfe que tu as vne tefte fans
ceruelle; n'as-tu point confideré tant de beaux iardins qui
font en France, aufquels les iardiniers ont tondu les romarins, lizos & plufieurs autres efpeces d'herbes: les vnes auront la forme d'vne grue, les autres la forme d'vn coq, les
autres, la forme d'vne oye, confequemment de plufieurs autres efpeces d'animaux; & mefme, i'ay veu en certains iardins,

dins, qu'on a fait certains gens-d'armes à cheual & à pied,
& grand nombre de diuerfes armoiries, lettres, & deuifes:
mais toutes ces chofes font de peu de durée, & les faut re-
façonner fouuent. Si ainfi eft que les chofes qui font de peu
de profit & de petite durée, foyent tant eftimées, combien
penfes-tu que le baftiment de mes cabinets meritera d'eftre
eftimé, veu que la chofe fera de longue durée, & aifée à
entretenir, vtile & profitable? Voire fi profitable, que
quand par vieilleffe elle fera inutile au baftiment & clofture
defdits cabinets, fi eft ce qu'encores les colomnes auront
grandement profité, à caufe du bois qu'elles rendront à
fon poffeffeur. Et quant eft de l'entretien, tant il s'en faut
qu'il ne foit de fi grands fraix que celuy des petites herbes fus
efcrites: car les petites herbes ne fauroyent tenir leur forme
gueres long-temps, fans eftre tondues: mais les colomnes de
mes cabinets dureront pour le moins la vie d'vn homme ou
de deux, fans y faire aucune reparation. Quant eft des branches, il les faudra eftauffer & arranger vne fois ou deux l'année, c'eft pour le plus: cognois-tu pas par-là, que mon baftiment ainfi fait de pieds d'hommeaux, fera grandement
vtile, excellent & louable?

DEMANDE. Voire, mais ie ne puis entendre l'ordre que tu
pretens tenir au baftiment & edification de ton cabinet. Fais
m'en prefentement quelque difcours, par lequel ie le puiffe
aifement entendre.

RESPONCE. Après que les hommeaux feront plantez, iouxte
la quadrature & circonference de mon cabinet, & que ie
feray affeuré que lefdits hommeaux auront prins racine, ie
couperay toutes les branches iufques à la hauteur des colomnes; & ce fait, ie marqueray ou inciferay le pied de l'hommeau à l'endroit où ie voudray faire la baffe de la colomne:
femblablement à l'endroit où ie voudray faire le chapiteau,

D ddd

ie feray quelque incifion, marque ou concuffion, & lors ;
nature fe trouuant greuée en ces deux parties, elle enuoyera
fecours & abondance de faueur & humeur, pour renforcer
& guerir lefdites playes ; & de-là aduiendra qu'en ces parties bleffées s'engendrera vne fuperfluité de bois, qui caufera
la forme du chapiteau & bafe de la colomne, & ainfi que
les colomnes croiftront & augmenteront la forme auffi du
chapiteau & bafe augmentera. Voila comment les iambes des
hommeaux auront toufiours une chafcune la forme d'vne
colomne, & les branches qui auront leur naiffance fur le
bout dudit chapiteau, ie les ployeray de trauers, pour fe
rendre directement depuis la naiffance, qui fera fur ledit
chapiteau, iufques au-deffous du chapiteau de l'autre prochaine colomne, & les branches ou partie d'icelles, qui feront en la colomne circonuoifine, ie les feray directement
coucher, pour fe rendre fur le chapiteau de la premiere colomne : toutesfois ie laifferay toufiours vne quantité de branches pour faire les autres membres defpendans de la maffonnerie & architecture dudit cabinet. Et par tel moyen, les
premieres branches ainfi couchées d'vne colomne à l'autre,
feront directement vne forme d'architraue, par ce que ie
leur donneray quelque auancement, en les couchant l'vne
fur l'autre, pour former les mollures d'architraue

Et quant eft de la frife qui s'enfuit après, ie ne l'occupe-
ray d'aucunes branches trauerfantes, mais ie prendray premierement certaines branches de celles que i'auray laiffé debout, & les ayant couchées de la maniere des autres, i'en
feray la forme de la corniche, en telle forte que ie t'ay dit de
l'architraue : car ie feray auancer les branches par degrez,
mefurés par art de Geometrie & Architecture, afin de faire
trouuer & paroiftre les mollures de ladite corniche, de la
mefure que lefdites mollures doiuent auoir. Et ainfi l'archi-

traue & la corniche eftant formez à leur raifon, la frife demeurera vuide : & pour l'ornement & excellence de ladite
frife, ie plieray certaines gittes qui procederont de l'architraue, & de la corniche ; & en les pliant & arrangeant au-
dedans de ladite frife, ie feray tenir à vne chafcune gitte
ou branche, vne forme de lettre antique bien proportionnée.
Et afin que l'ingratitude ne foit redarguée mefme par les
chofes infenfibles & vegetatiues, il y aura en efcrit en ladite frife vne autorité prinfe au liure de Sapience, où il eft
efcrit : *Que lors que les fols periront, ils appelleront la Sa-*
pience & elle fe moquera d'eux, par ce qu'ils n'ont tenu
conte d'elle, lors qu'elle les appelloit par les carrefours,
rues, lieux, affemblées, & fermons publics. Voila qui fera
efcrit en ladite frife, afin que les hommes qui reietteront Sapience, difcipline & doctrine foyent mefme condamnez par
les tefmoignages des ames vegetatiues & infenfibles: quoy
fait, ie prendray le refidu des branches, & en formeray vn
frontifpice en chafcune face dudit cabinet, & feront les mollures dudit frontifpice formées des branches qui refteront,
qui fera la fin & total des branches & de la maffonnerie.
Et par ce qu'en ce faifant, les tympanes fe trouueront vuides
& percez à iour : ie metteray à vn chafcun defdits tympanes
vne deuife de lettres antiques & Romaines, lefquelles lettres
feront formées de petites gittes, qui procederont des branches de la corniche & du frontifpice ; & ainfi, lefdits tympanes feront enrichis de deuifes auffi bien que la frife. Et
quant eft des deuifes qui y feront, ie te les mettray par ordre cy-après.

  Pour conclufion, faches que le cabinet eftant ainfi fait,
les branches qui croiftront au-deffus des frontifpices & fom-
miré du baftiment, ie les feray coucher l'vne fur l'autre,

D d d d 2

d'vne telle inuention, qu'il ne pleuura aucunement dedans ledit cabinet, non plus que s'il estoit couuert d'ardoife. Voila toute l'edification du premier des quatre cabinets verds.

DU SECOND CABINET VERD.

Le fecond cabinet verd qui fera du cofté du vent de Eft, fera erigé & conftruit d'hommeaux, en la propre forme que les fufdits : mais le rocher du dedans qui fera ioint auec la muraille de la cloifon & fermure du iardin, fera d'vne autre inuention : car il fera maffonné de certains cailloux blancs & diaphanes, lefquels i'ay amaffez en plufieurs & diuers champs, rochers & montaignes, & feront lefdits cailloux arrangez & maffonnez en ladite muraille d'vn fi bel ordre, qu'il y aura plufieurs riches concauitez & retraites qui feruiront d'autant de fieges pour repofer ceux qui iront audit cabinet ; & d'iceluy rocher fortira vn nombre infini de piffeures d'eau qui feront mouuoir certains moulinets, & les moulinets feront iouer certains foufflets, & les foufflets ietteront leur vent dedans certains flaiols qui feront dedans vn ruiffeau qui fera au pied du rocher, en telle forte que les foufflets contraindront les flaiols rendre leur voix, eux eftant dedans l'eau : dont s'en enfuiuront plufieurs voix de flaiols gargouillantes, qui en leurs gargouillemens imiteront de bien près les chants de diuers oifeaux, & fingulierement le chant du roffignol : or ledit rocher fera tenu luifant & net, à caufe des eaux qui iournellement diftilleront deffus ; & quant eft de la deuife qui fera en la frife dudit cabinet, il y aura en efcrit, *Les enfans de Sapience font l'Eglife des juftes, Ecclef.* 3. & à celle qui fera aux tympanes, dedans le tympane de la premiere face, y aura en efcrit, *Les cogitations peruerfes fe feparent de Dieu. Sapience* 1.

Et au tympane de la feconde face, il y aura en efcrit, *En l'ame mal affectionnée, n'entrera point de Sapience. Sapience 1.*

Et au tympane de la troifiefme, y aura en efcrit, *Celuy eft malheureux qui reiette Sapience. Sapience 3.*

DU TROISIESME CABINET VERD.

Le troifiefme cabinet fera erigé comme les deux premiers & n'y aura rien à dire qu'ils ne fe reffemblent, hors-mis le rocher du dedans & fonds dudit cabinet : car par ce que ce cabinet cy fera au bout de l'allée deuers le cofté du vent d'Oueft, au pied de la montaigne, le rocher dudit cabinet fera taillé de la mefme piece de la montaigne, & en le formant & taillant, les fecrets des canaux & piffeures d'eau, feront enclos, fermés & maffonnés au-dedans dudit rocher, afin qu'il femble que les eaux fortent naturellement de ce rocher : mais pour rendre ledit rocher plus admirable, ie feray enchaffer dedans ledit rocher plufieurs coraux, tels qu'ils viennent de leur nature, fans eftre polis, afin qu'il femble qu'ils ayent creu audit rocher.

Auffi dans iceluy rocher, ie feray enchaffer plufieurs pier. res rares, que ie feray apporter de diuers pays & contrées, comme font calcidoines, iafpes, porphires, marbres, criftals & autres cailloux riches & plaifans à la veue ; & feront lefdites pierres enchaffées en la roche, fans aucun poliffement, & feront fi bien iointes dedans l'incifion qu'on fera en ladite roche, qu'il n'y aura aucune apparence d'artifice, ains femblera que lefdites chofes foyent ainfi venues de fa propre nature : & d'iceluy rocher fortiront plufieurs piffeures d'eau, comme des trois fufdits, & dedans ce cabinet cy, il y aura vne table de quelque pierre rare, laquelle fera affife fur vn rocher propre pour cette affaire, auquel rocher feront auffi enchaffées plufieurs & diuerfes efpeces de pierres rares comme deffus, & en la frife dudit cabinet fera efcrit : *Le fruit des bons labeurs eft glorieux. Sapience 3.*

Et au tympane de la premiere face, fera efcrit, *Defir de Sapience meine au regne eternel. Sapience 6.*

Et au tympane de la feconde face, fera efcrit, *Dieu n'aime perfonne, que celuy qui habite auec Sapience. Sapience 7.*

Et au troifiefme & dernier tympane, il y aura en efcrit, *Par Sapience l'homme aura immortalité. Sapience 8.*

Et y aura audit cabinet à dextre & à feneftre, plufieurs fieges entre les colomnes, lefquels feront faits de certaines gittes que les racines des hommeaux & colomnes auront produites en bas : car c'eft chofe certaine, que les hommeaux ont en eux ce naturel, de produire plufieurs gittes de la racine.

Du dernier Cabinet verd.

Le dernier cabinet qui fera au bout de l'allée, deuers le vent de Sud, il fera de la femblable forme que les trois fufdits, fauoir eft d'hommeaux : mais le rocher qui fera ioignant la muraille de la clofture, fera fort eftrange & plaifant, car ie feray chercher plufieurs pierres & diuers cailloux. Il fe trouue fouuent ès ports & haures de cette mer Oceane, plufieurs pierres diuerfes, que les marchands d'eftranges pays apportent au fonds de leurs nauires, pour garder qu'il ne foit trop leger, car autrement le nauire eftant vuide verferoit foudain par la violence des vents. Et quand ils font arriuez, ils iettent lefdites pierres fur le bord de la mer. Il s'en trouue bien fouuent qui font toutes femées de petites eftincelles reffemblantes argent, & de plufieurs diuerfes couleurs.

Au pays de Poitou, s'en trouue de toutes grosseurs, qui
font fi très-blanches, qu'estant rompues, elles ont couleur
d'vn fel blanc ou de fucre fin; & en ay veu d'auffi groffes
que barriques.

En ce pays de Xaintonge, ès parties limitrofes de la mer,
s'en trouue grande quantité, qui en qnelque part ou endroit qu'on les puiffe rompre, elles font toutes pleines de
coquilles, qui font formées en la mefme pierre.

Ayant donc amaffé un grand nombre de toutes ces diuerfes pierres, ie maffonneray mon rocher plus estrangement que
les fufdits. Ie les formeray en telle forte, qu'il y aura par
deffus plufieurs vouftes, & en icelles y aura plufieurs grandes
pierres pendantes; & pour donner grace audit rocher, il y
aura plufieurs piliers qui feront conduits par lignes obliques
& indirectes. Ce rocher fera trouué fort estrange, par ce que
auparauant le maffonner, ie tailleray plufieurs ferpents, afpics & viperes, où par le derriere d'iceux, y aura vne lan-
guette ou queue de la mefme eftoffe, fauoir eft de terre; &
ayant cuît & efmaillé lefdits animaux, ie les maffonneray
parmy les cailloux, pierres & rochers, en telle forte qu'il
femblera proprement qu'ils foyent en vie, & qu'ils rampent
au long dudit rocher.

Auffi de mon art de terre, ie formeray certaines pierres,
qui feront efmaillées de couleur de turquoife, lefquelles
pierres ayant vne queue par derriere, feront liées &
maffonnées auec ledit rocher; & en iceluy rocher ie formeray quelque maniere d'architraue, frife & corniche, toutesfois fans aucunement tailler les pierres, ains feront maffonnées en la propre forme qu'on les trouuera; & afin de mieux
enrichir ledit rocher, ie feray que le champ de la frife fera
d'vne mefme couleur de pierre, & en maffonnant ladite frife
ie l'enrichiray de certaines lettres antiques qui feront formées

de petits cailloux ou pierres d'autre couleur que ladite frife ;
& en ce faifant, i'efcriray vne fentence prinfe en Efaie le
Prophete, chap. 55. qui dit ainfi : *Vous tous ayant foif,
venez & buuez pour neant de l'eau de la fontaine viue.* Et
ladite deuife fera conuenable en ce lieu, par ce que dudit
rocher fortira grand nombre de pifleures d'eau, qui tomberont dedans vn foflé qui fera paué, orné, enrichi & mu-
raillé defdites pierres & cailloux eftranges. Et fur le bord
dudit foflé, il y aura vne certaine plateforme, pour mettre
les vafes, coupes & verres pour le feruice dudit cabinet. Et
y aura audit cabinet vne table fur vn pilier, & rocher de
femblable parure que ledit rocher. Et entre les colomnes &
pieds defdits hommeaux qui feront la cloifon & couuerture
dudit cabinet, y aura plufieurs fieges de femblable parure &
eftoffe que le rocher ; & en la frife qui fera faite de branches d'hommeau, y aura plufieurs lettres, comme ès autres
fufdites, & en ceftuy-cy y aura en efcrit : *La fontaine de
Sapience eft la parole de Dieu. Ecclefiaf.* 1.

Auffi femblablement y aura des lettres dedans les trois tympanes, faites par branches d'hommeaux. Au tympane de la
premiere face fera efcrit : *Dilection du Seigneur eft Sapience
honorable. Ecclefiaft.* 1.

Au tympane de la feconde face, fera efcrit : *Le commencement de Sapience eft la crainte du Seigneur. Ecclefiaft.* 1.

Item, au tympane de la troifiefme face, fera efcrit : *La
crainte du Seigneur eft la couronne de Sapience. Ecclefiaft.* 1.

Voila ce que ie te diray pour le prefent, des huit cabinets
qui feront en mon iardin.

D u R o c h e r o u M o n t a i g n e.

I'ay à prefent à te faire le difcours d'vne commodité qu'il
y aura en mon iardin merueilleufement vtile, belle & plaifante.

fante. Et quand ie te l'auray contée, tu cognoiftras que ce n'eft pas fans caufe, que i'ay cherché de faire mon iardin ioignant les rochers.

Les deux coftez de mon iardin, fauoir eft deuers le vent du Nord & du Oueft, qui feront circuits, clos & enuironnez des rochers & montaignes, me cauferont de faire mon iardin merueilleufement deleɣable: car tout le lo g des deux coftez de la montaigne, ie feray croifer vn grand nombre de chambres dedans lefdits rochers, lefquelles chambres, les vnes feruiront à ferrer les plantes & herbes qui font fuiettes ès gelées & nuitées d'hyuer, lefquelles plantes les vnes fe-ront portées dedans les vaiffeaux de terre, les autres fur certains engins faits en forme de boyards ou brouettes; aucunes fur certains vaiffeaux de bois, dreffées fur certaines roues; aucunes defdites chambres feruiront auffi pour retirer les graines qui font encores en leurs plantes; aucunes defdites chambres feruiront pour ferrer grande quantité de perches, pau-fourches, vifmes, & toutes telles chofes requifes, pour le feruice dudit iardin; aucunes defdites chambres feru ront pour retirer les iardiniers au temps des pluyes, & lors qu'il faudra aiguifer leurs pau-fourches, eftaipes, & perches: auffi aucunes defdites chambres feruiront pour ferrer les outils d'agriculture, autres pour ferrer pour quelque temps les naueaux, aulx, oignons, noix, chaftaignes, glans & autres telles chofes neceffaires & requifes à vn pere de famille.

Item, au-deffus defdites chambres le rocher fera coupé, pour feruir d'vne grande allée en maniere d'vne plate-forme: mais il te faut noter qu'à prefent ie te vay difcourir vne chofe fort vtile & plaifante, qui eft, qu'au deffus defdites chambres, ie feray auffi croifer dedans ledit rocher vn nombre de chambres hautes tout le long de l'allée qui fera ainfi faite fur lefdites chambres baffes; & icelles chambres hautes eftant

E eee

ainſi formées dedans la montaigne & rocher, elles feront fort vtiles & plaiſantes: car l'vne ſera toute taillée en façon de popitres, pour ſeruir de librairie & eſtude; l'autre ſera toute taillée par autre maniere de popitres, pour tenir les eaux diſtillées, & diuers vinaigres, l'autre ſera faite par petites armoires, pour tenir & garder la diuerſité des graines.

Il y en aura vne autre qui ſera toute faite en maniere de rayons de marchands, pour tenir diuerſité de fruits meſlez, comme pruneaux, ceriſes, guignes & autres telles eſpeces.

Il y en aura auſſi vne qui ſera fort vtile pour dreſſer certains fourneaux à tirer les eaux & eſſences des herbes de bonne ſenteur; & y aura d'autres chambres qui feront fort vtiles pour garder les fruits, & toutes eſpeces de legumes, comme feues, pois, lentilles & autres telles choſes ſemblables. Toutes ces chambres feront à ce vtiles, par ce qu'elles feront en vn lieu chaud moderement, & bien aeré, mais voici à preſent la cauſe pourquoy leſdites chambres & montaignes feront fort vtiles, plaiſantes & belles.

En premier lieu, il te faut noter qu'au-deuant deſdites chambres, il y aura vne grande & ſpacieuſe allée, qui ſera au-deſſus des chambres baſſes qui feront erigées pour la commodité des iardiniers, comme ie t'ay dit cy-deſſus, laquelle allée ſeruira comme d'vne gallerie au-deuant deſdites chambres hautes. Et pour mieux la faire reſſembler à vne gallerie, ie feray vne muraille tout du long ſur le deuant de l'allée, deuers les deux coſtez du iardin, qui ſera à fleur du deuant, & entre les chambres baſſes, laquelle muraille ſera plate par deſſus, pour ſeruir d'accotouër à ceux qui ſe pourmeneront au-deuant deſdites chambres hautes, ſur ladite allée, plate forme & gallerie. Et afin de rendre la choſe plus plaiſante & admirable, ie planteray au-deſſus des portes & feneſtres des chambres hautes, tout le long du terrier vn grand nombre d'aubepins & autres arbriſſeaux portant bons fruits, pour la nourriture des oiſeaux, leſquels aubepins & autres arbriſſeaux, feruiront comme d'vn pauillon au deſſus des portes & feneſtres deſdites chambres hautes, voire & couuriront tout du long de l'allée ladite plate-forme ou gallerie; & par tel moyen, ceux qui feront eſdites chambres hautes, & ceux qui ſe pourmeneront au-deuant d'icelles, auront ordinairement le plaiſir de diuerſes chanſonnettes, qui par les oiſeaux feront dites ſur leſdits arbriſſeaux·

Il y a deux cauſes qui rendront les oiſeaux amateurs de dire leurs chanſonnettes en ce lieu. La premiere cauſe, eſt le ſoleil, qui dès le matin iettera ſes rayons ſur leſdits arbriſſeaux; la ſeconde raiſon eſt, par ce que leſdits oiſillons trouueront ordinairement quelque choſe à ſe repaiſtre auſdits arbriſſeaux: auſſi pour mieux les accouſtumer en ce lieu, ie ietteray en temps d'hyuer des graines de pluſieurs ſemences ſur l'allée, gallerie & plate-forme ſuſdite, afin que les oiſeaux trouuent quelque choſe à manger en ce lieu, lors que l'hyuer aura rendu les arbres ſteriles. Voila comment en tout temps leſdites chambres hautes inſculpées dedans les rochers feront vtiles & de grande recreation.

Et outre ces choſes, les accotouërs qui feront erigez deuers le coſté du iardin, feront grandement vtiles à faire meſler les pruneaux, guignes, ceriſes & autres tels fruits qu'on a accouſtumé faire meſler au ſoleil, par ce que ce lieu ſera orienté en telle forte que le ſoleil y enuoyera ſes rayons tout le long du iour: car le regard deſdits rochers, chambres & galleries feront vers le coſté du vent d'Eſt & Sud. Et voila comment ceux qui auront affaire à eſtudier, diſtiller ou autres labeurs eſdites chambres hautes, quand ils voudront ſe recréer, ils ſortiront ſur ladite plate-forme & gallerie, & en ſe pourmenant, ils auront les arbriſſeaux & les oiſelets au-deſſus de leurs teſtes. Et après, voulant regarder toute la beauté du iardin, ils ſe viendront appuyer ſur l'accotouër, qui ſera fait exprès, & propre pour cette affaire, & eſtant là accotez, ils verront entierement toute la beauté du iardin & ce qui s'y fera : auſſi ils auront la ſenteur de certains damas, violettes, mariolaines, baſilics & autres telles eſpeces d'herbes, qui ſeront ſur ledit accotouër, plantées dedans certains vaſes de terre, eſmaillez de diuerſes couleurs, leſquels vaſes, ainſi mis par ordre & eſgales portions, ils decoreront & orneront grandement la beauté du iardin & gallerie ſuſdite. Auſſi au-deſſus deſdits accotouërs, il y aura certaines figures feintes, inſculpées de terre cuite, & ſeront eſmaillées ſi près de la nature, que ceux qui de nouueau ſeront venus au iardin, ſe deſcouuriront, faiſant reuerence auſdites ſtatues, qui ſembleront ou apparoiſtront certains perſonnages appuyez contre l'accotouër de ladite gallerie & plateforme : or pour monter ſur ladite plate-forme, il y aura deux eſcaliers, l'vn deuers le coſté du vent de Nord, & l'autre deuers le coſté du vent de Sud, & ſeront leſdits eſcaliers taillez de la meſme roche, & ſur le meſme lieu, qui ſera vne beauté & commodité cent fois plus grande que ie ne te ſaurois deſduire. Si tu es homme de bon iugement, tu pourras aſſez aiſement entendre combien la choſe ſera plaiſante, eſtant erigée en la forme que ie t'ay dit : venons à preſent au cabinet qui ſera au milieu du iardin.

Du Cabinet du milieu.

Pour eriger le cabinet du milieu, à telle dexterité que le deſſein de mon eſprit l'a conçeu, tu dois entendre que la ſource de l'eau de laquelle ie me ſeruiray ès fontaines de mes cabinets ou rochers d'iceux, ſera priſe vn peu plus haut que le iardin, deuers le cofté du Nord, & en prenant l'eau pour dilater à mes cabinets & fontaines, tout par vn moyen ie feray du refidu de la fource, vn ruiffeau, lequel paffera tout à trauers dudit iardin, en tirant vers le cofté du vent de Sud. Et quand il fera à l'endroit du milieu, ie fepareray le cours dudit ruiffeau en deux parties, l'vn à dextre & l'autre à feneftre, en enfuiuant le traiɛt d'vne rotondité que i'aura y formée au compas : & après qu'vne chafcune des deux parties aura circuit la moitié de ladite rotondité, lors les deux parties du ruiffeau fe viendront raffembler à vn mefme cours, comme deffus, & en telle forte fe trouuera au milieu du iardin vne petite ifle, à l'entour de laquelle ie planteray certains pibles ou populiers, qui en peu de iours feront creus d'vne bien grande hauteur, lefquels populiers, ou pibles ie formeray, fauoir eft, les iambes en maniere de colomnes, par les moyens que ie t'ay dit cy-deffus, en te parlant des cabinets des hommeaux : auffi au-deffus des teftes defdites colomnes, il y aura architraue, frife & corniche, qui feront erigées des branches des mefmes arbres, comme ie t'ay conté des hommeaux, & en cette forte, lefdits populiers & pibles, feront la cloifon d'vn cabinet rond, lequel cabinet fera fait en forme pyramidale. Et combien qu'il fera fait à peu de fraix, toutesfois il ne fera moins à eftimer que les pyramides d'Egypte, combien qu'elles couftaffent tant de millions d'or ; & te diray à prefent, comment ie formeray mon cabinet en forme de pyramide.

Depuis la racine des arbres iufques à la corniche, le tout fera à plomb, en enfuiuant la regle de nos anciens Achitectes : mais depuis la corniche tirant en haut, i'ameneray lefdits arbres près l'vn de l'autre petit à petit, iufques à ce que tous enfemble fe reduifent en vne pointe, au bout de laquelle pointe y aura vn engin attaché auec les pointes de tous les arbres, lequel engin aura vn entonnoir pour receuoir le vent, & au bout de l'entonnoir plusieurs flaiols se rendant en vn mesme trou, en telle sorte, que le vent estant enfermé dans ledit entonnoir, fera sonner lesdits flaiols qui seront de diuerses grosseurs, afin de tenir & ensuiure la mesure de la musique, & en quelque part, ou endroit que le vent se vire, l'entonnoir aussi se virera ; & ainsi les flaiols ioueront à tous vents.

Il y aura aussi plusieurs lettres en la frise, qui seront formées des mesmes branches des arbres, comme ie t'ay dit des hommeaux, & y aura en escrit en la deuise de ladite frise: *Malediction à ceux qui reiettent Sapience.* Et ainsi le dessous de ladite pyramide sera vn cabinet rond, merueilleusement frais & plaisant, à cause que le ruisseau sera tout à l'entour de la petite isle dudit cabinet, & les pieds des colomnes ou arbres de ladite pyramide, seront plantez sur le bord du ruisseau, qui causera que ledit ruisseau en passant, grondera & murmurera à l'entour de ladite petite isle, en laquelle il faudra certaines planches pour y entrer ; & y aura au milieu de la petite isle vne table ronde, & à l'entre-deux des colomnes qui seront lesdits pieds des pibles, il y aura certains vismes doux, qui seront tissus, entrelassez & arrangez, en telle sorte qu'ils seruiront de cloison, chaires & doussiers entre lesdites colomnes, & le dessus de la vouste desdites chaires & doussiers d'icelle, sera tissu en façon plate, sur laquelle plate-forme seront arrangez plusieurs vaisseaux & vases pour le seruice dudit cabinet.

Voila comment lesdits populiers formeront vne pyramide excellentement belle au milieu dudit iardin, laquelle pyramide seruira par le dessous d'vn cabinet rond merueilleusement vtile, auquel cabinet y aura quatre portes correspondantes aux quatre allées de la croisée du iardin, & par le dehors dudit cabinet, vn peu au-delà du terrier & bord du foffé du dehors dudit cabinet, ou pyramide, feront plantez plufieurs aubiers, qui formeront vne autre rotondité, enuiron cinq pieds diftante de la pyramide fufdite, & fi feront lefdits aubiers tous cliffez d'vne chemife de fil d'archal: auffi depuis la fommité defdits aubiers, iufques aux colomnes de la pyramide, en cas pareil: pareillement entre lefdites colomnes iufques à l'endroit fufdit de la fommité des aubiers. Et fera ledit fil d'archal tiffu par diuerfes cloifons, parcelles & moyens, au dedans defquels moyens, il y aura vn grand nombre d'oifeaux, grands & petits de diuerfes efpeces, tant de ceux qui fe plaifent en l'air, que de ceux qui fe plaifent ès arbres & en la terre.

Et par tel moyen, ceux qui banqueteront au-deffous & dedans ladite pyramide, ils auront le plaifir du chant des oifeaux, du coax des grenouilles, qui feront au ruiffeau, le murmurement de l'eau qui paffera contre les pieds & iambes des colomnes qui fouftiendront ladite pyramide, la frefcheur du ruiffeau & des arbres qui feront à l'entour, la frefcheur du doux vent qui fera engendré par le mouuement des feuilles defdits pibles ou populiers. On aura auffi le plaifir de la Mufique (*) qui fera fur la fommité & pointe de ladite pyramide, laquelle mufique fe iouera au foufflement du vent, comme ie t'ay dit cy-deffus: voila à prefent le deffin de tous les cabinets de mon iardin.

(*) L'idée des Orgues d'eau fe trouve dans Vitruve, livre X, chapitre XIII. *De Hydraulicis machinis quibus Organa perficiuntur.* L'Orgue à tous vents imaginée par Paliffy, fi elle étoit exécutée produiroit certainement un effet fans interruption, mais cet effet feroit-il agréable ? On peut confulter là-deffus les ouvrages du Pere Kircher.

Quant eſt à preſent des tonnelles qui pourront eſtre à l'entour de la circonference du iardin & autres membres ſemblables, ie ne t'en parleray point: mais ie veux à preſent que
tu confeſſes, que ſans les montaignes, terriers & rochers,
il me ſeroit impoſſible d'eriger vn iardin qui euſt ces commoditez requiſes.

Tu as veu cy-deſſus en combien de ſortes leſdits rochers
me ſeruent à cette affaire, & à preſent te faut noter que
tous mes arbres & plantes qui ſeront ſuiets aux gelées, ſeront
plantez du long, & au pied du bas deſdites montaignes. Et
ce, pour cauſe que leſdites montaignes les garantiront des
froidures du vent de Nord & Oueſt, qui ſont les vents les
plus faſcheux qui regnent en ce pays de Xaintonge : ie dis
de Xaintonge, par ce qu'il y a aucuns Aſtrologues, qui diſent que les vents qui ſont icy les pires, ſont les meilleurs
en aucunes autres contrées de pays.

Les herbes, plantes & arbres qui ſeront au pied & ioignant leſdits rochers & montaignes, ſeront garentis deſdits
vents, par ce que leſdites montaignes, terriers & rochers,
leur ſeruiront de pavillon & defenſe contre leſdits vents.

Item, ils ſe reſſentiront la nuiſt de la chaleur qu'ils auront
reçeu le iour, par ce que leſdites montaignes auront leur regard deuers Oueſt & Sud, en telle ſorte que leſdites montaignes auront tout le iour l'aſpeſt des rayons du ſoleil, tellement que les arbres & plantes qui ſeront au pied deſdites
montaignes, ſeront eſchauffées par le ſoleil, & auſſi par la
reuerberation d'iceluy meſme, qui frappera contre les terriers, & rochers.

Item, la liqueur & humidité qui deſcendra deſdits terriers
& montaignes, ſera plus ſalée que non pas celle des autres
parties du iardin, qui cauſera que les fruits des arbres qui
ſeront au pied des montaignes, ſeront plus ſauoureux & de
meilleure

meilleure garde, que non pas les autres, comme tu peux
auoir entendu dès le commencement de mon propos, quand
ie t'ay parlé des fumiers; & ainfi, chafcune efpece d'arbre
& plante fera plantée felon ce qu'on cognoiftra eftre requis,
fauoir eft, celles qui demandent les lieux hauts, fecs &
montueux, aux lieux montueux; & celles qui demandent l'humidité, feront plantées le long du ruiffeau qui paffera à trauers du iardin.

Item, au iardin y aura plufieurs petites ifles, qui feront
enuironnées de petits ruiffeaux qui diftilleront d'vn chafcun
des rochers des cabinets, & feront amenez les cours defdits
ruiffeaux droit au grand ruiffeau, qui fera par le milieu du
iardin. Et par tel moyen, ie feray que lefdits ru ffeaux feront en eux en allant au grand ruiffeau certaines circulations
qui cauferont de petites ifles fort plaifantes & propres pour
arroufer les herbes qui feront plantées efdites petites ifles.
Ie drefferay auffi vn autre petit moyen pour arroufer les parties du iardin, d'auffi peu de fraix qu'il eft poffible d'ouir
parler; & ledit moyen eft tel que ie feray percer vn grand
nombre de bois de Seu (14) ou autre, que ie verray eftre
conuenable & propre pour cette affaire, & après en auoir
percé plufieurs pieces, ie feray qu'elles entreront & s'affem-
bleront le bout de l'vne au-dedans du bout de l'autre; &
ainfi confequemment toutes les autres. Et quand ie voudray
arroufer quelques plantes ou femences de mon iardin, ie
prefenteray vn bout defdits bois percez contre l'vne des piffeures des fontaines, & ladite eau de la piffeure entrera dedans le canal ou bois percé, & dedans le bout d'iceluy bois,
i'emmancheray vne autre piece de chenelle ou autre bois
percé, & felon la diftance du lieu que ie voudray arroufer,

---

(14) C'eft le Sureau, *Sambucus.*

Ffff

i'en affembleray plufieurs ainfi bout à bout l'vne de l'autre ;
& pour fouftenir lefdites chenelles, i'auray certaines fourchettes que ie piqueray en terre tout le long de la voye où
ie voudray aller, lefquelles fourchettes & piquets fouftiendront & conduiront mefdites chenelles iufques au lieu que
ie voudray arroufer : mais afin que la chofe foit arroufée
amiablement fans fouler la terre, le derriere de mes chenelles fera fermé au bout d'vn tapon qui aura vn nombre
infiny de petits trous, & par tel moyen le canal diftillera
l'eau comme vne amiable roufée, fans faire aucun dommage
ny aux plantes, ny à la terre. Et par tel moyen ie tourne-
ray mes chenelles & bois percez d'vn cofté & d'autre, par
toutes les parties de mon iardin, & lieux que ie voudray
arroufer.

Et quant eft des engins qu'aucuns ont fait cy-deuant, fauoir eft, certaines trapes, defquelles ils trompent les nouueaux venus au iardin, & les font tomber dedans l'eau, pour
auoir leur paffe-temps, ie ne voudrois eftre leur imitateur
en cet endroit : mais bien voudrois-ie faire certaines ftatues,
qui auroyent quelque vafe en vne des mains, & en l'autre
quelque efcriteau, & ainfi que quelqu'vn voudroit venir pour
lire ladite efcriture, il y auroit vn engin, qui cauferoit que
ladite ftatue verferoit le vafe d'eau fur la tefte de celuy qui
voudroit lire ledit epitaphe.

Item, ie voudrois auffi faire d'autres ftatues qui auroyent
vne certaine boucle ou anneau pendu en vne main, afin que
quand les Pages courroyent la lance contre ladite boucle,
ainfi qu'ils frapperoyent ledit anneau, la ftatue leur viendroit bailler vn grand coup fur la tefte d'vne efponge abreu-
uée d'eau, en telle forte que ladite efponge rendra grande
quantité d'eau, à caufe de la compreffion & du grand coup
qu'elle frappera.

Si ie voulois te deſduire entierement le deſſin de mon
iardin, ie n'aurois iamais fait, parquoy ne t'en diray plus
rien : mais venons à preſent ès confrontations d'iceluy.

DES CONFRONTATIONS.

Les confrontations du iardin deuers le coſté du vent de
Sud, feront prairies, ainſi que ie t'ay dit cy-deſſus, & au
milieu deſdites prairies paſſeront les meſmes ruiſſeaux qui
qui paſſent au iardin. A dextre & à feneſtre dudit ruiſſeau,
feront plantées pluſieurs belles aubarées, & tout à l'entour,
& le long des deux extremitez de la prairie, feront plantez
nombre d'aubepins qui feruiront de cloſture & muraille pour
la defenſe de ladite prée, & au long de ladite haye & bord
de ladite prée, vn fentier & allée fort plaiſanre & de recréa-
tion, pour les cauſes que ie te diray cy-après ; & la con-
frontation du iardin deuers le vent d'Eſt, feront certains
champs, plantez par eſgales parcelles, de diuerſes eſpeces
d'arbres fruĉtiers, qui feront de grand reuenu, fauoir eſt,
vn champ de noyers, vn autre de chaſtaigners & vn autre
de noufillers, poiriers, pommiers, brief, de toutes eſpeces
de fruits : & du coſté du vent de Nord, feront les mottes
pour les cherues (*), lins & aubiers doux, & certains vimiers,
pour feruir à la ligature du iardin : & deuers le coſté du
vent d'Oueſt, feront les bois, montaignes & rochers que ie
t'ay dit cy-deſſus. Voila à preſent l'ordonnance de mon iardin, auec ſes confrontations.

DEMANDE. Veritablement tu m'en as bien conté & de bien
piteuſes : & où cuiderois-tu trouuer vn lieu commode felon
ton deſſin ? Serois-tu bien ſi fol de faire ſi grand deſpence,
pour auoir vn beau iardin ?

____

(*) Chanvre.

RESPONCE. Ie t'ay dit cy-deſſus, qu'il ſe trouuera plus de quatre mille meſtairies, ou maiſons nobles en France, au-près deſquelles on trouuera la commodité requiſe, pour eriger le iardin ſuſdit, & de ce ne faut douter; & quant eſt de la deſpence que tu dis eſtre exceſſiue, il ſe trouuera plus de mille iardins en France qui ont couſté plus que ceſtuy ne couſtera; & puis, regardes-tu au couſt pour auoir vne telle delectation & reuenu de grandes louanges?

DEMANDE. Voire, mais on auroit plus grand plaiſir, & vaudroit mieux acheter de bons cheuaux & de bonnes armures, pour paruenir à quelque degré & charge de l'art militaire, & lors en paſſant pays, pluſieurs viendroyent au deuant te preſenter logis, viures & tapiſſeries: l'vn te donneroit vn mulet, & l'autre vn cheual qui ne te couſteroit qu'à ſouffler; & ainſi, tu receurois beaucoup plus de plaiſir que non pas à ton iardin. Auſſi tu attrapperois quelque benefice que tu ferois tenir par quelque cuiſinier de Preſtre, & tu prendrois le reuenu; car ie ſais pluſieurs qui par tels moyens ayant acheté eſtat de Seneſchal de Robe-Longue, ſont paruenus à auoir eſtat de Seneſchal de Robe-Courte, qui a eſté le moyen qu'ils ont eſté priſez & honorez, craints & redoutez. Et par tel moyen ont rempli leurs bources de butin; & meſme en ces troubles paſſez, tu ſais comme aucuns d'iceux ont reçeu de grands preſens, pour ſauoriſer aux Huguenots, leſquels n'eſpargnoyent rien pour ſauuer leurs vies, leſquelles on cherchoit de bien près.

RESPONCE. Tu m'as allegué des raiſons fort meſchantes & mal à propos: tu ſais bien que dès le commencement ie t'ay dit, que ie voulois eriger mon iardin pour m'en ſeruir, comme pour vne cité de refuge, pour me retirer ès iours perilleux & mauuais; & ce, afin de fuir les iniquitez & ma-

lices des hommes , pour feruir à Dieu en pure liberté, & à
prefent tu me viens tenter d'vne execrable auarice & mef-
chante inuention.

Et cuides-tu que fi vn homme a acheté vn office de Senefchal, foit de Robe-Courte, ou de Robe-Longue, & qu'il
aye ce fait pour auarice & ambition, qu'il foit homme de
bien en ce faifant ? Ie fay bien qu'aucuns ont acheté les
grandeurs fufdites pour fe faire craindre & fe venger & pour
emplir leurs bources de prefens. Eft-ce pourtant à dire que
telles gens foyent gens de bien ? Et tant-il s'en faut.

Tu fais bien que Saint Paul dit qu'il n'y a rien plus mefchant que l'auaricieux. Item , on fait bien qu'en plufieurs lieux
des Efcritures Saintes, il eft defendu aux Iuges de prendre
prefens, par ce que les prefens corrompent le iugement ; &
ainfi ie puis conclurre qu'il n'y a rien de bon au confeil
que tu m'as donné. Item, tu m'as dit que fi i'auois acheté
quelque authorité ou Office de Senefchal ou autre que ie
pourrois crocheter quelque Benefice que ie ferois tenir par
vn cuifinier de Preftre.

Tu me confeilles donc d'eftre mefchant, fymoniaque &
larron, & tu fais que le reuenu des benefices ne doit eftre
donné finon à ceux qui fidelement adminiftreront la parole
de Dieu : & quant eft des autres qui iouyront du reuenu,
ils font maudits, damnez & perdus. Et ie te le puis affeurement dire, puis qu'il eft efcrit au Prophete Ezechiel ,
chap. 34. car le Prophete dit ainfi: malediction fur vous,
Pafteurs, qui mangez le laict & veftiffez la laine & laiffez
mes brebis efparfes par les montaignes , ie les demanderay
de voftre main.

Ne voila pas vne fentence qui deuft faire trembler ces fymoniaques ? Et à la verité, ils font caufe des troubles que
nous auons auiourd'hui en la France : car s'ils ne craignoyent

perdre leur reuenu Ecclefiaftique, ils accorderoyent aſſez aiſement tous les poinɛts de l'Eſcriture Sainte : mais ie puis aiſement iuger par leur maniere de faire, qu'ils aiment mieux
& ont en plus grande reuerence leur propre ventre, que
non pas la diuine maieſté de Dieu, deuant lequel il faudra
qu'ils rendent compte au iour de ſon aduenement, & lors
defireront de mourir, & la mort s'enfuira d'eux, & diront lors
aux montaignes, montaignes, tombez ſur nous, & nous cachez de la face de ce grand Dieu viuant, comme il eſt eſcrit en l'Apocalypſe.

Or regarde maintenant ſi tu m'as donné vn bon conſeil,
ouy bien pour me damner.

Item, penſes-tu que ces pauures miſerables ayent quelque repos en leur conſcience? I'oſe dire, qu'eux & leurs
complices, quoy qu'il ſoit, ils ont touſiours quelques remords
en leurs conſciences, & qu'ils craignent plus de mourir que
non pas ceux qui n'ont point leurs conſciences cauteriſées:
toutesfois, ils ne font iamais raſſaſiez ne de biens, ne d'honneurs, mais ſi quelqu'vn les defobeit, ils creueront iuſques
à tant qu'ils en ſoyent vengez; & ainſi les pauures miſerables n'ont repos, ny en leurs eſprits, ny en leurs corps, quelque graſſe cuiſine qu'ils puiſſent auoir.

Pour leſquelles cauſes ie n'ay trouué rien meilleur que de
fuyr le voiſinage & accointance de telles gens, & me retirer
au labeur de la terre, qui eſt choſe iuſte deuant Dieu & de
grande recreation à ceux qui, admirablement veulent contempler les œuures merueilleuſes de nature: mais ie n'ay
trouué en ce monde vne plus grande deleɛtation, que d'a-
uoir vn beau iardin: auſſi Dieu ayant creé la terre pour le
feruice de l'homme, il le colloqua dans vn iardin auquel y
auoit pluſieurs eſpeces de fruits, qui fut cauſe, qu'en contemplant le ſens du Pſeaume cent quatrieſme, comme ie

t'ay dit cy-deſſus, il me prit deſlors vne affection ſi grande d'edifier mondit iardin, que depuis ce temps-là ie n'ay fait que reſuer après l'edification d'iceluy ; & bien ſouuent en dormant, il me ſembloit que i'eſtois après, tellement qu'il m'aduint la ſemaine paſſée, que comme i'eſtois en mon lit endormy, il me ſembloit que mon iardin eſtoit deſia fait, en la meſme forme que ie t'ay dit cy-deſſus, & que ie commençois deſia à manger des fruits, & me recréer en iceluy, & me ſembloit qu'en paſſant au matin par ledit iardin, ie venois à conſiderer les merueilleuſes actions que le Souuerain a commandé de faire à nature, & entre les autres choſes, ie contemplois les rameaux des vignes, des pois & des coyes, leſquelles ſembloyent qu'elles euſſent quelque ſentiment & cognoiſſance de leur debile nature : car ne ſe pouuant ſouſtenir d'elles-meſmes, elles iettoyent certains petits bras, comme filets en l'air, & trouuant quelque petite branche ou rameau, ſe venoyent lier & attacher, ſans plus partir de-là, afin de ſouſtenir les parties de leur debile nature.

Et quelquefois en paſſant par le iardin, ie voyois vn nombre deſdits rameaux qui n'auoyent rien à quoy s'appuyer, & iettoyent leurs petits bras en l'air, penſant empoigner quelque choſe, pour ſouſtenir la partie de leur dit corps, lors ie venois leur preſenter certaines branches & rameaux, pour aider à leur debile nature ; & ayant ce fait au matin, ie trouuois au ſoir que les choſes ſuſdites auoyent ietté, & entortillé pluſieurs de leurs bras à l'entour deſdits rameaux : lors tout eſmerueillé de la prouidence de Dieu, ie venois à contempler vne authorité, qui eſt en ſaint Mathieu, où le Seigneur dit : que *les oiſeaux meſmes ne tomberont point ſans ſon vouloir*, & ayant paſſé plus outre, i'apperçeu certaines branches & gittes d'aubelon, lequel combien qu'il n'euſt ny veue, ny ouye, ny ſentiment, ce neanmoins, Dieu luy a donné

cognoiſſance de la debilité de ſa nature, & le moyen de ſe
ſouſtenir, tellement que ie vis que leſdites gittes dudit aubelon s'eſtoyent liées & entortillées pluſieurs enſemble, &
eſtant ainſi fortifiées & accompagnées l'vne de l'autre, elles
ſe dilatoyent au long de certaines branches, pour ſe conſo-
lider encores toutes enſemble, & s'attacher auxdites branches: lors que i'eu apperçeu & contemplé vne telle choſe,
ie ne trouuay rien meilleur que de s'employer en l'art d'a-
griculture, & de glorifier Dieu, & le recognoiſtre en ſes
merueilles; & ayant paſſé plus outre, i'apperçeu certains arbres fructiers qu'il ſembloit qu'ils euſſent quelque cognoiſſance: car ils eſtoyent ſoigneux de garder leurs fruits, comme
la femme ſon petit enfant; & entre les autres, i'apperçeu
la vigne, les concombres & poupons qui s'eſtoyent faits certaines feuilles, deſquelles ils couuroyent leurs fruits, craignant que le chaud ne les endommageaſt. Ie vis auſſi les
roſiers & groſeliers, qui afin de defendre ceux qui voudroyent
rauir leurs fruits, ils s'eſtoyent fait des armures & eſpines
piquantes au-deuant deſdits fruits. I'apperçeu auſſi le froment
& autres bleds, auſquels le Souuerain auoit donné Sapience
de veſtir leur fruit ſi excellemment, que Salomon ne fuſt
oncques ſi iuſtement veſtu auec toute ſa Sapience.

Ie conſideray auſſi que le Souuerain auoit donné au
chaſtaigner de ſauoir armer & veſtir ſon fruit d'vne induſtrie & merueilleuſe robe: ſemblablement le noyer, alle-
mandier, & pluſieurs autres eſpeces d'arbres fructiers, leſquelles choſes me donnoyent occaſion de tomber ſur ma
face, & adorer le viuant des viuans, qui a fait telles choſes, pour l'utilité & ſeruice de l'homme: lors auſſi cela me
donnoit occaſion de conſiderer noſtre miſerable ingratitude
& mauuaiſtié peruerſe, & de tant plus i'entrois en contemplation en ces choſes, d'autant plus i'eſtois affectionné de

ſuiure

ſuiure l'art d'agriculture, & meſpriſer ces grandeurs & gains
deshonneſtes, leſquels à la fin faut qu'ils ſoyent recompenſez
ſelon les merites ou demerites. Et eſtant en vn tel rauiſſement
d'eſprit, il me ſembloit que i'eſtois proprement audit iardin,
& que ie iouiſſois de tous les plaiſirs contenus en iceluy, &
non-ſeulement d'iceluy iardin, mais auſſi des confrontations
& lieux circonuoiſins : car il me ſembloit proprement que
ie ſortois du iardin, pour m'aller pourmener à la prée qui
eſtoit du coſté du Sud, & qu'y eſtant, ie voyois iouer,
gambader, & penader certains agneaux, moutons, brebis,
cheures & cheureaux, en ruant & ſautelant, en faiſant pluſieurs geſtes & mines eſtranges ; & meſmement me ſembloit
que ie prenois grand plaiſir à voir certaines brebis vieilles
& morueuſes, leſquelles ſentant le temps nouueau, & ayant
laiſſé leurs vieilles robes, elles fayſoyent mille ſauts & gam-
bades en ladite prée, qui eſtoit vne choſe fort plaiſante, &
de grande recreation.

Il me ſembloit auſſi que ie voyois certains moutons qui
ſe reculoyent bien loin l'vn de l'autre, & puis courans d'vne
viteſſe & grande roideur, ils ſe venoyent frapper des cornes
l'vn contre l'autre. Ie voyois auſſi les cheures, qui ſe le-
uans des deux pieds de derriere, ſe frappoyent des cornes
d'vne grande violence : auſſi ie voyois les petits poulains & les
petits veaux qui ſe iouoyent & penadoyent auprès de leurs
meres. Toutes ces choſes me donnoyent vn ſi grand plaiſir,
que ie diſois en moy-meſme, que les hommes eſtoyent bien
fols, d'ainſi meſpriſer les lieux champeſtres & l'art d'agriculture, lequel nos peres anciens, gens de bien & Prophetes, ont bien voulu eux - meſmes exercer & meſme garder
les troupeaux.

Il me ſembloit auſſi que pour me recréer, ie me pourmenois le long des aubarées, & en me pourmenant ſous la

couuerture d'icelles, i'entendois vn peu murmurer les eaux
du ruisseau qui passoit au pied desdites aubarées, & d'autre
part i'entendois la voix des oiselets qui estoyent sur lesdits
aubiers ; & lors me venoit à souuenir du Pseaume cent quatriesme, sur lequel i'auois edifié mon iardin, auquel le Prophete dit : *Que les ruisseaux passent & murmurent aux vallées & bas des montaignes :* aussi dit-il, *Que les oiselets font
raisonner leurs voix sur les arbrisseaux plantez sur les bords
des ruisseaux courans.*

Il me sembloit aussi que quand ie fus las de me pourmener en ladite prairie, ie me tournay deuers le costé du vent
d'Ouest, où sont les bois & montaignes, & lors me sembloit que i'apperçeu plusieurs choses qui sont desduites &
narrées au Pseaume susdit : car ie voyois les connils iouans,
sautans, & penadans le long de la montaigne, près de certaines fosses, trous & habitations que le Souuerain Architecte leur auoit erigé, & soudain que les animaux apperce-
uoyent quelqu'vn de leurs ennemis, ils sauoyent fort bien
se retirer au lieu qui leur auoit esté ordonné pour leur demeurance.

Ie voyois aussi le renard qui se ralloit le long des buis-
sons, le ventre contre terre, pour attrapper quelqu'vne de
ces petites bestes, pour contenter le desir de son ventre. Brief,
il me sembloit que i'auois les plaisirs de voir cheures, dains,
biches & cheureaux le long desdites montaignes en la mesme
sorte, ou bien près du deuis que le Prophete Dauid nous
descrit en ce Pseaume cent quatriesme.

Item, m'estoit auis que i'entendois la voix de plusieurs
vierges qui gardoyent leurs troupeaux : pareillement me sembloit que i'oyois certains bergers iouans melodieusement de
leurs flaiols : & lors me sembloit que ie disois en moy-mesme
Ie m'esmerueille d'vn tas de fols laboureurs, que soudain qu'ils

ont vn peu de bien, qu'ils auront gagné auec grand labeur
en leur ieuneſſe, ils auront après honte de faire leurs enfans
de leur eſtat de labourage, ains les feront du premier iour
plus grands qu'eux-meſmes, les faiſant communement de la
Practique, & ce que le pauure homme aura gagné à grande
peine & labeur, il en deſpenſera vne grande partie à faire
ſon fils Monſieur, lequel Monſieur aura enfin honte de ſe
trouuer en la compagnie de ſon pere, & ſera deſplaiſant
qu'on dira qu'il eſt fils d'vn laboureur. Et ſi de cas fortuit,
le bon homme a certains autres enfans, ce ſera ce Monſieur
là qui mangera les autres, & aura la meilleure part, ſans
auoir eſgard qu'il a beaucoup couſté aux eſcholes, pendant
que ſes autres freres cultiuoyent la terre auec leur pere.
Et en cependant voila qui cauſe que la terre eſt le plus ſouuent auortée & mal cultiuée, par ce que le malheur eſt tel,
qu'vn chaſcun ne demande que viure de ſon reuenu, & faire
cultiuer la terre par les plus ignorans, choſe malheureuſe.

A la mienne volonté, diſois-ie lors, que les hommes
euſſent auſſi grand zele, & fuſſent auſſi affectionnez au labeur de la terre, comme ils ſont affectionnez pour acheter
les offices, benefices & grandeurs, & lors la terre ſeroit
benite, & le labeur de celuy qui la cultiueroit, & lors elle
produiroit ſes fruits en ſa ſaiſon.

Ayant contemplé toutes ces choſes, ie m'en allay pourmener deuers le coſté du vent d'Eſt, & en me pourmenant
par deſſous les arbres fructiers, i'y reçeu vn grand contentement, & pluſieurs ioyeux plaiſirs : car ie voyois les Eſcu-
rieux cueillant les fruicts & ſautant de branche en branche,
faiſant pluſieurs belles mines & geſtes. Ie voyois d'autre
part cueillir les noix aux groles qui ſe reſiouiſſoyent en
prenant leur repas & diſner ſur leſdits noyers. D'autre part
ie trouuois ſous les pommiers certains heriſſons qui s'eſtoyent

roulez en forme ronde , & auoyent fait piquer leurs poils
ou aiguillons sur lesdites pommes, & s'en alloyent ainsi
chargez.

Ie voyois aussi la sagesse du renard, lequel se trouuant
persecuté des puces, prenoit vn bouchon de mousse dedans
sa bouche, & s'en alloit à vn ruisseau , & s'estant culé dedans ledit ruisseau, il entroit petit à petit pour faire fuyr
toutes les puces du corps en sa teste ; & quand elles s'en
estoyent fuyes iusques à la teste , le renard se plongeoit encores tousiours, iusques à ce qu'elles fussent toutes sur le
museau, & quand elles estoyent sur le museau, il se plongeoit iusques à ce qu'elles fussent sur la mousse, qu'il auoit
mise en sa gueule, & quand elles estoyent sur la mousse ,
il se plongeoit tout à vn coup & s'en alloit sortir au-
dessus du courant de l'eau ; & ainsi il laissoit ses puces sur
ladite mousse , laquelle mousse leur seruoit de batteau pour
s'en aller d'vn autre costé.

I'apperçeu aussi vne finesse que le renard fit en ma pre-
sence la plus fine & subtile que i'ouys oncques parler : car
iceluy se trouuant desnué de viures , & voyant que l'heure du
disner s'approchoit , & qu'il n'auoit encore rien de prest, il
s'en alla coucher en vn champ près & ioignant l'aile d'vn
bois, & estant là couché, il dilata les iambes en sus, &
ferma les yeux, & estant ainsi couché à la renuerse faisant
du mort, & tirant son membre : dont aduint qu'vne grole
n'ayant aussi rien à disner, pensant que ledit renard fust mort,
se va poser sur son ventre, pensant de son membre que ce
fust quelque chair desia commencée à detailler : mais la grole
fut bien affinée : car dès le premier coup de bec qu'elle
commença à donner sur ledit membre , le renard d'vne vitesse
soudaine empongna la grole , laquelle ne sçut tenir autre contenance , sinon de faire coüa ; & voila comment le fin renard

print fon difner aux defpens de celle qui le vouloit manger.
Toutes ees chofes m'ont rendu fi amateur de l'agriculture, qu'il me femble, qu'il n'y a threfor au monde fi precieux, ny qui deuft eftre en fi grande eftime, que les petites
gittes des arbres & plantes, voire les plus mefprifées. Ie les
ay en plus grande eftime que non les minieres d'or & d'argent, Et quand ie confidere la valeur des plus moindres
gittes des arbres ou efpines, ie fuis tout efmerueillé de la
grande ignorance des hommes, lefquels il femble qu'auiour-
d'huy ils ne s'eftudient qu'à rompre, couper & defchirer les
belles forefts que leurs predeceffeurs auoyent fi precieufement
gardées. Ie ne trouuerois pas mauuais qu'ils coupaffent les forefts, pourueu qu'ils en plantaffent après quelque partie : mais ils
ne fe foucient aucunement du temps à venir, ne confiderant
point le grand dommage qu'ils font à leurs enfans à l'aduenir.

Demande. Et pourquoy trouues-tu fi mauuais, qu'on
coupe ainfi les forefts? Il y a plufieurs Euefques, Cardinaux,
Prieurs & Abbez, Moineries & Chapitres, qui en coupant
les forefts, ils ont fait trois proufits. Le premier, ils ont eu de
l'argent des bois & en ont donné quelques parties aux femmes,
filles & hommes auffi. Item, ils ont baillé la fole defdites forefts à rente, dont ils ont eu beaucoup d'argent des entrées. Et
après les laboureurs ont femé du bled & fement tous les ans, duquel bled ils en ont encores vne bonne portion. Voila comment
les terres valent plus de reuenu qu'elles ne faifoyent auparauant.
Parquoy ie ne puis penfer que cela doiue eftre trouué mauuais.

Responce. Ie ne puis affez detefter vne telle chofe, & ne
la puis appeller faute, mais vne malediction, & vn malheur
à toute la France, par ce qu'après que tous les bois feront
coupez, il faut que tous les arts ceffent, & que les artifans

s'en aillent paiſtre l'herbe, comme fit Nabuchodonozor. Ie voulus quelquefois mettre par eſtat les arts qui ceſſeroyent, lors qu'il n'y auroit plus de bois: mais quand i'en eu eſcrit vn grand nombre, ie ne ſçeu iamais trouuer fin à mon eſcrit, & ayant tout conſideré, ie trouuay qu'il n'y en auoit pas vn ſeul qui ſe peuſt exercer ſans bois, & que quand il n'y auroit plus de bois, qu'il faudroit que toutes les nauigations & peſcheries ceſſaſſent, & que meſme les oiſeaux & pluſieurs eſpeces de beſtes, leſquelles ſe nourriſſent de fruits, s'en allaſſent en vn autre Royaume, & que les bœufs, ny les vaches, ny autres beſtes bouines ne ſeruiroyent de rien au pays où il n'y auroit point de bois. Ie me fuſſe eſtudié à te donner vn millier de raiſons, mais c'eſt vn philoſophie, que quand les chambrieres y auront penſé, elles iugeront, que ſans bois, il eſt impoſſible d'exercer aucun art & meſme faudroit, s'il n'y auoit point de bois, que l'office des dents fuſt vaquant, & là où il n'y a point de bois, ils n'ont beſoin d'aucun froment ny d'autre ſemence à faire pain.

Ie trouue vne choſe fort eſtrange, que beaucoup de Seigneurs ne contraignent leurs ſuiets de ſemer quelque partie de leurs terres de glans, & autres parties de chaſtaigners & autres parties de noyers qui ſeroit vn bien public, & vn reuenu qui viendroit en dormant. Cela ſeroit fort propre en beaucoup de pays, là où ils ſont contraints d'amaſſer les excremens des bœufs & vaches pour ſe chauffer, & en autres contrées, ils ſont contraints de ſe chauffer & faire bouillir leurs pots de paille: n'eſt-ce pas vne faute & ignorance publique? (*) Quand ie ſerois Seigneur de telles terres ainſi

---

(*) En 1720 (c'eſt-à-dire plus de 250 ans après que le projet de Paliſſy a été publié) on rendit un Arrêt du Conſeil d'Etat, le 3 Mai, au

fteriles de bois, ie contraindrois mes tenanciers, pour le moins d'en femer quelque partie. Ils font bien miferables, c'eft vn reuenu qui vient en dormant, & après qu'ils auroyent mangé les fruits de leurs arbres, ils fe chaufferoyent des branches & troncs.

Ie loue grandement vn Duc Italien, qui quelques iours après que fa femme fut accouchée d'vne fille, il philofopha en foy-mefme, que le bois eftoit vn reuenu qui venoit en dormant: parquoy il commanda à fes feruiteurs de planter en fes terres le nombre de cent mille pieds d'arbres, difant ainfi, que lefdits arbres pourroyent valoir chafcun vingt fols auparauant que fa fille fuft bonne à marier; & ainfi, lefdits arbres vaudroyent cent mille liures, qui eftoit le prix qu'il pretendoit donner à fa fille. Voila vne prudence grandement louable: à la mienne volonté, qu'il y en euft plufieurs en France qui fiffent le femblable. Il y en a plufieurs qui aiment le plaifir de la chaffe, & la frequentation des bois: mais cependant ils prennent ce qu'ils trouuent, fans fe foucier de l'aduenir.

Plufieurs mangent leurs reuenus à la fuite de la Cour en brauades, defpences fuperflues, tant en accouftrement, qu'autres chofes: il leur feroit beaucoup plus vtile de manger des oignons auec leurs tenanciers, & les inftruire à bien viure,

rapport de M. Law, ce celebre Auteur du fyftême, qui ordonna de planter des arbres de toutes efpeces, le long des chemins fuivant la nature du terrein dans l'étendue du Royaume. Par la négligence des Officiers, des Seigneurs & des Propriétaires, cela n'eft point encore généralement exécuté. Il y a, dit-on, une impofition d'un droit de *trop bu*, j'aimerois mieux qu'on la fupprimât pour en établir une autre qui feroit appellée *point planté*; elle ne tomberoit que fur les pareffeux, alors le Royaume feroit comme la I imagne, les Vallées de la Bigorre, l'Artois, le Brabant, &c. *Note communiquée.*

monſtrer bon exemple, les accorder de leurs differens, les empeſcher de ſe ruiner en procès, planter, edifier, foſſoyer, nourrir, entretenir, & en temps requis & neceſſaire, ſe tenir preſts à faire ſeruice à ſon Prince, pour defendre la patrie.

Ie m'eſmerueille de l'ignorance des hommes, en contemplant leurs outils d'agriculture, leſquels on deuſt auoir en plus grande recommandation, que non pas les precieuſes armures: toutesfois il ſemble à certains Iouuenceaux, que s'ils auoyent manié vn outil d'agriculture, qu'ils en ſeroyent deshonorez, & vn Gentilhomme, tant pauure qu'il ſoit & endetté iuſques aux aureilles, s'il auoit vn peu manié vn ferrement d'agriculture, il luy ſembleroit eſtre vilain.

A la mienne volonté, que le Roy euſt erigé certains offices, eſtats, & honneurs à tous ceux qui inuenteroyent quelque bel engin & ſubtil pour l'agriculture. Si ainſi eſtoit, tout le monde ſe ietteroit après, à qui mieux mieux, pour paruenir. Iamais ingenieux ne furent plus en empreſſez à l'aſſaut d'vne ville, qu'aucuns s'empreſſeroyent; & tout ainſi que tu vois qu'ils meſpriſent les anciennes façons d'habillemens, ils meſpriſeroyent auſſi les anciens outils de l'agriculture, & à la verité, ils en inuenteroyent de meilleurs.

Les armuriers changent ſouuent les façons des hallebardes, d'eſpées & autres arnois: mais l'ignorance de l'agriculture eſt ſi grande, qu'elle demeure touſiours à vne mode accouſtumée; & ſi leurs ferremens eſtoyent lourds au commencement qu'ils furent inuentez, ils les entretiennent touſiours en leur lourdeté, en vn pays, vne mode accouſtumée ſans changer, en vn autre pays, vne autre auſſi ſans iamais changer.

Il n'y a pas long-temps que i'eſtois au pays de Bearn & de Bigorre, mais en paſſant par les champs, ie ne pouuois

regarder

regarder les laboureurs, fans me cholerer en moy-mefme, voyant la lourdeté de leurs ferremens; & pourquoy eſt·ce qu'il ne fe trouue quelque enfant de bonne maiſon, qui s'eſtudie auſſi bien à inuenter des ferremens vtiles pour le labourage, comme ils fauent eſtudier à fe faire decouper du drap en diuerfes fortes eſtranges? Ie ne puis me tenir de dire ces choſes, confiderant la folie & ignorance des hommes.

DEMANDE. Quels outils faudroit-il pour edifier vn tel iardin, que tu m'as cy-deſſus defigné?

RESPONCE. Il faudroit de toutes les efpeces d'outils feruans à l'agriculture; & par ce qu'il y a des colomnes & autres membres d'architecture, il faudroit de toutes les efpeces d'outils propres à la Geometrie.

DEMANDE. Ie te prie me les nommer icy par rang l'vn après l'autre.

RESPONCE. Nous auons le Compas,

La Reigle,

L'Efcarre,

Le Plomb,

Le Niueau,

La Sauterelle,

Et l'Aftrolabe.

Voila les outils par lefquels on conduit la Geometrie & l'Architecture.

Puis que nous fommes fur le propos de la Geometrie, il aduint la femaine paſſée, qu'eſtant en mon repos fur l'heure de minuict, il m'eſtoit auis, que mes outils de Geometrie s'eſtoyent efleuez l'vn contre l'autre, & qu'ils fe debatoyent à qui appartenoit l'honneur d'aller le premier, & eſtant en ce debat, le Compas difoit: il m'appartient l'honneur: car c'eſt moy qui conduis & mefure toutes choſes: auſſi quand on veut reprouuer vn homme de fa defpence fuperflue, on l'admonefte de viure par compas. Voila comment l'honneur m'appartient d'aller le premier. La Reigle difoit au Compas: tu ne fais que tu dis, tu ne faurois faire qu'vn rond feulement, mais moy, ie conduis toutes chofes directement, & de long, & de trauers, en quelque forte que ce foit, ie fais tout marcher droit deuant moy: auffi quand vn homme eft mal viuant, on dit qu'il vit defreiglement, qui eft autant à dire, que fans moy, il ne peut viure droitement. Voila pourquoy l'honneur m'appartient d'aller deuant..

Lors l'Efcarre dit, c'eft à moy à qui l'honneur appartient, car pour vn befoin on trouuera deux reigles en moy: auffi c'eft moy qui conduis les pierres angulaires & principales du coin, fans lefquelles nul baftiment ne pourroit tenir. Lors le Plomb fe vint à efleuer, difant; ie dois eftre honoré par deffus tous : car c'eft moy qui ameine & conduis toute maffonnerie directement en haut, & fans moy on ne fauroit faire aucune muraille droite, qui feroit caufe que les baftimens tomberoyent foudain : auffi bien fouuent, ie fais l'office d'vne reigle; parquoy faut conclurre que l'honneur m'appartient.

Ce fait, le Niucau s'efleua & dit : O ces beliftres & coquins, c'eft à moy que l'honneur appartient. Ne fait-on pas que tous les foumiers, poutres & trauerfes ne pourroyent eftre affifes à leur deuoir fans moy? Ne fait-on pas bien que ie conduis toutes places & pauemeus comme ie veux? Ne fait-on pas bien que plufieurs ingenieux fe font feruis de moy, en faifant leurs mines, tranchées, & en branquant leurs furieux canons? Et que fans moy ils ne pourroyent paruenir à leur deffein? Voila pourquoy faut arrefter & conclure que l'honneur me doit demeurer. Et foudain que le Niueau eut fini fon propos, voicy la Sauterelle, qui d'vne grande viteffe fe va efleuer, en difant : deuant, deuant, vou, ne sauez que vous dites, c'est à moy à qui appartient l'honneur: car ie fais des actes que nul ne sauroit faire, & ie vous demande, sauriez-vous conduire vn bastiment en vne place biaise? Et on sait bien que non, & vous ne seruez ny ne sauez rien faire, sinon vn mestier comme le cul: mais moy, ie vais, ie viens, ie fais de la petite, ie fais de la grande, brief, ie fais des choses que nul de vous ne sauroit faire. Parquoy il est aisé à iuger que l'honneur m'appartient.

Adonc l'Astrolabe vint à s'esleuer auec vne constance & grauité canonique, & dit ainsi, me voulez-vous oster l'honneur qui m'appartient? Car c'est moy qui monte plus haut que tout tant que vous estes, & mon Regne & Empire s'estend iusques aux nues. N'est-ce pas moy qui mesure les astres, & que par moy les temps & saisons sont cogneues aux hommes, fertilité ou sterilité? Et qu'est cecy à dire? Me sauroit-on nier que ce que ie dis ne soit vray? Et ainsi que i'entendis le bruit de leurs disputes, ie m'esueillay, & soudain m'en allay voir que c'estoit: dont soudain qu'ils m'eurent apperçeu, ils me vont eslire iuge, pour iuger de leur different: lors ie leur dis, ne vous abusez point, il ne vous appartient ny honneur, ny aucune préeminence: l'honneur appartient à l'homme qui vous a formez; parquoy il faut que vous luy seruiez & l'honoriez.

Comment, dirent-ils, à l'homme, & faut-il que nous obeyssions & seruions à l'homme, qui est si meschant & plein de folie; lors ie voulus excuser l'homme, en disant, qu'il n'estoit pas ainsi. Ils s'escrierent tous, en disant, permettez-nous mesurer la teste de l'homme, & vous seruez de nous en cette affaire, & vous cognoistrez, que l'homme n'a aucune ligne directe, ny mesure certaine en toutes ses parties, quelque chose que Victruue, & Sebastiane & autres Architectes ayent seu dire & monstrer par leurs figures. Quoy voyant, il me print enuie de mefurer la tefte d'vn homme, pour fauoir direɗement fes mefures, & me fembla que la fauterelle, la reigle & le compas me feroyent fort propres pour cette affaire : mais quoy qu'il en foit, ie n'y feu iamais trouuer vne mefure affeurée, par ce que les folies qui eftoyent en ladite tefte luy faifoyent changer fes mefures.

Adonc ie fus confus, par ce que ie trouuois ladite tefte tantoft d'vne forte, & tantoft d'vne autre, & combien qu'aucunes fois il y euft quelque apparence de lignes direɗes, ainfi que i'appreftois mes outils pour les figurer, foudain, & en vn moment ie trouuois que les lignes direɗes s'eftoyent rendues obliques, dont ie fus fort eftonné, voyant qu'il n'y auoit aucune ligne direɗe en la tefte de l'homme, à caufe que fa folie faifoit flefchir toutes les lignes direɗes, & les rendoyent obliques. Lors ie voulus fauoir quelles efpeces de folies eftoyent en l'homme, qui le rendoyent ainfi difforme & mal proportionné : mais ne le pouuant fauoir ny cognoiftre par l'art de Geometrie, ie m'aduifay de l'examiner par vne philofophie alchimiftale, qui fut le moyen que ie vins foudain eriger plufieurs fourneaux propres à cette affaire : les vns pour putrefier, les autres pour calciner, aucuns autres pour examiner, & aucuns pour fublimer, & d'autres pour diftiller.

Quoy fait, ie prins la tefte d'vn homme, & ayant tiré fon effence par calcinations & diftillations, fublimations & autres examens faits par matrats, cornues & bainmaries, & ayant feparé toutes les parties terreftres de la matiere exhalatiue, ie trouuay que veritablement, en l'homme il y auoit vn nombre infini de folies, que quand ie les eu apperçeues, ie tombay quafi en arriere comme pafmé, à caufe du grand nombre des folies que i'auois apperçeu en ladite tefte. Lors me print foudain vne curiofité & enuie de fauoir qui eftoit la cauſe de ſes grandes folies, & ayant examiné de bien près mon affaire, ie trouuay que l'auarice & ambition auoit rendu preſque tous les hommes fols, & leur auoit quaſi pourri toute la ceruelle : lors que i'eu apperçeu vne telle choſe, ie fus plus deſireux de voir les malices des hommes, que ie n'eſtois auparauant, qui fut cauſe que ie prins la teſte d'vn Limoſin, & l'ayant miſe à l'examen, ie trouuay qu'il auoit ſa teſte pleine de folies & grand mixtionneur & augmentateur de drogues, tellement qu'il ſe trouua qu'il auoit acheté trente cinq ſols la liure du bon poiure à la Rochelle, & puis le bailloit à dix ſept ſols à la foire de Niord & gagnoit encores beaucoup, à cauſe de la tromperie qu'il auoit adioutée audit poiure.

Lors ie luy demanday pourquoy il eſtoit ainſi fol, & ſans entêndement, de tromper ainſi meſchamment les marchands : mais ſans aucune honte, ce meſchant ſouſtenoit que la folie qu'il faiſoit eſtoit vne ſageſſe, & ie luy remontray lors qu'il ſe damnoit, & qu'il valoit mieux eſtre pauure, que non pas eſtre damné : mais cet inſenſé diſoit que les pauures n'eſtoyent en rien priſez, & qu'il ne vouloit eſtre pauure, quoy qu'il en deuſt aduenir : dont ie fut contraint de le laiſſer en ſa folie.

Après i'empongnay la teſte d'vn ieune homme ſans auoir eſgard de quel eſtat il eſtoit, & ayant mis la teſte à l'examen, ie trouuay que la plupart d'icelle n'eſtoit que folie, & ayant vn peu contemplé le perſonnage, i'entray en diſpute auec luy, en lui demandant, Frere qui t'a meu ainſi de couper ce bon drap que tu portes en tes chauſſes & autres habillemens ? Sais-tu pas bien que c'eſt vne folie ? Mais cet inſenſé me voulut faire accroire que les chauſſes ainſi coupées dureroyent plus que les autres, ce que ne pouuois croire.

Lors ie luy dis, mon ami, affeure toy de cela , n'en doute point, que le premier qui fit decouper fes chauffes, eftoit naturellement fol ; & quand au demeurant tu ferois le plus fage du monde, fi eft-ce qu'en cet endroit tu es imita-teur, & fuis l'exemple d'vn fol. Vray eft qu'vne folie de longue main entretenue, eft eftimée fageffe ; mais de ma part, ie ne puis accorder que telle chofe ne foit vne directe folie.

Après cettuy, ie vous empongnay la tefte d'vne croteufe femme d'vn Officier Royal, fauoir eft de Robe-Longue, & l'ayant mife à l'examen & auoir feparé l'efprit d'auec le ter-reftre, ie trouuay la fufdite grandement pleine de folies en fa tefte, lors penfant faire deuoir de Chreftien, ie luy dis, ma mie, pourquoy eft-ce que vous contrefaites ainfi vos ha-billemens? Ne fauez-vous pas bien que les robes ne font faites en Efté que pour couurir la diffolution de la chair, & en Hy-uer, pour cela mefme, & pour les froidures? Et vous fauez que tant plus les habillemens font proches de la chair, d'au-tant plus ils tiennent la chaleur, auffi de tant mieux ils cou-urent les parties honteufes : mais au contraire vous auez prins vne vertugade pour dilater vos robes, en telle forte, que peu s'en faut que vous ne monftriez vos honteufes parties. Après luy auoir fait vne telle remonftrance, en lieu de me remercier, la fotte m'appella Huguenot : quoy voyant, ie la laiffay & prins la tefte de fon mary, & l'ayant examinée comme les autres, ie trouuay de grandes folies & larrecins : lors ie luy dis, pourquoy eft-ce que tu es ainfi fol, de chi-caner & piller les vns & les autres? Il me dit que c'eftoit pour entretenir fes eftats, & qu'il ne pourroit auoir patience auec fa femme, s'il ne luy donnoit fouuent des accouftremens nouueaux, & qu'il falloit defrober pour entretenir fes eftats &

honneurs. O fol, dis-ie lors, ta femme te fera-elle mordre en la pomme, comme fit celle de notre premier pere? Il te vaudroit mieux auoir espousé vne bergere: tu n'auras point d'excuse sur ta femme, quand il faudra comparoistre deuant le siege iudicial de Dieu.

Après cettuy, ie prins la teste d'vn Chanoine, & ayant fait examen de ses parties comme dessus, ie trouuay qu'il y auoit plus de folie qu'en tous les autres. Ie luy demanday lors: pourquoy est-ce que tu es si grand ennemi de ceux qui parlent des authoritez de l'Escriture Sainte? Mais iceluy respondant, dit que ne seroit qu'on le vouloit contraindre d'aller prescher en ses benefices, qu'il tiendroit la partie des Protestans, mais à cause qu'il n'auoit apprins à prescher, & qu'il auoit accoustumé auoir ses aises dès sa ieunesse, cela luy causoit de soustenir l'Eglise Romaine. Et ie dis lors: tu es bien meschant, & tu fais de l'hypocrite deuant tes freres les autres Chanoines qui pensent que tu soustiens & que tu crois directement les statuts de l'Eglise Romaine. Non, non, dit-il, il n'y en a pas vn de mes compagnons qui ne confesse la verité, ne seroit la crainte de perdre leur reuenu; & qu'ainsi ne soit, il n'y a celuy qui ne mange de la chair en Caresme aussi bien comme moy, & quelque mine qu'ils fassent, ils ne vont à la messe, sinon pour conseruer la cuisine, & de ce n'en faut douter. Et quand n'eust esté que les bonnes gens nous vouloyent contraindre d'aller prescher, nous eussions aisement souffert les Ministres, mais nostre reuenu est cause que nous faisons nos efforts pour les bannir.

Adonc ie pensay que ce seroit folie à moy de le vouloir admonester, attendu la response qu'il auoit faite. Lors pour sçauoir si son dire contenoit verité, i'empongnay la teste d'vn President de Chapitre, mais elle estoit terrible, car elle ne vouloit iamais endurer la coupelle, ny permettre qu'en lu

aucun examen de ſes affaires : il regimboit, il battoit, il pe-
nadoit, il entroit en vne noire cholere vindicatiue. Quoy
voyant ie me deſpitay comme luy, & bongré, malgré qu'il
en euſt, ie le mis à l'examen & vins à ſeparer ſes parties,
ſauoir eſt la cholere noire & pernicieuſe d'vn coſté, l'ambition & ſuperbité de l'autre : ie mis d'autre coſté le meurtre
inteſtin qu'il portoit contre ſes haineux ; brief, ie ſeparay
ainſi toutes ſes parties comme vn bon Alchimiſte ſepare les
matieres des metaux, & lui demanday : Ne veux-tu point laiſſer tes folies? Eſt-il pas temps de ſe conuertir? Quoy, dit-
il, folies? Il n'y a homme en cette Paroiſſe plus ſage que
moy. Ie ſuis, diſoit-il, de la nouuelle Religion quand ie
veux, & entens la verité auſſi bien qu'vn autre ; mais ie
ſuis ſage, ie chemine ſelon le temps & fais plaiſir à ceux
que i'aime, & me venge de ceux que ie hay. Voire, dis-
ie ; mais ce n'eſt pas vne vie chreſtienne : car on ſait que les
Preſtres ne doiuent point eſtre paillards. Quoy, paillards,
dit-il ? Il eſt vray que i'ay vne femme à laquelle i'ay fait
pluſieurs enfans, mais elle n'eſt point paillarde, elle eſt ma
femme, nous ſommes tous deux eſpouſez ſecrettement. Et
ie luy dis lors : pourquoy eſt-ce donc que tu perſecutes &
taſches à faire mourir les Chreſtiens? Quoy, mourir, dit-il ?
I'en ai ſauué pluſieurs : vray eſt que ceux que ie haïſſois, ie
n'ay eſpargné de les pourſuiure. Quelque choſe que ie peuſſe
dire ny faire, iamais ie ne ſeus faire accroire à ce Preſident,
qu'il ne fuſt homme de bien & ſage, combien que ie voyois
des merueilleuſes mauuaiſtiez en ſes parties, leſquelles i'auois
miſes à l'examen.

Après cettuy-là, ie prins la teſte d'vn Iuge Preſidial qui ſe
diſoit eſtre bon ſeruiteur du Roy, lequel auoit grandement
perſecuté aucuns Chreſtiens & fauoriſé beaucoup de vicieux ;
& ayant mis ſa teſte à l'examen & auoir ſeparé ſes parties, ie
trouuay

trouuay qu’il s’eſtoit vne partie engraiſſé d’vn morceau de benefice qu’il poſſedoit ; lors ie cogneu directement que cela eſtoit la cauſe qu’il faiſoit la guerre à l’Euangile ou à ceux qui la vouloyent expoſer en lumiere. Quoy voyant ie le laiſſay là comme vn fol, ſachant bien que ie n’euſſe eu aucune raiſon de luy, puiſque la cuiſine eſtoit engraiſſée d’vn tel potage.

Adonc, ie vins à examiner la teſte & tout le corps d’vn Conſeiller de Parlement, le plus fin gautier qu’on euſt ſeu iamais voir ; & ayant mis ſes parties en la coupelle & fourneau d’examen, ie trouuay que dedans ſon ventre il y auoit pluſieurs morceaux de benefices qui l’auoyent tellement engraiſſé, qu’il ne pouuoit plus tenir ſon ventre dedans ſes chauſſes. Quand i’eu apperçeu vne telle choſe, i’entray en diſpute auec luy, en luy diſant: Vien-çà, es-tu pas fol ? Eſt-il pas ainſi que le proufit de tes benefices cauſoyent que tu faiſois le procès des Chreſtiens ? Confeſſe par-là que tu es vn fol : ie dis plus fol que non pas Eſaü qui donna l’heritage de ſa primogeniture pour vne eſcuelle de legumes ; il ne donna qu’vn bien temporel, mais tu donnes vn regne eternel, & prens peines eternelles pour le plaiſir & delectation de ton ventre. Confeſſe doncques que ta folie eſt ſans comparaiſon plus grande que non pas celle d’Eſaü. Eſaü pleura ſon peché, ce neantmoins, il ne fut point exaucé; ie ne veux pas dire par là qui ſi tu confeſſes ton iniquité, que tu ne ſois pardonné, mais i’ay grand peur que tu n’en feras rien, attendu que tu batailles directement contre la verité de Dieu que tu cognois bien.

Ie n’eu pas ſitoſt fini mon propos, que ce fol & inſenſé ne ſe mit à ſes esforts de me rendre honteux & vaincu ès propos que ie luy auois tenu, & me dit à haute voix: Et en eſtes-vous encores-là ? Si ainſi eſtoit que ie fuſſe fol pour tenir des benefices , le nombre des fols feroit terriblement grand. Lors ie luy dis tout doucement, que tous ceux qui boiuent le laiⅆ & veftiffent la laine des brebis fans les repaiftre , font maudits; & luy alleguay le paffage qui eft efcrit en Ieremie le Prophete, Chapitre XXXIV. Adonc il s'efleua d'vne bra-uade & furie merueilleufement fuperbe, en difant: Quoy? Selon ton dire , il y en auroit vn bien grand nombre de damnez & maudits de Dieu ? Car ie fay qu'en noftre Cour Souueraine & en toutes les Cours de France, il y a bien peu de Confeillers & Prefidens qui ne poffedent quelque morceau de benefice ; qui aide à entretenir les dorures & accouftremens, ban-quets & menus plaifirs de la maifon, voire pour acquefter avec le temps quelque place noble ou office de plus grand hon-neur & authorité. Appelles-tu cela folie? C'eft vne grandiffime fageffe, difoit-il : mais c'eft vne grande folie que de fe faire pen-dre ou brufler pour fouftetir les authoritez de la Bible. Item , difoit-il : ie fay qu'il y a plufieurs grands Seigneurs en France, qui prennent le reuenu des benefices, toutesfois ils ne font pas fols , mais grandement fages ; car cela aide beaucoup à entre-tenir leurs eftats, honneurs & graffes cuifines: & par tel moyen ils ont de bons cheuaux pour le feruice de la guerre.

Quand i'eu entendu le propos de ce miferable fymoniaque inueteré en fa malice , ie fus tout confus & m'efcriay en mon efprit, en efleuant les yeux en haut & difant: ô pauures Chref-tiens , & où en eftes-vous ? Vous penfiez abattre l'idolatrie & auoir gagné la partie , ie cognois à prefent que vous n'auiez garde de ce faire ; car felon le dire de cettuy Confeiller , vous auez toutes les Cours de Parlement contre vous ; & s'il eft ainfi qu'il m'a dit , vous auez auffi plufieurs grands Seigneurs qui prennent proufit du reuenu des benefices, & tandis qu'ils feront repus d'vn tel breuuage , il faut que vous efperiez qu'ils feront toufiours vos ennemis capitaux & mortels. Parquoy ie fuis d'auis que vous retourniez à votre premiere fimplicité, vous affeurant que vous aurez des ennemis & ferez perfecutez tout le temps de votre vie, fi par lignes directes vous voulez fuiure & fouftenir la querelle de Dieu; car telles font les promeffes originalement efcrites au Vieux & Noueau Teftament. Ayez doncques voftre refuge à voftre Chef protecteur & Capitaine noftre Seigneur Iefus Chrift, lequel en temps & lieu faura très-bien venger l'iniure qui luy aura efté faite, & en cas pareil la voftre.

L'Histoire.

Après que i'eu apperceu les folies & malices des hommes & confideré les horribles efmotions & guerres qui ont efté cette année par tout le Royaume de France, ie penfay en moy-mefme de faire le deffin de quelque Ville ou Cité de refuge, pour fe retirer ès temps des guerres & troubles, afin d'obuier à la malice de plufieurs horribles & infenfez faccageurs, aufquels i'ay par cy-deuant veu executer leurs rages furieufes, contre vne grande multitude de familles, fans auoir efgard à la caufe iufte ou iniufte, & mefme fans aucune commiffion ne mandement.

Demande. Il femble à t'ouyr parler que tu ne t'affeures pas de la paix qu'il a pleu à Dieu nous enuoyer, & que tu as encores quelque crainte d'vne efmotion populaire.

Responce. Ie prie à Dieu qu'il luy plaife nous donner fa paix; mais fi tu auois veu les horribles defbordemens des hommes, que i'ay veu durant ces troubles, tu n'as cheueux en la tefte qui n'euffent tremblé, craignant de tomber à la mercy de la malice des hommes. Et celuy qui n'a veu ces chofes, il ne fauroit iamais penfer, combien la perfecution eft grande & horrible.

Ie ne m'efmerueille pas fi le Prophete Dauid aima mieux
eflire la pefte, que non pas la famine & la guerre, en difant, que s'il auoit la pefte, il feroit à mercy de Dieu, mais
qu'en la guerre, il feroit à la mercy des hommes, qui fut la
caufe que Dieu eftendit fes verges feulement fur fon peuple
& non pas fur luy, par ce qu'il eftoit fubmis fous fa miferi-
corde, & auoit directement confeffé fa faute. Voila pourquoy
ie te puis affeurer que c'eft vne chofe horriblement à craindre, que de tomber fous la mercy des hommes pernicieux
& mechants.

Demande. Ie te prie me dire comment aduint ce diuorce
en ce pays de Xaintonge: car il me femble qu'il feroit bon
de le mettre par efcrit, afin qu'il en demeuraft vne perpe-
tuelle memoire pour feruir à ceux qui viendront après nous.

Responce. Tu fay qu'il y aura plufieurs Hiftoriens qui
s'employeront à cette affaire: toutesfois pour mieux defcrire la
verité, ie trouuerois bon qu'en chafcune ville il y euft perfonnes deputées pour efcrire fidelement les actes qui ont efté
faits durant ces troubles; & par tel moyen la verité pourroit eftre reduite en vn volume, & pour cette caufe ie m'en
vay commencer à t'en faire vn bien petit narré, non pas du
tout; mais d'vne partie du commencement de l'Eglife Reformée.

Tu dois entendre que tout ainfi que l'Eglife primitiue fut
erigée d'vn bien petit commencement & auec plufieurs perils, dangers & grandes tribulations, auffi fur ces derniers
iours la difficulté & dangers, peines, trauaux & afflictions,
ont efté grandes en ce pays de Xaintonge. Ie dis de Xaintonge, par ce que ie laifferay ès habitans d'vn autre Diocefe d'en efcrire ce qu'il en fauent à la verité.

Il aduint l'an 1546, qu'aucuns Moines ayant efté quelques
iours ès parties d'Alemagne, ou bien ayant leu quelques li-

ures de leur doctrine & se trouuant abusez, ils prinrent la hardiesse assez couuertement de descouurir quelques abus; mais soudain que les Prestres & Beneficiers entendirent qu'ils detractoyent de leurs coquilles, ils inciterent les Iuges de leur courir sus: ce qu'ils faisoyent de bien bonne volonté, à cause qu'aucuns d'eux possedoyent quelque morceau de benefice qui aidoit à faire bouillir le pot. Par ce moyen aucuns desdits Moines estoyent contrains s'enfuir, s'exiler & se desfrocquer, craignant qu'on les fist mourir de chaud. Les vns se faisoyent de mestier, les autres regentoyent en quelque village; & par ce que les isles d'Olleron, de Marepnes & d'Alleuert sont loin des chemins publics, il se retira en ces isles-là quelque nombre desdits Moines, ayant trouué diuers moyens de viure sans estre cogneus. Et ainsi qu'ils frequentoyent les personnes, ils se hazardoyent de parler couuertement iusques à ce qu'ils fussent bien asseurez qu'on n'en diroit rien. Et après que par tel moyen ils eurent reduit quelque quantité de personnes, ils trouuerent moyen d'obtenir la chaire, par ce qu'en ces iours-là il y auoit vn Grand-Vicaire qui les fauorisoit tacitement: dont s'ensuiuit que petit à petit en ces pays & isles de Xaintonge, plusieurs eurent les yeux ouuerts & cogneurent beaucoup d'abus qu'ils auoyent auparauant ignorez, qui fut cause que plusieurs eurent en grande estime lesdits predicateurs, combien que pour lors ils decouuroyent les abus assez maigrement.

Il y eut en ces iours-là vn nommé Collardeau, Procureur Fiscal, homme peruers & de mauuaise vie, qui trouua moyen d'aduertir l'Euesque de Xaintes, qui estoit pour lors à la Cour, luy faisant entendre que tout estoit plein de Lutheriens, & qu'il luy donnast charge & commission pour les extirper, & non seulement luy escriuit plusieurs fois, mais aussi se transporta iusqu'audit lieu. Il fit tant par ces moyens qu'il obtint vne commiſſion de l'Eueſque & du Parlement de Bourdeaux, auec vne bonne ſomme de deniers qui luy furent taxez par ladite Cour. Cela faiſoit-il pour le gain, & non pour le zele de la religion. Quoy fait, il pratiqua certains Iuges tant en l'iſle d'Olleron que d'Alleuert & pareillement à Gimoſac; & ayant apoſté ces Iuges, il fit prendre le preſcheur de Saint Denis, qui eſt au bout de l'iſle d'Olleron, nommé Frere Robin, & tout par vn moyen le fit paſſer en l'iſle d'Alleuert, où il en print vn autre nommé Nicole; & quelques iours après il print auſſi celuy de Gimoſac qui tenoit eſchole & preſchoit les Dimanches, eſtant fort aimé des habitans. Et combien que ie penſe qu'ils ſoyent eſcrits au liure des Martyrs, ce neantmoins par ce que ie ſay la verité de certains faits inſinuez, i'ay trouué bon les eſcrire, qui eſt qu'eux ayant bien diſputé & ſouſtenu leur religion en la preſence d'vn Nauieres, Theologien, Chanoine de Xaintes, qui autrefois auoit commencé à deſcouurir les abus, toutesfois par ce que le ventre l'auoit gagné, il ſouſtenoit du contraire comme très-bien les pauures captifs luy ſauoyent reprocher en ſon viſage. Quoy qu'il en fuſt ces pauures gens furent condamnez à eſtre deſgraduez & veſtus d'accouſtremens verds, afin que le peuple les eſtimaſt fols ou inſenſez; & qui plus eſt, par ce qu'ils ſouſtenoyent virilement la querelle de Dieu, ils furent bridez comme cheuaux par ledit Collardeau, auparauant que d'eſtre menez ſur l'eſchafaut, eſquelles brides y auoit en chaſcune vne pomme de fer qui leur empliſſoit tout le dedans de la bouche, choſe fort hydeuſe à voir; & eſtant ainſi deſgraduez, ils les retournerent en priſon pour les mener à Bourdeaux, afin de les condamner à mourir. Mais entre les deux il aduint un cas admirable, ſauoir eſt que celuy à qui on vouloit le plus de mal, lequel on penſoit faire mourir le plus cruellement, ce fut celuy qui leur eſchappa & ſortit des prifons par vn moyen admirable ; car pour fe donner garde de luy, ils auoyent mis vn certain perfonnage fur les degrez d'vne allée près des prifons pour efcouter s'il fe feroit quelque brifure : auffi on auoit eu des grands chiens des villages, qu'vn Grand-Vicaire auoit amenez, aufquels on auoit donné le large de la cour de l'Euefché, afin qu'ils aboyaffent fi les prifonniers venoyent à fortir. Nonobftant toutes ces chofes, Frere Robin lima les fers qu'il auoit aux iambes, & les ayant limez, il bailla les limes à fes compagnons ; & ce fait, il perça les murailles qui eftoyent de bonne maffonnerie. Mais il aduint vn cas eftrange, c'eft que d'auenture il y auoit plufieurs barriques appilées l'vne fur l'autre au-deuant de ladite muraille, lefquelles barriques eftant pouffées à bas, menerent vn grand bruit, qui fut caufe que le portier fe leua, & ayant long-temps efcouté, s'en retourna coucher. Et ainfi ledit Frere Robin fortit en la cour à la mercy des chiens. Toutesfois Dieu l'auoit infpiré d'auoir prins du pain, & quand il fut en la cour, il le ietta aufdits chiens qui eurent la gueule clofe comme les lyons de Daniel. Or il faut noter que ledit Robin n'auoit iamais efté en cette ville-cy de Xaintes : pour cette caufe eftant en la cour de l'Euefché, il eftoit encores enfermé ; mais Dieu voulut qu'il trouua vne porte ouuerte qui fe rendoit au iardin auquel il entra, & fe trouuant de rechef enfermé de certaines murailles bien hautes, il apperçut à la clarté de la lune vn certain poirier qui eftoit affez près de ladite muraille, & eftant monté audit poirier, il apperçeut par le dehors de ladite muraille vn fumier fur lequel il pouuoit affez aifement fauter. Quoy voyant, Il s'en retourna ès prifons pour fauoir fi quelqu'vn de fes compagnons auroit limé fes fers ; mais voyant que non, il les confola & exhorta à batailler virilement & à prendre patiemment la mort, & en les embraffant, print congé d'eux & s'en alla de rechef monter fur le poirier & de-là fauta fur les fumiers de la rue. Mais ce fut vne chofe très-merueilleufe procedante de la prouidence diuine, comment ledit Robin peut efchapper le fecond danger: car par ce qu'il n'auoit iamais efté en la ville, il ne fauoit à qui fe retirer. Mais par ce qu'il auoit efté malade d'vne pleurefie ès prifons, & qu'on lui auoit donné vn Medecin & vn Apothicaire, ledit Robin couroit par les rues en s'enquerant dudit Medecin & Apothicaire, defquels il auoit retenu les noms. Mais en ce faifant, il alla tabourner en plufieurs portes des plus grands de fes ennemis & entre les autres à la porte d'vn Confeiller qui fit diligence le lendemain pour fauoir de fes nouuelles, & promettoit cinquante efcus de la part du Grand-Vicaire nommé Selliere, à celuy qui donneroit moyen de prendre ledit Robin. Iceluy doncques frappant par les portes à l'heure de minuiêt, auoit diuinement pourueu à fon affaire, car il auoit trouffé fon habit fur fes efpaules & auoit attaché fon enferge en vne de fes iambes, & par tel moyen ceux qui fortoyent aux feneftres penfoyent que ce fuft vn laquais. Il fit fi bien qu'il fe fauua en quelque maifon, & de-là fut en mefme heure conduit hors la ville, ce qui aduint au mois d'Aouft dudit an; mais ces deux compagnons furent bruflez, l'vn en cette ville de Xaintes, & l'autre à Libourne, à caufe que le Parlement de Bourdeaux s'en eftoit là fuy pour raifon de la pefte qui eftoit lors en la ville de Bourdeaux, & moururent les fufdits Maiftres Nicole & fes compagnons au mois d'Aouft l'an 1546, endurant la mort fort conftamment.

L'Euefque ou fes Confeillers s'aduiferent en ce temps-là d'vne rufe & finefle grandement fubtile; car ayant obtenu quelque mandement du Roy pour couper vn grand nombre de forefts qui eftoyent à l'entour de cette ville, toutesfois par ce que plufieurs auoyent leur iouiffance des bois & pafturages

efdites

eſdites foreſts, ils ne vouloyent permettre qu'elles fuſſent abattues, mais ceux-cy ſuiuant les ruſes Mahometiſtes, s'aduiſerent de gagner le cœur du peuple par predications & preſens faits aux gens du Roy, & enuoyerent en cette ville de Xaintes & autres villes du Dioceſe certains Moines Sorboniſtes qui eſcumoyent, bauoyent, ſe tormentoyent & viroyent, faiſant geſtes & grimaces eſtranges, & tous leurs propos n'eſtoyent que crier que contre ces Chreſtiens nouueaux, & aucunes fois ils exaltoyent leur Eueſque (*) en diſant qu'il eſtoit deſcendu du precieux ſang de Monſeigneur Saint Louis, & par tel moyen le pauure peuple ſouffroit patiemment que tous leurs bois fuſſent coupez; & les bois eſtant ainſi coupez, il n'y eut plus de Predicateurs: voila comment le peuple fut deçeu en ſes biens & pareillement en ſes eſprits.

Par-là tu peux aiſement iuger quel pouuoit eſtre l'eſtat de l'Egliſe Reformée, laquelle n'auoit encore aucune apparence d'Egliſe, ſinon aucuns qui tacitement & auec crainte detractoyent de la Papauté. Il y eut quelque temps après l'an 1557, qu'vn nommé Maiſtre Philebert Hamelin, qui auoit eſté au-

---

(*) Charles, Cardinal de Bourbon, Archevêque de Rouen, Légat d'Avignon, Evéque de Xaintes en 1544, & enfin de Beauvais, Pair de France, Commandeur de l'Ordre du Saint Eſprit, Abbé de Saint Denis, de Saint Germain des Prez, de Saint Oüen, de Jumieges, de Corbie, de Vendôme, de la Couture, de Signy, d'Orcamp, de Montebourg, de Valemont, de Perſeigne, de Saint Germer, de Châteliers, de Froidmont, de St. Etienne de Dijon, de Saint Lucien de Beauvais, de St. Michel en Lerm, *& autres*, il étoit né à la Ferté-ſous-Jouarre, le 22 Décembre 1523, & mourut à Fontenai-le-Comte, en Poitou, le 9 Mai 1590; il étoit frere d'Antoine, Roi de Navarre, & fut appellé Charles X, prétendu Roi de France, par les Ligueurs au préjudice de la Loi SALIQUE fondamentale de ce Royaume. *Note communiquée.*

Kkkk

trefois prifonnier en cette ville & prins par le mefme Collardeau, fe tranfporta de rechef en cette ville de Xaintes, &
par ce qu'il auoit demeuré à Geneue vn bien long-temps depuis fon emprifonnement, & ayant augmenté audit Geneue
de foy & de doctrine, il auoit toufiours vn remords de confcience de ce qu'il auoit diffimulé en fa confeffion faite en
cette ville, & voulant reparer fa faute, il s'efforçoit par-tout
où il paffoit, d'inciter les hommes d'auoir des Miniftres & de
dreffer quelque forme d'Eglife, & s'en alloit ainfi par le
pays de France, ayant quelques feruiteurs qui vendoyent des
Bibles & autres liures imprimés en fon imprimerie : car il
s'eftoit defpreftré & fait imprimeur. En ce faifant, il paffoit
quelquefois par cette ville & alloit auffi en Alleuert. Or il
eftoit fi iufte & d'vn fi grand zele, que combien qu'il fuft
homme affez mal portatif, il ne voulut iamais prendre de
cheuaux encores que plufieurs l'en requeroyent d'vne bonne
affection. Et combien qu'il euft bien dequoy moyennement,
fi eft-ce qu'il n'auoit aucune efpece à fa ceinture, ains feulement vn fimple bafton en la main, & s'en alloit ainfi tout
feul fans aucune crainte.

Or aduint vn iour, après qu'il eut fait quelques prieres &
petites exhortations en cette ville, ayant au plus fept ou huit
auditeurs, il print fon chemin pour aller en Alleuert, & deuant que partir, il pria le petit troupeau de l'affemblée, de
fe congreger, de prier & s'exhorter l'vn l'autre ; & ainfi s'en
alla en Alleuert, tendant afin de gagner le peuple à Dieu ;
& là eftant recueilli benignement par la plus grande partie du
peuple, fit certains prefches au fon de la cloche & baptifa
vn enfant. Quoy voyant, les Magiftrats de cette ville contraignirent l'Euefque d'exhiber deniers pour faire la fuite dudit Philebert, auec cheuaux, Gens-d'Armes, cuifiniers &
viaandiers. L'Euefque & certains Magiftrats de cette ville fe

tranfporterent au lieu d'Alleuert, là où ils firent rebaptifer l'enfant qui auoit efté baptifé par ledit Philebert, & ne le pouuant là attrapper, ils le fuiuirent à la trace, iufques à ce qu'ils l'eurent trouué en la maifon d'vn Gentilhomme; & ainfi l'amenerent en cette ville comme mal faiæteur ès prifons criminelles, combien que fes œuures rendent certains tefmoignages qu'il eftoit enfant de Dieu & veritablement efleu. Il eftoit fi parfait en fes œuures que fes ennemis eftoyent contrains de confeffer qu'il eftoit d'vne vie fainte, toutesfois fans approuuer fa doctrine.

Ie fuis tout efmerueillé comment les hommes ont ofé affeoir iugement de mort fur luy, veu qu'ils fauoyent bien & auoyent entendu fa fainte conuerfation; car ie fuis affeuré & ie puis dire, à la verité, que deflors qu'il fut amené ès prifons de Xaintes, ie prins la hardieffe (combien que les iours fuffent perilleux en ce temps-là) d'aller remonftrer à fix des principaux Iuges & Magiftrats de cette ville de Xaintes, qu'ils auoyent emprifonné vn Prophete ou Ange de Dieu, enuoyé pour annoncer fa parole & iugement de condamnation aux hommes fur le dernier temps, leur affeurant qu'il y auoit onze ans que ie cognoffois ledit Philebert Hamelin, d'vne fi fainte vie, qu'il me fembloit que les autres hommes eftoient diables au regard de luy. Il eft certain que les Iuges vferent d'huma nité en mon endroit & m'efcouterent benignement: auffi parlois-ie à vn chafcun d'eux eftant en fa maifon. Finalement ils traiterent affez benignement ledit Maiftre Philebert: toutesfois ils ne fe peuuent excufer qu'ils ne foyent coupables de fa mort. Vray eft qu'ils ne le tuerent pas non plus que Pilate & Iudas, Iefus-Chrift, mais ils le liurerent entre les mains de ceux qu'ils fauoyent bien qu'ils le feroyent mourir. Et pour mieux paruenir à vn laue-main pour s'en defcharger, ils s'aduiferent qu'il auoit efté Preftre en l'Eglife Romaine, parquoy l'enuoyerent à Bourdeaux avec bonne & feure garde par vn Preuoft des Marefchaux.

Veux-tu bien cognoiftre comment ledit Philebert eftoit de fainte vie ? On luy donnoit liberté d'eftre en la chambre du Geolier, & de boire & manger à fa table ; ce qu'il fit pendant qu'il eftoit en cette ville. Mais après que par plufieurs iours il eut trauaillé & prins peine de reprimer les ieux & & blafphefmes qui fe commettoyent en la chambre du Geolier, il fut fi defplaifant, voyant qu'ils ne fe vouloyent corriger que pour obuier à entendre vn tel mal, foudain qu'il auoit difné, il fe faifoit mener en vne chambre criminelle, & eftoit là tout le long du iour tout feul pour obuier les compagnies mauuaifes.

Item, veux-tu encore mieux fauoir combien il cheminoit droitement ? Luy eftant en prifon, furuint vn Aduocat du pays de France, de quelque lieu où il auoit erigé vne petite Eglife, lequel Aduocat apporta trois cent liures qu'il prefenta au Geolier, pourueu qu'il vouluft de nuit mettre ledit Philebert hors des prifons. Quoy voyant le Geolier, fut prefque incité à ce faire ; toutesfois il demanda confeil audit Maiftre Philebert, lequel refpondant, luy dit : qu'il valoit mieux qu'il mouruft de la main de l'executeur, que de le mettre en peine pour luy. Quoy fachant ledit Aduocat, rapporta fon argent. Ie te demande qui eft celuy de nous qui voudroit faire le femblable, eftant à la mercy des hommes ennemis comme il eftoit ? Les Iuges de cette ville fauoyent bien qu'il eftoit de fainte vie, toutesfois ils l'ont fait pour crainte de perdre leurs Offices : ainfi le faut-il entendre.

Ie fus bien aduerti que pendant que ledit Philebert eftoit ès prifons de cette ville, qu'il y eut vn perfonnage qui parlant dudit Philebert, dit à vn Confeiller de Bourdeaux : on vous amenera vn de fes iours vn prifonnier de Xaintes, qui par-

lera bien à vous , Meſſieurs. Mais le Conſeiller, en blaſphe-
mant le nom de Dieu, iura qu'il ne parleroit pas à luy &
qu'il ſe donneroit bien garde d'aſſiſter à ſon iugement. Ie te demande,ce Conſeiller ſe diſoit eſtre Chreſtien, il ne vouloit pas
condamner le iuſte. Toutesfois puis qu'il eſtoit conſtitué Iuge ,
il n'aura point d'excuſe ; car puis qu'il ſauoit que l'autre eſtoit
homme de bien, il deuoit de ſon pouuoir s'oppoſer au iugement de ceux qui par ignorance ou par malice, le con-
damnerent, liurerent & firent pendre comme vn larron le 18
d'Auril de l'an ſuſdit. Quelque temps auparauant la priſe dudit Philebert, il y eut en cette ville vn certain artiſan pauure & indigent à merueille , lequel auoit vn ſi grand deſir
de l'auancement de l'Euangile , qu'il le demonſtra quelque
iour à vn autre artiſan auſſi pauure que luy & d'auſſi peu de
ſauoir , car tous deux n'en ſauoyent guerres : toutefois le premier remonſtra à l'autre que s'il vouloit s'employer à faire
quelque forme d'exhortation, ce ſeroit la cauſe d'vn grand
fruit. Et combien que le ſecond ſe ſentoit totalement deſ-
nué de ſauoir, cela lui donna courage; & quelques iours
après, il aſſembla, vn Dimanche au matin, neuf ou dix perſonnes, & par ce qu'il eſtoit mal inſtruit ès lettres, il auoit
tiré quelque paſſage du Vieux & Nouueau Teſtament, les
ayant mis par eſcrit. Et quand ils furent aſſemblez , il leur
liſoit les paſſages & authoritez en diſant : qu'vn chaſcun ſelon ce qu'il a reçeu de dons qu'il faut qu'il les diſtribue aux
autres, & que tout arbre qui ne ſera point de fruit , ſera coupé
& ietté au feu ; auſſi il liſoit vne autre authorité priſe au Deu-
teronome, là où il eſt dit : vous annoncerez ma loy en allant
en venant, en buuant, mangeant, en vous couchant, en vous
leuant & eſtant aſſis en la voye. Il leur propoſoit auſſi la ſi-
militude des talens & vn grand nombre de telles authoritez ;
& ce faiſoit-il tendant à deux bonnes fins ; la premiere eſtoit

pour monftrer qu'il appartient à toutes gens de parler des Statuts & Ordonnances de Dieu, & afin qu'on ne mefprifaft fa doctrine, à caufe de fon abiection : la feconde fin eftoit afin d'inciter certains auditeurs de faire le femblable : car en cette mefme heure ils conuinrent enfemble que fix d'entr'eux exhorteroyent par hebdomade ; fauoir eft, vn chafcun de fix en fix femaines, les Dimanches feulement. Et par ce qu'ils entreprenoyent vne affaire à laquelle ils n'auoyent iamais efté inftruits, il fut dit qu'ils mettroyent leurs exhortations par efcrit & les liroyent deuant l'affemblée : or toutes ces chofes furent faites par le bon exemple, confeil & doctrine de Maiftre Philebert Hamelin. Voila le commencement de l'Eglife Reformée de la ville de Xaintes.

Ie m'affeure qu'il y a eu au commencement telle affemblée que le nombre n'eftoit que de cinq feulement : & pendant que l'Eglife eftoit ainfi petite & que ledit Maiftre Philebert eftoit en prifon, il arriua en cette ville vn Miniftre nommé de la Place, lequel auoit efté enuoyé pour aller prefcher en Alleuert. Mais ce mefme iour, le Procureur dudit Alleuert fe trouua en cette ville, qui certifia qu'il y feroit fort mal venu à caufe de ce baptefme que Maiftre Philebert auoit fait, par ce qu'on auoit condamné plufieurs affiftans à fort grandes amendes, qui fut le moyen que nous priafmes ledit de la Place de nous adminiftrer la parole de Dieu; & fut reçeu pour notre Miniftre & demeura iufques à ce que nous eufmes Monfieur de la Boiffiere qui eft celuy que nous auons encores à prefent. Mais c'eftoit vne chofe pitoyable, car nous auions bon vouloir; mais le pouuoir d'entretenir les Miniftres n'y eftoit pas, veu que la Place, pendant le temps que nous l'eufmes, il fut entretenu vne partie aux defpens des Gentilshommes qui l'appelloyent fouuent. Mais craignant que cela ne fuft le moyen de corrompre nos Miniſtres, on conſeilla à Monſieur de la Boiſſiere de ne partir de la ville ſans congé pour ſeruir à la Nobleſſe, veu qu'auſſi il y euſt urgente affaire. Par tel moyen le pauure homme eſtoit reclos comme vn priſonnier, & bien ſouuent mangeoit des pommes & buuoit de l'eau à ſon diſner, & par faute de nape, il mettoit bien ſouuent ſon diſner ſur vne chemiſe, parce qu'il y auoit bien peu de riches qui fuſſent de noſtre aſſemblée, & ſi n'auions pas de quoy luy payer ſes gages.

Voila comment notre Egliſe a eſté erigée au commencement par gens meſpriſez; & alors que les ennemis d'icelle la vinrent ſaccager & perſecuter, elle auoit ſi bien proufité en peu d'années, que deſia les ieux, danſes, balades, banquets & ſuperfluitez de coiffures & dorures auoyent preſque toutes ceſſé : il n'y auoit plus gueres de paroles ſcandaleuſes, ny de meurtres. Les procès commençoyent grandement à diminuer, car ſoudain que deux hommes de la religion eſtoyent en procez, on trouuoit moyen de les accommoder, & meſme bien ſouuent deuant que commencer aucun procez, vn homme n'y euſt point mis vn autre que premierement il ne l'euſt fait exhorter à ceux de la religion. Quand le temps s'approchoit de faire ſes Paſques, pluſieurs haines, diſſenſions & querelles eſtoyent accordées. Il n'eſtoit queſtion que de Pſeaumes, Prieres, Cantiques & Chanſons ſpirituelles, & n'eſtoit plus queſtion de chanſons diſſolues ny lubriques. L'Egliſe auoit ſi bien proufité, que meſme les Magiſtrats auoyent policé pluſieurs choſes mauuaiſes qui dependoyent de leurs authoritez. Il eſtoit defendu aux hoſteliers de tenir ieux ny de donner à boire & à manger à gens domiciliez, afin que les hommes desbauchez ſe retiraſſent en leurs familles. Vous euſſiez veu en ces iours-là ès Dimanches les compagnons de meſtier ſe pourmener par les prairies, bocages ou autres lieux plaiſans, chantans par troupes, Pſeaumes, Cantiques & Chanſons ſpirituelles, liſant & s'inſtruiſant les vns, les autres.

Vous eußiez außi veu les filles & vierges aßifes par troupes ès iardins & autres lieux, qui en cas pareil fe delectoyent
à chanter toutes chofes faintes. D'autre part vous eußiez veu
les pedagogues qui auoyent fi bien inftruit la ieuneße, que les
enfans eftoyent tellement enfeignez, que mefme il n'y auoit
plus de gefte puerile, ains vne conftance virile. Ces chofes
auoyent fi bien proufité que les perfonnes auoyent changé
leurs manieres de faire, mefme iufques à leurs contenances.

L'Eglife fut erigée au commencement auec grande difficulté & eminents perils; nous eftions blafmez & vituperez
de calomnies peruerfes & mefchantes. Les vns difoyent : fi
leur doctrine eftoit bonne, ils prefcheroyent publiquement.
Les autres difoyent : que nous nous aßemblions pour paillar-
der, & qu'en nos aßemblées les femmes eftoyent communes.
Les autres difoyent : que nous allions baifer le cul au Diable
auec la chandeile de refine. Nonobftant toutes ces chofes,
Dieu fauorifa fi bien noftre affaire, que combien que nos affemblées fußent le plus fouuent à plein minuict, & que nos
ennemis nous entendoyent fouuent paßer par la rue, fi eft-ce
que Dieu leur tenoit la bride ferrée en telle forte que nous
fufmes conferuez fous fa protection ; & lorfque Dieu voulut
que fon Eglife fut manifeftée publiquement & en plein iour,
il fit en noftre ville vn œuure admirable : car il fut enuoyé
à Tolofe deux des principaux chefs, lefquels n'eußent
voulu permettre nos aßemblées eftre publiques, qui fut la
caufe que nous eufmes la hardieße de prendre la Halle. Ce
que nous n'eußions feu faire fans grands fcandales, fi lefdits
chefs eußent efté en la ville. Et qu'ainfi ne foit, tu ne peux nier
que depuis ces troubles, ils ne fe foyent totalement appliquez à rabbaißer, ruiner, & anichiler, enfoncer & abyfmer
la petite nacelle de l'Eglife Reformée.

Par-là ie puis aifement iuger que Dieu les a tenus l'efpace

de

de deux années ou enuiron, à Tolofe, afin qu'ils ne nui-
fiffent à fon Eglife durant le temps qu'il la vouloit manifefter publiquement. Combien que l'Eglife euft de grands ennemis; toutesfois elle fleurit en telle forte en peu d'années,
que mefme les ennemis d'icelle, à leur très-grand regret,
eftoyent contraints de dire bien de nos Miniftres, & fingulierement de Monfieur de la Boiffiere, par ce que fa vie les
redarguoit & rendoit bon tefmoignage de fa doctrine. Or
aucuns Preftres commençoyent d'affifter aux affemblées, à eftudier & prendre confeil de l'Eglife; mais quand quelqu'vn
de l'Eglife faifoit quelque faute ou tort à quelqu'vn des ad-
uerfai..., ils fauoyent très-bien dire : votre Miniftre ne vous
a pas confeillé de faire ce mal. Et ainfi les ennemis de l'E-
uangile auoyent la bouche clofe; & combien qu'il euffent en
haine les Miniftres, ils n'ofoyent mefdire d'eux à caufe de
leur bonne vie.

En ces iours-là les Preftres & Moines furent blamez du
commun; fauoir eft, des ennemis de la Religion, & difoyent
ainfi: les Miniftres font des prieres que nous ne pouuons nier
qu'elles ne foyent bonnes; pourquoy eft-ce que vous ne faites
le femblable? Quoy voyant, Monfieur le Theologien du
Chapitre, fe print à faire les prieres comme les Miniftres:
auffi firent les Moines qu'ils auoyent à gage pour leur pre-
dication: car s'il y auoit vn fin frere, mauuais garçon & fubtile argumentateur de Moines en tout le pays, il falloit l'a-
uoir en l'Eglife Cathedrale. Voila comment en ces iours-là
il y auoit priere en la ville de Xaintes tous les iours d'vne
part & d'autre.

Veux-tu bien cognoiftre comment les Ecclefiaftiques Romains faifoyent lefdites prieres par hypocrifie & malice? Regarde vn peu, ils n'en font plus à prefent, ny n'en faifoyent
auparauant la venue des Miniftres. Eft-il pas aifé à iuger que

ce qu'ils en faisoyent estoit seulement pour dire: ie say faire cela aussi bien que les autres? Quoy qu'il en soit, l'Eglise proufita si bien alors, que les fruits d'icelle demeureront à iamais. Et ceux qui ont esperance de voir l'Eglise abbatue & anichilée, ils seront confus. Car puis que Dieu l'a garantie lors qu'il n'estoyent que trois ou quatre pauures gens mesprisez, combien plus auiourd'huy aura-t-il soin d'vn grand nombre? Ie ne doute pas qu'elle ne soit tormentée; cela nous doit estre tout resolu puis qu'il est escrit; mais ce ne sera pas selon la mesure & desir de ses ennemis. Plusieurs gens des villages en ces iours-là demandoyent des Ministres à leurs Curez ou Fermiers, ou autrement ils disoyent qu'ils n'auroyent point de difmes: cela faschoit plus les Prestres que nulle autre chose & leur estoit fort estrange.

En ce temps-là furent faits des actes assez dignes de faire rire & pleurer tout à vn coup; car aucuns Fermiers ennemis de la religion, voyant telles nouuelles, s'en alloyent aux Ministres pour les prier de venir exhorter le peuple d'où ils estoyent Fermiers, & ce afin d'estre payez des difmes. Quand ils ne pouuoyent finir de Ministres, ils demandoyent des anciens. Ie ne vis iamais de si bon courage, toutesfois en pleurant, quand i'ouy dire que le Procureur qui estoit Greffier Criminel, lors qu'on faisoit les procez de ceux de la Religion, auoit luy-mesme fait les prieres vn peu auparauant le saccagement de l'Eglise en la Paroisse d'où il estoit Fermier; à sauoir si lors qu'il faisoit luy-mesme les prieres, s'il estoit meilleur Chrestien que quand il escriuoit les procez contre ceux de la Religion: certes autant bon Chrestien estoit-il lorsqu'il escriuoit les procez, comme quand il faisoit les prieres, attendu qu'il ne les faisoit que pour auoir les gerbes & fruits des laboureurs. Le fruit de nostre petite Eglise auoit si bien proufité, qu'ils auoyent contraints les meschants d'estre gens de bien;

toutesfois leur hypocrifie a efté depuis amplement manifeftée & cogneue : car lors qu'ils ont eu liberté de mal faire, ils ont monftré exterieurement ce qu'ils tenoyent caché dedans leurs miferables poitrines. Ils ont fait des actes fi miferables, que i'ay horreur feulement de m'en fouuenir, au temps qu'ils s'efleuerent pour diffiper, abyfmer, perdre & deftruire ceux de l'Eglife Reformée. Pour obuier à leurs tyrannies horribles & execrables, ie me retiray fecretement en ma maifon pour ne voir les meurtres, reniements & deftrouffements qui fe faifoyent ès lieux champeftres ; & eftant ainfi retiré en ma maifon l'efpace de deux mois, il m'eftoit auis que l'enfer auoit efté desfoncé, & que tous les efprits diaboliques eftoyent entrez en la ville de Xaintes : car au lieu que i'entendois vn peu auparauant Pfeaumes, Cantiques & toutes paroles honneftes d'edification & bons exemples, ie n'entendois que blafphefmes, batteries, menaces, tumultes, toutes paroles miferables, diffolution, chanfons lubriques & deteftables, en telle forte qu'il me fembloit que toute la vertu & faincteté de la terre eftoit eftouffée & efteinte : car il fortit certains diabletons du chafteau de Taillebourg, qui faifoyent plus de mal que non pas ceux qui eftoyent diables d'ancienneté. Eux entrant en la viile, accompagnez de certains Preftres ayant l'efpée nue au poing, crioyent : Où font-ils ? Il faut couper gorge tout à main, & faifoyent ainfi des mouuans, fachant bien qu'il n'y auoit aucune refiftance : car ceux de l'Eglife Reformée s'eftoyent tous abfentez. Toutesfois pour faire des mauuais, ils trouuerent vn Parifien en la rue, qui auoit bruit d'auoir de l'argent ; ils le tuerent fans auoir aucune refiftance, & en vfant de leur meftier accouftumé, le mirent en chemife deuant qu'il fuft acheué de mourir. Après cela ils s'en allerent de maifon en maifon prendre, piller, faccager, gourmander, rire, moquer & gaudir auec toutes diffolutions & paroles de blafphefmes contre Dieu

& les hommes; & ne ſe contentoyent ſeulement de ſe moquer des hommes , mais auſſi ſe moquoyent de Dieu; car ils
diſoyent : que Agimus auoit gagné Pere Eternel.

En ce iour-là il y auoit certains perſonnages ès priſons que
quand les Pages des Chanoines paſſoyent par deuant leſdites
priſons, ils diſoyent en ſe moquant: le Seigneur vous aſſiſte-
ra ; & luy diſoyent encores : or dites à preſent, reuenge-moy,
prens la querelle. Et pluſieurs autres en frappant d'vn baſton,
diſoyent: le Seigneur vous benie. Ie fus grandement eſpou-
uanté l'eſpace de deux mois , voyant que les portefaix & be-
liſtreaux eſtoyent deuenus Seigneurs aux deſpens de ceux de
l'Egliſe Reformée. Ie n'auois tous les iours autre choſe que
rapports, des cas eſpouuantables, qui de iour en iour s'y
commettoyent ; & de tout ce que ie fus le plus deſplaiſant
en moy-meſme, ce fut de certains petits enfans de la ville
qui ſe venoyent iournellement aſſembler en vne place près du
lieu où i'eſtois caché (m'exerçant toutesfois à faire quelque
œuure de mon art) qui ſe diuiſant en deux bandes & iettant
des pierres les vns contre les autres, iuroyent & blaſpheſ-
moyent le plus execrablement que iamais homme ouyt parler; car ils diſoyent par le ſang, mort, teſte, double teſte,
triple teſte, & des blaſpheſmes ſi horribles, que i'ay quaſi
horreur de les eſcrire : or cela dura aſſez long-temps ſans que
peres ny meres y miſſent aucune police. Il me prenoit ſouuent enuie de hazarder ma vie pour en faire la punition ;
mais ie diſois en mon cœur le Pſeaume 79 qni ſe commence:
Les gens entrez ſont en ton heritage. Ie ſay que pluſieurs Hiſtoriens deſcriront les choſes plus au long, toutesfois i'ay bien
voulu dire cecy en paſſant, par ce que durant ces iours mauuais, il y auoit bien peu de gens de l'Egliſe Reformée en
cette ville.

LIURE QUATRIESME.

DE LA VILLE
DE FORTERESSE (a).

QUELQUE temps après que i'eu consideré les horribles dangers de la guerre, desquels Dieu m'auoit merueilleusement deliuré, il me print enuie de designer & pourtraire l'ordonnance de quelque ville, en laquelle on peust estre asseuré au temps de guerre : mais considerant les furieuses batteries, desquelles auiourd'huy les hommes s'aident, i'estois

---

(*a*) L'art de la guerre a éprouvé des changemens considérables par la mutation des armes & des exercices militaires ; il y a des proportions entre l'attaque des places & les fortifications que les hommes ont fait à leurs Villes, avant l'invention de la poudre à canon.

Une Ville étoit imprenable lorsqu'elle étoit sur un rocher escarpé, comme Polignac en Velay ; les machines de guerre, dont nous avons les descriptions dans les ouvrages de la Milice Romaine, celles dont nous avons les noms dans les historiens & dans les titres nationaux depuis sept cent ans, nous donnent une idée de ces variations & nous apprennent que les hommes ont été aussi adroits à inventer les moyens de se détruire qu'à imaginer de nouvelles fortifications. Nous remarquons en général à l'inspection des anciens châteaux, que le rang de la Seigneurie dans la Pro-

presque hors d'esperance, & estois tous les iours la teste baissée, craignant de voir quelque chose qui me fist oublier les choses que ie voulois penser : car mon esprit voltigeoit tantost en vne ville, & tantost en l'autre, en me trauaillant, pour rememorer les forces d'icelles, & sauoir si ie me pourrois aider en partie de l'ordonnance d'icelles, pour seruir à mon dessein : mais ie trouuay en toutes icelles, vne maniere de faire fort contraire à mon opinion : car les habitans les fortifient en rompant les maisons qui sont ioignant les murailles de la cloison de la ville, & font de grandes allées entre les maisons & lesdites murailles; & cela, disent-ils, estre necessaire pour batailler, defendre & trainer toute espece d'engin & artillerie : mais ie trouuay aussi que c'estoit pour faire tuer beaucoup d'hommes, & n'ay iamais seu persuader en mon esprit, qu'vne telle inuention fust bonne; & m'asseure que si du temps que les colomnes furent inuentées, l'artillerie eust regné comme elle fait à present, que nos anciens

---

vince étoit annoncé par la forme & l'étendue du bâtiment, on distinguoit le Comte, le Chatelain & le Sieur de Fief, à son manoir. Les plus anciennes fortifications étoient d'une forme quarrée, les tours rondes qui indiquent un changement dans les attaques, sont plus modernes; ensuite les Architectes ont imaginé les demi-lunes & les fortifications angulaires, ce sont les principaux changemens que nosédifices nous laissent appercevoir. Avant l'usage des bombes & des mines, Palissy imagina sa ville imprenable, c'est-à-dire, avant les Stevin, les Pagan, les Vauban & les Cohorn. Son genie relatif aux circonstances de son siecle, suppose dans l'homme qui traça ce plan, de ces dispositions qui rendent les grands génies supérieurs à leurs contemporains, & qui dans tous les tems auroient profité des découvertes nouvelles pour appartenir à tous les siecles. Les Ingénieurs remarqueront ce qu'étoit leur art en 1563, pour juger Palissy. *Note communiquée.*

edificatenrs n'euffent point edifié les villes auec feparation des maifons aux murailles. Et quoy ? En temps de paix les murailles font inutiles, quelques grands threfors & labeurs qui y ayent efté employez.

Ayant doncques confideré ces chofes, ie trouuay que lefdites villes ne me pouuoyent feruir d'aucun exemplaire, veu que quand les murailles font gagnées, la ville eft contrainte fe rendre. Voila bien vn pauure corps de ville quand les membres ne fe peuuent confolider, & aider l'vn l'autre. Brief, toutes telles villes font mal defignées, attendu que les membres ne font point concatenez auec le corps principal. Il eft fort aifé de battre le corps fi les membres ne donnent aucun fecours. Quoy voyant, i'oftay mon efperance de prendre aucun exemplaire ès villes qui font edifiées à prefent, ains tranfportay mon efprit pour contempler les pourtraits des compartimens & autres figures qui ont efté faites par maiftre Iacques du Cerfeau, & plufieurs autres pourtrayeurs. Ie regarday auffi les plans & figures de Victruue & Sebaftiane, & autres Architectes, pour voir fi ie pourrois trouuer en leurs pourtraits quelque chofe qui me peuft feruir, pour inuenter ladite ville de fortereffe : mais iamais il ne me fut poffible de trouuer aucun pourtrait qui me feuft aider à cette affaire.

Quoy voyant, ie m'en allay comme vn homme tranfporté de fon efprit, la tefte baiffée fans faluer ny regarder perfonne, à caufe de mon affection, qui eftoit occupée à ladite ville. Et en m'en allant ainfi faifant vifiter tous les iardins les plus excellens qu'il me fut poffible de trouuer (& ce, afin de voir s'il y auoit quelque figure de labyrinthe inuentée par Dedalus, ou quelque parterre, qui me peuft feruir à mon deffein,) il ne me fut poffible de trouuer rien qui contentaft mon efprit.

Alors ie commençay d'aller par les bois, montaignes &
vallées, pour voir fi ie trouuerois quelque induftrieux animal
qui euft fait quelque maifon induftrieufe : ce que cherchant,
i'en vis vn très-grand nombre qui me rendit tout eftonné de
la grande induftrie que Dieu leur auoit donnée ; & entre
les autres, ie fus fort efmerueillé d'une fortereffe que l'o-
riou auoit faite pour la fauue-garde de fes petits, car ladite
fortereffe eftoit pendue en l'air par vne admirable induftrie
(15) : toutesfois, ie ne peux là rien proufiter pour mon affaire.

Ie vis auffi vne ieune limace qui baftiffoit fa maifon &
fortereffe de fa propre faliue ; & cela faifoit-elle petit à petit
par diuers iours : car ayant prins ladite limace, ie trouuay,
que le bord de fon baftiment eftoit encores liquide, & le
furplus dur, & cogneus lors, qu'il faloit quelque temps pour
endurcir la faliue de laquelle elle baftiffoit font fort. Adonc
ie prins grande occafion de glorifier Dieu en toutes fes merueilles, & trouuay que cela me pourroit quelque peu aider
à mon affaire : pour le moins, cela m'encouragea, & me
tint en efperance de paruenir à mon deffein. Alors bien
ioyeux, ie me pourmenay de çà, de là, d'vn cofté & d'autre
pour voir fi ie pourrois encores apprendre quelque induftrie
fur les baftimens des animaux, ce qui dura l'efpace de plufieurs mois, en exerçant toutefois toufiours mon art de
terre, pour nourrir ma famille.

Après que plufieurs iours i'eu demeuré en ce debat d'efprit, i'auifay de me tranfporter fur le riuage & rocher de la
mer Oceane, où i'apperçeu tant de diuerfes efpeces de mai-

---

(15) C'eft le Loriot, *Galgulus*, vel *Lurida*, qui fufpend en effet fon
nid à des branches. Mais le travail du nid de cet oifeau n'égale pas
celui du *Pendulino*.

sons & forterefses que certains petits poiffons auoyent faites
de leur propre liqueur & faliue , que deflors ie commençay
à penfer que ie pourrois trouuer là quelque chofe de bon,
pour mon affaire. Adonc ie commençay à contempler l'induftrie de toutes ces efpeces de poiffons, pour apprendre
quelque chofe d'eux , en commençant des plus grands aux
plus petits : ie trouuay des chofes qui me rendoyent tout
confus, à caufe de la merueilleufe prouidence Diuine qui
auoit eu ainfi foin de ces creatures, tellement que ie trouuay
que celles qui font de moindre eftime , Dieu les a pourueues
de plus grande induftrie, que non pas les autres : car penfant trouuer quelque grande induftrie & excellente fapience
ès gros poiffons, ie n'y trouuay rien d'induftrieux, ce qui
me fit confiderer qu'ils eftoyent affez armez, craints & redoutez , à caufe de leur grandeur , & qu'ils n'auoyent befoin
d'autres armures: mais quant eft des foibles , ie trouuay que
Dieu leur auoit donné induftrie de fauoir faire des fortereffes merueilleufement excellentes à l'encontre des brigues de
leurs ennemis : i'apperçeu auffi que les batailles & les bri-
gueries de la mer eftoyent fans comparaifon plus grandes
efdits animaux, que non pas celles de la terre , & si que la
luxure de la mer eftoit plus grande que celle de la terre ,
& que fans comparaifon elle produit plus de fruit.

Ayant doncques prins affection de contempler de bien près
ces chofes, ie prins garde qu'il y auoit vn nombre infini de
poiffons qui eftoyent fi foibles de leur nature, qu'il n'y auoit
aucune apparence de vie fors qu'vne forme de liqueur ba-
ueufe , comme font les huitres, les moucles, les fourdons,
les petoncles, les auaillons, les palourdes, les dailles, les
hourmeaux, les gembles , & vn nombre infiny de burgaux de
diuerfes efpeces & grandeurs.

M m m m

Tous ces poiſſons ſuſdits ſont foibles, comme ie t'ay cy-deuant dit : mais quoy ? Voicy à preſent vne choſe admirable, qui eſt, que Dieu a eu ſi grand ſoin d'eux, qu'il leur a donné induſtrie de ſe ſauoir faire à chaſcun d'eux vne maiſon, conſtruite & niuelée par vne telle Geometrie & Architecture, que iamais Salomon en toute ſa ſapience ne ſeut faire choſe ſemblable ; & quand meſme tous les eſprits des humains ſeroyent aſſemblez en un, ils n'en ſauroyent auoir fait le moindre traict.

Quand i'eu contemplé toutes ces choſes, ie tombay ſur ma face, & en adorant Dieu, me prins à eſcrier en mon eſprit, en diſant, ô bon Dieu ! ie puis à preſent dire, comme le Prophete Dauid ton ſeruiteur. Et qu'eſt-ce que de l'homme que tu as eu ſouuenance de luy ? Et que meſme tu as fait toutes ces choſes pour ſon ſeruice & commodité ? Toutesfois, Seigneur, il n'a honte de s'eſleuer contre toy, pour deſtruire & mettre à neant ceux que tu as enuoyez en la terre, pour annoncer ta iuſtice & iugement aux hommes. O bon Dieu ! & qui ſera celuy qui ne s'eſmerueillera de ta patience merueilleuſe ? Iuſques à quand laiſſeras-tu ſouffrir & endurer les Prophetes & Eſleus que tu as mis à la mercy de ceux qui ne ceſſent de les tormenter ? Ce fait, ie me pourmenay ſur les rochers pour contempler de plus près les excellentes merueilles de Dieu, & ayant trouué certains gembles, qu'on appelle autrement œil de bouc, i'apperçeu qu'ils eſtoyent armez par vne grande induſtrie : car n'ayant qu'vne coquille ſur le dos, ils s'attachoyent contre les rochers, en telle ſorte que ie penſe qu'il n'y a nul poiſſon en la mer, tant ſoit-il furieux, qui le ſeuſt arracher de ladite roche. Et quand on veut arracher ledit poiſſon, qui n'eſt que baue ou vne liqueur endurcie, ſi on ſaille du premier coup de l'arracher, en mettant vn couteau entre la roche & luy, il fe viendra fi fort referrer & ioindre à la roche, qu'il n'eft plus poffible de l'arracher, qui eft chofe admirable, veu la foibleffe de fon eftre. L'hourmeau & plufieurs autres efpeces s'attachent en cas pareil : car autrement leurs ennemis les deuoreroyent foudain.

N'eft-ce pas auffi chofe admirable, de l'heriffon de mer ? Lequel par ce que fa coquille eft affez foible, Dieu luy a donné moyen de fauoir faire plufieurs efpines piquantes, par deffus fon halecret & fortereffe, tellement qu'eftant attaché fur la roche, on ne le fauroit prendre fans fe piquer. N'eft-ce pas vne chofe admirable de voir les poiffons qui font armez de deux coquilles ? Si tu confideres les petoncles & les fourdons, & plufieurs autres efpeces, tu trouueras vne induftrie telle, qu'elle te donnera occafion de rabaiffer ta gloire. As-tu iamais veu chofe faite de main d'homme, qui fe peuft raffembler fi iuftement, que font les deux coquilles & harnois defdits fourdons & petoncles ? Certes il eft impoffible aux hommes de faire le femblable. Penfestu que ces petites concauitez & neruures, qui font efdites coquilles, foyent faites feulement par ornement & beauté ? Non, non, il y a quelque chofe dauantage : cela augmente en telle forte la force de ladite fortereffe, comme feroyent certains arcboutans appuyez contre vne muraille, pour la confolider ; & de ce n'en faut douter, i'en croiray toufiours les Architectes de bon iugement.

Penfes-tu que les poiffons qui erigent leurs fortereffes par lignes afpirales, ou en forme de limace, que ce foit fans quelque raifon ? Non, ce n'eft pas pour la beauté feulement, il y a bien autre chofe. Tu dois entendre qu'il y a plufieurs

Mmmm 2

poiſſons qui ont le muſeau ſi pointu, qu'ils mangeroyent la
plus part des ſuſdits poiſſons ſi leur maiſon eſtoit droicte :
mais quand ils ſont aſſaillis par leurs ennemis à la porte,
en ſe retirant au - dedans, ils ſe retirent en vironnant, &
ſuiuant le traict de la ligne aſpirale ; & par tel moyen,
leurs ennemis ne leur peuuent nuire. Quoy conſideré, ce
n'eſt pas doncques pour la beauté que ces choſes ſont ainſi
faites, ains pour la force. Qui ſera l'homme ſi ingrat qui
n'adorera le Souuerain Architecte en contemplant les choſes
ſuſdites.

Me pourmenant ainſi ſur les rochers, ie voyois des merueilles qui me donnoyent occaſion de crier en enſuiuant le
Prophete : Non pas à nous, Seigneur, non pas à nous, mais
à ton Nom donne gloire & ho nneur ; & commençay à penſer en moy - meſme, que ie ne pourrois trouuer aucune
choſe de meilleur conſeil, pour faire le deſſin de ma Ville
de Fortereſſe : lors ie me mis à regarder lequel de tous les
poiſſons ſeroit trouué le plus induſtrieux en l'architecture,
afin de prendre quelque conſeil de ſon induſtrie.

Or en ce temps-là, vn Bourgeois de la Rochelle nommé
l'Hermite, m'auoit fait preſent de deux coquilles bien groſſes, ſauoir eſt, de la coquille d'vn pourpre, & l'autre d'vn
buxine, leſquelles auoyent eſté apportées de la Guinée, &
eſtoyent toutes deux faites en façon de limace & ligne aſpirale : mais celle du buxine eſtoit plus forte & plus grande
que l'autre : toutesfois veu le propos que i'ay tenu cy-deſſus,
c'eſt que Dieu a donné plus d'induſtrie ès choſes foibles,
que non pas aux fortes, ie m'arreſtay à contempler de plus
près la coquille du pourpre que non pas celle du buxine,
par ce que ie m'aſſeurois que Dieu luy auroit donné quelque

chofe dauantage, pour recompenfer fa foibleffe. Et ainfi, eftant long-temps arrefté fur ces penfées, i'auifay en la coquille du pourpre, qu'il y auoit vn nombre de pointes affez groffes, qui eftoyent à l'entour de ladite coquille : ie m'affeuray deflors, que non fans caufe lefdites cornes auoyent efté formées, & que cela eftoit autant de ballouars & defenfes, pour la forterefle & retraite dudit pourpre. Quoy voyant, ne trouuay rien meilleur pour edifier ma Ville de Forterefle, que de prendre exemple fur la forterefle dudit pourpre, & prins quant & quant vn compas, reigle & autres outils neceffaires pour faire mon pourtrait.

Premierement, ie fis la figure d'vne grande place quarrée, à l'entour de laquelle ie fis le plan d'vn grand nombre de maifons, aufquelles ie mis les feneftres, portes, boutiques, ayant toutes leur regard deuers la partie exterieure du plan & rues de la ville, & auprès d'vn des anglets de ladite place, ie fis le plan d'vn grand portail, fur lequel ie marquay ie plan de la maifon, ou demeurance du principal Gouuerneur de ladite ville, afin que nul n'entraft en ladite place, fans le congé du Gouuerneur, & à l'entour de ladite place, ie fis le plan de certains auuans ou baffes galleries, pour tenir l'artillerie à couuert, & fis le plan en telle forte que les murailles du deuant de la gallerie feruiront de defenfe & de batterie, y ayant plufieurs canonnieres tout autour, qui auront toutes leur regard au centre de ladite place, afin que fi les ennemis entroyent par mine en ladite place, que tout en vn moment on euft moyen de les exterminer. Quoy fait, ie commençay vn bout de rue à l'iffue dudit portail, enuironnant le plan des maifons que i'auois marquées à l'endroit de ladite place, voulant edifier ma

ville en forme de ligne aſpirale, & enſuiuant la forme &
induſtrie du pourpre : mais quand i'eu vn peu penſé à mon
affaire, l'apperçeu que le deuoir du canon eſt de iouer par
lignes directes, & que ſi ma ville eſtoit totalement edifiée,
ſuiuant la ligne aſpirale, que le canon ne pourroit iouer
par les rues, parquoy, ie m'auiſay deſlors de ſuiure l'induſtrie dudit pourpre, ſeulement en ce qu'il me pouuoit
ſeruir, & ie commençay à marquer le plan de la premiere
rue, près de la place, en vironnant à l'entour, en forme
quarrée ; & ce fait, ie marquay les habitations à l'entour de
ladite rue, ayant toutes le regard, entrées & iſſues deuers
le centre de ladite place ; & ainſi, ſe trouua vne rue ayant
quatre faces à l'entour du premier rang qui eſt à l'entour du
milieu & en vironnant ſuiuant la coquille du pourpre ; & ce
toutesfois par lignes directes.

Ie vins de rechef marquer vne rue à l'entour de la premiere, auſſi en vironnant ; & après que ces deux rues furent
pourtraites, auec les maiſons neceſſaires à l'entour, ie commençay à ſuiure le meſme trait, pour pourtraire la troiſieme
rue : mais par ce que la place & les deux rues d'alentour
d'icelle auoyent grandement eſloingné le trait, ie trouuay
bon de bailler huit faces à la troiſieme rue ; & ce pour pluſieurs raiſons.

Quand la troiſieme rue fut ainſi pourtraite auec les maiſons requiſes à l'entour, ie trouuay mon inuention fort bonne
& vtile, & vins encores à marquer & pourtraire vne autre
rue ſemblable à la troiſieme, ſauoir eſt à huit faces & touſiours en vironnant : ce fait, ie trouuay que ladite ville eſtoit
aſſez ſpacieuſe, & vins à marquer les maiſons à l'entour de
ladite rue, ioignant les murailles de ladite ville, leſquelles

murailles i'allay pourtraire iointes auec les maifons de la rue
prochaine d'icelles. Lors ayant ainfi fait mon deffin, il
me fembla que ma Ville fe moquoit de toutes les autres :
par ce que toutes les murailles des autres villes font inutiles
en temps de paix, & celles que ie fais feruiront en tout
temps, pour habitation à ceux mefmes qui exerceront plufieurs arts, en gardant ladite ville.

Item, ayant fait mon pourtrait, ie trouuay que les murailles de toutes les maifons feruoyent d'autant d'efperons,
& de quelque cofté que le canon feuft frapper contre ladite
ville, qu'il trouueroit toufiours les murailles par le long : or
en la ville, il n'y aura qu'vne rue, & vne entrée, qui ira
toufiours en vironnant, & ce, par lignes directes, d'anglet
en anglet, iufques à la place qui eft au milieu de la ville ;
& en chafcun coin & anglet des faces defdites rues, y aura
vn portail double & voufté, & au-deffus de chafcun d'iceux
vne haute batterie ou plate - forme, tellement qu'aux deux
anglets de chafcune face, on pourra battre en tout temps
de coin en coin à couuert, par le moyen defdits portaux
vouftez, & ce, fans que les Canonniers puiffent aucunement
eftre offenfez.

Ayant ainfi fait mon pourtrait, & eftant bien affeuré
que mon inuention eftoit bonne, ie dis en mon efprit : ie
me puis bien vanter à prefent, que fi le Roy vouloit edifier vne ville de fortereffe en quelque partie de fon Royaume, que ie luy donneray vn pourtrait, plan & modele d'vne
ville la plus imprenable, qui foit auiourd'huy entre hommes;
c'eft à fauoir en ce qui confifte en l'art de Geometrie &
Architecture, exceptez les lieux, que Dieu a fortifiez par
nature.

Et premierement, ſi vne ville eſt edifiée iouxte le modele & pourtrait que i'ay fait, elle ſera imprenable :

Par multitude de gens,

Par multitude de coups de canon,

Par feu,

Par mine,

Par eſchelles,

Par famine,

Par trahiſon,

Par ſapes.

Exposition d'aucuns Articles.

Aucuns trouueront eſtrange l'article de la trahiſon, mais il eſt ainſi que quand les dix ou douze parts de la Ville, & meſme les Gouuerneurs d'icelle auroyent fait complot auec les ennemis, pour liurer la ville, il n'eſt en leur puiſſance de la liurer, pourueu qu'il y ait vne petite partie de la ville qui vueille reſiſter, par ce que l'ordre des baſtimens ſera ſi bien concatené, qu'il faudroit neceſſairement que tous les habitans fuſſent conſentans à la trahiſon, deuant qu'elle peuſt eſtre liurée, & la coniuration generale ne ſe pourroit iamais faire, que le Prince ne fuſt aduerty.

Item, on s'eſbahira de ce que ie dis, qu'elle ſera par famine imprenable: ie le dis, par ce quelle ſe pourra garder à bien peu de gens, ie dis à bien peu: car quand bien peu de gens auroyent du biſcuit pour certaines années, il n'y aura ſi furieux Canonniers, ny ſi ſubtils Ingenieux, qui ne

ſoyent

foyent contraints de leuer le fiege de deuant vne telle ville, voire à leur confufion.

Item, on s'eftonnera de ce que ie dis, qu'elle feroit imprenable par fapes, mais ie dis dauantage, que quand les ennemis auroyent fapé & emporté les fondemens de tout le circuit de la Ville, & qu'ils les euffent iettez aux abyfmes de la mer, fi eft-ce que par tel moyen les habitans n'auront occafion de s'eftonner, par ce que les murailles demeureront encores debout comme auparauant. Et quand il aduiendroit que les ennemis fe fuffent opiniatrez dauantage, & qu'ils euffent rué tout à l'entour du circuit des murailles autant de coups de canon qu'il pourroit tomber de gouttes d'eau durant les pluyes de quinze iours, & que par tel moyen ils euffent mis tout le circuit des murailles à petits morceaux comme chapple, c'eft-à-dire, mis les murailles à bas & en friche, fi eft-ce que pour cela la Ville ne feroit aucunement perdue, ny les habitans bleffez en leurs perfonnes.

Et qui plus eft, quand les ennemis fe feroyent encores plus opiniaftrez & qu'ils euffent brifé vne carriere tout à trauers de la Ville, & qu'ils puffent paffer & repaffer à trauers de ladite Ville iufques au nombre de quarante de front, trainant auec eux toutes efpeces d'engins & artillerie, fi eft-ce qu'ils n'auroyent pas encores gagné la Ville ; ce que ie fay qui fera trouué fort eftrange.

Ie dis auffi, que quand les ennemis auroyent trouué le moyen par vne fubtile mine, de fortir en vne place, qui fera au milieu de la Ville & qu'ils feroyent entrez en ladite Ville, en fi grand nombre d'hommes & artillerie, que toute ladite place fuft pleine de gens bien armez, fi eft-ce que

par tel moyen ils n'auront gagné aucune chofe, finon l'ac-
courciffement de leurs iours.

Et quand il aduiendroit que les ennemis auroyent fait
vne telle approche, que par multitude de gens ils euffent
fait des montaignes qui fuffent fi hautes, que les ennemis
puffent auoir veue iufques au paué des rues prochaines des
murailles, pour ietter boulets & toutes efpeces d'engins &
feux eftranges, par tel moyen les habitans ne receuront aucun dommage, finon feulement la peur, & l'empoifonnement
des mauuaifes fumées qui pourroyent eftre iettées en la rue
prochaine des murailles, & non ès autres.

Item, l'ordre de la ville fera edifié d'vne telle fubtilité &
inuention, que mefme les enfans au-deffus de fix ans pourront aider à la defendre le iour des affauts, voire fans def-
placer aucun de fa place & demeurance, & fans fe mettre
en aucun danger de leurs perfonnes.

Ie fay bien qu'aucuns fe voudront moquer, toutesfois ie
m'affeure de tout ce qui eft dit cy-deffus, & fuis preft à expofer ma vie, quand ie n'en feray apparoir la verité par
modele, auquel feront demonftrées les vtilitez & fecrets de
ladite forterefle, tellement que par ledit modele, vn chafcun cognoiftra la verité, tout ainfi comme fi la Ville eftoit
edifiée.

DEMANDE. Tu fais cy-deffus vne promeffe bien temeraire,
de dire que par pourtrait & plan, tu feras aifement entendre, que ce que tu as dit de la Ville de Forterefle contient
verité. Pourquoy eft-ce donc que tu n'as mis en ce liure le
pourtrait & plan de ladite ville; car par là on euft peu iuger
fi ton dire contient verité?

RESPONCE. Tu as bien mal retenu mon propos : car ie ne t'ay pas dit, que par le plan & pourtrait on peuſt iuger le total, mais auec le plan & pourtrait, i'ay adiouſté qu'il eſtoit requis faire vn modele, veu qu'il n'y auroit aucune raiſon, de le faire à mes deſpens. Ie t'ay aſſez dit que la choſe meritoit recompenſe : parquoy, c'eſt vne choſe iuſte, que le labeur dudit modele ſoit payé aux deſpens de ceux qui le voudront auoir. Or ſi tu ſais quelqu'vn qui aye vouloir d'auoir vn modele de mon inuention, tu me le pourras adreſſer, ce que i'eſpere que feras. Et en cet endroit, ie prieray le Seigneur Dieu, te tenir en ſa garde.

ADVERTISSEMENT.

Q̃UANT au reſte, ſi ie cognois ce mien ſecond Liure eſtre approuué par gens à ce cognoiſſans, ie mettray en lumiere le troiſieſme Liure (*) que ie ſeray cy après, lequel traitera du palais & plate-forme de reſuge, de diuerſes eſpeces de terres, tant des argileuſes que des autres : auſſi ſera parlé de la merle, qui ſert à ſumer les autres terres.

Item, ſera parlé de la meſure des vaiſſeaux antiques, auſſi des eſmails, des feux, des accidens qui ſuruiennent par le feu, de la maniere de calciner & ſublimer par diuers moyens dont les fourneaux ſeront figurez audit liure.

Après que i'auray erigé mes fourneaux alchimiſtals, ie prendray la ceruelle de pluſieurs qualitez de perſonnes pour examiner & ſauoir la cauſe d'vn ſi grand nombre de folies qu'ils ont en la teſte, afin de faire vn troiſieſme liure auquel ſeront contenus les remedes & receptes pour guerir leurs pernicieuſes folies.

(*) Le troiſième livre de Paliſſy ſe trouve depuis la page 5 juſqu'à la page 394, de cette édition.

NOTES.

(Page 6.)

LA Nobleſſe des Gentilhommes Verriers eſt une chimere. Voyez à ce ſujet l'Edit du mois de Janvier 1634, à leur égard, article XIII. Il y a des conceſſions de Verreries par les Dauphins de Viennois, faites même en roture, à des roturiers, à charge de cens & autres droits de directe Seigneurie dans les forêts de Roybon & des environs de Saint Marcelin. Cet état ne donne point la nobleſſe, il ne déroge point, il n'y a point de loi dans le Royaume qui oblige de faire des preuves pour ſouffler des bouteilles; ces gens-là, comme les Imprimeurs, les Monnoyeurs & autres étant exempts des charges publiques, ſe diſent Gentilhommes, & perſonne n'a intérêt de les contredire: c'eſt un préjugé populaire & qui n'eſt fondé ſur rien, au contraire la nobleſſe des Verriers eſt comme la matiere qu'ils employent, elle ſe caſſe facilement.

Humbert II, Dauphin de Viennois, concéda le 15 Mai 1338, à un nommé Guionnet, Verrier du lieu de Chambarrant, fils de feu Amauric, auſſi Verrier, ſon homme (c'eſt-à-dire ſon ſujet) un canton dans la forêt de Chambarrant, à la charge d'y conſtruire une Maiſon Forte, laquelle ſeroit rendable au Dauphin quand il le jugeroit convenable, par Guionet ou ſes ſucceſſeurs & qu'il ſeroit ainſi qu'eux tenu de l'habiter ſans pouvoir la déguerpir au cens annuel de 1800 pieces de verres fabriquées de toutes grandeurs, dont les eſpeces ſont détaillées, l'une deſquelles eſt un jeu d'Echecs, *unum jocum ſivè ludum Eſcacorum complecum*, payable au Château de Beauvoir en Royans, ſous peine d'amende. Comme ce ſerf étoit artiſte & gardien d'un Château fort, il étoit aſſujetti à des devoirs relatifs à ſa ſituation ; il ſe déclare homme vivant & mourant du Prince qui lui fait la tradition du Demaine en le baiſant debout, ce qui eſt une grace due à ſon talent, une faveur qui ne pouvoit point annoblir un vilain, qui d'ailleurs demeuroit juſticiable du Châtelain de Villeneuve de Roybon. *V. Ch. des Comptes de Dauph, liber Frumenti part. 9. fol. 153.*

(Page 11.)

Habits à la Busque qui étoient justes à la forme de la taille ; on voit encore dans le Midi de la France & dans la Flandres, des Crucifix habillés : il y en a un à la Chapelle du Saint Sépulchre, dans l'Eglise de ce nom, rue Saint Denis, à Paris. Les Crucifix à la Busque, représentoient J. C. en Croix, comme le font actuellement nos Peintres & nos Sculpteurs.

(Page 30.)

Les Notaires de villages sont de petites gens ; ceux qui ont écrit sur la noblesse, ont assuré d'après les Loix Romaines & les Ordonnances de nos Rois, qu'ils dérogeoient : aujourd'hui ceux des villes qui ont le titre de Conseillers du Roi, sont très-nombreux & ils sont admis aux charges qui donnent la Noblesse. Dans tout le Royaume, les Notaires ont été des Clercs dans les Jurisdictions Ecclésiastiques & Laïques qui avoient le droit *de scel.* Lorsque nos Rois ont séparé la Jurisdiction volontaire de la contentieuse, ils ont créé des Gardes Scels ou Tabellions qui grossoyent les actes reçus en minutes par des Notaires ; aujourd'hui ces deux fonctions sont réunies, excepté dans l'Apanage de la Maison d'Orléans, &c. Les Seigneurs Patrimoniaux, comme les Dauphins de Viennois, d'Auvergne & le Seigneur de Pantin ou de Vaugirard, &c. avoient leurs Tabellions & leurs Notaires. A l'égard du Dauphiné, jamais les Empereurs n'y ont donné des Lettres de Notaires & encore moins les Papes qui n'ont jamais eu de domination dans cette Province. Quant aux qualités fréquentes de Notaire Impérial & Apostolique qu'on doit trouver dans le Dauphiné comme dans le reste du Royaume, ce sont des Clercs Notaires des Officialités & Cours d'Eglises qui prenoient ce titre pompeux : car les Papes & les Prélats, leurs commettans, n'ont jamais voulu se persuader que l'autorité temporelle de l'Empire Romain ne leur appartenoit point. Quand les Rois se sont ennuyés de voir des *Manans* impériaux, Notaires, ils les ont fait seulement Apostoliques, & ces gens-là mettent les Curés & les Chapelains en possession de leurs bénéfices.

(Page 40.)

Savignies en latin *Sabiniæ.* V. add. à l'Histoire de Beauvaisis, par M. Simon.

(Page 44.)

Alises sont les choses serrées, comme le caillou & le pain broyé, auquel n a été donné lieu de se lever. *Cathis* en Gascogne sont toutes chofes qui font fi bien condenfées, qu'il n'y a aucuns pores apparens. *Manufcrit, Extrait de Paliffy, à la Bibliotheque de Saint Germain des Prez, N°. 2322.*

(Page 54.)

Ie t'ay veu fi fort attaché à l'alchimie, ie t'ay dit plufieurs fois en parlant des fontaines & de l'alchimie. Voyez p. 245 & p. 363.

(Page 60.)

Toutes les montagnes fe détruifent du côté du Levant & du Midi, elles fe confervent du côté du Couchant & du côté du Nord ; cette obfervation mérite de la part des Naturaliftes une attention particuliere.

(Page 61.)

Sins autrement Bancs. *Manufcrit, Extrait de Paliffy, à Saint Germain des Prez, N°. 2322.*

(Page 65.)

Les Seguin de Paris font originaires de la Réole en Guyenne : le Pierre Seguin, Lapidaire, dont il s'agit, avoit étudié fon art chez un nommé l'Empereur, Joaillier ; fa poftérité a donné des gens de mérite, entr'autres un Doyen du Chapitre de St. Germain l'Auxerrois, Pierre Seguin Antiquaire, mort en 1632, maître de Charles Patin dans la *fcience des Médailles*, un autre Pierre Seguin, Docteur & Régent de la Faculté de Medecine, premier Médecin d'Anne d'Autriche, &c. La famille de l'Empereur eft ancienne dans cet art, un acte curieux & original le prouve. *THESAURUS DOMINI REGIS Parifius recepit & reddidit eidem de emolumento receptæ vicecomitatus Gournaii pro Henrico LE CAT vicecomite ibi CC. L. Parif. computate per Jacobum IMPERATORIS cuftodem denariorum & Jocalium coffrorum Regis pro redimendo BONAM CRUCEM dicti Domini fibi nuper datam per defunctum dominum DUCEM BITURICENSIS fcriptum in dicto Thefauro feptima Die Augufti anno M. CCCC. decimo fexto, figné De Lengres & Bonnet.*

(Page 73.)

L'Hiftoire de ce pal arraché d'un étang, paroit apocryphe, & je fuis fâché que Paliffy fe foit mis en devoir d'en favoir la caufe. Le fait dont il eft queftion eft cependant très-poffible, parce qu'il y a une fontaine d'eau très-limpide dans un jardin du Fauxbourg de St. Alyre à Clermont-Ferrand, qui forme une incruftation pierreufe d'un fediment ferrugineux fur tous les corps qui y font trempés. Cette fontaine s'eft fait un aqueduc de ces fédi-mens qui va fe jeter dans la Tiretaine (en latin , *Trudonis*) qui paffe dans ce Fauxbourg; elle a formé fur ce ruiffeau qu'elle traverfe en fens contraire au courant une maffe de 168 pieds de long fur 14 de hauteur dans fa plus grande élévation qu'on appelle *le Pont de Pierre*. Le perfonnage de qua-lité d'Auvergne , dont notre Auteur parle , pouvoit avoir fait enchaffer du fer à un pal , enfuite avoir fait enfoncer le fer dans le canal de la fontaine qui aura incrufté le milieu évidé de ce pal & laiffé la partie hors de l'eau en bois. Cette eau qu'on boit comme remede à Clermont, ne pétrifie point les corps , mais elle forme fur eux une écorce de matiere ftalactite , dont elle les enveloppe : car l'on voit dans la maffe du pont des morceaux de bois, des branches de *gramen*, *&c.* qui ont été enchaffées fans altera-tion de leur nature. Ce fait fur lequel on en avoit impofé à Paliffy , ne détruit point les raifons générales qu'il apporte fur les pétrifications.

» Notiffimum , mirum tamen fontem Arvernorum referam , cujus aqua » in lapides ità induratur , ut inde Pons fuprà fluvium *Tiretaine* ftructus. » Admiranda Galliarum ». J. C. Frey. p. 372.

» En vne montaigne de Sicile y a certaine façon de boue , laquelle » eftant extraite de dedans la terre, vient à s'endurcir & former en » pierre , tout ainfi que la boue du Tibre ». page 293 de la *Phyfique Françoife , par lean de Champaignac , Aduocat au Parlement de Bour-deaux & Maiftre des Requeftes de Madame la Princeffe , fœur unique du Roy ;* in-12. Bourdeaux , *Simon Millanges,* 1595. Ce livre eft dédié à Jac-quette de Mombron , Dame des Vicomtés de Bourdeille & d'Aunay , & des Baronies d'Archiac & Mathas , & Chatellenies de la Tour-Blanche & Seftonville. La même année cet Auteur dédia à la même Dame , *un Traité de l'Immortalité de l'Ame.*

(Page 76.)

François Choifnyn de Chatelleraut , Médecin de la Reine de Na-varre , étoit Licencié de la Faculté de Medecine de Paris , en 1574. Il foutint fous la Préfidence de Michel Marefcot , cette Thèfe *an Pe-riodorum in morbis ratio cognita ?* (*Affirm.*) En 1575. Sa premiere Thèfe fous Guill. Luffon , étoit auffi affirmative , *an ortûs & interitûs Facultatem aliquis ordo.* Voyez la page 66 & la note ci après , fur la page 270.

Pierre

(Page 77.)

Pierre Milon, né au Blanc, petite ville du Berry, l'an 1553, étudia la Médecine à Paris, comme Paliffy nous l'apprend lui-même, l'an 1575 ; apparamment que François Choifnyn, fon compatriote & Médecin de la Reine de Navarre, le protégeoit dans fes études, & que tous deux alloient s'inftruire chez Paliffy. (*Voyez la page* 68.) Milon fut reçu Docteur à Poitiers en 1582, il devint premier Medecin de Henri IV, en 1609 : à la mort de ce grand Prince, l'année fuivante, il .e retira à Poitiers où il devint Doyen de fa Faculté : il y mourut le 9 Février 1616.

Ses confreres ont écrit fon éloge en ftyle lapidaire & des vers à fa gloire qu'on peut voir dans les archives des Médecins de Poitiers. Sa poftérité fut annoblie par Louis XIII, qui lui conferva les honneurs de fa place, il avoit écrit fur la colique de Poitou, une » Defcription des » fontaines médicales de la Rochepofay, en Tourraine, reconnues & re- » mifes en leur ancienne vertu, par M. Milon, premier Médecin du » Roy, *Paris*, in-8. 1617, & *Poitiers* 1618. » Sainte Marthe parle de lui dans ces vers, Eloge digne d'un éleve de notre Paliffy.

> *Tu Milo Doctiffime*
> *Qui cuncta volvis mente perfpicaci.*

(Ibid.)

Alexandre Campege, ou Champier, ou Campefe, frere de Jacques & de Jean Champier de la Bruyere, Auteur du livre *De Re Cibaria*, Medecin de François Premier, & du Cardinal de Tournon, Prieur d'Allanches en Auvergne, tous trois fils de Chriftophe Champier, Médecin de la Ducheffe d'Angoulême & neveu de Simphorien Champier, célèbre par la multitude de fes ouvrages.

Cette famille noble originaire du Dauphiné, s'étoit établie à Pife, où exiftoit dans le même fiecle *Regulus Campefius*, Medecin ; à Boulogne où vivoit Jean *Campegius*, Auteur de Droit Ecrit, qui fut Profeffeur à Sienne, le Cardinal Laurent Champier, Légat en Angleterre, & Chriftophe *Campifius*, Ambaffadeur du Duché de Milan, auprès de Louis XII, &c.

(Page 77.)

La famille du nom de Gilles, eft de Nuits, d'où étoit Philibert Gilles. *Muy* eft une faute d'impreffion. Jean Gilles, Auteur des Proverbes François & Latins, imprimés à Troyes en 1519, & à Paris en 1552 & 1602, fe difoit *Nucerienfis*, c'eft-à-dire, des environs de la Ville de Nuits, appellée en Latin, *Nucium* & *Nucerium*.

Philibert foutint une Thèfe à la Faculté de Paris, en 1575, fous Lazare Tenot, *an Epilepfiæ fébris fuperveniens curatio ?* Affirm. & une autre l'année fuivante, fous Jean Hautin, *an Senes fimilibus alimentis confervandi ?* Neg.

(Ibid.)

Jean du Pont, fuivant Ambroife Paré, étoit premier Médecin de la Reine de Navarre.

Il y a lieu de croire que les Médecins Drouin, Pacard, Clément, Mifere, & de la Salle, étoient du parti Proteftant & attachés à la même Cour.

Il y a un Guillaume Clément qui a écrit *Sententiæ precipuæ Medicorum* in-12 Avinioni 1572, *de pefte liber*, Tolofæ, in-8. 1629. Un autre Gabriel Clément a donné le *Treffpas de la Pefte*, in-8. Paris, 1626. Dans le même tems un Daniel Drouin de Loudun, a fait imprimer un Poëme intitulé : *Les Vengeances Divines*, in-4. Paris, 1594. Il y a un Nicolas Drouin du Mans, un Gabriel Drouin qui eft dit *Heduenfis*, du Diocèfe d'Autun, mais peut-être né en Bretagne & originaire de Bourgogne ; il foutint en 1583 une Thèfe à Paris fous la préfidence de Jac. Heraut, *an Retenti feminis quàm fuppreffi menftrui graviora fymptomata.* Affirm. & en 1584, fous Pierre l'Affilé, *an ut morbi ftatis periodis moventur ita & judicantur ?* Affirm. Il a fait le livre intitulé : *Le Royal Syrop de Pommes*, que des Charlatans ont mis au nombre des livres rares, il ne mérite point certainement de l'être, & ne l'eft pas.

(Page 78.)

Pierre Pena, Languedocien de Narbonne ; Gohorry dans fon Traité de la Racine de Mechoacan, parle de Pena comme d'un habile Botanifte, il publia avec Mathias de Lobel, *Adverfaria Stirpium*, *Londini*, *fol.* 1570, 1571 & 1572, ouvrage très-rare.

(Ibid.)

Monfieur de la Magdalene , Médecin de Marguerite de Valois , Reine de Navarre , effuya une Epigramme Latine d'Etienne Pâquier.

Omnia Magdaleus damnat decreta Senatus ,
Judicibufque nihil vilius effe putat ,
Cæcutine malis , & crimina inulta relinqui
Nec nifi flagitiis nunc fupereffe locum ,
Credo , nam medicus tot jam qui fuftulit olim ,
Debuerat plecti morte , vel exilio.

Il eft queftion de ces deux Médecins , dans des ouvrages de ce tems , à l'occafion du Parfum de Storax , qui étoit employé par leur Maitreffe. Il eft queftion encore de la Magdeleine dans une Epitre de Nicolas Nancel , datée de Tours au mois de Décembre 1571 , adreffée à Mazile , premier Médecin.

Un Germain de la Magdeleine , étoit en 1557 , Praticien en la Chancellerie de France & Cour de Rome : on lui doit un Recueil d'Edits & d'Arrêts imprimés à Paris cette année , chez l'Angelier.

Un Jean de la Magdeleine , fieur de Chevremont , Avocat au Parlement de Paris , a fait imprimer : *Difcours de l'Etat & Office d'un bon Roi , Prince ou Monarque* , Paris , in-8. 1575.

Ils étoient du Nivernois , leurs defcendans ont été Marquis de Ragni , l'un d'eux , Chevalier de l'Ordre du Saint Efprit.

(Ibid.)

Outre l'ouvrage cité à la page 364 , Germain Courtin fit imprimer : *La Guide des Chirurgiens , traduite du Latin d'Etienne Gourmelen* , in-8. Paris , 1580. Ses *Œuvres Poftumes Anatomiques & Chirurgiques* , furent publiées en 1656 , fol. à Rouen , par Etienne Binet , Chirurgien. Il foutint une Thèfe fous la préfidence de Jean Hautin , (Teinturier d'Ambroife Paré ,) *an Jecur omnium humorum officina ?* Affirm. en 1574 , *an acutorum morborum fint omninò certæ falutis & mortis prædictiones ?* Affirm. fous la préfidence de Jean le Fevre , & celle *an Semper in cujufque febris decurfu vacuandi neceffitas & opportunitas.* Neg. fous la préfidence de Gilles Héron , en 1575.

L'an 1576, Germain Courtin foutint fes dernieres Thefes pour fes Vefperies, 26 Juin.

An { *Olera cruda cœlis falubriora ?*
{ *Satius fit vefci fructibus horœis cœlis quam crudis ?*

Pour fon Doctorat, 10 Juillet.

An { *Signis Phyfiognomonicis corporis affectiones dignofci poffent ?*
{ *Ipfœmet corporis affectiones dignofcantur infomniis ?*

Pour fa Régence, 21 Novembre.

An { *Temperamentum fimul cum femine, à generante transfundatur ?*
{ *Formatrix Facultas à temperamento ?*

(Ibid.)

Maître Ambroife Paré, natif de Laval au Maine, *étoit du Corps des Maîtres Barbiers Chirurgiens, qui du tems de Thierry de Hery & d'Ambroife Paré, étoit*, comme le dit Nicolas Habicot dans fes Problêmes, page 108, *l'œil de la France.* Véritablement il étoit homme de Pratique & il contribua à la perfection de fon art. Il eft encore regardé aujourd'hui comme un de ceux à qui nous devons quelque reconnoiffance. Dans ce moment l'on affure qu'un homme de beaucoup d'efprit fe propofe de publier un Commentaire fur fes ouvrages, dont on donnera une édition complette ; effectivement toutes celles que nous connoiffons de cet Auteur font fufceptibles d'une grande perfection: il faudroit d'abord raffembler tous les livres qu'il publia fucceffivement en petit format, en divers tems, en plufieurs lieux, & même ces Recueils d'Hiftoires prodigieufes où il a copié tant d'Hiftoires de monftres, &c. La premiere fois qu'il les réunit en un feul volume infolio, il le fit paroître chez Buon, avec l'indication des années 1578 & 1579. Il y a une anecdote finguliere fur cette édition que je crois devoir rapporter ; » les Docteurs en Médecine de Pa-
» ris avoient obtenu un Arrêt notable le 2 Mai 1535, M. le Préfident
» Lizet, féant, portant défence à tous les fujets du Roi de ne faire impri-
» mer aucuns livres de Médecine, qu'ils n'euffent été vus, vifités & ap-
» prouvés par les Docteurs en Médecine ; ils donnerent charge à Maître
» Etienne Gourmelen, leur Doyen, de prendre garde que tel livre du
» magazin de Maître Ambroife, ne fut mis en vente en 1575. Gourmelen

» pour s'acquitter du devoir de sa charge, employa tous les moyens qu'il
» put aviser. Tellement que Maître Ambroise qui craignoit la censure des
» Docteurs, fit tant, qu'il fit plaider cette cause devant la Cour de Parle-
» ment. Icelle ayant été débattue, & M. le Procureur Général sur ce ouï,
» M. Brisson, Avocat du Roi, portant la parole, il fut donné Arrêt
» par la Cour le 14 Juillet 1575, M. le Président de Thou, séant, confir-
» matif du premier, quant à l'avenir, & quant au présent saisant com-
» mandement aux parties de mettre, les *Œuvres de Chirurgie publiées sous*
» *le nom de Maître Ambroise Paré*, entre les mains de deux Commissaires
» Conseillers, pour en faire leur rapport à la Cour. » Le Parlement
n'ayant point statué définitivement sur ce qui étoit en question, Paré fit
paroîtres ses Œuvres & publia par-tout qu'il avoit obtenu le gain de sa cause.

Les petits ouvrages de Paré doivent être joints aux meilleures éditions
publiées infolio, depuis 1585 à 1628. Dans les premiers on trouve des différences qui peuvent servir à l'intelligence de ses idées. Suivant les notes
manuscrites d'un homme de Lettres, Paré avoit donné des Traités sous
des noms empruntés ; par exemple, dit-il, *Recepte médecinale fort sou-*
veraine de l'Huile Espagnole, appellée Huile Magistrale, & la maniere de
l'appliquer, particulierement selon les playes ou maladies, où est déclaré qui
étoit, Aparice, inventeur d'icelle, *par Jean Dongois Morinien, in-8. Paris,*
1572, est de Paré. Le conte d'un Maure Aparice qui contient cinq pag.
est une fiction. *Aparice, est A. Paré C.* Dans ce siecle il falloit s'envelopper
sous un habit de masque pour fronder les préjugés ; ce fait & celui qu'il
rapporte dans son XXVI livre, à l'occasion de la découverte du cautere
de velours, chap. 32, prouve qu'il n'étoit point Charlatan : il est vrai que
sa fortune étoit au-dessus de ces petites ressources.

On l'accuse dans plusieurs écrits de son tems » de ne point entendre la
» langue Latine & d'avoir tiré ses ouvrages des mains de quelques per-
» sonnes plus entendues, qu'il n'est pas en telles choses, comme il a fait
» encore depuis quand il l'a fait traduire en langue Latine... Qu'entendant
» un bon nombre d'honnêtes hommes... dire hautement, que s'il pou-
» voit écrire la premiere recepte de celles qui étoient dans son livre sans
» faire saute de la premiere ligne, ils perdroient telle somme d'argent que
» bon sembleroit, alors il penchoit la tête comme un homme qui craignoit
» d'entrer en combat. » Effectivement on lit dans le Borboniana, dit
M. de la Monnoye, *que les Œuvres de Maître Ambroise Paré, sont du Mé-*
decin Jean Hautin, qui s'en fit bien payer la façon.

Il eût été à defirer qu'Ambroife Paré eût moins fait compiler de fa-
tras par ce Médecin, & qu'il eût fait, comme dit Montagne, un livre
de tout ce qu'il favoit, qu'il eût mis moins de vanité dans fa conduite.
» Ayant rencontré une perfonne qui approchoit fort près du Roi, Diane
» de Poitiers, qui lui auroit fait part de fa faveur.... penfant que fa qua-
» lité de Chirurgien du Roi lui donnoit affez de crédit pour défier tous
» les Chirurgiens, tant anciens que modernes.... fachant affez en fa
» confcience combien il y a dans Paris de doctes & bien experimentés
» Chirurgiens auquel il n'oferoit prêter le collet. »

Afin que l'on foit confirmé dans l'opinion que cette compilation
n'étoit point de lui, » c'eft que, difoit-on, parlant en public, s'il luy eft
» efcheu quelquefois, ce a efté pour le faire rire, plutoft que pour luy ap-
» prendre quelque chofe, comme il eft affez garny de fornettes. » Au fentiment qu'on avoit de lui dans fon fiecle, on peut ajouter : fon propre
ouvrage, le voyage de Metz fait l'an 1552, qu'il publia en 1585, » l'al-
» iarme fe donnoit en tout leur camp, & leurs tabourins, dit-il, fon-
» noient plan, plan ; ta, ti, ta, ta, ta ; ti, ta, tou, touf, touf... leurs
» Trompettes & Clairons fonnoient boutte felle, boutte felle, boutte
» felle ; monte à cheval, monte à cheval ; boutte felle, monte à caval,
» à caval ; les foldats cryoient à l'arme, à l'arme, à l'arme ; aux armes,
» aux armes, aux armes... La Cavallerie venoit de toute part au grand
» galop, patati, patata, patati, patata ; patata, patata, patata... Voilà le
» ftyle d'un homme qui écrivoit que les chats cryoient miaut, miaut,
» miaut. » Mais ce n'eft point celui du Pere de la Chirurgie, ni de fon
réformateur en France. Il auroit dû payer bien cher pour faire effacer
toutes les inepties qu'on lit dans fes ouvrages. Un de fes freres Jean
Paré, fut Chirurgien en Bretagne, fon beau-frere Gafpar Martin étoit
Chirurgien Barbier à Paris, & mourut d'une amputation de la jambe,
que Paré lui fit, en procédant par fa nouvelle méthode des ligatures pour
arrêter le fang par préférence au cautere actuel, ce qui lui fut reproché
dans ce tems.

Paré fut trois ans Chirurgien à l'Hôtel-Dieu de Paris ; en 1536 il
étoit Chirurgien de la Compagnie des gens de pied, fous M. de Mont-Jean,
depuis Maréchal de France dans l'armée de Piémont, depuis dans le même
pays fous le Maréchal Dannebaut, il revint à Paris en 1543. Il fut Chirurgien de la Compagnie de M. de Rohan, au voyage de Marolle & de
Bafle-Bretagne ; il alla dans l'armée de M. le Dauphin, avec la même troupe

dans la même année à Perpignan. L'an 1544 il étoit dans l'armée du Roi qui ravitailla Landrecy ; en 1545 il étoit à Boulogne-sur-Mer, dans l'armée contre les Anglois ; l'an 1552, toujours servant avec M. de Rohan, il se trouva en Allemagne, puis au siége de Damvilliers par Henri II, au Château-le-Comte, sous Antoine, alors M. de Vendôme, depuis Roi de Navarre ; & enfin dans la Ville de Metz, car on le fit entrer malgré le siége ; l'année suivante 1553, il étoit dans la Ville d'Hesdin pendant le siége. Cette place ayant été prise, il fut prisonnier de guerre & renvoyé sans rançon ; en 1558, il se trouva à la bataille de Saint Quentin, & le Roi l'envoya à Dourlens ; en 1562, il étoit au siége de Rouen, à la bataille de Dreux, & à Bourges ; en 1563, il étoit à la bataille de Montcontour ; en 1564 il fut du voyage de Bayonne ; en 1567 il se trouva à la bataille de Saint Denis ; en 1569 au siége du Havre. Après avoir servi sous François I & Henri II, il devint Valet de Chambre premier Chirurgien-Barbier de François II, de Charles IX & d'Henri III. Le jour de la Saint Barthelemi il devoit être massacré, mais Charles IX, dit Brantôme, l'envoya querir la veille & le fit mettre en sureté près de lui dans une chambre d'où il lui défendit de sortir sans sa permission. Tant d'experience & de fortune durent former un très-habile Chirurgien, heureux s'il se fût contenté de parler de sa pratique.

Ambroise Paré est mort en 1592, retiré de la Cour ; on trouve dans un recueil d'actes concernant l'Histoire des Médecins des Rois, commun entre MM. de Villiers, Andry & G... plusieurs titres qui concernent ce Chirurgien, depuis 1570 à 1583. On y apprend que l'an 1575 il fut appellé à Nancy pour visiter la Duchesse de Lorraine. Des rentes qu'il avoit sur l'Hôtel-de-Ville, passerent à MM. le Ragois, de Guignonville, de Tillemont, de Bourneuf & de Bretonvilliers ; sa fille Catherine Paré devint la mere de l'Abbé Hedelin d'Aubignac, né en 1704.

Gourmelen le traite assez mal dans sa Chirurgie, chap. 8. p. 124 : Paré a fait une Apologie, pour se justifier, dans l'édition de 1585, on y trouve une infinité de remarques curieuses sur les évenemens qu'il avoit vus comme dans tous ses autres Traités ; il parut une *Replique à une Apologie publiée sous le nom de Maitre Ambroise Paré, Chirurgien à Paris, contre Maitre Etienne Gourmelen D. Reg. en la Faculté de Médecine, par B. Comperat de Carcassone*, Paris, in-8. Nicolas de Nivelle 1585, le 15 de Septembre, 62 pages ; c'est Gourmelen qui s'est caché sous ce nom réel, mais emprunté. Il y a des choses curieuses dans cette brochure, on y taxe Paré de menterie dans une Histoire de l'extirpation de la matrice d'une femme de Saint Germain des Prez (voyez son livre 24, chap. 48) qui, dit-il, vécut après cette opération, mais qu'on disséqua, suivant Comperat, page 36, après sa mort & à qui on trouva la matrice, &c.

A l'égard de Dongois ci-dessus, il étoit du Diocèse de Terouanne ; c'étoit un Imprimeur qui prêtoit son nom à des Auteurs, il a dédié celui dont on a parlé à Guy du Faur de Pibrac, Conseiller du Roi en ses Conseils & son Avocat en la Cour du Parlement, le 20 Octobre 1572.

(Ibid.)

Richard s'appelloit en son nom Maître Richard Hubert, & suivant l'usage de ce tems-là, Maître Richard ; Paré nous apprend qu'il étoit son confrere & son ami, & qu'il étoit Chirurgien Ordinaire du Roi, sa mort est indiquée dans *l'Index funereus*, au 7 de Septembre 1581.

(Ibid.)

Le nom de cette famille originaire de Florence, est Del Bene, ou comme les Gascons prononcent Dal Bene, établie à Lyon ; l'Abbé Alphonse Del Bene étoit ami de Passerat qui a écrit en son honneur plusieurs pieces qu'on peut voir dans ses *Œuvres Poëtiques* en François. Ronsard lui a dédié son *Art Poëtique*. Alphonse a écrit plusieurs Poëmes François, & entr'autres un sur la mort d'Adrien Turnebe & plusieurs ouvrages sur *le Royaume d'Arles & de Bourgogne Transjurane*, sur *la souveraineté de la Savoye & de l'origine de ses Ducs*, sur *l'origine de la Maison de France & de sa légitime élévation au Trône*, (il est du sentiment de *Zampini*, sur *la Maison des Marquis de Gothie*, *Comtes de Toulouse & de Saint Gilles*. Il fut d'abord Abbé de Haute-Comble en Savoye & ensuite Evêque d'Albi, il mourut en 1618. Son frere eut un fils aussi appellé Alphonse, Conseiller d'Etat, & son successeur dans le même Evêché. Un de leurs proches parens, Pierre Del Bene, Aumonier de la Reine Mere & Abbé de Notre-Dame d'Eu, est mort au Camp d'Henri IV, devant Paris, en 1590 ; il fut l'ami des Pithou, de Juste Lipse, de Dupuy, d'Opsopœus, d'Emery. Attaché au parti du Roi, il écrivit deux lettres à Joseph Scaliger, l'une datée de Champigny & l'autre de Tours ; dans la premiere il lui dit, » l'on vouloit faire mon procès tantôt pour Navarriste, » tantôt pour Epernoniste, » il partit pour l'Italie, afin d'éviter les fureurs des tumultes ; dans l'autre on lit : » L'un des plus grands regrets

que

» que i'ay eu , a eſté de ne pouuoir ſauuer mes liures manuſcrits, entr'au-
» tres, celuy de l'interieure Indie ; » il diſſimula avoir rien , dit-il , dans
ſa maiſon de Paris , » & peut-être que ma bonne femme de mere ſauvera
» par la pitié de ſon âge , notre maiſon , & par conſéquent ma bibliothe-
» que. » Le frere de l'Abbé Del Bene étoit Poëte , on connoit de lui
ce diſtique.

> *Gallia, quæ nunquam fuit in ſua commoda conſtans ,*
> *In ſua conſtanter commoda cœca ruit.*

On lui répondit en 1588 :

> Dal Bene , voy l'eſtat où la France on a mis
> Par la rage & diſcorde entre nous allumée ;
> Naguieres nous faiſions une guerre d'amis ,
> Teſmoins en ſont les ieux de l'vne & l'autre armée ,
> Nous faiſons maintenant vne paix d'ennemis ,
> La guerre ſe deſarme & la paix eſt armée.

Barthelemi Del Bene a écrit : *Civitas veri , Ariſtotelis , de moribus
Doctrinam Carmine & picturis complexa cum commentariis Theod. Marſilii ,
fol. Pariſiis , 1609.*

(Page 78.)

Noble homme Jacques de la Primaudaye , Gentilhomme Angevin ,
étoit frere de Pierre de la Primaudaye , Ecuyer , Seigneur dudit lieu & de
la Barrée en Anjou , Gentilhomme ordinaire du Roi , qui a écrit l'*Académie Françoiſe* , ouvrage imprimé pluſieurs fois en différens formats ,
dont la meilleure édition dédiée à Henri III , au mois de Février 1577 ,
eſt en deux volumes in-fol. *Paris* , 1581. Le ſujet du livre de cet Auteur
doit ſa naiſſance à une inſtitution Académique formée en Anjou par un
ancien Gentilhomme qui raſſembla chez lui quatre jeunes gens de ſes
parens ; les la Primaudaye furent de ce nombre , il leur donna un Mentor ,
perſonnage de grande Littérature , qui ſans s'amuſer aux longs degrés uſi-
tés dans les Colleges , qui portent , dit l'Auteur , plus d'ennui & de perte
de tems , que de profit à la jeuneſſe , leur apprit les langues Latines &
Grecques , la Philoſohie Morale & l'Hiſtoire ; on tenoit des Conférences
dont le réſultat produiſit le gros livre de Pierre de la Primaudaye. Je ne

P p p p

fais pas pourquoi Paliſſy dit que Jacques étoit *Vendomois*, peut-être de-
meuroit-il dans cette Province.

(Ibid.)

Nicolas Bergeron, Avocat au Parlement de Paris, avoit cultivé les
Lettres Grecques & Latines, l'Hiſtoire & le Droit, les Mathématiques
& la Philoſophie; il a donné des ouvrages dont le catalogue ſe trouve dans
la Croix du Maine & du Verdier, entr'autres le *Valois Royal*, ſa patrie, in-8. 1583, *à Paris*. Ce Savant qui avoit été Ecolier du célèbre
Pierre la Ramée, fut par lui choiſi avec Antoine l'Oiſel, aux Kalendes du
mois d'Août 1568, pour être Exécuteur Teſtamentaire en l'inſtitution
d'une Chaire publique de Mathématiques au Collége Royal de France,
occupée actuellement par M. Mauduit, Citoyen vertueux qui a con-
tribué par ſon déſintéreſſement, au rétabliſſement de cette Chaire.
Bergeron a fait imprimer ce Teſtament à Paris l'an 1576. Il eſt dans les
Opuſcules de l'Oiſel, à la page 547 : en le liſant on regrette le fort de
l'infortuné la Ramée. Il a fait encore imprimer les Opuſcules, Préfaces,
Epitres & Oraiſons de ſon Maître, en 1577. Il fut pere d'un autre Nicolas Bergeron, homme ſavant & curieux, que le dernier annotateur de
la Croix du Maine, a confondu avec ſon pere & qui eſt mort en 1623.

(Ibid.)

Brunel de Saint Jacques, Jean du Chony, & Poirier, ne ſe trouvent
point dans l'indice qui eſt à la fin du Dialogue des Avocats, qu'on peut
conſulter dans les Opuſcules de l'Oiſel.

(Ibid.)

La famille de Brachet eſt originaire de Blois; un Jean Brachet, Seigneur de Fluſſeaux, étoit Sécretaire du Duc d'Orleans, en 1447, & Receveur des Tailles à Orléans. C'eſt de ſon arriere petit fils, Seigneur de
Pormorant, Sécretaire du Roy, qui ſe nommoit auſſi Jean Brachet, dont
Paliſſy fait mention.

(Ibid.)

Ce pourroit bien être Nicolas du Mont, de Saumur en Anjou, homme
docte & extrêmement laborieux, qui a fait imprimer beaucoup d'ouvrages de Savans, mais qui particulierement étoit correcteur de livres
dans la Librairie de Paris, il a été celui de la Bibl. de la Croix du Maine,
& d'une infinité d'ouvrages, il a pu être celui de Paliſſy.

(Page 79.)

Jean Viret, du Devens au Duché de Chablais, sur le lac Leman, homme docte ès langues, & savant aux Mathématiques & en Philosophie, mourut, suivant la Croix du Maine, à Paris, d'une fievre pestilentielle, au mois de Septembre 1583, âgé de quarante ans.

(Ibid.)

Jerôme Cardan Milanais, l'un des hommes les plus singuliers & les plus savans de son siecle, & l'un des plus beaux génies de l'Italie, écrivit beaucoup d'ouvrages dans le cours de sa vie avec bonne-foi, & comme il ressembloit à tous les hommes, il se trouva quelquefois des contradictions dans les sentimens qu'il publia dans sa jeunesse & dans sa vieillesse. Le plus grand tort qu'il eut, & c'est ce qui l'a toujours fait mal juger des gens superficiels, c'est qu'il écrivoit sa confession & la faisoit imprimer dans ses livres, son exemple n'a été imité à cet égard par aucun savant. Vivant en Italie, il fut obligé de prendre des voies tortueuses pour dire des choses qu'il auroit expliquées plus clairement dans un autre pays & dans un autre siecle. On peut diviser tous ses Traités en trois classes, ouvrages d'Astrologie judiciaire, de la Phisique génerale & spéciale, & moraux. Dans les premiers il parle avec plus d'assurance que de vérité, il prédit des choses avec plus de confiance que de certitude, mais alors c'étoit une charlatanerie nécessaire aux Médecins, & qui ne s'est éteinte que de nos jours. Les seconds sont si curieux & si importans, qu'il seroit à desirer qu'un habile Physicien prît la peine de les extraire pour l'Histoire des Arts, qu'on vérifiât des faits que lui seul rapporte, & qu'on décrivît avec attention plusieurs découvertes qu'il avoit faites, & que nous avons perdues de vue. Il étonne par les connoissances multipliées dans ce genre ; c'est le Pline de son tems. L'analise de quelques anciens, comme Cardan, Campanella, &c. est une chose importante à nos études dans un âge où on les lit fort peu, ou il est si commun de s'attribuer leurs découvertes ; il ne faudroit pas que les précis des faits que leurs ouvrages contiennent, fussent écrits comme les articles de l'Encyclopédie, où l'on a tourné les Auteurs en ridicules, en copiant leurs absurdités, tandis que la science des faits n'a pas même été apperçue par ces Auteurs. Il faudroit débarrasser ces gros livres des systêmes de Philosophie & de Métaphysique, dont ils ont noyé leurs découvertes, & rapprocher leurs expériences de celles qui nous sont connues. La méthode qu'on a suivie jusqu'à présent, semble vouloir faire tomber dans un oubli général nos prédécesseurs, afin d'avoir le privilege exclusif de nous approprier leurs connoissances. Il manque dans tous les Tribunaux des sciences qui se sont trop multipliés parmi nous, un savant qui avertiroit ses confreres des découvertes que l'on a copiées dans les vieux livres. A l'égard des livres moraux de Cardan, je crois avec les plus judicieux des hommes qui nous ont précédés, qu'ils sont la pratique du beau Traité de la sagesse de Charon, car on peut dire de lui qu'il est le Montagne de la Lombardie ; je m'en rapporte à ceux qui voudront lire les Traités *de Sapientia* , *de Prudentia civili* , *de Vita propria* , & *de Utilitate ex adversis capienda*. Ce que le savant & orgueilleux Jule de l'Escale, qui se disoit des Mastins Princes de Vérone , a écrit contre Cardan, lui fut beaucoup inférieur, & c'étoit pour avoir la réputation de contredire un savant, dont la gloire l'humilioit. Cardan mourut à Rome âgé de 75 ans moins trois jours ; des plaisans ont publié qu'il s'étoit abstenu de prendre des alimens, pour constater par sa mort une de ses prédictions. Le savant Naudé & le judicieux Charles Spon, pere de l'Antiquaire, ont donné la collection générale de ses Œuvres.

(Page 93.)

Guillaume des Innocens , dans son *Histoire des Os* , page 21 , dit : » En
» nos premieres estudes je me souuiens auoir eu l'heur de fort bon ac-
» ces auec feu M. Rondelet dans Montpellier, où l'on le voyoit mesme
» en mangeant à table, s'occuper tout à l'ouuerture & deschirement des
» oiseaux , poissons ou autres animaux , que l'on luy offroit de tous cos-
» tés , pour assouuir sa cupidité insatiable en la nature plus secrette de
» tel corps... Ce que volontiers l'on croira de moy sous le tesmoignage
» plus asseuré de cinq cens Escoliers , Medecins ou Chirurgiens , qui
» pour lors accouroyent en cette Uniuersité. » Et à la page 227 , on lit
un fait très-singulier , » l'atesteray auoir ouy dans Montpellier feu Ron-
» delet (1604) lisant & discourant aux dissections publiques dans l'am-
» phitheatre , d'vn accident très-rare , qu'il asseuroit n'auoir gueres
» esprouué & remarqué en autre qu'en soy-mesme ; c'estoit qu'autant de
» fois qu'il auoit engrossé sa femme , il auoit perdu vne de ses dents mas-
» chelieres.»

Au lieu de Juilhaume , lifez *Guillaume Rondelet* ; Martial Monier de Limoges , Poëte Latin , oublié dans le Traité des Hommes Illuftres du Limofin , de Salomon Priezac , imprimé à Limoges , chez la veuve d'Antoine Barbou , & Martial Barbou , in-8. 1660 , fous ce titre : *Lemovici Multiplici Eruditione Illuftres* , a fait une Epitaphe à Guillaume Rondelet , qu'on lit à la page 86 , des Epigrammes imprimées chez Simon de Millanges , à Bourdeaux , en 1573.

(Page 103.)

Monfieur Race cité ici & aux pages 333 & 355 , qu'il appelloit autrement Rafce , étoit Nicolas Raffe des Nœux , Chirurgien du Roi , qui mourut à Paris le 17 de Novembre 1581 , il étoit fils d'un autre M. Raffe ou de Raffe , auffi Chirurgien du Roi , mort le 24 Janvier 1552.

» On a de Nicolas , dit M. le Duchat , des Recueils entiers manuf-
» crits , de toutes fortes de Pieces en vers & en profe , fur les affaires
» publiques de fon tems. Sa Bibliotheque , compofée pour la plupart de
» nos vieux Romans gothiques , étoit fi nombreufe , qu'aujourd'hui
» même dans les plus curieufes Bibliotheques , dedans & dehors le
» Royaume , il s'en trouve des volumes où il a mis fon nom. » Il eft auffi parlé de lui dans l'*Hiftoire Ecclefiaftique des Eglifes Réformées de Théodore de Beze.*

(Page 109.)

Ce Marc Thomafeau ou Thomaffeau , Maître Orfevre de la Ville d'Angers , a été oublié par le Sieur Thomaffeau , Diacre , Auteur d'une brochure imprimée avec prétention , qui a pour titre , *Anecdotes fur les Citoyens vertueux de la Ville d'Angers* , in-4. Paris , 1773 ; l'Auteur qui eft de cette famille bourgeoife , a prétendu être certain qu'un de fes ancêtres , Medecin de Paris , avoit été joué par Dancourt dans *les Vendanges de Surêne.* Cette brochure finguliere contient des Thèfes de Médecine , qui étoient affez rares & des idées folles fur l'exiftence d'un *Difcours fur la circulation du fang* , &c.

(Page 115.)

Le bois pourri fert à faire du verre jaune , & cette teinture eft fixe en fa putréfaction , & ne fe peut perdre , chofe admirable. *Note de l'Auteur de l'Extrait de Paliffy , à Saint Germain des Prez , N°. 2322.*

(Page 164.)

Conséquemment je dirai que la Marne blanche n'eſt pas ſi prompte pour faire germer & végéter, que celles qui ne ſont ſi cuites, ni ſi preſtes à lapifier. *Note de l'Auteur de l'Extrait de Paliſſy, à Saint Germain des Prez, N°. 2322.*

(Ibid.)

Jean Kentmann, de Dreſde, Docteur ès Arts & en Médecine a donné au public, Catalogue des Foſſiles, ſous ce titre : *Nomenclaturæ Foſſilium rerum, quæ inMiſnia præcipue, & in aliis quoque Regionibus inveniuntur. Tiguri,* in-8.1565. Il a dédié cet ouvrage au célebre Conrad Geſner. Dans les terres il fait un article de la Marne, dont il rapporte dix eſpeces, I. *MARGA CANDIDA pinguis mollis Torgana.* II. *Juliacenſis.* III. *Cruſtacea.* IV. *LAPIDOSA Hallenſis.* V. *ARENOSA friabilis Hildeſhemana.* VI. *CINEREA mediocris quæ reperitur inter Dreſdam & Miſenam.* VII. *SUBCINEREA Lapidoſa.* VIII. *CINEREA Lapidoſa Hallenſis, qua artifices utuntur in effingendis imaginibus.* IX. *FULVA Cruſtacea Radebergenſis quæ reperitur in terra arenoſa aurum in ſe continens.* X. *DURA LUTEA Arenoſa Belgica è Trajectu ſuperiore, qua incolæ, ſicuti in aliis locis, agros ſtercorant.* Il donne même leurs noms en Allemand.

Paliſſy a connu ces différentes eſpeces de Marne ; page 164 il dit, » i'ay bon teſmoignage qu'au pays de Flandres & Alemagne, meſme » en quelques parties de la France, Ardennes, Armagnac, Baſſe-Bour- » gogne, Brie, Champagne, Flandres, Normandie, Picardie, Valois, » (pages 141, 142, 143, 148, 158, 165, 183.) il y en a de griſe, » noire & iaune. » Cette note eſt pour prouver l'ancien uſage de la Marne & l'étendue des connoiſſances de notre Auteur. On lit dans le *Prædium Ruſticum,* de Charles Etienne, traduit en François ſous ce titre : *l'Agriculture & maiſon Ruſtique de M. Charles Etienne, Docteur en Médecine,* Lyon, in-16. 1565, » & ſi les terres ſe *trouuent fortes, il* » *ne faut pas ſi ſouuent marner, ny amender.*

(Page 170.)

La Terre Sigillée eſt un de ces remedes Sacrés, imaginés par l'impoſture, perpétués par la ſuperſtition, conſacrés par des Prêtres idolatres, employés par le reſpect & conſervés juſqu'à nous par l'habitude de l'ignorance. Conrad Gefner a fait graver les figures anciennes de la terre de Lemnos, c'eft un *placenta* de la grandeur d'une piece de vingt-quatre fols, chargé de lettres Arabes, telles que les Turcs la diftribuent; une autre repréfente un cadran folaire qui appartenoit à Gefner; fur un de ces gateaux Jean Kentmann y avoit fait fculpter fon portrait & les armes que l'Empereur Ferdinand lui avoit accordées : Volrad de Watzdorf en avoit apporté de la Terre Sainte, c'étoit les Cordeliers de Jérufalem qui la compofoient, *ex ifta terra factam, quam ipfe Filius Dei pedibus fuis calcavit.* Elle repréfente la réfurrection. Mais la plus ancienne terre de Lemnos fut donnée à Gefner par François *Calceolario*, Apoticaire de Véronne ; elle eft de forme ovale de la grandeur d'une bague, repréfentant une chevre d'après un deffin antique. On en fait dans les Voges avec de l'argile cendrée, appellée pierre Hépatite ou Marne (en Allemand *Laberftein* ou *Mergel*) dit Gefner, *nonnullis in locis hoc argillæ genere agros etiam ftercorari audio.* Je crois que fauf la vénération que chaque peuple a pour les fetiches religieux de fa croyance toutes les terres Sigillées font excellentes pour l'engrais, & que les Turcs font dans la même poffibilité d'en fournir pour cet emploi, que les Grecs leurs predéceffeurs. Il y a un livre intitulé : » Aduis » utile & profitable d'vne terre qui fe trouue au terroir de Blois, fem-» blable en vertu à la terre de Lemnos, par Richer de Belleval, in-8. »

(Page 177.)

Cet Alchimifte qui fe tourmentoit de l'augmentation des métaux, pour de-là venir à la monnoye, eft *Alexandre de la Tourrete, Préfident des Généraux des Monnoyes de France*, qui a écrit, » Difcours des ad-» mirables vertus de l'or potable, auquel font traités les principaux fon-» demens de la Medecine, l'origine & caufe de toutes les maladies, » & quels font les medicamens plus propres à leur guerifon & à la con-» fervation de la fanté humaine, avec une Apologie de la très-utile » fcience d'Alchimie, tant contre ceux qui *la blâment*, qu'auffi contre » les fauffaires, larrons & trompeurs qui en abufent, Lyon, 1574, & » Paris, in-8. 1575 & 1579,

Obfervez que Paliffy donna fon Cours d'Hiftoire Naturelle & de Phyfique, en 1575.

Jacques Gohorri fous le nom de *Leo Suavius*, lui répondit par le » Difcours refponfif à celui d'Alexandre de la Tourrete, fur les fe-

» crets de l'Art Chimique & confection de l'or potable, fait en la dé-
» fenfe de la Philofophie & Médecine antique contre la nouvelle Pa-
» racelfique, Paris, 1575.

C'eft encore de la Tourrete dont il eft queftion *à la page* 344, lorfqu'il parle d'un livre de l'or potable, imprimé à Lyon, du tems que
Henri III y étoit (en 1574, à fon retour de Pologne.)

(Page 181.)

Ce Maigret fe nommoit Louis, il étoit Lyonnois, il avoit traduit des
Auteurs Grecs, le fecond Livre de Pline, les III & IV de Columelle,
des Auteurs Latins; il a compofé des ouvrages fyftématiques fur la Grammaire Françoife; enfin il a traduit les Livres de Pourtraiture ou partie du
corps humain, d'Albert Durer, excellent Peintre, en 1577, & même
les Hiftoires de Notre-Dame, dont il eft queftion à la page 10 de l'Art
de Terre de Paliffy, qui le nomme ici le *Magnifique Maigret*, c'eft-
à-dire Grammairien glorieux & vain.

(Page 210.)

L'abfinthe Santonique a été connue de Diofcoride dans le troifième
Livre, Chapitre 28, où il faut lire en titre : Περὶ Ἀψινθίου Σαντονικοῦ. Commencer au mot Τρίτον εἶδο ἐστι Ἀψινθίου Σαντονικόν; au lieu des mots
Ἐπικαρίας Σαρδόνιον, il faut lire Ἐπικαρίοι Σαντονικόν; au lieu du mot Σαρδονίδι,
il faut lire le mot Σαντονία, *eft & tertium genus Abfinthii genus quod
copioffimum in Gallia, Alpibus finitima, nafcitur, id patrio nomine Santonicum appellant, tracto à Santonum regione, in qua gignitur, cognomento.* Galien en parle auffi *lib. VI. fimplic. at cæterorum Santonicum
quidem à Santonia regione in qua nafcitur, nomen fortitur.* Pline le Naturalifte fait mention de cette abfinthe, Livre II. Chap. XXXVII.
*Inter cætera genera abfinthii Santonicum commemorat, fic appellatum à
Galliæ civitate.* Gefner dit, *tertium genus abfinthio affignatur, quo Gallia Alpibus finitima fcatet: id patrio nomine Santonicum vocant, regionis
in qua nafcitur cognomento, abfinthio non diffimile, verum fubamarum eft
non adeo feminis fæcundum.* (V. Hift. Plant.)

L'ufage de cette plante connue dans la Grece & chez les Romains,
prouve un commerce ouvert de ces peuples avec les Gaules, dans les
époques les plus éloignées de notre Hiftoire Nationale.

Elie

(Page 247.)

Ce Dieu des Maçons eſt Philbert de Lorme, Lyonnois, Conſeiller & Aumonier de Charles IX, Abbé de Saint Eloy les Noyon ; de Saint Serge près Angers. *Le Grand Seigneur* eſt le Cardinal Charles-de-Lorraine. *Le haut Jardin* eſt celui de Meudon que l'Architecte a conſtruit pour ce Prince, dans l'état où on le voit aujourd'hui, ſauf les changemens de Manſard, de le Noſtre, chacun dans leur art.

C'eſt encore lui que Paliſſy déſigne en le nommant à la page 259, M. l'Architecte de la Reine : car il étoit Architecte & Intendant des bâtimens de Catherine de Médicis, aux Tuilleries, à Anet, Saint Maur des Foſſés, Saint Cloud & autres Châteaux & Maiſons ſomptueuſes.

Il faut faire attention aux critiques de Paliſſy ſur les eaux de Saint Cloud qui coûtent beaucoup d'argent pour leur entretien. On lit dans les Œuvres de Ronſard une Satyre contre Philbert de Lorme, qui a pour titre : *La Truelle Croſſée.* „ Pour s'en venger, un jour que Ronſard, à la ſuite de la Reine Mere, étoit prêt à entrer aux Thuilleries, de Lorme lui fit fermer la porte au néz. Ronſard, à qui le „ Sieur de Sarlan la fit auſſitôt ouvrir, y crayonna dans le moment en „ lettres capitales, FORT. REVERENT. HABE. Cette plaiſanterie parvint aux oreilles de la Reine, par les plaintes de l'Architecte qui ſe „ trouvoit offenſé ; mais Ronſard prenant la parole, lui dit : ce n'eſt „ pas une injure ; *Fort Reverent Habe*, ne ſont pas trois mots François, „ mais le commencement d'un vers d'Auſonne *Fortunam reverenter habe*, „ dont tout homme élevé par la fortune, doit faire ſon profit. „ Louis le Roi, dans la *viciſſitude des choſes*, feuillet 98, & Rabelais, liv. IV. Chap. 61. parle de cet Architecte qui étoit habile dans cet art, & qu'on eſtime encore aujourd'hui. Le Pere Rapin dans ſon charmant Poëme des Jardins, liv. III. peint l'embarras qu'il eut à découvrir des eaux à Meudon : le Palais, ſa ſituation, le Cardinal & les Architectes ſont l'objet de ſa deſcription. C'eſt un commentaire fort agréable de Paliſſy.

(Page 255.)

Elie Vinet, l'un des plus ſavans Critiques de ſon ſiecle, a écrit *l'Antiquité de Xaintes & Barbezieux*, in-4. 1568. Pierre de Ladime, a fait imprimer à Bourdeaux un ouvrage ſur le même titre en 1571, mais M. de la Sauvagere a décrit avec exactitude l'amphithéâtre, l'aqueduc & les arcs de triomphe de cette Ville, dans ſon

Recueil d'Antiquités dans les Gaules, in-4. Paris, 1770. Samuel Vey-rel avoit auſſi recueilli dans la Ville de Xaintes & les environs, des Antiques, des Médailles & des Inſcriptions ; ces monumens furent l'école où Paliſſy ſe forma le goût. Dans ſon Art de Terre, il dit de lui-même, *je m'occupois à quelques médailles*, (Voyez ci-devant p. 23.) En examinant le catalogue des raretés de l'Hiſtoire Naturelle, & tout ce qui eſt décrit dans le volume intitulé : *Indice du Cabinet de Samuel Veyrel, Apoticaire à Xaintes*, in-4. Bourdeaux, 1635, je ſuis tenté de croire qu'il étoit à la diſpoſition de Paliſſy, ce qui ſeroit facile de démontrer en comparant Veyrel avec notre Auteur, à chaque page lorſqu'il parle des marbres, des pierres, des terres, &c.

(Page 260.)

Je penſe faire plaiſir au public en lui faiſant connoître le Priviſège que Henri III donna à Nicolas Waſſer-Hun, Jean de Sponde & Paul la Treille, dont les idées devoient être bien ſingulieres ; il a été imprimé chez Frédé-ric Morel, in-12. 1585. Quand ces gens-là n'auroient exécuté que la di-xieme partie de leurs projets, ils auroient été dignes d'aller à la poſtérité, auſſi un plaiſant de ce ſiecle en liſant ces Lettres, écrivit deſſus, *mer-veilles ſoient poſſibles ou non.*

LETTRES-PATENTES DE PRIVILEGE EXCLUSIF.

HENRY par la grace de Dieu, Roy de France & de Pologne, à nos Amez & Feaux Conſeillers tenant nos Grand Conſeil, Cours de Parle-mens, Baillifs, Senechaux, & Preuoſts, ou leurs Lieutenans : & à tous nos autres Iuſticiers & Officiers qu'il appartiendra, SALUT & dilection. Nos chers & bien amez Nicolas Waſſer-Hun, Bourgeois de Baſle en Suiſſe, Iehan de Sponde & Paul la Treille, nous ont fait remonſtrer, qu'après auoir long-temps cherché le moyen de pouuoir leuer les eaux d'vn lieu bas & profond en haut, ils ſont paruenus par la grace de Dieu à la cognoiſſance du vray ſecret.

Tellement qu'ils ont le moyen de faire monter l'eau des puyts auſſi haut & en telle quantité qu'ils voudront.

Et faire de chacun puyts vne fontaine courant continuellement, & ce ſans aide d'homme ny d'animal quelconque, ains par ſoy.

Et ſi ont en outre moyen de faire de chacun puyts Moulins à bled, à draps, à tanneurs, à battre la poudre à canon, à faire du papier, pour ſcier du bois, à faire iouer les foufflets de toutes forges, martinets pour affiner le fer & le forger après ſa fuſion : Enſemble toutes autres mines d'or & d'argent, & tous autres métaux qui ont beſoin de la violence de l'eau.

Davantage ils peuuent faire des fontaines par noſtre bonne Ville & Cité de Paris, en tous les endroits qu'il ſera neceſſaire : leſquelles ietteront continuellement autant d'eau qu'on voudra, & ce par le moyen d'vn canal qu'ils prendront de la riuiere, laquelle eau ſera plus claire, nette & plus ſaine à boire que celle de ladite riuiere: choſe très-vtile & neceſſaire en noſtredite Ville de Paris, enſemble en pluſieurs de nos fortereſſes, leſquelles ont grand faute de fontaines, & des moulins ſuſdits, qui eſt ſouuent la cauſe qu'elles ſont contraintes à ſe rendre lors qu'elles ſont aſſiegées. Et pour ce que beaucoup de gens promettant meſmes choſes, ſe pourroyent eſtre preſentez à nous, ſans toutesfois auoir ſeu effectuer leur entrepriſe, leſdits expoſans offrent d'en faire la preuue à leurs propres couſts & deſpens, qui eſt le vray moyen d'oſter l'erreur & desfiance qu'on pourroit auoir d'eux & leur inuention.

Et dauantage ils ont moyen de faire labourer plus de terre en vn iour auec deux cheuaux ou autres animaux, qu'on n'a accoutumé faire auec dix paires de bœufs.

Et auſſi de mener & conduire tous chariots chargez à outrance, plus aiſément auec ſix cheuaux, voire auec moins qu'on ne fait communément auec trente.

Et feront que vn homme ſeul pourra leuer plus peſant que ne ſauroyent faire cinquante hommes enſemble. Tellement que la force d'vn homme ſera ſuffiſante par leur engin pour leuer vn double canon.

Et ſi feront monter bateaux chargez contre mont vn fleuue ou riuiere, à deux tiers moins d'hommes & de cheuaux, qu'on a accoutumé d'y employer maintenant, qui ſera grande eſpargne, & cauſe que toutes marchandiſes, tant celles qu'on conduit par eau, que celles qu'on fait mener par terre, ſeront à meilleur prix.

Peuuent pareillement eſpargner la moitié du bois qu'on conſume aux teintures, aux buées & lexiues, à faire cuire la biere, à la cuiſine & autres choſes où l'on a accoutumé bruſler beaucoup de bois.

Dauantage ont trouué le mouuement perpetuel, lequel peut ſeruir à vne infinité de bonnes choſes & très-importantes la commodité de nous & de nos ſubiects. Et combien qu'ils ſoyent vne partie nos ſubiects & l'autre partie Allemans, & ayent eſté requis pour cet effet en plu-

ſieurs lieux d'Allemagne, comme à Auxbourg, à Eſtraſbourg & autres endroits, neantmoins ceux d'entre eux qui ſont nos ſubiets ont
touſiours retenu leurs compagnons Allemans ſi affeⅽtionnez à noſtre
ſeruice, qu'ils n'ont voulu communiquer leurdite inuention à aucun
Prince, Republique ny Cité de l'Europe, que premierement ils ne ſe
fuſſent offerts à nous pour embellir s'il nous plaiſt tant » noſtredite bonne
„ Ville & Cité de Paris, comme eſtant la premiere de noſtredit Royau-
„ me, laquelle nous honorons de noſtre ſeiour ordinaire, par le moyen
„ deſdites fontaines, pour eſtre tenue beaucoup plus ſaine & nette
„ qu'elle n'eſt à preſent, que pour ce que les habitans ſeroyent pour-
„ ueus de bonnes eaux, deſquelles ils ont grand faute, plus que les
„ autres Villes & lieux de noſtre Eſtat. » A raiſon de quoy, & des
„ grands biens que ladite inuention peut amener en tout cedit Royaume, leſdits expoſans n'ayant eſté inuitez à ſe preſenter à nous que pour
le deuoir naturel qu'ils ont à noſtre ſeruice, ornement de leur patrie,
& affeⅽtion que tous enſemble apportent au bien d'icelle: ils nous ont
très-humblement ſupplié & requis leur permettre de ce faire, & à ceux
qui d'eux auront charge & puiſſance, & defendre à tous autres d'vſer
de leurdite inuention en noſdits pays, terres & Seigneuries de noſtre
obeiſſance, pendant le temps de trente ans direⅽtement ou indireⅽte-
ment en quelque ſorte que ce ſoit, ſans leur congé ou permiſſion, à
peine de confiſcation de corps & de biens applicables à eux, tant
contre les ouuriers qui auroyent ſans leurdite permiſſion fait & imité
leur engin, que ceux qui s'en ſeruiront, & les mettront en œuure: &
à ces fins leur oⅽtroyer nos Lettres à ce neceſſaires. NOUS à ces cauſes
deſirant aider leſdits expoſans en l'execution d'vne ſi louable & ſainte
volonté, leur auons en inclinant liberalement à leur ſupplication & requeſte, & pour aucunement les en remunerer, permis, accordé, &
oⅽtroyé, de nos graces, ſpecial, pleine puiſſance & autorité Royale:
leur permettons, accordons & oⅽtroyons, voulons & nous plaiſt par
ces preſentes, que iuſques à trente ans prochains venant à commencer du iour & datte d'icelles, ils puiſſent, & ceux ſeulement qui d'eux
auront charge, pouuoir & puiſſance de faire & accomplir le contenu
cy-deſſus par tous les lieux & endroits de ceſtuy noſtredit Royaume,
Pays, Terres & Seigneuries de noſtre obeiſſance, que requis ſeront:
ſans que pendant ledit temps aucuns autres de quelque eſtat, qualité
& condition qu'ils ſoyent, puiſſent en quelque ſorte que ce ſoit imiter
ou contrefaire leurdite inuention, ne ſe ſeruir d'icelle, direⅽtement ou

indirectement, fans leurdite permiſſion : ce que nous leur defendons très-expreſſement ſur peine, tant aux ouuriers qui auront faits les engins & ouurages ſeruant aux choſes cy-deſſus, que ceux qui les auront faits faire fabriquer, & mis ou voudront mettre en œuure & ſeruice en quelque ſorte que ce ſoit, de confiſcation de corps & de biens applicables auſdits expoſans par ceſdites preſentes, du contenu deſquelles, nous voulons, & vous mandons, que vous les faites, ſouffrez & laiſſez iouir & vſer pleinement & paiſiblement, ainſi que dit eſt : ceſſans & faiſant ceſſer tous troubles & empeſchemens contraires, ſans que leſdits expoſans ſoyent tenus pour ce faire, obtenir verification & enterinement de ceſdites preſentes, ailleurs que en noſtredit grand Conſeil : & laquelle verification qui ſur ce y interuiendra, nous voulons en outre eſtre de telle vertu & execution, que ſi faite eſtoit en toutes nos autres Cours. Et pour ce que de ceſdites preſentes l'on pourroit auoir affaire en pluſieurs & diuers lieux, nous voulons que au vidimus d'icelle Collationné par l'vn de nos Amez & Feaux, Notaires & Secretaires, foy ſoit adiouſtée comme au preſent original : car tel eſt noſtre plaiſir.

Donné à Paris, le premier iour de Mars, l'an de grace mil cinq cent quatre vingt cinq. Et de noſtre Regne l'vnzieſme. *Signé*, par le Roy en ſon Conſeil,

Et ſcellé du grand ſcel en ſimple queue de cire iaune.
Et à coſté,

B R U L A R T.

Leues & publiées en l'Audience du grand Conſeil du Roy, & enregiſtrées ès Regiſtres d'iceluy, ouy & ce conſentant le Procureur General dudit Seigneur, paur iouir par les impetrans de l'effet & contenu eſdites Lettres. Fait audit Conſeil, à Paris, le ſeptieſme iour de Mars, l'an 1585.

Signé, T H I E L E M E N T.

Et plus bas eſt eſcrit, Extrait des Regiſtres du Grand Conſeil du Roy,

(Page 261.)

Tous les étrangers qui habitent la ville de Roanne en Forez, pendant quelques jours doivent ſur-tout éviter de ſe promener le ſoir ſur le Pont de la Loire, de crainte de gagner la fievre, ce qui arriveroit infailliblement, s'ils commettoient cette imprudence. La même chose est à craindre sur la belle terrasse de Saint Germain-en-Laye.

(Page 264.)

Henry de Rochas, Ecuyer, Sieur d'Ayglun, fils d'un homme à qui Henry IV donna la charge de Général des mines de Provence ; voici comme il rapporte une observation faite , » Proche & ès enuirons » de Pleinesselle, d'où le Pô tire son origine externe & visible du costé » du Leuant, » il y rencontra une source d'eau chaude, » i'entrepris, » dit-il, de faire cauer dans la montagne iusques à l'origine de cette » chaleur.... Ie fis faire les outils, les instrumens necessaires, & la » charpente qu'il falloit pour soustenir les terres.... Ie fis continuer ce » trauail pendant quinze iours, au bout desquels ie paruins à la source » qui estoit chaude extraordinairement , & cette chaleur accompagnée » d'vne fort grande ebulition qui causoit beaucoup d'escume.... Alors » en moins de trois heures de trauail, la fontaine se trouua froide ius- » qu'au dernier degré, & tout autant que les entrailles de la terre le » peuuent permettre.... Cette eau auoit aussi bien changé de goust que » de chaleur & qualité, & sembloit estre differente de sa premiere na- » ture. » Cet Henry de Rochas devint le premier Intendant des Eaux Minérales à Paris. C'est dans son *Traité des Observations nouvelles & vrayes cognoissances des Eaux Minerales, imprimé à Paris, in-8. 1634, dédié au Cardinal de Richelieu,* qu'on trouve ce fait ; ce livre a eu trois ou quatre éditions qu'on voit chez M. de Villiers Doct. Reg. de la Fac. de Méd. de l'Université de Paris, & dans le sixieme vol. du Théâtre Chimique.

(Page 270.)

Jean Choisnyn de Chatelleraud, Sécretaire de Jean de Monluc, Evê- que de Valence, a écrit un Discours de l'entiere négociation de l'E- lection du Roi de Pologne (Henri III.) divisé en trois livres, in-8. 1574, à la page 3 *verso*, on lit qu'il s'arrêta à Cracovie, » pour aller » voir les salines qui sont à deux lieues de - là.... C'est vn lieu dans » terre où l'on met demie heure à descendre, auec de grands & forts » gros cables, auec lesquels cinquante hommes peuuent descendre à » chacune fois.... Comme nous fusmes descendus ; nous trouuasmes de

„ grandes cavernes vouſtées & diſpoſées comme les rues d'vne Ville...
„ Plus de trois cents perſonnes qui tiroyent le ſel par groſſes pieces,
„ ne plus ne moins qu'on tire en ces quartiers la pierre des carrie-
„ res, & ne peut-on y trauailler ne s'y pourmener qu'auec des flam-
„ beaux. „

Voyez auſſi la deſcription du Sieur Chambon, Médecin du Roi de
Pologne, dans ſes ouvrages imprimés chez *Jombert*, en 2 vol. in-12.

*Diſcours ſur les cauſes de l'extrême cherté qui eſt aujourd'hui en France,
& ſur les moyens d'y remédier, in-8. Paris,* 1574.

L'Auteur anonime entendoit bien mal les évaluations qui ſe trouvent
à la fin des Coutumes. Son principe a été étendu depuis par M. du
Tot qui en échaffauda ſon ſyſtême ridicule. Feu M. Dupré de Saint-
Maur, de l'Académie Françoiſe, MM. Chabrol & Granger, Avocats célebres à Riom, entendent les chapitres importans des Coutumes
ſur cette matiere. Le préſomptueux Bodin fut le premier, la cauſe des
erreurs ſur cette matiere, il fut amplement réfuté par Maleſtroit, dont
le manuſcrit exiſte, & que l'Auteur de la République n'a publié que
par Extrait. Il y a des faits curieux & des Obſervations importantes dans
l'ouvrage de l'Auteur anonime qui dit avoir profité du livre de Bodin
& des remontrances de la Chambre des Comptes, par le Préſident
Pailli.

(Page 304.)

Brouage eſt une Ville récente, bâtie dans un lieu marécageux, couvert ordinairement du flux de la mer, & qui fut deſſéché par l'induſtrie de Jacques de Pons, des Sires de ce nom, qui vivoit ſous Charles VII & Louis XI : ce Seigneur avoit épouſé Marguerite de Foix,
fille de ce célebre Comte de Candale, appellé dans nos Hiſtoires, *le
Captal de Buch.* Le mot *Brou*, dans la langue Celtique, ſignifie une
terre marécageuſe; effectivement le territoire de cette Ville étoit un
marais ſalant; elle prit ſon nom de ce Jacques, *Jacopolis*, ou Jacque-
ville, parce qu'il l'avoit fait fortifier, elle fut râſée par ordre de Louis
XIII, en 1628. Le Cardinal de Richelieu la fit rétablir depuis :
j'ignore ſi les habitans de cette Ville ont profité du conſeil de Paliſſy
pour avoir de l'eau douce.

(Page 305.)

Mafcaret vient de la racine celtique, MASC *qui fe cache*, on fe maf-
que, parce que les eaux de la Dordogne, qui paroit tranquille dans
fon cours, s'élevent tout à coup comme une montagne qui fe pro-
mene plus ou mois long-tems dans le lit de cette riviere, ce phénomene arrive dans l'Automne feulement. La marée montante n'eft
point la caufe du Mafcaret, mais s'il eft déja formé pendant le flux,
fon effet peut être beaucoup plus dangereux. De la maniere qu'il eft
expliqué par Paliffy, il arrive quelquefois dans les rivieres qui fe pré-
cipitent du fommet des montagnes. Lorfque les crues d'eau arrivent à
la fource de l'Allier, il fe forme fouvent une forte de Mafcaret qui a
le même effet que celui de la Dordogne. L'Abbaye des Châfes fituée
dans une vallée profonde au bord de l'Allier, a été menacée fouvent
d'être engloutie par cette montagne d'eau ; toutes les Dames qui y font
actuellement, ont été dans le plus grand & le plus effroyable danger
il y a environ huit ans.

Brantome fait ufage de ce terme dans un fens qu'on peut confulter
dans le *Difcours fur les Dames qui font l'Amour.* „ Il falloit bien que
„ l'autre fuft fage & qu'il efpiaft le temps de *Mafcaret*, quand il de-
„ voit venir. „

Pomponius-Mela, lib. 3. Chap. 22. a fait mention du Mafcaret de
la Garonne ; voyez auffi le Voyage de la Riviere des Amazones, par
M. de la Condamine, page 193, qui en parle ; il rapporte de femblables phénomenes qui arrivent dans d'autres pays.

(Page 310.)

Tremblement de terre, Paliffy parle de la caufe des tremblemens de
terre à la p. 265 *des Eaux & fontaines*, & fuiv.

(Page 317.)

Les Lecteurs feront fort aifes de favoir que le favant Erafme a écrit
un colloque entre *Philecous*, avide d'écouter, & *Lalus*, bavard ; il eft
intitulé : *Alcumifia*, dans ce colloque il fe mocque de cet art menfonger.

Geber

(Page 318.)

Geber eſt un livre inintelligible, peut-être parce qu'il eſt mal traduit, car l'original ſe trouve dans les langues orientales, il ne contient
vraiſemblablement que des procédés ſimples. Arnaud de Villeneuve
n'a point fait les livres fous qu'on lui prête, mais il fut un grand homme
dans ſon ſiecle. Le Roman de la Roſe eſt une fiction Poétique. Les
Chimiâtres qui cherchent le Grand-Œuvre ou l'or potable, entendent mal
les myſtérieux ſecrets des coteries où ils ſont reçus. Depuis long-tems
il y a des ſectes cachées en Europe qui n'ont d'autres liens que la promeſſe de voir un jour dévoiler des myſteres inconnus. Chefs & Diſciples, tous ſont leurrés par cette eſperance; le bonheur qu'on attend
par des grades preſque infinis (car rarement pendant la vie on en peut
obtenir la dixieme partie,) eſt l'aiguillon des proſélites, ſouvent dupes
des fourbes qui profitent de leur ſimplicité. C'eſt de l'Orient que ces fréries
ſe ſont répandues, les traditions des Juifs, les myſteres des fêtes du Pa-
ganiſme, les coteries des Sarazins, de la Cour de Drac, des Templiers,
des Zingar-Bohémiens ou Egyptiens, des Roſes-Croix, des Cabaliſtes,
des Ecoſſois, &c. ont toutes le même principe. Ces établiſſemens ſecrets nous ont donné la Cabale, la Divination, l'Aſtrologie, la Mitho-
logie, & l'Alchimie; les Poëtes, les Chimiſtes & les Aſtronomes,
ſont leurs enfans, mais il faut convenir qu'ils ſont plus agréables &
plus intéreſſans que leurs premiers parens.

(Page 328.)

On attribue des livres d'Alchimie à Charles VI, Roi de France;
on en a donné auſſi ſous le nom de Charles IX, cela étoit naturel, d'a-
près l'anecdote de ſon valet de Chambre Courlange.

Un Miniſtre d'Etat qui étoit perſuadé de la poſſibilité du Grand-
Œuvre & de la Pierre Philoſophale, employa un intrigant qui lui aſ-
furoit la réuſſite de l'une & de l'autre opération : en conféquence l'Alchimiſte fut établi dehors des Fauxbourgs de Paris, où pendant plus de
dix-huit mois, il extorqua ſes dépens aſſez cher, & des ſommes conſidérables; mais comme cela devoit pourtant avoir une fin, &
que cet impoſteur pouvoit courir de très-gros riſques, il imagina
une ruſe nouvelle pour intéreſſer le Miniſtre même en ſa faveur. Il
fit répandre dans ſon quartier qu'il étoit occupé à faire de l'or, & un

R r r r

foir les Officiers de la Monnoye fe tranfporterent chez lui; ils enleverent l'homme & les fourneaux. Dans la prifon l'Alchimifte s'adreffa à fon Mecène, qui le fit fortir; & ce qu'un galant homme n'auroit jamais efperé, c'eft qu'il fut plaint & récompenfé généreufement.

(Page 340.)

La femme de Maître Jehan de la Moltrete, nommé Maître Jehan de Rochnions, demeurant audit lieu en Carry, affura un jour de matin, vers la fin de Mai 1582, à tous ceux de fa maifon, que j'arriverois là le foir; ce qui fut vrai, moi revenant de Lyon, auquel voyage j'avois demeuré près de deux mois. Tels mouvemens, dis-je, ne font point feulement aux créatures humaines, brutales, mais auffi aux végétatives & métalliques. *Note de l'Auteur de l'Extrait de Paliffy, à la Bibliot. de Saint Germain des Prez*, N°. 2322, tel eft le Commentaire merveilleux qu'il fait, *vires acquirit eundo.*

(Page 349.)

La Fable du Roi Midas.

(Page 355.)

Henri de Mefmes, Chevalier Seigneur de Roiffy, Confeiller d'Etat Ordinaire, Chancelier du Roi de Navarre, Henri IV, en 1572, & Surintendant de la Maifon de la Reine de France en 1580. Sa Maifon eft originaire de Mefmes, dans le Diocèfe de Bazas; elle a toujours protégé les Lettres, les Sciences & les Arts. C'eft à Jean-Jacques de Mefmes fon pere, que Michel de Montagne a dédié *les Regles de Mariage*, traduites *de Plutarque*, par fon ami; fon Epitre eft datée de Montaigne, le 30 Avril 1570. Dans la Bibliotheque du Roi d'Angleterre, à Saint James on trouve un Pfeautier où on lit: *ce livre fut au Roi Saint Louis, qui en la fin de fes jours le donna à Maître Guillaume de Mefmes, fon premier Chapelain.* On peut lire une Epigramme adreffée *ad Henricum Memmium*, par Scevole, autrement Gaucher de Sainte Marthe, liv. I. p. 254. de l'édition du Libraire Durand, *Paris*, 1616, *in*-8.

(Page 432.)

Avant Paliffy, Symphorien Champier projeta de n'employer *pour médeciner les corps nés au pays de France*, que des *herbes & plantes qui font nées audit pays.* Suivant ce plan il publia:

1°. *Hortus Gallicus, pro Gallis, in Galliâ Scriptus, verumtamen non minus Italis, Germanis, & Hispanis, quàm Gallis necessarius : Symphoriano Campegio Equite aurato ac Lotharingorum Archiatro authore in quo Gallos in Galliâ omnium Ægritudinum remedia reperire docet, nec medicaminibus egere Peregrinis quum Deus & Natura de necessariis unicuique regioni provideat*, in-8. Lugduni, 1533.

Ce livre est dédié à François I, Roi de France, qu'il appelle Empereur des Gaules.

2°. *Campus Elysius Galliæ amœnitate refertus : in quo sunt medicinæ compositæ, herbæ & plantæ virentes : in quo quicquid apud Indos, Arabes, & Pœnos reperitur, apud Gallos reperiri posse demonstratur : à Domino Symphoriano Campegio... Compositus*, in-8. Lugduni, 1533.

Ce dernier ouvrage est dédié au Cardinal François de Tournon, Archevêque de Bourges. Dans le livre V, il parle des perles qui se trouvent dans les vallées des Voges, dont la plus grande partie de l'Allemagne fait usage pour les ornemens de luxe, de la Calcédoine de Lorraine. Il rapporte à ce sujet que l'Evêque de Toul avoit un calice de cette pierre, taillée dans un seul bloc, de lapis lazuli ou de l'azur de Lorraine, de l'albâtre du Dauphiné qui ornoit les maisons & les Eglises de Lyon. Il fait mention d'un albâtre noir du même pays, du cristal qui se trouve près *Briançon*, du corail rouge de la mer de France, ou Golphe de Lyon, de la pierre oculaire de la vallée de *Sassenage*, près de Grenoble, des mines d'argent de la Lorraine, du Lyonnois & de la France, de l'or du Rhône, &c.

Sur le même sujet, on peut consulter Pline, Hist. Nat. Liv. XXII. C. 24. & Liv. XXIV. Ch. 1. & l'ouvrage de Beverovicius, imprimé en 1643.

(Page 531.)

Ce ne sont pas les Pélerins de Saint Jacques de Compostelle ou ceux de Saint Michel au péril de la mer de Normandie, ou les Croisés, qui avoient porté des coquilles dans les terres du tems des Romains :

Ovide, liv. des Métamorphoses, dit :

„ Vidi ego, quod fuerat quondam solidissima Tellus,
„ Esse fretum ; vidi factas ex æquore terras ;
„ Et procul à pelago conchæ jacuere marinæ
„ Et vetus inventa est in montibus ancora summis,

R r r r 2

,, Quodque fuit campus , vallem decurſus aquarum
,, Fecit , & eluvie mons eſt deductus in æquor ;
,, Eque paludoſâ , ſiccis humus aret arenis ,
,, Quæque ſitim tulerant , ſtagnata paludibus hument.

Ces ancres , ces ferremens de navires qu'on a trouvés dans le golphe de Sithiu , ſont des preuves que la Hollande , la Flandres & l'Artois du côté de Saint Omer , étoient couverts par les eaux lorſque l'Angleterre étoit encore unie avec le Calaiſis par un iſthme.

(Page 466.)

On peut conſulter ſur le Château d'Ecouen les ouvrages de Jacques Androuet , ſurnommé du Cerceau , *des plus excellens Bâtimens de France*, imprimés en 1579, à Paris, où ſe trouvent les deſſins du Château d'Ecouen ainſi que la Topographie de France, par Zeiller , imprimée à Francfort , en 1655. Enfin Piganiol de la Force , tome 8. Les deux Captifs de marbre ſculptés par Michel-Ange , ont été donnés par Henri , dernier Duc de Montmorency , en 1632 , au Cardinal de Richelieu ; ils ſont actuellement dans la petite maiſon de M. le Maréchal de Richelieu , rue de Clichy. Il y a encore à Ecouen un Chriſt peint par Roſſo , Chanoine de Notre-Dame de Paris , mort en 1541. C'eſt à Ecouen que Henri III , rendit l'Edit du mois du Juin 1559 , qui puniſſoit de mort les Religionaires. Paliſſy étoit compris dans le nombre , mais c'eſt à Ecouen même que le crédit du Connétable travailla à lui ſauver la vie. L'Hiſtoire d'une table qui eſt encore dans ce Château faite , dit Sauval, d'un cep de vigne de trois pieds de long ſur deux pieds & demi de large , a été copiée par le bon M. d'Argenville , & par l'Abbé le Bœuf. C'eſt encore Sauval qui aſſure que les vitres d'Ecouen , peintes en Camayeu , étoient d'après les deſſins de Raphael. Je remarquerai encore avant de finir , que la deviſe & l'emblême du Connétable , ſont de l'invention de Gabriel Simeoni , elle ſe trouve dans ſes ouvrages imprimés à Lyon. *Notes communiquées.*

Le premier ouvrage de Paliſſy qui ſe trouve dans cette édition , depuis la page 395 & le commencement du ſecond juſqu'à la page 489 , la note de la page 555 , celle de la page 563 , celle de la page 591 , ſont publiées ou données au public par l'Auteur des *Notes communiquées* , qui d'ailleurs a fait revoir le texte ſur les exemplaires de la Biblioth. du Roi de France.

Il a été dit mal à propos que l'orgue à vent produiroit un effet ſans interruption, par ce que dans l'idée de Paliſſy & de l'Auteur de la note , l'on pourroit changer les tuyaux ou le clavier de cet orgue , & le rendre auſſi varié que la ſerinette & tout autre inſtrument.

EXPLICATION
DES MOTS LES PLUS DIFFICILES.

SOMMAIRE.

Voici un petit Dictionnaire des mots techniques dont Paliffy a fait ufage dans fon livre, & dont il nous donne l'explication. On y retrouve avec plaifir une foule de mots très-énergiques qui n'ont point vieilli & qui font encore confacrés journellement à la fcience; il en eft quelques autres qu'il feroit peut-être à propos d'adopter, puifqu'ils font auffi clairs qu'expreffifs : ce petit Vocabulaire nous montre combien Paliffy connoiffoit fa langue & avoit des idées nettes & précifes de la valeur des termes : c'eft-là, felon toutes les apparences, une des principales raifons qui fait que fon ftile eft bien moins furanné que celui d'un grand nombre d'Auteurs qui lui font poftérieurs.

*A*CRIMONIE, s'entend les chofes mordicatiues, qui piquent la langue, comme aucunes efpeces de fels, comme la couperofe ou vitriol.

Additions, font les matieres adjouftées ès pierres & metaux congelées & attachées à diuerfes fois à la premiere maffe.

Aigres, font chofes qui fe caffent aifement avec vn marteau.

Alizes, font les chofes ferrées, comme le caillou & le pain broyé, auquel n'a efté donné lieu de fe leuer, & toutes chofes qui font fi bien condencées qu'il n'y a aucuns pores apparens.

Alterées, font les pierres imparfaites, comme la craye, le plaftre & toutes pierres legeres, aufquelles l'eau a defailly au parauant leur parfaite decoction.

Amalgame, eft appellé par les Alchimiftes l'or, quand il eft diffout & entremeflé auec le vif argent.

Antimoine, eft vn metal imparfait, commencement de plomb & d'argent (1).

Appofitions, font les matieres terreftres entremeflées, lefquelles fe mettent entre deux congelations de pierres & metaux, & rendent en cet endroit la maffe plus tendre & impure.

Aqueducs, font les conduits d'eau, pour lefquels les anti-ques faifoyent plufieurs arcades pour conduire les eaux.

Attraction, s'entend d'attirer la teinture ou la vertu de quelque chofe, comme l'eau bouillante attire la couleur du brefil, & l'alun attire la faliue de l'homme.

Bitumen, eft vne efpece de poix, de laquelle on greffe les nauires pour refifter à la pourriture : & combien qu'aucuns en vfent de certaine mixtion, comme de iefme, graiffe & poix-refine, fi eft-ce qu'il s'en trouue de naturel en diuerfes contrées.

Calciner, fe dit de toutes chofes qui fe rendent en chaux ou en pouffiere par l'action du feu.

Circonference, eft la ligne qui eft à l'entour d'vne figure ronde ou quarrée & de toute figure.

Concaffer, fe dit des chofes pillées groffement.

Concatenées, fe dit des chofes liées, enchaînées l'vne à l'autre.

----

(1) L'antimoine n'eft point un commencement de plomb & d'ar-gent, mais un mineral compofé d'une fubftance demi-métallique, qu'on nomme *Régule*, unie à du foufre.

Congeler, fe dit de toutes chofes qui s'endurciffent après la fonte, comme les eaux s'endurciffent au froid.

Decoction, s'entend des metaux paruenus à leur perfection, comme auffi les pierres quand elles font endurcies en perfection, comme les coquilles des noix.

Diaphane, s'entend de toutes chofes claires, au trauers defquelles on void les chofes qui fe prefentent deuant les yeux.

Dilater, fe dit des chofes qui s'efpandent d'vn cofté & d'autre, comme les riuieres desbordées, les arbres & plantes, comme on voit les citrouilles & concombres.

Diffoudre, fe dit des chofes qui perdent leurs formes, comme la glace & les neiges quand elles fentent la douceur du temps.

Efmail, eft vne pierre artificielle compofée de plufieurs matieres.

Efmailler, fe dit des chofes qui font peintes d'efmail liquifié ou fondu fur la befongne.

Efprits, ou matieres fpirituelles, s'entendent l'argent vif & toutes chofes qui s'efleuent en haut à la chaleur, comme l'eau d'vn linge mouillé.

Euaporer, fe dit des chofes liquides que l'on fait monter en haut par l'action du feu.

Fixes, font chofes qui endurent le feu iufques à la fonte, comme fait le verre, l'or, l'argent & autre metal.

Foffiles, font les matieres minerales pour lefquelles recouurer faut creufer la terre.

Frangible, fe dit des matieres aigres & caffables.

Fufibles, font les chofes qui fe liquifient ou fe fondent à la chaleur du feu, comme le plomb, l'eftain, & autres metaux.

Imbiber, fe dit de chofes qui pour leur alteration fuccent quelques matieres liquides.

Incliner, nous appellons inclination quand les vaiffeaux font pendants d'vn cofté pour tirer la liqueur de quelque chofe, pour laiffer le marc au fond du vaiffeau.

Lamines, font petites tablettes de plomb ou autre metal qui ont efté forgées pour calciner ou employer à autres ouurages.

Lapifier, ou petrifier, fe dit des chofes qui en premiere effence eftoyent terre, ou eau, ou bois, qui fe font reduites en pierre.

Liquides, fe dit de toutes chofes qui font claires comme eau ou comme le verre dedans la fournaife.

Luter, les diftillateurs & ceux qui font l'eau forte appellent lut, la terre de laquelle ils reueftent & couurent leurs vaiffeaux de verre, afin qu'ils réfiftent au feu, ce qu'autrement ne pourroyent faire.

Maleables, font les chofes qui endurent le marteau fans aucune fraction, comme fait l'or, l'argent, & autres metaux domptables.

Marcafites, font metaux imparfaits. Les matieres d'iceux fe forment quelquesfois en façon quarrée comme vn dé, quand elles font congelées & formées dedans les eaux.

Marne, c'eft vn fumier naturel qui fe prend en mine,& quelquesfois bien bas en terre, comme les carrieres de pierres & metaux.

Mordicatiues, font appellées les chofes qui piquent la langue, quafi iufques à l'incifer.

Obliques, font lignes tortues.

Ocre (l') iaune, eft vne femence & commencement de fer, & enfin fe rend en fer, quand il eft fuffifamment abreuué & nourri par les eaux, auffi tu vois que le fer rouillé retourne en couleur d'ocre.

Oleagineufes

Oleagineuses, font chofes qui tiennent la nature de l'huile & s'accordent auec icelle, comme fait la cire, foulphre, poix-refine & plufieurs autres chofes.

Peintures & teintures, font differentes, par ce que les teintures font toutes diaphanes, n'ayant aucun corps, & donnent couleur à l'interieur comme à l'exterieur, ce que les peintres ne peuuent faire, à caufe qu'elles ont vn corps.

Pentagones, font figures à cinq coings, hexagones qui en ont fix, heptagones qui en ont fept, & ainfi des autres.

Petrifier, fe dit des chofes qui ont efté formées en bois, ou en coquilles, ou autres vegetatifs, en premiere effence, & depuis fe font reduites en pierres.

Pyramides, font les figures pointues par en haut, à l'imitation ou femblance du feu, fur lequel on a prins le mot de Pyramide.

Quadrangle, eft vne forme quarrée, & s'appelle quadrangle à caufe des quatre coings.

Salfitiue, ou falfitiues, font les chofes qui picquent la langue, comme le fel, l'alun & les pierres calcinées.

Saphre, eft vne terre qui fe prend ès mines d'or, laquelle eft terre fixe autant comme l'or mefme, & d'icelle on fait vne couleur d'azur en efmail (2).

Sel commun, eft celuy que nous mangeons ordinairement lequel on diftingue des autres, par ce qu'il y en a de plufieurs efpeces.

Souffleufes, font les chofes qui ne veulent receuoir les fontes des metaux, comme terre, fable poreux, qui retiennent

---

(2) C'eft en calcinant le cobalt, & en lui enlevant par ce moyen l'arfénic, le foufre ou les autres matieres volatiles qu'il contient, qu'on produit le fafre qui eft une efpece de chaux de *cobalt* d'une couleur grife un peu rougeâtre ; ce fafre fondu avec des matieres propres à le vitrifier, produit une des plus belles couleurs bleues.

Sſſſ

l'air enclos, lequel empefche que les metaux ne prennent nettement la forme des chofes qui font mifes dedans.

Soufterreines, font les chofes qui font fous terre, comme les canaux par lefquels on fait venir les fontaines.

Spirale, eft vne ligne faite par voufte en vironnant en forme de la coquille d'vne limace.

Sublimer, fe dit des chofes qui s'efleuent & s'en vont en haut en fumée, quand elles font touchées par le feu.

Sulphurées, font toutes matieres tenant du foulphre, comme font les metaux & toutes efpeces de marcafites.

Superficies, s'entendent les chofes qui enuironnent à l'entour quelque maffe ronde ou quarrée, ou d'autre forme, comme qui auroit doré quelque piece d'argent, & que la dorure ne fuft que par le deffus.

Tenebreufes, font les pierres aufquelles l'on ne peut rien voir au trauers, comme on fait au criftal & au verre.

Terreftres, font des matieres qui ne fe peuuent exaler ou fublimer par l'action du feu.

Triangle, eft vne figure à trois coings.

Trochifques, font figures rondes comme pilules & puis faites plates par vne compreffion faite fur la partie fuperieure.

Varenne, eft vne terre communement de couleur rouffe (qui tient quelque peu de la nature argileufe) de laquelle on fait des moules pour toutes efpeces de fontes, & pour baftir les fourneaux & pour luter les vaiffeaux de verre.

Vifqueux, vaut autant à dire comme gluant.

Vitrifier, fe dit des chofes qui prennent policement & luftre de verre quand elles font afprement chauffées dedans les fournaifes.

CABINET DE PALISSY.

COPIE DES ESCRITS,

Qui font mis au deſſous des choſes merueilleuſes, que l'Au-
theur de ce liure a preparé & mis par ordre en ſon ca-
binet, pour prouuer toutes les choſes contenues en ce li-
ure, par ce qu'aucuns ne voudroyent croire, afin d'aſſeu-
rer ceux qui voudront prendre la peine de les venir voir
en ſon cabinet, & les ayant veu, s'en iront certains de
toutes choſes eſcrites en ce liure. (*)

Tout ainſi que toutes eſpeces de metaux & autres matieres fuſibles, prenant les formes des creux ou moules, là
où ils ſont mis ou ietez, meſme eſtant ietez en terre prennent la forme du lieu où la matiere ſera ietée ou verſée,
ſemblablement les matieres de toutes eſpeces de pierres,
prennent la forme du lieu où la matiere aura eſté congelée.

(*) Paliſſy avoit un cabinet d'Hiſtoire Naturelle à Paris, où il faiſoit des démonſtrations publiques; il a donné, comme on l'a vû, la
liſte d'une partie de ſes Diſciples, parmi leſquels on remarquoit les
hommes les plus diſtingués du tems: ſon intention étant de rendre ſa
collection propre à répandre un jour favorable & prompt ſur la ſcience,
il avoit placé ſous chaque morçeau une étiquette raiſonnée qui donnoit ſur le champ une idée claire & diſtincte de l'objet : cette méthode
toujours avantageuſe, étoit eſſentielle dans un tems où l'Hiſtoire Naturelle étoit encore dans ſon berçeau.

Et comme les formes metaliques ne font cognues iufques à ce qu'elles foyent dehors du moule, auquel la matiere aura efté congelée, autant en eft-il des matieres lapidaires, lefquelles en leur premiere effence font liquides, fluides & aqueufes; & afin d'obuier aux calomnies qui pourroyent eftre faites par ignorance ou par malice, n'ayant veu autre chofe que mes efcrits & plates figures : pour ces caufes, dis-ie, ay mis en ce lieu en euidence vn grand nombre de pierres par lefquelles tu pourras aifement cognoiftre eftre veritables, les raifons & preuues que i'ay mifes au Traité des Pierres. Et fi tu n'es du tout aliené de fens, tu le confefferas après auoir eu la demonftration des pierres naturelles, lefquelles i'ay figuré en mon liure, par ce que tous ceux qui verront le liure, n'auront pas le moyen de voir ces chofes naturelles; mais ceux qui les verront en leurs formes naturelles, feront contrains confeffer, qu'il eft impoffible qu'elles euffent prins les formes qu'elles ont, fans que la matiere euft efté liquide & fluide.

Stalactites. Si tu veux bien entendre ce que deffus, entre au-dedans des carrieres aufquelles l'on aura tiré quantité de pierres ou autres mineraux. Si lefdites carrieres font encores demeurées vouftées, tu trouueras en la plufpart d'icelles certaines mefches pendantes & formées par les eaux qui defcendent iournellement à trauers des terres fur les vouftes defdits rochers. Et les eaux qui auront coulé en la partie dextre ou feneftre, contre les mineraux defdits rochers, te donneront clairement à entendre les preuues que verras cy après. Par ce que tu cognoiftras que les eaux qui fe font congelées depuis que les pierres ont efté tirées defdits rochers, ne font femblables de couleur, ny de forme, ny de dureté, à celles de la principale carriere.

Aussi, en contemplant ce que dessus, tu cognoistras qu'il y a vn nombre infini de pierres qui ont deux essences, & autres qui ont esté formées par additions, le tout par matieres liquides, comme tu cognoistras aisement par les preuues que ie t'ay mises icy par rangs.

Les pierres qui sont congelées en l'air, ne peuuent tenir autre forme que celles que tu vois, lesquelles sont formées, partie d'icelles comme glaces pendues ès goutieres.

Et par ce que i'ay dit que toutes pierres sont diaphanes & transparentes ou cristalines en leur essence premiere ; il te faut doncques entendre que celles que tu vois icy sont tenebreuses, pour ce que les eaux communes iointes auec l'eau congelatiue, ont amené de la terre ou sable auec elles, lequel sable ou terre estant congelé auec la matiere cristaline, la rend tenebreuse, mesme la fait estre de sa couleur, soit sable ou terre; comme tu peux voir euidemment par ces figures, en considerant les formes d'icelles.

Tu peux aussi iuger par icelles formes rudes & mal plaisantes, que ce neantmoins elles ont esté formées de matieres fluantes, en telle sorte, que tu peux aisement iuger lequel bout estoit en haut ou en bas, comme si c'estoit vne matiere metalique.

Tu peux aussi cognoistre par les autres pierres suiuantes qu'elles ont esté formées le plat en bas, & qu'elles ont esté faites à diuerses fois,& par additions congelatiues, & non par croissance comme aucuns disent : les additions sont assez cognues auxdites pierres.

Plastres, Talcs, Ardoises. Tu vois aussi que les pierres de plastre, de talque & d'ardoise, s'esleuent & se desassemblent par feuillets en la forme d'vn liure, & ce d'autant que les matieres ont tombé à diuerses fois, à trauers des terres, parquoy les congelations estant faites à diuerses fois, ne se peu-

uent ſi bien lier comme ſi la matiere auoit eſté congelée tout
à vn coup: auſſi comme tu vois, il y a quelquefoiꞈ de la terre
ou ſable qui ſe trouuent entre deux congelaꞇions.

Par ces pierres tu peux aiſement coₒnoiſtre qu'elles ont
eſté formées à pluſieurs fois & diuerſes congelations adiouſ-
tées par les matieres diſtillantes.

Pierres coquilleres. Toutes ces eſpeces que tu vois eſtre
remplies de cailloux & diuerſes eſpeces de coquilles, ont eſté
formées dans terre en quelque lieu couuert d'eau, & ſont les
pierres de double eſſence : car les coquilles & cailloux qui
ſont au-dedans d'icelles, eſtoyent formez auparauant la maſſe
& leur formation, pour ces cauſes, eſt plus poiſante & plus
dure que non pas la maſſe. Et quelque temps après les eaux
exalatiues s'en ſont fuyes y ayant delaiſſé l'eau congelatiue.
Icelle a lapifié & petrifié les vaſes auſquels eſtoyent les coquilles ou cailloux. Et dautant que la terre eſtoit deſia alterée pour l'abſence des eaux exalatiues, la maſſe principale
ſe trouue plus tendre & plus legere pour cauſe du nombre
des pores qui ſont en ladite maſſe.

Et ne faut que tu penſes que nature ait formé leſdites coquilles ſans ſubiet : ains te faut croire qu'elles ont eſté formées par des poiſſons animez comme les autres natures brutales, & ne dois nullement croire que ces choſes ayent eſté
faites du temps du deluge : car combien qu'il s'en trouue ſur
les montaignes ſteriles d'eau, ſi eſt-ce que quand leurs coquilles prindrent leurs formes, il y auoit pour lors de l'eau
en laquelle y auoit pluſieurs choſes animées, leſquelles ont
eſté retenues & ſe ſont trouuées encloſes quand le bourbier
s'eſt reduit en pierre : tu l'entendras mieux en pourſuiuant la
lecture des eſcriteaux ſubſequens.

Bois pétrifié. Tu vois icy vn grand nombre de bois reduit
pierre, lequel s'eſt petrifié dedans l'eau comme les coquil-

les, & ledit bois a esté petrifié en mesme temps que la masse
de la pierre, en laquelle ledit bois est attaché, & le tout n'a
point esté fait hors de l'eau, & ne le peut estre.

Tu vois aussi certaines pieces de bois qui ont esté petrifiées
dedans l'eau congelatiue, de laquelle toutes choses sont commencées, & sans laquelle nulle chose ne peut dire ie suis.
Voila pourquoy ie l'ay appellé eslement cinquiesme, combien qu'il deust estre appellé premier.

Coquillages petrifiés. Pour te rendre certain que toutes
choses sont poreuses, comme i'ay mis en mon liure, considere ce grand nombre de poissons armez de coquilles, lesquels i'ay mis deuant tes yeux, qui sont à present tous reduits en pierre, & ce par la vertu de l'eau congelatiue, qui a
penetré tout au trauers desdites coquilles en les changeant de
nature en autre, sans leur oster rien de leur forme.

Et à cause que plusieurs sont abreuuez d'vne opinion fausse,
disant que les coquilles reduites en pierres ont esté apportées
au temps du deluge, par toute la terre, voire iusques au som-
met des montaignes, i'ay respondu & reprouué vne telle
opinion par vn article cy-dessus; & afin de mieux verifier les
escrits de mon liure, i'ay mis deuant tes yeux de toutes les
especes de coquilles petrifiées qui ont esté trouuées & tirées
entre cent millions d'autres, qui se trouuent iournellement
ès lieux montueux & au milieu des rochers des Ardennes;
lesquels rochers pleins de poissons armez de coquilles, n'ont
pas esté faits ny generez depuis que la montaigne a esté faite,
ains te faut croire qu'auparauant que la montaigne fust de
pierre, que ce lieu-là, où se trouuent lesdits poissons, estoyent
pour lors eaux ou estangs, ou autres receptacles d'eau, où
lesdits poissons habitoyent & prenoyent nourriture. Voila
pourquoy tu peux aisement cognoistre que i'ay dit verité,
quand i'ay dit qu'il y auoit ès terres douces aussi bien trois

especes d'eaux, comme dans la mer: car autrement les mefmes poiffons qui viuent en la mer, & multiplient par habitations l'vn auec l'autre, ils ont femblablement fait ès mon-
t'gnes, où les armures defdits poiffons fe trouuent toutes
femblables à celles de la mer.

Et pour confirmation de ce que deffus: regarde toutes
ces efpeces de poiffons que i'ay mis deuant tes yeux, tu en
verras vn nombre defquelles la femence en eft perdue, &
mefme nous ne fauons à prefent comment il les faut nommer: mais cela ne peut empefcher qu'il ne foit notoire à
tous, que la forme d'iceux ne nous donne claire cognoiffance qu'ils ont efté autrefois animez, & ces formes ne fe
peuuent faire nullement, fi elles ne font formées par chofes
animées.

Il te doit fuffire par les articles fubfequens, que les preuues font toutes notoires, que toutes pierres font en premiere
effence de matieres liquides, fluides & criftalines. Semblablement les matieres metaliques font auffi fluides, aqueufes &
criftalines. Et tout ainfi que les pierres tenebreufes le font
pour caufe des melanges de terres & fables entremeflez parmi
la matiere effentielle, femblablement les metaux ne peuuent
aucunement apparoir diaphanes ou criftalins: ains font im-
purs pour caufe des matieres entremeflées auec l'effence
pure: lefquelles matieres entremeflées rendent le metal impur, aigre & friable; ce qui ne pourroit eftre, s'il n'y auoit
vne oppofition des terres ou fable, ou autres interpofitions, &
mefme le fouphre eft ennemy de metaux après leur congelation. Parquoy il faut qu'il foit mis hors par les affineurs,
au rang des matieres excrementales.

Mineraux. Et pour bien t'inciter à preparer tes aureilles
pour ouyr & tes yeux pour regarder, i'ay mis icy certaines
pierres & mineraux de toutes efpeces de metaux, pour te
faire

faire entendre vn poinct singulier & de grand poids, qui est tel que par ces pierres metaliques mises deuant tes yeux, tu pourras aisement cognoistre que tout autant d'alchimistes qu'il y a & qu'il y a eu par cy deuant, se sont trompez en ce qu'ils ont voulu edifier par le destructeur, d'autant qu'ils ont voulu faire par feu, ce qui se fait par eau ; & par chaud ce qui se fait par froid, qui m'a causé mettre ces preuues euidentes deuant tes yeux.

Note bien ce petit argument bien prouué par la chose mesme, & regarde bien en toutes minieres metaliques, tu trouueras sur la superficie du metal, vn nombre infini de pointes taillées par faces naturellement, comme si elles auoyent est taillées par artifice : dont la plupart d'icelles pointes sont formées des matieres cristalines, ou pour mieux dire de cristal qui m'a causé cognoistre directement, & m'asseurer que iamais il ne se forma aucunes pointes naturellement hors de l'eau : mais pour choses certaines, toutes matieres qui sont congelées dedans les eaux, se trouuent sur la superficie superieure en forme triangulaire, quadrangulaire, pentagonne. Ie dis formées par vne nature merueilleuse, & comme il est donné aux vegetatiues de tenir vn ordre certain, comme tu vois que les rosiers & grosiliers se forment des espines piquantes pour leur defence : aussi les matieres metaliques & lapidaires, se forment comme vn harnois ou corps de cuirasse sur la superficie, en façon de pierres pointues, comme il est donné à plusieurs poissons de se former plusieurs escailles, ainsi que tu vois aux escreuices & plusieurs autres genres de poissons.

Mines d'or & d'argent. Regarde doncques si ie suis menteur : vois-tu pas plusieurs pieces de mines d'or & d'argent qui te monstrent euidemment qu'elles ont esté formées dans l'eau ? Entre les autres, n'en vois-tu pas vne qui est la pre-

miere couche eftre de pierre, qui te monftre euidemment
que la pierre a efté premierement congelée? Et après tu
vois vne autre couche de mine d'argent. Et au troifiefme
degré, il y en a vne couche de criftal formée par pointes
de diamant, & puis que ie te dis que ces formes pointues taillées à faces, ne fe peuuent former hors de l'eau, tu me confefferas doncques que la mine d'argent qui eft en la partie
inferieure du criftal, eft auffi congelée au-dedans de l'eau ;
comme tu cognoiftras en continuant la monftre de ces chofes.

Tu vois auffi par ces autres pierres metaliques, certaines
pointes comme celles cy-deffus nommées, & toutesfois en
icelles il y a plufieurs efpeces de metaux : comme or, argent, plomb & cuyure, lefquelles chofes font auffi impures,
à caufe des terres fulphurées & autres excremens qui caufent rendre les metaux aigres & freables. Et quand lefdits
excremens font diffipez & feparez par l'action du feu, lors
lefdits metaux font traitables & maleables, comme on voit
par les metaux monnoyez.

Marcaffites cubiques. Voicy à prefent vn article qui te
doit faire arrefter à contempler & croire tout ce que deffus.
Regarde l'ardoife que i'ay mife cy deuant tes yeux, laquelle
eft remplie de marcaffites, formée en façon de dé carré. Il
eft certain que l'ardoife a efté congelée dedans l'eau, &
qu'auparauant fa congelation, la matiere metalique qui eftoit
incognue au-dedans de l'eau, s'eft feparée de ladite eau,
comme l'huile qui n'a nulle affinité auec l'eau ; & la matiere defdites marcaffites qui font formées de matieres metaliques, en fe congelant & fe diuifant d'auec l'eau, fe font
formées par faces pentagonnes, & ont prins leur couleur
en leur congelation. Et faut neceffairement que lefdites marcaffites ayent efté formées & congelées auparauant la formation de l'ardoife.

Vois-tu pas ces pierres criſtalines que i'ay miſes icy pour atteſtation de la plus rare & difficile demonſtration qui ſoit en mon liure ? D'autant combien que leſdites pierres ſoyent autant claires & criſtalines que l'eau pure, ſi eſt-ce qu'au dedans d'icelles il y a de la matiere metalique, laquelle ne ſe peut aucunement cognoiſtre dans la maſſe, ſinon que la matiere metalique ſoit manifeſtée par l'examen du feu bien chaud, comme tu vois par vne piece de la meſme matiere qui eſt deuenue en couleur d'argent après ſon examen fuſible. Et par-là tu te dois tenir aſſeuré & croire fermement que les metaux ſont entremeſlez & incogneus parmy les eaux, iuſques à leur congelation.

Bois metalliques. Note doncques que les matieres metaliques ſont incognues parmy la terre & parmy les eaux, & ſont tellement liquides & ſubtiles, qu'elles penetrent à trauers des corps ou matieres corporelles, comme fait le ſoleil à trauers les vitres : car autrement les eaux metaliques ne pourroyent reduire aucune forme en metal, ſi la forme n'eſtoit premierement diſſipée. Nous voyons toutesfois que pluſieurs coquilles de poiſſon, ſont metaliques & changées de ſubſtance, pour auoir croupi entre les matieres metaliques, comme tu vois auſſi preſentement pluſieurs pieces de bois, qui ſe ſont reduites en metal pour auoir croupi parmy les eaux auſquelles y auoit des eaux metaliques.

Tu vois euidemment que toutes ces formes de coquilles reduites en pierres, ont eſté autrefois poiſſons viuants, & par ce que de toutes ces eſpeces, la memoire & vſage en eſt perdue, ce neantmoins par les autres eſpeces qui ſont en vſage, ſont auſſi reduites en pierres, nous pouuons aiſement cognoiſtre que nature ne fait rien de telles choſes ſans ſubiet, comme i'ay dit cy-deſſus. Et pour ces cauſes i'ay mis vn parquet à part & du genre que tu vois eſtre formé en façon

de ligne fpirale, i'en ay veu vn qui auoit feize pouces de
diamettre.

I'ay mis cette pierre deuant tes yeux pour te faire entendre que tout ce que i'ay dit des tremblemens de terre contient
verité : car tu vois en cette pierre les effets de l'air & de
l'eau efmeus par le feu : car combien que la pierre foit grande,
ce neantmoins elle eft formée de bien peu de matiere; par ce
que les trois eflemens l'ont enflée & rendue fpongieufe, en
telle forte que tu vois, que fi la matiere eftoit referrée
comme elle eftoit auparauant qu'elle fut mife au feu, elle
feroit cent fois plus petite qu'elle n'eft à prefent : mais par ce
qu'elle eftoit liquide & bouillante, lors que le feu a efté
caufe de la tormenter, elle s'eft foudain congelée, & l'air
qui la tenoit enflée par le mouuement du feu, a demeuré
dedans iufques à prefent ; & voila pourquoy ladite pierre eft
fi legere qu'elle nage fur les eaux, comme toutes autres
chofes legeres.

Comme ie t'ay dit que les metaux eftoyent incogneus
dans les eaux, femblablement font-ils en la terre auparauant
leur congelation; & pour ces caufes ie t'ay mis deuant les yeux
cette grande piece de terre cuite, laquelle eftoit formée en
la façon d'vn grand vafe: mais quand elle a efté touchée par
le feu, elle s'eft liquifiée & ployée, & a entierement perdu fa
forme, en telle forte que fi elle eut efté forgée toute chaude
elle fe fut eftendue fans fe caffer, comme font les chofes
maleables. Ne te faut-il pas bien croire par-là, qu'il y a
quelque matiere metalique incognue parmy la terre, de laquelle on fait ces vaiffeaux, car autrement elle eut pluftoft
caffé que ployé.

Vois-tu bien ces formes de poiffons nommez auaillons;
ils ont efté trouuez en vn champ ioignant les forefts des Ardennes, & la partie de la terre où ils ont efté trouuez, eft

fort creufe fur la fuperficie : qui m'a fait croire comme deffus, que les eaux s'arreftoyent là anciennement plus qu'en
nulle autre partie du champ, & lefdits poiffons y eftoyent
generez & augmentez, & y viuoyent comme s'ils euffent
efté en la mer. En la mer Oceane limitrophe de Xaintonge
fe trouue grande quantité defdits poiffons. Et comme i'ay
dit cy-deffus, l'eau dudit champ s'eft exalée & tarie, & les
vafes & poiffons fe font reduits en pierre, defquelles s'en
trouue vn nombre infini.

Et en vn autre champ i'ay trouué vn nombre infini de
poiffons que nous appellons fourdons, defquels les Miche-
lets en enrichiffent leurs bonnets ou chapeaux en venant de
Saint Michel. Et la caufe pourquoy les coquilles ne font
blanches comme les autres, eft par ce qu'il y a de la
mine de fer au-dedans, & parmy la terre où lefdits poiffons
eftoyent habitans.

Fruits pétrifiés. Vois-tu pas icy des fruits reduits en pierre
par les mefmes caufes que i'ay deduites cy-deffus?

Agates. Toutes les pierres que tu vois en cet endroit,
font agates ou caffidoines, qui ont efté autrefois terre d'argile, comme tu verras au parquet fuyuant.

Confidere vn peu ces mottes de terre, lefquelles ont la figure
d'agate, ou caffidoine, & tu cognoiftras qu'elles eftoyent preparées à fe reduire en pierre, & ne reftoit plus que la decoction par laquelle les pierres viennent en perfection.

Pierres herborifées. Regarde vn peu : voicy deux pierres,
lefquelles ont retenu la forme des herbes fur lefquelles la
matiere eft tombée auparauant qu'elles fuffent congelées.

Il y a des poiffons & autres animaux qui ont des pierres
en la tefte, lefquelles font formées de matieres liquides
comme les autres.

Par ces pierres cornues qui font creufes dedans , ie prouue qu'elles ont efté pleines d'eau exalatiue , durant le temps de leur formation.

Pierres percées par les dails. Ces pierres que tu vois ainfi pleines de trous font formées des vafes de la mer , aufquelles y auoit plufieurs poiffons nommez dailles : iceux font longs comme manches de couteaux , armez de deux coquilles ; & quand la vafe fe reduit en pierre , lefdits poiffons font morts dedans , & la pierre eft demeurée percée.

Les fels. Et pour te monftrer que toutes chofes formées dans l'eau , font par faces & autrement non : regarde icy la coperofe ou vitriol , le falpeftre & toutes autres efpeces de fels qui font couuertes d'eau en fe congelant,

EXTRAICT

DES SENTENCES PRINCIPALES,

Contenues au preſent liure ; le nombre mis à la fin, ſignifie la page, celles qui n'en ont point ſont pour la plus part recueillies generalement de tout le diſcours ſans eſtre rapporté à certain lieu. par PALISSY. (*)

Combien que tous les Philoſophes ayent conclud qu'il n'y a que quatre eſlemens ſi eſt-ce qu'il y en a vn cinquieſme, ſans lequel nulle choſe ne pourroit dire, ie ſuis (1). P. 350 & ſ.

Iamais homme n'a entendu les effects des eaux, ny du feu. 254

(*) Cet Extrait eſt une table raiſonnée de tout ce qu'il y a de plus curieux & de plus inſtructif dans l'ouvrage de Paliſſy ; on y lit une ſuite d'axiomes que le réſultat de ſes principes & de ſes concluſions lui avoient fourni : ſon cinquieme élément, comme on peut le croire, n'a pas été oublié ici, auſſi en parle-t-il ſouvent, pour rappeller à ſes Lecteurs le rôle eſſentiel qu'il joue dans la nature ; ce cinquieme élément étoit ſon enfant chéri, qu'il ſe plaiſoit à montrer avec complaiſance à tout le monde. On trouvera dans cet abrégé, **qui eſt bien préſenté**, la ſubſtance eſſentielle de la doctrine de l'auteur, extraite de tous les différens Traités dont nous avons déja fait mention.

(1) C'eſt le cinquieme élément dont il a été queſtion dans le Traité de la Marne, on peut voir ce que j'en ai dit à la note qui eſt au bas de la page 153.

Ceux qui difent que les eaux viennent de la mer & y retournent, s'abufent (2).   273

Toutes fontaines & fleuues qui font formées d'eau douce ,
ne font caufées que de l'eau des pluyes.   282

Les fonteniers modernes fe trompent iournellement , n'entendant point les effets des eaux enclofes par tuyaux foufte-
reins. Les antiques pour ces caufes , ont inuenté les aqueducs.   254

Toutes pompes & machines pour efleuer les eaux, ne
peuuent durer pour caufe de la violence.   246

Sans la violence de l'eau efbranlée par le feu, il n'y pourroit auoir aucun tremblement de terre.   264

Il y a deux eaux, l'vne exalatiue & l'autre congelatiue &
germinatiue (3).   351

Comme l'eau feminale de toutes chofes animées eft differente de l'vrine , auffi l'eau exalatiue eft differente à l'eau
congelatiue.

Toutes chofes humaines font commencées par matieres
aqueufes, mefme les matieres des femences dures ne peuuent generer de rechef, que premierement ne foyent liquifiées: car autrement elles ne pourroyent fuccer ny faire attraction de cette matiere congelatiue , laquelle i'appelle eflement cinquiefme.

---

(2) Paliffy ne nie pas que les eaux des pluies ne viennent primitivement de la mer à l'aide des nuages qui vont s'y abreuver ; mais
il veut dire fimplement ici que les eaux de la mer ne circulent point
dans l'intérieur de la terre & n'y forment aucune évaporation qui puiffe
fe convertir en pluie.

(3) C'eft encore le cinquieme élément de notre auteur.

Comme

Comme toutes efpeces de plantes, voire toutes chofes animées font en leur premiere effence de matieres liquides,
femblablement toutes efpeces des pierres, metaux & mineraux font formées de matieres liquides, en leur premiere
effence. Page 332

Par l'action de l'eau congelatiue les corps de l'homme &
de toutes beftes & de toutes plantes fe peuuent reduire en
pierre. 71, 72

L'on peut faire des fontaines en tous lieux. 285 & f.

En la terre argileufe font deux eaux, l'vne congelatiue,
& l'autre exalatiue. 44

La guerifon des eaux des bains, eft incertaine. 268

Les eaux qui font propres pour les teintures, n'ont leur
action caufée que d'vne falfitude que les eaux ont prife en
paffant par les terres.

Les effets des eaux qui font propres pour endurcir & at-
tremper les ferremens, ne procedent que d'vne matiere falfitiue, qui eft efdites eaux.

Les fontaines artificielles font meilleures que les naturelles (4). 291

Il n'y a aucune eau mauuaife de foy. La caufe de la mauuaiftié de celles qui le font, procede de la terre du lieu où
elles paffent. 260, 261

Les eaux des pluyes font meilleures & plus affeurées que
celles des fources. 291

Si la terre n'eftoit foncée de pierres, ou de quelque terre
argileufe, on ne trouueroit iamais fource pour faire fontaine
ou puits. 284

---

(4) Les fontaines artificielles dont Paliffy veut parler, font celles
dont il a donné le plan dans fon *Traité des Eaux & Fontaines*, & qui
doivent être conftruites d'après l'imitation de la nature.

Les figures du cœur du bois qui font eftimées en menui-
ferie, & les figures qui font ès marbres, iafpes, porphires,
agates, caffidoines & toutes autres efpeces de pierres, ne
font caufées que par accident procedant de la defcente ou
efgouft des eaux congelatiues.

Le policement des pierres dures & compactes, rend tefmoignage qu'elles font formées de l'eau incognue : & comme
l'eau reprefente les Tours, Chafteaux, ou autres baftimens
affis auprès de la riuiere, auffi font les pierres polies.

Les metaux polis font le femblable par la vertu de ce
cinquiefme fufdit (5).

L'efpouuantable mafcaret qui fe fait en la riuiere de Dor-
dongne, n'eft caufé que d'vn air enclos, compreffé par les
eaux de la Garonne & de la Mer qui entre en la Gironde.   307

Si les fleuues & fontaines des montaignes procedoyent de
la mer, comme l'on dit, il faudroit neceffairement que les
eaux fe partiffent de la mer en quelque endroit où elle fuft
plus haute que toutes les montaignes, & qu'il y euft vn canal bien clos, contenant depuis la haute mer fufdite, iufques au fommet des montaignes, que fi le canal ne prenoit
qu'au bord de la mer, l'eau ne monteroit iamais plus haut
que le riuage de la mer; & fi le canal qui ameneroit l'eau
des fleuues au haut des montaignes fe venoit à creuer, il eft
certain que tout le monde feroit fubmergé.   277, 278

Si l'eau congelatiue n'eftoit portée par la commune, elle
ne pourroit actionner non plus.

Si toute l'eau de la terre eftoit en nature congelatiue,
bientoft la terre fe reduiroit en pierre.

---

(5) C'eft-à-dire le cinquieme élément.

Si en l'homme n'y auoit autre eau que la commune, ou celle de l'vrine, il ne pourroit iamais engendrer pierre en son corps.

Plusieurs eaux engendrent la pierre à ceux qui en boivent, à cause que parmy la commune, il y a quantité de l'eau congelatiue,

Comme l'eau claire est propre pour receuoir toutes couleurs, semblablement les terres blanches les peuuent aussi receuoir.

En la mer il a trois especes d'eau, la commune, la salée, & la vegetatiue ou congelatiue.

La verité est contraire & se moque de la lourdise de plusieurs qui soustiennent que les glaces se forment au fond de la riuiere de Seine.   389

Entre tous les esprits visibles, il n'en est pas vn plus certain que l'eau commune, qui est vn tesmoignage que tous mineraux exalatifs, sont composez de matieres aqueuses, & pour ces causes ils sont sublimatoires.

Combien que la terre & la mer produisent iournellement nouuelles creatures & diuerses plantes, metaux & mineraux, si est-ce que dès la creation du monde, Dieu mit en la terre toutes les semences qui y sont & seront à iamais : d'autant qu'il est parfait, il n'a rien laissé d'imparfait.   323, 331

Comme toutes senteurs, couleurs & vertus sont incognues en la terre ; aussi toutes matieres lapifiques & metaliques sont confuses & incognues parmy les eaux & la terre, & ce iusques à ce qu'elles soyent reduites en quelque forme par vne congelation incognue.   336, 347, 350

Tous ceux qui cherchent à generer les metaux par feu, veulent edifier par le destructeur.   324

Vvvv 2

Comme en toutes les matieres feminales de toutes chofes animées, on ne fauroit diftinguer les os & le poil d'auec la chair, femblablement nul homme ne fauroit cognoiftre les matieres metaliques auparauant leur formation ou congelation.   347

Si quelqu'vn pouuoit diftinguer les couleurs, faueurs, vertus, puis que les plantes fauent attirer & desbrouiller de la terre, ie dirois qu'il feroit poffible à vn tel homme faire de l'or & de l'argent.   358

Les metaux n'ont aucune couleur, ains font comme eau auparauant leur congelation & decoction.   323

Iamais homme n'a cogneu, ny fouphre, ny vif-argent, au parauant qu'il euft commencement de generation, non plus qu'on ne fauroit voir les couleurs & fenteurs extraites de la terre par les plantes aromatiques, auparauant que lefdites plantes en euffent fait attraction.   342, 358, 359

Si les matieres metaliques n'eftoyent fluides & liquides, il feroit impoffible qu'elles puffent actionner les pierres monftrueufes que i'ay mis en mon cabinet.   350

Par l'action des matieres metaliques eftant encores fluides, les corps de l'homme & de la befte, & poiffons, & de toutes efpeces d'arbres & plantes fe peuuent reduire en metal.
                                                                        68, 354

L'or fe peut potager en diuerfes fortes, mais non pas pour feruir de reftaurant.   364

Potage l'or en quelque forte que tu voudras, que fi l'eftomach du malade, à qui tu le donnes eft auffi chaud qu'vne fournaife ardente, la chaleur de l'eftomach en lieu de departir le potage d'or ès membres nutritifs, il le rendra à vn lingot: car autrement l'or ne pourroit eftre fixe.   372

Les metaux fe peuuent augmenter par art , mais non pas legitimement.   326

Antimoine eft vn metal imparfait, qui caufe vn vomiffe-
ment par les deux parties de l'homme , à caufe de la chaleur
naturelle de l'eftomach qui le fait exaler: laquelle exalation
veneneufe efmeut tous les efprits vitaux.   372

Par plufieurs efpeces de marcafites , ie prouue tous metaux
eftre generez de matieres liquides.   337 & fuiu.

Ceux qui ont efcript que les metaux croiffent aux minie-
-res comme les arbres, n'ont rien entendu & ont parlé contre
vérité.

Ceux qui difent & ont efcript que les efprits inuifibles
tuent les hommes dedans les minieres , ont erré (6).

---

(6) Kirker & d'autres Auteurs étoient dans la fauffe opinion qu'il exiftoit des efprits , des efpeces de génies malfaifants dans l'intérieur de la
terre , qui venoient de tems en tems fe promener dans les mines , où
ils fe plaifoient à faire des niches aux ouvriers & quelquefois même à
leur tordre le col La nuit & le filence profond qui regnent dans les mines , l'horreur & l'effroi que ces lieux fouterrains infpirent , l'ajuftement
& la trifte figure du mineur , les feux folets & les moffetes qui s'y font
remarquer quelquefois , tout concourt naturellement à effaroucher une
ame fenfible & vive: de-là quelques perfonnes auront crû voir des
phantômes qui n'exiftoient que dans leur imagination ; mais on eft
étonné que des gens raifonnables ayent pu accueillir de telles abfurdités.

(*) Michel Pfellus parle dans un Dialogue Grec intitulé : *Des Opérations
des Démons*, de certains efprits fouterrains & ténébreux qui habitent
dans les entrailles de la terre , auxquels il faut obftruer le paffage , autrement ils établiffent leurs demeures dans le corps des hommes , ils les
étranglent , ils les rendent phrénétiques , épileptiques , &c. V. *Pfellus de
l'édition de Gilbert Gaulmin* , p. 46. C'eft fans doute à des Démons de cette

Autant qu'il y a & qu'il y a eu d'Alchimistes au monde, se sont abusez en ce qu'ils ont pensé retenir les esprits esmeus par le feu ès vaisseaux clos & fermez.　　　356

nature qu'un certain Gassner, Prêtre de Ratisbonne, a l'art de commander, puisqu'il guérit les malades ou les fait tourmenter par des exorcismes, à sa volonté, comme on peut l'apprendre dans des Relations Allemandes & Françoises, de ses miracles, & par le Journal de M. l'Abbé Dinouart, ann. 1776, ce qui pourra un jour servir à la continuation des entretiens de feu M. le Comte de Gabalis.

J'ay vu à la Croix aux mines, à Sainte Marie aux mines en Lorraine, les terreurs où sont les ouvriers lorsqu'on leur parle de ces esprits Gardiens des trésors de la terre : ils prétendent que le lieu où ils travaillent, contient des veines très-riches de métal ; on peut les espionner & aller après leur départ partager leurs fortunes, alors ils ne reviennent plus. Mais si on les heurte de front par des impolitesses & des brusqueries, ils deviennent comme des lutins. Ces esprits sont, disent-ils, habillés en mineurs, on les distingue en bons & mauvais, tel est le galimathias de ces gens-là, qui cependant est une tradition ttès-ancienne dont on ignore l'origine & la cause : car les erreurs comme les vérités ont eu un commencement & une cause intéressée qu'il seroit important de démasquer afin qu'on n'y revienne plus. Le Savant George Agricola a fait un Dialogue Latin, intitulé : *Bermannus sivè de Re Metallica*, in-8. Paris, 1547 ; les graces du style, & l'importance du sujet doivent lui faire trouver place dans les cabinets des curieux, on trouve á la tête une lettre charmante d'Erasme qui sut bien apprécier cet ouvrage.

» *Laurentius Bermannus*, ut ut jocamur genus certè Dæmonum in fo-
» dinis nonnullis versari compertum est: quorum quidam nihil damni
» metallicis inferunt, sed in puteis vagantur, ac laboribus, cum nihil
» agant, se exercere videntur : nunc cavando venam, nunc ingerendo
» in situlos, in quod effossum est, nunc machinam versando tractoriam,
» nunc irritando Operarios, idque potissimum faciunt, in his specubus : è
» quibus multum argenti effoditur, vel magna ejus inveniendi spes est.

Quand vn vaiſſeau de terre ou quelque metal que ce ſoit, ſeroit auſſi eſpois qu'vne montaigne, & qu'il y ait quelque matiere ſpirituelle ou exalatiue au-dedans dudit vaiſſeau, il faut neceſſairement que ledit vaiſſeau creue s'il eſt touché par le feu, ſauoir eſt ſi ledit vaiſſeau n'a quelque trou pour ſeruir de ſuite à la matiere ſpirituelle ou exalatiue, qui ſera au-dedans.   3;6

„ Alii vero noxii admödum ſunt, ut ille qui ante aliquot annos *An-* „ *nebergi* in ſodina, cui nomen *Corona Roſacea*, tantopere infeſtabat „ metallicos, ut duodecim, quæ res multis nota eſt necarit, ac ea de „ re fodina, quantumvis argento dives eſſet, relicta fuit.

„ *Nicolaus Ancon.* Ejus generis Dæmonum, quod in metallis eſſe „ ſolet, inter reliqua, ſex enim numerat, Pſellus mentionem facit, „ atque id ipſum, ni fallor, cæteris pejus, ut quod craſſiori materia „ amictum ſit, eſſe dicit.

„ *Bermannus.* Sunt inter eos nonnulli, ut dixi, ita pravi, ut metal- „ liei eos non ſeeus ac peſtem quandam præſentiſſimam averſentur, & „ fugiant: alii contra mitiores, quos frequentes adeſſe & laborem eo- „ rum ſæpius audiri non modò non ægrè ferunt & dolent, ſed etiam „ exoptent & pro bono omine ducunt. Sed mittamus Dæmones. » Page 32.

Cette digreſſion d'Agricola étoit pour inſtruire les Directeurs des mines des préjugés populaires; afin qu'ils cherchaſſent les ſignes auxquels les ouvriers font des découvertes importantes pour l'exploita- tion & que par une groſſiereté d'eſprit, ils préferent d'attribuer aux Dé- mons plutôt que de la reveler à leurs Supérieurs qu'ils enviſagent ſouvent comme un ennemi dont ils doivent ſe défier, ſur-tout lorſqu'on les paye mal.

On peut conſulter le Pere Kirker *Mundus Subterraneus,L.* 8. *C.* IV.*t.*II. qui a diſſerté ſur ces eſprits ſouterrains, dont il diſtingue d'après *Agricola*

Il feroit plus aifé à vn Alchimifte de faire tourner en fon premier eftre vn œuf pilé , broyé, ou vne chaftaigne ou noix puluerifée, que non pas pouuoir gencrer les metaux.   331

Comme l'huile dedans l'eau fe fepare par petits rondeaux ; comme auffi fait le fuif & toutes efpeces de greffes: auffi les matieres lapidaires & metaliques fe fauent feparer des eaux communes.   336 & fuiu.

Comme l'air tient lieu & occupe place, femblablement fait le feu dedans les metaux fondus, & pour ces caufes le fer fondu & autres metaux rapetiffent en fe congelant.

Tout ainfi que Dieu a commandé à la fuperficie de la terre de fe trauailler à produire & germer les chofes necef-faires pour l'homme & pour la befte , il eft certain que l'in-terieur & matrice de la terre en fait le femblable , eu produi-fant plufieurs efpeces de pierres, metaux & autres mineraux neceffaires.   322

Ceux qui difent que les pierres eftoyent creées dès le com-mençement du monde , errent, ne l'entendant pas.   54

Et ceux qui difent que les pierres croiffent, errent fem-blablement.   59

Ceux qui penfent que les pierres foyent en leur dureté dès la premiere formation , ne l'entendent pas.   126

---

deux efpeces : l'un méchant qu'on appelle *Sneberg* ; & l'autre bon, qu'on nomme *Bergmanlin*, lequel travaille dans les mines. Ces derniers font femblables à ceux qui font nommés par les Allemands , *Gutelos* & *Trullas* ; il en eft encore queftion dans *Cyfatus*, Defcription du *Mont-Pelat* , en Suiffe: ce petit Nain eft connu dans la Hongrie fous le nom de *Bergmanelin* , à Herrengrundt , à Oberpieberftollen , à Mohrer Erb-ftollen. Voilà comment le préjugé fe perpétue toujours par la même caufe & le même principe. *Note communiquée.*

Ceux

Ceux qui difent que les terres & pierres ont prins leur couleur dès leur effence , ne l'entendent pas.

Comme les fruits de toutes efpeces changent de couleur en leur maturité, femblablement les pierres , metaux & autres mineraux , mefme les terres argileufes changent de couleur en leur decoction.   347

La matiere de toutes pierres , tant des communes que des rares & precieufes , eft criftaline & diaphane.   63

Toutes pierres coulourées ou tenebreufes , ne font tenebreufes ny coulourées que par accident furuenu à la matiere diaphane auparauant la congelation defdites pierres.   134

Toutes terres argiles font commencement de pierres.   146

Il n'y a pierre en ce monde, ny aucune chofe animée, fi elle pouuoit eftre diffoute , qui ne peut feruir de fumier ou de marne pour rendre les terres fructueufes.

Ceux qui ont efcript que les coquilles qui fe trouuent ès pierres, font du temps du deluge , ont lourdement failly. 79

Comme les os de l'homme luy caufent la forme, les pierres caufent auffi la forme des montaignes.   282

De tant plus que les pierres font dures, alizes ou compactes , de tant plus elles reçoiuent beau policement.

S'il n'y auoit des pierres il ne feroit nulle montaigne (*).   282

(*) Pierre Garcie , *dit* Ferrande, floriffoit fuivant la Croix du Maine , en l'an 1483 : il étoit natif de Saint Gilles , Sur-Vie comme l'apprend un Avis aux Lecteurs qui eft en tête du livre intitulé : *Le Grand Routier, Pilotage & Encrage de mer , tant des parties de France , Bretagne , Angleterre , que Haute Allemaigne , imprimé à Poitiers par Enguilbert de Marnef , in-4.* 1520 , depuis à Rouen, chez Jean Bourges,

Aucunes pierres & rochers font creux, à caufe d'vn air enclos à la venue des matieres lapidaires qui ont efté congelées au-deffus & portées par l'air enclos.

enfuite à la Rochelle, chez Berthelemi Berton, in-4. 1560, enfin à
Rouen en 1632, in-4.

L'Auteur adreffa fon livre à *Pierre Imbert*, *fon fillol & ami perdura-*
ble, au Chapitre, intitulé: *Les Sondes qu'on trouve à venir*...... *querir*
Angleterre, *Picardie*, *Flandres*. On lit:

„ A l'eftricte (détroit) de Calais, trouueras vingt-cinq braffes.

„ Entre Calais & Tanet, trouueras vingt-cinq braffes.

„; En la rade de Calais, y a feize braffes.

„ En toute la cofte de Flandres, n'y a lieu plus parfond que vingt
„ braffes.

„ Entre Fouqueftan & Boulogne, y a un banc qui s'appelle la
„ *Ripperappe*.

„ Et parmi la route tant près Picardie, comme Angleterre, trouueras
„ bord à bord de luy, vingt-cinq & vingt-fept braffes.

Du deftroit de Dugnes.

„ La pointe de Dugnes eft de blanche terre, eft entaillée deffus par
„ lieues de terre noire.... Un Chafteau qui eft fur le plus haut de la pointe
„ & eft deuers l'Oeft au bas d'icelui Chafteau.... Verras vne baye noire
„ où il y a vn petit Havre qui a nom Douure.

„ Si tu pofes ès Dugnes, pofe à cinq braffes.

„ Si tu pofes à Sainte Marguerite, pofes à fix braffes, Sufeft pour
„ toy garder de *Gaudoin*. (Sables de Godwuin.)

Au bas de Douure y a vne Abbaye qu'on appelle Fouqueftan & en
„ Sufueft de lui, y a un banc qu'on appelle le blanc de Fouqueftan
„ & y a deffus trois braffes & demie de baffe mer, & eft entre Douure
„ & Boulogne, & y a deuers Boulogne vingt-huit braffes, & deuers An-
„ gleterre, vingt-cinq.

Aucunes autres pierres & rochers font creux par l'appofition des terres qui ont empefché que la matiere diftilante
ne fe peut condencer : duquel genre de pierres les pierres de
moulins qui fe prennent en la Ferté fous Iouarre, en rendent tefmoignage.

La craye & la marne font pierres imparfaites , aufquelles
l'eau congelatiue a defailly auparauant leur parfaite congelation.   150, 154

Le femblable en eft-il de toutes pierres tendres & pour
caufe de leurs imperfections elles fe calcinent ne pouuant
refifter au feu.   129

Toutes pierres dures le font par deux effets neceffaires:
l'vn qu'elles ayent de l'eau à fouhait durant leur congelation
& formation: l'autre, qu'elles ne foyent oftées de leur place
iufques à la perfection de la congelation.   127

Ce court Extrait eft un paffage important pour confirmer le fentiment
de Paliffy & pour prouver une époque certaine des révolutions de la mer
fur l'Ifthme marin qui fe trouve aujourd'hui entre Calais & Douvres , lequel , fuivant la Carte de M. Buache , préfentée à l'Académie des Sciences en 1737 , le 25 Mai, & la Differtation de M. Defmareft en 1751 ,
eft aujourd'hui un fond de zéro à 19 braffes. Ce grand événement fuppofe
un Ifthme entre Calais & Douvres , & une continuation des montagnes
de l'Authie dans la Province de Kent fur le pas de Calais, des chemins qui
conduifoient par terre dans la Grande Bretagne, un refoulement d'eau fur
la Hollande , la Flandre Hollandoife , Autrichienne & Françoife : ces
pays fe défecherent par la deftruction totale de l'Ifthme , & aujourd'hui
cet Ifthme paroît fe former de nouveau , puifque dans l'efpace de 200
ans entre Garcie , *dit* Ferrande , & M. Buache , il en eft réfulté fix braffes
d'élévation ; auffi depuis 1520 , qu'on examine dans l'Hiftoire de la Hollande combien de pays dans ces Provinces ont déja été fubmergés,& combien Calais, Graveline , Dunkerque , Nieuport , &c. ont gagné de territoire fur les bords de la mer. *Note communiquée.*

Si le plaftre autrement appellé gyp & l'alebaftre, eftoyent laiffez en terre, ils deuiendroyent pierres dures, moyennant que le fond de leur fituation peut contenir les eaux, & autrement non.

Si la matiere principale de toutes pierres n'eftoit d'vne eau candide & tranfparente, il ne feroit iamais diamant, criftal, efmeraudes, rubits ny grenats, ny aucunes pierres diaphanes.

Et comme il donne ton aux metaux, auſſi fait-il ès chanſons ou cantiques faites par les humains, meſme reſiouit les humains & les beſtes. 207

Sans ſel il eſt impoſſible de faire verre. Ibid.

Le ſel commun eſt vn contre-venin.

Sans le ſel nulle choſe ne pourroit prendre policement.

Sans le ſel nul ferrement n'auroit force de couper ny meſme s'endurcir. 207, 214, 230

Il eſt impoſſible que la langue trouue faueur en nulle choſe ſi premierement elle n'eſt diſſoute & face attraction de quelque partie du ſel qui eſt en la choſe qu'elle atouche. 373

En l'eſcorce du bois eſt contenu preſque tout le ſel de l'arbre. 206

S'il n'y auoit du ſel en l'eſcorce de bois elle ne pourroit conroyer le cuir, ny nettoyer les draps & ſeroit inutile à la buée. Ibid.

S'il n'y auoit du ſel aux pailles & foins, les fumiers ne pourroyent aucunemeut ameilleurer la terre. 207

Si n'eſtoit le ſel des epiceries, les corps embaumez ſe putrifiroyent. 206, 230

Sans l'effet du ſel nulle choſe ne ſentiroit. 104

La terre ſigillée n'a aucune vertu contre le poiſon, ſinon à cauſe de l'action du ſel ou eau congelatiue. 170

Les cendres de toutes eſpeces de bois, arbres & arbuſtes ſont bonnes à faire verres pour cauſe du ſel qui eſt eſdits bois par les foins & pailles. 207

S'il n'y auoit du ſel aux pierres elles eſtant calcinées ne pourroyent ſeruir aux conroyeurs pour empeſcher la putrefaction des cuirs.

Les coquilles des poiſſons de la mer ne ſont fort bonnes à faire chaux, & eſt atteſtation de la falſitude qui eſt en elles.

Le ſel des raiſins detruit le cuiure, le rendant en vert de gris.

Il y a en toutes chofes humaines vn commencement de forme fouftenue par le cinquiefme eflement , & autrement toutes chofes naturelles demeureroyent combuftées enfemble fans aucune forme.　　　　353

Le nombre de diuerfes efpeces de terres argileufes eft indicible.　　　　50

Les effets defdites terres font merueilleux , voire indicibles.　　　　40, 41, 42

Toutes terres peuuent deuenir argiles.

Ceux qui difent que la terre argileufe eft graffe & vifqueufe, ne l'entendent pas.　　　　38, 39

La mefme matiere qui caufe argiler toutes terres , eft cela mefme qui caufe que la terre de marne fait produire & vegeter les fruits ès terres fteriles.

Par les moyens mis en ce liure on pourra trouuer de la terre de marne en toutes prouinces.

Toutes chofes quelques compactes, ou alifes qu'elles foyent, font poreufes.

La momie des modernes n'eft que charogne.　　　　206

Le plombufti des modernes n'eft fait au debuoir.

Les Architectes & les Sculpteurs ne prennent occafion de fe glorifier , finon en ce qu'ils fçauent imiter les inuentions des payens, & veulent eftre honorez comme inuenteurs.

Les œuures plus vaines des humains font les plus eftimées.

De chofe que la langue ne peut faire attraction de faueur, le corps n'en fauroit prendre nourriture.　　　　373

Comme le corps eft fuiet à corruption il veut eftre nourri de chofes corruptibles.　　　　372

S'il n'y auoit du cinquiefme fufdit (7) en la prunelle de l'œil les lunettes ne pourroyent aider à la veue.　　　　155

` C'eft encore ici le cinquieme élément de notre Aut͡r .

Tout ainſi que **Dieu** a ordonné qu'en chaſcune ſemence il y a toutes matieres requiſes pour la generation des nouuelles auenir, comme dans la ſemence de l'œuf eſt comprins le blanc, le iaune & la coquille, & ès noyers les noix, la robbe d'icelle, la coquille, l'arbre & feuilles & branches : leſquelles matieres incognues ſe font apparoir en leur maturité : ſemblablement la chair, les os, le ſang & toutes les parties de l'homme ſont contenues & encloſes en vne, & comme Dieu a ordonné de ſeparer les matieres de pierres en dureté, ſemblablement la matiere des os de l'homme & de la beſte ſont endurcies, & auſſi en partie de la matiere lapidaire, ce que l'on peut voir par les coquilles des œufs & par les os de pieds de mouton & pluſieurs autres beſtes, deſquelles les os reſiſtent mieux au feu que nulle pierre que l'on puiſſe trouuer.

Le mitridat des anciens n'eſtoit compoſé que de quatre ſimples. 383

Trois cents tant de ſimples que les modernes mettent à leur mitridat ne ſauroyent s'accorder : comme toutes les couleurs d'vn Peintre, broyées enſemble n'en ſauroyent faire vne belle. 380

Comme auſſi vn bouquet de toutes fleurs ne ſauroit ſentir ſi bon qu'vne ſeule roſe. Ibid.

Pluſieurs viandes broyées enſemble ne ſauroyent eſtre ſi ſauoureuſes qu'vn chapon ſeul. Ibid.

Sans l'action de l'humidité nulle choſe ne ſe pourroit corrompre ne putrifier. 215

Dans les ſepulchres bien ſellez, les corps ſe tiennent à touſiours en la forme qu'ils y ont eſté mis, à cauſe de l'air qui eſt enclos auec eux.

Tous arbres & autres choſes vegetatiues monteroyent directement en haut en leur croiſſement ſi ce n'eſtoit les accidens que i'ay mis en ce liure. 168, 169

Comme les fleuues & ruiſſeaux ſont tortus à cauſe des montaignes, auſſi les racines de tous arbres & plantes ne ſont boi-
teuſes qu'à cauſe de la poſition des pierres ou des terres qui
ſont plus dures à percer à vn endroit que non pas en l'autre.

167, 168, 169

La terre de marne eſt ennemie des plantes qui ne ſont ſemées par les laboureurs & ne les veut permettre vegeter parmy
les bleds ſemez.

Le ſouphre, la gomme, la poix-raiſine & le bitumen ne ſont
autre choſe que huiles congelées.

En pluſieurs contrées & pays des terres douces lointaines
de la mer, meſme aux plus hauts lieux des Ardennes, il y a
meſme ſemence qui eſt en la mer pour l'eſſence de toutes eſpeces de poiſſons, comme ie certifie & le prouue par les coquilles lapifiées qui ſont par millions au-dit pays des Ardennes
& en pluſieurs autres contrées, que l'on pourra voir en ce liure.

Les vents ne ſont cauſez que par vne compreſſion d'air.

Il y a bien peu de choſes en ce monde qui ne ſe puiſſent
par art rendre tranſparentes.

La marne eſt vn fumier naturel & diuin, ennemi de toutes plantes qui viennent d'elles meſmes, & generatiue de toutes ſemences qui ont eſté miſes par les laboureurs.

FIN.

TABLE

DES MATIERES

Contenues dans ce volume.

A

U.

URINES, Histoire d'un Médecin , très-plaisante.   369.

W.

WASSER-HUN [Nicolas]. 674.

X.

XAINTONGE, chemin de Ma-
rennes à la Rochelle , observations d'Histoire Naturelle. 530.

FAUTES A CORRIGER.

PAGE 1. *Ligne* 1 , tu m'a, *lisez* ,
tu m'as.

P. 9. *l.* 3 , leur art devenu, *lis.* est
devenu.

P. 11. *l. derniere de la Note* , seize
livres, *lis.* seize louis.

P, 16. *l.* 24 , auroit , *lis.* auoit.

P. 21. *l.* 14 , tailles , *lis.* trailles.

P. 27. *l.* 24 , j'eusse , *lis.* j'eus.

P. 29. *l.* 11 , après , *lis.* aptes.

P. 31. *l.* 3 , après faire , *ajoutez* , &
desfaire.

P. 49. *l.* 2 , après tellement, *ajoutez,*
que.

P. 57. *l.* 1, après toutes, *ajoutez,* ces.

P. 60. *l.*8, après nature ôtez le *point.*

P. 61. *l.* 3 , *de la Note* , embigue,
lis. ambigue.

P. 67. *l. derniere du texte,* M. Choys-
vin , *lis.* Choysnin.

P. 71. *l.* 4, *de la Note* , allusions , *lis.*
alluvions.

P. 83. *l.* 9 , il y a present , *lis.* il y a à

P. 87. *l.* 10 , après ruinée , ôtez le
point.

P. 89. *l.* 3 , n'apportent , *lis.* n'apportoyent.

P. 95. *l.* 2 , des regions , *lis.* nos regions.

P. 111. *l.* 3 , Thioli , *lis.* Tivoli.

P. 121. *l.* 17 , quelques unes , *lis.*
quelques uns.

P. 125. *l.* 21 , seroyent , *lis.* feroyent.

P. 129. *l.* 14 , hif, *lis.* gif.

P. 132. *l.* 22 , repole la , *lis.* repoise
la [repèse la].

P. 194. *l.* 3 , de la Note , *contuminet,*
lisez , *contaminet.*

P. 201. *l.* 10 , de la Note , la Chimie , *lis.* l'Alchimie.

P. 266. *l.* 29, Bauieres, *lis.* Banieres.

P. 312. *l.* 1 , à la lire , *lis.* à le lire.

P. 340. *l.* 1 , de la Note , de lait ,
lis. d'ail.

P. 362. *l.* 1 , sur , *lis.* sure.

P. 377. *l. derniere* , *Pharmaci* , lisez ,
Pharmaciæ.

P. 398. *l.* 1 , 1528 , *lis.* 1628.

Ib. *l.* 14, *pharmacopos* , lisez , *phar-
macopæos.*

P. 467. *l.* 9 , de la Note , verre , *lis.*
verd.

P. 534. *l.* 9 , de la Note , Uncelle ,
lis. Ancelle,

P. 542. *l.* 2 , de la Note , *patrâ* , lis.
patria.

Fin de la Table.

9 782329 296258